丛红艳／主编

杜宇 潘金强 田甜／编著

3ds Max & VRay

照片级室内效果图
表现技法

中国青年出版社

中国青年电子出版社

http://www.21books.com http://www.cgchina.com

中青雄狮

图书在版编目（CIP）数据

3ds Max & VRay 照片级室内效果图表现技法 / 丛红艳主编，杜宇，潘金强，田甜编著. —北京：中国青年出版社，2009.8
ISBN 978-7-5006-8880-8

I.3... II.①丛... ②杜... ③潘... ④田... III.室内设计：计算机辅助设计－应用软件，3ds Max 、VRay IV. TU238-39

中国版本图书馆CIP数据核字（2009）第134367号

3ds Max & VRay 照片级室内效果图表现技法

丛红艳　主编

杜宇　潘金强　田甜　编著

出版发行：　中国青年出版社

地　　址：　北京市东四十二条21号

邮政编码：　100708

电　　话：　(010) 59521188 / 59521189

传　　真：　(010) 59521111

企　　划：　中青雄狮数码传媒科技有限公司

责任编辑：　肖　辉　高　原　徐兆源

封面设计：　唐　棣

印　　刷：　中煤涿州制图印刷厂北京分厂

开　　本：　787×1092　1/16

印　　张：　28

版　　次：　2009年9月北京第1版

印　　次：　2015 年 7 月第 3 次印刷

书　　号：　ISBN 978-7-5006-8880-8

定　　价：　88.00元（附赠2DVD）

本书如有印装质量等问题，请与本社联系　电话：(010) 59521188 / 59521189

读者来信：reader@cypmedia.com

如有其他问题请访问我们的网站：www.21books.com

编者寄语

制作方案的效果只是整体方案的一部分，客户希望看到更真实的效果表现，设计师希望作品能体现设计的理念与特点。在实际工作中，我们需要考虑的是如何快速准确地把设计师设计的理念和特点表现给客户！基于上述思想，我们出版了这本《3ds Max & VRay 照片级室内效果图表现技法》，希望能使大家在设计方案时达到事半功倍的效果，对工作有所帮助。

本书结合目前业界最常用的 3ds Max + VRay 1.5RC5 + Photoshop 软件，首先介绍了制作照片级效果图所要具备的色彩基础知识和实际设计的流程，包括创建模型与整理模型，利于初级读者上手，然后按照人工光源和自然光源、密闭空间和开放空间等内容分门别类介绍了 9 个不同特点的实例的制作方法。全书大量的"提示"环节均为作者多年来的宝贵经验，帮助读者提高处理问题的能力和制作设计方案的效率。读者将全面掌握不同室内效果图的渲染技法，如渲染不同环境下客厅、卧室或厨房等各种空间时，如何合理设置材质、布光、调整渲染参数以及后期处理等，从而得到照片级效果图。

我们还在附录里针对常见问题讲解了如何在 AutoCAD 中打印大像素图片文件、在 3ds Max 中导入复杂物体线框的技巧、如何调整不符合真实尺寸的模型等能够提高室内设计制作效率的 5 大技巧，并提供了 VRay 常用术语及缩写简介。

本书赠送 2 张 DVD 教学光盘，除了案例文件还有 11 个小时的案例教学录像，内容为部分书中未能仔细讲解的操作，与书中所讲贴合紧密，另外附赠 5 大类 377 个模型文件和 21 类 3233 张贴图文件。

本书既可以引导初级用户快速入门，也可以帮助中级用户提高技能，适合于从事建筑设计、装饰设计的人员和 CG 爱好者阅读，也适合专业院校的师生参考学习。

编 者

·光盘说明·

为了方便您的阅读和学习，我们为本书配套 2 张 DVD，由于附赠的文件、视频和素材内容极其丰富，占用空间很大，为了节约您的购买成本，我们特意将这些文件进行了压缩。请您在使用这些文件前将它们从光盘中复制到本地硬盘里，再利用 WinRAR 软件进行解压缩。

DVD 1

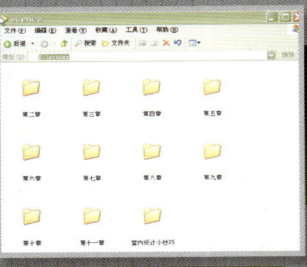

● 场景文件和视频文件
第1张DVD包括两个压缩文件，分别是scenes文件和视频文件。

● 各章实例文件
scenes文件夹包含本书所有实例的素材文件和模型文件。

● 视频文件夹
视频文件夹里包含了本书五章共32段视频文件。

视频浏览
由于书中篇幅有限，我们将一部分未能详细讲解的操作制成了演示视频文件，也放在了光盘中。

第二章

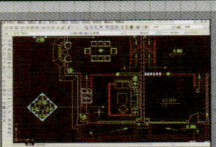 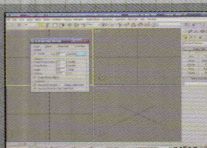 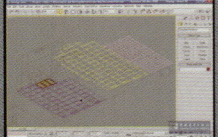  

● 分析甲方设计方案　● 建模前的准备工作　● 制作一层台阶和栏杆　● 设置 E01立面　● 设置 E03立面

 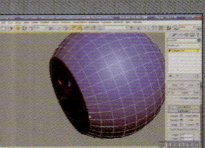 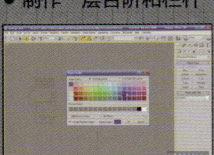  

● 设置 E04立面　● 设置E05立面　● 设置其他墙体　● 设置一层天花　● 最后导入装饰模型

第四章

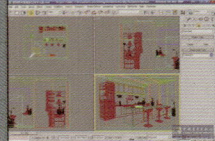 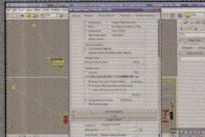   

● 渲染前的准备工作　● VRay渲染面板设置　● 全局光的测试　● 渲染设置的调整　● 后期处理效果

第五章

● 渲染前的设置　● 渲染面板的设置　● 测试场景全局光　● 最终出图设置　● 后期处理

第六章

● 为场景设置摄像机　● 设置材质　● 设置灯光　● 设置VRay面板　● Photoshop后期处理

附　录

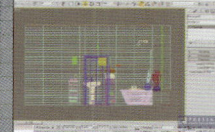

● 打印大像素图片　● 创建复杂截面线框　● 调节不符合尺寸模型　● 如何统一材质路径　● 如何渲染线框图像

DVD 2

3ds Max & VRay
照片级室内效果图表现技法
DVD 02

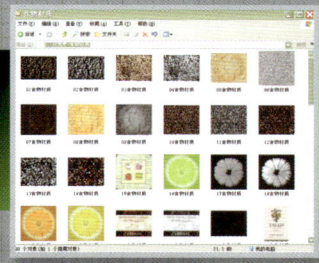

● DVD2内容浏览

第2张DVD包括3个压缩文件，有模型库，材质库和光域网文件。

● 材质库文件

我们精心挑选了3233张精美材质贴图文件放在材质库里。

● 食物材质预览

材质库涵盖了建筑、植物、布料皮革、食物及装饰品等室内设计中常用贴图种类。

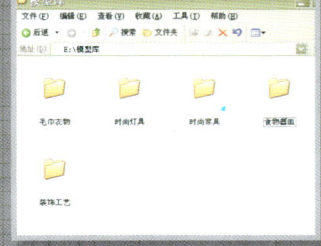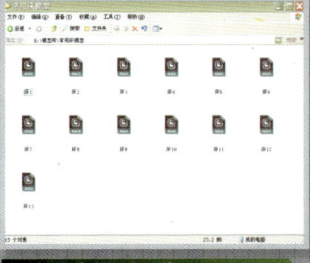

● 常用光域网

我们还为您提供了50个光域网文件以及对应参考图，便于您查询。

● 模型库文件

我们提供的模型库里包含了377个时尚家居模型文件。

● 常用床模型预览

模型库涵盖了室内家具、时尚灯具、装饰品以及衣服织物等常用实用模型。

3ds Max & VRay

案例欣赏

● 风情厨房空间

利用 VRay 高级渲染和高级材质创建厨房空间的质感纹理，素雅的色彩体现了空间的柔情，能营造出一种回归自然的田园风情。

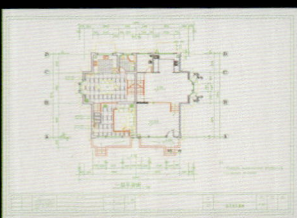

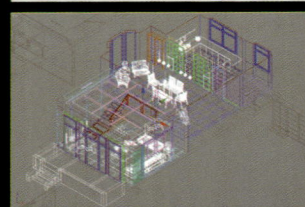

● 模型的制作流程

根据设计方案的真实尺寸分析房屋各面的结构，然后根据方案建立室内物体，分别编辑后再赋予物体材质，这是室内方案的基本流程。

● 阳光卧室空间

利用 VRayMtl 配合 Mask, Diffuse 和 Bump 通道调节阳光卧室材质, 体现出简约优美。使用辅助灯光结合渲染参数的设置产生漫射的光线效果。

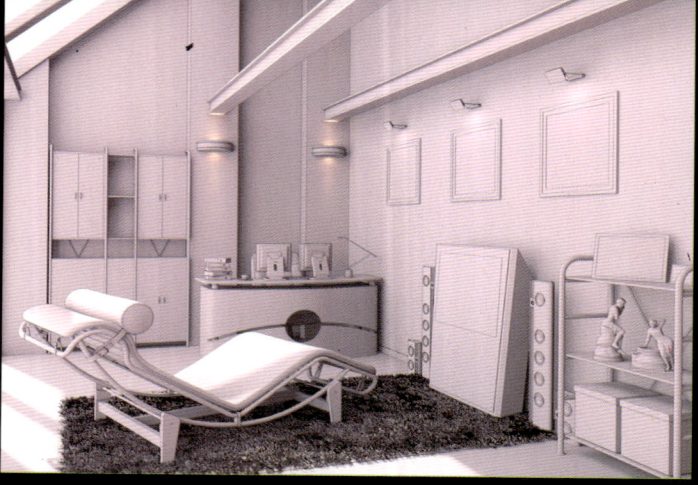

● 休闲办公空间

VRayMtl 配合 Blend，Falloff 和 Bump 通道调节个性十足的休闲办公室的材质，使用 VRay 全局照明引擎制作全局光照效果。

● 欧式客厅空间

通过 VRay 全局照明引擎与光度学灯光相结合，将欧式风格的色彩、材质、造型和灯光结合得很完美，使设计显得富有内涵而美观。

● 简欧式空间

利用准蒙特卡罗与灯光缓存渲染引擎结合设置晚间室内灯光，运用VRayMtl 配合 Opacity，Mask 和 Diffuse 通道调节场景中的材质，在复杂的设计和强烈的空间中注意灯光与环境物体的融合是关键。

● 清新别墅空间

VRayMtl 配合 VRayLightMtl，Mask，Diffuse 和 Reflection 通道调节别墅空间材质，读者需要掌握 Reflection/refraction environment override 面板设置对全局光照的影响。

● 简欧式空间

导入方案并根据方案创建地面模型,建立 IES 太阳光并进行详细调整,创建 VRayLight 是场景模型渲染前的重要准备工作。使用 VRay 全局照明引擎并配合其他主要渲染面板共同创造阳光浴室的全局光照效果。

● 书房空间

利用直接光照发光贴图与间接光照灯光缓存渲染引擎设置书房全局照明，运用亮度与对比度、单色图像、柔光、高斯模糊和 USM 锐化等命令作后期处理。

目 录

本章从实用出发学习灯光与色彩的基础知识以及景深和照相机的相关知识，使大家了解物质在灯光与色彩作用下带给人的不同感觉。

本章重点讲解渲染前的重要流程，如何分析甲方资料，如何精度筛选甲方案图，如何准备建模工作以及如何根据方案图建模。

第2章　室内方案的制作流程　　17

本章重点讲解如何运用VRay高级渲染器渲染清晨室内方案，通过VRay高级材质创建室内常用质感纹理，以及发光贴图渲染引擎与灯光缓存渲染引擎的结合运用。

第3章　清逸晨曦空间　　61

本章重点讲解如何运用VRay创建风情厨房空间中的常用质感纹理，如何通过发光贴图渲染引擎与灯光缓存渲染引擎创建室内全局光照与室内高级材质的精细调节。

第4章　风情厨房空间　　　　　　　107

本章重点讲解如何运用VRay高级渲染器和高级材质创建休闲办公空间的常用质感纹理，如何结合发光贴图渲染引擎与准蒙特卡罗渲染引擎创建室内白天全局光照及其技巧。

本章重点讲解阳光卧室空间的渲染制作过程，详细介绍创建室内阳光全局光照的布置方法与高级材质的精细调节，以及作者渲染经验的具体运用。

本章重点讲解运用准蒙特卡罗渲染引擎与灯光缓存渲染引擎渲染晚间的方法，并细致介绍创建晚间全局光照的布光方法与常用技巧，以及应该注意的相关问题。

第7章　简欧式晚间空间 223

本章重点讲解的是欧式客厅空间的渲染制作过程，并详细介绍创建欧式客厅全局光照的布置方法与欧式高级材质的精细调节常用技巧。

第8章　欧式客厅空间 261

本章重点通过实际的别墅案例讲解如何运用VRay高级材质创建别墅空间常用质感纹理，并针对场景结构布置别全局光照与间接灯光。

本章重点讲解如何根据前面所学方案图的制作流程，运用VRay高级渲染器及高级材质创建书房空间常用质感纹理，并复习Irradiance Map与Light Cache结合运用的方法。

本章重点复习如何根据前面所学方案图的制作流程，创建阳光浴室空间的常用质感纹理，以及发光贴图渲染引擎与灯光缓存渲染引擎的结合运用。

第11章 阳光浴室空间 357

本章将重点针对读者在室内设计制作中遇到的一些常见问题，详细讲解他们的解决方法以及相关技巧，达到提高室内设计制作效率的目的。

附录 教你提高室内设计制作效率 389

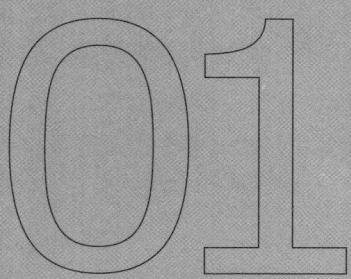

第 1 章
真实环境的灯光与色彩

本章要点:

  首先我们通过学习光线、光线反射、灯光阴影、色彩以及景深与摄影机等方面的基础知识,观察物体色彩在灯光下的作用方式,然后从色彩原理角度讲解灯光与色彩之间的关系,并在理论基础上从实际出发,学习灯光与色彩。通过学习,引导大家了解物质在灯光与色彩的作用下外形与材质给人感觉的变化,比如质感是柔软还是坚硬的,色彩是冷色调还是暖色调以及物体的远近距离。最后笔者希望大家不要盲目学习软件,要理解灯光与色彩的知识,并熟练应用,以达到知识与实践相结合的目的。

重点内容: 1. 光的基础知识

     2. 反射光线

     3. 光线的阴影

     4. 色彩基础知识

     5. 摄影机与透视

1.1 光的基础知识

本节要点：本节重点讲解光的含义和光的传播方式，结合3ds Max中的灯光命令，引导大家掌握观察光线的方法并能在实际中运用。

1.1.1 真实环境里的光

我们生活在充满光的世界里，从万事万物中都能够感到光的存在，我们对世界的观察也是以光作为基础的。从夜晚鸟瞰中我们感受到灯光的绚丽，整体环境天光较弱，如图1-1所示，从图1-2中我们能看到自然光在环境中的反射。

图1-1 鸟瞰夜景

图1-2 山脉

1.1.2 光的明暗

我们能通过光的明暗和颜色分辨出物体不同的外形，即使不用触摸，仅凭光和视觉的配合也能感受到物体不同的质感，还能通过光的局部照明来突出物体的装饰性和特殊的结构氛围，如图1-3所示，光的明暗勾勒出晚间建筑的轮廓，营造出繁荣的建筑照明效果。自然光的明暗还可以使环境产生强烈对比，暗部阴影比较重，突出画面主体物体，如图1-4所示。

图1-3 建筑的夜景

图1-4 轿车

1.1.3　光的含义

那什么是光呢？从科学角度讲，光就是一种电磁放射，如图1-5所示。在实际运用中我们将光定义为一种能量的放射，如图1-6所示。

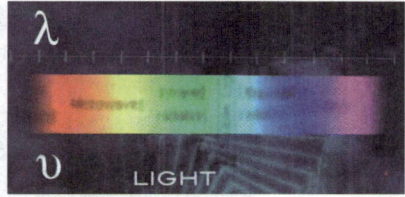

图1-5　电磁放射

图1-6　能量放射

1.1.4　点光源

如果一个光源离我们比较近，那么它发射出来光线的方向是不一样的，也就说光线从一个点向四周发射光线，灯泡光线就是最好的例子，如图1-7与图1-8所示。在三维软件中我们把这样的灯光叫做点光源，如图1-9所示。

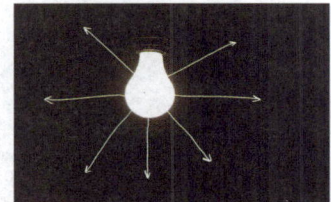

图1-7　灯泡发射线性光线的方向

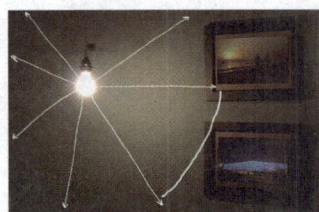

图1-8　光源光线是非平行光

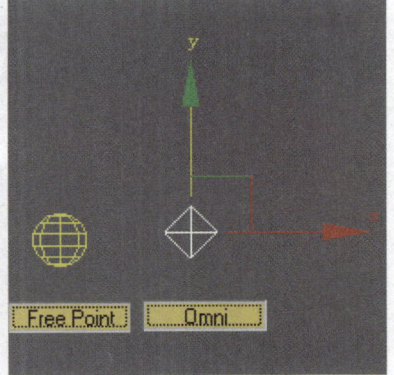

图1-9　3ds Max中的点光源

1.1.5　平行光

直线传播是光的传播方式。作为在软件中所表现的光，我们一般将其定义为光束的集合。太阳光是真实环境中很好的例证，虽然太阳是点光源，但因为离我们很远，相对可以认为它是平行光源，它的光线是平行的，如图1-10、图1-11、图1-12所示，在三维软件中我们将这样的光叫做线性光或平行光，直接用来模拟真实环境中的太阳光，三维软件中的平行光就是指光从一个方向向下平行发射出来，如图1-13所示。

图1-10　太阳的光线

图1-11　平行光

图1-12　环境平行光

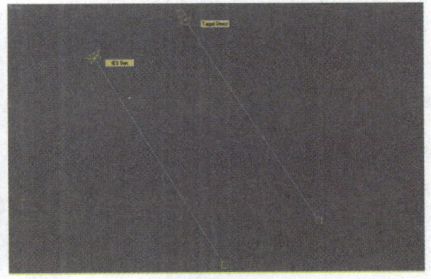

图1-13　3ds Max中的线性光

1.1.6 漫反射光

我们看到晚间的荧光灯能够发散出不同方向的光，如图1-14所示，我们把向不同方向传播的光线叫做漫反射光，很难找出它们一致的传播方向，如图1-15所示。在三维软件中我们把这样的灯光叫做环境光或者天光，如图1-16所示。

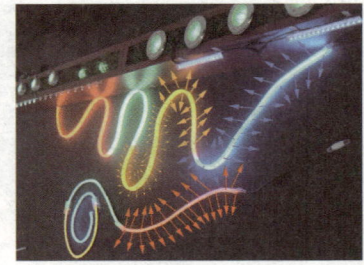

图1-14 灯光的漫反射

图1-15 自然光线漫反射

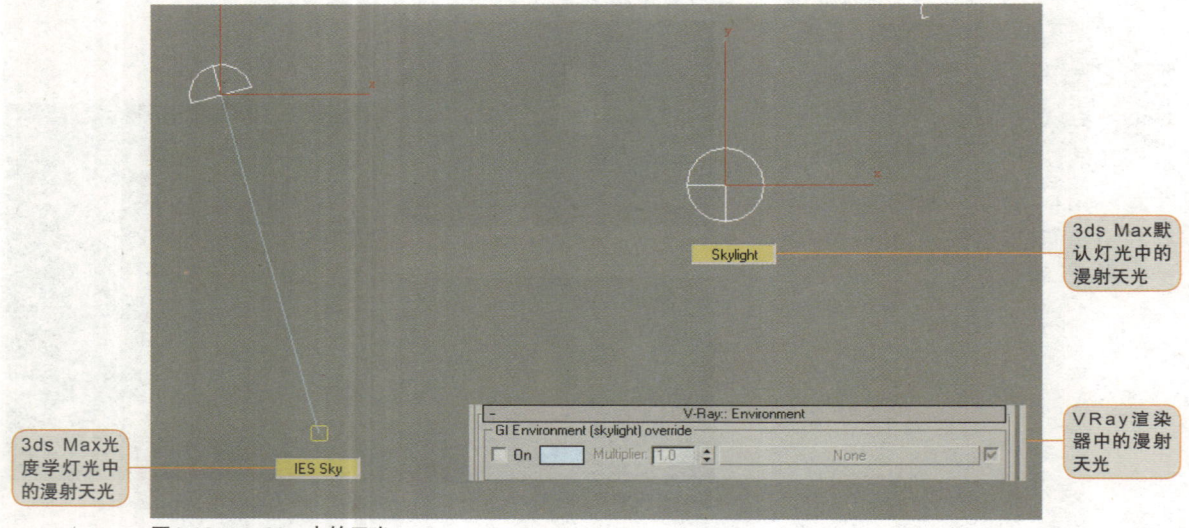

3ds Max默认灯光中的漫射天光

VRay渲染器中的漫射天光

3ds Max光度学灯光中的漫射天光

图1-16 3ds Max中的天光

1.1.7 光线色彩的基础知识

我们都知道自然光是由多种色光组合到一起的，当光线遇到物体表面时会发生三种情况：第一种是光线被物体吸收；第二种是光线被物体反射；第三种是光线被物体折射，如图1-17所示。

光线在白色的物体表面发生反射，这表明白色物体是不吸收光线的，所有的光线都被白色物体的表面反射了，如图1-18所示。

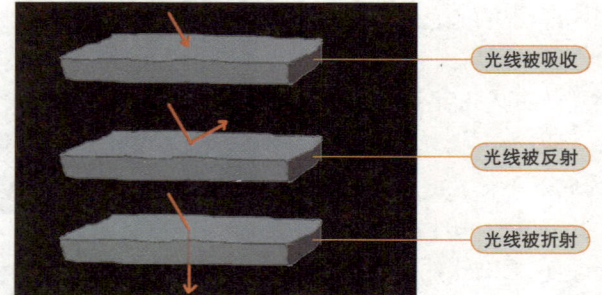

光线被吸收

光线被反射

光线被折射

图1-17 光线在传播过程中的三种情况

图1-18 白色物体不吸收光线

如果物体是红色的，这时自然光线中只有红色光线被反射，其他颜色的光线则被物体表面吸收，如图1-19所示。如果物体成黑色，则所有光线都被黑色物体表面吸收，如图1-20所示，这是光线遇到物体表面最基本的知识。

图1-19　只反射红色光线　　　　图1-20　光线被完全吸收

1.1.8　光线的反射

反射在概念上很简单，但是在现实生活中光线反射的关系却很复杂，如图1-21和图1-22所示。正确理解光线反射对我们今后的渲染将起到至关重要的作用，因为只有正确理解了现实生活中光线是如何反射的，大家才能够有目的并且准确地制作出让人信服的场景和真实的图像效果。后面我们会进一步讲解光线反射的具体内容。

图1-21　反射1　　　　　　　图1-22　反射2

1.1.9　光线的折射

那光线折射是什么呢？光线传播到物体表面后既没有完全被反射，也没有被物体表面完全吸收，而是还有部分光线穿过物体，这种现象称为折射，如光穿过玻璃以及液体等，如图1-23和图1-24所示。

图1-23　折射1　　　　　　　图1-24　折射2

本节小结： 通过本节学习，我们知道了光的含义、光的色彩知识以及光在传播中产生的现象，这样我们就能够运用所学知识去观察光线的作用方式，并将观察到的内容理性地融入自己的创作当中。

1.2 光线反射的基础知识

▶ **本节要点：**通过前面对光线基础知识的了解，我们知道了光线照射到物体表面后会发生吸收、反射和折射的现象，本节我们将详细讲解分析光线几种不同的反射情况。

1.2.1 镜面反射

众所周知，如果我们生活的世界没有光线、没有光线的反射，那么我们将无法感受这个美好的世界。镜面反射是反射中最容易理解的，即光线在光滑或相对光滑的物体表面上的反射，如图1-25和图1-26所示。

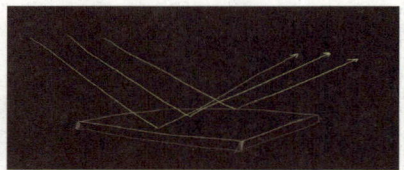

图1-25 光线在光滑物体表面上的反射

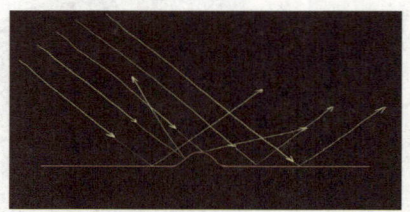

图1-26 光线在相对光滑物体表面上的反射

如果光线由同一个方向射入后，再全部从另一个相同的方向射出，即所有的光线都被平行反射，就是所说的镜面反射，如图1-27所示。

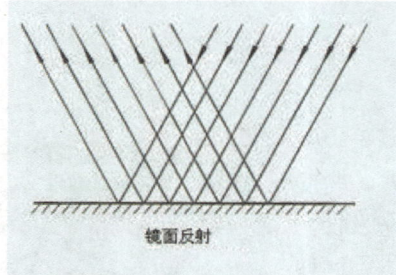

镜面反射

图1-27 入射角度等于反射角度

如果光线在粗糙表面上反射，就会发现所有光线并不是从一个方向射出的，如图1-28所示，则不属于镜面反射。理论上我们所讲到的光线反射理论都建立在微观基础上的，但这里我们不想过多地讨论关于光线反射的理论研究，只想让读者知道光线是怎样传播的。

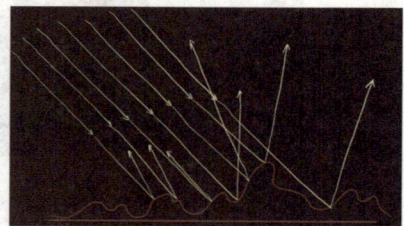

图1-28 光线在粗糙表面上的反射

1.2.2　光线漫反射

　　漫反射在我们利用软件进行创作的过程中起到了非常重要的作用，也就是我们经常说的漫射光线，漫射光即是指光线以不同的角度发散出去并产生很柔和的光线。如图1-29所示，我们可以看到蓝色球和黄色球上的高光区域属于前面讲到的镜面反射，而白色球表现的就是漫反射。

图1-29　镜面反射与漫反射

　　我们通过一个场景来了解漫射光线的形成过程，假设在一个场景中光线只反弹一次，也就说只有阳光从窗口照射到场景的地面上，如图1-30所示，而场景地面又将光线向屋顶反射，配合天光照亮屋子的顶面环境，如图1-31所示，这时分散在场景中的光线再一次在场景中的其他物体表面上发生反射，最后场景空间的光线已经变得很柔和了，场景也伴随着光线反射逐渐变亮了，如图1-32所示。

图1-30　光线的一次反射

图1-31　光线的二次反射

图1-32　漫射光线效果

1.2.3　光线漫反射的分析

　　下面我们分析一下光线漫反射的几种情况，如图1-33所示，阳光从图像左上方黄色箭头方向照射过来，照射到地面石材，也就是图像中红色区域后，光线向各个方向反射形成漫射光线，然后再将漫射光线反射到其他物体表面形成柔和的光线。我们观察这些光线的强度，对比实际的地面石材，我们发现地面产生了由暖色到冷色的更丰富的光线，再观察图像绿色区域即花台的墙面，发现它将红色区域的阳光光线反射到了四周，这样墙面周围都有了柔和的光线。通过分析图像可以知道，如果我们在3ds Max中制作这个场景，就必须注意地面上的阳光光线会漫反射到与它垂直的墙面上。在制作时如有光线需要，还可以建立一些辅助灯光来模拟场景，使我们制作的效果符合真实环境。

图1-33　分析光线的漫反射1

我们在图1-34中可以看到，一个别墅庭院里有大量的入射光线发生反射。阳光从图像右上端照射下来到达地面后发生反射，在葡萄架上形成了一些光斑，然后地面将这些光线反射到四周的物体上，因为天空是蓝色的，它为我们提供了一种漫反射光源，也就是常说的天光，这样我们可以看到，图像中的物体暗部都受到了天光的影响而偏冷色调。最后我们观察图像后面墙体的整体光线反射，墙面形成了更为复杂有趣的反射光线，从左至右、从上到下，墙面由暖色调向冷色调过渡，构建出了庭院空间的宽度。

图1-34 分析光线的漫反射2

我们从图1-35中可以看到这是一个有很多窗户的室内空间，有大量的入射光线发生反射。阳光从窗口照射进来，到达地面后发生反射，和地面垂直的墙面受到反射的影响变亮了。窗外的天空是蓝色的，离我们最近的椅子背面也反射了天空的漫射光线而显得很生动。观察地面，发现地面的光线由远及近，从暖色调过渡到冷色调，我们在布置3ds Max场景灯光时需要注意这种光线反射。

图1-35 分析光线的漫反射3

▶ **本节小结：**通过对本节的学习大家已经掌握了光线反射的基础知识与规律，能够区分实际环境下的直接光线和漫射光线，笔者希望大家通过学习来体会光线反射对空间环境产生的效果。

1.3 阴影的基础知识

▶ **本节要点：** 本节通过讲解阴影的产生，阴影的衰减以及阴影的重要作用来引导读者进一步认识光线与阴影在场景中的关系。

1.3.1 阴影的产生

我们假设在场景中有一盏灯、一个不透明球体和地面，当物体处于有光线环境中时，受光部分反射了光线，这时被物体挡住的光线在地面上就形成了阴影，如图1-36所示，也就是说阴影的产生是光线作用的结果，没有光就没有阴影。

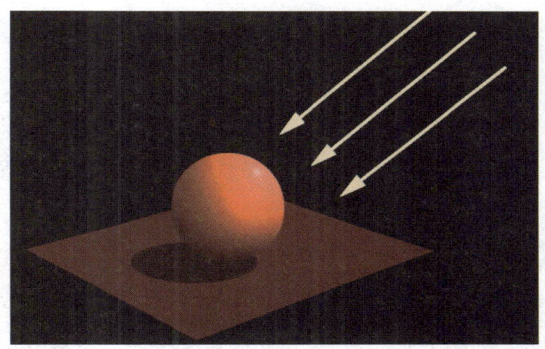

图1-36 阴影的产生

1.3.2 漫射阴影

当物体在漫射光的照射下，阴影变得非常柔和，如图1-37所示，也就是说当光线来自不同方向时，物体的阴影会变为漫射阴影，在3ds Max中我们把这种阴影的变化称为动态吸收。

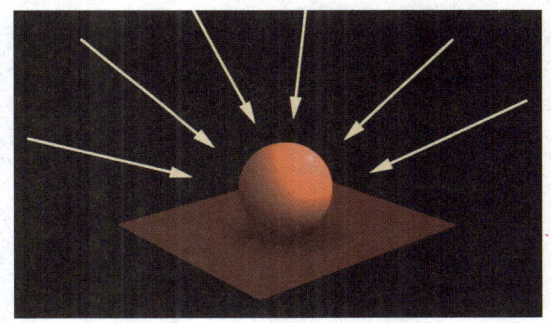

图1-37 漫射阴影

1.3.3 真实环境的阴影分析

以图1-38中的网球拍和网球为例，底端清晰的阴影延伸到边缘，渐渐模糊，因为那里的阳光光线开始反射，所以阴影边缘很柔和，而在物体与地面相接处的阴影边缘很清晰。羽毛球在漫射光线下，看不到明显的阴影，也就是说许多的光线反射和光线漫反射使阴影柔和了，如图1-39所示。

图1-38 平行光下物体阴影　　图1-39 漫射光下物体阴影

我们从图1-40中可以看到带有冷色调的天光从不同方向照射过来，石窟角落里的阴影颜色几乎是黑色的，还可以看到石窟其他大部分都有柔和的阴影。如果在3ds Max中创建类似场景，需要认真思考一下怎样为这些漫射光的动态吸收建立光源。

图1-40 冷色调漫射光线下物体的阴影

> **本节小结:** 通过对本节的学习，大家已经了解了阴影的基础知识，能够区分直接光照阴影与漫射阴影以及产生它们的光线关系，希望大家能将了解到的阴影知识融入到实际制作中。

1.4 色彩的基础知识

> **本节要点:** 本节重点讲解色彩理论与三维艺术色彩之间的关系，通过对色彩的了解与运用，引导大家能够针对不同的场景、不同的环境和不同的氛围来选择相应的光线色彩，从而达到在制作中灵活使用色彩的目的。

1.4.1 绘画色彩三原色与三维软件色彩三原色

学过绘画的读者一定记得老师会把如图1-41所示的色盘介绍给你，同时告诉大家绘画三原色是红、黄、蓝，而在三维软件中色彩三原色是红、绿、蓝，如图1-42所示。绘画三原色红、黄、蓝，可以混合出绘画用的所有颜色，再加上可以利用黑色和白色控制色彩的亮度与饱和度，所以称它们为三原色，原色之间的颜色称为合成色，主要的合成色橙、绿和紫罗兰也在色盘中。而三维软件的色彩三原色是计算机根据RGB显示器上显示的加原色排列出来的。

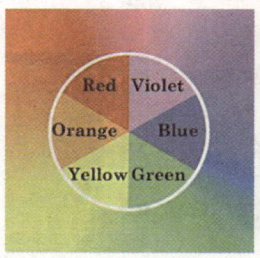
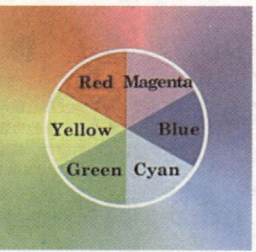

图1-41 绘画色彩三原色　　图1-42 三维软件色彩三原色

我们把三维软件中的色彩三原色称为加原色，因为在计算机中设置的颜色都是通过红色、绿色和蓝色按照不同比例相加得到的，如果三者比例相同则混合成为白色，如图1-43所示。

图1-43　三维软件色彩加色混合

1.4.2　色彩温度

色温是英国物理学家William Kelvin（开尔文）发现的。他在加热一块炭时发现，炭随着温度的升高开始是暗淡的红光，接着是明亮的黄色，温度最高时变成了蓝白光，这里我们研究的色温只与光的可见颜色相关，不是指真实温度。下面我们了解开氏温标表，如图1-44所示，大家可以看到在温标表中从红色到蓝色的色彩分布关系。我们从实用角度出发，先创建红色和蓝色两条渐变线条，然后考虑在现实环境下的红色和蓝色的色温是什么样的，我们再创建红色和蓝色两条线条，如图1-45所示，这时我们对比先前创建的红色、蓝色两条线后发现，后者比前者创建的两条线更亮、更有层次，后者创建的红线分别由红色、橙色、黄色组成，蓝色分别由深蓝色、天蓝色、浅蓝色组成，大家再观察开氏温标就能够理解色温的表现效果了，大家还要了解随着色彩温度的提高，颜色的饱和度会随之降低，也就是说物体的色温越高，其饱和度就会越低，反之颜色的饱和度就会越高，这就要求我们在利用三维软件渲染场景时，需要考虑到场景物体的色彩温度，增加场景空间的真实感和视觉感受。

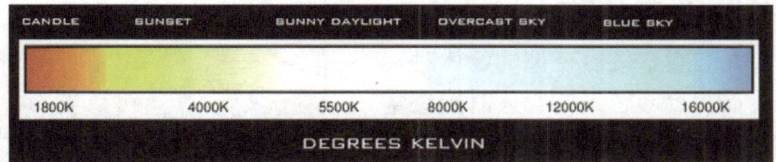

图1-44　开氏温标表

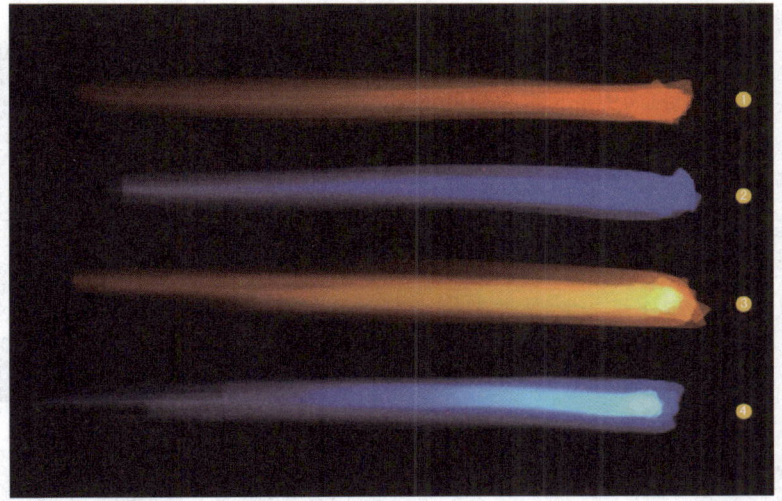

图1-45　对比红色和蓝色的温度

1.4.3 分析实际场景的色彩温度

我们从图1-46中我们可以看到图像中由远景向近景过渡，远景最亮的黄色部分是最不饱和的色调，然后向近景渐渐衰减颜色，慢慢过渡到最前面的红褐色，甚至天空最亮的部分也向两边过渡，越来越饱和。再来看图1-47中，蓝色地球最上面的部分近乎为深蓝紫色，逐渐转变为深蓝色，然后变为标准的蓝色，接着渐变为淡蓝色，最后近乎为白色，地球边缘最亮的颜色部分饱和度最低，色彩饱和度随着色彩温度的降低而增长，这就色彩温度。

图1-46 实际场景的色彩温度1

图1-47 实际场景的色彩温度2

1.4.4 色彩的深度与冷暖

一般情况下，人们观察较冷色调的物体时会感觉物体比较远，而观察暖色调的物体时则感觉物体比较近，如图1-48所示，大家很容易感觉到暖色小色块比冷色小色块要近，因此我们在制作空间场景时可以利用暖色调来表现主体空间，利用冷色调来表现其他陪衬空间，以便突出空间场景的主次空间关系。再如图1-49所示的中央的小色块，发现左边的小色块在暖色背景下色彩偏蓝，而右边的小色块在冷色背景下色彩偏红，这是视觉上的一种错觉，其实这两种色块的色彩是一样的，也就是说在不同环境下，人们对颜色有着不同的判断，所以我们在制作场景时要考虑灯光在场景中的色调，同时还要考虑场景原本色调在接受灯光反射之后的色彩关系。

图1-48 色彩的深度

图1-49 色彩的冷暖

▶ **本节小结：** 通过对本节的学习，相信大家已经了解了一些色彩的基础知识，希望大家把所学到的色彩知识运用到我们渲染的场景中，把色彩关系与场景制作技术相结合，创造出更真实、更精彩的作品。

1.5 摄影机与透视的基础知识

▶ **本节要点：** 本节重点讲解摄影机的基础知识，并配合软件中摄影机的相关操作，引导大家创建相应渲染视口，掌握摄影机的实际应用方法。

1.5.1 摄影机与透视学

简单理解透视，就是将三维物体真实地反映到二维平面上。如果把透视关系结合到实际中，就是将三维的室内场景或者室外建筑场景通过渲染表现，反映到二维图像上的过程。这里我们只通过透视认识理解三维软件中摄影机的运用，学会如何创建适合的渲染视口。

透视是由视点（如眼睛）、物体和画面三个要素组成的，它们之间的关系决定了透视的效果，如图1-50所示。

下面我们来了解三维软件中摄影机图像的形成过程。摄影机图像形成过程与透视形成过程的关系，如图1-51所示，摄影机由摄影机镜头、摄影机目标点和目标物体三个要素组成，它们之间的关系决定了摄影机画面的效果。最后我们对比一下摄影机图像形成过程与透视形成过程，发现前者是后者的具体运用，也就是该摄影机镜头相当于透视的眼睛、摄影机目标点形成的图像相当于透视的画面，而摄影机拍摄的物体也相当于透视中的物体。

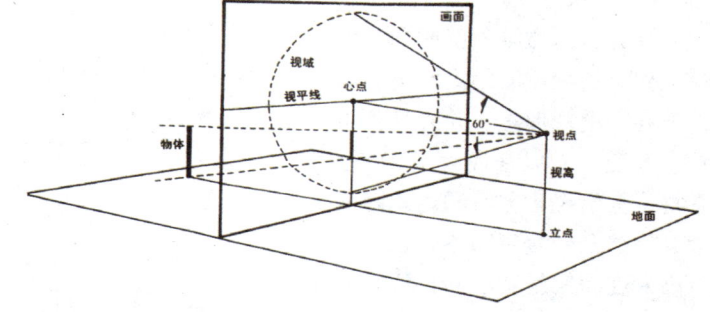

图1-50 透视的形成过程

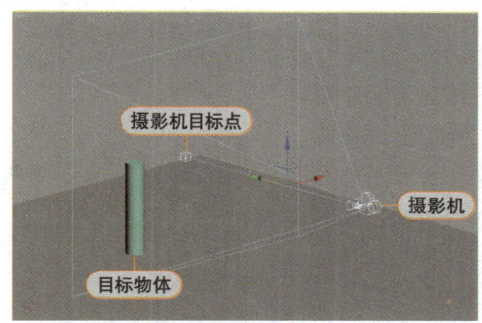

图1-51 三维软件中的摄影机

> **提示**
> 1. 视平线：在画面上过心点的水平线就是视平线。视平线到地面的高度与视点到地面的高度相等，所以视平线也是视点高低位置在画面上的反映。
> 2. 地平线：就是地球表面与天空的分界线。在透视理论上地平线只能在视平线下方且不能与视平线重合，但是一般来说，地平线距离观察者的眼睛相对较远，无法把二者分开，因此透视学中假定地平线是视平线的透视投影，二者是重合在一起的。
> 3. 视角：任意两条视线与视点所形成的夹角就是视角。
> 4. 视域：视点固定时所看到的范围就是视域。最大范围内的视域称为可见视域，一般60°左右的视域称为舒适视域。
> 5. 心点：中视线与画面相交的点就是心点，其附近小范围的视域称为视觉中心，也是视点的高低及左右位置在画面上的反映。

1.5.2 透视中三要素变化的运用

我们已经知道视点、画面和物体是透视形成的三要素，透视图形的所有变化都取决于三者之间的关系。我们先选择物体不同的角度观察透视形态，会有平行透视和成角透视两种区别，如图1-52所示。

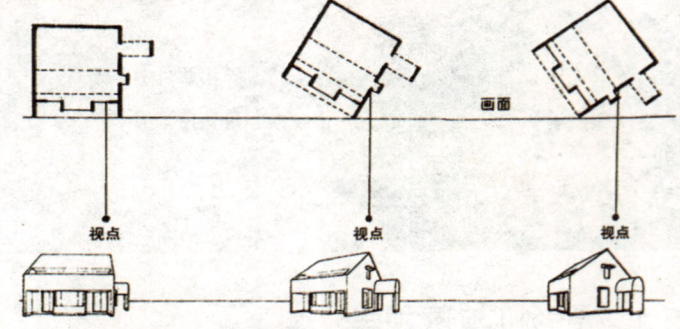

图1-52 物体画面形成平行透视和成角透视

接着选择物体角度相同，但视距（视点到物体的距离）不同的方式来观察透视形态，此时视角也会发生改变。一般来说大于60°视角看物体会出现不完整的物体画面，就算能够全部看到物体，也会由于距离太近而使呈现出的物体画面变形，如图1-53所示。

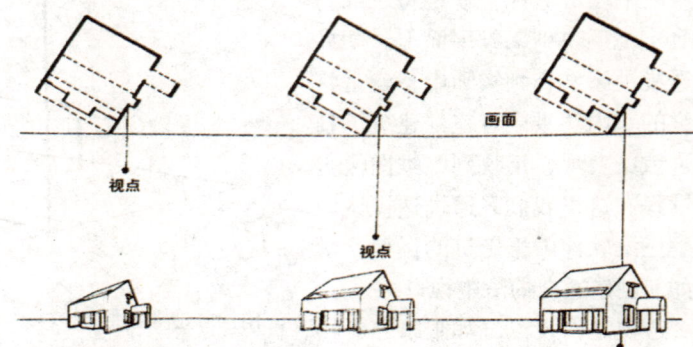

图1-53 变形的物体画面

最后我们在保证观察角度和视距都不变的前提下，将物距（物体到画面的距离）改变，呈现出来的物体画面也会有大小的差别，如图1-54所示。

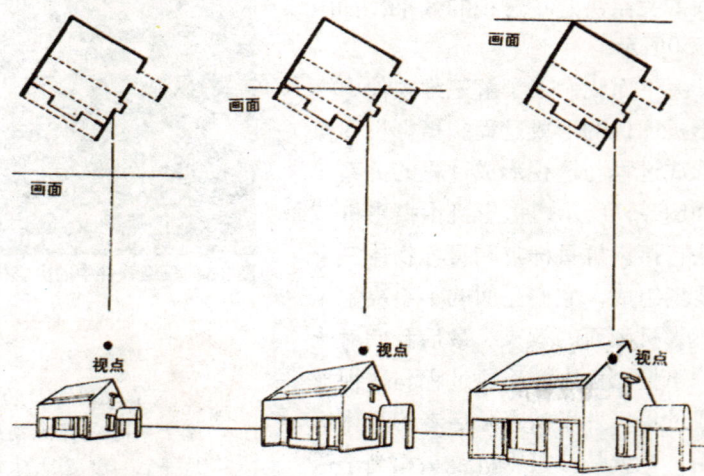

图1-54 物体画面大小的差别

提示 通过上面的学习，大家已经知道透视与摄影机之间的关系，并且进一步了解了透视中三要素变化的运用，希望大家多看一些透视方面和摄影方面的相关书籍，把相应的知识融入到制作中。

1.5.3 摄影机中的景深效果

景深就是指图像前后清晰的范围。摄影机的光圈和焦距决定了景深的深度，即决定了某个物体是否能够在摄影机的聚焦范围内。理论上，当镜头的焦点置于物体前某个特定距离时，景深都会显示一个清晰范围，在这个范围内的物体都处在镜头聚焦的范围内，会显示得很清晰，如图1-55所示。但如果是一个较低的焦距值则会产生一个很浅的景深，这就意味着只有少数的物体能够显示在镜头的聚焦范围内，也就是说距离摄影机太近或太远物体都会相应显示虚化和模糊，如图1-56所示。

需要大家认识的是，一般在设计软件中，摄影机的景深没有技术理论上那么复杂，如果需要一个很小的景深场景，可以选择较低的焦距值，反之则选择一个较高的焦距值，也就是说设计软件中的摄影机只模拟与聚焦相关的景深，而不会影响到亮度，还有一些渲染软件的控制景深无需指定焦距，只需指定焦点的开始距离和结束距离即可，如图1-57和图1-58所示。

图1-55 较小的光圈产生较深的景深

图1-56 较大的光圈产生较浅的景深

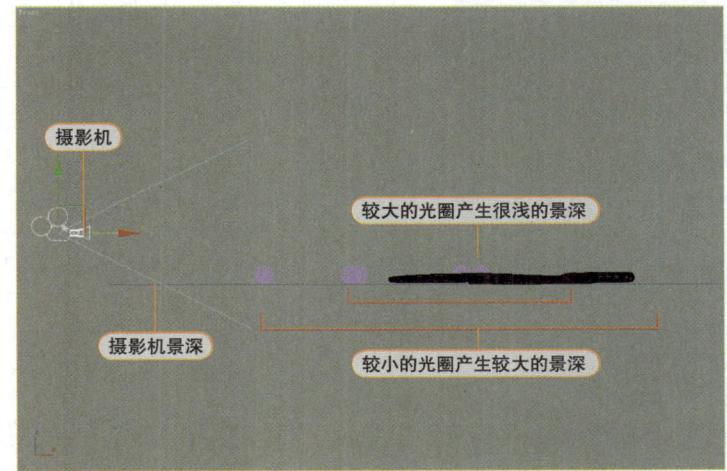

图1-57 软件中的摄影机景深

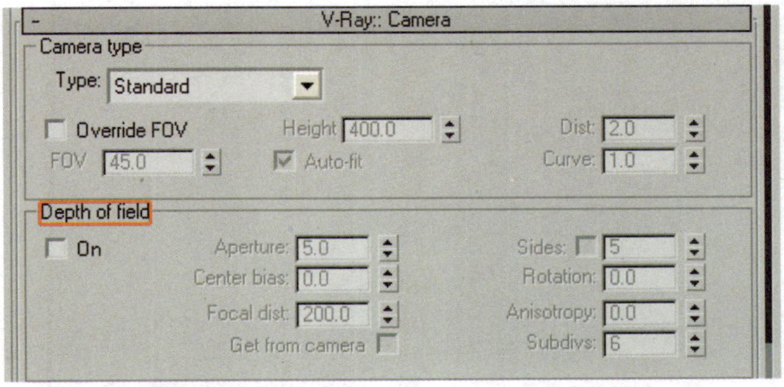

图1-58 VRay渲染软件中的景深面板

▶ **本节小结**：大家通过上面的学习已经知道了透视与摄影机之间的关系，并且进一步了解了透视中三要素变化的运用，笔者希望大家将所学的透视知识与软件中的摄影机结合使用，创建出适合方案的视口空间。

1.6　本章小结

通过本章的学习，相信大家在今后创作中遇到相应的色彩问题、阴影问题、透视问题都会有一个正确的解决方法，最后笔者希望大家在生活中能去观察不同属性的物体在现实中对光线的反映状况，并把观察到的知识与制作技术相结合，创造出更真实、更精彩的作品。

02

第 2 章
室内方案的制作流程

本章要点:

　　本章重点是如何对甲方资料进行分析,如何根据分析对方案图进行精度筛选,以及整个设计方案的制作流程。如何准备建立模型前的工作,根据分析好的方案图进行建模,然后确认模型,赋予相应的模型材质,交甲方验收,如果满意则对模型进行最终渲染、后期合成,最后将设计方案的效果图交付于甲方,这就是整个设计方案制作流程。由于本书在后面的章节中将详细讲解渲染方案这个流程,因此这里我们着重讲解渲染方案前的重要流程。

重点内容: 1. 分析甲方资料并进行筛选
　　　　　　 2. 根据筛选资料进行模型创建
　　　　　　 3. 模型创建中进行材质分配
　　　　　　 4. 了解整个设计方案的制作流程

2.1 室内设计方案制作前期准备工作

▶ **本节要点：** 本节重点讲解如何对甲方提供的资料进行分析，然后根据甲方要求对方案进行筛选编辑，接着进行建模前的准备工作，最后在场景中导入所需方案。

2.1.1 分析甲方的设计方案

主要步骤 打开甲方设计文件，分析并编辑创建室内家居空间所需立面，接着熟悉整个设计方案，然后根据甲方要求编辑并确定所需方案图形。

步骤 1 **分析甲方设计方案**

我们先打开配套光盘"scenes\第二章\第二章CAD文件\甲方总方案图.dwg"文件，这是甲方提供的方案资料，如图2-1所示。

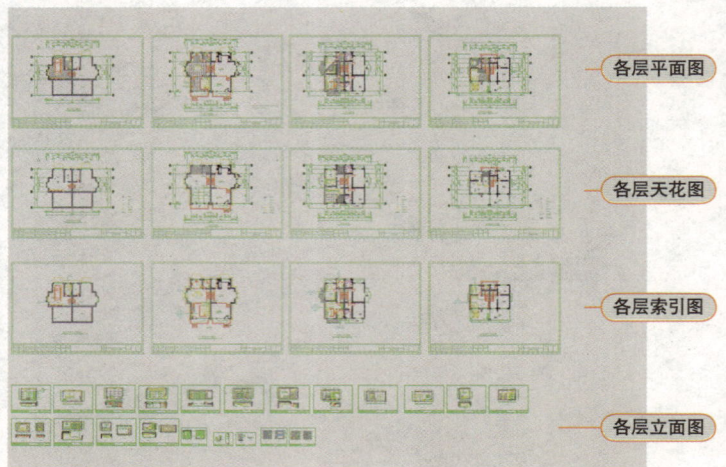

各层平面图

各层天花图

各层索引图

各层立面图

图2-1 甲方总方案图

熟悉各层平面图、天花图以及场景立面图，然后根据甲方需要的一层客厅与餐厅效果图的内容，对方案进行分析，如图2-2所示。

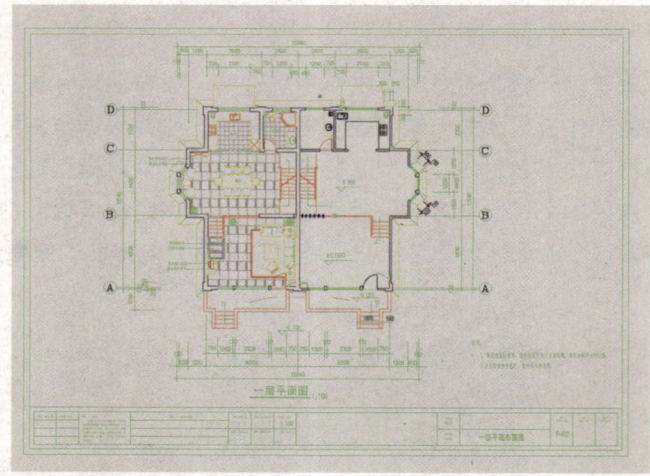

图2-2 依照甲方要求分析方案

最后根据索引图，确定我们要建立的一层室内模型的方案内容，如图2-3和图2-4所示。

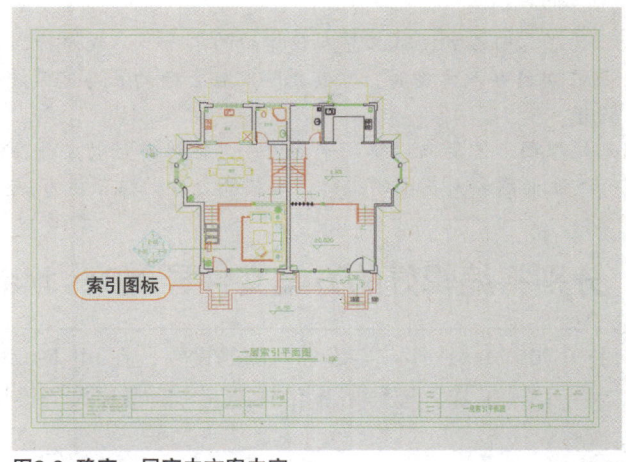

图2-3 确定一层室内方案内容

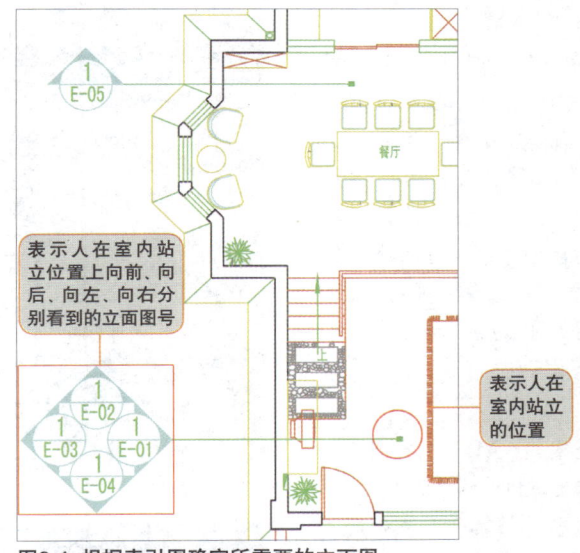

图2-4 根据索引图确定所需要的立面图

步骤2 编辑需要导入的方案文件

我们在AutoCAD中编辑需要导入的立面图、平面图和天花图，将方案中建立模型时不需要的物体对象删除掉，得到相对简洁实用的方案图形。然后选择所有分层，使用特性匹配工具将所有分层物体对象集合到一个图层中，这里采用默认的0层，如图2-5所示，最后将文件另存为"一层平面图"。大家可以按照以上方法编辑其他立面图和天花图。

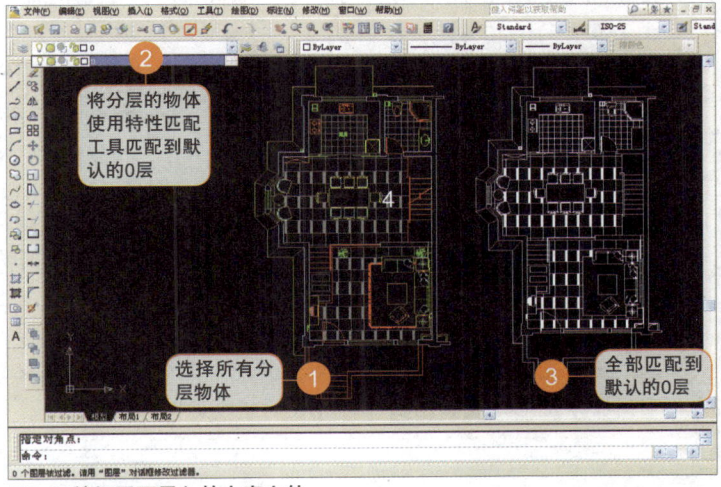

图2-5 编辑需要导入的方案文件

提示
1. 为了保证在 3ds Max 导入物体时的单一性，我们将CAD分层物体都编辑到一个层中。
2. 在编辑导入方案时，需要删除比较复杂的且与建模没有关系的物体对象，如地毯的毛边、配景植物等。
3. 由于篇幅原因，笔者只编辑了平面图，其他编辑好的文件在配套光盘中。笔者希望大家在练习中能尝试一下立面图和天花图的编辑，以提高自身的综合能力。

2.1.2 分别将编辑好的方案文件导入3ds Max中

主要步骤
打开3ds Max软件，完成导入前的设置，在3ds Max中导入编辑好的CAD方案文件，接着利用移动工具、旋转工具和捕捉工具调整导入的设计方案，最后将CAD方案文件按照空间关系调整完成。

步骤1 导入前的设置

启动3ds Max软件，执行菜单栏中的Customize（自定义）> Units Setup（单位设置）命令，设置单位尺寸，如图2-6所示。然后按快捷键Ctrl+Shift+G，在弹出的Grid and Snap Settings（栅格和捕捉设置）对话框中设置捕捉方式和捕捉属性，如图2-7所示。最后按快捷键Ctrl+S保存文件。

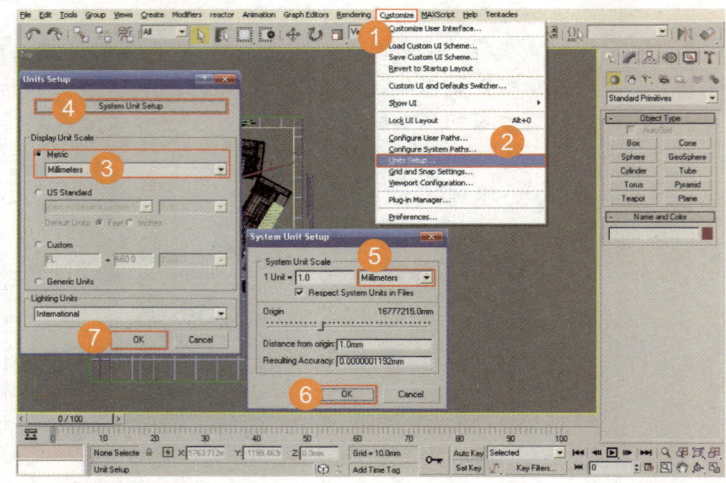

图2-6 设置单位尺寸

提示
一般室内CAD设计方案的单位是公制单位中最小的，为了保证单位的统一，我们建立模型前需要将场景单位设置为Millimeters（毫米）。如果是建立很大的建筑场景，我们可以将场景单位设置为Centimeters（厘米）或者是Meters（米）。

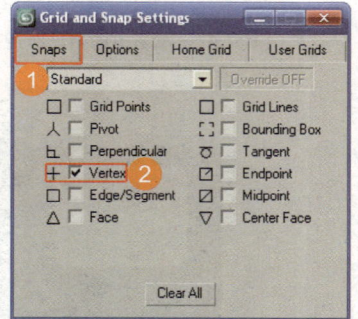

图2-7 设置捕捉方式和捕捉属性

提示
捕捉方式可以控制物体的栅格点、轴心点、垂足点、顶点、端点、中心点以及切线点等物体属性特点。捕捉属性可以控制捕捉物体的角度、捕捉物体的捕捉半径和约束坐标等，帮助大家快捷方便地完成相应操作，并提高建模的工作效率。

步骤 2 **导入编辑好的一层平面图**

执行File（文件）> Import（导入）命令，打开配套光盘"scenes\第二章\第二章CAD文件\一层平面图.dwg"文件，在Import Options对话框中设置相关参数，如图2-8所示。选择导入物体，重新命名后将其坐标设置在零点坐标上。最后选择一层平面图物体，按快捷键Ctrl+Shift+L，在弹出的Layer对话框中新建一个CAD层，单击鼠标右键，在弹出的菜单中选择Freeze Selection命令，将一层平面图冻结在零点坐标上，如图2-9所示。

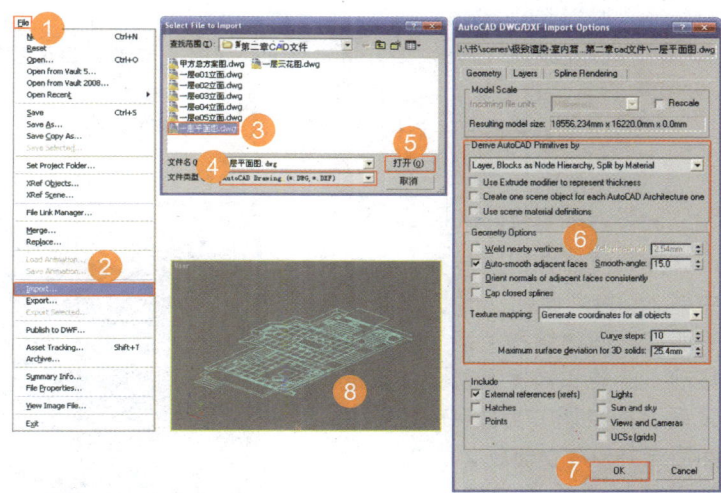

图2-8 导入一层平面图

提示

1. 导入的方案图起参考作用，在场景中并不对其进行编辑，因此在导入设置中只勾选了Autosmooth自动平滑复选框，而没有勾选weld焊接复选框。

2. 在工作中有时会直接使用导入后的CAD文件，但是要求在使用前要将编辑物体焊接。

3. 可以看到导入的一层平面图是一个整体，这就是前面我们在CAD中将所有分层放置在单层上的结果，这样方便我们选择和编辑物体。

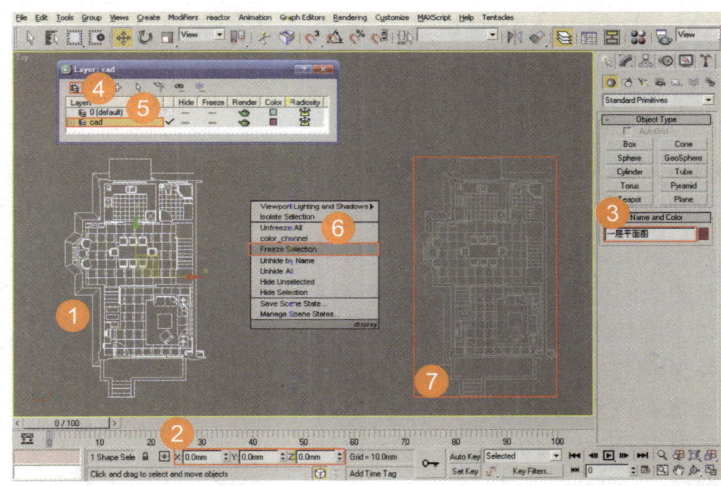

图2-9 调整导入一层平面图

步骤 3 **导入编辑好的e03立面图**

在场景中导入"第二章CAD文件"中的e03立面图，分析立面图与平面图之间的结构关系。使用移动、旋转和捕捉设置按照结构关系完成e03立面图调节。然后选择e03立面物体，单击层浮动工具栏中的"添加"按钮将物体添加到CAD层，最后单击鼠标右键，在弹出的菜单中选择Freeze Selection（冻结当前选择）命令，将e03立面图冻结，如图2-10所示。

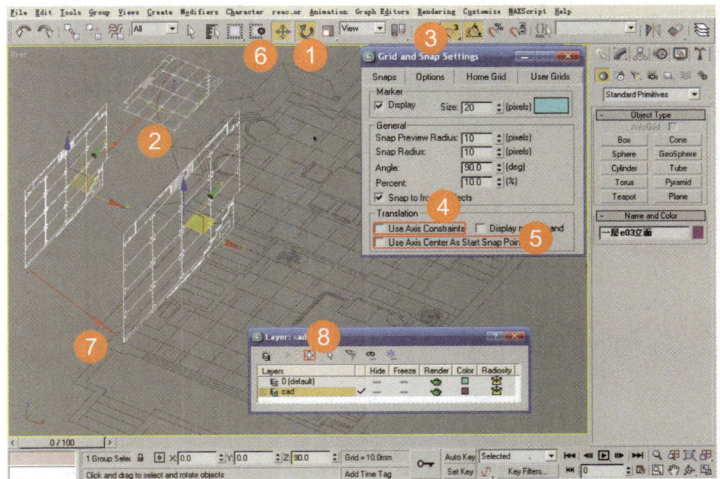

图2-10 导入e03立面

提示
1. 这里打开Layer（层）对话框的快捷键是笔者自己设置的。
2. 在工作中为了方便管理场景物体，笔者为导入的方案图设置了相应的图层。
3. 为了方案图在建模过程中不受到影响，我们一般将其冻结。

步骤4 **导入编辑好的e04立面图**

按照前面介绍的步骤，在场景中导入e04立面图，分析立面图与平面图之间的结构关系，接着使用移动、旋转和捕捉设置，按照结构关系工具栏调节完成e04立面图。然后选择e04立面物体，单击层浮动工具栏中的添加按钮，将物体添加到CAD层，最后单击鼠标右键，在弹出的菜单中选择Freeze Selection（冻结当前选择）命令，将e04立面图冻结，如图2-11所示。

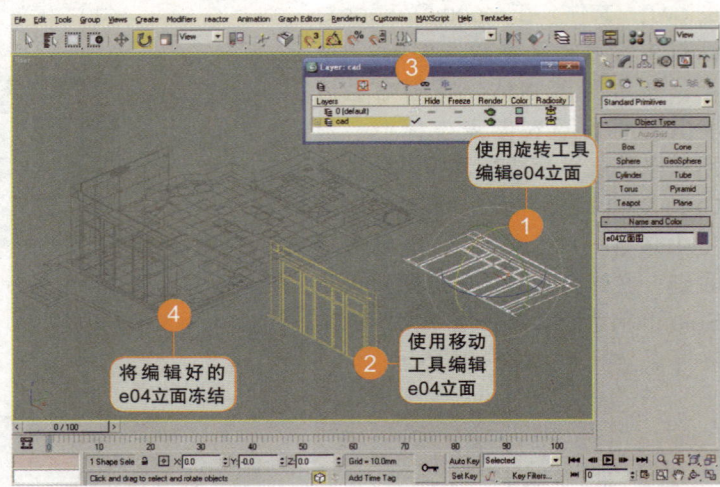

图2-11 导入e04立面

步骤5 **导入编辑好的e01立面图**

按照前面介绍的步骤在场景中导入e01立面图，分析立面图与平面图之间的结构关系，接着使用移动、旋转和捕捉设置，按照结构关系调节完成e01立面图。然后选择e01立面物体，单击层浮动工具栏中的添加按钮将物体添加到CAD层，最后使用移动工具将e01立面物体沿X轴平移出来，单击鼠标右键，在弹出的菜单中选择Freeze Selection（冻结当前选择）命令，将e01立面图冻结，如图2-12所示。

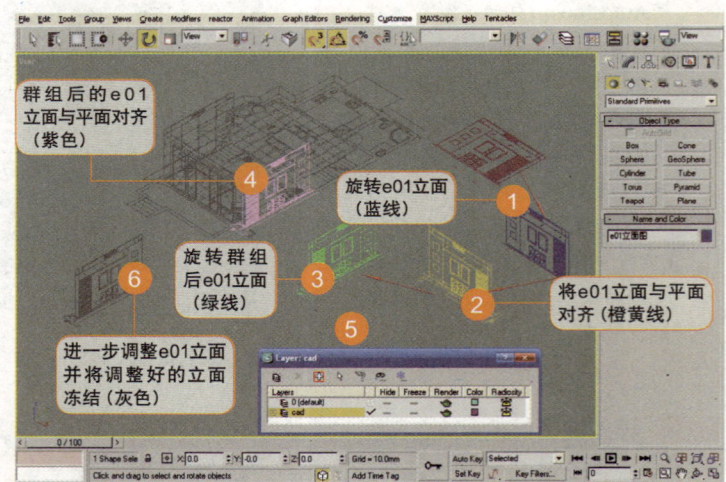

图2-12 导入e01立面

提示 为了在建模时保证e03立面与e01立面不会互相影响，这里将e01立面中的物体移动出来。

步骤6 导入编辑好的e02立面图

　　按照前面介绍的步骤，在场景中导入e02立面图，分析立面图与平面图之间的结构关系，接着使用移动、旋转和捕捉设置，按照结构关系调节完成e02立面图。然后选择e02立面物体，单击层浮动工具栏中的添加按钮将物体添加到CAD层，最后使用移动工具将e02立面中的物体沿Y轴平移出来，单击鼠标右键，在弹出的菜单中选择Freeze Selection（冻结当前选择）命令，将e02立面图冻结，如图2-13所示。

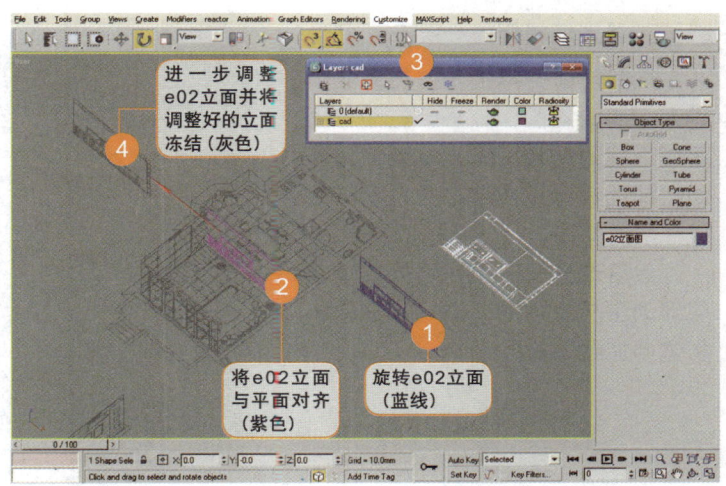

图2-13 导入e02立面

步骤7 导入编辑好的e05立面图

　　按照前面介绍的步骤，在场景中导入e05立面图，分析立面图与平面图之间的结构关系，接着使用移动、旋转、捕捉设置按照结构关系调节完成e05立面图。然后选择e05立面物体，单击层浮动工具栏中的添加按钮将物体添加到CAD层，最后使用移动工具将e05立面物体沿Y轴平移出来，单击鼠标右键，在弹出的菜单中选择Freeze Selection（冻结当前选择）命令，将e05立面图冻结，如图2-14所示。

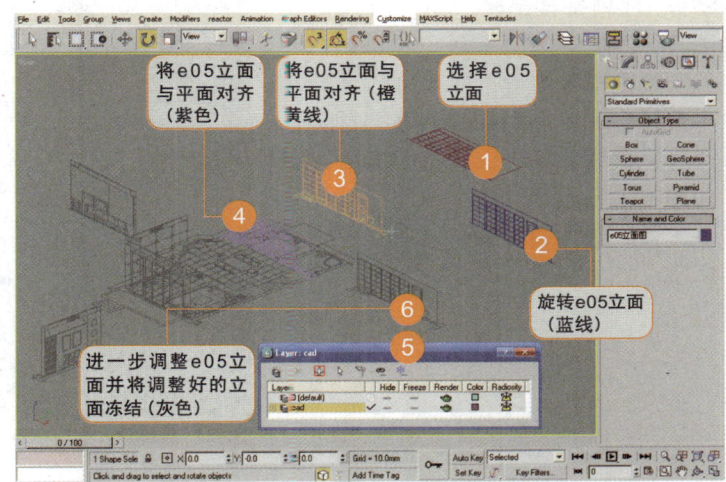

图2-14 导入e05立面

提示　　在冻结前大家要注意e05立面物体的实际高度以及它与地面的实际高度，如右图2-15所示。

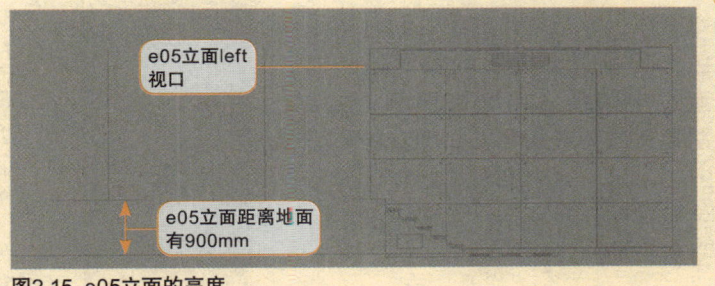

图2-15 e05立面的高度

步骤8 导入编辑好的一层天花图

按照前面介绍的步骤在场景中导入一层天花图，分析天花图与平面图之间的结构关系，接着使用移动、捕捉设置按照结构关系调节完成一层天花图。

然后选择一层天花物体，单击层浮动工具栏中的"添加"按钮将物体添加到CAD层。

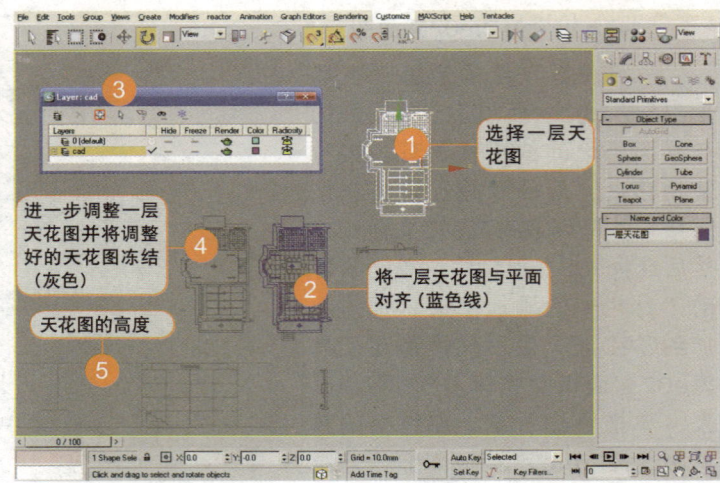

图2-16 导入一层天花图

最后使用移动工具将一层天花物体沿Y轴平移出来，将一层天花图与e02物体对齐。

单击鼠标右键，在弹出的菜单中选择Freeze Selection（冻结当前选择）命令，将一层天花图冻结，如图2-16所示。

最终导入的结构布局如图2-17所示。

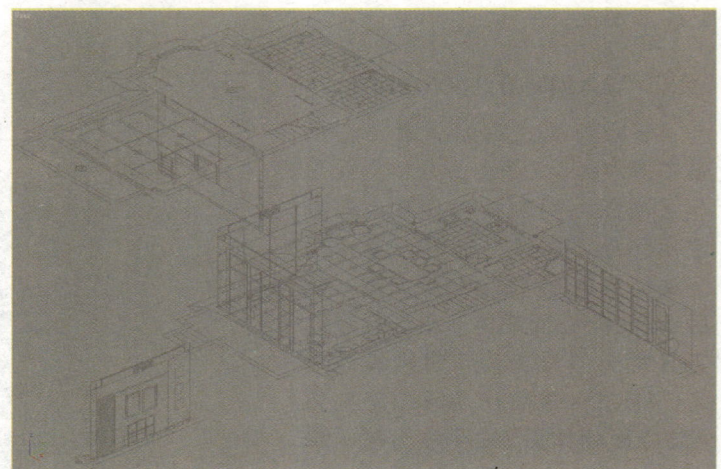

图2-17 最终导入结构布局

步骤9 建立室内模型前场景的其他设置1

如果使用3ds Max默认设置冻结物体，冻结物体的颜色和背景颜色非常接近，会影响我们建立模型的准确度，如图2-18所示。这就需要修改背景颜色，如图2-19和图2-20所示，或者调节冻结物体的颜色，如图2-21所示，本案例采用的是后一种方法。

图2-18 接近的颜色影响建模

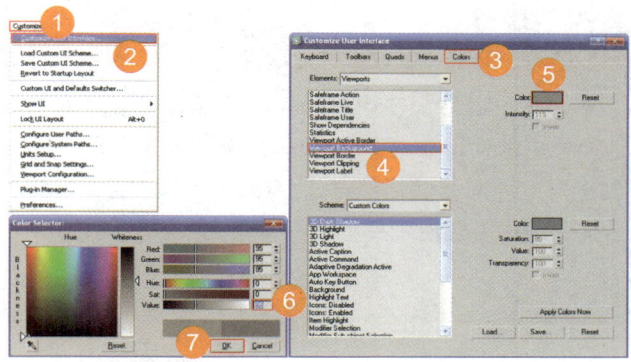

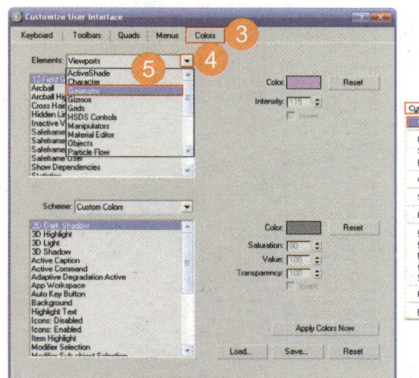

图2-19 调节背景颜色

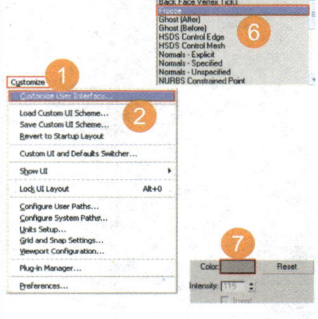

图2-20 调节完成背景颜色后的场景

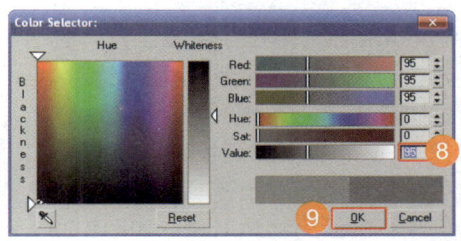

图2-21 设置冻结物体颜色

步骤10 **建立室内模型前场景的其他设置2**

在菜单栏中选择Customize（自定义）>Preferences（首选项）命令，在弹出的Preferences Setlings（首选项设置）对话框中进行参数设置，然后在Scene Selection（场景）选区中勾选 Auto Window/Crossing by Direction（按方向自动切换窗口/交叉）复选框，最后单击OK按钮完成物体选择方式的设置，如图2-22所示。

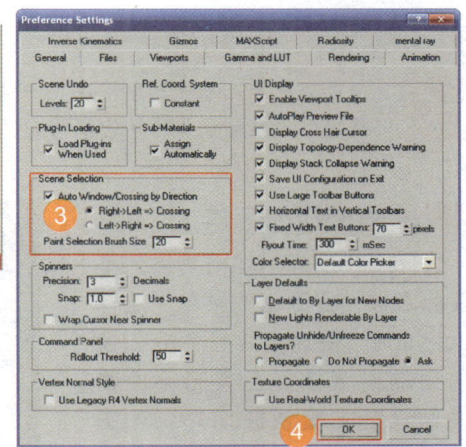

图2-22 设置选择方式

提示 设置完成后，在场景中从左向右是窗口选择物体方式，从右向左是交叉选择物体方式。

本节小结：以上就是室内设计方案制作前期的准备工作，笔者希望大家认真体会，观察导入并调整好准备建立模型的CAD设计方案。通过前面所学知识的运用，掌握创建家居空间模型的前期准备工作，总结并熟练使用在前期准备工作中所提到和用到的工具及命令。

2.2 根据设计方案创建室内地面结构

▶ **本节要点：**本节重点讲解如何根据导入平面设计图纸的真实尺寸确认地面相应结构，并通过Editable poly（多边形编辑）的方法来创建居室地面，然后给创建好的地面物体赋予相应材质，最后按照结构需要使用投影线框命令调整居室地面。

步骤1 创建区域地面结构物体

　　将视图切换到Top视图，然后在工具菜单中将对象捕捉设置为 （2.5维），接着在创建命令面板的二维样条线层级面板中选择Rectangle（矩形）线框工具，创建符合设计图的矩形线框。最后单击鼠标右键，在弹出的对话框中选择Convert to Editable poly(转换到可编辑多边形)命令，将创建的矩形线框转换为物体对象，如图2-23所示。

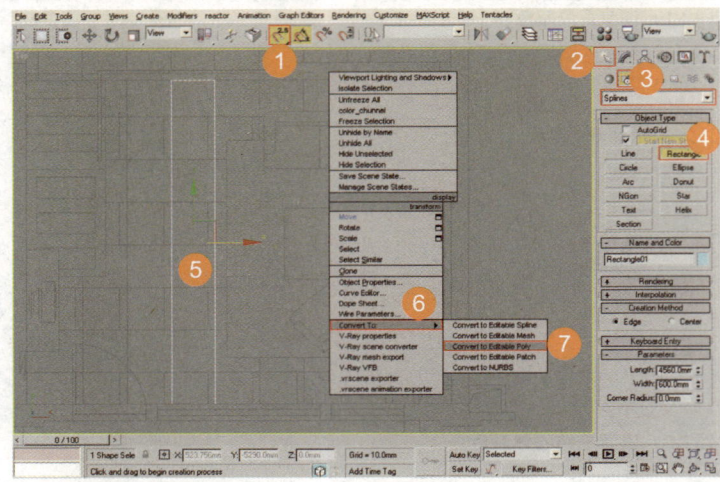

图2-23 创建地面结构物体

提示 　1. 经过分析，地面瓷砖的大小是一样的，因此我们从地面中间入手创建地面物体。
　2. 将矩形线框转换成Poly物体的过程其实就是将线性物体转变成实体的过程。

步骤2 编辑区域地面实体

　　选择刚转换好的地面物体，单击鼠标右键，在弹出的菜单中选择Quickslice（快速切片）命令，使用前面的设置捕捉工具将平面物体按照设计方案快速切片，如图2-24所示。然后再单击鼠标右键，在弹出的菜单中选择Cut（剪切命令），对平面物体按照设计方案进行剪切，如图2-25所示。

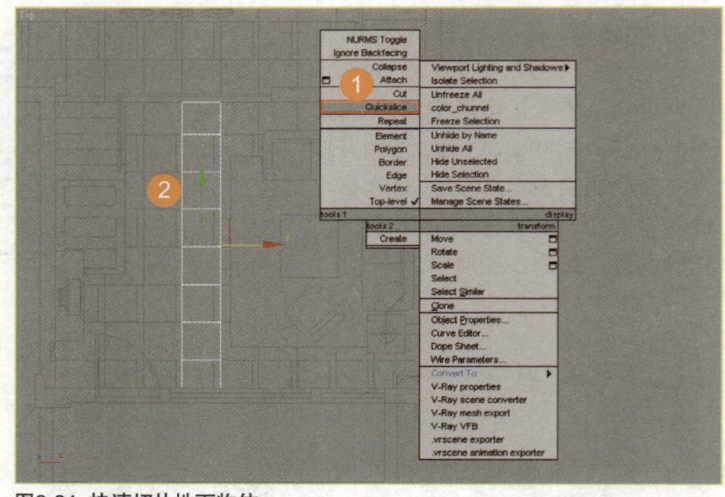

图2-24 快速切片地面物体

提示

1. Quickslice（快速切片）命令能够按照结构将整个物体裁切。
2. Cut（剪切）命令只能够（剪切）物体的单一元素，如一个边线或截面，为了不破坏物体的结构，笔者采用Cut（剪切）命令。
3. 为了Quickslice（快速切片）和Cut（剪切）命令的准确性和快速性，最好和对象捕捉命令配合使用。
4. 通过设计方案知道划分的大块部分是爵士白大理石，小块部分是黑白根大理石。

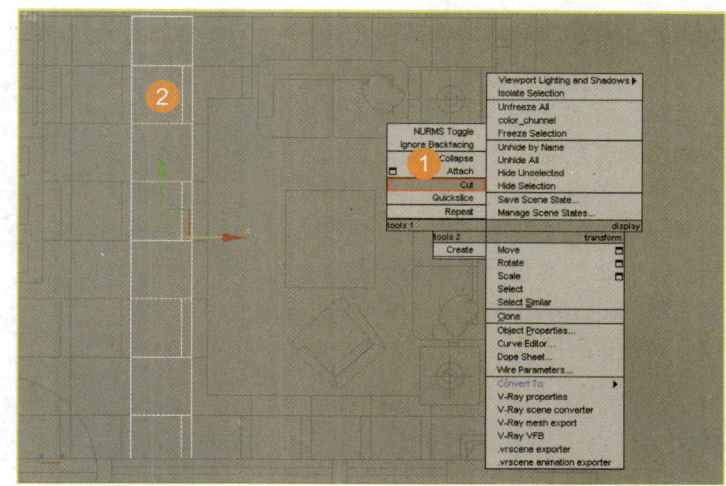

图2-25 剪切地面物体

步骤3 创建大理石接缝部分

在Top视口中选择地面物体，按快捷键"2"，进入物体的边层级，使用快捷键Ctrl＋A选择全部物体的边线。然后单击鼠标右键，在弹出的菜单中单击Chamfer（切角）命令的设置按钮，在弹出的对话框中设置参数，单击OK按钮完成物体接缝部分的制作，如图2-26所示。最后大家可以看到编辑完成后接缝部分的形态，如图2-27所示。

提示

1. 如果单击右键，选择Chamfer（切角）命令，可以在场景中拖动鼠标控制切角的距离。
2. 如果单击右键，选择Chamfer命令（切角）前的设置按钮，可以在弹出的对话框中设置切角的距离。

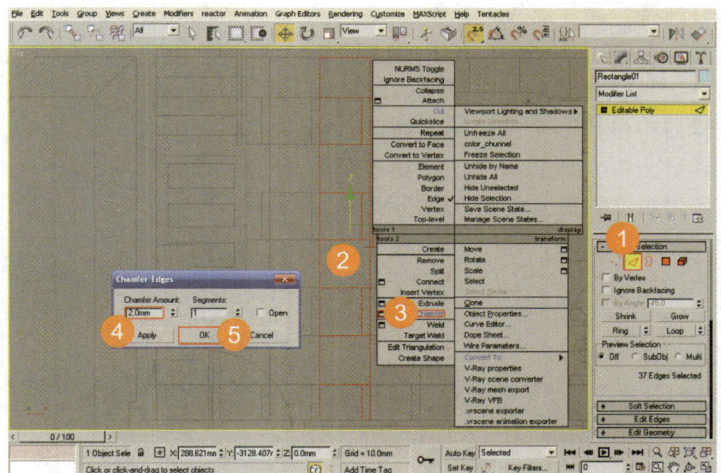

图2-26 切角物体的边线

图2-27 切角后物体的结构

步骤4 创建爵士白大理石物体

在Top视口中选择切角后的地面物体，按快捷键"4"，进入物体的多边形层级，选择相应的面，然后单击鼠标右键，在弹出的菜单中单击Bevel（倒角）命令设置按钮，在弹出的对话框中设置参数，单击OK按钮完成大理石物体的制作，如图2-28所示。

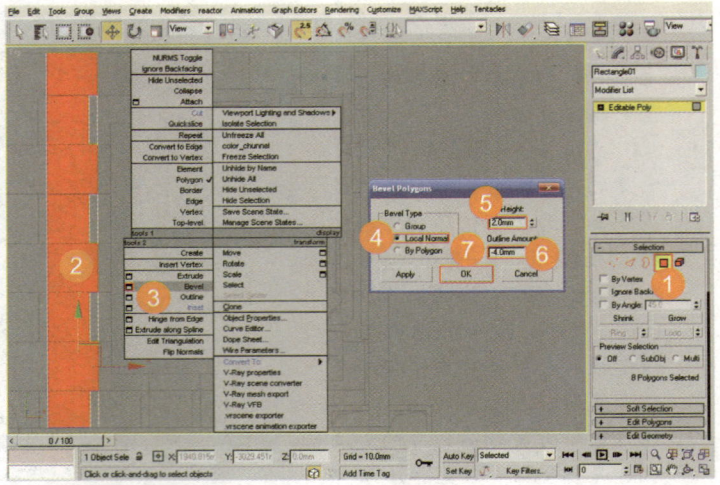

图2-28 制作爵士白大理石物体

最后我们在物体的Selection（选择）属性面板中单击Grow（扩大）按钮，将倒角物体的截面选上，按快捷键M，在弹出的材质编辑器中选择一个空白的材质球，创建爵士白大理石材质，将材质赋予场景中的截面，如图2-29所示。

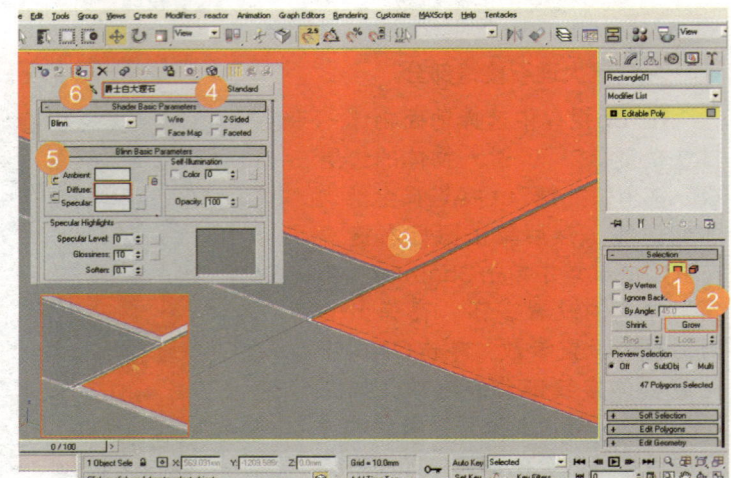

图2-29 赋予爵士白大理石材质

> **提示**
> 1. 为了保证能正确倒角，选择Bevel Type（倒角类型）为Local Normal（局部法线）。
> 2. 为了避免选择物体表面被移动，通常情况下我们使用选择工具或快捷键Q。
> 3. 使用Grow（扩大）按钮能够选择面的相邻截面，大大提高了工作效率。
> 4. 在建立模型时一般不需要真实的材质贴图，但是需要将材质分类编辑，当然如果工期紧的话，可以考虑模型和材质一起完成。
> 5. 黑白根大理石接缝的方法和大理石接缝的制作一样，由于篇幅关系笔者会在本章光盘教学中讲解。

步骤5　赋予材质的区域地面

　　由于甲方要求场景的主要模型都必须是真实的实体，因此大理石地面不能够使用凹凸贴图来完成。从经验上讲，凹凸贴图渲染的效果不如真实模型渲染的效果好，但是大家在今后工作中要具体问题具体分析，再确定要创建物体的材质分类，如图2-30所示。

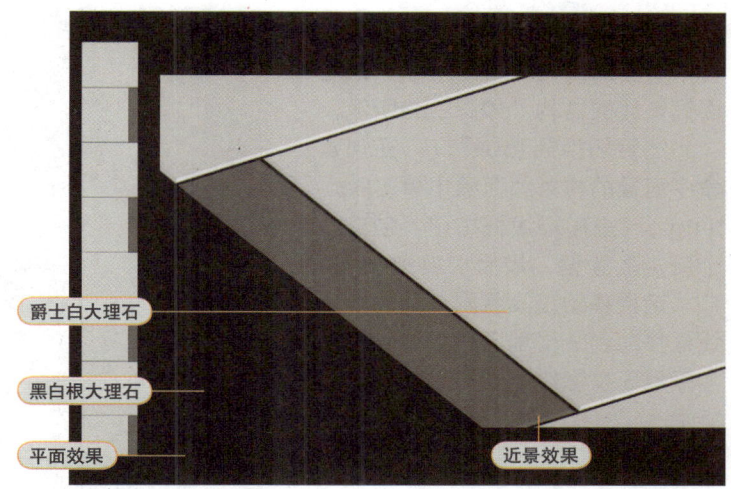

爵士白大理石

黑白根大理石

平面效果

近景效果

图2-30　赋予材质的区域地面

步骤6　创建一层地面

　　选择刚赋予材质的区域地面物体，在工具菜单中使用对象捕捉工具，接着使用移动工具同时配合Shift键拖拽出另一个地面物体，利用对象捕捉工具和移动工具将刚复制出来的地面按照CAD方案对齐，如图2-31所示。最后将复制出来的区域地面全部结合，命名为"一层地面"，按快捷键1，进入物体的点层级，按快捷键Ctrl+A，选择物体全部的点，再单击鼠标右键，在弹出的菜单中选择Weld（焊接）命令，将多个元素焊接为一个元素，如图2-32所示。

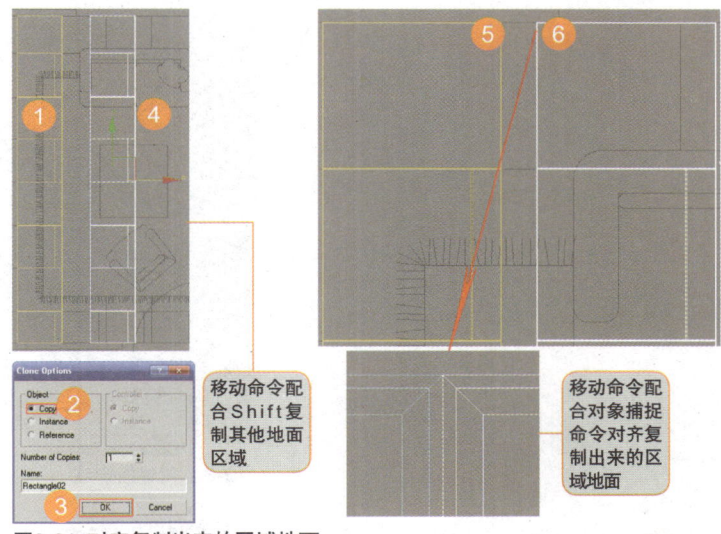

移动命令配合Shift复制其他地面区域

移动命令配合对象捕捉对齐复制出来的区域地面

图2-31　对齐复制出来的区域地面

提示　1.对齐区域地面时一定要认真细致，利用好对象捕捉设置，如果物体没有对齐会影响到接下来的物体焊接。

　　2.除了上面介绍的复制方法还可以再按快捷键Ctrl+C复制后再按快捷键Ctrl+V粘贴。笔者会在本章光盘教学中讲解。

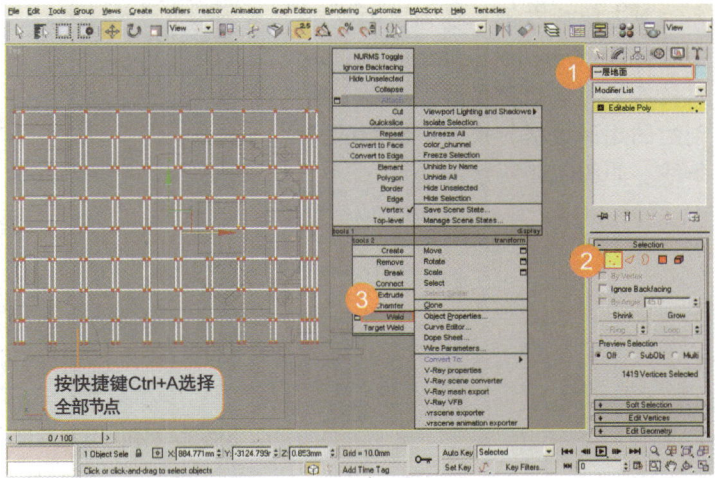

按快捷键Ctrl+A选择全部节点

图2-32　将多个元素物体焊接为一个元素物体

步骤7 创建一层地面投影线

切换到Left视口中，分析一层地面投影线的结构，如图2-33所示。

然后切换到Top视口，在创建命令面板的样条线面板中单击Rectangle（矩形）线框按钮，创建一个新矩形线框，最后切换到Left视口，运用移动工具将刚创建的矩形线框移动到一层地面的上方，完成客厅地面投影线的创建，如图2-34所示。

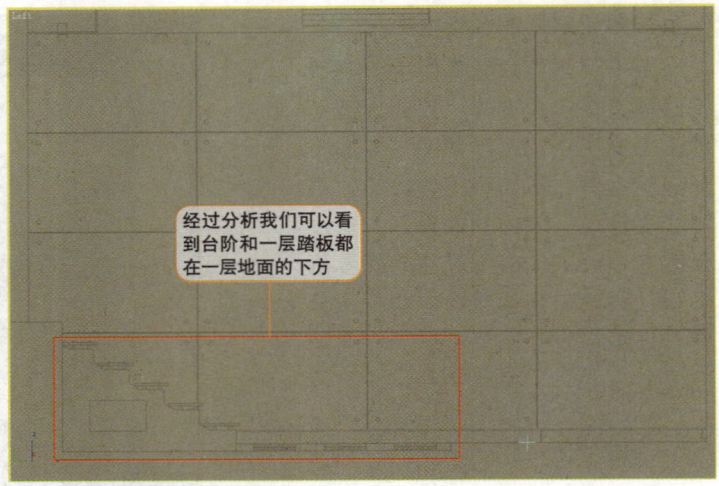

图2-33　在Left视口中分析投影线结构

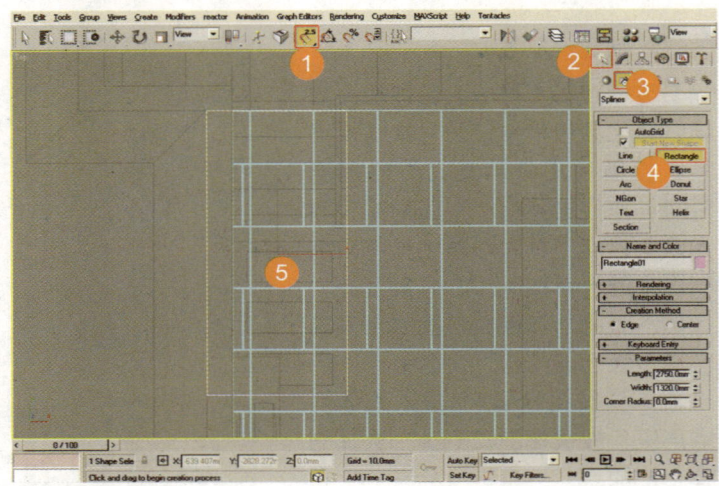

图2-34　创建投影线

步骤8 编辑一层地面投影线

单击鼠标右键，在弹出的菜单中选择Convert to Editable Spline（转换为可编辑样条线）命令，将创建的矩形线框转换为可编辑的样条线，如图2-35所示。

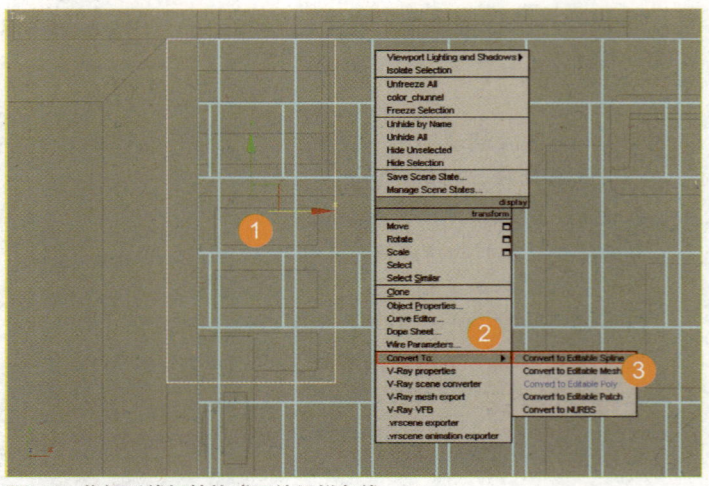

图2-35　将矩形线框转换成可编辑样条线

接着按快捷键"1"，进入曲线的点层级后调整曲线的大小，再使用快捷键"2"，进入曲线的边层级中为四条边加上3个节点，如图2-36所示。最后切换到Left视口后使用移动工具，将刚编辑好的曲线物体移动到一层地面的上方，如图2-37所示。

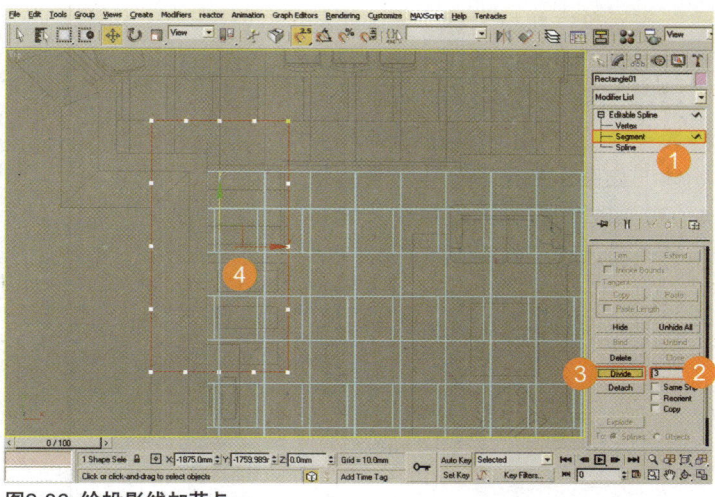

图2-36 给投影线加节点

提示

1. 投影线最好采用曲线、弧线，案例采用的是带有节点的直线，也就是说使用直线做投影线必须给直线添加2个以上的节点。

2. 投影线必须在被投射物体的上方并与物体的法线方向保持一致，也就说如果要投影地面物体，那么我们应该在Top视口创建投影线。

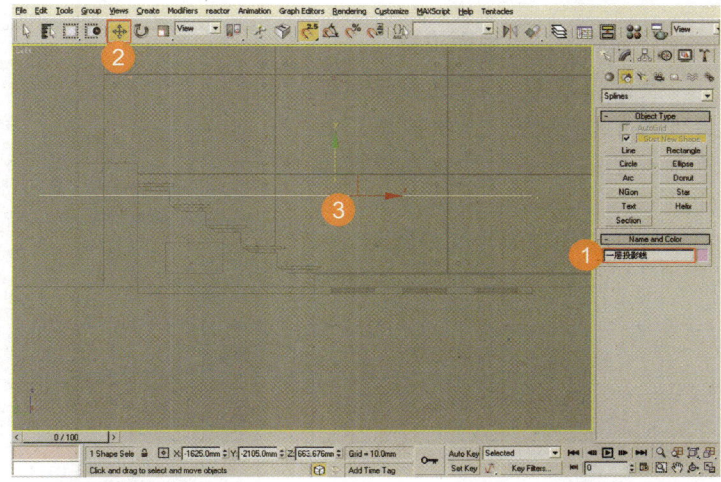

图2-37 调整投影线高度

步骤9 创建一层地面投影

先将视口切换到User（用户）视口，并选择一层地面物体，接着在创建命令面板的几何体层级面板中选择Compound Objects（复合对象），并单击Shapemerge（图形合并按钮）。然后在命令面板上单击Pick Shape（拾取图形）按钮，在视口中选择刚才编辑好的一层投影线，将它投影到一层地面上，如图2-38所示。

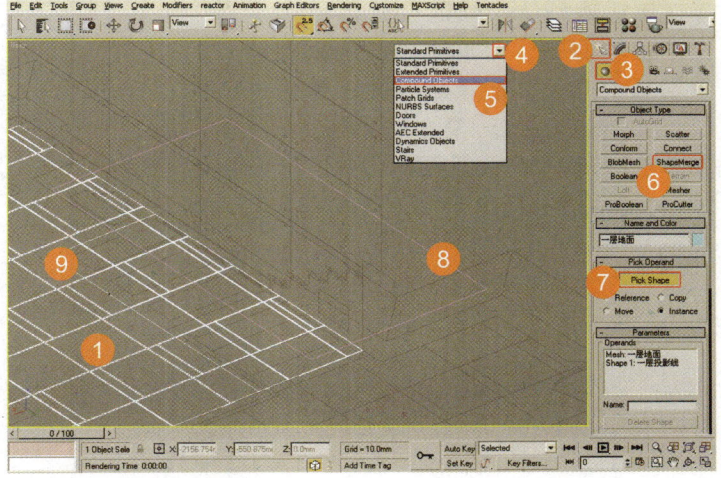

图2-38 创建一层地面投影

最后单击鼠标右键，在弹出的菜单中选择Convert to Editable Poly（转换为可编辑多边形）命令，将投影后的一层地面重新转换为物体，如图2-39所示。再按快捷键4，进入物体的多边形层级，将多余的地面删除，如图2-40所示。

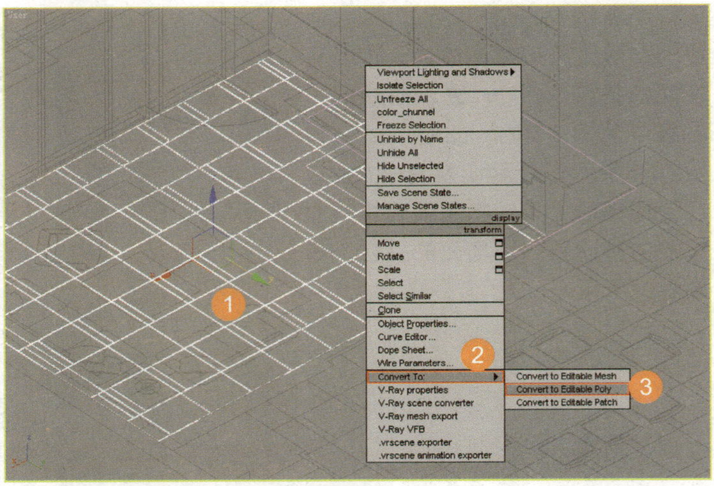

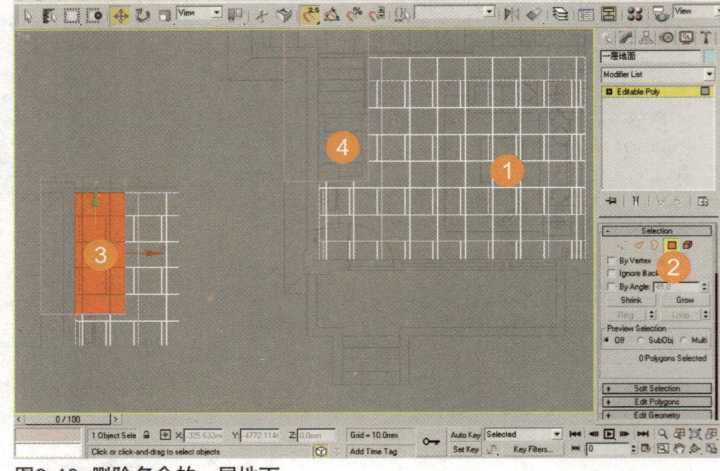

图2-39 转换投影完成的一层地面物体

步骤10 创建小二层地面投影

大家要观察一层地面与小二层地面的相似性，以便提高工作效率。笔者将在配套光盘里详细介绍创建小二层地面的方法，我们直接介绍小二层地面的投影。

图2-40 删除多余的一层地面

先切换到Use视口，并选择小二层地面物体，接着在创建命令面板的几何体层级面板中选择Compound Objects（复合对象），再单击ShapeMerge（图形合并）按钮，然后单击Pick Shape（拾取图形）按钮，在视口中选择刚才编辑好的小二层投影线，将它投影到小二层地面上，如图2-41所示。

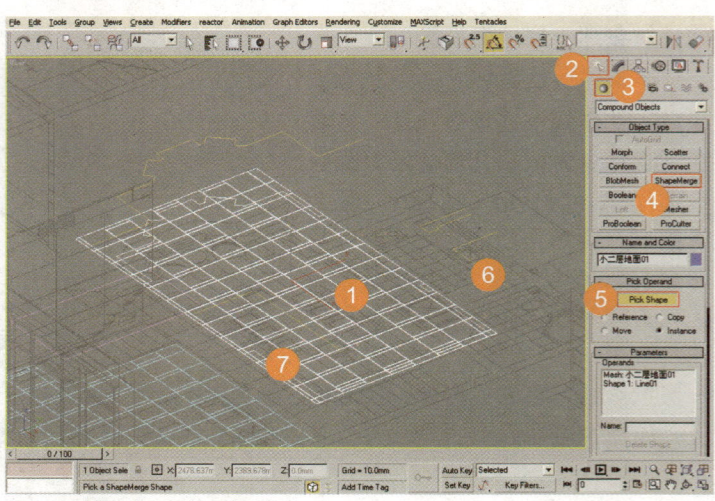

图2-41 创建小二层地面投影

最后单击鼠标右键，在弹出的菜单中选择Convert to Editable Poly（转换为可编辑多边形）命令，将投影后的小二层地面重新转换为物体，如图2-42所示。

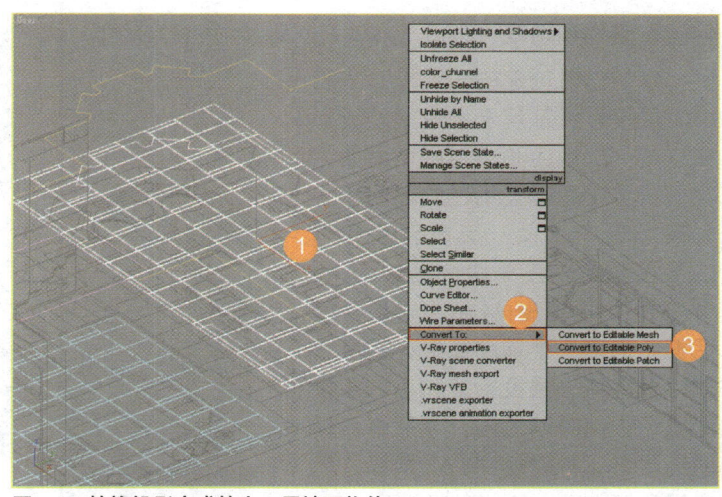

图2-42 转换投影完成的小二层地面物体

再按快捷键4，进入物体的多边形层级，选择多余的地面并将它们删除，如图2-43所示。

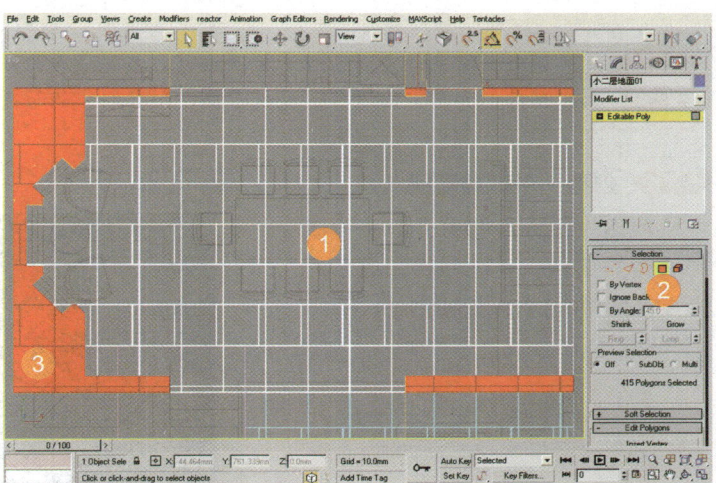

图2-43 删除小二层物体多余的面

小二层地面最终完成的效果如图2-44所示。

> 提示 创建小二层的投影线时，也要给线段加相应的节点，并且小二层地面必须是一个单元素物体。

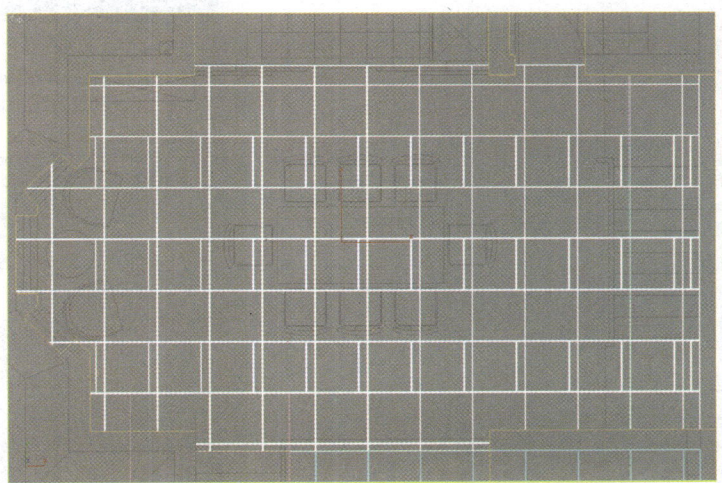

图2-44 完成小二层地面制作

步骤11 **整理辅助线**

我们先前创建的一层投影线和小二层投影线都属于场景辅助线，在完成一层地面和小二层地面后，我们需要整理这些用过的辅助线。先在场景中选择一层投影线和小二层投影线，接着按快捷键Ctrl＋Shift＋L，在弹出的Layer（层）对话框中创建一个辅助线层，然后在对话框中将一层投影线和小二层投影线添加到辅助线层，最后隐藏辅助线层级，再切换到CAD层级，完成辅助线整理，如图2-45所示。

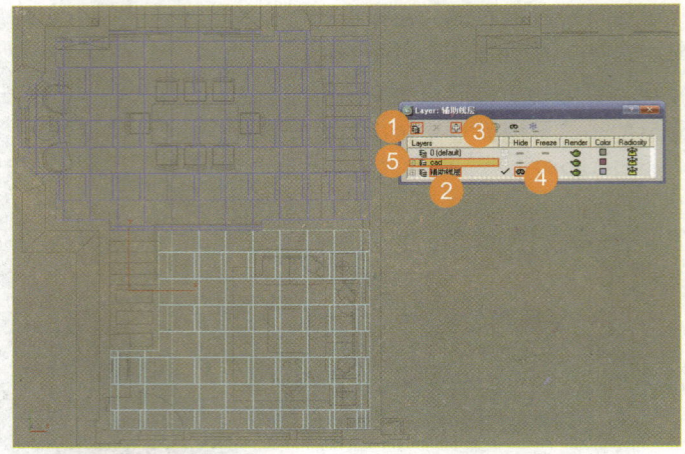

图2-45 整理辅助线

> **提示** 建立模型最重要的是有条理地按照设计方案完成模型搭建，我们可以将不需要的辅助物体都放到辅助层，如果需要调整，可以很快得到它们，从而提高建模效率。

步骤12 **创建一层鹅卵石槽**

我们先在方案图中分析一层鹅卵石槽的结构，通过分析知道它的高度是50mm，如图2-46所示。

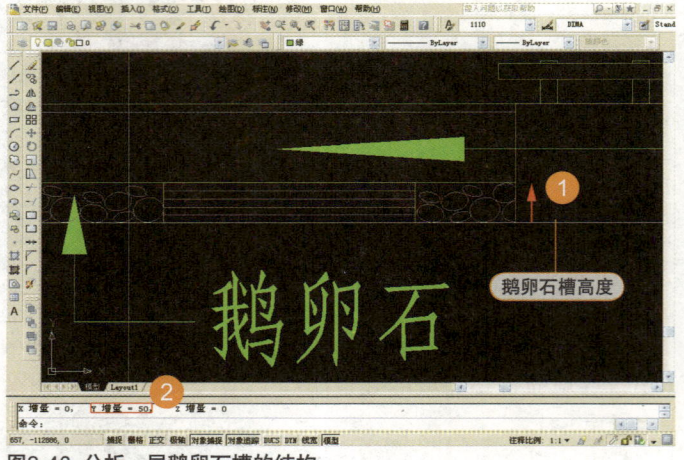

图2-46 分析一层鹅卵石槽的结构

接着切换到Top视口，按照设计方案，创建一个Box物体，并命名为"一层鹅卵石槽"，如图2-47所示。

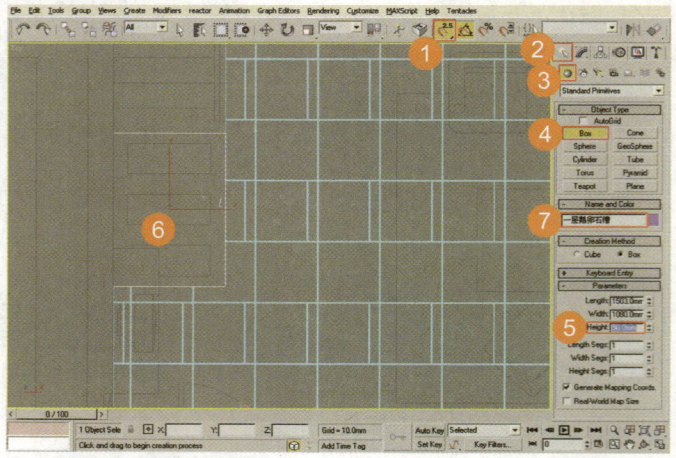

图2-47 创建一层鹅卵石槽

然后单击鼠标右键，在弹出的菜单中选择Convert to Editable Poly（转换为可编辑多边形）命令，将Box物体转换为Poly物体，如图2-48所示。

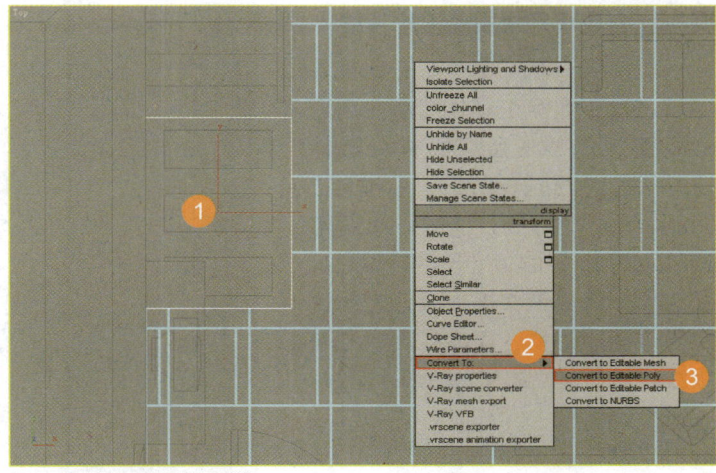

图2-48　转换一层鹅卵石槽

再按快捷键4，进入物体多边形层级，选择顶面并删除，最后按快捷键Ctrl+A，选择全部截面，再单击鼠标右键，在弹出的菜单中选择Flip Normals（翻转法线）翻转截面，完成一层鹅卵石槽的创建，如图2-49所示。

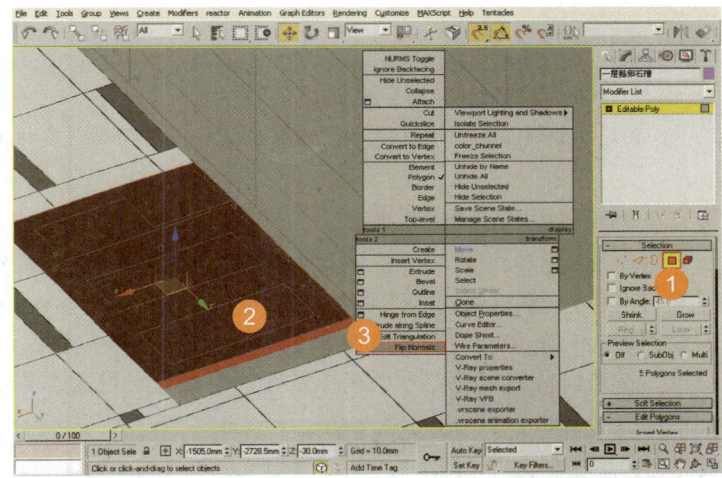

图2-49　翻转法线

步骤13　给一层鹅卵石槽和鹅卵石赋予材质

材质需要编号命名并必须对应实际物体，材质不需要细致调整，区分材质的颜色和类型即可，这里鹅卵石的建模方式非常简单，就不详细叙述了，材质赋予效果如图2-50所示。

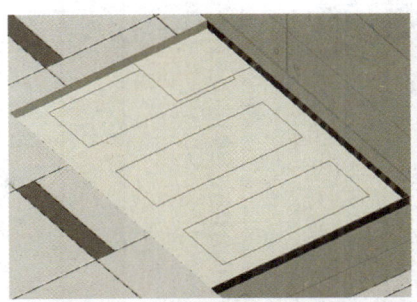
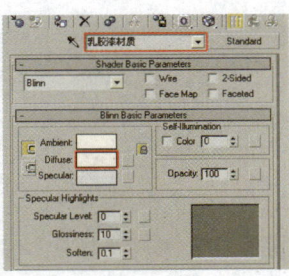
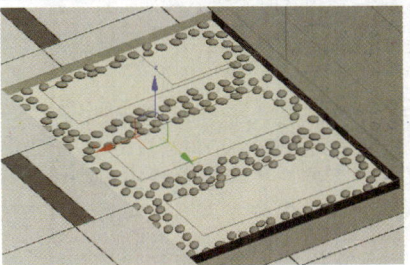
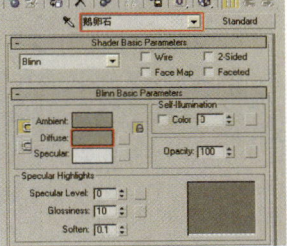
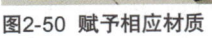

图2-50　赋予相应材质

步骤14 创建客厅木质踏板轮廓线

切换到Top视口，在工具菜单中单击对象捕捉工具，然后在创建命令面板的图形层级面板，选择Splines（二维样条线），再单击Rectangle（矩形）按钮，取消勾选Start New Shape（开始新图形）复选框，最后依次捕捉设计方案创建三个矩形线框，完成客厅木质踏板线框的创建，如图2-51所示。

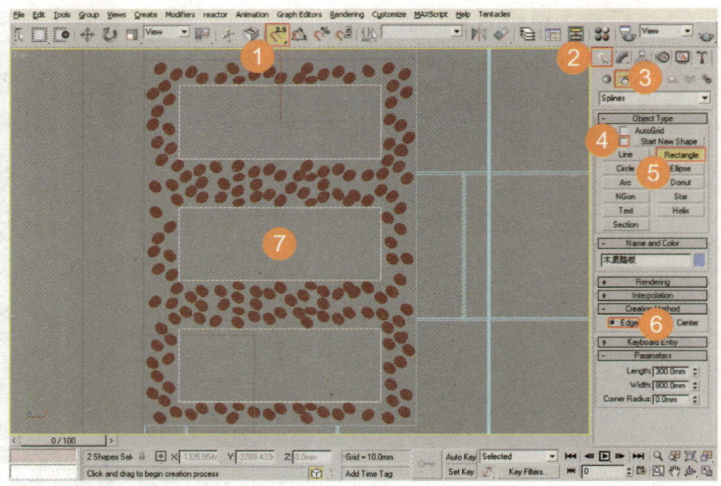

图2-51 创建客厅木质踏板轮廓线

提示
1. 取消勾选Start New Shape（开始新图形）复选框，意味着在场景中创建的多个物体已经是一个结合体，不用再使用结合命令了。
2. 在创建物体时最后打开对象捕捉设置，这样可以提高创建物体的准确度。

步骤15 编辑客厅木质踏板轮廓线

切换到Top视口，并在场景中选择创建的木质踏板轮廓线，进入修改命令面板，单击Modifier List（修改器列表）旁边的下拉按钮，在弹出的下拉菜单中选择Extrude（挤压）命令，在Extrude命令面板Parameters（参数）菜单的Amount（数量）中键入-50mm，如图2-52所示。切换到User视口，按照设计方案检查木质踏板是否调整到适当位置，并赋予相应材质，如图2-53所示。

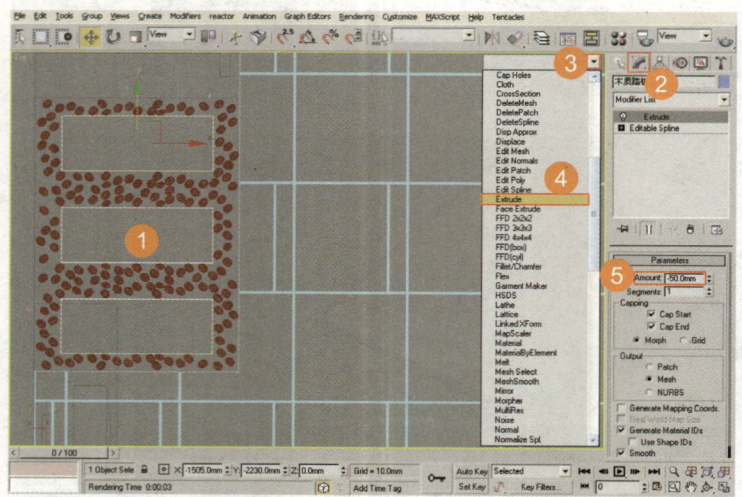

图2-52 挤压客厅木质踏板轮廓线

图2-53 挤压后的客厅木质踏板

提示
1. 这里要注意在建立模型的同时要给予物体相应的名称和材质。
2. 关于木质踏板细节方面的编辑，大家可以参考本书的配套光盘中的相应内容。

步骤16 创建台阶、扶手结构、餐厅地面和卫生间地面

主要根据一层平面、e02立面、e03立面的设计方案，使用挤压、复制、镜像、可渲染线、Poly物体的编辑等相关命令。由于创建台阶和扶手结构运用的命令比较多，步骤相对复杂，因此这部分我们将在配套光盘中详细为大家讲解，台阶和扶手结构的最终效果如图2-54所示，

图2-54 完成的台阶和扶手结构

最后我们将台阶和扶手结构按照一层平面设计方案调节完成，按快捷键Ctrl+A选择场景中的所有物体，在图层列表中建立一个"室内地面层"，如图2-55所示。

> **提示** 为了对模型进行管理，我们要养成良好的作图习惯，为建立好的物体建立相应的图层。

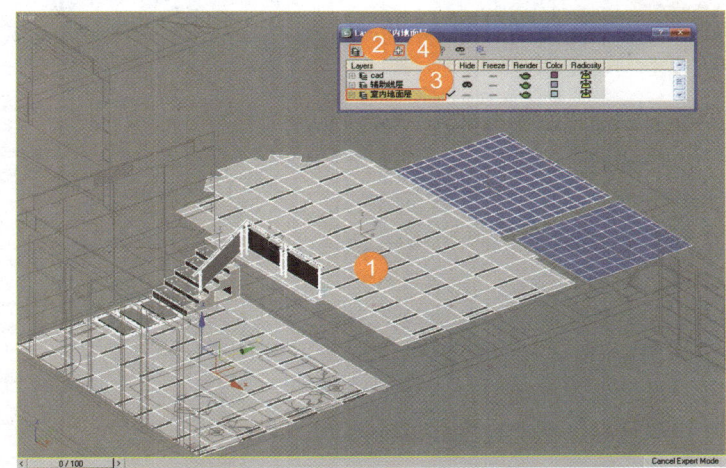

图2-55 给地面物体建立一个室内地面层

> **本节小结：** 以上就是按照室内设计方案制作相应室内地面的操作过程。由于甲方对室内效果的真实感要求比较高，因此这里的地面采用的是真实的模型结构而不是贴图，笔者希望大家认真体会设计方案和制作技巧，并且通过前面学习的知识提高制作模型阶段的控制能力，最后需要大家总结室内地面建模的整体思路。

2.3 根据设计方案创建室内其他立面结构

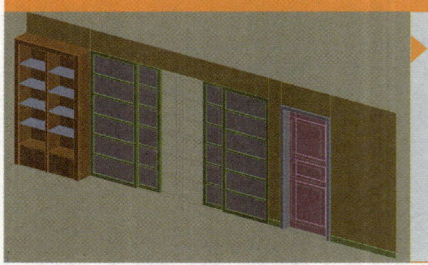

▶ **本节要点：** 根据导入设计方案的真实尺寸确定立面的相应结构，通过挤压、阵列等方法创建相应的立面结构，然后给创建的立面物体赋予相应材质，最后为这些立面物体建立相应的层。

2.3.1 创建室内e01立面

主要步骤 先按照e01设计方案使用挤压命令创建百宝阁墙面，接着使用Editable Poly（可编辑多边形）命令创建灯槽墙体、画框和踢脚线，然后使用阵列命令创建装饰条，最后为创建好的e01立面物体建立一个e01层。

步骤1 创建百宝阁墙面轮廓线

切换到Left视口，在工具菜单中单击对象捕捉工具，然后在创建命令面板的图形层级面板中选择Splines（样条线），再单击Rectangle（矩形）按钮，取消勾选Start New Shape（开始新图形）复选框，最后依次捕捉设计方案创建三个矩形线框，完成百宝阁墙面线框的创建，如图2-56所示。

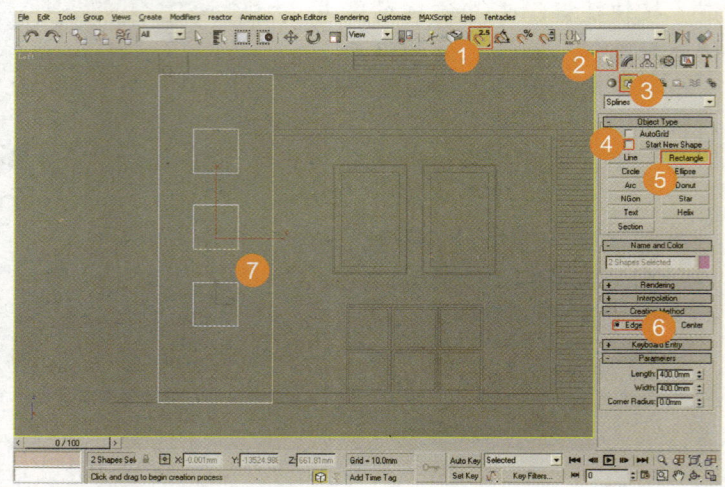

图2-56 创建百宝阁墙面轮廓线

步骤2 编辑百宝阁墙面轮廓线

切换到Top视口并在场景中选择刚创建的百宝阁墙面轮廓线，进入修改命令面板，单击Modifier List（修改器列表）旁边的下拉按钮▼，在弹出的下拉菜单中选择Extrude（挤出）命令，然后在Parameters（参数）的Amount（数量）中键入200mm，如图2-57所示。

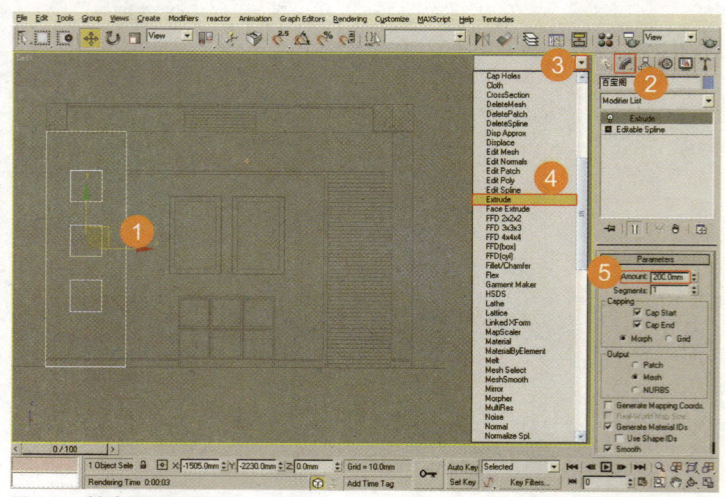

图2-57 挤出百宝阁墙面

最后切换到Top视口，按照设计方案将创建好的百宝阁墙面调整到适当位置，赋予调整好的乳胶漆材质，如图2-58所示。

> **提示** 大家需要区别修改器列表里的 Extrude挤压与Editable Poly（可编辑多边形）中的 Extrude 挤压，前者是修改命令，可以配合二维线、二维线框创建实体，而后者是针对实体本身进行点、边和面的挤压。

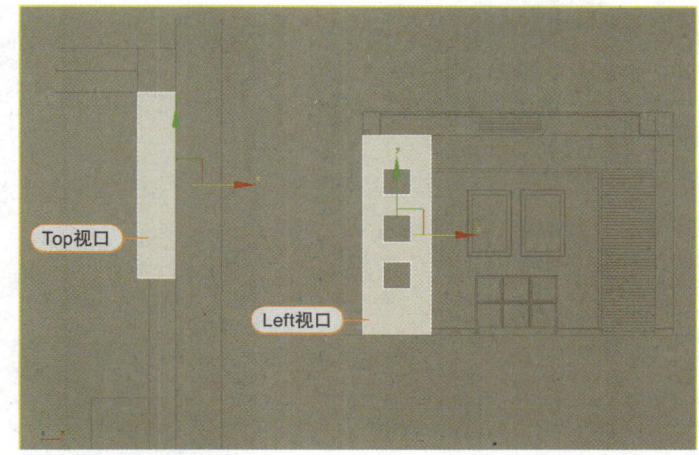

图2-58 调整百宝阁墙面

> **提示** Amount（数量）表示挤压物体的具体尺寸大小，这里我们通过分析设计方案得到百宝阁墙面厚度为2，详见一层平面图。

 步骤3 分析灯槽墙体

在CAD中打开e01立面图，分析灯带位置和灯槽墙体结构，最后确认相关结构尺寸。

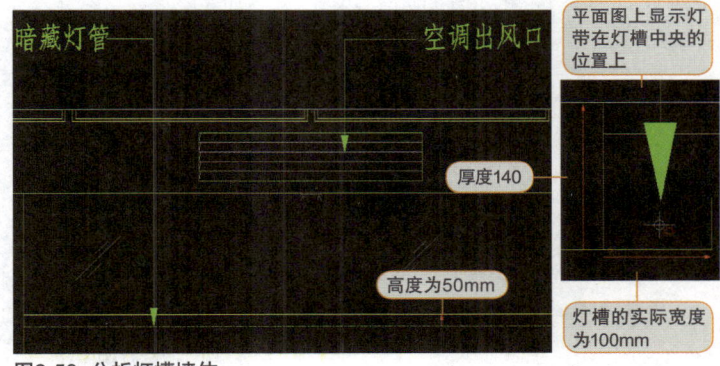

图2-59 分析灯槽墙体

步骤4 创建灯槽墙体

切换到Left视口，在创建命令面板的几何体层级面板中选择Standard Primitioes（标准基本体），单击Box（长方体）按钮，按照设计方案创建灯槽墙体，根据分析结果设置相应数值，调整好创建Box后，命名为"灯槽墙体"，最后切换到Top视口，按照设计方案将灯槽墙体调整到适当位置，赋予调整好的乳胶漆材质，单击鼠标右键，在弹出的菜单中选择Convert to Editable Poly（转换为可编辑多边形）命令，将Box物体转换为Poly物体，如图2-60所示。

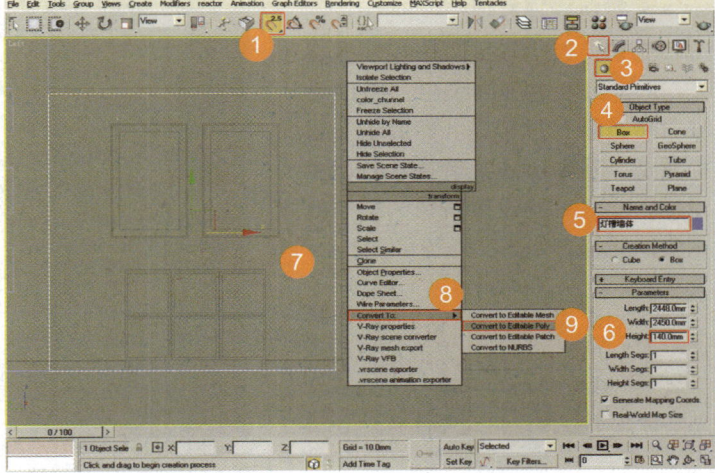

图2-60 创建灯槽墙体

步骤5 修改灯槽墙体

切换到Top视口，选择刚转换的灯槽墙体，单击鼠标右键，在弹出的菜单中选择Quickslice（快速切片）命令，使用捕捉工具按照设计方案对灯槽墙体进行快速裁切，然后按快捷键4，进入多边形层级中，按照设计方案选择相应截面，如图2-61所示。

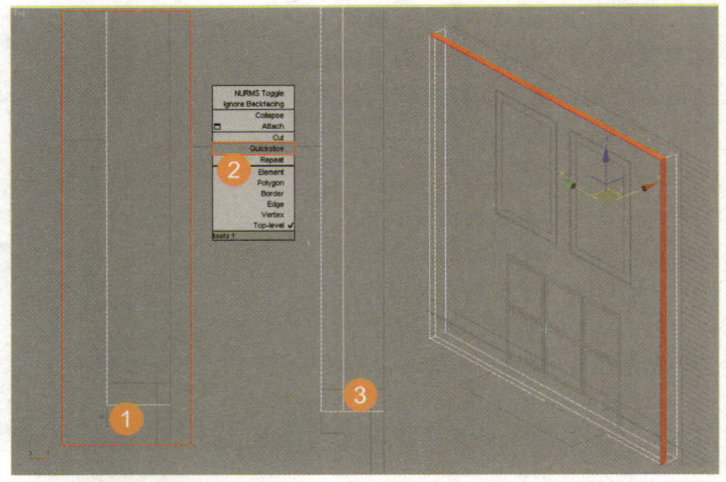

图2-61 选择相应截面

最后单击鼠标右键，在弹出的菜单中单击Extrude（挤压）命令的设置按钮，挤压出相应的结构后，按照设计方案调整灯槽墙体，如图2-62所示。

提示 在Extrusion Type（挤出类型）中我们选择的是Local Normal（局部法线），就是按照各自截面的法线挤压截面。

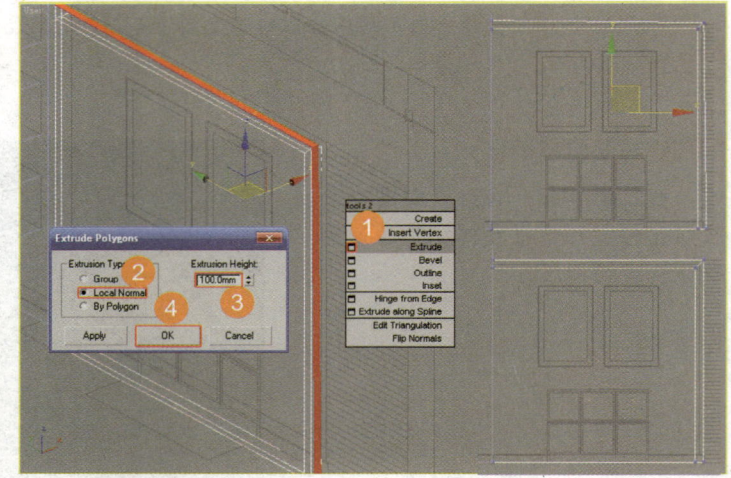

图2-62 调整灯槽墙体

步骤6 修改墙体灯槽

先切换到User视口，按快捷键4，进入到多边形层级中，按照设计方案选择相应截面，然后单击鼠标右键，在弹出的菜单中单击Inset（插入）命令的设置按钮，制作出相应的结构，如图2-63所示。

提示 Inset（插入）是多边形层级中的插入命令，可以根据尺寸制作出相应的截面。

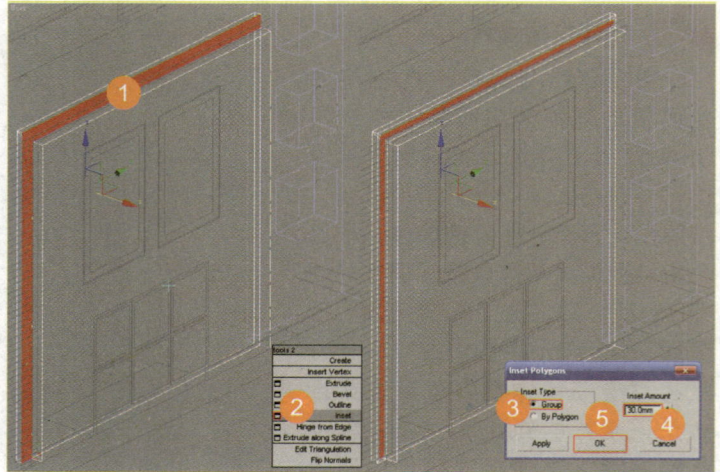

图2-63 制作出灯槽截面

再选择相应截面，单击鼠标右键，在弹出的菜单中单击Extrude（挤压）命令的设置按钮挤压出灯槽结构，如图2-64所示。

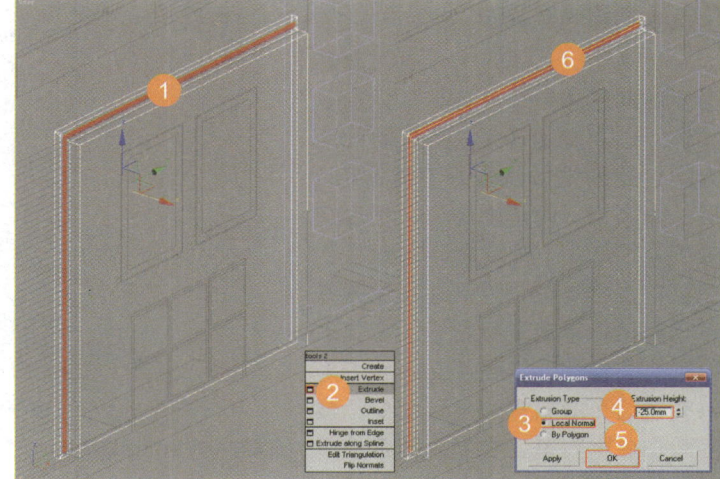

图2-64 挤压出灯槽深度

最后将调整好的乳胶漆材质赋予灯槽墙体，如图2-65所示。

> 提示
> 1. 这样灯槽就制作完成了，渲染时我们可以把线型灯光或者面型灯光放置到创建好的灯槽中。
> 2. 我们还可以在灯槽中再创建相应的发光板物体，并给物体赋予相应的材质，也能够得到比较好的灯槽效果，具体操作见配套光盘的教学中讲解。

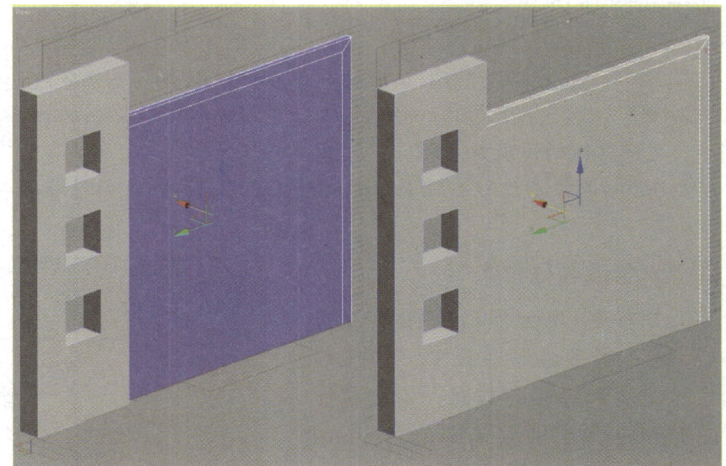

图2-65 给灯槽墙体赋予材质

步骤7 分析画框结构

在CAD中打开e01立面图，分析画框的结构尺寸并确认。通过分析，我们知道画框外边是10mm，内框是60mm，一般室内画框的厚度是在15mm～20mm之间，如图2-66所示。

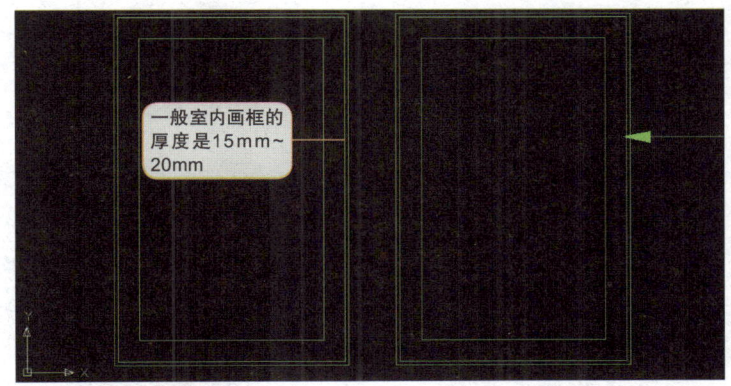

图2-66 分析画框结构

步骤8 ▶ 创建画框物体

切换到Left视口，在创建命令面板的几何体层级中选择"标准基本体"，再单击Box按钮按照设计方案创建画框，调整好创建的Box后，命名为"画框物体"。然后切换到Top视口，按照设计方案将创建好的画框物体调整到适当位置并赋予材质，单击鼠标右键，在弹出的菜单中选择Convert to Editable Poly（转换为可编辑多边形）命令，最后单击鼠标右键，在弹出的菜单中单击Inset（插入）命令的设置按钮，制作出相应的结构，如图2-67所示。

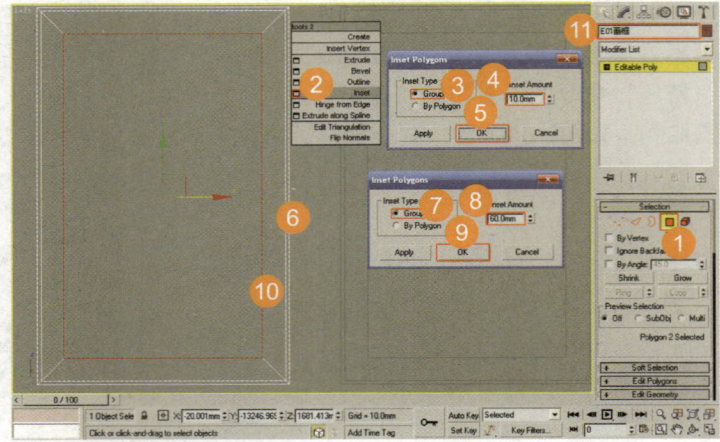

图2-67 创建画框物体

> **提示**
>
> 1. 这里省略了Box物体的创建和转换部分，大家可以按照前面的操作自己尝试一下。
> 2. 我们虽然在Poly物体的多边形层级下，但显示的都是线框结构，这里在线框显示和实体显示之间转换的快捷键是F2。
> 3. 在Poly物体多边形层级下面的线框显示可以方便我们观察参考图与编辑图型。

步骤9 ▶ 修改画框物体

切换到User视口，按快捷键4，进入到多边形层级中，并按照设计方案选择相应截面，单击鼠标右键，在弹出的菜单中单击Bevel（倒角）命令的设置按钮，倒角出画框内截面结构，如图2-68所示。

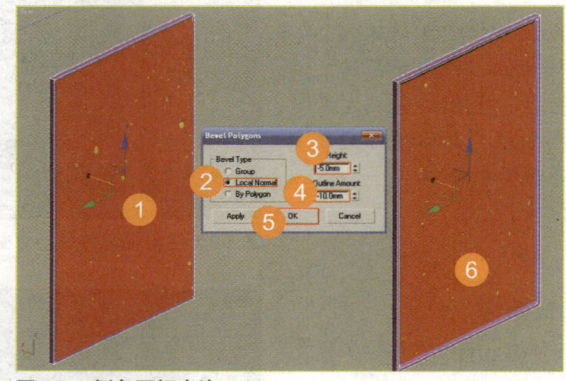

图2-68 倒角画框内边

选择相应截面后点，单击鼠标右键，在弹出的菜单中单击Extrude（挤压）命令的设置按钮，挤压出画面结构，如图2-69所示。

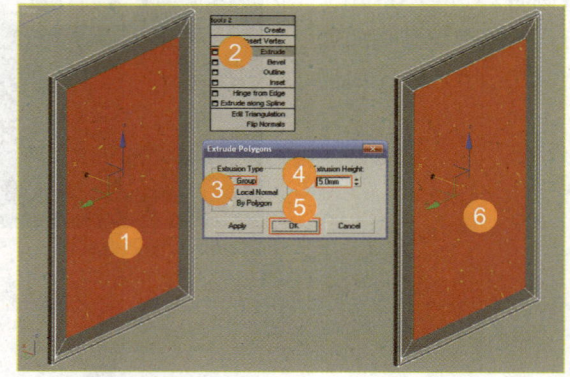

图2-69 挤压画面

最后编辑完成画框物体如图2-70所示。

图2-70 编辑完成的画框物体

步骤10 **分析装饰木线结构**

在CAD中打开e01立面图，接着在平面图中分析装饰木线的结构尺寸，确认装饰木线的长度尺寸为900mm，如图2-71所示。

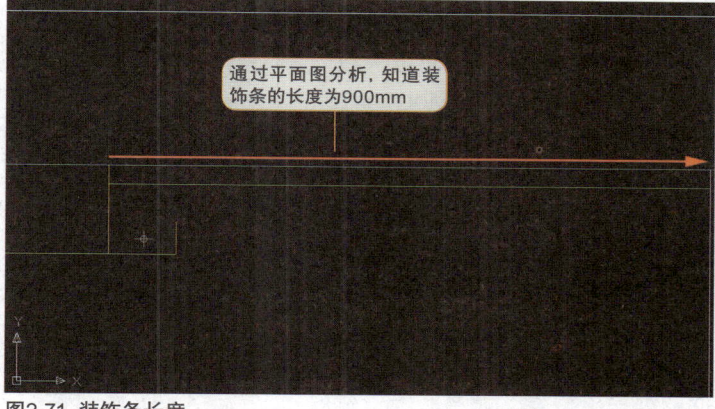

图2-71 装饰条长度

然后通过小样图分析，得到木条的侧面形状，最后确认木条的高度尺寸为50mm、宽度尺寸为30mm，如图2-72所示。

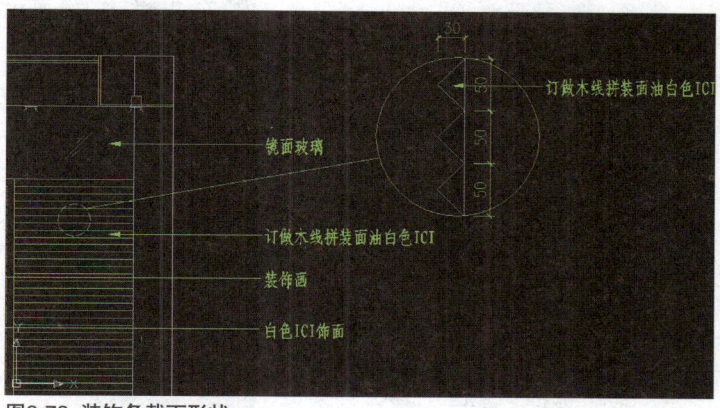

图2-72 装饰条截面形状

步骤11 创建装饰木线侧面结构线

创建一个宽为30mm、高为50mm的辅助线，然后按快捷键Ctrl+Shift+G，在弹出的网格与捕捉对话框中设置捕捉方式为中心点捕捉，单击Line（线）按钮并利用中心点捕捉创建木线侧面结构线，最后在网格与捕捉对话框中取消勾选中心点捕捉，如图2-73所示。

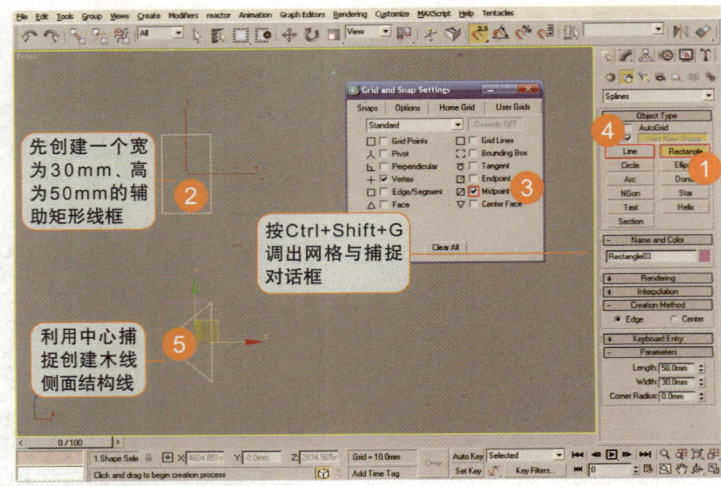

图2-73 木线侧面结构线

步骤12 编辑装饰木线侧面结构线

切换到Top视口，在场景中选择刚创建的装饰木线侧面结构线，在修改命令面板中单击Modifier List（修改器列表）旁的下拉按钮，在弹出的下拉菜单中选择Extrude（挤压）命令，然后在Extrude（挤压）命令面板的Parameters（参数）菜单的Amount（数量）中键入900mm，最后切换到Top视口，按照设计方案将创建好的装饰木线调整到适当位置，赋予装饰木线材质，如图2-74所示。

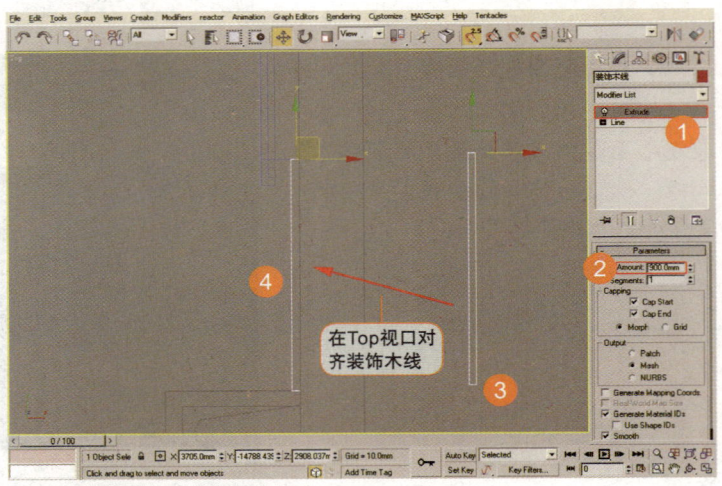

图2-74 编辑装饰木线侧面结构线

步骤13 编辑装饰木线

先切换到Left视口，按照设计方案将装饰木线对齐，在工具面板上单击鼠标右键，在弹出来的列表中选择Extras（附加）工具，选择对齐好的装饰木线后单击Array（阵列）按钮，在弹出的Array（阵列）对话框中设置相应参数，如图2-75所示，最后选择全部阵列物体按快捷键Alt+Q单独显示，根据结构调整装饰木线并将其结合，如图2-76所示。

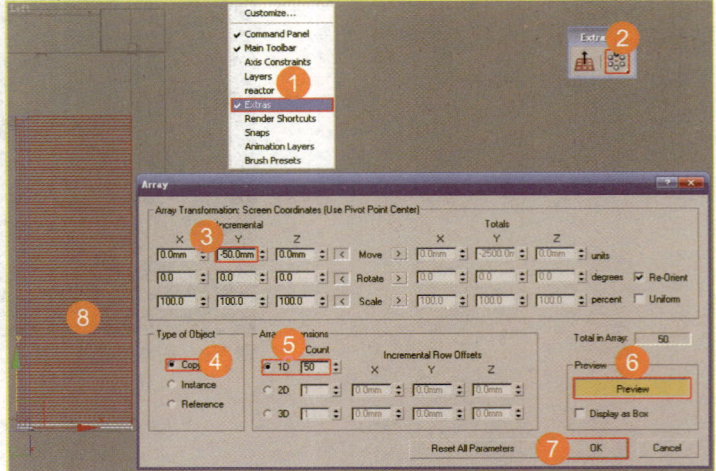

图2-75 阵列装饰木线

提示

1. 通过设计方案，我们了解到装饰木条距地面高2500mm、物体高度50mm，所以在阵列时Y轴的数值是50mm，又因为装饰木条是向下阵列，因此是负值。
2. 为了以后方便阵列物体，这里阵列物体的类型我们设置为Copy（复制）。
3. 设置阵列时我们可以先看一看预览效果，如果是所要的结果则单击OK按钮确定。

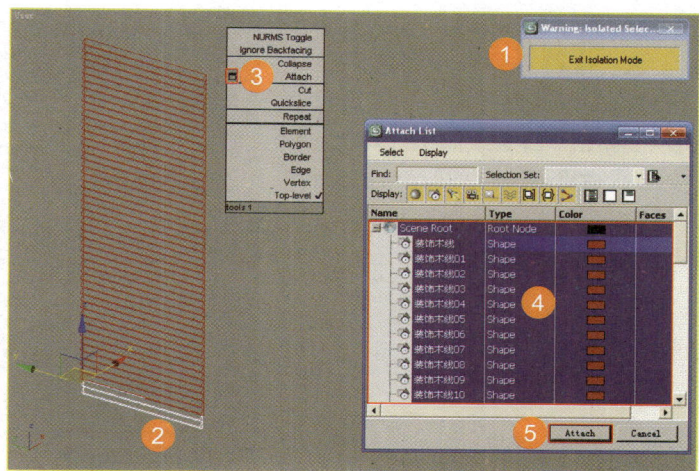

图2-76 调整装饰木线

提示

1. 选择阵列物体可以根据颜色选择或框选，具体操作大家可以参考配套光盘中的相应教程。
2. 结合所有物体前大家可以先将其中一个物体转换后再结合所有物体，这样可以达到精简模型的作用。

步骤14 **分析银灰色踢脚线**

打开"Scenes\第二章\第二章CAD文件\一层e01立面.dwg"文件，在平面图中分析银灰色踢脚线的结构尺寸，确认踢脚线的高度度尺寸为100mm，宽度尺寸为10mm，如图2-77所示。

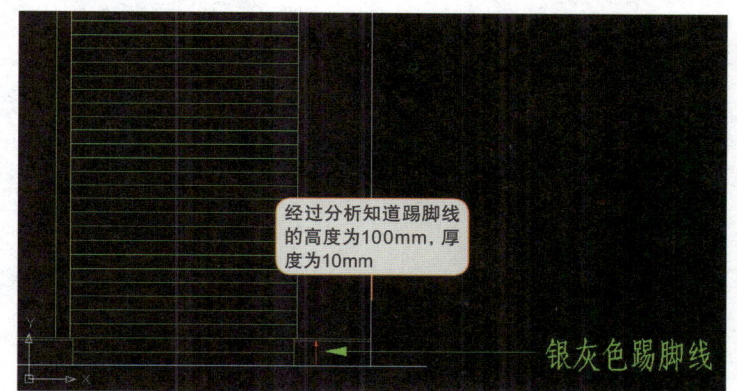

经过分析知道踢脚线的高度为100mm，厚度为10mm

图2-77 分析银灰色踢脚线

步骤15 **创建银灰色踢脚线**

切换到Top视口，在场景中创建踢脚线轮廓并对轮廓线进行编辑，如图2-78所示。

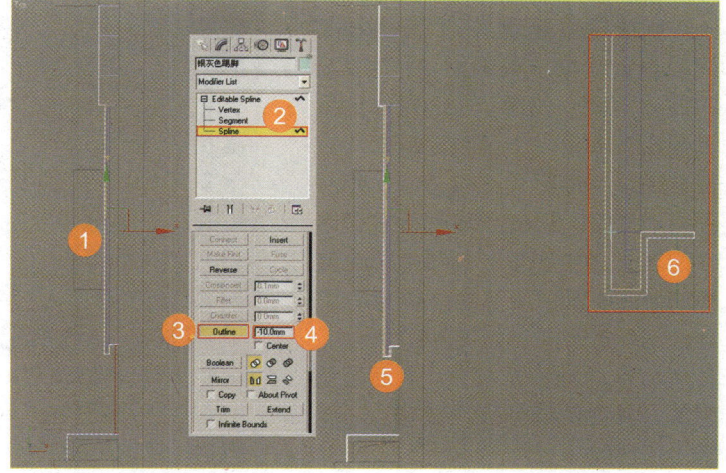

图2-78 创建踢脚轮廓线

进入修改命令面板,单击Modifier List(修改器列表)旁的下拉按钮 ▼,在弹出的下拉菜单中选择Extrude(挤出)命令,然后在Extrude(挤出)命令面板的Parameters（参数）菜单的Amount（数量）中键入100mm,如图2-79所示。

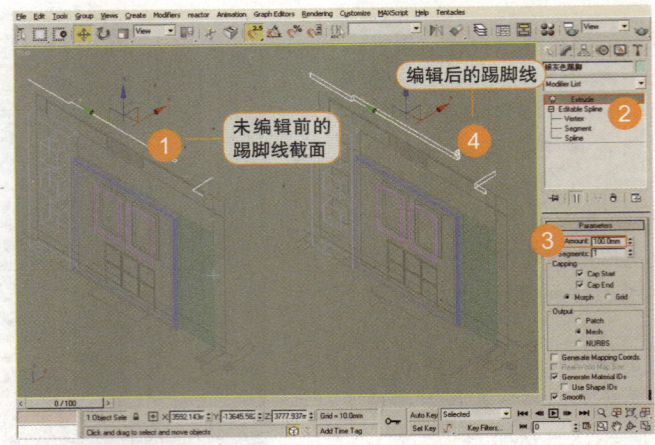

图2-79 挤压踢脚线

> **提示** 通过分析我们知道,踢脚线的厚度是10mm,因此我们给踢脚线添加一个Outline（轮廓线）命令,大家需要注意Outline的数值,如果是逆时针创建则按照结构输入的值就是正值,因为笔者是顺时针创建的单线所以是负值。

最后切换到Left视口,按照设计方案将创建好的踢脚线物体调整到适当位置,赋予银灰色踢脚材质,如图2-80所示。

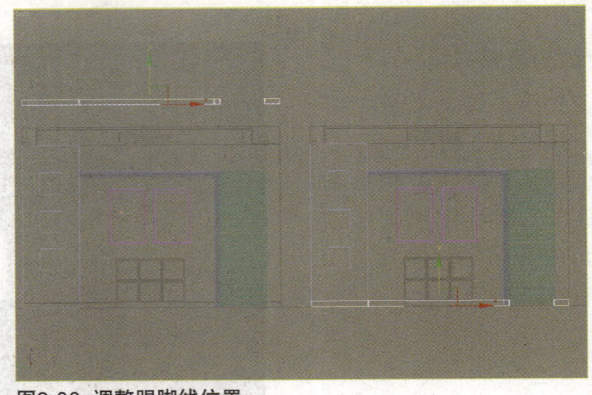

图2-80 调整踢脚线位置

步骤16 创建e01立面其他物体

创建镜面玻璃、e01墙面和筒灯。主要根据一层平面、e01立面的设计方案,使用了Poly物体的编辑等相关命令,由于创建筒灯和镜面玻璃运用的命令比较简单,但步骤相对复杂,因此创建部分我们将在配套光盘中讲解,然后选择创建好的e01立面中所有物体并给它们建立e01立面层,如图2-81所示。最后将室内地面层和e01立面层都隐藏,并在图层列表中新建立一个e03立面层。

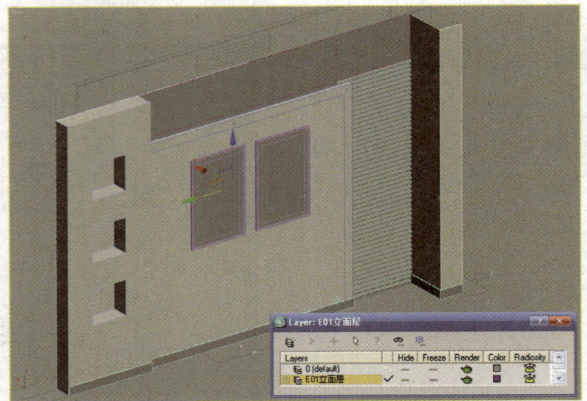

图2-81 创建e01立面其他物体

2.3.2 创建室内e03立面

按照e03设计方案，使用Editable Poly（可编辑多边形）命令创建e03墙体、墙体凹槽、不锈钢广告钉和踢脚线，然后赋予相应材质，再为创建好的e03立面物体建立一个e03层。

步骤1 **创建e03墙体**

先切换到Right视口，在场景中按照设计方案创建一个平面并转换为Poly物体，按照设计方案划分结构，如图2-82所示，然后使用Editable Poly（可编辑多边形）命令编辑划分物体。

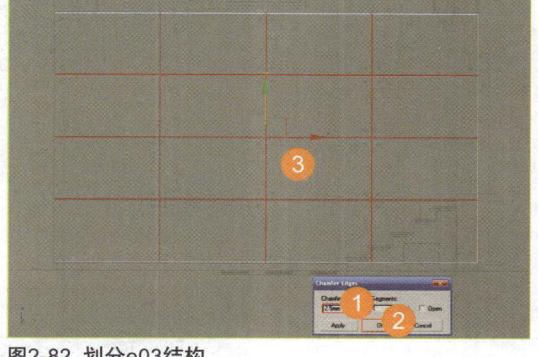

图2-82 划分e03结构

再使用多边形编辑命令中的挤压、倒角命令，进一步编辑物体后给物体赋予相应材质，如图2-83所示。

图2-83 创建的e03德意板墙面效果

步骤2 **创建e03银灰色踢脚**

先切换到Top视口，在场景中创建踢脚线轮廓，并对轮廓线进行挤压编辑，如图2-84所示，然后将物体转换成Poly物体。

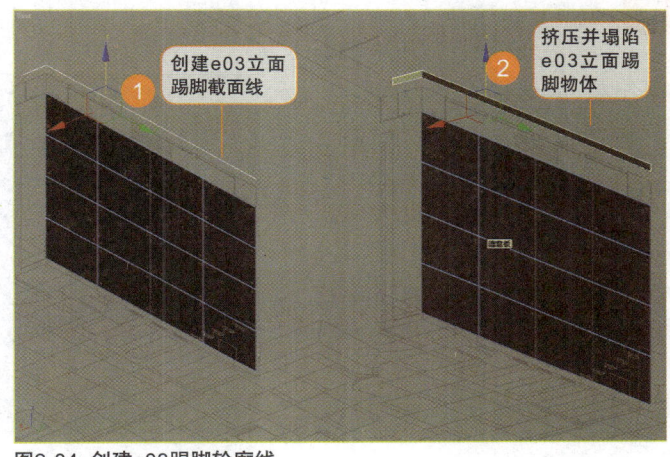

图2-84 创建e03踢脚轮廓线

按快捷键4，进入物体的多边形层级，按快捷键Ctrl＋A选择全部物体截面，再使用多边形编辑命令中的挤压命令挤压出踢脚，最后根据设计方案调整踢脚物体，给物体赋予相应材质，如图2-85所示。

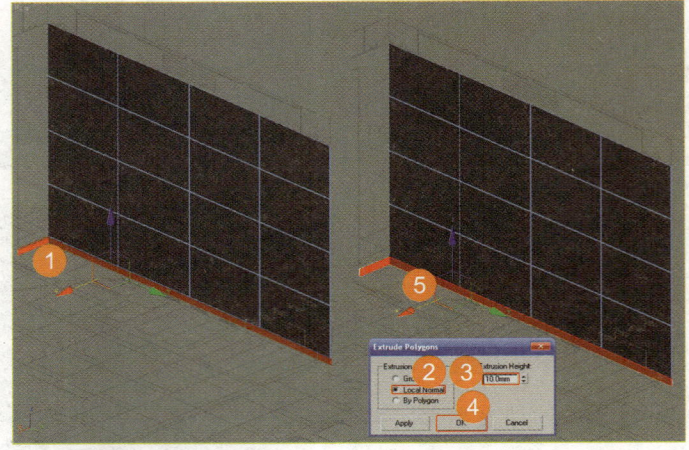

图2-85 挤压e03银灰色踢脚

步骤3 创建E03不锈钢广告钉

创建e03不锈钢广告钉。由于创建不锈钢广告钉步骤相对复杂，因此这部分内容我们将在配套光盘中为大家讲解。按照设计方案放置创建好的不锈钢广告钉，最后给物体赋予相应材质，如图2-86所示。我们在图层列表中创建好e03立面层并隐藏，重新建立一个e04立面层。

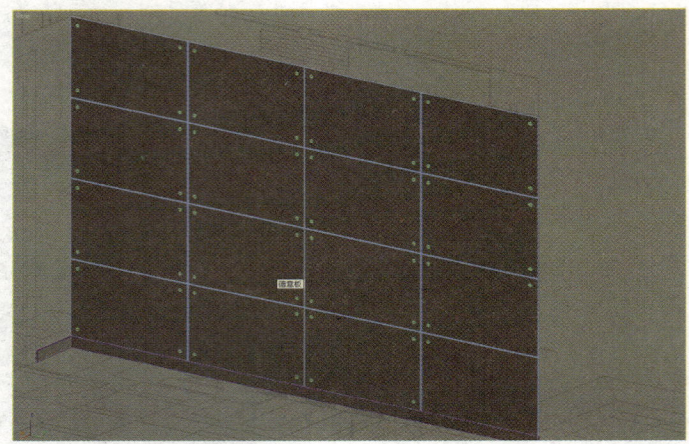

图2-86 e03立面完成

2.3.3 创建室内e04立面

主要 步骤	按照e04设计方案使用Editable Poly命令创建e04墙体、门套、门框架和门玻璃，然后给相应物体赋予材质，最后将创建好的e04立面层隐藏，重新建立一个e05立面层。

步骤1 分析e04立面方案

打开"scenes\第二章\第二章CAD文件\一层eo4立面.dwg"文件，分析e04立面的结构尺寸，从立面图我们知道门套宽度为130mm、门框宽度为50mm、门柱宽度是150mm，如图2-87所示。

图2-87 分析e04立面方案

从平面图我们知道门框的厚度为80mm，但是通过方案图还不能知道门套的厚度，我们可以通过经验得到门套的厚度是65mm，一般也就是宽度的一半，如图2-88所示。

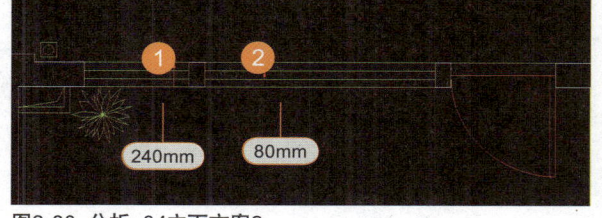

图2-88 分析e04立面方案2

步骤2 创建e04墙体

切换到Back视口，在场景中按照设计方案创建一个平面并转换成Poly物体，然后使用Editable Poly（可编辑多边形）中的Connect（连接）命令连接物体，如图2-89所示。

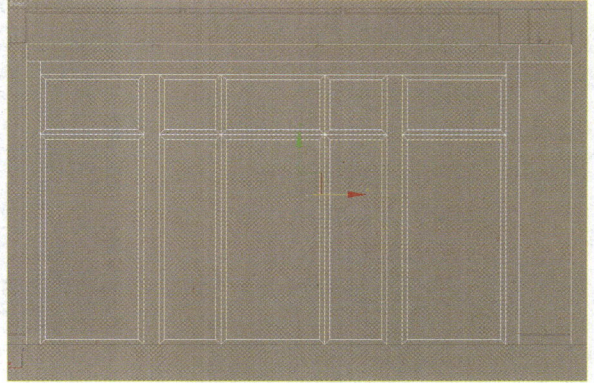

图2-89 按照方案划分e04立面结构

使用多边形编辑命令中的挤压命令、倒角命令、插入命令进一步编辑物体，如图2-90所示。

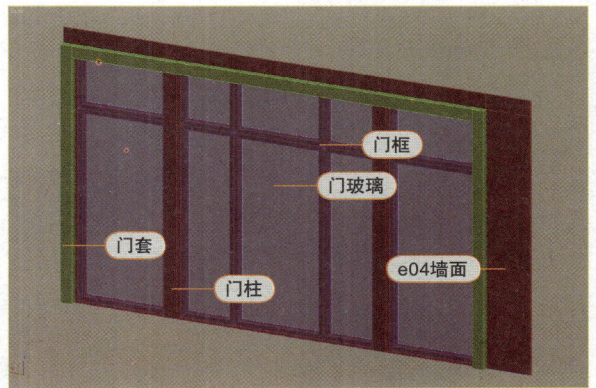

图2-90 e04立面结构的完成效果

提示 这里对e04立面具体使用多边形编辑命令中的挤压命令、倒角命令、以及插入命令对物体进一步编辑，详细过程我们将在配套光盘中讲解。

最后给物体赋予相应材质，如图2-91所示。

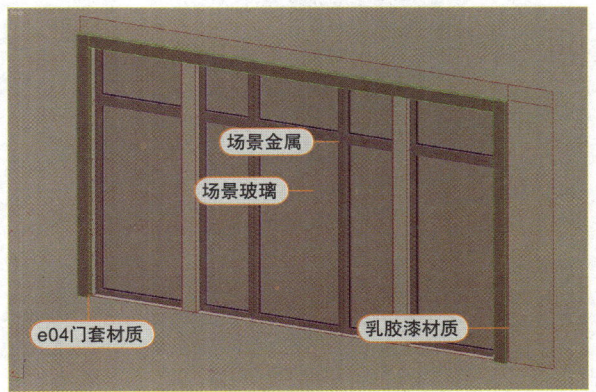

图2-91 赋予好材质的e04立面物体

2.3.4 创建室内e05立面

先按照e05设计方案使用Editable Poly（可编辑多边形）命令创建e05墙体、门套、门和酒柜，然后给物体赋予相应材质，最后将创建好的e05立面层隐藏，重新建立一个室内墙面层。

步骤 1 分析e05立面方案

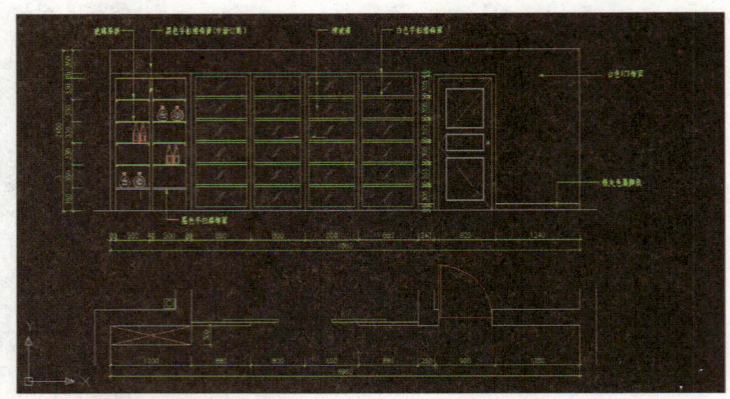

打开"scenes\第二章\第二章CAD文件\一层e05立面.dwg"文件，并分析结构尺寸。从立面图我们可以知道酒柜外框的宽度为80mm、中框的宽度为40mm、酒柜玻璃板厚度为10mm、酒柜木质横板厚度为20mm、推拉门外框宽度为60mm、推拉门内框宽度为30mm、e05立面门套宽度是60mm，从平面图我们可以知道酒柜的厚度为300mm，如图2-92所示。

图2-92 分析e05立面方案

步骤 2 创建e05墙体

切换到Front视口，在场景中按照设计方案创建一个平面并转换成Poly物体，然后使用Editable Poly（可编辑多边形）中的Connect（连接）命令连接物体，如图2-93所示。

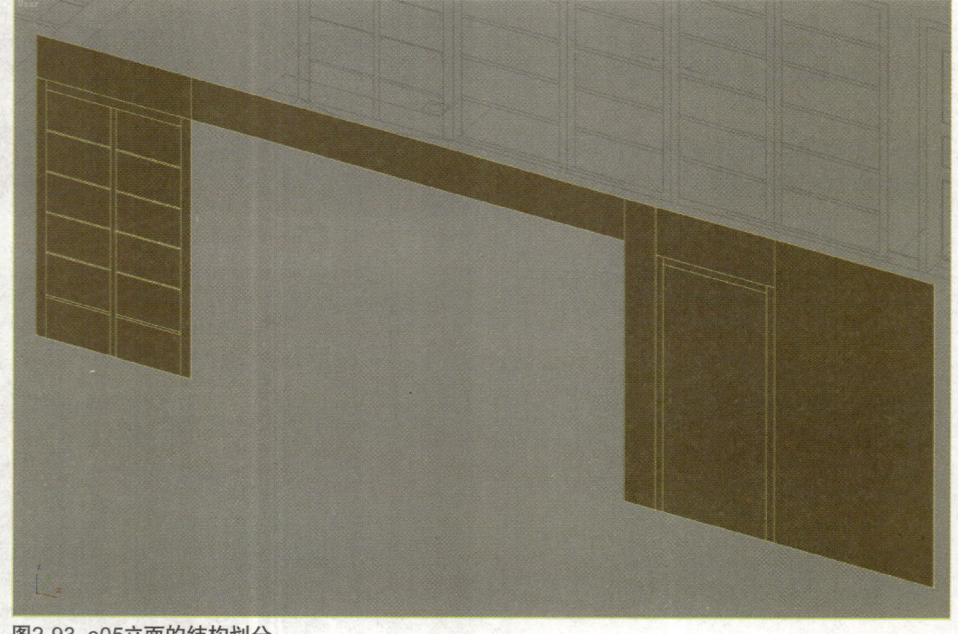

图2-93 e05立面的结构划分

接着再使用多边形编辑命令中的挤压命令、倒角命令、插入命令进一步编辑物体，如图2-94所示。

图2-94 e05立面的结构完成效果

最后给物体赋予相应材质，如图2-95所示。

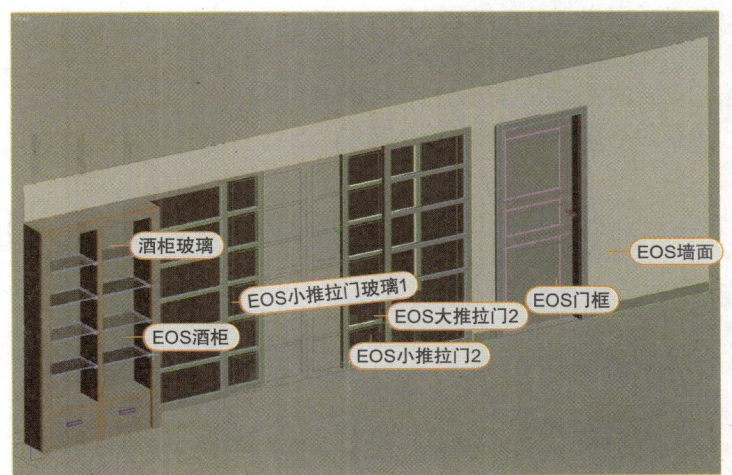

图2-95 赋予好材质的e05立面物体

提示 对e05立面使用挤压命令、倒角命令和插入命令对物体进一步编辑的详细过程我们将在配套光盘中讲解。

本节小结：以上就是按照室内设计方案制作室内立面物体的操作过程。希望大家在建立模型前要认真体会设计方案，这是建模前非常关键的步骤，只有大家了解了模型的相应结构才能够事半功倍。笔者先具体后概括地讲解了场景所需立面的建立过程，目的就是使读者认识到模型制作流程的重要性，最后需要大家总结室内立面建模的整体思路。

2.4 根据室内设计方案制作室内其他墙面

> **本节要点：** 本节重点讲解如何导入设计方案中的结构线，然后根据设计方案建立墙体，编辑墙体模型，最后给建立好的墙体赋予材质。

步骤1 分析墙面设计方案

在CAD中打开我们先前编辑过的一层平面图，经过分析，室内其他墙面大部分位于小二层，也就是餐厅、厨房和卫生间这几部分的墙面。如图2-96中所示的蓝线就是我们需要的墙面线，最后将蓝色线单独保存为"其他墙面线.dwg"文件。

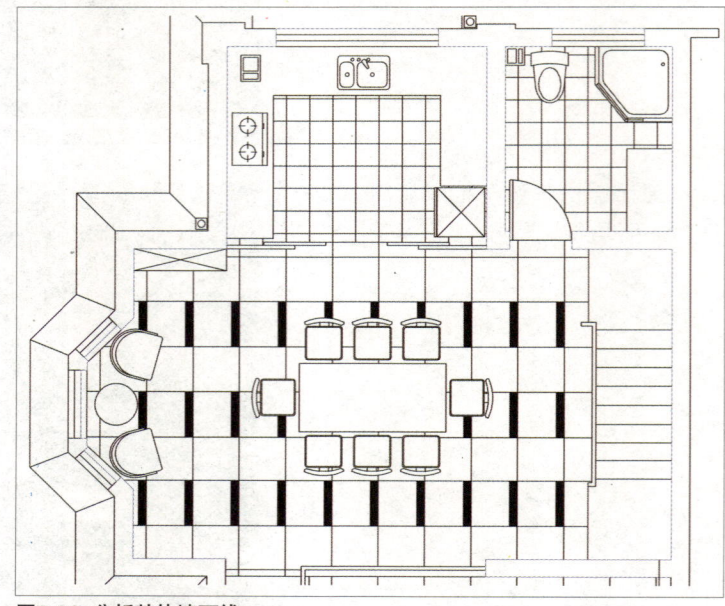

图2-96 分析其他墙面线

步骤2 导入编辑好的其他墙面线

执行菜单栏中的File（文件）>Import（导入）命令，然后打开配套光盘"scenes\第二章\第二章CAD文件\其他墙面线.dwg"文件，并在导入对话框中设置相关参数，单击OK按钮完成导入，如图2-97所示。

> **提示** 笔者在导入时勾选了Weld（焊接）复选框，保证导入的线是单线结构，方便今后操作。

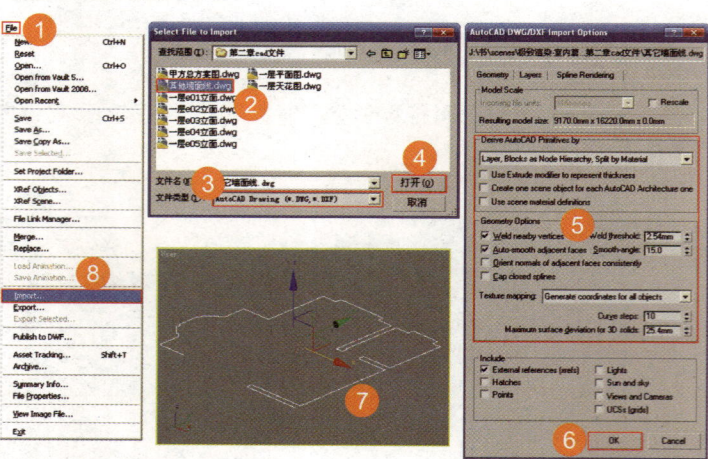

图2-97 导入其他墙面线

接着在场景中选择导入进来的物体，使用捕捉工具按照设计方案对齐。选择其他墙面线，按快捷键Ctrl+Shift+L，在弹出来的图层对话框中新建一个"其他墙面层"，如图2-98所示。

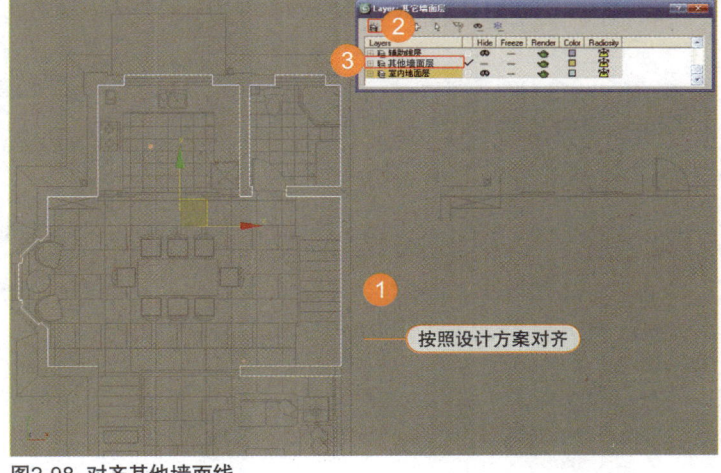

图2-98 对齐其他墙面线

步骤3 编辑其他墙面线

切换到User视口，在场景中选择刚对齐的其他墙面线，在修改命令面板中单击Modifier List（修改器列表）旁边的下拉按钮，在弹出的下拉菜单中选择Extrude（挤压）命令，然后在Extrude（挤压）命令面板的Parameters（参数）菜单中的Amount（数量）中键入3350mm，如图2-99所示。

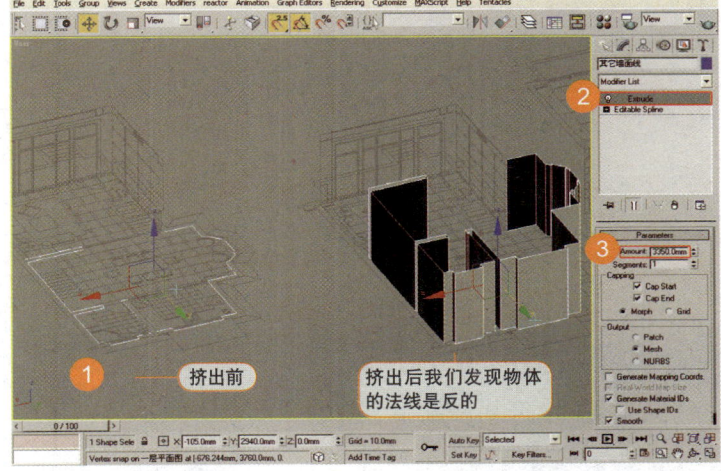

图2-99 挤压其他墙面线

最后切换到Left视口，按照设计方案将创建好的其他墙面调整到适当位置，单击鼠标右键，在弹出的菜单中选择Convert to Editable Poly（转换为可编辑多边形）命令，将物体转换为Poly物体并编辑物体法线，如图2-100所示。

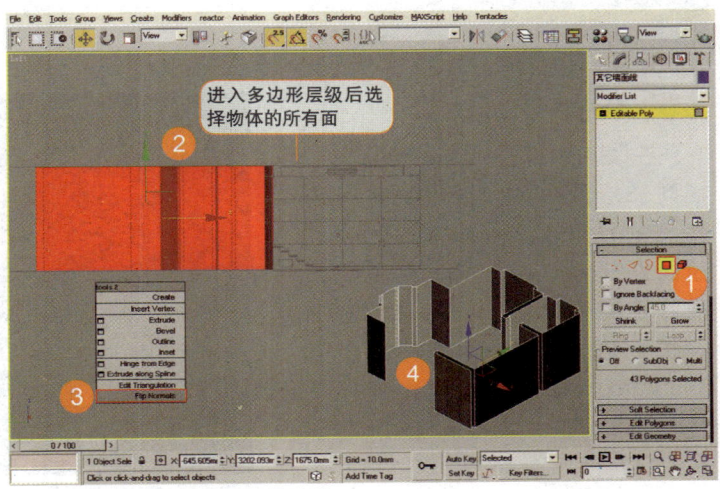

图2-100 转换物体后编辑物体法线

步骤 4 进一步编辑其他墙面

先将室内地面层显示出来，然后使用Editable Poly（可编辑多边形）中的命令编辑其他墙面物体，创建出落地窗和厨房窗户，如图2-101所示。

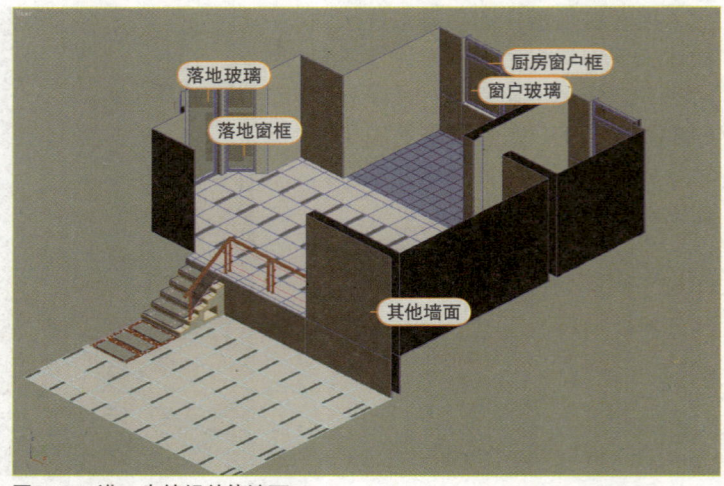

图2-101 进一步编辑其他墙面

提示

1. 这里对其他墙面具体使用可编辑多边形命令中的快速切片命令、倒角命令、插入命令、挤压命令，我们将在配套光盘中详细讲解。

2. 在配套光盘中笔者还会给大家介绍另一种制作其他墙面的方法。

本节小结： 以上就是按照室内设计方案制作相应室内其他墙面物体的操作过程，为了使读者进一步了解模型的制作过程，笔者特地单独把这部分作为一节。通过这一节的学习，大家需要掌握设计方案与模型文件的具体运用。

2.5 根据室内设计方案制作室内顶面

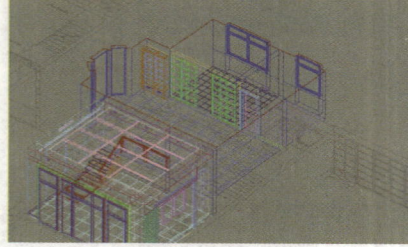

本节要点： 先根据设计方案分析顶面造型与结构尺寸，再根据设计方案建立室内顶面物体，接着对建立的顶面模型编辑，最后给建立好的顶面赋予相应材质。

步骤 1 分析顶面设计方案

在CAD中打开甲方设计方案，找到一层天花图。经过分析，顶面大概分为一层吊顶顶面和小二顶面两部分。通过对一层天花图物体标高的分析，我们可以知道一层吊顶的高度距室内地面有3000mm、宽度为500mm、推测厚度为350mm，还能知道夹板造型的平面结构且推测厚度为50mm，如图2-102所示。

图2-102 分析一层天花图

我们再找到e04立面图，可以知道灯槽的结构，最后大家认真观察一下场景中灯光的分布，如图2-103所示。

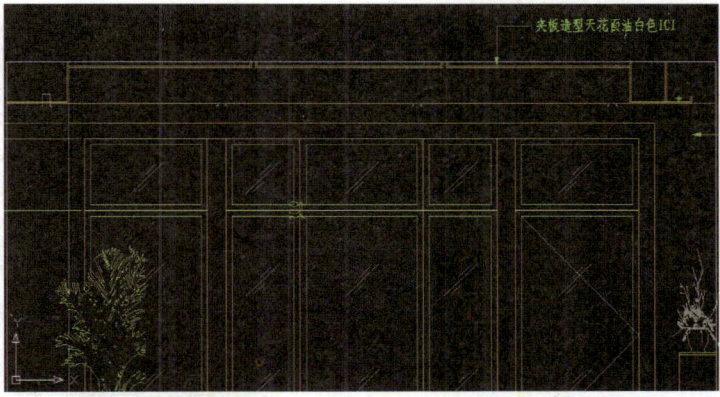

图2-103 分析吊顶暗藏灯槽

步骤2 创建吊顶结构

切换到Bottom视口，打开对象捕捉工具，在创建命令面板的图形层级面板中选择Splines（样条线），分别单击Line（线）和Rectangle（矩形）按钮，取消勾选Start New Shape（开始的图形）复选框创建吊顶结构线，如图2-104所示。

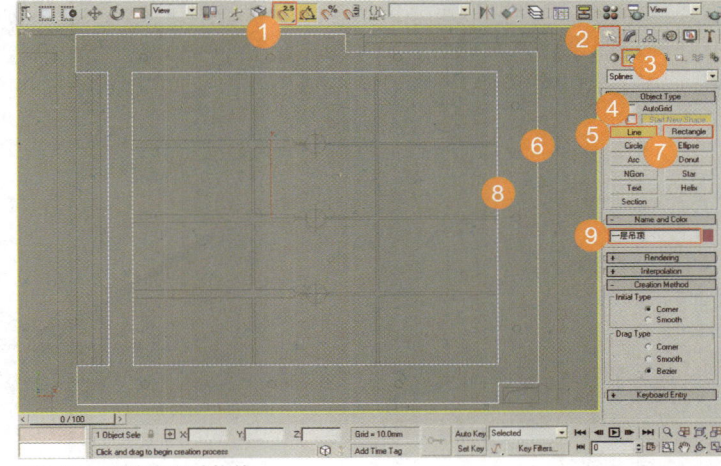

图2-104 创建吊顶结构线

再切换到Front视口，切换至修改命令面板，单击Modifier List（修改器列表）旁边的下拉按钮 ▾ ，在弹出的下拉菜单中选择Extrude（挤出）命令，最后在Extrude（挤出）命令面板的Parameters（参数）菜单的Amount（数量）中键入350mm，并按照设计方案调整吊顶物体，并赋予相应材质，如图2-105所示。

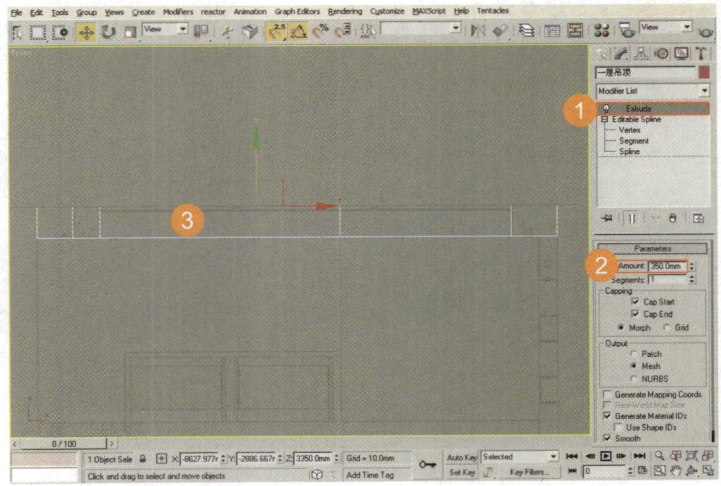

图2-105 挤出吊顶结构线

步骤 3 创建吊顶其他结构

按照设计方案，我们使用挤压方式创建了吊顶夹板造型、吊顶排风和小二层顶面。吊顶排风口采用编辑Poly物体方法制作，我们看到的吊顶筒灯是在e01立面物体里复制后改变大小得到的，如图2-106所示。

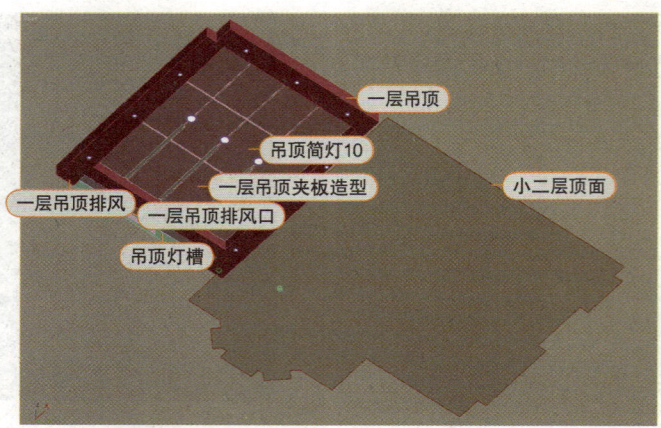

图2-106 创建吊顶其他结构

最后给这些物体赋予相应材质，并按照设计方案调节到适当位置，如图2-107所示。

图2-107 给吊顶物体赋予相应材质

提示 建立模型部分到这里，我们已经将设计方案中需要的立面物体、平面物体、顶面物体建立完成了，这里需要大家注意，为了管理方便，创建的模型一定要建立相应的图层，如图2-108所示。接下来就是合并适合甲方设计方案的装饰模型了，如沙发、茶几、餐桌、橱柜等。

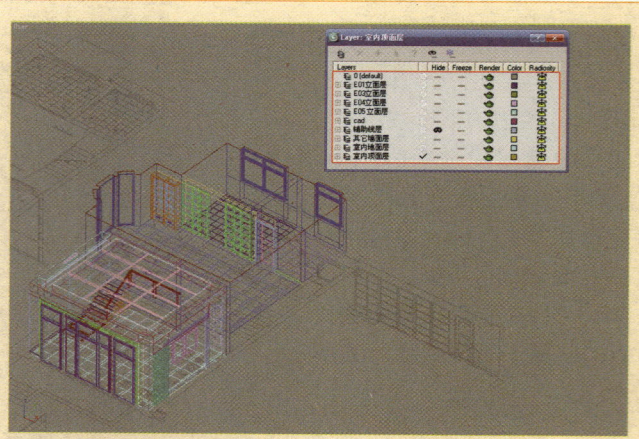

图2-108 已完成的立面、平面和顶面物体

本节小结： 以上就是按照室内设计方案制作相应室内顶面物体的操作过程，为了使读者进一步了解其制作过程，笔者单独把这部分作为一节，通过这一节的讲解，大家要学会综合应用设计方案与模型文件。

2.6 根据室内设计方案导入相应装饰模型

本节要点： 先根据设计方案编辑需要合并的模型，再使用3ds Max中的Merge（合并）命令将所需物体合并到建立好的室内场景中，按照甲方要求设置相应视口的摄影机，最后调整好需要的场景视口并将模型归档。

步骤 1 编辑需要合并的家具模型

合并的模型物体一定要有相关名称，材质也要有相应的材质名称。调整好的模型最好保存到需要合并文件的根目录里，命名为"家具文件"，具体导入模型如图2-109所示。

> **提示** 这里的合并模型是笔者编辑好的，在配套光盘中笔者还为大家准备了许多室内装饰模型，希望大家可以根据模型环境自己尝试着布置空间。

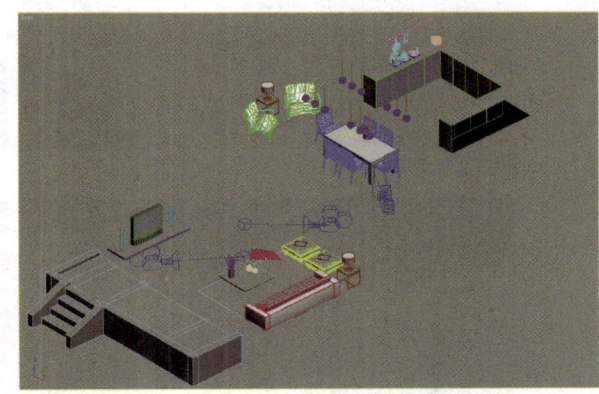

图2-109 具体导入模型

步骤 2 合并编辑好的家具模型

执行菜单栏中的File（文件）>Merge（合并）命令，然后打开配套光盘"scenes\第二章\第二章模型文件\家具文件.max"文件，接着在合并对话框中设置相关参数，单击OK按钮，完成导入，如图2-110所示，最终合并家具效果如图2-111所示，

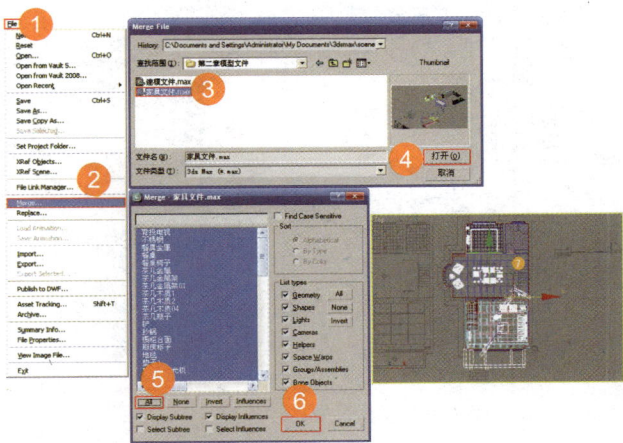

图2-110 合并编辑好的家具模型

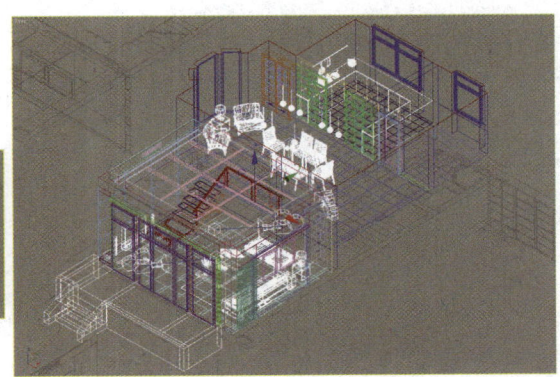

图2-111 最终合并家具效果

> **提示** 1. 大家需要区分Import（导入）和Merge（合并），前者是导入与Max文件类型不同的格式，如dwg格式、obj格式等，而后者合并的是与Max文件类型相同的格式，如max格式等。
> 2. 笔者还为大家准备了植物文件，大家按照合并方法自己试一试。

步骤3 初步设置摄影机

按照甲方要求，需要在一层客厅看到两个角度，还需要两个小二层餐厅角度，这里只需要大概设定摄影机的角度就可以了，具体的视口效果将在渲染后期做，下面就是几个角度的效果。

图2-112 客厅角度1

图2-113 客厅角度2

图2-114 餐厅角度1

图2-115 餐厅角度2

步骤4 打包编辑好的场景模型

我们先将编辑好的模型文件另存为"最终建模文件.max"文件，然后执行菜单栏中的File（文件）>Archive（归档）命令，保存为"最终建模文件.zip"文件，如图2-116所示。

> **提示** 归档模型场景可以方便携带，如果今后模型中有材质贴图，该操作还可以防止贴图丢失。

图2-116 打包编辑好场景模型

> **本节小结：** 以上就是按照室内设计方案合并装饰物体的操作过程。通过这一节的学习，大家了解到室内场景在合并前所需要准备的工作和合并之后摄影机的初步设定，因为是介绍室内设计流程，笔者这里没有过多讲解摄影机的设定，不过大家会在接下来的渲染章节中学习到。

2.7 室内方案的其他制作流程

本节要点： 完成模型后室内设计的相关制作流程分为审核模型阶段、再次修改模型阶段、确认模型阶段、渲染阶段、后期处理阶段和设计方案最终的交付阶段等。

步骤1 **审核模型→再次修改模型→确认模型**

我们首先要将创建好的模型场景归档。一般要建立一个项目Work文件夹，这个文件夹里包括甲方需要的渲染角度图片、创建好的max文件、使用到的设计方案即CAD文件以及甲方原始资料。审核模型主要是对现有模型的细化，如果甲方对场景中的模型存有异议，要根据具体情况保留原模型文件，并另存为一个文件后再进行修改，最终确认满意的模型。

步骤2 **渲染阶段**

在室内方案制作流程中，渲染阶段是整个流程中比较出彩的地方，而建模与渲染对于最终效果都功不可没，二者相辅相成，缺一不可。在渲染阶段，笔者认为一般情况应该先确定场景中的灯光关系，再根据光线的氛围调节场景的材质，当然也可以在实际工作中先赋予物体材质再调节灯光，只不过后者适用于有一定工作经验的人。如果灯光和材质都调节完成了，我们就可以确定甲方需要的视口并进行最终渲染，一般室内的最终渲染像素大小为2400×1800。在这节最后笔者给大家展示了设置场景灯光的效果，如图2-117和图2-118所示。

图2-117 场景灯光效果角度1

图2-118 场景灯光效果角度2

步骤3 **后期处理阶段**

渲染图像的后期处理阶段其实就是对渲染图像进行进一步的丰富过程。一般我们渲染的图像效果多多少少都有些偏灰，因此通过对图像对比度、亮度、色彩平衡、色阶、高斯模糊以及锐化的调整使渲染图像更加真实，色彩更加绚丽。后期处理还可以从侧面弥补渲染时的不足，从而提高整体制作效果。

步骤4 设计方案最终的交付阶段

交付意味着这个项目已经结束，等待大家的是新项目和新挑战。虽然室内方案的制作过程非常枯燥，有时还很烦躁，但笔者希望大家把这些工作变为兴趣或者乐趣去完成，这样会大大缓解在制作过程中的不良情绪。

步骤5 场景布光效果

笔者希望读者学习完下面的渲染案例和后期章节后能返回来渲染自己建立的室内场景，练习材质的赋予和场景灯光的布置，达到学以致用的学习效果。

> **本节小结：** 以上就是室内设计方案的最后几项操作过程。通过这一节的学习，大家了解到室内方案制作流程的最后几个阶段，我们后面即将讲解的渲染和后期处理章节只是整个流程中的两个支节。笔者想告诉大家，渲染出优秀的室内场景不是掌握渲染技术就能达到的，需要各个流程的通力合作才能够完成。

2.8 本章小结

通过学习室内设计方案的制作流程，相信大家已经从整体上了解了一个设计方案的制作过程。在过程中我们详细讲解了模型的建立过程，满足大家了解设计方案模型从无到有的过程，希望大家有所收获。其实笔者安排这一章的主要目的是着重引导和培养读者良好的制作素质，笔者希望读者学习完下面的渲染和后期章节后，返回来渲染我们建立的室内场景，练习材质的赋予和场景灯光的设置，达到学以致用的学习效果。以上室内设计的制作思路非常重要，相信对读者有很大的启发和帮助。

清逸晨曦空间

本章要点:

    在"清逸晨曦空间"案例中，将重点讲解如何在3ds Max中运用VRay高级渲染器来渲染室内方案，通过VRay高级材质来创建室内常用质感纹理，由浅入深地讲解VRay四种全局照明引擎里Irradiance Map（发光贴图渲染引擎）与Light Cache（灯光缓存渲染引擎）的结合运用，最后介绍创建室内全局光照的布光方法与常用技巧，以及应该注意的相关问题。

重点内容: 1. 晨曦光线和室内灯光的设定
            2. 发光贴图渲染引擎与灯光缓存渲染引擎的结合设置
            3. 家居环境的布置与家居材质的调节
            4. 后期调整

3.1 清逸晨曦空间渲染之前的准备工作

▶ **本节要点：** 本节重点讲解，如何将3ds Max中的渲染引擎切换为VRay的渲染引擎，介绍模型渲染之前应该注意的相关问题以及布置室内场景灯光和设置VRay物理摄影机的具体操作和运用。

3.1.1 模型渲染之前的准备工作1

主要步骤 打开创建好的实例模型，再检查模型的单位设置，然后调节窗户的玻璃材质，最后将3ds Max中的渲染引擎切换到VRay的渲染引擎。

步骤 1 打开创建好的3ds Max实例模型文件

执行File（文件）> Open（打开）命令，选择配套光盘"scenes\第三章\第三章max文件\清逸晨曦空间未完成.max"文件，单击"打开"按钮将文件打开，如图3-1所示。

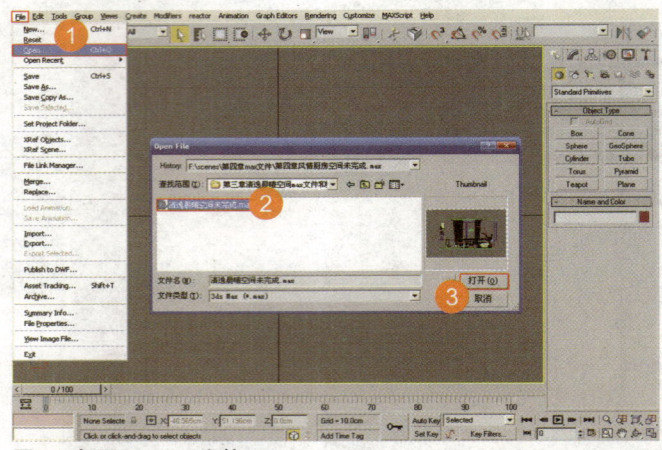

图3-1 打开3ds Max文件

步骤 2 检查模型单位尺寸

执行菜单栏中的Customize（自定义）> Units Setup（单位设置）命令，检查单位尺寸，如图3-2所示。

提示
1. 设置好模型的单位尺寸是为了有模型渲染后的实际效果和真实感觉。
2. 在VRay渲染器中，VRay Physical Camera物理摄影机与3ds Max渲染器中Photometric光度学灯光都是基于实际场景的渲染尺寸。

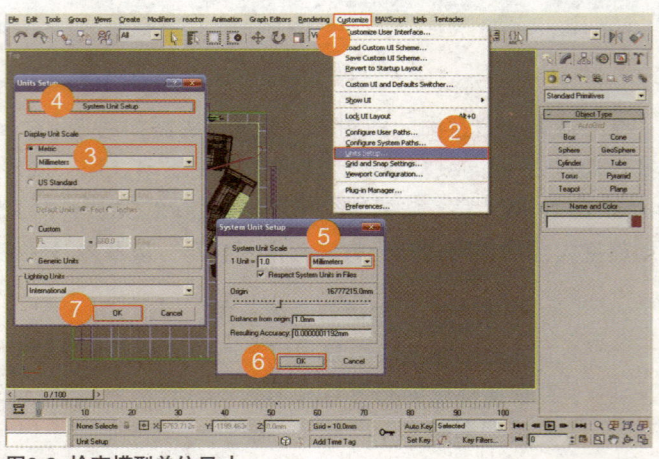

图3-2 检查模型单位尺寸

步骤 3　在场景中选择窗户玻璃物体

在工具面板上单击"按名称选择"按钮█，或者按快捷键H，在弹出的Select From Scene（选择对象）对话框中选择"窗口玻璃"，接着在对话框中单击"选择"按钮 Select，完成选择，然后按快捷键Alt+Q，单独显示选择物体，最后在场景中单独显示选择后的窗户玻璃物体，如图3-3所示。

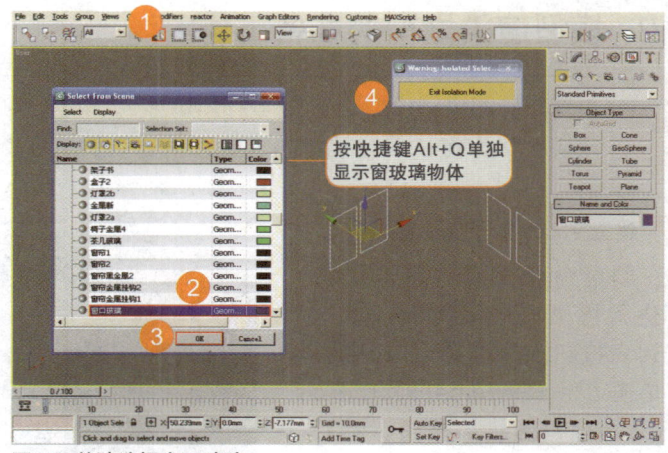

图3-3　单独选择窗口玻璃

步骤 4　调节窗口玻璃物体

按快捷键M打开材质编辑器，选择空白材质球，命名为"窗口玻璃"，在Opacity（不透明度）设置选项中输入20，最后单击将材质指定给选定对象按钮█，将设置好的材质赋予给选择好的窗户玻璃物体，如图3-4所示。

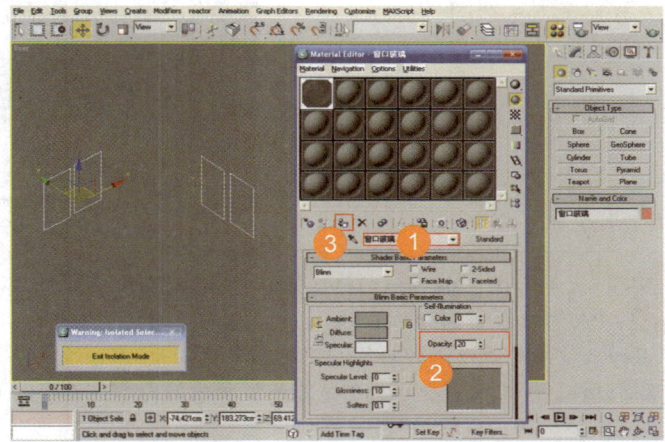

图3-4　调节窗口玻璃物体

提示　1.为了加快渲染的测试速度，我们给玻璃赋予默认的玻璃材质。
2.对于简单透明的玻璃，我们可以设定充足的光线反射到场景中，便于观察场景。

步骤 5　切换渲染器

在工具面板上单击渲染场景对话框按钮█或按快捷键F10，在按"公用"选项卡下展开Assign Renderer（指定渲染器）卷展栏，单击Production右侧的按钮，在弹出的对话框中选择VRay Adv 1.5R-C5渲染器，最后单击对话框上的OK按钮，完成渲染器的切换，如图3-5所示。

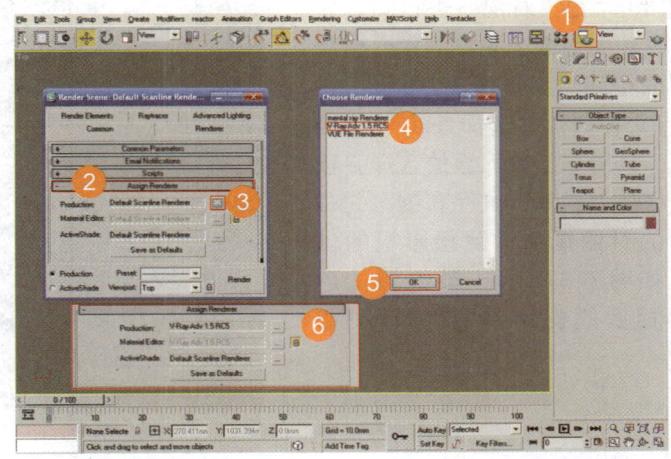

图3-5　切换渲染器

3.1.2　模型渲染之前的准备工作2

> **主要步骤**　为创建好的实例模型建立VRay物理摄影机，并在模型中调整VRay物理摄影机，然后利用裁切视口，完成最终视口的调整，最后给调整好摄影机的模型布置场景灯光。

步骤1　建立VRay物理摄影机

　　在创建命令面板中单击 按钮，进入摄影机层级面板，单击下拉列表按钮 ，选择VRay摄影机，单击VRay Physical Camera（VRay物理摄影机）按钮，然后切换到Top视口，将VRay物理摄影机建立到场景中，如图3-6所示。

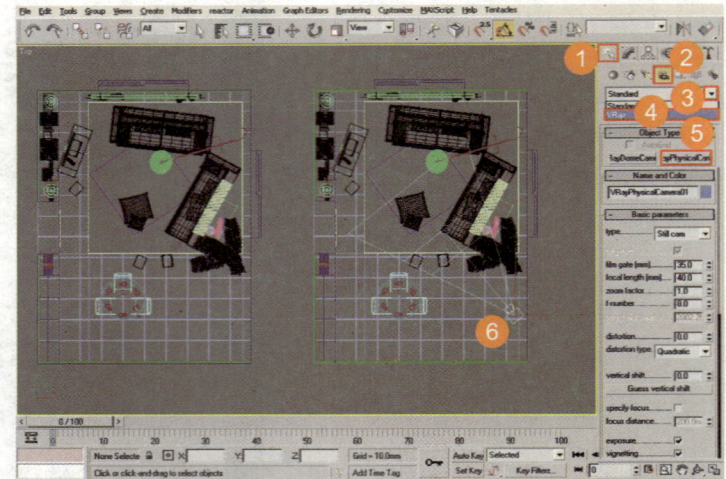

图3-6　建立VRay物理摄影机

> **提示**　1. 大家知道，3ds Max的标准摄影机的模型在渲染时，可以穿越阻碍物体，因此创建的视口角度不受摄影机模型范围的限制。
> 2. VRay只渲染视口以内的物体，因此如果确认为VRay渲染，无论是3ds Max标准摄影机还是VRay物理摄影机，一定要将摄影机创建在模型物体的内部，否则渲染的就是模型的外墙面了。

步骤2　调节VRay物理摄影机1

　　按快捷键C，将切换到VRay Physical Camera视口，观察视口内的模型结构是否协调，接着按快捷键Shift+Q，对视口进行测试渲染，发现图像缺少视口的中心感和模型的空间感，如图3-7所示。切换到Top视口，并选择VRay物理摄影机，最后在工具面板的选择并移动按钮 上，单击鼠标右键，并在弹出的对话框中设置摄影机的位置，如图3-8所示，最终测试调整坐标后的视口效果，如图3-9所示。

图3-7　测试视口效果

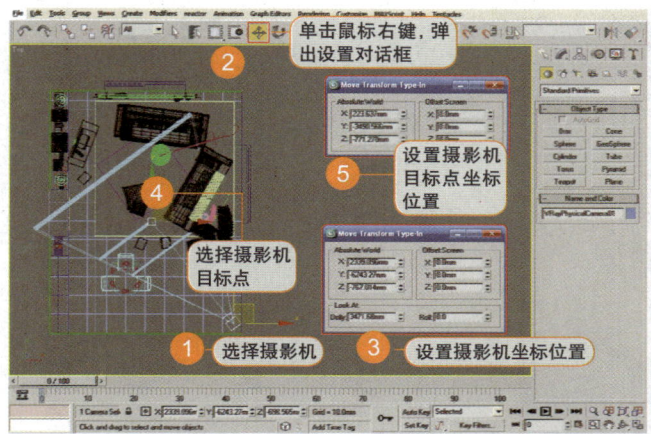

图3-8 调整摄影机坐标位置

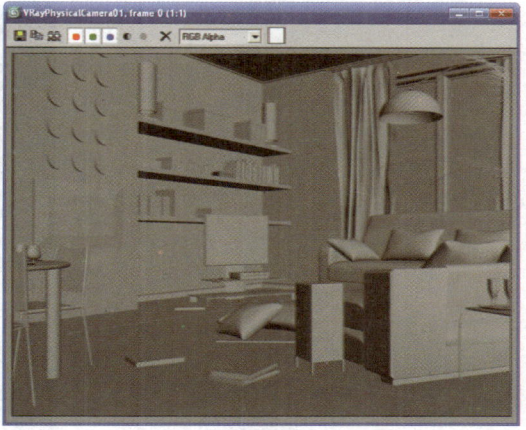

图3-9 测试调整坐标后视口效果

> **提示** 通过对摄影机坐标的调整，测试图像的视口中心感增强了，但是模型的空间感还有待调整，接下来我们调整VRay摄影机的参数值来完善这一点。

 调节VRay物理摄影机2

在Top视口选择VRay物理摄影机，在修改面板中调节摄影机的相关参数，如图3-10所示。测试调节参数后的视口效果，如图3-11所示。最后在工具面板将渲染视口方式从View模式切换到Crop模式后，调节裁切框，如图3-12所示，渲染调整好的视口，如图3-13所示。

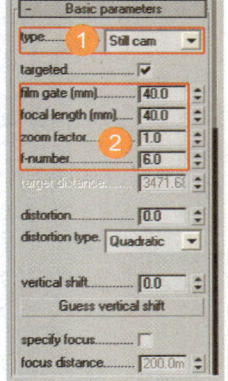
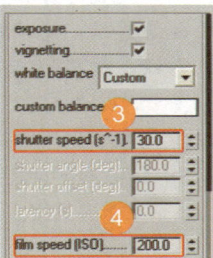

图3-10 调节摄影机的相关参数

> **提示** 1. 这里我们使用的是Still camera（静态摄影机）来模拟一台常规快门的摄影机。
> 2. film gate（影片镜头）可以控制镜头的取景范围，值越大，镜头看到的范围就越广。
> 3. focal length（焦距）可以控制摄影机焦距的长度，值越大则离目标物体越远。
> 4. f-number（光圈）可以控制摄影机的光圈大小，值越小则最终渲染的图像越亮。
> 5. shutter speed（快门速度）控制摄影机的进光时间，值越小进光时间就越长，图像就越亮，反之，进光时间就越短，图像就越暗。
> 6. film speed（影片感光度）可以控制图像的明暗，值越大胶片感光度越强，图像就越亮。

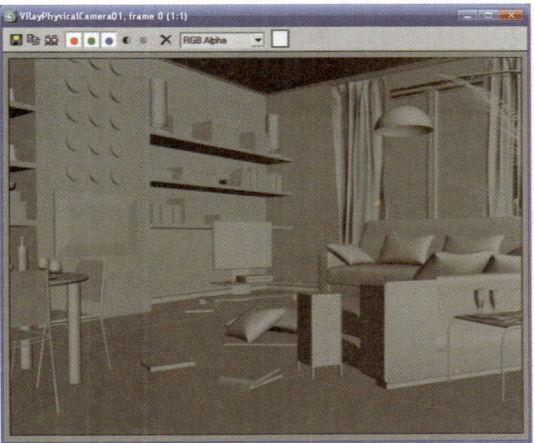

图3-11 测试调节后的摄影机视口

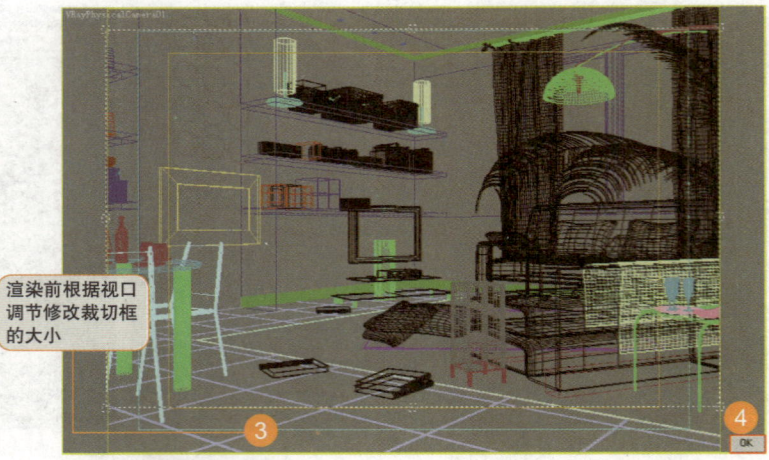

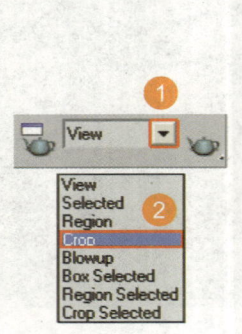

渲染前根据视口
调节修改裁切框
的大小

图3-12 设置裁切渲染

提示

1. 大家可以使用Crop模式调整视口空间，从而达到理想的视口效果。

2. Crop模式也可以节约渲染时间，从而提高工作效率。

3. 视口是指渲染图像的视觉中心区域，视口设置的好坏直接影响以后渲染效果、光子贴图创建等，所以在材质和渲染调节之前一定要将视口创建好。

4. 这里我们使用VRay物理摄影机，因为它的参数调节更丰富，渲染效果更真实。

图3-13 裁切测试效果

3.1.3 模型渲染之前的准备工作3

主要步骤　首先为创建好的实例模型建立IES Sun（IES太阳光），在模型中调整IES Sun（IES太阳光）的位置，然后在模型窗口处创建VRayLight漫射灯光，最后根据模型环境创建辅助灯光，完成布光设置。

提示　创建直接光照时要注意所要表现的场景氛围，晨曦是太阳东升时产生的光照，因此我们把"阳光"建立在了模型的东北方向。

步骤 1　创建直接光照灯光

在创建命令面板 中进入灯光层级面板 ，在灯光列表中单击下拉菜单按钮 ，在下拉菜单中选择 Photometric（光度学）灯光，接着单击 IES Sun（IES太阳光）按钮，然后切换到 Top 视口，最后将 IES Sun 建立到场景中，成为直接光照灯光，如图3-14所示。

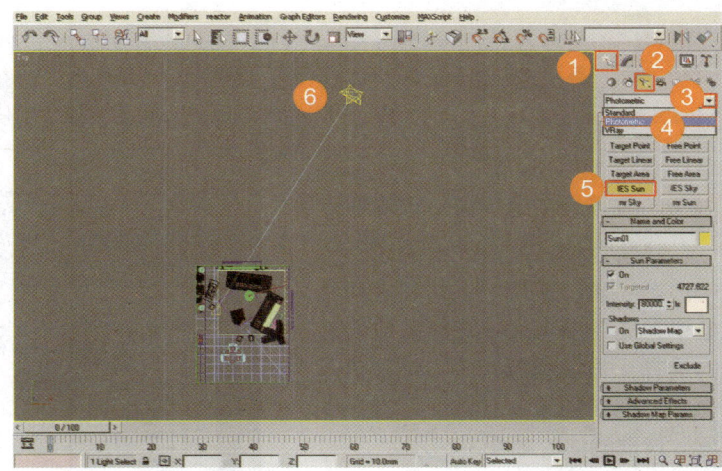

图3-14　直接光照灯光的创建

步骤 2　调节IES Sun的坐标位置

切换到 Top 视口，接着分别选择 IES Sun（IES太阳光）和目标点，然后在工具面板中选择并移动工具单击鼠标右键，在弹出的对话框中，分别设置 IES Sun 和目标点坐标，最后分别切换到 Front（前）视口和 Left（左）视口观察灯光的相对位置，完成 IES Sun 坐标的调节，如图3-15所示。

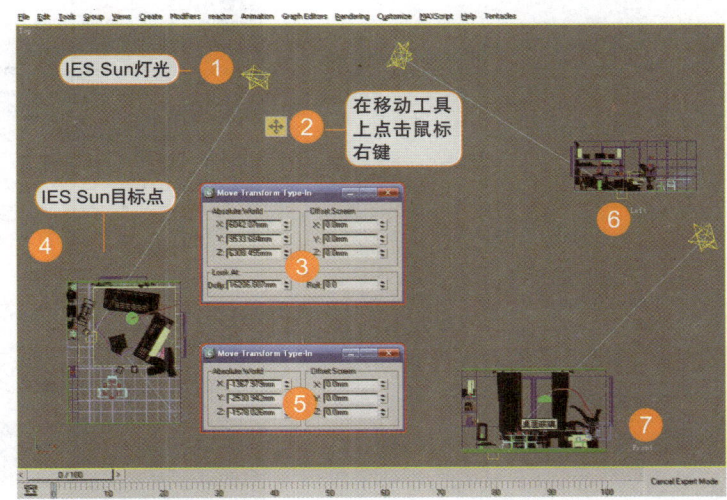

图3-15　调节坐标位置

步骤 3　设置IES Sun的具体参数

切换到 Top 视口，接着选择 IES Sun（IES太阳光），然后在修改面板中的 Sun Parameters（阳光参数）卷展栏中分别调节设置 IES Sun 灯光的 Intensity（强度）、灯光颜色参数、Shadows（阴影）、最后设置 VRay shadows params（VRay 阴影参数），完成 IES Sun 具体参数的设置后，如图3-16所示。

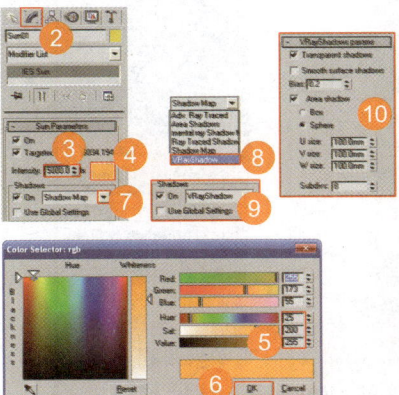
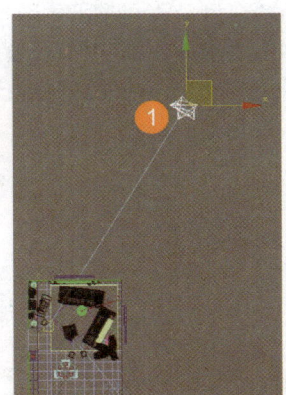

图3-16　设置IES Sun的具体参数

1. 只有将Shadows类型切换到VRay shadow后才能调节VRay阴影的属性。
2. 勾选Area shadow（区域阴影）复选框，VRay的阴影属性才能起作用。
3. 阴影模式一般采用Sphere方式，U size，Y size，Z size参数值控制阴影的衰减从而达到虚实的阴影效果。

步骤4 **在场景中选择窗口玻璃物体**

按快捷键H，在弹出的对话框中选择"窗口玻璃"，接着在对话框中单击选择按钮 Select 完成物体的选择。按快捷键Alt＋Q单独显示物体，则在场景中单独显示选择的窗口玻璃物体，如图3-17所示。

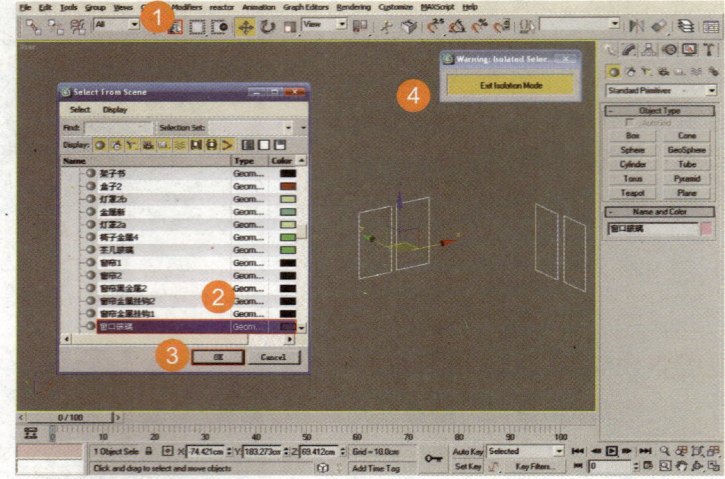

图3-17 选择窗口玻璃物体

选择菜单栏中的Tool（工具）命令，然后在弹出的下拉菜单中选择Isolet Seletion（孤立当前选择）命令也可以单独显示物体。

步骤5 **创建场景的间接光照灯光**

切换至创建命令面板的灯光层级面板，选择VRay灯光，然后单击VRayLight（VRay灯光）按钮，最后按快捷键V，分别切换为Top视口、Back视口和Right视口，并在相应的视口中按照窗口玻璃的位置调整创建好的间接光照，如图3-18所示。

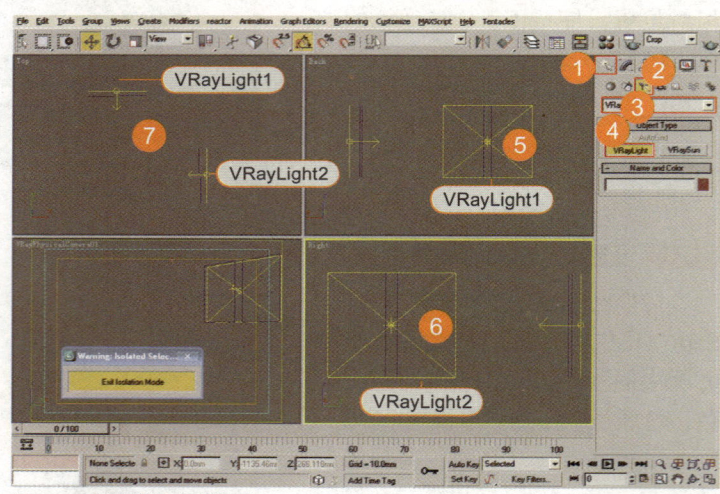

图3-18 创建间接光照灯光

为了方便创建VRayLight，我们可以采用来创建灯光，这里我们用的VRay1.5RC5的版本具有捕捉功能，而低版本的VRay是不支持的。

步骤6 设置间接灯光参数

切换到Top视口，选择VRay-light1，接着在Options（属性）中勾选Invisible（不可见）、Ignore light normals（忽视灯光法线），并设置Color（颜色）、Multiplier（倍增）的数值，然后在Sampling（采样）中将Subdivs（细分）设置为20，大家也可以尝试VRaylight2的参数调节，如图3-19所示。

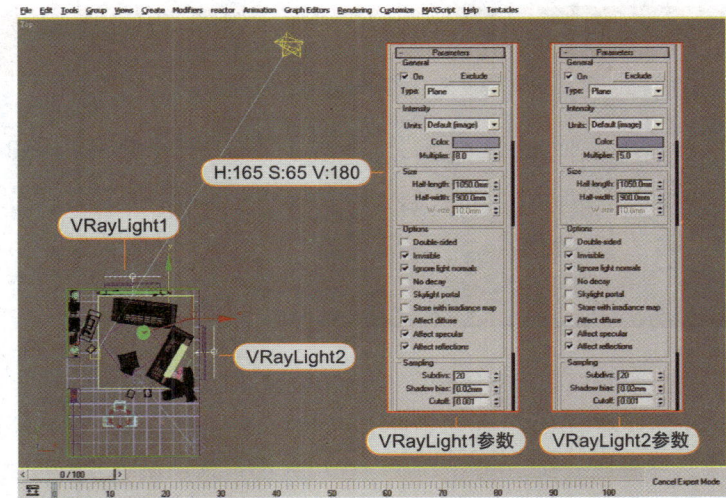

图3-19 设置间接灯光参数

提示

1. 间接灯光是辅助天光的漫射光线，天光是冷色调，所以我们设置VRayLight灯光的Color（颜色）是蓝色的。

2. Invisible（不可见）：勾选表示在渲染时只能看到灯光的效果，而看不到灯光的形状。这里的间接灯不需要看到灯的形状，而且不勾选也会影响最后后期文件的制作。

3. Ignore light normals（忽略灯光法线）：勾选表示在光源发射时不考虑当前光源的法线，均匀向外照射，这样做的目的是为了使间接灯光的天光更真实。

4. Sampling（采样）中的Subdivs（细分）是控制灯光质量的选项，默认细分值为8，这里设置为20，目的是使渲染画面更清晰并减少光斑。

步骤7 设置环境背景

打开菜单栏中的Rendering（渲染）命令中的Environment and Effects（环境和效果）对话框，展开Common Parameters（公用参数）卷展栏，单击Background（背景）的颜色按钮，在弹出的色彩面板上调节环境背景的颜色，如图3-20所示。

大家也可以按快捷键8打开环境和效果对话框。

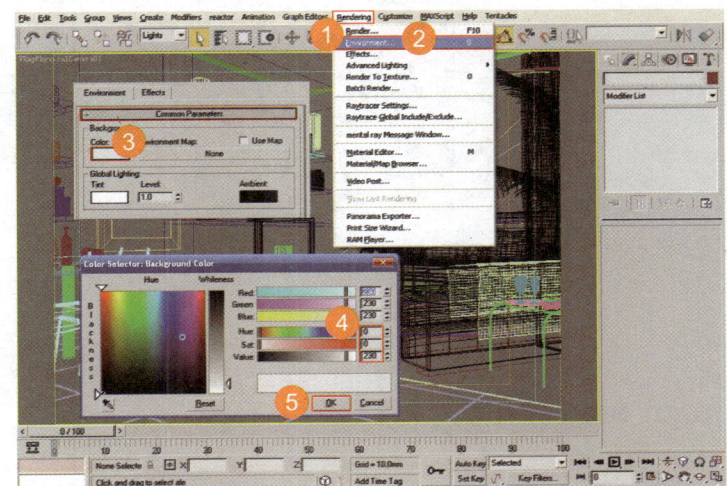

图3-20 设置环境背景

本节小结： 本节介绍了模型渲染之前，三维场景应该注意的相关问题，详细讲解了创建VRay物理摄影机以及布置室内场景灯光的具体操作，希望大家有所收获。

3.2 VRay高级渲染设置

本节要点：本节重点讲解如何综合运用 Irradiance map与Light cache，并详细介绍VRay渲染面板的具体参数设置，以及相关渲染参数的运用和在制作过程中应该注意的问题。

步骤 1 **设置渲染尺寸并开启VRay渲染帧**

按快捷键F10，在渲染对话框的Common（公用）选项卡中展开Common Parameters（公用参数）卷展栏，在Output Size（输出大小）选项组中分别将渲染图像的宽度像素和高度像素设置为640和480像素，单击Image Aspect（图像纵横比）右侧锁定图标🔒，将渲染图像尺寸锁定，然后在Render Output（渲染输出）选项组中将Render Frame Window（渲染帧窗口）取消勾选，最后在Renderer（渲染器）选项卡的VRay Frame buffer（VRay帧缓冲）卷展栏中勾选Enable built-in Frame Buffer（启用VRay帧缓冲）完成VRay渲染帧窗口的开启，如图3-21所示。

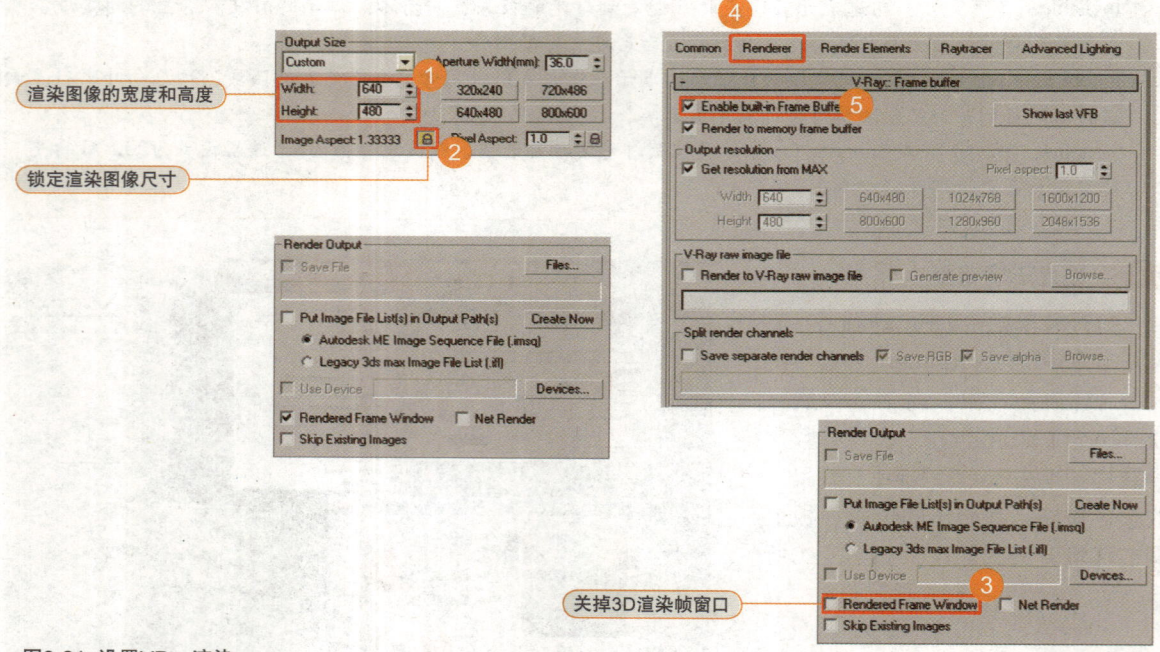

渲染图像的宽度和高度
锁定渲染图像尺寸
关掉3D渲染帧窗口

图3-21 设置VRay渲染

 提示
1.设置小像素是为了节约预渲染光子贴图和灯光贴图的时间，测试场景时能提高工作效率。
2.VRay渲染帧窗口有鼠标跟随渲染功能，可以节约测试渲染的时间。

步骤 2 设置VRay通用参数

切换到VRay渲染选项卡，展开VRay Global switches通用参数卷展栏，分别取消勾选Default lights（默认灯光）、Reflection/refraction（反射和折射）、Maps（贴图纹理）、Glossy effects（光泽度效果）复选框，最后将Raytracing（光线跟踪）中的Secondary rays bias（二级射线偏移）设置为0.05或0.01，如图3-22所示。

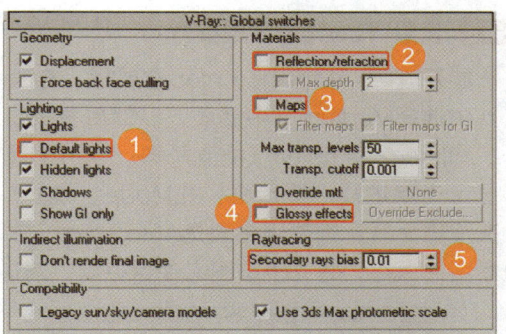

图3-22 设置通用参数

> **提示** 1.这里关掉场景中的Default lights（默认灯光）为了避免模型场景在全局光照时曝光。
> 2.关掉场景中材质的"反射和折射"、"贴图纹理"和"高斯效果"，也是为了在预渲染场景时节约测试时间。

步骤 3 设置VRay图像采样参数

在VRay渲染选项卡中展开VRay Image sampler [Antialiasing]卷展栏，然后在Image sampler（图像采样）选项组Type（类型）中选择Fixed（固定比采样器）并关闭Antialiasing filter（抗锯齿过滤），最后在VRay Fixed image sampler（VRay固定比采样）卷展栏中将Subdivs（细分）设置为1，如图3-23所示。

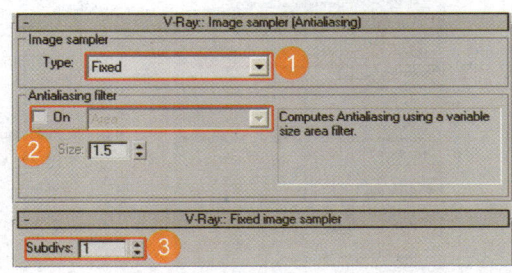

图3-23 设置采样参数

> 1.预渲染图像时，不需要追求图像品质，因此这里取消勾选Antialiasing filter（抗锯齿过滤），以提高预渲染效率。
> 2.Subdivs（细分）是渲染图像的采样品质，值越大图像的品质就越高，因为预渲染，所以设置为1。

步骤 4 设置VRay间接光照参数

在VRay渲染选项卡中展开VRay Indirect Illumination间接光照卷展栏，开启VRay的间接光照，并将Secondary bounces（二级反弹）的Multiplier（倍增）值设置为0.75，最后在Secondary bounces（二级反弹）的GI engine（全局光照引擎）中选择Light cache（灯光缓存），完成VRay间接光照面板的设置，如图3-24所示。

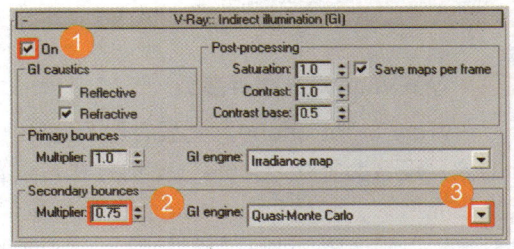

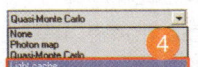

图3-24 设置间接光照参数

> 这里一级反弹使用Irradiance map渲染引擎，二级反弹使用Light cache渲染引擎，这是VRay渲染引擎的一种搭配方式，在以后的章节中将介绍到其他全局光照引擎搭配方式。

步骤5 **设置VRay光子贴图参数**

展开VRay Irradiance map卷展栏，在Built-in presets（内置预设）的Current preset（当前预设置）中选择Medium（中品质），然后将Basic parameters（基本参数）中的HSph.subdivs（半球细分）和Interp.samples（插值采样）分别设置为50和20，并勾选Options（属性）的Show calc.phase（显示光能进程）复选框，在Mode（模式）中选择Single frame（单帧）模式，在On render end（在渲染之后）选项组中勾选Auto save（自动保存），单击Browse（浏览）按钮，在弹出的对话框中命名并保存，将光子贴图文件保存到"清逸晨曦空间"文件的根目录里，如图3-25所示。

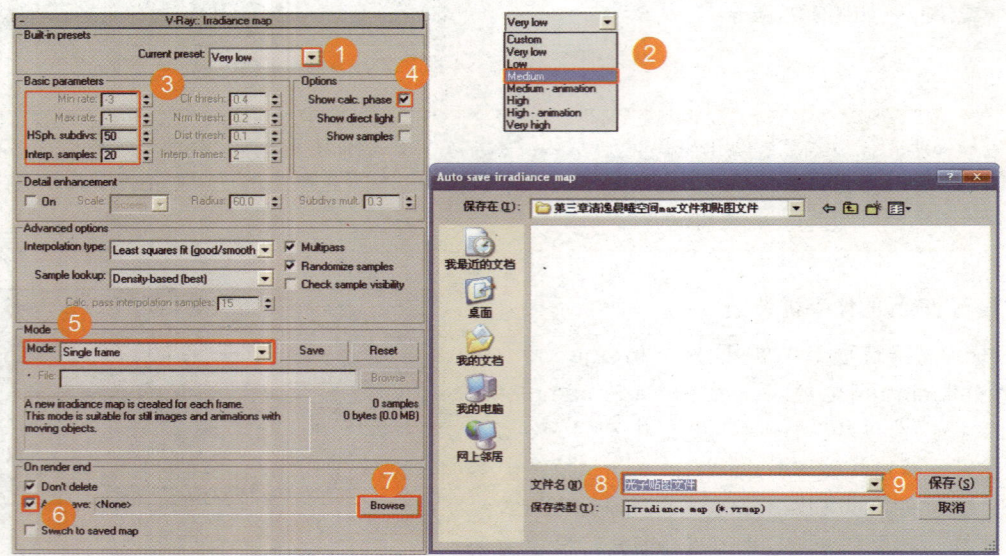

图3-25 设置光子贴图参数

> 提示
> 1. 预渲染时，我们一般选择Medium（中品质），以保证光子品质和预渲染时间的合理搭配。
> 2. HSph.subdivs（半球细分）决定了光子样本的数量和分布，数值越小，渲染速度越快，但是会出现斑点。这里默认50，如果大家的硬件偏慢，可以降低10个单位。
> 3. Interp.samples（插值采样）可以消除图像在全局光照样本里的剩余黑斑，一般预渲染时设置为20，最终渲染时设置为40。

步骤6 **设置VRay灯光缓存参数**

在VRay Light cache灯光缓存卷展栏中，将Calculation parameters（计算参数）中的Subdivs（细分）设置为300，Scale（比例方式）设置为Screen（屏幕），取消勾选Store direct light（存储直接光照），勾选Show calc.phase（显示光能进程），然后在Reconstruction parameters（重建参数）中勾选Pre-filter（预过滤），在Filter（过滤器）右侧的下拉列表中选择None（无），最后在Mode（模式）中选择Single frame（单帧）模式，在On render end（在渲染之后）中勾选Auto save（自动保存），单击Browse（浏览）按钮，在弹出的对话框中命名后保存，将灯光贴图文件保存到"清逸晨曦空间"文件的根目录里，如图3-26所示。

> 提示
> Subdivs（细分）的默认值为1000，最大可以设置为65000。因为我们将灯光缓存放在二级反弹的GI engine（全局光照引擎）中，所以这个数值在预渲染时一般设置为100至300之间，最终渲染时可以提高到1500。

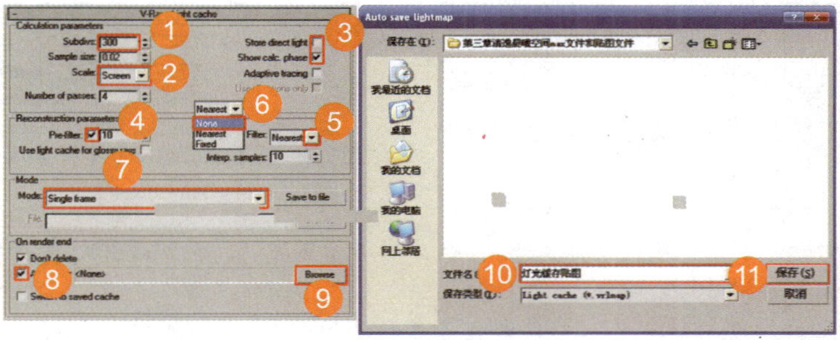

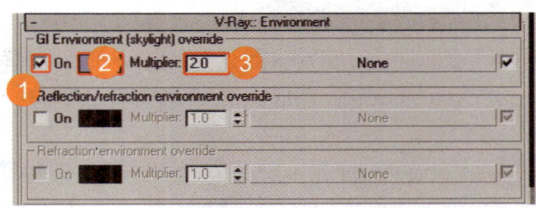

图3-26 设置灯光缓存参数

> **提示**
> 1. 比例方式设置为Screen（屏幕），它可以使灯光样本按照真实的环境确定样本大小，即离摄影机近的物体，光子样本越小越细致，离摄影机远的物体光子样本越大越粗糙。
> 2. 这里勾选Pre-filter（预过滤），它会在渲染前对灯光样本提前过滤，并对样本边界颜色进行平均化使图像更真实。

步骤7 设置VRay环境贴图参数

展开VRay Environment环境贴图卷展栏，接着在GI Environment［skylight］override（全局光照明环境）选项组中勾选On，开启VRay全局光照明环境的天光，然后设置天空光的颜色和天空光的亮度，完成环境贴图面板的设置，如图3-27所示。

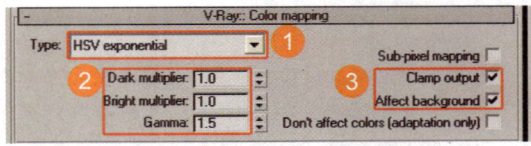

图3-27 设置环境贴图参数

> **提示** 天空光是阳光在大气中的反射光线，也就是大家通常说的漫射光线。

步骤8 设置VRay色彩贴图参数

切换到VRay渲染选项卡，展开VRay Color mapping色彩贴图卷展栏，然后在Type（类型）中选择Linear multiply（线性倍增），将Gamma（伽玛值）设置为5.0，最后勾选Clamp output（加强输出）和Affect background（影响背景），完成色彩贴图面板参数的设置，如图3-28所示。

图3-28 设置色彩贴图参数

> **提示**
> 1. HSV Exponential（色调和饱和度指数）可以保护场景表面曝光颜色的色调和饱和度，节省场景中高光的计算。
> 2. 勾选Clamp output（加强输出）是为了让它对渲染过的图像进行优化。

步骤9 设置VRay准蒙特卡罗采样参数

展开VRay rQMC sampler（准蒙特卡罗采样）卷展栏，将Adaptive amount（自适应数量）设置为1，将Noise threshold（噪波阈值）设置为0.2，然后将Global subdivs multiplier（全局细分倍增）设置为0.8，完成参数设置，如图3-29所示。

QMC是Quasi Monte Carlo（准蒙特卡罗）的缩写，是VRay的核心部分，这里的参数决定渲染图像的速度和质量。

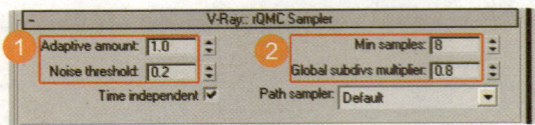

图3-29 设置准蒙特卡罗采样参数

 1. Min sample（最小采样值）默认值是8，也可以消除黑斑，一般预渲染时保持默认值就可以，最终出图可以调节为10～16。

2. Time independent（特定实时设置），能使参数设置和场景同步。

3. Path sample（路径采样），一般采用Default（默认）来适应场景模型。

步骤10 设置VRay系统参数

展开VRay System 系统参数卷展栏，在Raycaster params（光线投射参数）中设置：

Max.tree depth（最大树深度）→90

Face/level coef（面/级别系数）→1.8

Default geometry（默认几何）→Static（静态）

Render region division（渲染区域划分）中X/Y→64

并且在Region sequence右侧下拉列表中选择Top->Bottom（从上到下）方式，在Frame stamp（装饰水印）中勾选并设置如图所示再勾选Miscellaneous options（多样属性）中的MAX-compatible ShadeContext（work in camera space）（贴图类型兼容性面板），完成设置，如图3-30所示。

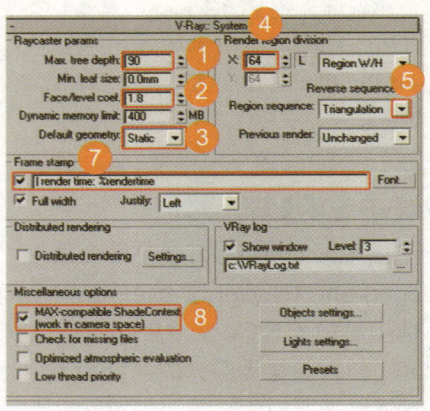

图3-30 设置系统参数

 1. Max.tree depth（最大树深度）参数较小，则渲染时会减少内存使用，但计算过程缓慢，相反数值较高会加速计算，但会占用更多内存，这里因为笔者的内存大，所以将参数设置为90。

2. Face/level coef（面/级别系数）默认值为2，为了加快渲染，我们将它调整为0.5，即较低的参数在渲染时可以节省时间。

3. Static（静态）会在渲染时自动使用本机上能够使用的内存。

4. 渲染区域设置为64，是指渲染像素。为了预渲染快，可以保持默认值，不过渲染区域的像素越大，品质越好，但是渲染过慢，VRay的最大渲染区域的像素是1000×1000像素。

5. 区域方式我们选择"从上到下"，一般室内场景选择这种方式是比较方便的。

6. 启用装饰水印的目的是了解场景的相关信息，这里我们只用到了渲染器的版本和渲染时间。

7. MAX-compatible ShadeContext（work in camera space）即贴图类型兼容性，简单地说，VRay在渲染时会转换的贴图类型，需要保持VRay在渲染时与3D贴图的兼容性，如果场景里的材质类型都是VRay的，那么在渲染时需要将该复选框关闭，加快材质渲染速度。

本节小结：以上是对VRay渲染面板的预渲染设置，在设置过程中我们了解了有关渲染面板的相关调整，在这里因为是预渲染，因此渲染参数的细分值偏低，其目的就是提高作图效率，在工作中以最快的速度测试出场景的光效。

3.3 确定最终可以调节材质的全局光方案

本节要点：本节重点讲解，通过对场景灯光的分析，创建场景预渲染时场景筒灯灯光和辅助灯光，最后得到最终可以调节材质的场景灯光方案。

主要步骤 先对预先设置好的灯光和渲染参数进行测试，然后对测试效果分析，得出更符合场景的光线要求，并根据分析结果，对需要创建新场景的灯光进行设置，最后得到满意的全局光线。

步骤1 对设置好的场景测试

先切换到设置好安全框的VRay Physical Camera视口中，按快捷键Shift+Q，对场景第一次预渲染测试，大家可以看到渲染的进程，如图3-31所示，最后的测试效果如图3-32所示。

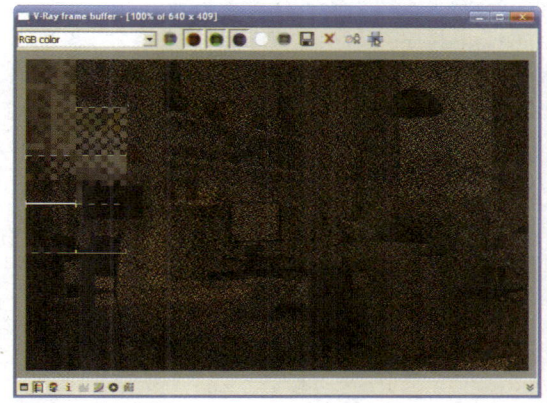

图3-31 渲染进程

提示 1. 渲染时软件会先计算Light cache（灯光缓存）贴图，然后再计算Irradiance map（发光贴图），最后渲染出我们需要的图像。

2. 如果大家的硬件配置低，可以取消勾选发光贴图卷展栏中Show calc.phase（显示光能进程）复选框，这里我们是勾选的。

图3-32 测试效果

步骤2 **对测试效果分析**

先看测试场景的灯光效果，阳光和VRayLight基本上达到了预测效果，如图3-33所示①号部分，但我们也发现整个场景的漫射光线相对偏暗，如图中②号、③号部分，还需要点亮地灯来丰富场景的气氛，如图中④号部分，针对这些问题，我们需要对场景灯光进行再次布置与调节。

图3-33 分析测试效果

步骤3 **创建地灯灯光**

先切换到Top视口，在创建命令面板中选择灯光层级面板，单击Standard（标准）右边的下拉按钮，选择VRay灯光，然后在VRayLight（VRay灯光）中设置灯光Type（类型）、Color（颜色）、Multiplier（倍增）、Radius（半径）。在Options（属性）选项组中勾选Ignore light normals（忽略灯光法线）复选框，然后在Sampling（采样）选项组中设置Subdivs（细分）参数，最后在Top视口中将设置好参数的VRay灯光布置到相应位置，并按快捷键F，切换为Front视口，进一步调节灯光高度，具体设置如图3-34所示。

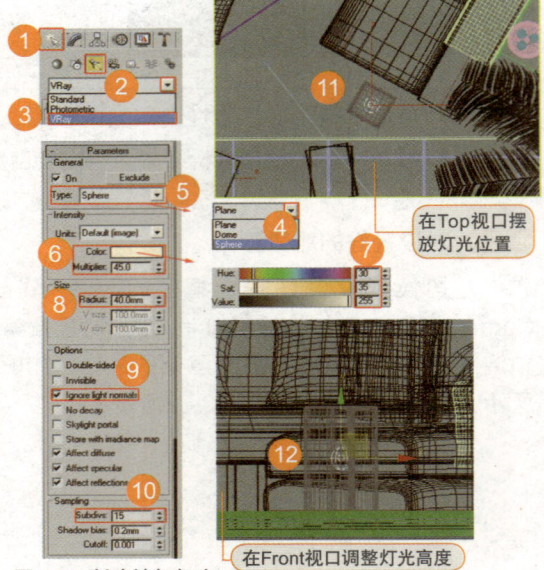

在Top视口摆放灯光位置

在Front视口调整灯光高度

图3-34 创建地灯灯光

提示

1. VRayLight的类型有三种：Plane（面状类型）、Dome（半球状类型）、Sphere（球状类型），前两种适合模拟漫射光线也就是天空光，不过面状类型的灯光还可以模拟现实生活中真实的面光源，而半球灯比较适合在封闭的室内模拟灯光的反射光线，后一种比较适合模拟现实生活中真实的点光源，这个落地灯充分体现了球状类形的作用。

2. Radius（半径）的设置主要是为了控制灯光的发光范围，半径越大，灯光在场景中的能量就越强。

步骤4 **调节IES Sun和VRayLight灯光**

切换到Top视口，分别选择VRayLight01和VRayLight02，并在每个灯光的Sampling（采样）选项组中将Subdivs（细分）设置为25。然后选择IES Sun（IES太阳光），在VRay Shadows params（VRay阴影参数）中勾选Smooth surface shadows（光滑面阴影），最后将Subdivs（细分）也设置为25，完成灯光的调整，如图3-35所示。

1.勾选Smooth surface sha-
dows（光滑面阴影）可使
图像的阴影更加真实。
2. 提高Subdivs（细分）能有效地
去除画面颗粒，细分越大，图像
越细腻，但渲染时间也会随之增
加，这里需要读者根据自己的
硬件设备斟酌使用。

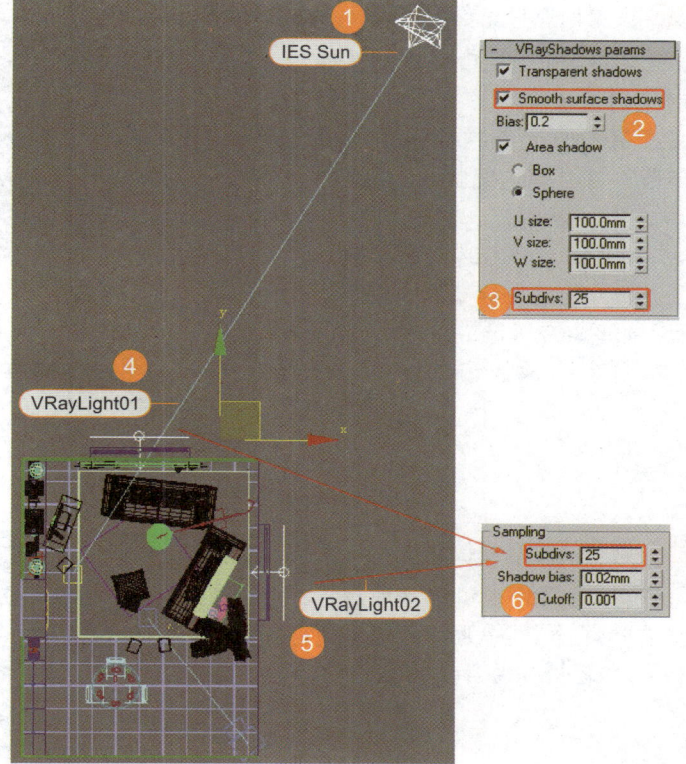

图3-35 调整灯光细分

步骤5 创建筒灯灯光

　　在创建命令面板中选择灯
光层级面板，在下拉列表中选择
Photometric（光度学）灯光，在
Photometric光度学灯光面板中单击
Free Point（自由点光源）按钮，
然后切换到Top视口，按照筒灯位
置，将Free Point建立到场景中，最
后命名为"室内筒灯1"，完成筒
灯灯光的创建，如图3-36所示。

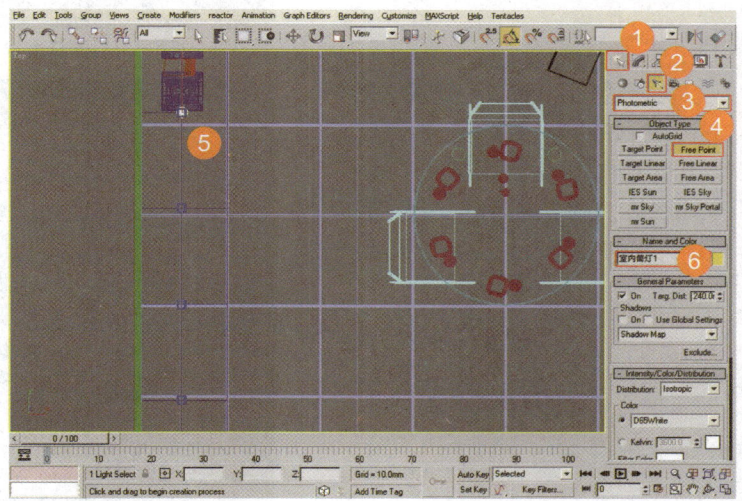

图3-36 创建筒灯灯光

提示 1. Photometric（光度学）灯光是用来模拟现实生活里的真实灯光，如点光源、面光源和线
光源。
2. 这里因为筒灯在现实环境里是点光源，所以用光度学灯光里的Free Point来模拟。
3. 使用Photometric（光度学）灯光还可以模拟现实生活中光域网的造型效果。

步骤6 **设置筒灯灯光参数**

先切换到Top视口，然后选择刚创建的"室内筒灯1"，在修改面板 ✎ 的灯光参数面板中，分别调节设置"室内筒灯1"灯光的Intensity（照明）、灯光颜色、VRayshadows（VRay阴影参数）以及光域网的相关参数，完成灯光设置，如图3-37所示。

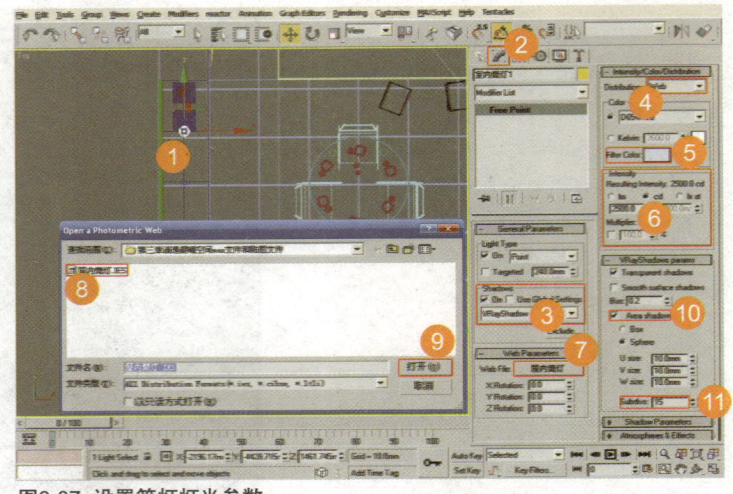

图3-37 设置筒灯灯光参数

步骤7 **调节筒灯灯光位置**

先切换到Top视口，然后选择"室内筒灯1"，按照筒灯模型位置复制，如图3-38所示。

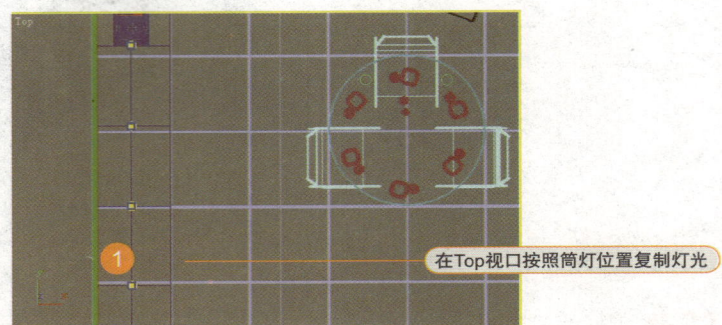

在Top视口按照筒灯位置复制灯光

图3-38 调节筒灯灯光位置1

切换到Front视口，选择Top视口中编辑好的筒灯灯光，按照筒灯模型位置向下复制，最后切换到Right视口，调节后筒灯位置，完成筒灯位置的调节，如图3-39所示。

> **提示** 这里室内筒灯的位置要根据筒灯模型的位置调节，以便达到理想的灯光效果。

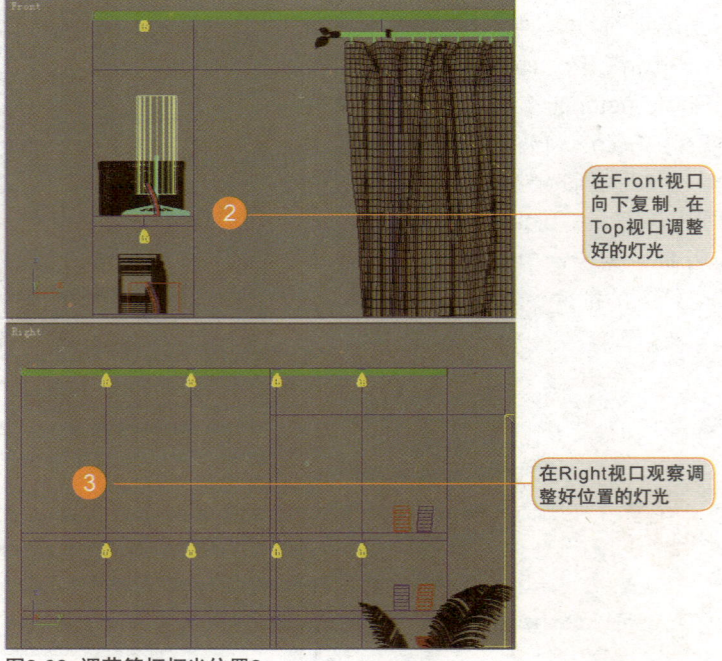

在Front视口向下复制，在Top视口调整好的灯光

在Right视口观察调整好位置的灯光

图3-39 调节筒灯灯光位置2

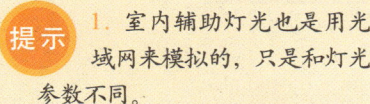

步骤8 创建辅助灯光

先切换到Top视口，然后选择刚创建好的筒灯灯光，接着选择工具面板中的选择并移动工具，按住Shift键进行复制，最后在弹出的对话框中设置参数并命名为"室内辅助灯1"，单击OK按钮，完成辅助灯光的创建，如图3-40所示。

提示
1. 室内辅助灯光也是用光域网来模拟的，只是和灯光参数不同。
2. 在同一场景中采用复制灯光的方法创建灯光，可以提高创建灯光的效率。

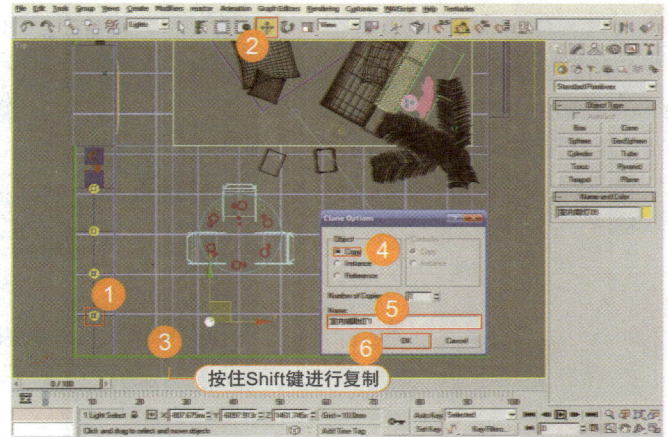

按住Shift键进行复制

图3-40 创建辅助灯光

步骤9 设置辅助灯灯光参数

切换到Top视口，选择刚创建的"室内辅助灯1"，在修改面板的灯光参数面板中分别调节设置"室内辅助灯1"灯光的Intensity（照明）、灯光颜色参数和光域网的相关参数，完成灯光的设置，如图3-41所示。

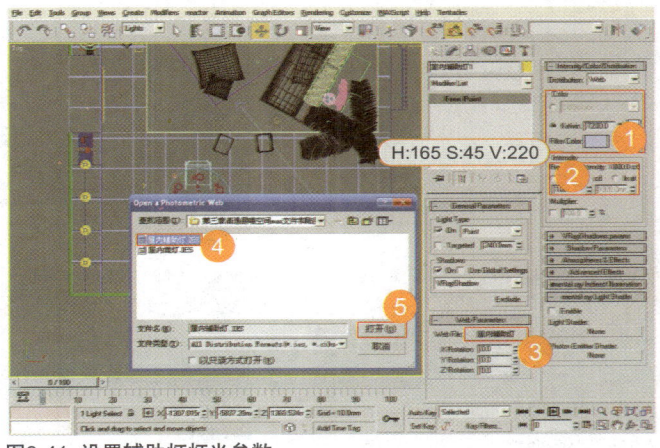

图3-41 设置辅助灯灯光参数

步骤10 调节辅助灯灯光位置

切换到Top视口，选择"室内辅助灯1"，按照模型的空间位置关联复制10个辅助灯光，接着切换到Right视口，调节室内辅助灯的位置，完成辅助灯光位置的调节，如图3-42所示。

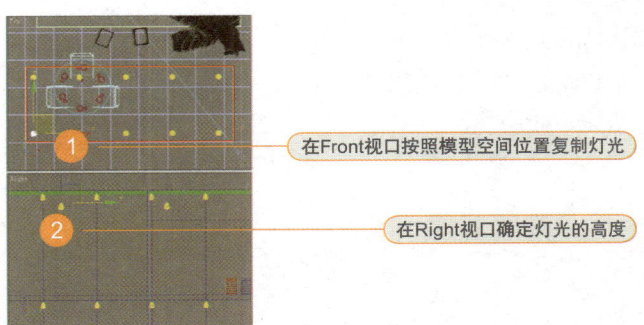

在Front视口按照模型空间位置复制灯光

在Right视口确定灯光的高度

图3-42 调节辅助灯灯光位置

提示
1. 辅助灯是场景中看不到模型的真实灯光。
2. 依据对真实光线的分析，辅助灯光能够更真实地反应现实生活中的物理学灯光。
3. 辅助灯光最好用光域网类型的灯光创建，这样渲染不会使场景曝光。

步骤11 对设置好的场景再测试

先切换到设置好安全框的VRay Physical Camera视口，按快捷键Shift＋Q对场景进行第二次预渲染测试，最后经过渲染得到测试效果如图3-43所示。

> **提示** 我们可以看到场景通过调整，整体的光线丰富了很多。

图3-43 对设置好的场景进行再测试

步骤12 载入光子贴图文件

展开VRay Irradiance map光子贴图卷展栏，在Mode（模式）右边的下拉菜单中选择From file（载入）模式，然后单击Browse（浏览）按钮，在弹出的对话框中载入"光子文件.vrmap"，最后单击OK按钮完成光子贴图文件的载入，如图3-45所示。

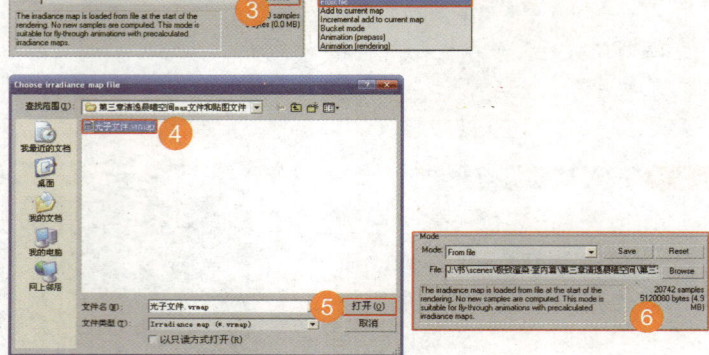

图3-44 载入光子贴图文件

步骤13 载入灯光缓存贴图文件

展开VRay Light cache灯光缓存卷展栏，在Mode（模式）右边下拉菜单中选择From File（载入）模式，然后单击Browse（浏览）按钮，在弹出的对话框中载入"灯光缓存贴图.vrlmap"文件，最后单击OK按钮完成灯光缓存贴图文件的载入，如图3-45所示。

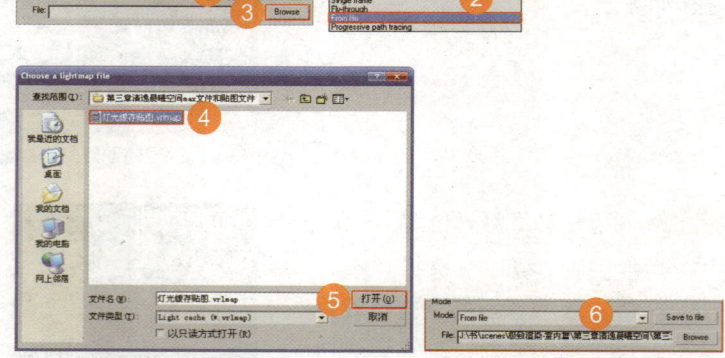

图3-45 载入灯光缓存贴图文件

> **提示** 1. 载入光子贴图文件和灯光缓存贴图文件是为了提高材质测试的效率。
> 2. 测试材质时节省了每次光子贴图和灯光缓存贴图的计算时间。
> 3. 在工作中为了解决渲染图像的时间问题，我们也可以在最终出图时载入品质高的光子贴图文件和灯光缓存贴图文件，不过要注意光子文件与渲染图像的像素比例。

▶ **本节小结：** 通过以上的灯光调节，我们详细介绍了场景预渲染时，场景筒灯灯光和辅助灯光的创建过程，得到了可以调节材质的全局光光线。

3.4 为调整好全局光效果的场景赋予材质

本节要点: 本节重点讲解如何使用VRayMtl（VRay标准材质）调节室内场景常用材质，以及如何调节材质参数。

主要步骤 重新设置VRay通用参数面板的参数，然后分别对场景中的材质进行具体详细设置，得到满意的材质效果。

步骤1 **重新设置VRay通用参数**

先切换到VRay渲染选项卡，在面板上展开VRay Global switches（VRay通用参数）卷展栏，然后在Materials（材质）中勾选Reflection/refraction（反射/折射）、Maps（贴图纹理）、Glossy effects（高斯特效）复选框，完成通用参数面板的修改，如图3-46所示。

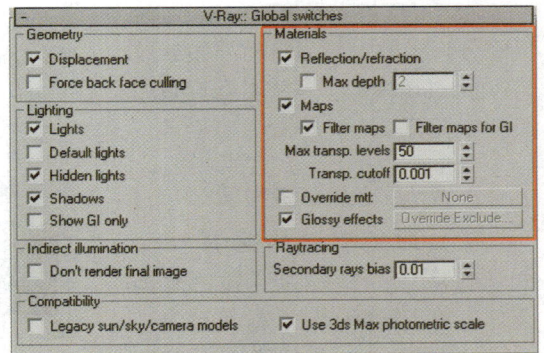

图3-46 重新设置通用参数面板

 将Reflection/refraction、Maps和Glossy effects打开是为了要调节材质。

步骤2 **分析墙面白色乳胶漆材质**

我们先来分析一下真实墙体的特点。首选是墙面的质感，家居里的墙面会有轻微的白色颗粒，还会有相对不规则的凹凸点，如图3-47所示；其次是墙面的颜色，一般人认为墙是白色，但在现实世界里只有相对的白色，我们怎么协调现实效果和三维效果呢？根据相对白色来调节墙面，也就是给白色墙面加上场景中的环境光，就是我们要得到的相对白色墙面，如图3-48所示。

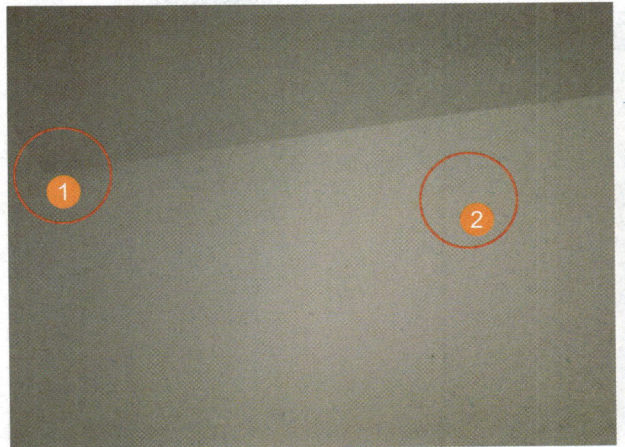

图3-47 墙面的质感

图3-48 墙面的环境光颜色

步骤 3 调节墙体材质

在材质编辑器中选择一个默认材质，并命名为"墙体"，单击 Standard （标准材质）按钮，在弹出的列表中选择VRayMtl（VRay标准材质），设置Diffuse（漫反射）颜色，接着在漫反射通道中加入Noise（噪波），在Noise Type（噪波类型）中选择Regular（有规律），并调节噪波大小和噪波颜色，然后在材质面板中设置Hilight glossiness（高光光泽度）、Refl.glossiness（反射光泽度）、Subdivs（细分）参数，最后将材质模式改为Ward（墙体），具体参数设置如图3-49所示。

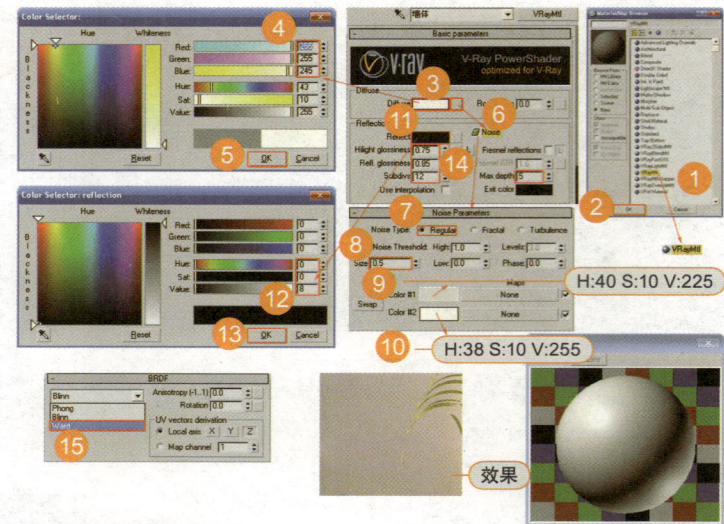

图3-49 调节墙体材质

步骤 4 调节彩色聚酯漆材质

在材质编辑器中选择一个默认材质，并命名为"彩色聚酯漆"，单击 Standard （标准材质）按钮，在弹出的列表中选择VRayMtl（VRay标准材质），并设置Diffuse（漫反射）的颜色，在Reflect（反射）通道中调节衰减颜色，然后在材质面板中设置Refl.glossiness（反射光泽度）、Subdivs（细分）参数，最后将材质模式设置为Blinn模式，具体参数设置如图3-50所示。

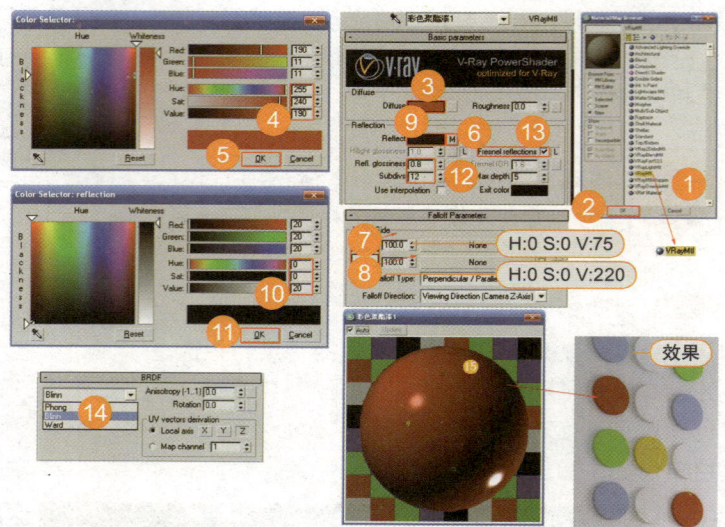

图3-50 调节彩色聚酯漆材质

提示 1. 聚酯漆是一种由聚酯树脂为主要原料的漆，适合家居装修。
2. 高档家具一般都用不饱和聚酯漆，也就是人们常说的"钢琴漆"，其漆膜丰满，清澈透明，硬度和光泽度均高于其他漆种，并且耐水、耐热。

步骤5 **调节地面瓷砖材质**

在材质编辑器中选择一个默认材质，并命名为"地面瓷砖"，单击 Standard （标准材质）按钮，在弹出的列表中选择VRayMtl（VRay标准材质），接着分别在Diffuse（漫反射）通道和Bump（凹凸）通道中添加"花岗岩大理石.jpg"和"花岗岩大理石凹凸.jpg"贴图，并且在Reflect（反射）通道中添加Falloff（衰减）并调节衰减颜色，然后在材质面板中设置Reflect（反射）、Hilight glossiness（高光光泽度）、Refl.glossiness（反射光泽度）、Subdivs（细分）参数，最后将材质模式设置为Blinn模式，具体参数设置如图3-51所示。

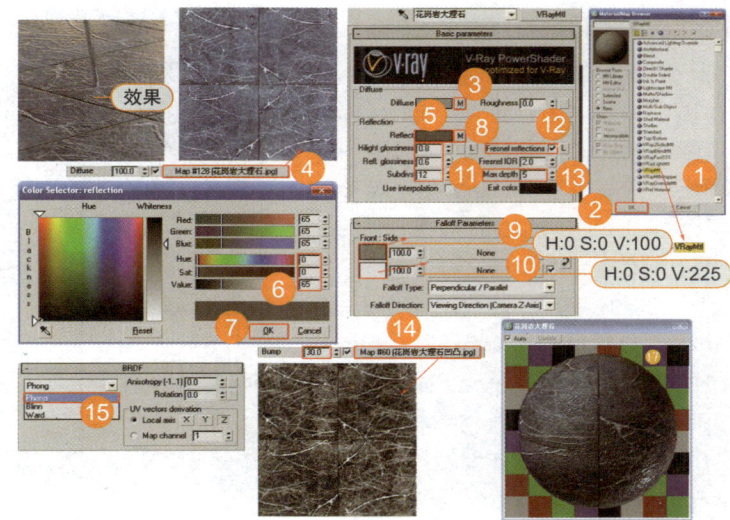

图3-51 调节地面瓷砖材质

步骤6 **调节书的材质**

先在材质编辑器中选择一个默认材质，并命名为"书材质"，单击 Standard （标准材质）按钮，在弹出的列表中选择VRayMtl（VRay标准材质），分别在Diffuse（漫反射）通道和Bump（凹凸）通道中添加"书.jpg"贴图并在Diffuse（漫反射）通道子层级中进一步调节书的贴图，然后在材质面板中设置Reflect（反射）、Hilight glossiness（高光光泽度）、Refl.glossiness（反射光泽度）和Subdivs（细分）的参数，最后将材质模式设置为Phong模式，具体参数设置如图3-52所示。

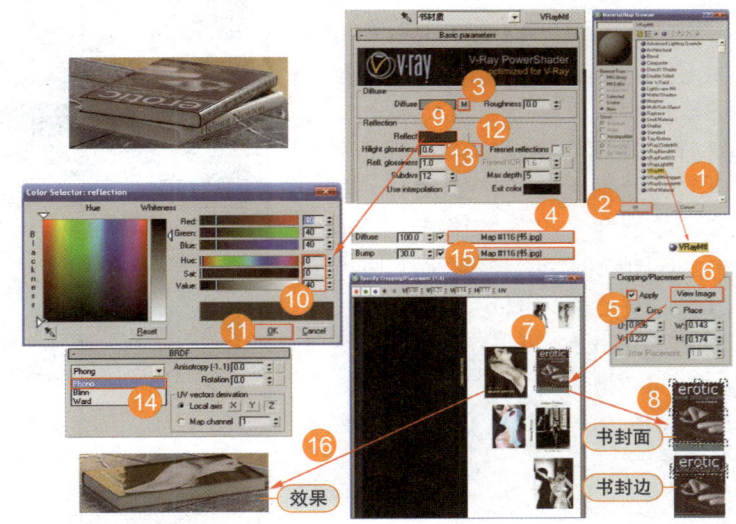

图3-52 调节书的材质

提示
1. 在我们生活中有很多种书，有铜版印刷的、有光面的、有压膜的，要注意体现纸张的不同特性。
2. 我们这次调节的是杂志常用的铜版印刷加光面膜的效果。
3. 大家要举一反三，场景中还有其他书籍，大家可以按照该方法进行调节。

步骤7 调节落地灯罩材质

在材质编辑器中选择一个默认材质，并命名为"落地灯罩"，单击 Standard （标准材质）按钮，在弹出的列表中选择VRayMtl（VRay标准材质），然后分别在Diffuse（漫反射）、Reflect（反射）、Refraction（折射）选项组中设置具体的参数值，并调节Refraction中的Refraction、Refl.glossiness和Sudivs参数，最后将材质模式设置为Phong模式，具体参数设置如图3-53所示。

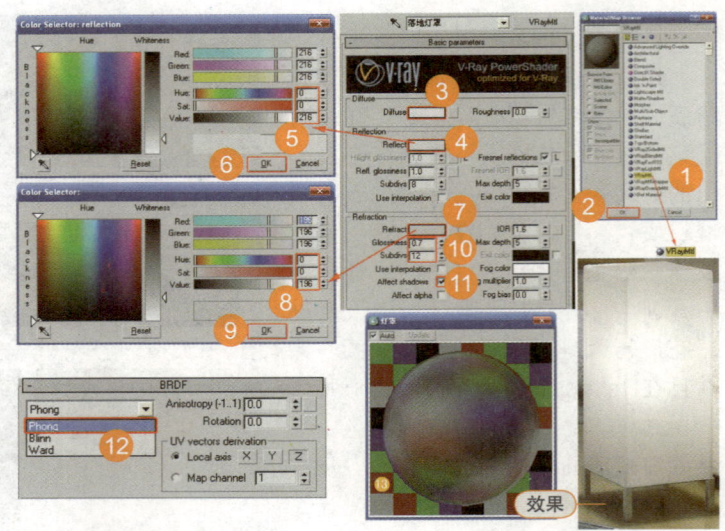

图3-53 调节落地灯罩材质

步骤8 调节沙发靠垫材质

在材质编辑器中选择一个默认材质，并命名为"沙发靠垫"，单击 Standard （标准材质）按钮，在弹出的列表中选择VRayMtl（VRay标准材质），然后在Diffuse（漫反射）选项组中调节漫反射的颜色，并添加Falloff（衰减），调节衰减颜色，再分别调节Reflect中的Reflect（反射）颜色、Refl.glossiness和Sudivs（细分），最后在Bump（凹凸）通道中加入"沙发靠垫凹凸.jpg"贴图并将凹凸数值改为55，具体参数设置如图3-54所示。

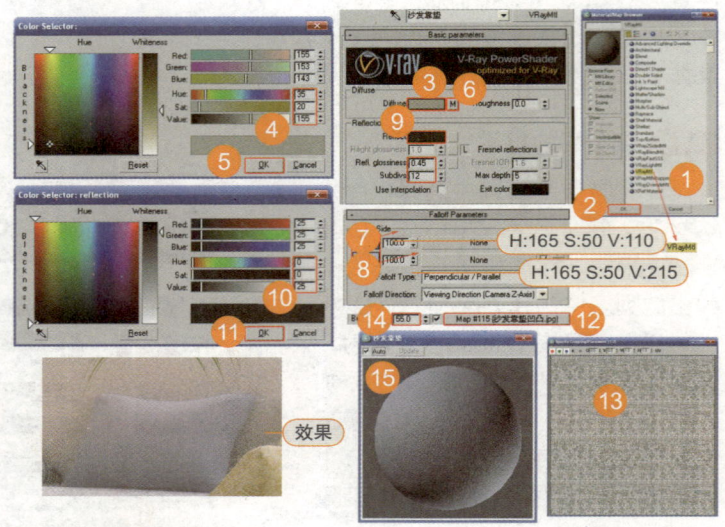

图3-54 调节沙发靠垫材质

提示 1. 在我们的生活中有很多种布料，有棉织物、化纤织物、丝绸织物，大家要注意体现布料的不同特性。

2. 大家需要举一反三，在场景中还有其他的靠垫，大家可以按照方法进行调节。

步骤9 调节沙发布料材质

在材质编辑器中选择一个默认材质，并命名为"沙发布料"，单击 Standard （标准材质）按钮，在弹出的列表中选择VRayMtl (VRay标准材质)，然后在Diffuse（漫反射）选项组中调节漫反射颜色，并在漫反射通道中加入Falloff（衰减），调节衰减颜色。

再分别调节Reflect（反射）选项组中的Reflect（反射）颜色、Refl.glossiness（反射光泽度）和Sudivs（细分）参数，最后在Bump（凹凸通道）中加入"沙发布料凹凸.jpg"贴图，并将凹凸数值改为45，具体参数设置如图3-55所示。

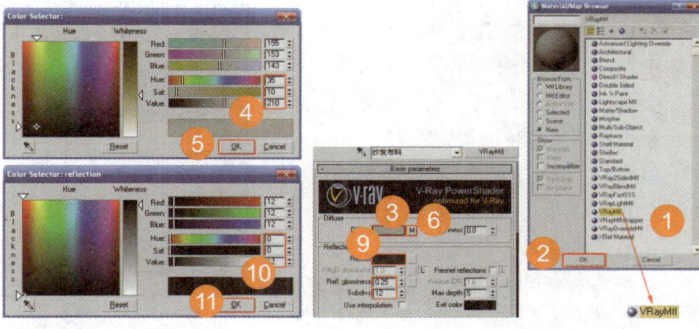

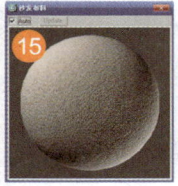

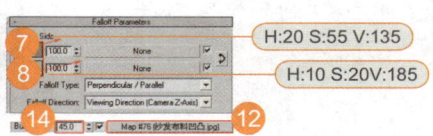

图3-55 调节沙发布料材质

步骤10 调节沙发垂布材质

在材质编辑器中选择一个默认材质，并命名为"沙发垂布"，单击 Standard （标准材质）按钮，在弹出的列表中选择VRayMtl（VRay标准材质），然后在Diffuse（漫反射）通道中加入"沙发垂布color.jpg"贴图，分别在Reflect、Refl. Glossiness、Bump通道中依次加入"沙发垂布refl.jpg"、"沙发垂布gloss.jpg"、"沙发垂布bump.jpg"贴图，并调节材质面板中的Reflect（反射）颜色、Hilight glossiness（高光光泽度）、Refl. glossiness（反射光泽度）和Sudivs（细分），最后设置反射通道高斯反射通道、和凹凸通道的通道数值，如图3-56所示。

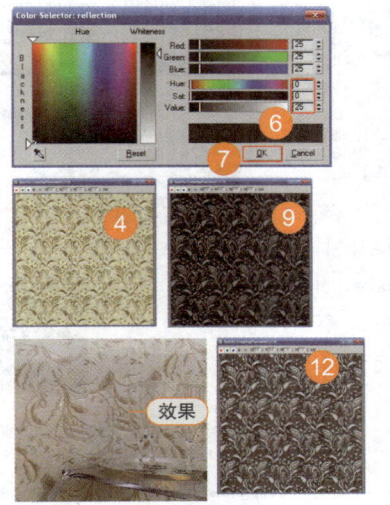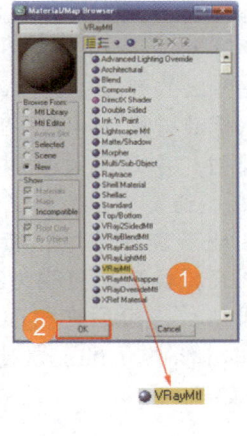

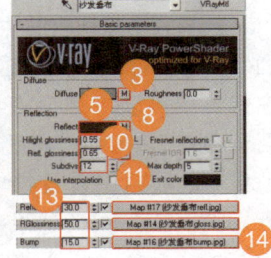

图3-56 调节沙发垂布材质

步骤11 调节壁挂电视金属材质

在材质编辑器中选择一个默认材质，起名为"壁挂电视金属"，单击 Standard （标准材质）按钮，在弹出的列表中选择VRayMtl（VRay标准材质），然后分别在Diffuse（过渡色）和Reflect（反射）选项组中设置具体参数值，再在材质面板中设置Hilight glossiness（高光光泽度）、Refl.glossiness（反射光泽度）和 Sudivs（细分）参数，最后将材质模式设置为Phong模式，如图3-57所示。

提示

1. 在我们生活中有很多种金属，如磨砂金属、高反射金属、拉丝金属等，要注意体现金属在不同环境下的不同特性。

2. 我们这次调节的是常用的磨砂金属效果，也就是通常大家所说的亚光金属。

3. 大家要学会举一反三，场景中还有其他金属，下一个要调节高反射金属，场景中的椅子腿、金属灯罩、茶几金属腿等都属于此类型金属。

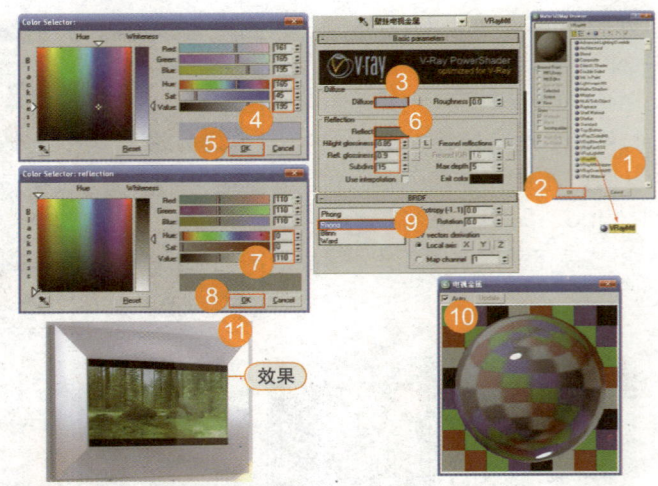

图3-57 调节壁挂电视金属材质

步骤12 调节高反射金属材质

选择一个默认材质命名为"高反射金属"，单击标准材质按钮，在弹出的列表中选择VRayMtl（VRay标准材质），然后在Diffuse（漫反射）中调节漫反射颜色，在Reflect通道中加入Falloff（衰减）并调节衰减颜色，将Falloff Type（衰减类型）更改为Fresnel（菲涅尔），最后在材质面板中设置Hilight glossiness（高光光泽度），如图3-58所示。

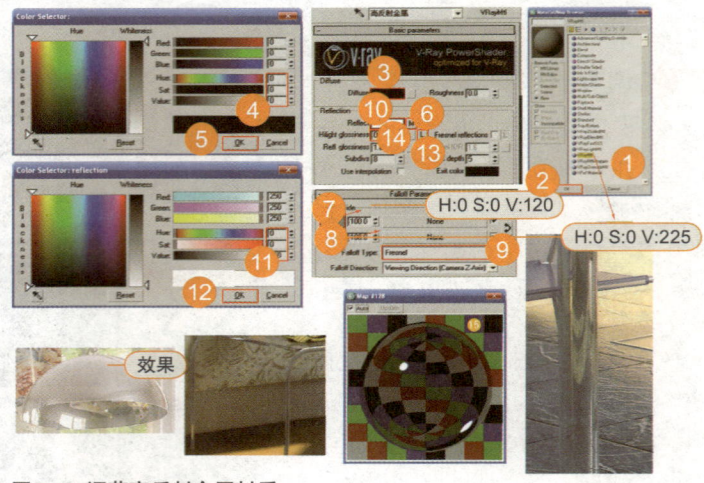

图3-58 调节高反射金属材质

步骤13 调节红酒材质

选择一个默认材质并命名为"红酒"，单击标准材质按钮 Standard ，在弹出的列表中选择VRayMtl，然后分别在Diffuse、Reflect、Refraction选项组中设置具体参数值，分别调节Reflect选项组中Reflect、Refl.glossiness和Sudivs参数，最后在材质面板中设置IOR折射率、Fog color和Fog multiplier，并勾选Affect shadows和Affect alpha复选框，将材质模式设置为Phong模式，如图3-59所示。

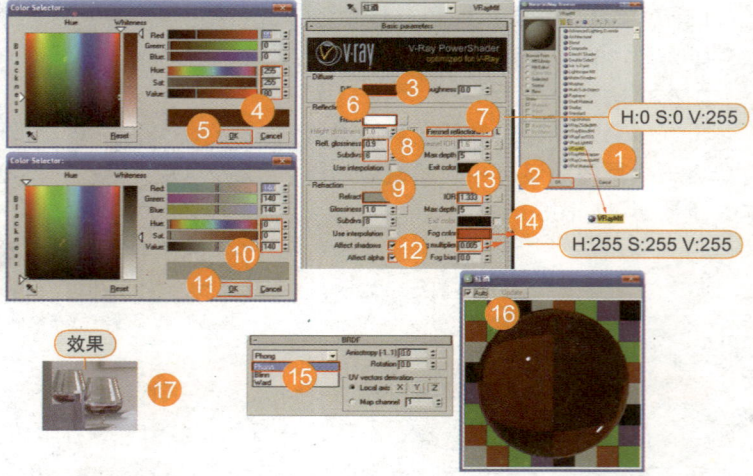

图3-59 调节红酒材质

步骤14 调节玻璃酒杯材质

在材质编辑器中选择一个默认材质，并命名为"玻璃酒杯"，单击 Standard （标准材质）按钮，在弹出的列表中选择VRayMtl (VRay标准材质)，分别在Diffuse（漫反射）、Reflect（反射）、Refraction（折射）选项组中设置具体参数值，分别调节Refraction中的Refract（折射）、IOR（折射率）、Fog color（雾颜色）和Fog multiplier（雾亮度）参数，并勾选Affect shadows（效果阴影）和Affect alpha（效果通道）复选框，最后将材质模式设置为Phong模式，完成玻璃酒杯材质的调节，如图3-60所示。

提示
1. 在玻璃材质和红酒材质里都勾选了Affect shadows（效果阴影）和Affect alpha（效果通道）选项，是为了使室内的阳光和天光能穿透玻璃材质和红酒材质，得到透明效果和阴影效果更真实。

2. 这里需要大家举一反三，在场景中还有壁挂电视屏幕、落地电视屏幕、窗口玻璃都是这样调节的，不同之处在于需要改变Diffuse（漫反射）的颜色和Refract（折射）的强度，这里窗口玻璃的反射要比屏幕玻璃和器皿玻璃要低，一般颜色为H：0，S：0，V：10。

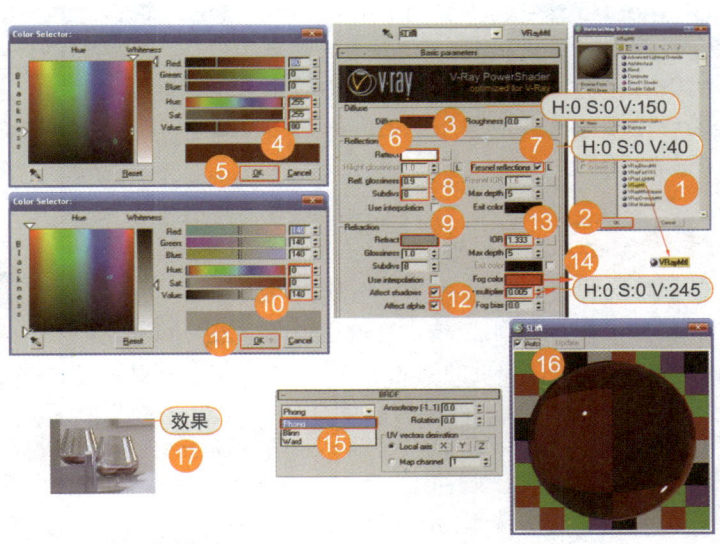

图3-60 调节玻璃酒杯材质

步骤15 调节窗帘布料材质

在材质编辑器中选择一个默认材质，并命名为"窗帘布料"，在面板中单击 Standard （标准材质）按钮，在弹出的列表中选择VRayMtl （VRay标准材质），然后在Diffuse（漫反射）通道中加入"窗帘布.jpg"贴图，在Bump（凹凸）通道加入"窗帘布凹凸.jpg"贴图，调节Reflect中的Reflect（反射）颜色、Refl.glossiness（反射光泽度）和Sudivs（细分）参数，最后设置凹凸通道的通道数值为30，如图3-61所示。

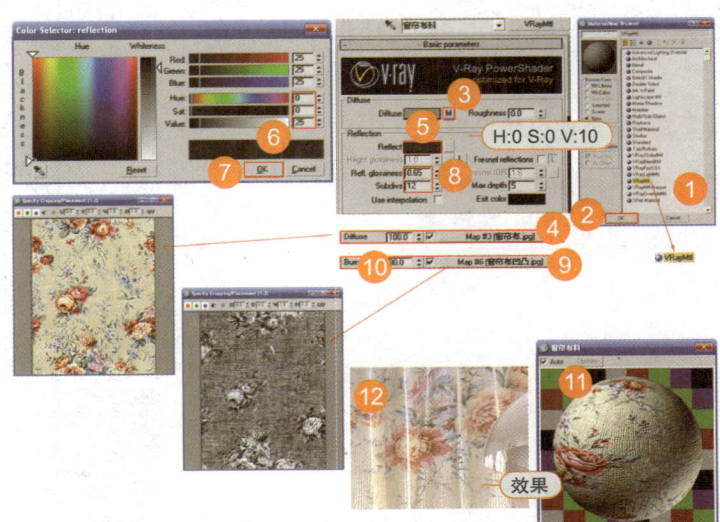

图3-61 调节窗帘布料材质

步骤16 调节室内植物材质

在材质编辑器中选择一个默认材质并命名为"室内植物"，单击（标准材质）按钮，在弹出的列表中选择VRayMtl（VRay标准材质），然后在Diffuse（漫反射）通道中选择Falloff（衰减），分别在Falloff（衰减）中的颜色通道中选择Gradient（渐变），并调节Gradient（渐变）中Gradient Parameters（渐变属性）的Color#1、Color#2、Color#3的颜色，最后在颜色通道中添加上相应的贴图，如图3-62所示。

图3-62 调节室内植物材质

步骤17 调节木地板材质

在材质编辑器中选择一个默认材质并命名为"木地板"，单击 Standard （标准材质）按钮，在弹出的列表中选择VRayMtl（VRay标准材质），接着分别在Diffuse（漫反射）通道和Bump（凹凸）通道中加入"木质地面.jpg"贴图，并且在Reflect（反射）通道中选择Falloff（衰减）并调节衰减颜色，然后在材质面板中设置Refl. glossiness（反射光泽度）、Subdivs（细分）参数，最后将材质模式设置为Phong模式，如图3-63所示。

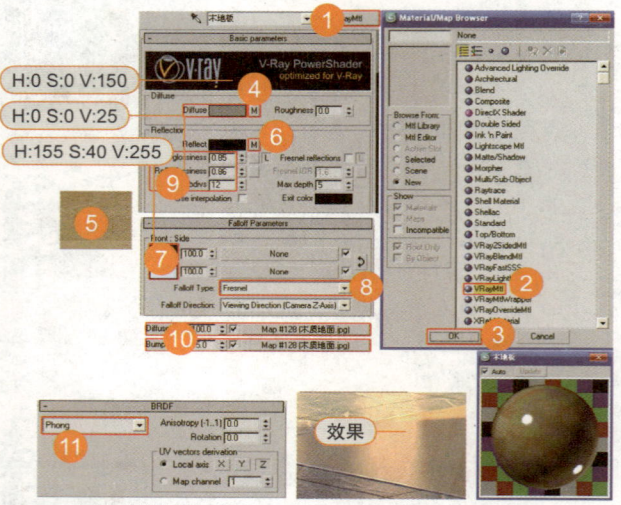

图3-63 调节木地板材质

步骤18 调节硬塑料材质

在材质编辑器中选择一个默认材质，并命名为"椅子塑料"，单击 Standard （标准材质）按钮，在弹出的列表中选择VRayMtl标准材质，然后分别在Diffuse（漫反射）、Reflect（反射）、Refraction（折射）选项组中设置具体参数值，在材质面板中设置Refract（折射）、IOR（折射率）参数，并勾选Affect shadows（效果阴影）和Affect alpha（效果通道）复选框，最后将材质模式设置为Phong模式，完成硬塑料材质的调节，如图3-64所示。

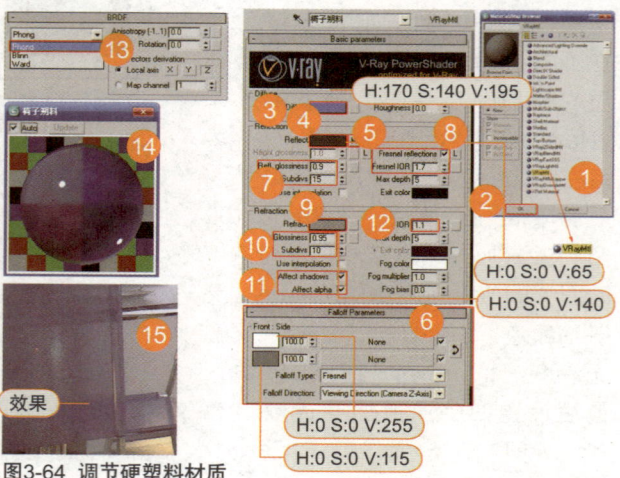

图3-64 调节硬塑料材质

▶ **本节小结：** 以上就是场景材质的具体调节，因为场景中的相同相似材质不少，我们在这一节中着重介绍了室内相关材质的设置，需要大家举一反三运用所学知识调节其他相似材质。

3.5 渲染前的准备工作和最终渲染参数的设置

本节要点： 本节重点讲解测试调节好光线和材质的场景以及如何重新设置渲染面板的相关参数，从而得到可以渲染出图的光子贴图和灯光缓存贴图，最后设置最终渲染参数。

3.5.1 测试场景并调节最终渲染设置参数

主要步骤 先测试调节好光线和材质的场景，然后重新设置渲染面板的相关参数，最后得到可以渲染输出的光子贴图和灯光缓存贴图。

步骤 1 创建天光辅助灯光

　　先调节为VRay Physical Camera视口，按快捷键Shift＋Q，对场景进行材质测试，然后在弹出的VRay Frame buffer（VRay渲染帧）对话框中单击Track mouse while rendering（跟随鼠标渲染）![icon]，如图3-65所示，最后经过渲染测试的图像，如图3-66所示。

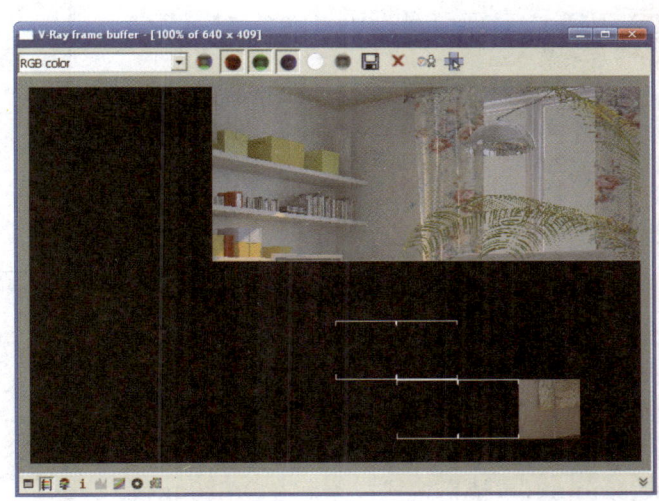

图3-65 对调节好光线和材质的场景测试

提示 这里给大家介绍了Track mouse while rendering（跟随鼠标渲染）![icon]命令的使用，目的就是为了节约场景材质测试的时间。

提示 大家已经看到渲染出来的图像其整体全局光线是不错的，但还有图像整体偏灰的不足之处。

图3-66 渲染测试的最终图像

步骤 2 重新设置渲染尺寸

按快捷键F1，在弹出的渲染面板选择Common，展开Common Parameters卷展栏，并在Output size选项中将渲染图像的宽度像素和高度像素设置为2400×1800，确认渲染图像尺寸按钮被锁定，完成渲染尺寸的重新设定，如图3-67所示。

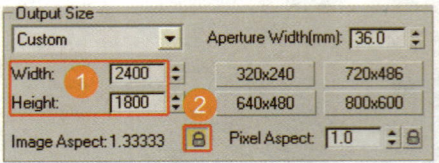

图3-67 重新设置渲染尺寸

步骤 3 重新调节VRay通用参数

切换到VRay渲染选项卡，展开VRay Global switches通用参数面板，然后在Indirect illumination（间接照明）选项组中勾选Don′t render final image（不渲染最终图像）复选框完成通用参数面板的调节，如图3-68所示。

> **提示**
> 1. Don't render final image复选框控制是否渲染最终图像。
> 2. 因为我们渲染的图像像素比较大，整个图像渲染的时间会很长，因此勾选此复选框先渲染大图像的光子贴图和灯光缓存贴图，最后再渲染最终图像，可以大大节约出图时间，提高工作效率。

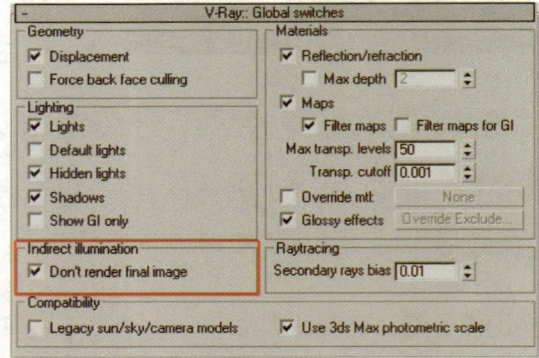

图3-68 重新调节通用参数

步骤 4 重新调节VRay光子贴图参数

在渲染面板上展开VRay Irradiance map（光子贴图）卷展栏，在Built-in presets（内置预设）选项组的Current preset（当前预设置）中选择High（高品质），然后在Mode（模式）中选择Single frame（单帧）模式，最后在On render end（在渲染之后）选项组中勾选Switch to saved map（自动载入保存贴图），完成光子贴图的调节，如图3-69所示。

> **提示**
> 1. 当勾选Auto save（自动保存）复选框后，Switch to saved map（自动载入保存贴图）才会被激活。
> 2. 勾选Switch to saved map表示软件可以自动载入渲染好的光子贴图文件，不需要读者手动载入，也就是直接从Single frame（单帧模式）渲染完光子贴图文件后，自动切换到From载入模式。

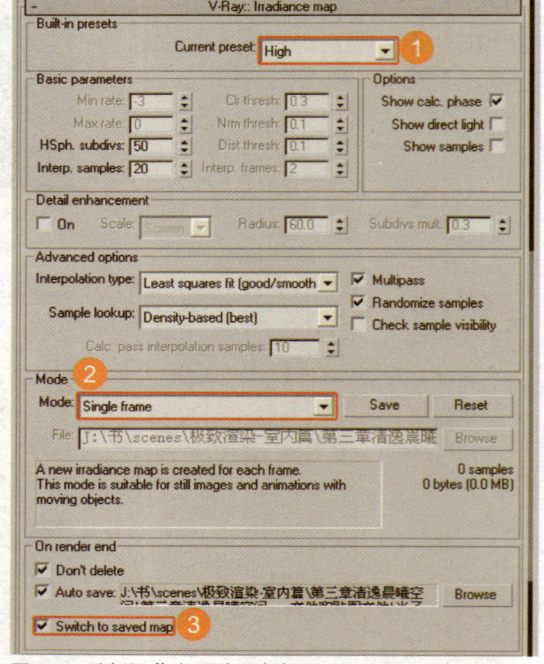

图3-69 重新调节光子贴图参数

重新调节VRay灯光缓存参数

在渲染面板上展开VRay Light cache（灯光缓存）卷展栏，在Calculation parameters（计算参数）选项组中将Subdivs（细分）设置为1500，将Scale（比例方式）设置为Screen（屏幕），再勾选Store direct light（存储直接光照）复选框，然后在Mode（模式）中选择Single frame（单帧）模式，最后在On render end（在渲染之后）中勾选Switch to saved cache（自动载入保存贴图）复选框，完成灯光缓存的调节，如图3-70所示。

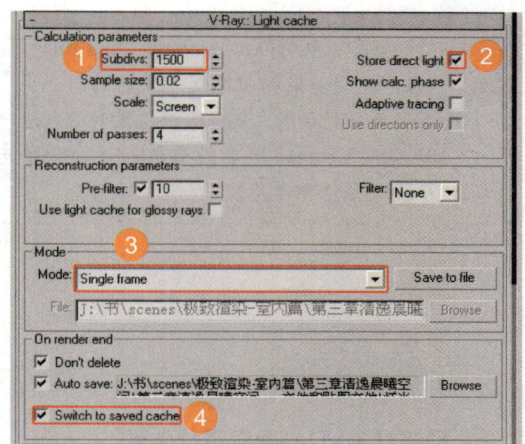

图3-70 重新调节灯光缓存参数

 1. 因为是为最终出图渲染灯光缓存贴图，所以我们将Subdivs（细分）提高到1500。
2. 为了最终出图渲染快，渲染灯光缓存贴图时勾选Store direct light（存储直接光照）保存直接光。
3. 勾选Switch to saved map表示软件可以自动载入渲染好的灯光缓存贴图文件，不需要读者手动载入，也就是直接从Single frame单帧模式渲染完灯光缓存贴图文件后，自动切换到From载入模式。

步骤 6 **渲染最终的光子贴图和灯光缓存贴图**

切换到设置好安全框的VRay Physical Camera视口，按快捷键Shift+Q，对场景进行最终光子贴图和灯光缓存贴图的渲染，最后经过渲染我们得到测试效果，如图3-71所示。

提示 大家可以看到，只渲染光子贴图和灯光缓存贴图用了34分钟左右，接下来我们就可以使用设置好的光子贴图和灯光缓存贴图了，这样可以大大节约最终出图的时间。

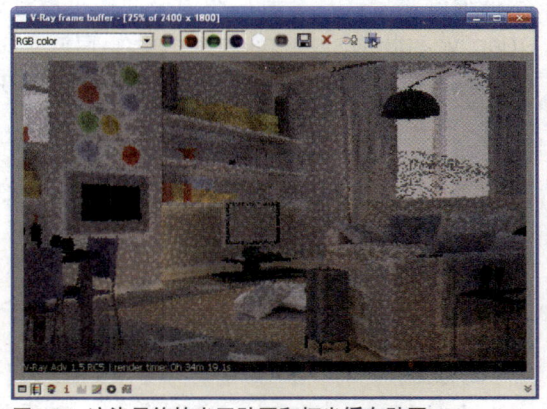

图3-71 渲染最终的光子贴图和灯光缓存贴图

3.5.2 设置最终渲染参数

主要步骤 先确认光子贴图和灯光缓存贴图是否正确载入，然后根据最终渲染要求设置渲染面板的相关参数，最后渲染调节完毕的场景。

步骤 1 **最终设置VRay通用参数**

切换到VRay渲染选项卡，展开VRay Global switches（VRay通用参数）卷展栏，然后在Indirect illumination（间接照明）选项组中取消Don't render final image的勾选，恢复渲染最终图像，再检查Default lights、Maps、Glossy effects选项是否被勾选，最后确认Secondary rays bias的参数，如图3-72所示。

提示

1. 如果不取消Don't render final image的勾选，我们渲染的图像就是黑色的。
2. 检查其他参数的设定，确保最终渲染的顺利进行。
3. 以上就是对VRay通用参数面板的详细介绍与运用，希望大家活学活用。

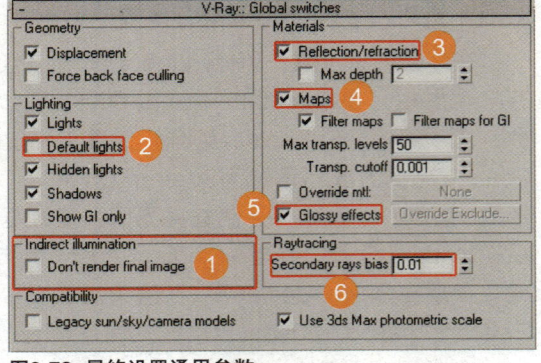

图3-72 最终设置通用参数

步骤2 最终设置VRay图像采样参数

切换到VRay渲染选项卡，展开VRay Image sampler [Antialiasing]（图像采样）卷展栏，然后在Image sampler（图像采样）选项组中的Type（类型）的下拉列表中选择Adaptive subdivision（自适应细分采样），并在Antialiasing filter（抗锯齿过滤）选项组中选择Mitchell-Netravali（米切尔精细过滤方式），最后在渲染面板上展开VRay Adaptive subdivision Image sampler（自适应细分采样）卷展栏，按照默认设置即可达到比较好的图像质量，如图3-73所示。

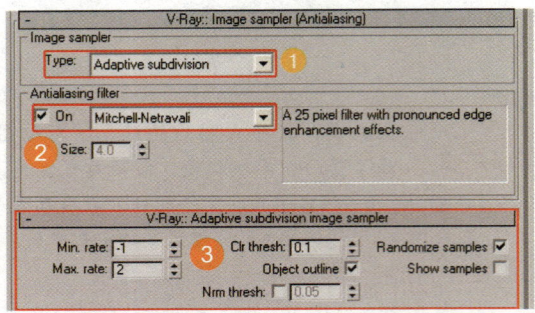

图3-73 最终设置图像采样参数

提示

1. Adaptive Subdivision（自适应细分采样）是一种高级抗锯齿采样器，具有负值采样功能，适合有少量反射模糊效果的场景，具有渲染速度快的特点。
2. Min.Rate（最小细分）控制图像每一个像素使用的最少样本数量。取值为0代表一个像素使用一个采样数量；取值为-1代表两个像素使用一个采样数量；取值为-2代表四个像素使用一个采样数量；总而言之，数值越小图像的渲染速度越快，但效果越差，一般最小细分值在-3~-1之间是比较适合的范围。
3. Max.Rate（最大细分）控制图像每一个像素使用的最多样本数量。取值为0代表一个像素使用一个采样数量；取值为1代表每一像素使用四个采样数量；取值为2代表一个像素使用八个采样数量；一般最大细分值是1~2是比较适合的范围。
4. 勾选Object outline（物体边缘设置）后，场景中渲染物体的边缘会接受到更多的采样数量，使物体边缘更精细。
5. 勾选Randomize samples（随机采样）会使垂直或水平线条附近的图像得到更好的效果，默认被勾选的。
6. Clr thresh（极限值）中低取值可以得到更精确的图像样本，但是会增加渲染时间，系统默认值为0.1，是比较适合的。
7. 这里我们选择了Mitchell-Netravali（米切尔精细过滤方式）抗锯齿过滤方式，这是最好的过滤方式之一，Ringing（饱满值）使图像渲染后鲜亮干净，一般最高设置为0.5，这里我们采用系统默认值0.333；Blur（模糊值）使图像渲染后十分柔和，但是数值不宜过大，这里我们采用系统默认值0.333。
8. 事物都是有不足之处的，Adaptive subdivision`（自适应细分采样）也不例外，它在渲染动画场景时容易产生动画跳帧的现象，并且是占用内存最多的图像采样器。
9. 以上对渲染参数的解释来源于笔者多年的工作经验，大家在今后作图过程中要将理论与实践相结合，才能达到事半功倍的效果。

步骤3 **最终设置VRay准蒙特卡罗采样参数**

先展开VRay rQMC Sampler（准蒙特卡罗采样）卷展栏，将Adaptive amount（自适应数量）设置为0.85，然后将Noise threshold（噪波阈值）设置为0.001，将Min samples（最小采样）值设置为10，最后将Global subdivs multiplier（全局细分倍增）值设置为1.0，完成准蒙特卡罗采样的参数设置，如图3-74所示。

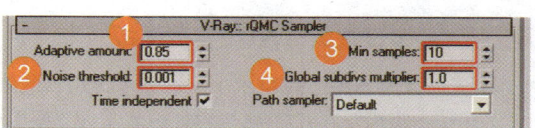

图3-74 最终设置准蒙特卡罗采样参数

步骤4 **检查是否载入光子贴图和灯光缓存贴图**

先展开VRay Irradiance map（光子贴图）卷展栏，确认Mode（模式）中选择From file（载入）模式，如图3-75所示。然后展开VRay Light cache（灯光缓存）卷展栏，确认Mode（模式）中选择的是From file（载入）模式，如图3-76所示。

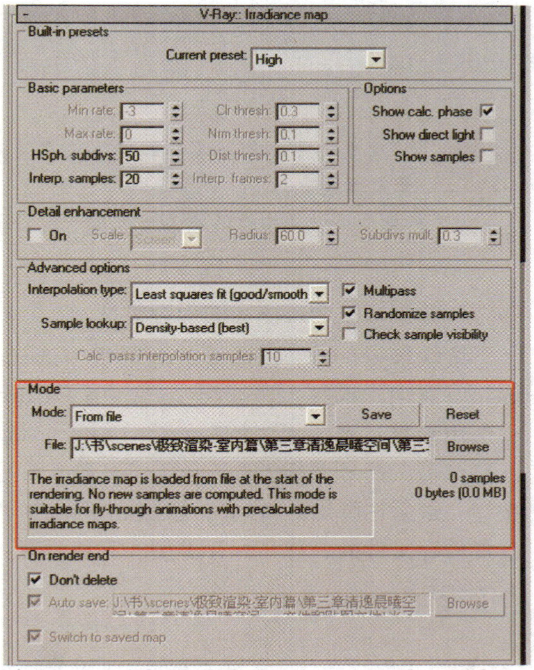

图3-75 检查是否载入光子贴图

提示

1. 载入我们先前运行好的高品质光子贴图和灯光缓存贴图，帮助我们提高渲染最终图像的效率。

2. 这里大家一定要确认载入高品质光子贴图和灯光缓存贴图正确路径，以确保顺利渲染。

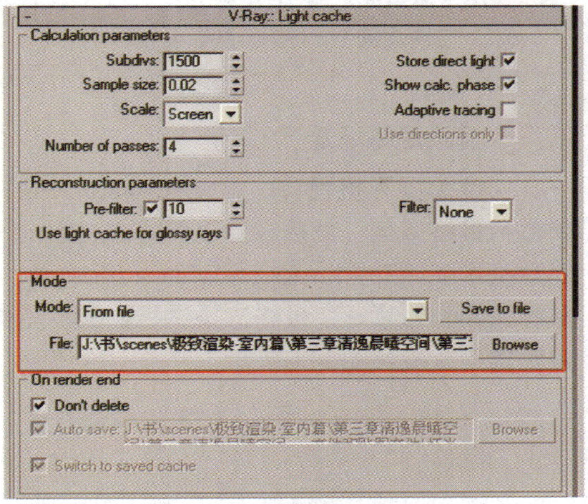

图3-76 检查是否载入灯光缓存贴图

步骤5 **最终设置VRay系统参数面板**

先展开VRay System（系统参数）卷展栏，将Face/level coef（面/级别系数）设置为2.0，将Render region division（渲染区域划分）选项组中的X、Y方向的渲染区域设置为128，最后在Region sequence（区域方式）右侧下拉列表中选择Top-> Bottom（从上到下）区域方式，如图3-77所示。

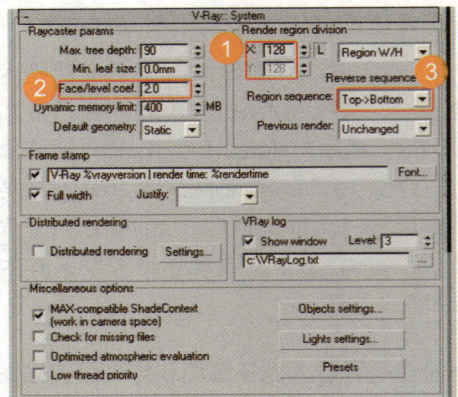

图3-77 最终设置VRay系统参数

提示 1. 这里大家要根据具体情况去设置渲染区域像素，如果时间紧，渲染区域像素可以直接用64像素来渲染。
2. 为了得到最终渲染图像的高品质效果，我们将渲染区域设置为128像素，渲染时间要比64像素长。

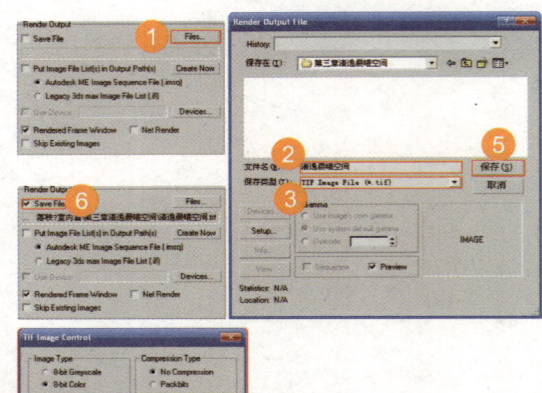

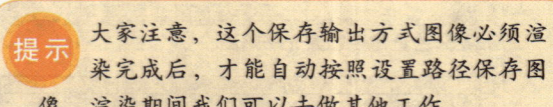

步骤6 **设置最终渲染图像的保存类型**

按快捷键F10，在弹出的对话框中选择Common（通用）标签，再选择Common Parameters（通用参数）卷展栏中的Render Output（渲染输出）选项，选择面板上的Files...（渲染文件预存）按钮，最后在弹出的Render Output Files对话框中设置预存文件的名称和保存类型，完成设置，如图3-78所示。

提示 大家注意，这个保存输出方式图像必须渲染完成后，才能自动按照设置路径保存图像，渲染期间我们可以去做其他工作。

图3-78 设置最终渲染图像的保存类型

步骤7 **渲染最终场景**

切换为摄影机视口，按快捷键Shift+Q，对场景进行最终渲染，然后在弹出的VRay frame buffer对话框中关闭Track mouse while rendering（跟随鼠标渲染）选项，最终渲染过程如图3-79所示，最终渲染效果如图3-80所示。

图3-79 最终渲染过程

1. 最终渲染图像的保存类型可以保存为.Tif格式。
2. Tif格式具有存贮信息多的特点，故而有利于对原图像进行再次利用，我们保存为Tif格式还有利于图像的打印，但是也有文件量大的缺点，不利于批量携带。

图3-80 最终渲染效果

本节小结： 以上就是按照最终渲染要求设置的渲染面板，因为我们是以实际运用为目的，可以在制作中有些参数的设置可以根据实际情况和具体问题具体分析，还需要大家举一反三运用所学知识才能做出精彩的图像效果。

3.6 为后期处理渲染单色文件

本节要点： 本节重点讲解如何使用批量渲染单色脚本渲染场景，渲染场景单色文件的原因以及渲染单色文件应注意的问题。

步骤1 将VRay渲染引擎切换到3ds Max默认渲染引擎

先在工具面板上单击渲染场景对话框按钮，在弹出的对话框的Assign Renderer（指定渲染器）卷展栏中单击Production（产品级）右侧的对话框按钮，在对话框中选择Default Scanline Renderer渲染器，最后单击OK按钮完成3ds Max默认渲染引擎的切换，如图3-81所示。

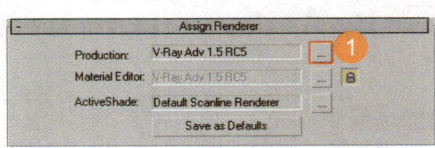

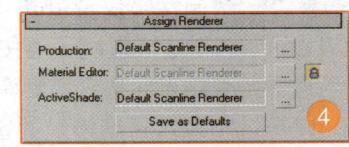

图3-81 切换到3ds Max默认渲染引擎

步骤2 **设置3ds Max默认渲染引擎**

在工具面板上选择渲染场景对话框按钮，在弹出的对话框中选择Renderer（渲染器），然后在Default Scanline Renderer中取消选择Mapping（贴图）、Auto-Reflect/Refract and Mirrors（自动反射/折射和镜像）、Shadows（阴影），最后在Antialiasing（抗锯齿）选项组中选择Filter（过滤器）为Mitchell-Netravali（米切尔精细过滤方式），如图3-82所示。

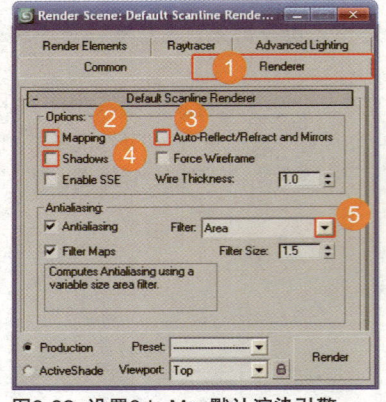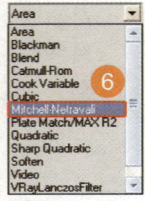

图3-82 设置3ds Max默认渲染引擎

提示 1. 这里取消选择Mapping（贴图）、Auto-Reflect/Refract and Mirrors（自动反射/折射和镜像）、Shadows（阴影）复选框，是因为制作单色文件时不需要考虑这些因素，能够节省时间。
2. 这里将Antialiasing（抗锯齿）选择为Mitchell-Netravali（米切尔精细过滤方式）是为了得到更高品质的单色图像。

步骤3 **设置环境与效果**

按快捷键8，在弹出的Environment and Effects（环境与效果）对话框中选择Environment（环境）选项卡，将Background（背景）选项组中的Color（颜色）改为黑色，如图3-83所示。

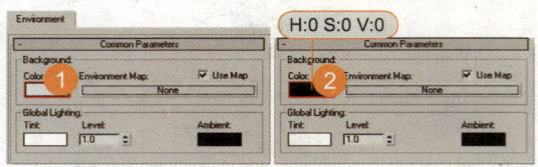

图3-83 设置环境与特效面板

提示 将Environment（环境）里Background（背景）的Color（颜色）改为黑色，是因为在批量修改单色贴图时，如果背景颜色没有调节，则在渲染单色图时会出现错误。

步骤4 **删除场景中灯光**

切换到Top视口，然后按快捷键Shift+G隐藏几何物体，以及Shift+C隐藏摄影机，再按快捷键Ctrl+A，选择场景中所有灯光并将它们删除，最后再按快捷键Shift+G（隐藏几何物体）和Shift+C（隐藏摄影机）将刚才的隐藏的几何物体和摄影机全部显示出来，准备渲染单色图像，如图3-84所示。

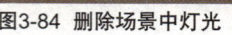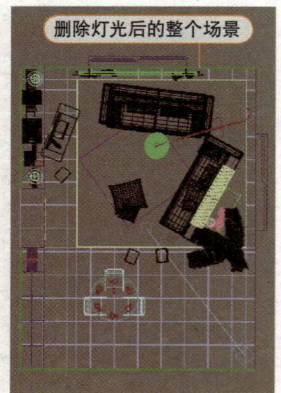

图3-84 删除场景中灯光

步骤5 确认Mtl Library（材质库）

使用快捷键M，在弹出来的材质编辑器中单击Get Material按钮，在弹出的Material/Map Browser（材质/贴图浏览器）的Browse From（浏览自）中选择Mtl Library（材质库），然后检查Mtl Library（材质库）是否已清空，如图3-85所示。

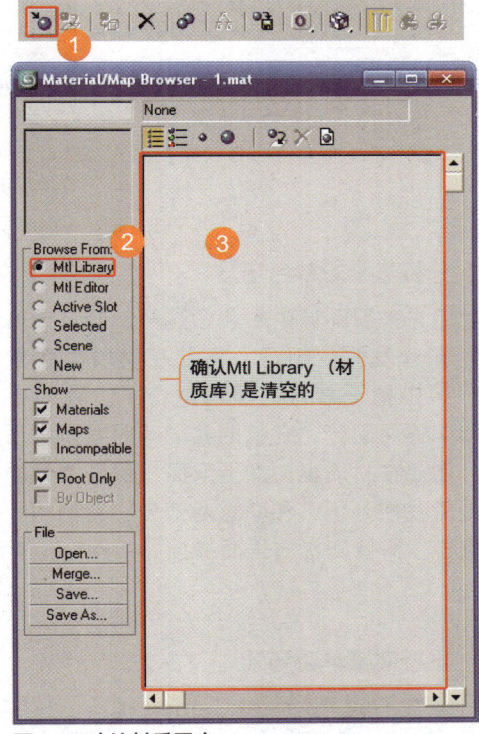

图3-85 确认材质图库

步骤6 使用批量渲染单色脚本渲染场景

单击鼠标右键，在弹出的菜单中选择color Alpha（色彩通道），然后在弹出的面板中分别选择"C.整理色彩通道"和"D.清理次级色彩"，如图3-86所示。按快捷键M，在弹出的材质编辑器中单击Get Material按钮，并在弹出的Material/Map Browser（材质/贴图浏览器）的Browse From（浏览自）中选择Mtl Library（材质库），最后在Mtl Library（材质库）工具栏中选择"从库更新场景材质"按钮后在弹出的对话框中选择All按钮，单击OK按钮，将图库材质返回到场景，如图3-87所示。

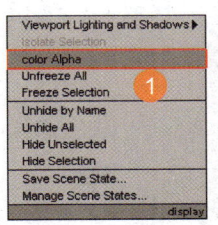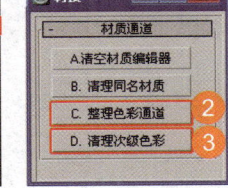

图3-86 渲染单色场景

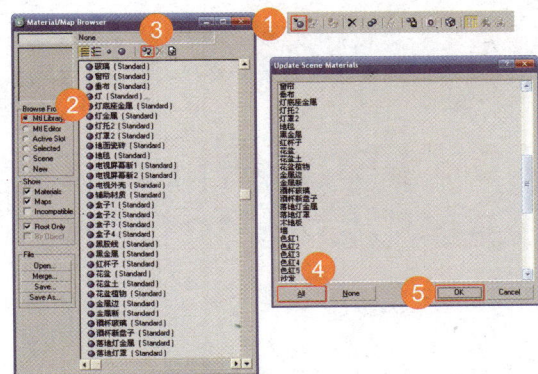

图3-87 将图库材质返回到场景

步骤7 ▶ **渲染单色场景**

切换为VRay Physical Camera视口，按快捷键Shift+Q，对调整好单色材质的场景进行渲染，如图3-88所示。

> **提示** 因为我们的单色脚本还有一定的不足，所以需要观察渲染的单色图像。一般将窗口、地面、墙体修改为方便选择的纯色。

图3-88 渲染单色场景

步骤8 ▶ **分析渲染的单色场景**

我们先来看图像中④和⑦这两部分，④旁边的落地灯和沙发颜色相近，需要在材质里面将它们分开；⑦中椅子靠背的颜色重合了。我们再来分析②和③这两部分，它们的共同问题就是材质是单面的，需要在材质里面加上双面，保证物体的完整性。最后我们分析①和⑤这两部分，它们的颜色明度太暗了，需要在材质里面加强，如图3-89所示。

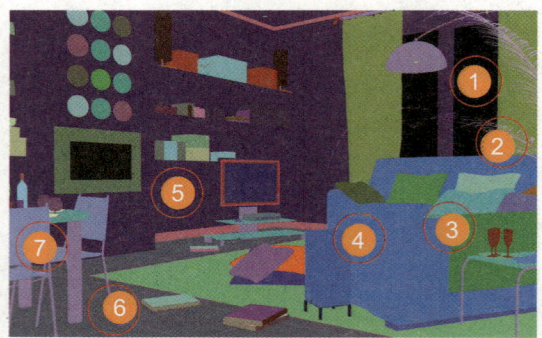

图3-89 分析渲染的单色场景

步骤9 ▶ **重新渲染单色场景**

切换为VRay Physical Camera视口，按快捷键Shift+Q，对调整好单色材质的场景进行渲染，然后单击保存将渲染图像保存为.Tga格式，如图3-90所示。

图3-90 重新渲染单色场景

> **提示** 1. 笔者重新调整了每一个单色场景的物体，以方便大家在后期调节。
> 2. 调节单色场景，要预测渲染图像的调整部分，这样能够节约调整时间，提高工作效率。

> ▶ **本节小结：** 以上就是使用批量渲染单色脚本渲染单色场景的过程，希望大家掌握其方法。单色文件能够方便大家在Photoshop中快速选择相关物体并进行后期调节，提高大家工作效率。

3.7 后期处理渲染完成的图像

本节要点：本节重点讲解如何使用Photoshop后期处理软件完成对渲染图像的后期处理，这里使用的软件是Adobe Photoshop CS3中文版。

> **主要步骤** 先在Adobe Photoshop里打开场景的渲染图像和场景的单色渲染图像，观察并分析渲染图，然后利用Photoshop里的色阶、亮度与对比度、色彩平衡、柔光和高斯模糊等命令，根据图像进行调整，最后我们再为场景添加上体积光，完成图像。

步骤1 **在Photoshop里打开渲染好的渲染图像并调节亮度和饱和度**

在Photoshop里打开配套光盘"scenes\第三章\第三章后期文件\清逸晨曦空间完成.Tif"文件，按快捷键Ctrl+J，对背景图像复制，并命名为"调节层"。然后分析渲染图，发现图像整体色彩偏暗，需要调节图像的亮度与对比度。按快捷键Ctrl+/，在弹出的"亮度/对比度"对话框中设置相应参数并单击"确定"按钮完成调节，为了方便之后的编辑，在图层面板中单击背景图层前面的小眼睛图标将该图层关闭，如图3-91所示。

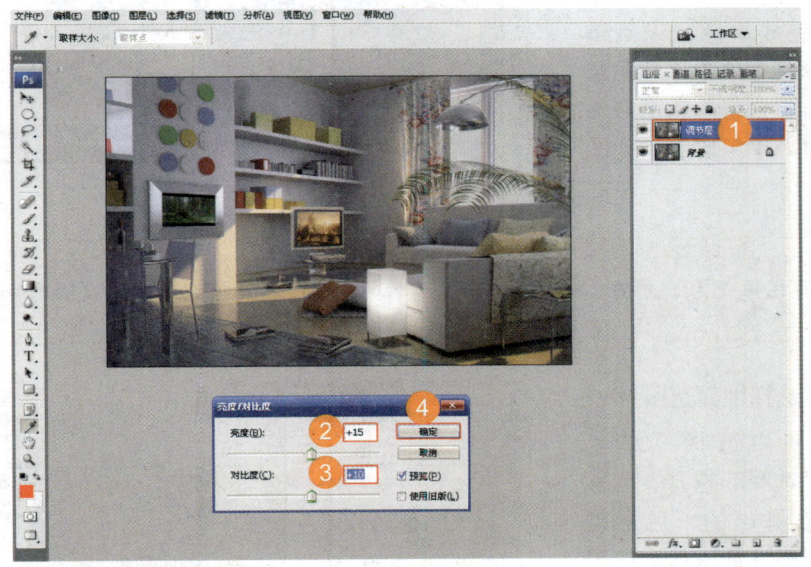

图3-91 分析调整后的图像

> **提示** 1. 我们在编辑渲染图像时应该创建一个备份层以备不时之需。
> 2. Photoshop里没有给"亮度/对比度"命令设置快捷键，笔者在菜单栏中自行将该命名的快捷键设置为"Ctrl+/"。
> 3. 影响图像亮度的因素很多，因此在调节图像亮度和对比度时，大家要根据具体图像效果进行调节，笔者的调节参数仅供大家参考。

步骤2 分析调整后的图像

我们看到调节完以后的图像有了一定的亮度，整体环境有了改善，但图像中的地面、木地板、靠垫、电视屏幕和沙发垂布都需要进一步调亮，来适应场景的整体光亮关系，如图3-92所示。

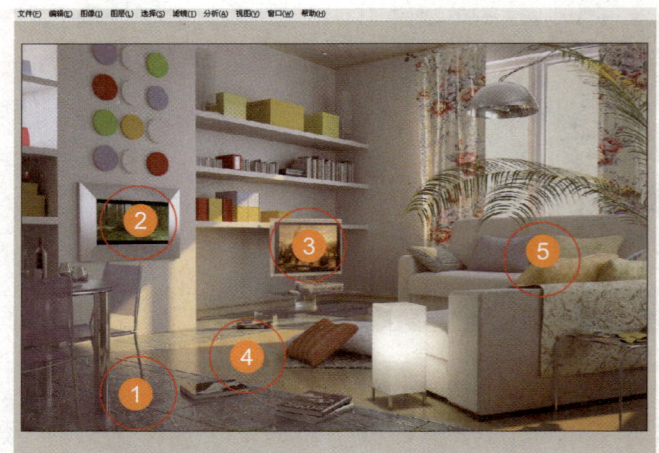

图3-92 分析调整后的图像

步骤3 将单色图像匹配到渲染图像

在Photoshop里打开配套光盘"scenes\第三章\第三章后期文件\清逸晨曦空间单色.tga"单色图像，然后选择工具栏中的移动工具，将单色图像拖拽到渲染图像窗口中时按下键盘上的Shift键，接着释放鼠标左键完成单色图像到渲染图像的匹配，最后单击单色图层前面的小眼睛图标，将单色图层关闭，并重命名为"单色层"，如图3-93所示。

图3-93 将单色图像匹配到渲染图像

提示 载入单色图像是为了方便选择图像中需要编辑的部分，提高后期编辑的准确度和调节效率。

步骤4 在单色层选择地面选区

在图层列表中选择"单色层"，在菜单栏选择"选择>色彩范围"命令，在弹出的"色彩范围"对话框中调整设置，然后在图像中选择地面红色部分并单击"确定"按钮，完成地面选区的选择，如图3-94所示。

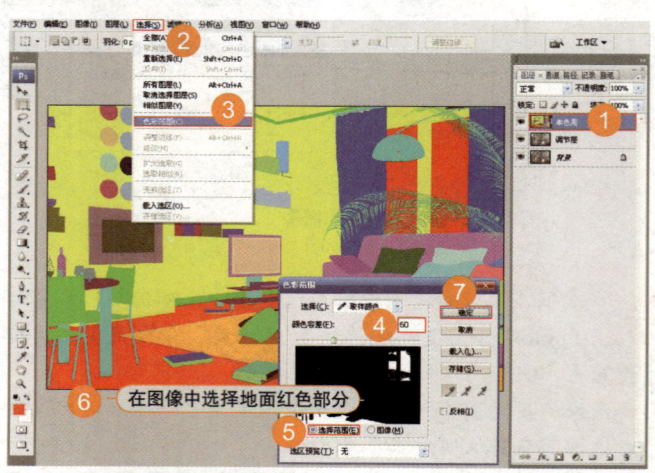

图3-94 在单色层选择地面选区

接着利用工具栏中的选区工具去掉多余的选区，最后关闭"单色层"选择"调节层"并按快捷键Ctrl+J复制图层，命名为"地面层"，如图3-95所示。

图3-95 创建地面层

步骤5 调节地面层

在图层列表中选择"地面层"，按快捷键Ctrl+/，在弹出的"亮度/对比度"对话框中调整地面的亮度与对比度，最后单击"确定"按钮完成地面层的调节，如图3-96所示。

图3-96 调节地面层

步骤6 调节其他物体层

在图层列表中选择"调节层"，执行"色彩范围"命令分别选择木地板、靠垫、电视屏幕和沙发垂布，然后分别按快捷键Ctrl+J复制，并命名为相应名称，最后分别对相应图层进行亮度与对比度的调节，如图3-97所示。

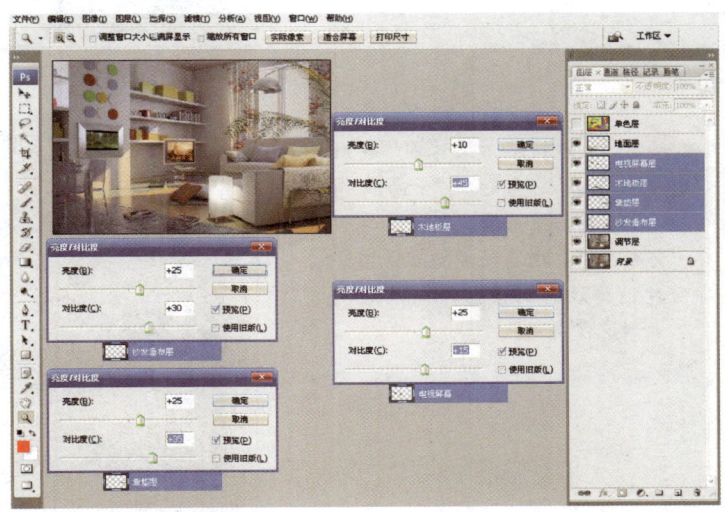

图3-97 调节其他物体层

提示　1. 对于图像色彩，需要大家依照相关的色彩知识进行调节。
2. 案例中所调节的数值不是固定的，大家可以根据具体图像效果进行调节。
3. 大家可以根据光线的环境强度调节其他物体的亮度与对比度。
4. 因为调节的方法相同，这里笔者就不重叙了，大家边学边运用从中提高后期处理经验与技巧。

步骤 7　创建玻璃配景环境

先在通道面板中按住Alt键，选择Alpha1物体，得到窗口玻璃选区，打开配套光盘"scenes\第三章后期文件\后期背景.jpg"文件，按快捷键Ctrl+C复制配景环境，如图3-98所示。

图3-98　选择窗口选区

然后切换到图层面板，选择"调节层"，将复制的背景环境粘贴到选区里，如图3-99所示，最后按Ctrl+T自由变换快捷键，对图像调整，并将图像的不透明度降低为60%，如图3-100所示。

图3-99　粘贴配景到选区

提示　1. 复制配景图像时，要激活图层锁定，才能再使用Ctrl+C复制图像层。
2. 大家在用自由变换调整配景图像时，要注意配景图像与渲染图像的透视关系。

图3-100　编辑配景图像

步骤 8 **调节玻璃配景环境**

在图层列表中选择"配景层"，按快捷键Ctrl+L，在弹出的"色阶"对话框中调节图像的色阶关系，最后单击"确定"按钮，完成图像色阶调节，如图3-101所示。

提示 因为我们前者降低配景环境的透明度会使玻璃和配景部分有些偏灰暗，所以我们需要调节配景图片的色阶使之更符合真实环境的亮度。

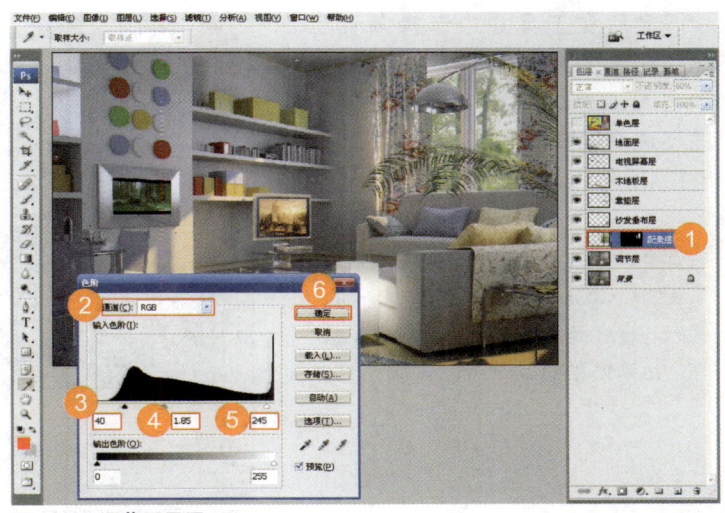

图3-101 调节配景层

步骤 9 **制作环境光**

在图层列表的最上层按快捷键Ctrl+Shift+N，新建一个图层并命名为"环境光层"，接着在工具栏中选择多边形套索工具，如图3-102所示。

图3-102 创建环境光层

创建一个环境光选区，然后按快捷键Alt+Ctrl+D，在弹出来的"羽化选区"对话框中输入羽化半径为"85"，如图3-103所示。

提示 大家根据阳光投射的角度创建环境光的套索选区。

图3-103 羽化环境光层

最后在工具栏中选择渐变工具，在选区里从右上角到左下角拖动出渐变选区并将"环境光层"的不透明度降低到"20%"，如图3-104所示。

> **提示** 羽化选区是为了使我们以后添加的渐变层的边缘部分与编辑的图像有更好的融合，使图像更真实。

图3-104 创建环境光层

步骤10 创建合并图层

选择图层列表里的"环境光层"，按快捷键Alt+Ctrl+Shif+E，合并其他调节好的图层，然后命名为"合并层"，最后我们再观察分析合并层的光线，发现整体的漫射光和图像的整体色彩还是有些偏灰，如图3-105所示。

> **提示** 在工作中为了方便我们对图像的再调节，并不将所有图层合并。

图3-105 创建合并图层

步骤11 创建柔光层

选择图层列表的"合并层"，按快捷键Ctrl+J复制出一个新层，然后命名为"柔光层"，最后我们在图层面板的正常选项右边的下拉菜单中选择"柔光"，如图3-106所示。

> **提示** "柔光层"可以调节图像的饱和度，使我们的渲染图像颜色更丰富。

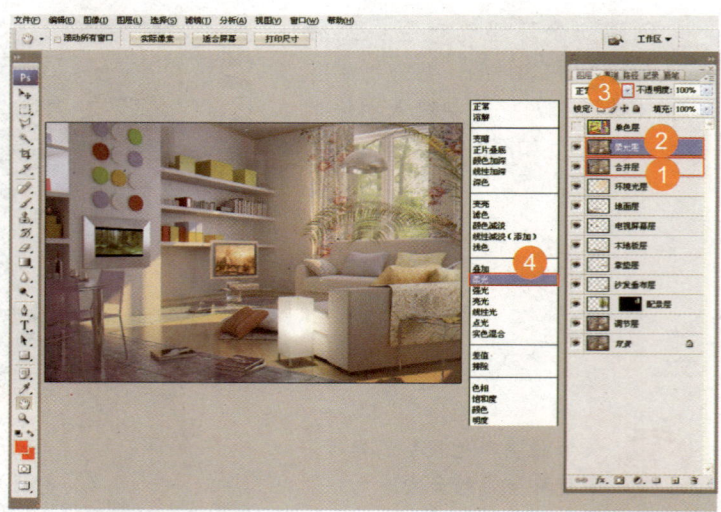

图3-106 创建柔光层

步骤12 对比调节柔光前后的效果

大家可以看到未经过柔光处理的图像整体偏灰，调节过柔光的图像有真实的色彩关系，图像变得真实清楚。通过对比，大家应该理解为什么给图像添加柔光效果。但"柔光层"有时感觉太过强调明暗，其实真实的环境没有这么清楚，因此需要我们对柔光层进行调节，如图3-107所示。

图3-107 柔光前后的效果

步骤13 调节柔光层

在图层列表选择"柔光层"，按快捷键Ctrl+L，在弹出的"色阶"对话框中设置相关参数，如图3-108所示，然后我们在菜单中执行"滤镜 > 模糊 >高斯模糊"命令，最后在弹出的"高斯模糊"对话框中设置高斯模糊参数，并在图层面板中将不透明度降低为50%，如图3-109所示。

提示 调节图像的色阶其实就是调节图像黑白灰之间的关系，大家可以看到调节之后图像的色彩效果有了明显提高。

图3-108 柔光色阶调节

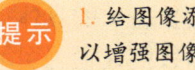

提示 1. 给图像添加高斯模糊可以增强图像的柔和光线，给人亲切感。
2. 降低柔光层的透明度可以使图像达到融合的最佳效果。

图3-109 给"柔光层"添加高斯模糊

步骤14 **最终合并调节好的图像**

选择图层列表里的"柔光层"，按快捷键Alt+Ctrl+Shif+E合并所有图层，然后命名为"最终合并层"，最后合并效果如图3-110所示。

> 提示 这里我们在合并图层时没有将所有层都合并，第一是为了在讲述中大家能清楚了解后期调节过程，第二是为了在编辑中，如果误操作还可以回到分层中继续调节，避免操作损失。

图3-110 最终合并图像

步骤15 **保存最终效果**

在菜单栏中执行"文件>存储为"命令，在弹出的"存储为"对话框中设置保存图片的格式，然后单击"保存"按钮完成图片的存储。这里大家还可以根据自己对空间的感觉，塑造自己的版面风格，体现自己的设计特点，给完成的图像设计打印版面，最终效果如图3-111所示。

图3-111 最终完成效果

> ▶ **本节小结：** 写到这里，本场景的后期制作已经全部完成了，大家需要在学习过程中仔细分析总结，形成自己的分析过程和制作过程。

3.8 本章小结

本章结合真实的自然效果，从光影出发，重点介绍了VRay Irradiance Map（发光贴图）与Light Cache（灯光缓存），模拟真实物理光效的制作方法和室内场景里主要材质的具体调节，目的很简单，希望读者在掌握真实环境理论的基础上运用渲染软件，通过灯光设置、材质调节、后期处理达到所需要的场景效果。本章采用渲染加后期制作的方法在商业效果图制作中可以提高制作效率，制作商业效果图时采用这种结合方式是一个非常不错的选择。以上制作思路在本章非常重要，相信能够对读者有很大的启发和帮助。

04

第 4 章

风情厨房空间

本章要点：

    本章重点讲解，在建模完成的风情厨房空间案例中，如何利用3ds Max中的VRay高级渲染器和VRay高级材质，创建风情厨房空间常用质感纹理，以及VRay四种全局照明引擎中直接光照Irradiance Map（发光贴图）与间接光照Light Cache（灯光缓存）的结合运用，并详细介绍创建室内全局光照的设置方法和室内高级材质的调节，以及在创建应用时应该注意的相关问题。

重点内容： 1. 场景光线的设定

                  2. 厨房材质的调节

                  3. 发光贴图和灯光缓存的设置

                  4. 后期调整

4.1　风情厨房空间渲染之前的准备工作

▶ **本节要点：**本节重点讲解风情厨房空间渲染之前，模型应该注意的相关问题，以及布置室内场景灯光和设置场景摄影机的具体操作和运用。

4.1.1　模型渲染之前的准备工作1

主要步骤　首先打开创建好的实例模型，再检查模型的单位设置，然后调节窗户的玻璃材质，最后将3ds Max中的渲染引擎切换成VRay的渲染引擎。

步骤1　打开创建好的3ds Max实例模型文件

　　执行菜单栏中的File（文件）>Open（打开）命令，选择配套光盘"scenes\第四章\第四章max文件\风情厨房空间未完成.max"文件，最后单击"打开"按钮将文件打开，如图4-1所示。

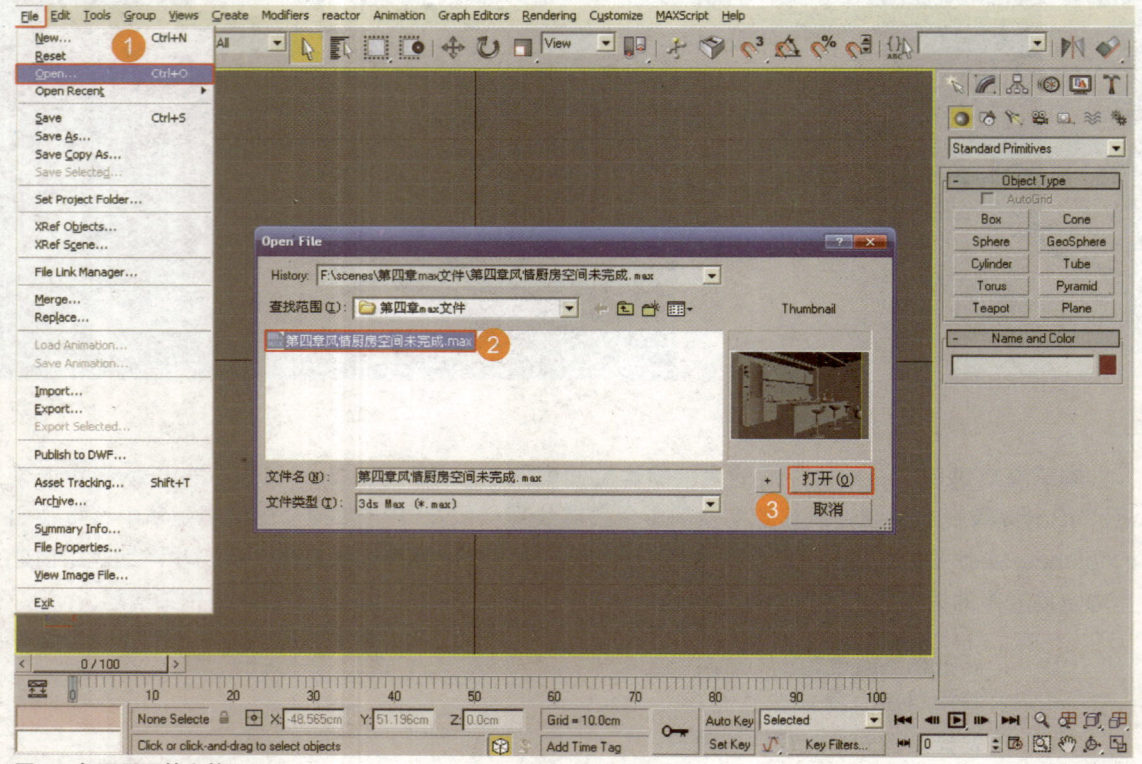

图4-1　打开需要的文件

步骤2 **检查模型单位尺寸**

执行Customize（自定义）> Units Setup（单位设置）命令检查单位尺寸，如图4-2所示。

> **提示** 设置模型的单位尺寸是为了在渲染中表现模型的实际效果和真实感觉，因此我们在建立模型时应该按照实际室内空间建立。

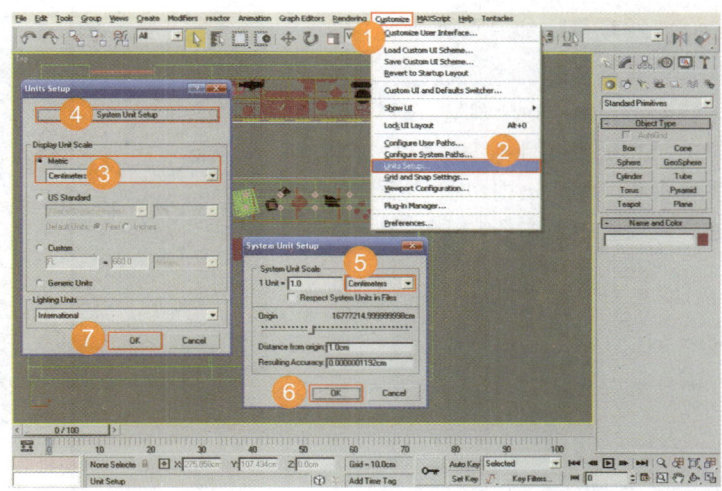

图4-2 检查单位尺寸

步骤3 **在场景中选择窗户玻璃物体**

在工具栏上选择按名称选择按钮或者使用快捷键H，在弹出的"选择对象"对话框中选择"1落地窗玻璃"，在对话框中单击 Select 按钮，完成物体的选择，然后使用快捷键Alt+Q，单独显示选择物体，最后在场景中单独显示选择后的窗户玻璃物体，如图4-3所示。

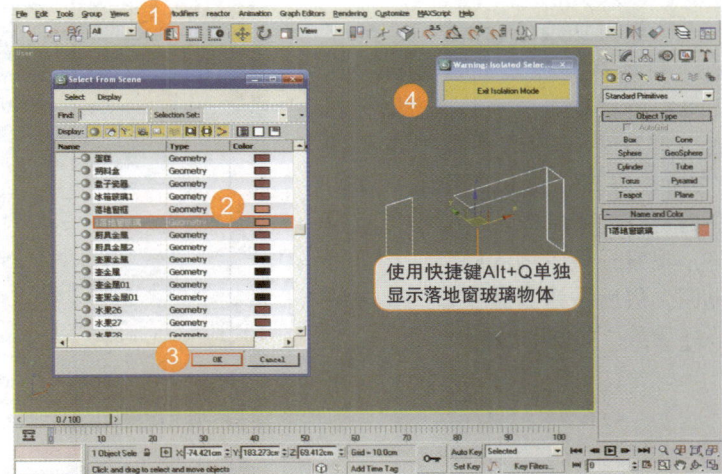

图4-3 选择窗户玻璃物体

步骤4 **将窗玻璃材质指定给落地窗**

使用快捷键M，调出材质编辑器，选择一个材质球并起名为"落地窗玻璃"，然后在弹出的对话框中设置Opacity参数，最后单击按钮，将设置好的材质赋予给选择好的窗户玻璃物体，如图4-4所示。

> **提示** 给玻璃赋予默认的玻璃材质，可以加快渲染测试的速度，使设定的光线充足地反射到场景中。

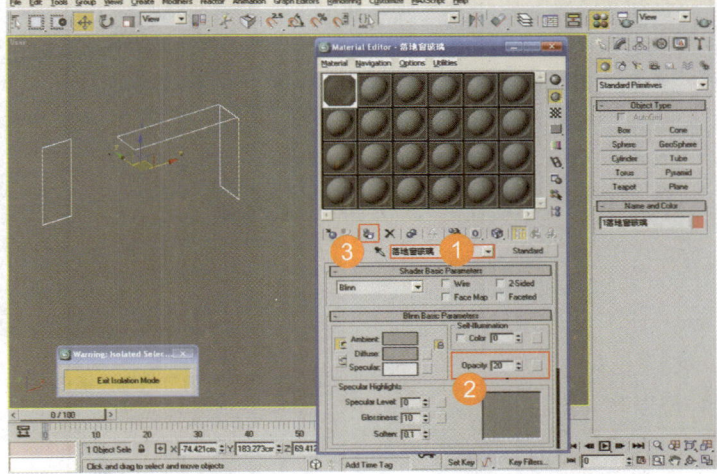

图4-4 将窗玻璃材质指定给物体

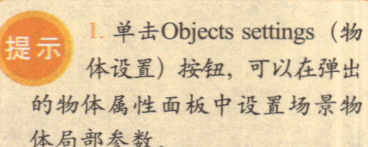

步骤 5　给场景添加摄影机

切换至创建命令面板，单击按钮，在Standard（标准摄影机）中选择Target（目标摄影机），然后将视口切换Top视口，将摄影机建立到场景中，如图4-5所示。

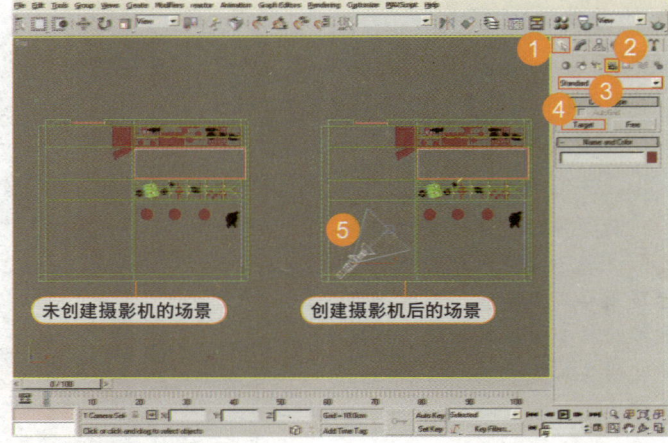

图4-5　给场景添加摄影机

步骤 6　调节摄影机的视口位置

将视口切换到Top视口，先在视口中选择刚创建的摄影机，在工具栏的移动工具上单击鼠标右键，并在弹出的对话框中按照图4-6所示设置摄影机的位置，使用快捷键C，将视口切换到摄影机视口，观察视口以内的模型结构是否协调，最后按照创建视口的要求调节好场景，如图4-7所示。

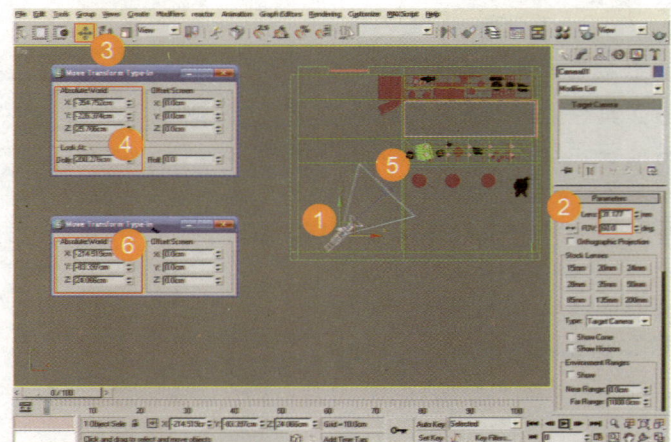

图4-6　调节摄影机的视口位置

> **提示**
> 1. 单击Objects settings（物体设置）按钮，可以在弹出的物体属性面板中设置场景物体局部参数。
> 2. 单击Lights settings（灯光设置）按钮，可以在弹出的灯光属性面板中设置场景灯光局部参数，一般用于制作物体焦散。

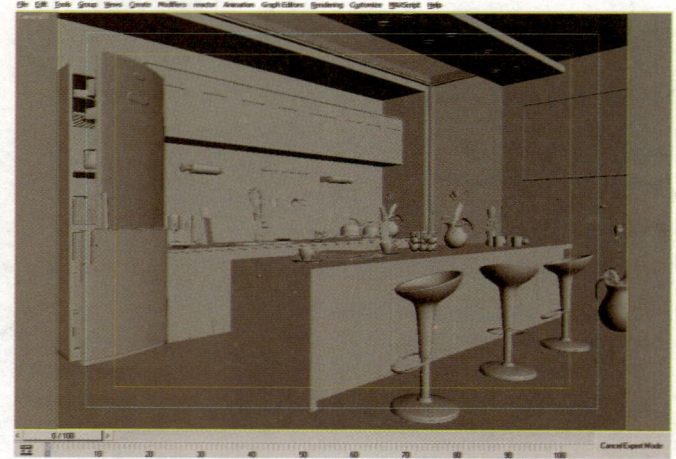

图4-7　调节好场景视口

> **本节小结：** 以上是渲染场景前的准备工作。单位设置、玻璃调节、摄影机的构图一个都不能少，大家需要在过程中掌握准备工作的要点和运用。

4.1.2 模型渲染之前的准备工作2

首先给创建好的实例模型建立IES Sun（IES太阳光），在模型中调整IES Sun（IES 太阳光）的详细位置，然后在模型窗口处创建VRayLight（VRay灯光），最后根据布光的环境创建辅助灯光，完成实例模型的布光设置。

步骤1 创建夕阳场景直接光照灯光

切换至创建命令面板，选择按钮，选择Standard（标准灯光）右边下拉菜单中的Photometric（光度学灯光），再选择IES Sun（IES 太阳光），然后将视口切换到Top视口，最后将IES Sun建立到场景中，建立直接光照灯光，如图4-8所示。

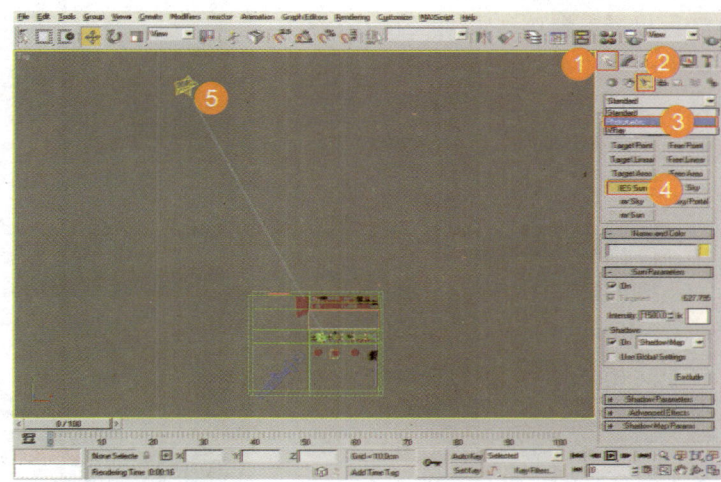

图4-8 创建夕阳场景的直接光照灯光

提示 创建直接光照时，要注意所要表现的场景氛围，我们假设模型上方是太阳产生出来的直接光照方向。

步骤2 调节IES Sun（IES 太阳光）在场景中的位置

将视口切换到Top视口，在视口中分别选择IES Sun和目标点，然后在工具栏中的移动工具上单击鼠标右键，在弹出的对话框中分别设置IES Sun的坐标和目标点坐标，最后分别将视口切换到Front（前）视口和Left（左）视口，检查灯光，完成IES Sun坐标的调节，如图4-9所示。

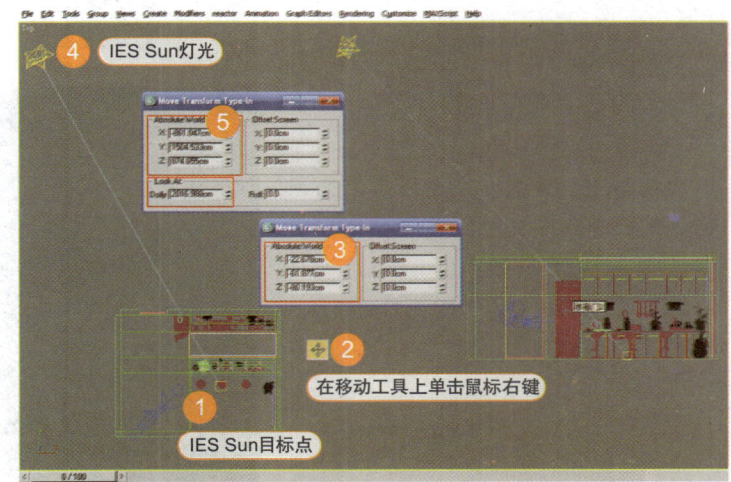

图4-9 调节阳光在场景中的位置

步骤 3 ▶ 设置IES Sun具体参数

切换到Top视口，选择IES Sun切换至修改面板 的Sun Patameters（阳光属性）卷展栏，分别设置IES Sun灯光的Intensity（强度）、灯光颜色、Shadows（阴影）参数，然后根据设置调节VRay Shadows params（VRay阴影参数）的设置，完成对IES Sun的具体参数设置，如图4-10所示。

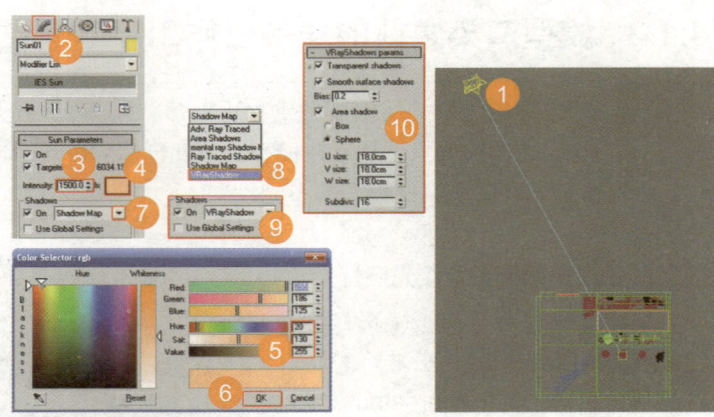

图4-10 设置太阳光的具体参数

步骤 4 ▶ 设置环境背景

执行菜单栏中的Rendering（渲染）>Environment（环境）命令或者使用快捷键"8"，在弹出的面板上选择Common Parameters（公共参数）的Background（背景）颜色按钮，然后在弹出的色彩面板上调节环境背景的颜色，如图4-12所示。

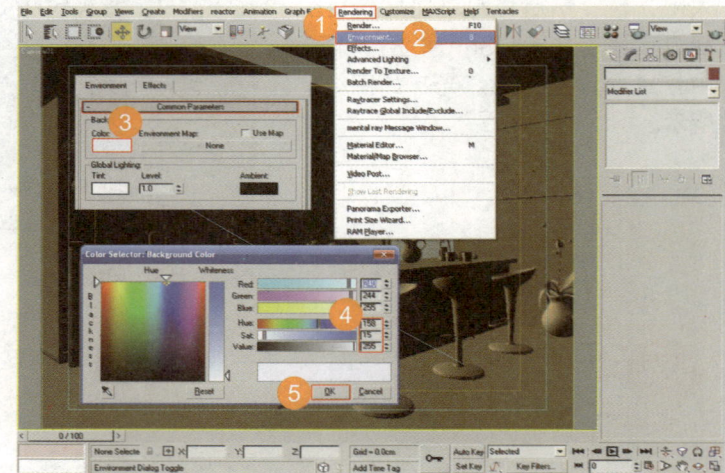

图4-11 设置环境背景

步骤 5 ▶ 测试太阳光角度

将视口切换为摄影机视口，使用快捷键Shift+Q，对场景进行渲染测试，观察阳光的角度和色彩，然后根据测试效果不断调整阳光角度和颜色，确定效果如图4-12所示。

> **提示** 大家在设置灯光颜色和角度时，应该多观察现实场景，从中提炼出相关信息，加上软件的应用技巧，肯定能做出理想的场景效果。

图4-12 测试太阳光的角度

步骤6 选择落地玻璃物体

按快捷键H调出"选择物体"对话框，选择"1落地窗玻璃"，单击选择按钮 Select 完成对物体的选择，然后使用快捷键Alt+Q，单独显现物体，并将显示物体单独选择，如图4-13所示。

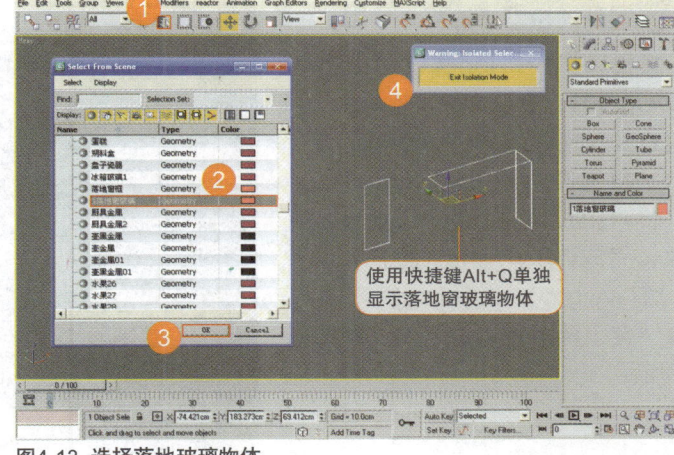

图4-13 选择落地玻璃物体

步骤7 创建夕阳场景间接光照灯光

切换至创建命令面板，单击按钮，在下拉列表中选择VRay灯光，选择VRayLight（VRay灯光）按钮，使用快捷键V分别将视口切换为Top视口、Back视口和Right视口，并在相应的视口中按照玻璃的位置，分别创建间接光照，最后完成间接光照灯光的建立，如图4-14所示。

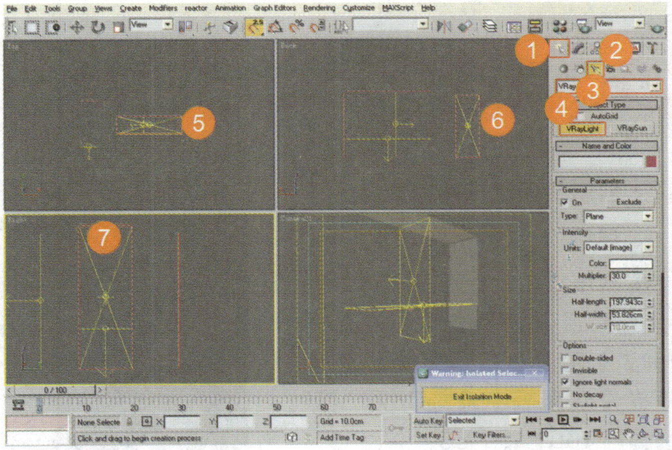

图4-14 创建间接光照灯光

> **提示** 在创建VRayLight时可以打开捕捉设置，VRay1.47以上版本都有这个功能，方便大家创建。

步骤8 调整创建的间接灯光位置

将视口切换到Top视口，分别选择VRayLight01灯光和VRayLight02灯光，在工具栏中选择移动工具，然后在Top视口中将VRayLight01和VRayLight02调整到相应窗户的后面，最后重复以上述步骤将视口切换到Back视口，将VRayLight03也调整到顶面玻璃的后面，如图4-15所示。

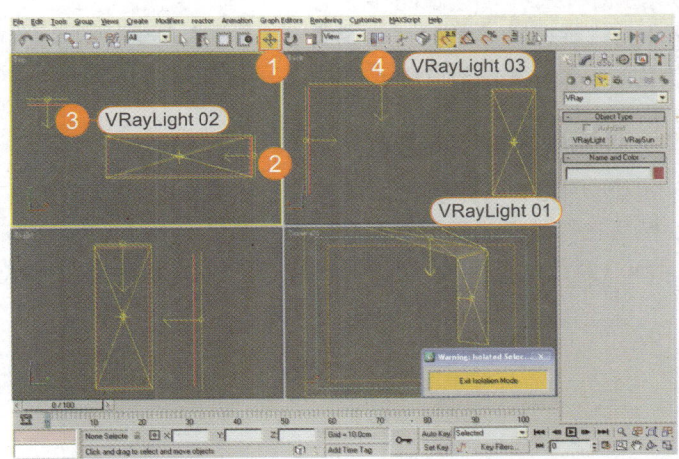

图4-15 调整间接灯光的位置

步骤9 调整间接灯光的灯光参数

将视口切换到Top视口，选择
VRayLight01，在Options（属性）
选项组里勾选Skylight Portal（天光
入口）复选框，然后在Sampling
（采样）中设置Subdivs（细分）
参数，完成VRayLight01的参数设
置，VRayLight02和VRayLight03的
设置一样，读者可以试一试，如图
4-16所示。

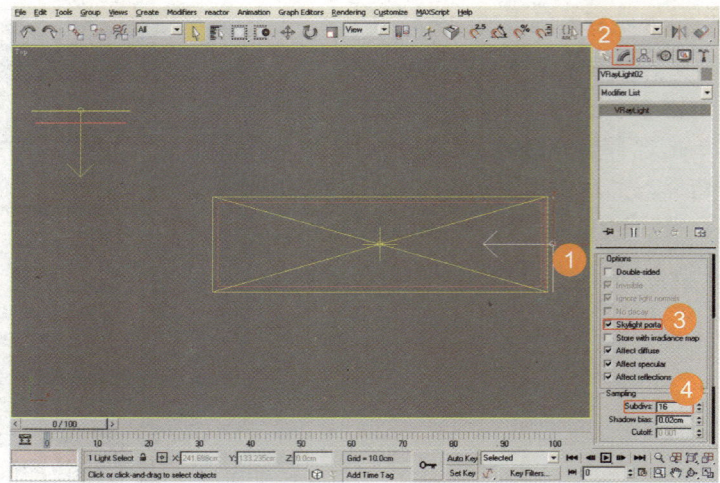

图4-16 调整间接灯光的灯光参数

提示 勾选Skylight Portal（天光入口）后，VRayLight灯光的颜色和亮度将被VRay环境面板中的
Skylight天光的颜色和亮度代替，至于VRay环境面板的设置，我们接下来将会介绍。

步骤10 创建吊顶灯光并设置灯光
属性

按照步骤6，将顶面物体单独
显示，将视口切换到Top视口，
在相应位置创建吊顶灯光，然后
在灯光修改面板中设置Color（颜
色）为H:155，S:165，V:195，
设置Multiplier（倍增）为3，在
Options（属性）里勾选Invisible
（不可见）和Ignore light normals
（忽略灯光法线）复选框，最后在
Sampling（采样）选项组中设置
Subdivs（细分）参数完成吊顶灯
光参数的设置，如图4-17所示。

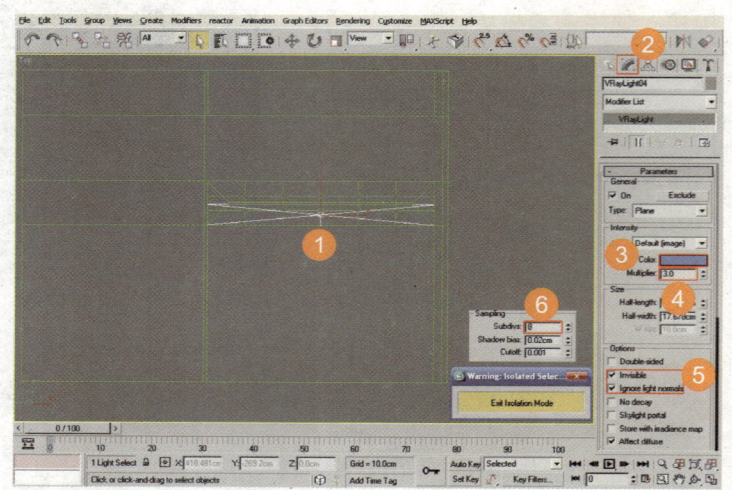

图4-17 创建吊顶灯光并设置灯光属性

步骤11 创建冰箱灯光并设置灯光属性

按照步骤6，将冰箱物体单独显示出来，将视口切换到Top视口，在视口相应位置创建吊顶灯
光，然后在灯光修改面板中设置Type（模式）为Sphere（球形），设置Radius（半径）为15cm，设
置Color（颜色）为H:20，S:90，V:255，设置Multiplier（倍增）为10。

在Options（属性）选项组里勾选Invisible（不可见）和Ignore light normals（忽略灯光法线）复选框，最后在Sampling（采样）选项组中设置Subdivs（细分）参数，完成冰箱灯光参数的设置，如图4-18所示。

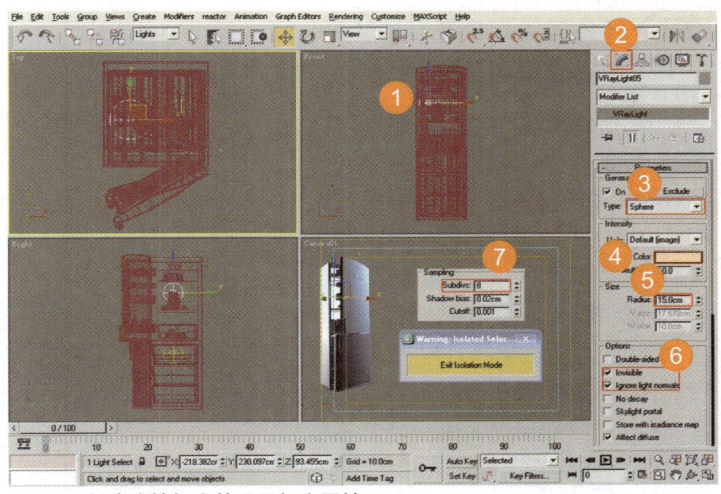

> **提示** 为了模拟冰箱内的灯光，我们将VRayLight的模式切换到Sphere（球形），这是一种漫射灯光效果，很柔和，大家可以用它模拟现实当中的点光源。

图4-18 创建冰箱灯光并设置灯光属性

> **本节小结：** 以上我们了解了相关灯光的具体设置过程，大家要遵循模型结构进行灯光设置。

4.2 VRay高级渲染设置

> **本节要点：** 本节重点讲解如何设置VRay高级渲染面板，通过对VRay全局照明引擎中Irradiance Map与Light Cache的设置，制作出风情厨房空间的真实全局光，同时介绍设置制作过程中所涉及到的其他VRay渲染面板具体参数的设置和调节技巧。

4.2.1 选择渲染器、设置渲染尺寸并开启VRay渲染帧

步骤1 选择渲染器

在工具面板上选择渲染场景对话框按钮 或使用快捷键F10，在弹出的对话框中展开Assign Renderer（指定渲染器）卷展栏，选择Production（产品级）右侧的按钮，在弹出的对话框中选择VRay Adv 1.5RC5渲染器，最后单击OK按钮，完成渲染器的选择，如图4-19所示。

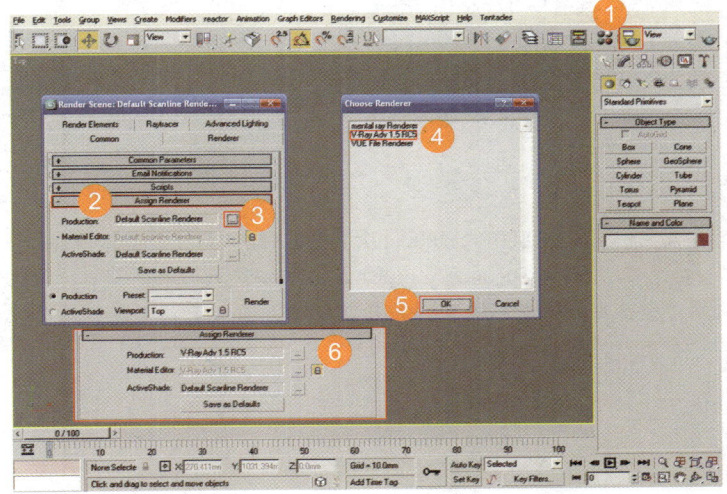

图4-19 切换渲染器

步骤2 设置渲染尺寸并开启VRay
渲染帧

使用快捷键F10，在弹出的对
话框中选择Common选项卡，展
开Common Parameters卷展栏，
在Output size选项组中将渲染图
像的宽度像素和高度像素设置为
640×480像素，单击Image Aspect
右面的锁定图标■将尺寸锁定，然
后在Render Output选项组中取消选
择Render Frame Window（渲染帧
窗口），最后在VRay Frame buffer
中勾选Enable built-in Frame Buffer
复选框，完成VRay渲染帧窗口的设
置，如图4-20所示。

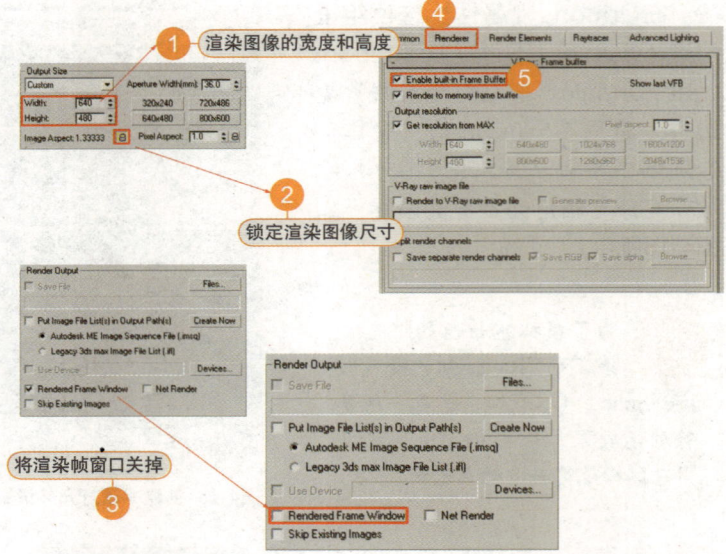

图4-20 设置预渲染尺寸

提示 1. 设置小像素是为了节约预渲染光子贴图和灯光贴图的时间，在测试场景时提高工作效率。
2. 打开VRay渲染帧窗口，因为VRay渲染帧窗口有选择渲染功能，也能够提高工作效率。
3. 因为要用VRay渲染帧窗口，所以为了避免渲染内存资源的浪费，我们将渲染帧窗口关掉。

4.2.2 VRay高级渲染参数的设置

步骤1 设置VRay通用参数

切换到VRay渲染选项卡，展开VRay Global
switches（通用参数）卷展栏，分别将其中的Def-
ault lights（默认灯光）、Reflection/refraction（反
射/折射）、Maps（贴图）、Glossy effects（光滑
效果）复选框取消勾选，最后将Raytracing（光线
跟踪）的Secondary rays bias（二级光线偏移）设
置为0.05或者0.01，如图4-21所示。

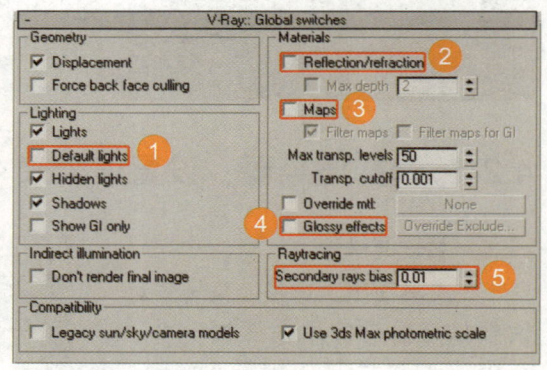

图4-21 设置通用参数

提示 1. 这里取消勾选Default lights（默认灯光）是为了避免光能传递时场景模型曝光。
2. 设置Secondary rays bias（二级光线偏移）是为了使场景中面与面相交的物体在全局光效果中
更真实，体量感更强，并且可以解决面与面的黑影泄漏问题。

步骤 2 **设置VRay图像采样参数**

切换到VRay渲染选项卡，展开VRay Image sampler [Antialiasing]（图像采样）卷展栏，然后在Image sampler（图像采样）对话框的Type（类型）右侧下拉列表中选择Fixed（固定比）采样器，并取消勾选Antialiasing filter（抗锯齿过滤）复选框，最后展开VRay Fixed Image Sampler（固定比采样）卷展栏并将Subdvis（细分）设置为1，如图4-22所示。

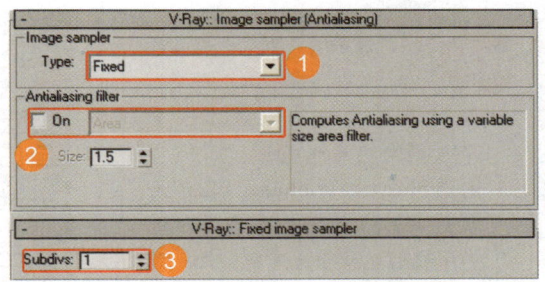

图4-22 设置采样参数

 提示
1. 选择Fixed（固定比）采样器，是因为这种方式占用内存小，预览图像效果快，工作效率高。
2. 预渲染时，不需要追求图像品质，所以这里我们将Antialiasing Filter（抗锯齿过滤）关掉，从而提高预渲染的效率。

步骤 3 **设置VRay间接光照参数**

切换到VRay渲染选项卡，展开VRay Indirect illumination（间接光照）卷展栏，然后勾选On复选框，开启VRay间接光照，将Secondary bounces（二级反弹）的Multiplier（倍增）值设置为0.85，最后在Secondary bounces（二级反弹）的GI Engine（全局光照）引擎中选择Light cache（灯光缓存）渲染引擎，如图4-23所示。

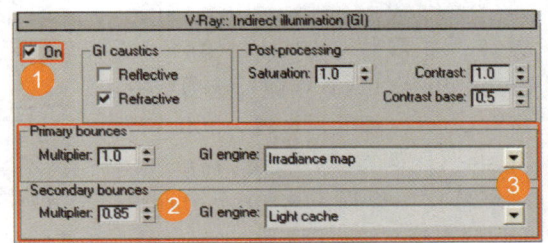

图4-23 设置间接光照参数

提示
1. 这里将二级反弹的全局光照引擎改为Light cache（灯光缓存）渲染引擎，是VRay渲染引擎的一种搭配方式，以后章节将介绍到其他全局光照引擎搭配方式。
2. 只有勾选上On复选框，VRay的全局光照引擎和天光系统才能使用。

步骤 4 **设置VRay光子贴图参数**

展开VRay Irradiance map光子贴图卷展栏，在Built-in presets（内置预设）中的Current preset（当前预设置）的右侧下拉列表中选择Very low（非常低），然后在Basic parameters（基本参数）中分别设置HSph.subdivs（半球细分）参数和Interp.samples（插值采样）参数，并勾选Options（属性）选项组中的Show calc.phase（显示光能进程），最后在Mode（模式）中选择Single frame（单帧）模式，在On render end中勾选Auto save（自动保存），单击Browse（浏览）按钮，在弹出的对话框中命名并保存，将光子贴图文件保存到风情厨房空间文件的根目录里，如图4-24所示。

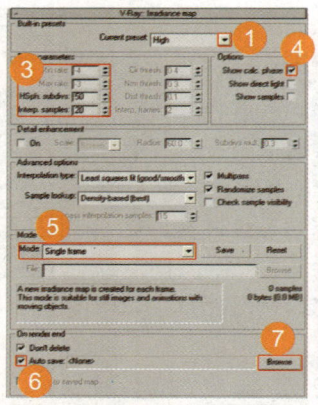
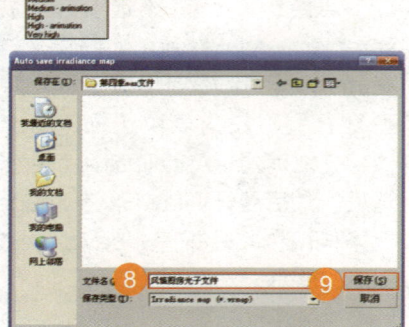

图4-24 设置VRay光子贴图参数

步骤5 设置VRay灯光缓存贴图参数

在VRay Light cache（灯光缓存）卷展栏中的Calculation parameters（计算参数）选项组中将Subdivs（细分）设置为300，将Scale（比例方式）设置为Screen（屏幕），分别勾选Store direct light（存储直接光照）和Show calc phase（显示光能进程）复选框，然后在Reconstruction parameters（重建参数）中勾选Pre-filter（预过滤），在Filter（过滤器）的右侧下拉列表中选择None（无），最后在Mode（模式）中选择Single frame（单帧）模式，在On render end（渲染之后）选项组中勾选Auto save（自动保存），单击Browse（浏览）按钮，在弹出的对话框中命名并保存，将灯光缓存贴图文件保存到风情厨房空间文件的根目录里，如图4-25所示。

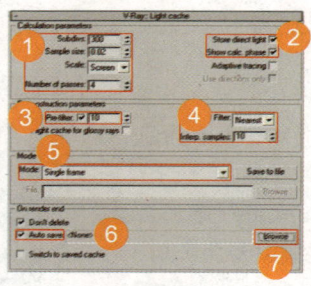
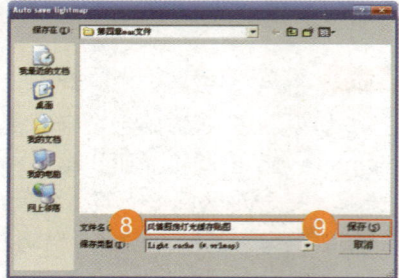

图4-25 设置灯光缓存贴图参数

步骤6 设置VRay环境贴图参数

展开VRay Environment（环境贴图）卷展栏，并在GI Environment（skylight）override（全局光照明环境）选项组中勾选On，开启VRay全局光照明环境的天光，并将天空光的颜色设置为H:165，S:15，V:250，接着在Reflection/refraction environment override（反射/折射照明环境）选项组中勾选On，开启照明环境，最后将反射和折射照明环境的颜色设置为H:160，S:10，V:255，如图4-26所示。

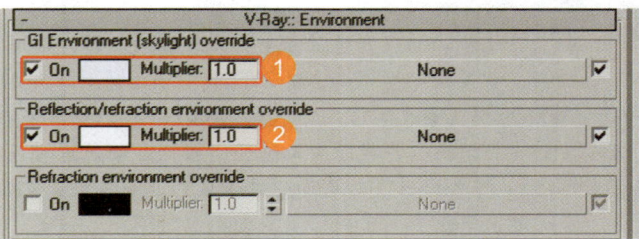

图4-26 设置VRay环境贴图参数

提示
1. 这里说到的天空光其实就是阳光在大气中的反射光线。
2. 因为我们模拟冷白色的阳光漫射效果，所以天光颜色我们设定为冷色调。
3. 为了更真实地反射和折射，我们打开了环境设置当中的反射和折射照明。

步骤7 设置VRay色彩贴图

展开VRay Color mapping（色彩贴图）卷展栏，然后在Type（类型）中选择HSV Exponential（色调和饱和度指数），将Gamma（伽玛值）设置为3.0，最后勾选Affect background复选框，完成色彩贴图参数的设置，如图4-27所示。

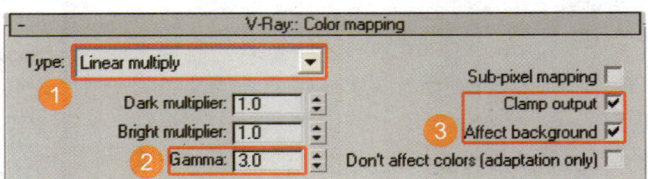

图4-27 设置VRay色彩贴图

提示
1. Linear multiply（线性曝光指数）可以使场景突出曝光颜色的色调和饱和度，提高场景中物体高光效果。
2. 将Gamma（伽玛值）设置为3.0是为了加快整个场景的亮度的测试。
3. 选择Affect background是为了在渲染时，当前设置的灯光可以影响到设置的背景颜色或者背景贴图。
4. 因为是初次渲染场景，因此大家可以不用勾选Clamp output（加强输出），教学光盘中是勾选的。

步骤8 设置VRay准蒙特卡罗采样

展开VRay rQMC Sampler（准蒙特卡罗采样）卷展栏，将Adaptive amount（自适应数量）设置为1，将Noise threshold（噪波阈值）设置为0.2，将Global subdivs multiplier（全局细分倍增）值设置为0.8，如图4-28所示。

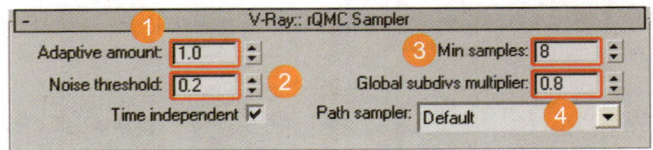

图4-28 设置准蒙特卡罗采样面板

119

1. Adaptive amount（自适应数量）默认值是0.85，这里我们设置为1，因为较小的值可以增强图像效果，但是渲染时间加长，因此我们预渲染时采用较大的值来保证渲染时间。

2. 将Noise threshold（噪波阈值）默认值是0.01，主要控制最终图像中的噪波数量，较小的值会减少图像中的噪波效果，但是会减慢渲染速度，因此在预渲染时设置为0.2。

3. Global subdivs multiplier（全局细分倍增值）这个参数是VRay全局控制参数，默认值为1，因为是预渲染，所以把它降低了，这样可以节约大量时间。

步骤9 设置VRay系统参数

展开VRay System系统参数卷展栏，接着将Raycaster params（光线投射参数）选项组中的Max.tree depth（最大树深度）设置为90，将Face/level coef（面/级别系数）设置为0.5，再将Default geometry（默认几何）参数设置为Static（静态）方式，然后将Render region division（渲染区域划分）选项组中的X和Y方向的渲染区域组设置为64，并且在Region sequence（区域方式）右侧下拉列表中选择Top->Bottom（从上到下）的渲染方式，启用Frame stamp启用（装饰水印）在信息框中保留VRay版本号和渲染时间信息，最后勾选启用Miscellaneous options（多样属性）中的MAX-compatible ShadeContext(work in camera space)（贴图类型兼容性）复选框，完成VRay 系统参数设置，如图4-29所示。

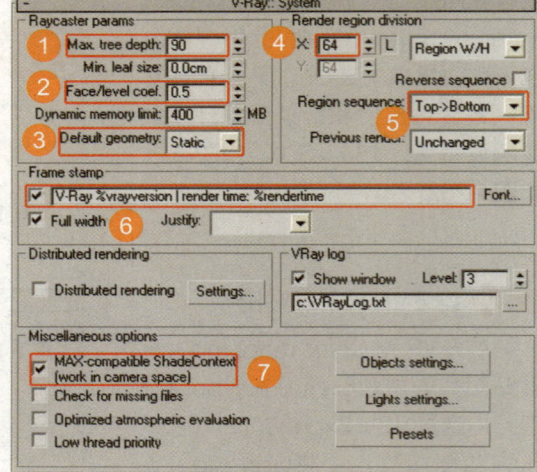

图4-29 设置VRay系统参数

提示 1. Static(静态)方式会在渲染时自动使用本机上能够使用的内存资源。

2. 启用装饰水印渲染器的版本和渲染时间的目的就是要了解场景的渲染时间。

3. 贴图类型兼容性是指VRay在渲染时会转换贴图类型，保持VRay在渲染时与3D贴图的兼容性，如果场景里的材质类型都是VRay，那么在渲染时需要将这个参数关上，可以加快材质的渲染速度。

4. Max.tree Depth（最大树深度）这个参数如果较小，在渲染时会减少内存的使用，但计算过程十分缓慢，相反如果数值较高会加速计算过程，但会占用更多的内存，如果拥有大量的物理内存加大这个参数是个不错的选择。这里因为笔者的内存比较大，所以将参数设置为了90。

本节小结： 以上是对VRay渲染参数的预设置，在场景模型预设置过程中因不需要考虑图像品质，所以设置渲染参数的细分值都比较低，便于提高我们下一步测试场景的效率。

4.3 对场景进行全局光测试和调整

本节要点： 本节重点讲解Irradiance Map（发光贴图）与Light Cache（灯光缓存）在调整好参数的场景中对全局光进行测试与再调节的过程，并详细介绍为了得到真实的光照效果对VRay渲染面板具体参数进一步的设置。

 步骤1 对设置好的场景测试

单击设置好的摄影机视口，使用快捷键Shift+Q，对场景进行第一次测试，如图4-30所示，测试过程如图4-31所示，测试结果如图4-32所示。

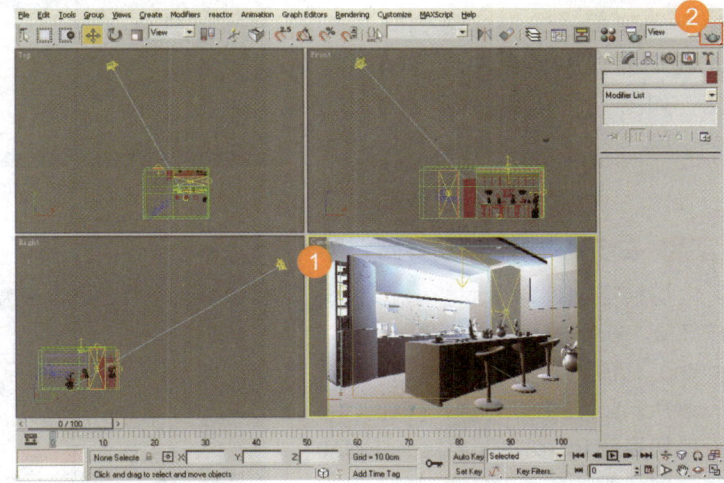

图4-30 对场景进行测试

提示
1. 测试场景效果需要多次推敲，一定要按照场景灯光的类型来逐一调节。
2. 读者还可以按照对场景的认识自己去调节灯光的效果和氛围。

图4-31 灯光贴图渲染进程

图4-32 灯光测试结果

步骤 2 **对测试场景分析**

我们先看测试场景的灯光效果，设置的阳光和VRayLight基本达到了预测效果，如图4-33①、③、④处，但也有不足的地方，如图中②处，漫射阴影有不少光子颗粒，这是因为灯光的细分参数不高造成的，也是为了节约大家的渲染时间。最后观察图中⑤处，发现屋子暗部光线偏暗，因此我们需要在场景中创建辅助灯光，如图4-33所示。

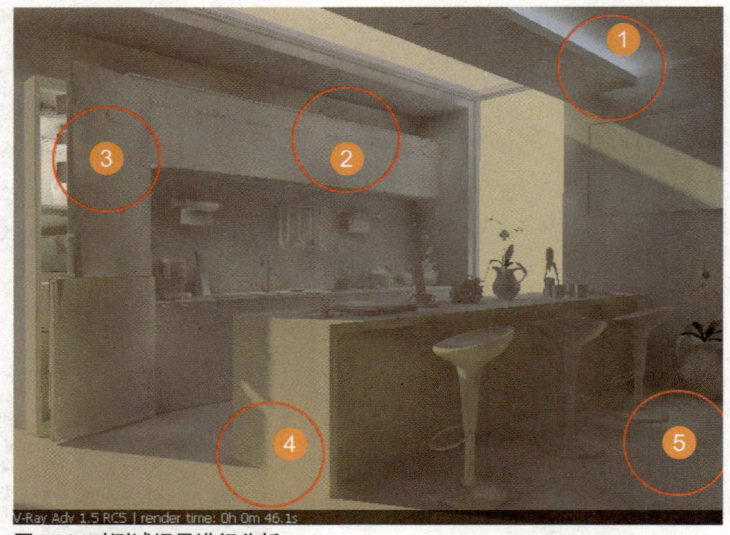

图4-33 对测试场景进行分析

步骤 3 **在场景中创建辅助灯光**

切换至创建命令面板，单击按钮，在下拉列表中选择Photometric（光度学灯光），然后单击Free Point（自由点光源）按钮。将视口切换到Top视口，将Free Point建立到场景中，完成直接光照灯光在模型中的建立，如图4-34所示。

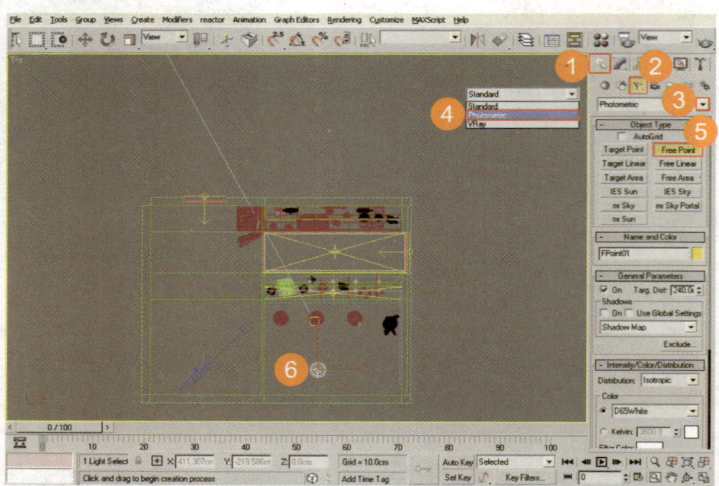

图4-34 在场景中创建辅助灯光

 1. 因为辅助光线不需要具体物体目标设置，只需要配合场景中的主光源，因此我们选择自由点光源。

2. VRay是模拟真实环境的渲染器，现实生活中存在真实的点光源、面光源和线光源，因此笔者在场景中选择光度学灯光里的自由点光源，来模拟实际人造灯光。

3. 由于每个显示器显示的亮度不同，因此读者以本案例所提供的辅助灯光的数值为调节基础，如果场景偏亮可以适当将所给数值降低一些，反之就增加一些。

步骤4 调整辅助灯光参数

切换到Top视口，在视口中选择Free point（自由点光源），切换至修改面板 ，分别设置Free point灯光的Intensity（照明）参数、灯光颜色参数、VRayshadows（VRay阴影）参数、光域网参数，然后根据设置调节灯光参数，完成对Free point（自由点光源）参数设置，具体参数如图4-35所示。

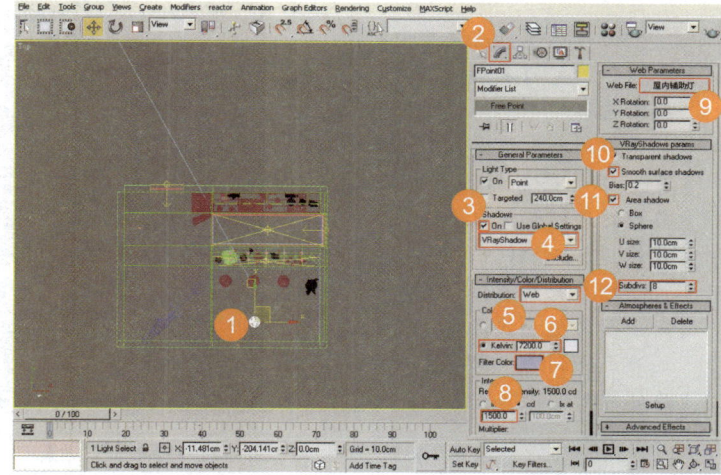

图4-35 调整辅助灯光参数

提示
1. 辅助灯是场景中看不到灯光物体的真实灯光，因此我们要按照真实环境来设置。
2. 为了不使场景曝光，辅助灯光最好使用光域网灯光。
3. 灯光颜色是冷色调。希望大家自己调节出冷色调，增强自主调节灯光的能力。

步骤5 调整辅助灯光的位置

切换到Top视口，选择刚创建的Free point（自由点光源），在工具栏中选择移动工具，然后在Top视口中按住shift键将Free point灯光关联复制，最后切换到Left视口，使用移动工具将复制灯光移动到适合位置，完成对辅助灯光的调整，具体调整如图4-36所示。

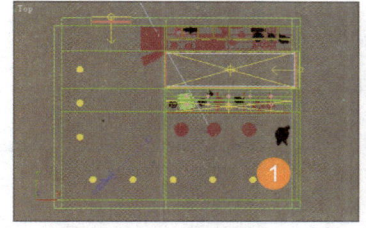
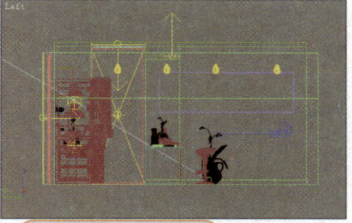

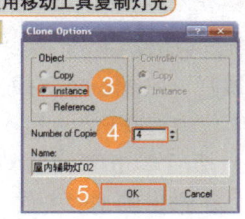

使用移动工具复制灯光

图4-36 调整辅助灯光的位置

步骤6 对调整好的场景再测试

单击设置好安全框的摄影机视口，使用快捷键Shift+Q，对场景进行第二次全局光的测试，经过测试得到的效果与之前的对比如图4-37和图4-38所示。

图4-37 未调整辅助灯光的场景

提示 1. 通过第二次全局光的测试，可以看到第二次的光线很饱满。

2. 场景中还是有不少黑斑，只要有一些作图经验，降低采样品质的目的就是为了提高测试效率。

3. 调整场景光线需要大家举一反三，因为场景效果是经过多次的测试得到的，需要大家在今后的作图过程中去体会。

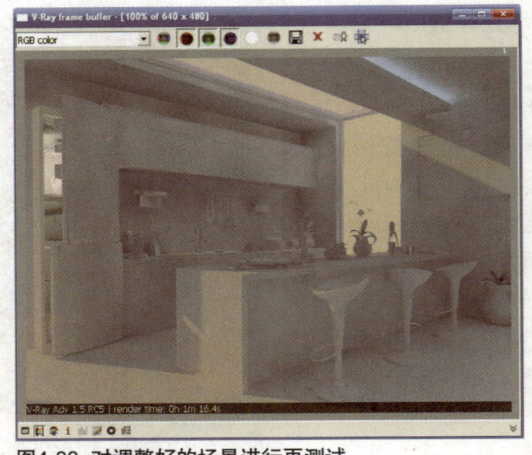

图4-38 对调整好的场景进行再测试

步骤7 载入光子贴图文件

展示VRay Irradiance map光子贴图卷展栏，在Mode（模式）右边的下拉菜单中选择From File（载入）模式，然后单击Browse（浏览）按钮，在弹出的对话框中载入刚保存好的预渲染光子贴图，完成光子贴图文件的载入，如图4-39所示。

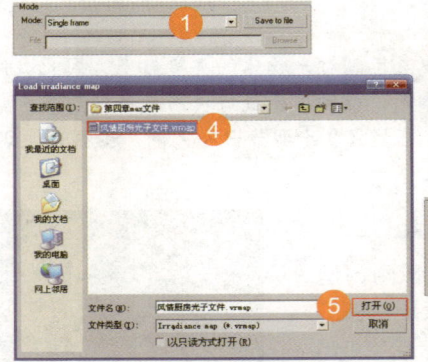

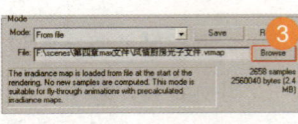

图4-39 载入光子贴图文件

步骤8 载入灯光缓存贴图文件

展开VRay Light cache灯光缓存卷展栏，在Mode（模式）右边下拉菜单中选择From File（载入）模式，然后单击Browse（浏览）按钮，在弹出的对话框中载入刚才保存好的预渲染灯光缓存贴图，完成灯光缓存贴图文件的载入，如图4-40所示。

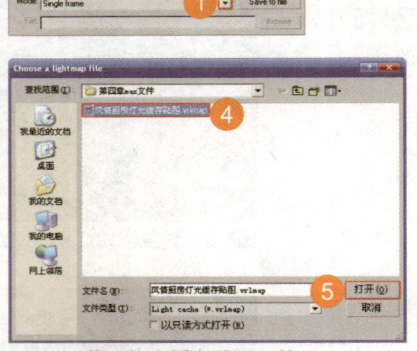

图4-40 载入灯光缓存贴图文件

提示 1. 载入光子贴图文件和灯光缓存贴图文件是为了提高场景材质调节的性价比。

2. 为调节材质提供了一个全局光的环境，不用每次测试材质的时候都要测试光子贴图和灯光缓存贴图。

▶ **本节小结：** 以上就是场景灯光的测试过程，在过程中我们了解了直接光照、间接光照和辅助灯光在场景中的运用，对于测试灯光的过程需要大家活学活用，深入理解。

4.4　为预渲染场景赋予材质

本节要点：本节重点讲解为什么要重新设置VRay通用参数，然后再使用VRayMtl（VRay标准材质）调节风情厨房场景常用材质。

4.4.1　重新设置VRay通用参数

切换到VRay渲染面板，展开VRay Global Switches（通用参数）卷展栏，然后在Materials（材质）选项组中勾选Reflection/refraction(反射/折射)、Maps（贴图）、Glossy effects（光滑效果）复选框，完成对通用参数卷展栏的重新设置，具体设置如图4-41所示。

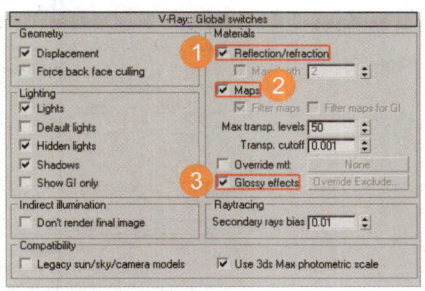

图4-41　重新设置通用参数

> **提示** 勾选Reflection/refraction（反射/折射）、Maps（贴图）、Glossy effects（光滑效果）复选框，是为了在场景中显示贴图属性，方便大家预览。

4.4.2　赋予材质

步骤1 调节乳胶漆材质

在材质编辑器中选择一个默认材质，起名为"乳胶漆"，单击标准材质按钮 Standard ，在弹出的列表中选择VRayMtl（VRay标准材质），然后设置Diffuse（漫反射）和Reflect（反射）的颜色，在Bump（凹凸）通道中加入墙面贴图，并调节凹凸参数，最后分别调节Hilight glossiness（高光光泽度）数值、Refl glossiness（反射光泽度）数值、Subdivs（细分）数值和材质模式，具体设置参数如图4-42所示。

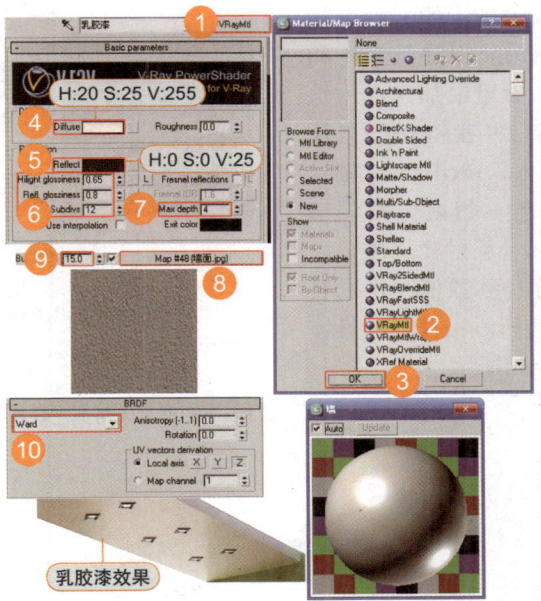

图4-42　调节乳胶漆材质

步骤 2 调节彩色聚酯漆材质

在材质编辑器中选择一个默认材质，起名为"彩色聚酯漆"，单击标准材质按钮 Standard ，在弹出的列表中选择VRayMtl (VRay标准材质)，然后设置Diffuse（漫反射）和Reflect（反射）的颜色，接着在Bump（凹凸）通道中加入墙面贴图并调节凹凸参数，最后分别调节Hilight glossiness（高光光泽度）、Refl.glossiness（反射光泽度）、Subdivs（细分）参数和材质模式，具体设置如图4-43所示。

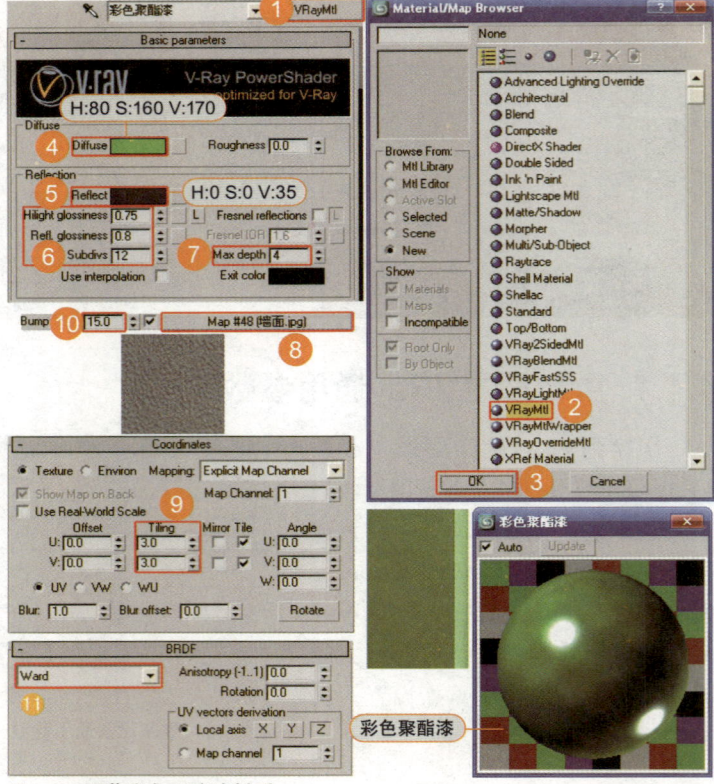

图4-43 调节彩色聚酯漆材质

步骤 3 调节木质地面材质

在材质编辑器中选择一个默认材质，起名为"木质地面"，单击标准材质按钮 Standard ，在弹出的列表中选择VRayMtl (VRay标准材质)，分别在Diffuse（漫反射）和Bump（凹凸）通道中加入"木地板5.jpg"贴图，并在Reflect（反射）通道中加入Falloff（衰减）并调节衰减颜色，然后分别调节Refl.glossiness（反射光泽度）、Subdivs（细分）参数值，最后将材质模式设置为Phong模式，具体参数设置如图4-44所示。

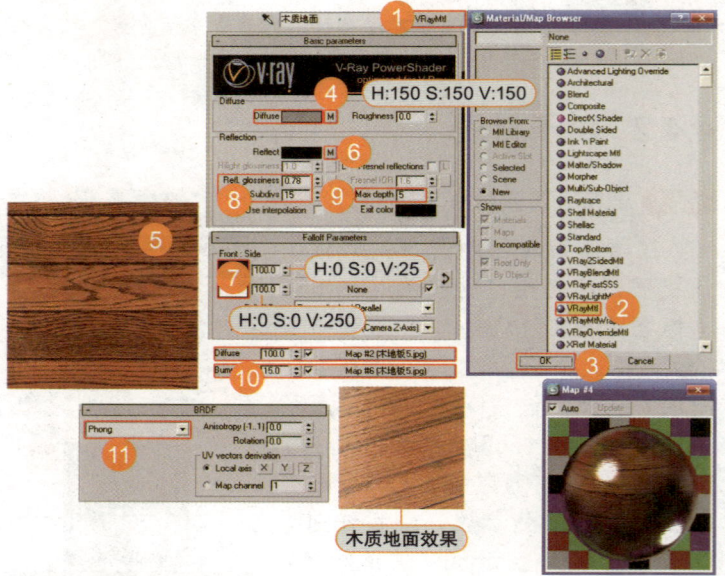

图4-44 调节木质地面材质

步骤 4 调节台面木质材质

在材质编辑器中选择一个默认材质，起名为"台面木质"，单击标准材质按钮 Standard ，在弹出的列表中选择VRayMtl（VRay标准材质），分别在Diffuse（漫反射）通道和Bump（凹凸）通道中加入"木质2.jpg"贴图，并且在Reflect（反射）通道中加入Falloff（衰减）并调节衰减曲线，然后分别调节材质面板中Refl.glossiness（反射光泽度）、Subdivs（细分）参数值，最后将材质模式设置为Phong模式，具体参数设置如图4-45所示。

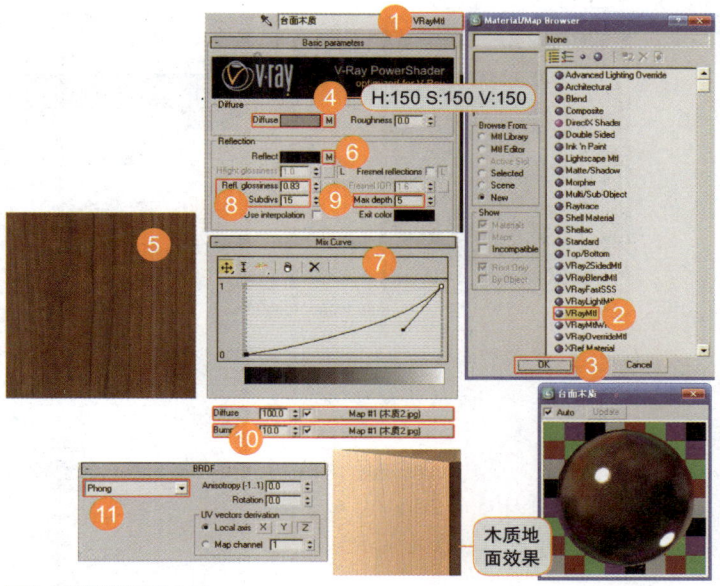

图4-45 调节台面木质

步骤 5 调节金属柜子门材质

在材质编辑器中选择一个默认材质，起名为"金属柜子门"，在面板中单击按钮 Standard ，在弹出的列表中选择VRayMtl（VRay标准材质），分别调节Diffuse（漫反射）和Reflect（反射）的颜色，分别调节材质面板中Refl.glossiness（反射光泽度）、Subdivs（细分）参数值，最后将材质模式设置为Blinn模式，具体参数设置如图4-46所示。

提示 1. 这里的金属门有一定的亚光效果，因此我们在金属中加了0.85的高斯模糊。
2. 场景中还有冰箱把手也是这种效果，大家按照介绍的方法试一试。

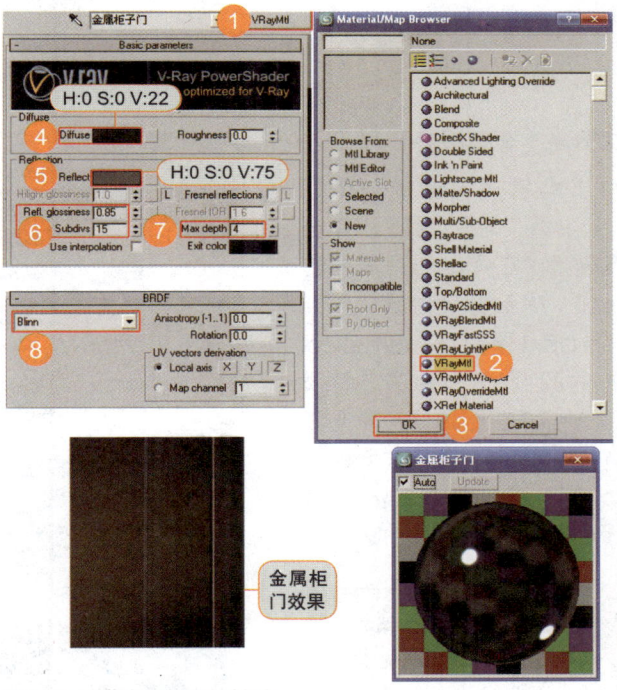

图4-46 调节金属柜子门材质

步骤 6 调节拉丝金属材质

在材质编辑器中选择一个默认材质，起名为"拉丝金属"，单击标准材质按钮 Standard ，在弹出的列表中选择VRayMtl（VRay标准材质），分别调节Diffuse（漫反射）和Reflect（反射）通道的颜色，然后分别调节材质面板中Refl.glossiness（反射光泽度）、Subdivs（细分）参数值，在Bump（凹凸）通道中加入Noise（噪波），具体参数设置如图4-47所示。

提示

1. 拉丝金属选择的是Noise 纹理，是一种拉丝金属比较常用的方法。

2. 拉丝金属如果选择Noise纹理，我们需要将材质的Subdivs参数调高，增强拉丝金属的渲染效果。

3. 在场景中还有拉丝墙也是这种效果，需要大家按照介绍的方法试一试。

步骤7 调节高亮金属材质

在材质编辑器中选择一个默认材质，起名为"高亮金属"，单击按钮 Standard ，在弹出的列表中选择VRayMtl（VRay标准材质），分别调节Diffuse（漫反射）和Reflect（反射）的颜色，分别调节材质面板中Refl glossiness（反射光泽度）数值、Subdivs（细分）数值，最后将材质模式设置为Phong模式，具体参数设置如图4-48所示。

提示

高亮金属虽然反射性强，但观察现实中的高亮金属多多少少还是有一点衰减，所以我们在金属中加了0.9的高斯模糊。

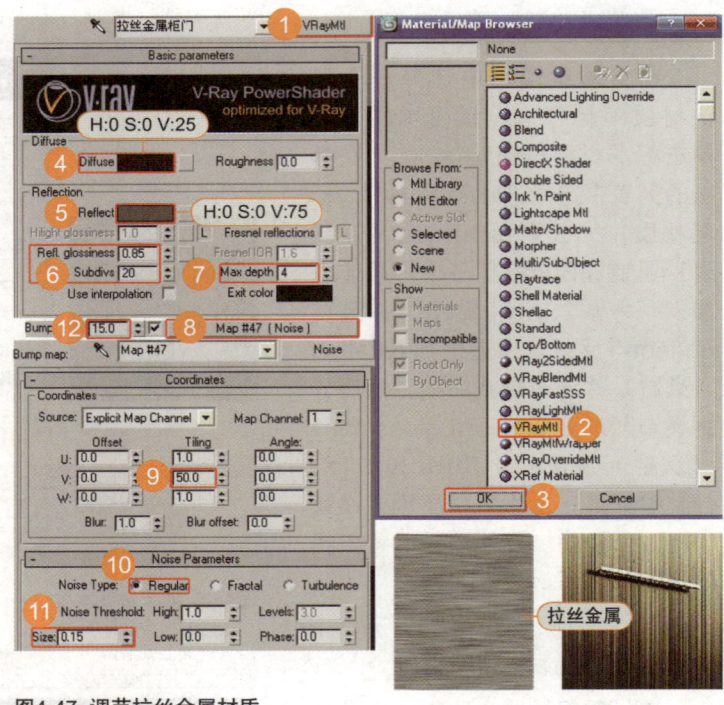

图4-47 调节拉丝金属材质

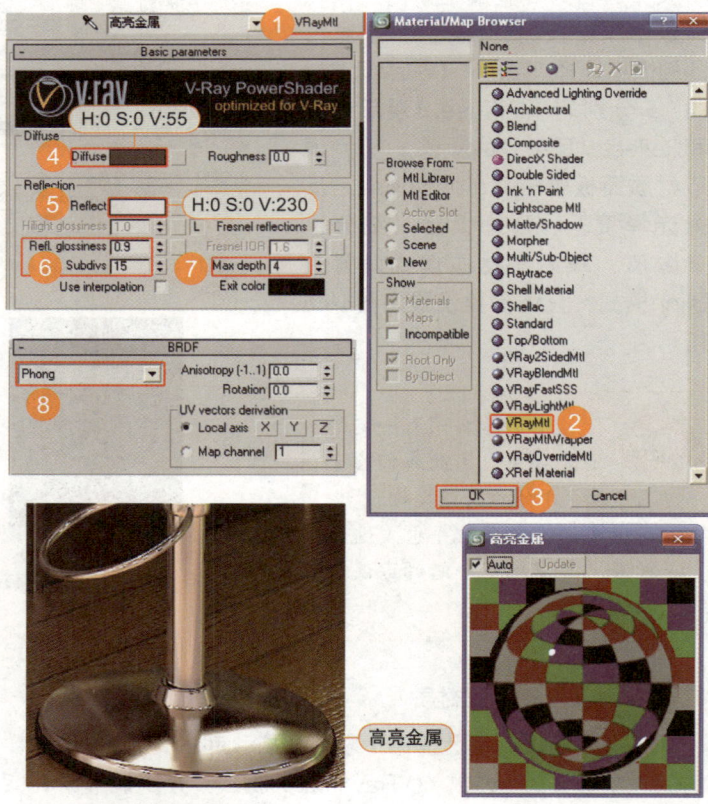

图4-48 调节拉丝金属材质

步骤 8 调节高斯金属材质

在材质编辑器中选择一个默认材质，起名为"高斯金属"，单击标准材质按钮 Standard ，在弹出的列表中选择VRayMtl（VRay标准材质），分别调节Diffuse（漫反射）和Reflect（反射）的颜色，分别调节材质面板中Refl.glossiness（反射光泽度）、Subdivs（细分）参数值，最后将材质模式设置为Blinn模式，具体参数设置如图4-49所示。

提示 在场景中还有冰箱门也是这种效果，大家可以按照介绍的方法试一试。

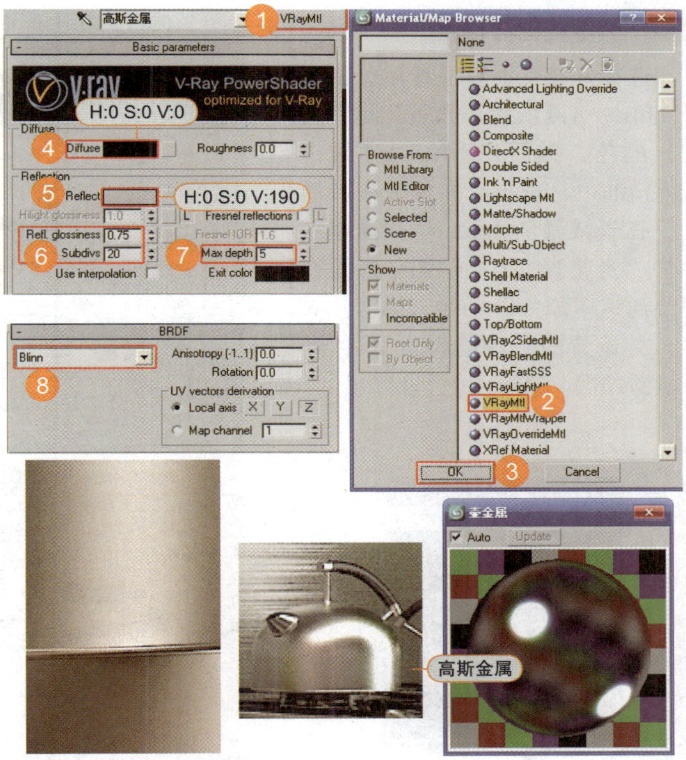

图4-49 调节高斯金属材质

步骤 9 调节金属漆材质

在材质编辑器中选择一个默认材质，起名为"金属漆"，单击标准材质按钮 Standard ，在弹出的列表中选择VRayMtl（VRay标准材质），分别调节Diffuse（漫反射）和Reflect（反射）的颜色，然后分别调节Refl glossiness（反射光泽度）、Subdivs（细分）参数值，最后将材质模式设置为Phong模式，具体参数设置如图4-50所示。

提示 在场景中的咖啡机也是这种效果，需要大家按照介绍的方法试一试。

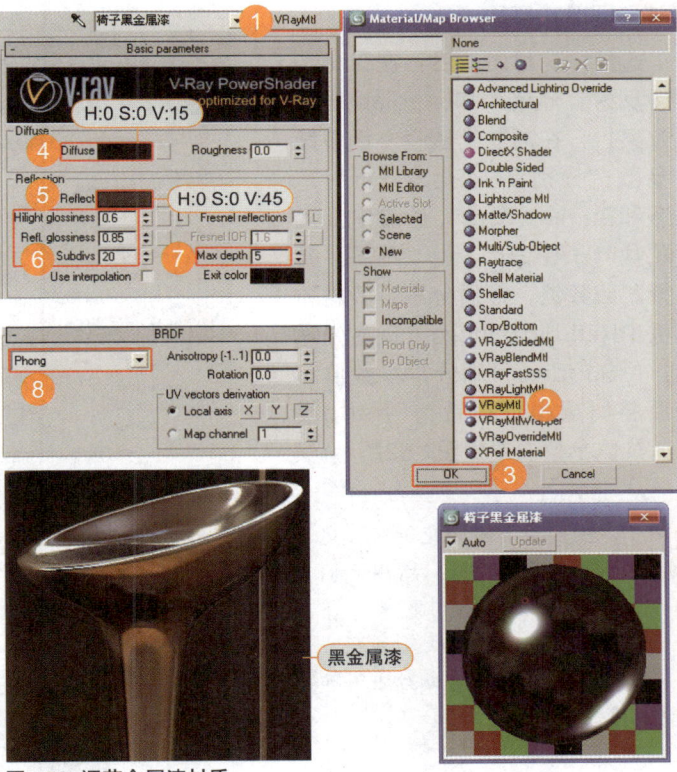

图4-50 调节金属漆材质

步骤10 **调节花瓷器材质**

选择好花瓷器材质球后分别调节Diffuse（漫反射）和Reflect（反射）颜色，然后在Diffuse通道中加入Falloff（衰减）并调节衰减颜色，在衰减颜色Color#1的通道中添加"青花瓷.jpg"贴图，最后在凹凸通道中添加Smoke（烟雾）效果，并设置凹凸数值为5，具体参数设置如图4-51所示。

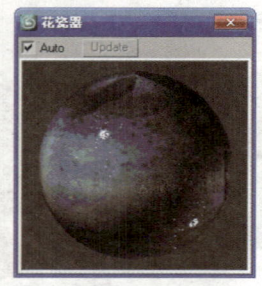

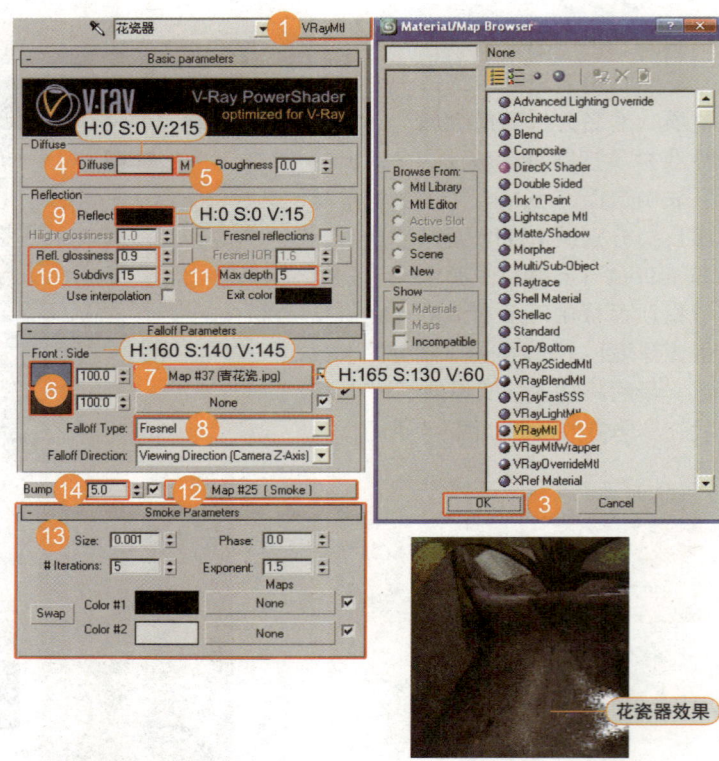

图4-51 调节花瓷器材质

步骤11 **调节花材质**

选择好花材质球后，在Diffuse（漫反射）通道添加Gradient（渐变效果），在渐变卷展栏中调节渐变参数，分别在Refract（折射）通道和Bump（凹凸）通道中加入"花盆叶子花凹凸.jpg"贴图，并设置凹凸数值，然后分别调节材质面板中Refl glossiness（反射光泽度）、Subdivs（细分）参数值，最后将材质模式设置为Phong模式，具体参数设置如图4-52所示。

提示 1. 因为真实的花带有一定的半透明效果，所以我们在材质中添加了折射效果。
2. 因为我们做的紫色花是有渐变的，因此我们在漫反射通道加入渐变效果。

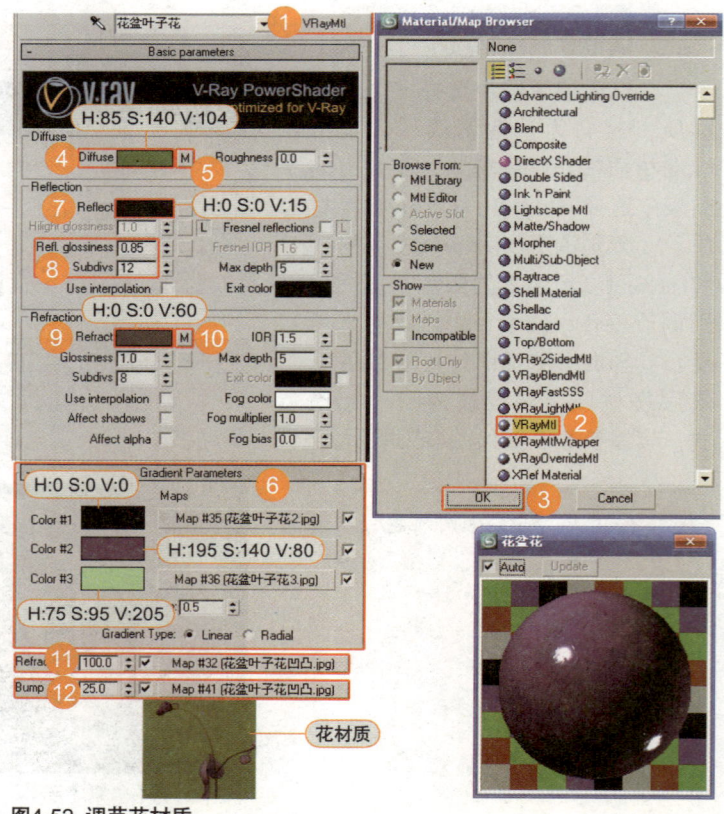

图4-52 调节花材质

步骤12 调节水果材质

选好水果材质球后，先调节Diffuse（漫反射）和Reflect（反射）的颜色，然后在Diffuse通道中加入Falloff（衰减）并调节衰减颜色，在反射通道中加入Falloff（衰减）并调节衰减曲线，最后在凹凸通道中添加Smoke（烟雾）效果，并设置凹凸数值为5，具体参数设置如图4-53所示。

> **提示** 在反射通道里加入衰减可以控制材质的反射强度，我们之前讲过的地板材质也是这样。

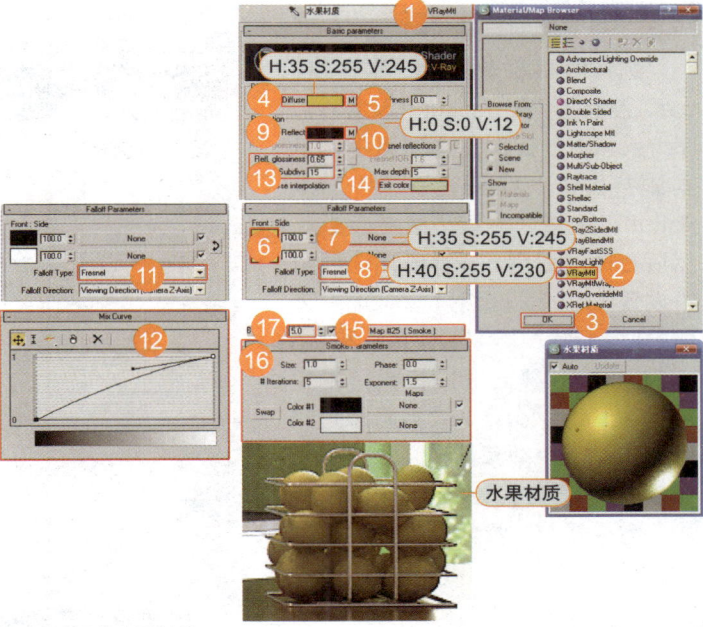

图4-53 调节水果材质

步骤13 调节玻璃杯材质

在材质编辑器中选择一个默认材质，起名为"玻璃杯"，单击按钮 Standard ，在弹出的列表中选择VRayMtl（VRay标准材质），然后分别在Diffuse（漫反射）面板、Reflect（反射）、Refraction（折射）选项组中设置具体参数值，接着在Refraction（折射）中设置Refract（折射）、IOR（折射率）、Fog color（雾颜色）和Fog multiplier（雾倍增）参数，并勾选Affect shadows（效果阴影）和Affect alpha（效果通道）复选框，最后将材质模式设置为Phong模式，完成调节，具体参数设置如图4-54所示。

> **提示** 在玻璃材质里勾选了Affect shadows（效果阴影）和Affect alpha（效果通道）选项，是为了使室内阳光和天光穿透玻璃材质，得到的透明效果和阴影效果更真实。

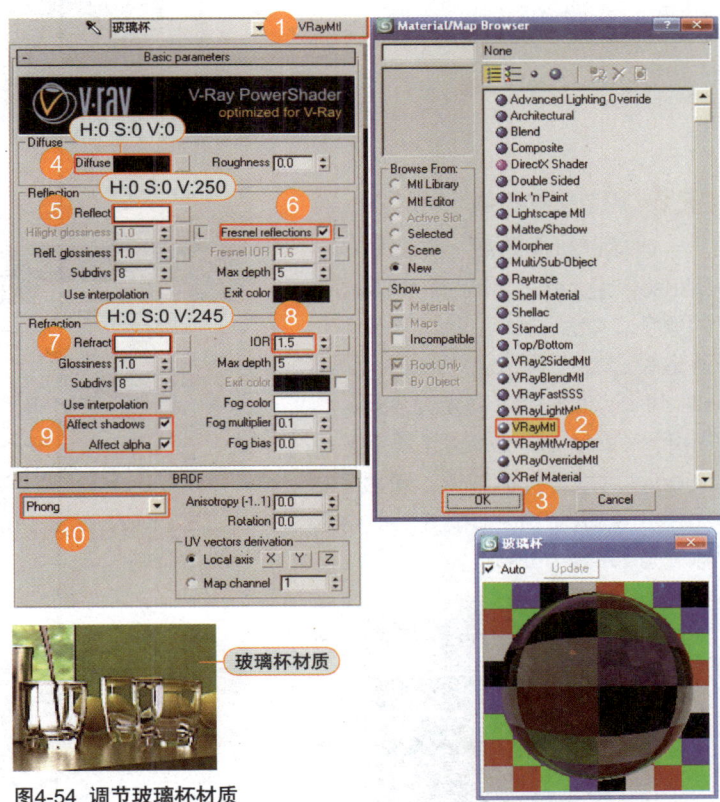

玻璃杯材质

图4-54 调节玻璃杯材质

步骤14 调节挂画玻璃材质

选择好材质球后，分别在Diffuse（漫反射）、Reflect（反射）、Refraction（折射）选项组中设置具体参数值，在反射通道中加入Falloff（衰减）并调节衰减参数，然后在Refraction（折射）选项组中设置Refract（折射）、IOR（折射率）、Fog color（雾颜色）和Fog multiplier（雾倍增）参数，并勾选Affect shadows（效果阴影）和Affect alpha（效果通道）复选框，最后将材质模式设置为Phong模式，完成调节，具体参数设置如图4-55所示。

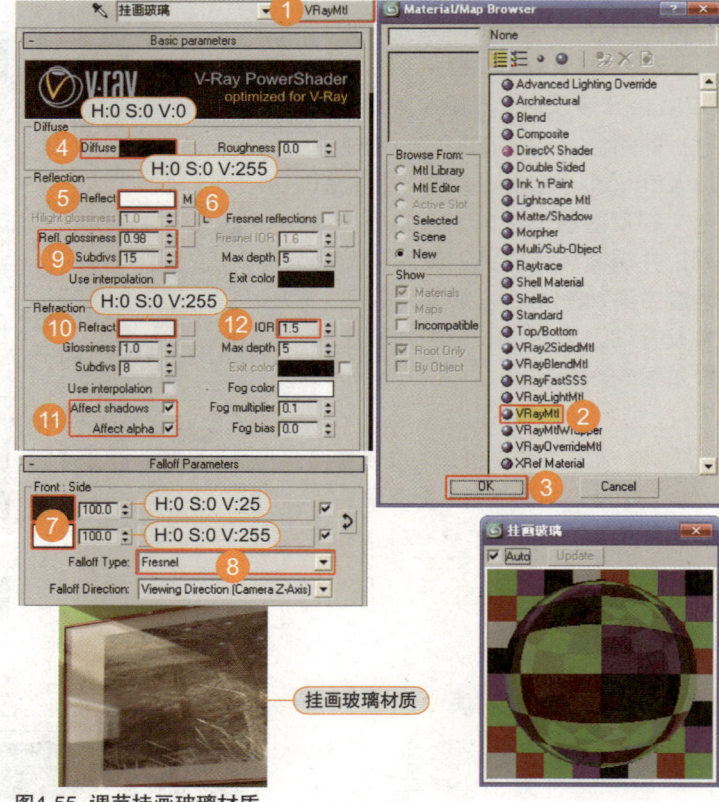

图4-55 调节挂画玻璃材质

步骤15 调节茶杯材质

选择好材质球后，先分别调节Diffuse（漫反射）和Reflect（反射）的颜色，然后在Diffuse（漫反射）通道中添加"杯.jpg"贴图，调节Hilight glossiness（高光光泽度）、Refl glossiness（反射光泽度）、Subdivs（细分）的数值，最后将材质模式设置为Phong模式，具体参数设置如图4-56所示。

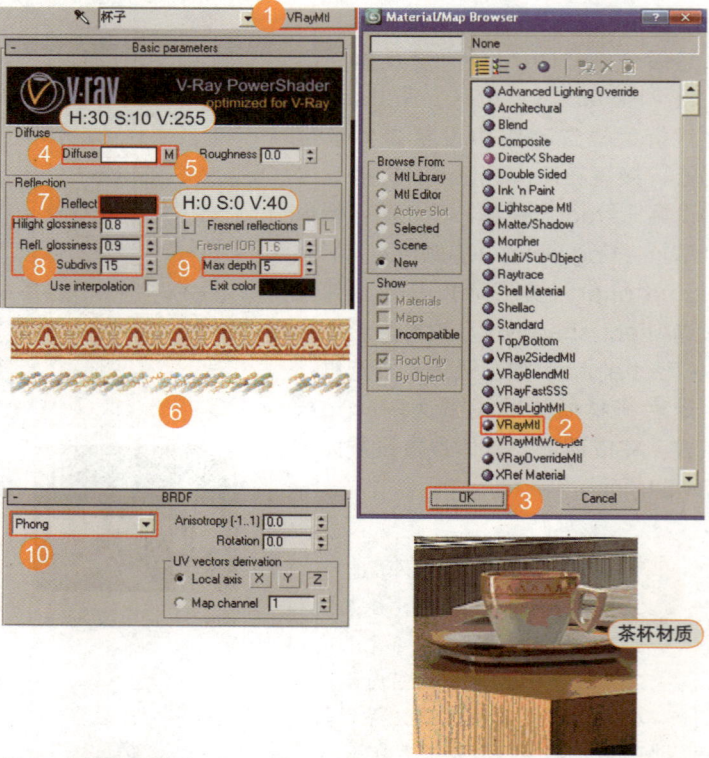

图4-56 调节茶杯材质

步骤16 调节桌面石材材质

选择材质球后，先调节Diffuse（漫反射）和Reflect（反射）的颜色，然后在Diffuse通道中添加"桌面材质.jpg"贴图，在材质面板中调节Hilight glossiness（高光光泽度）、Refl glossiness（反射光泽度）、Subdivs（细分）的数值，最后将材质模式设置为Phong模式，具体参数设置如图4-57所示。

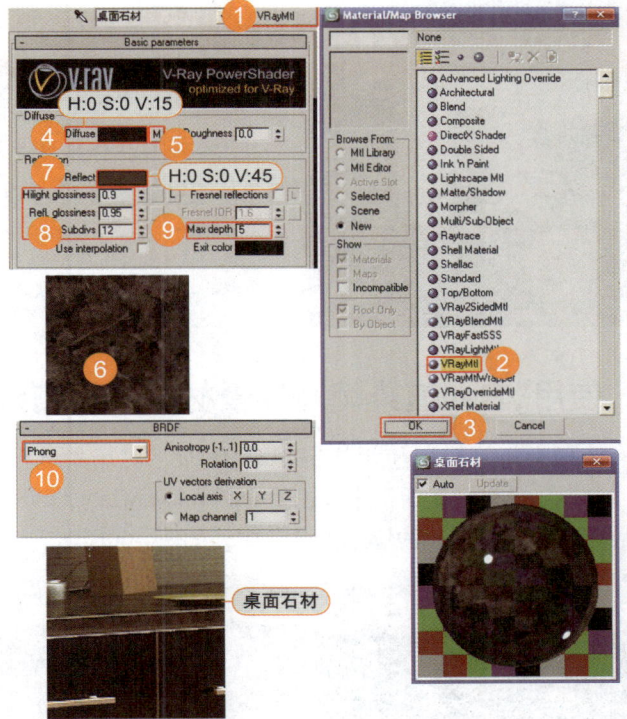

图4-57 调节桌面石材材质

步骤17 调节报纸材质

在材质编辑器中选择一个默认材质，并起名为"报纸"，单击标准材质按钮 Standard ，在弹出的列表中选择VRayMtl（VRay标准材质），然后在Diffuse通道中添加"报纸1.jpg"贴图，在材质面板中调节Hilight glossiness（高光光泽度）、Refl glossiness（反射光泽度）、Subdivs（细分）的数值，最后将材质模式设置为Phong模式，具体参数设置如图4-58所示。

> **提示** 在场景中还有挂画也是这种效果，需要大家按照介绍的方法试一试。

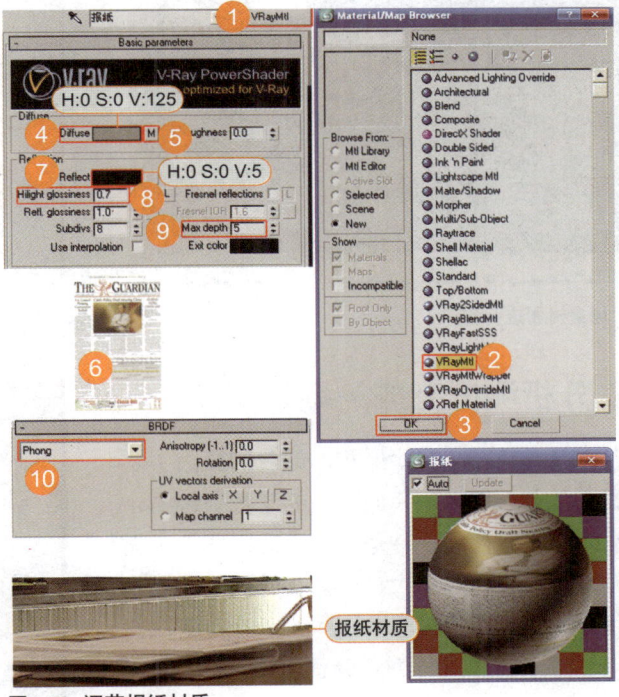

图4-58 调节报纸材质

本节小结：以上就是风情厨房空间材质的具体调节过程，本节主要讲述了冰箱门、金属漆、拉丝金属、聚酯漆等厨房常用材质，希望读者通过练习熟练掌握。

4.5　对设置好材质的场景进行全局光测试

本节要点：本节重点讲解VRay Frame buffer（VRay帧缓存）的相关运用；分析场景材质测试效果，根据材质测试效果对VRay渲染参数进行再调节。

4.5.1　使用VRay渲染帧对场景材质进行测试

切换为摄影机视口，使用快捷键Shift+Q，对场景进行材质测试，然后在弹出的VRay Frame buffer（VRay帧缓存）对话框中单击Track mouse while rendering（跟随鼠标渲染）按钮，如图4-59所示，最后将调节好材质的场景测试完成，如图4-60所示。

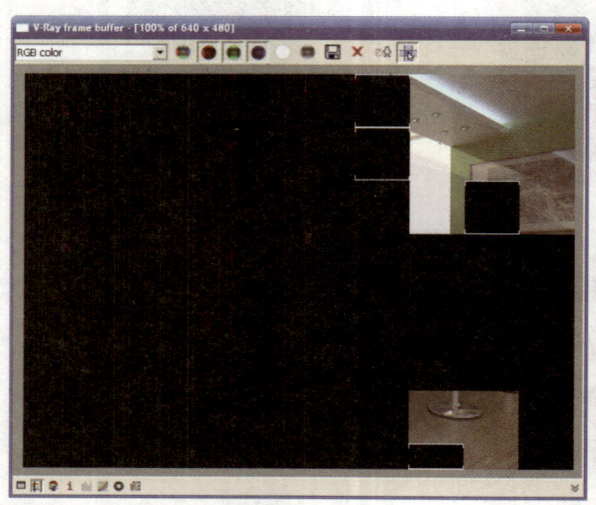

图4-59　对场景材质进行测试

图4-60　测试完成的场景

4.5.2　分析测试完成的场景材质

我们可以看到图像有些偏灰，偏灰的原因主要有显示器、显卡、或者是我们设置的参数引起的，前两种是硬件原因，后一种是人为原因。图像画面发灰是因为少了明暗的层次，这需要我们解决它，解决方法很多，这里我们将在后期使用后期软件Photoshop CS3对图像进行细致调整。

图4-61　对测试完成的场景材质进行分析

4.5.3 对VRay渲染参数进行再调节

步骤 1 **重新设置VRay光子贴图参数**

　　展开VRay Irradiance map（光子贴图）卷展栏，接着在Built-in presets（内置预设）选项组中的Current preset（当前预设置）右侧下拉列表中选择Medium（中）品质，然后将Basic parameters（基本参数）选项组中的HSph.subdivs（半球细分）和Interp.samples（插值采样）分别设置为50和30，最后在Mode（模式）中选择Single frame（单帧）模式，在On render end（在渲染之后）选项组中勾选Switch to saved map（自动载入保存贴图），如图4-62所示。

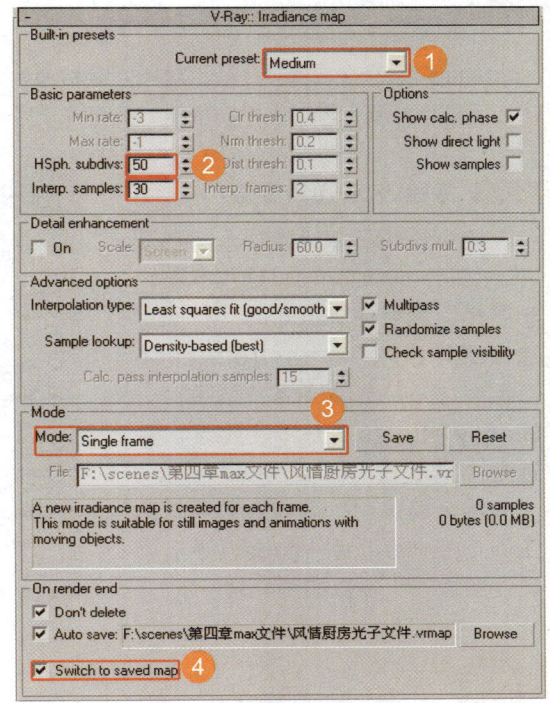

图4-62 重新设置VRay光子贴图参数

> **提示**
>
> 1. 这里我们将Interp.samples（插值采样）提高到30，是为了降低渲染画面的噪波感，使渲染图像更真实。
>
> 2. 勾选Switch to saved map（自动载入保存贴图）复选框表示场景在运行完光子贴图后将自动载入新创建的光子贴图。
>
> 3. 将光子品质调节到中档品质是为了得到相对精细的全局光，级别越高场景光子就越精细，运行光子的时间越长，在实际工作中，中档品质可以满足大家对光子品质的要求。

步骤 2 **重新设置VRay灯光缓存贴图参数**

　　展开VRay Light cache灯光缓存卷展栏，在Calculation parameters（计算参数）中将Subdivs（细分）设置为1500，然后在Mode（模式）中选择Single frame（单帧）模式，在On render end（在渲染之后）选项组中勾选Switch to saved cache（自动载入光子贴图），最后如图4-63所示。

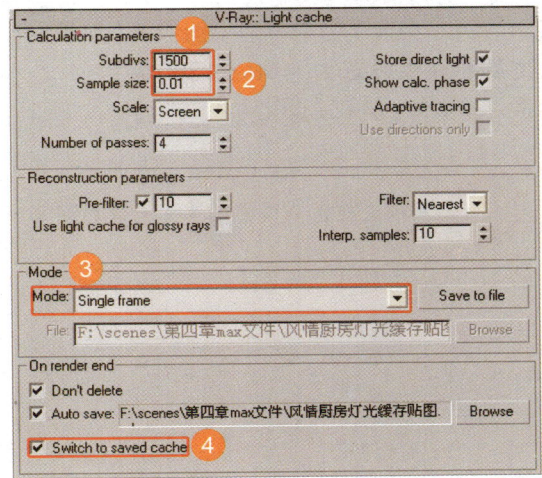

图4-63 重新设置VRay灯光缓存贴图参数

> **提示**
> 1. Subdivs（细分）的默认值是1000，最大能设置为65000。因为预渲染，所以我们调节的细分比较小，只有300，接下来我们最终渲染灯光缓存贴图时可以提高到1500，得到一个高品质的灯光缓存贴图。
> 2. Sample size（采样尺寸）：这个参数控制细分光子的采样大小，值越小灯光细分品质越好，一般用于最终渲染出图，我们在预测试渲染时可以将数值调高为0.02-.1，提高预渲染和作图效率。

步骤3 **修改VRay通用参数**

切换到VRay渲染选项卡，展开VRay Global switches（通用参数）卷展栏，然后在Materials（材质）选项组勾选Reflection/refraction（反射/折射）、Maps（贴图）、Glossy effects（光泽度效果）复选框，最后在Indirect illunination（间接全局照明）属性选项中勾选Don't render final image（不渲染最终图像），参数如图4-64所示。

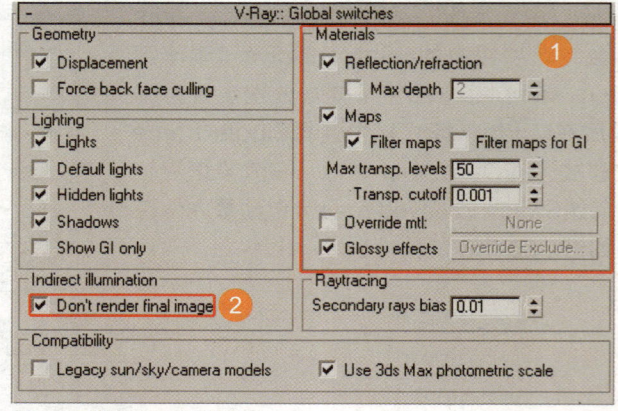

图4-64 修改VRay通用参数

> **提示**
> 1. 我们在预渲染时没有打开材质，是为了以最快的时间测试出场景灯光效果，所以场景有些发灰，现在我们最终渲染灯光贴图和光子贴图，所以要开启材质的反射、折射、纹理和光滑属性，以便达到真实的环境光效果。
> 2. 勾选Don't render final image（不渲染最终图像）复选框后，只渲染灯光贴图和光子贴图，可以帮助大家节约保存全局光子的时间，提高出图的工作效率。

步骤4 **设置最终渲染输出尺寸**

使用快捷键F10，在弹出的对话框中选择Common选项卡，展开Common Parameters卷展栏，在Output size选项组中将渲染图像的宽度和高度设置为2400×1800像素，参数如图4-65所示。

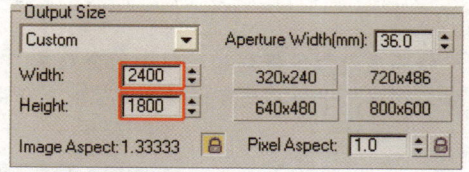

图4-65 设置最终渲染输出尺寸

> **提示**
> 室内最终渲染图像的像素一般为2400×1800，像素越大图像越清晰。

对场景进行最终全局光的渲染

将视口切换为摄影机视口，使用快捷键Shift+Q，对场景进行最终全局光的渲染，如图4-66所示。

图4-66 对场景进行最终全局光的渲染

> **提示**
> 1. 渲染光子的采样提高了，渲染的像素比较大，高一点配置的机子大概需要40分钟左右，因为笔者使用双CPU及8G内存，因此渲染速度比较快。
> 2. 我们用渲染好的光子贴图和灯光缓存贴图去渲染最终场景就可以提高大家的出图速度和作图效率。
> 3. 因为我们勾选Don't render final image复选框，所以看不到渲染图像，但光子贴图和灯光缓存贴图已经自动载入了。

步骤 6 **重新设置VRay准蒙特卡罗采样参数**

展开VRay rQMC Sampler（准蒙特卡罗采样）卷展栏，将Adaptive amount（自适应数量）设置为0.85，将Noise threshold（噪波阈值）设置为0.001，将Min samples（最小采样值）设置为10，最后将Global subdivs multiplier（全局细分倍增）值设置为1.2，完成准蒙特卡罗采样参数的再设置，参数如图4-67卷展栏所示。

图4-67 重新设置准蒙特卡罗采样参数

> **提示** Min sample（最小采样值）默认值是8，这个命令可以消除黑斑，一般在预渲染时保持默认就可以，最终出图时可以根据硬件条件调节为10至16。

步骤 7 **重新设置VRay系统参数**

展开VRay System（系统参数）卷展栏，将Face/level coef（面/级别系数）设置为2.0，然后将Render region division（渲染区域划分）选项组中的X和Y方向的渲染区域设置为128，最后完成VRay系统参数的重新设置，如图4-68所示。

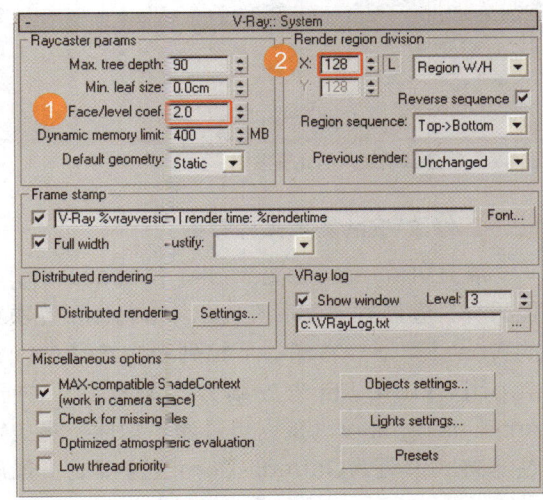

图4-68 重新设置系统参数

> **提示**
> 1. 将Face/level coef（面/级别系数）：控制一个像素节点中最大三角面的大小，我们在最终渲染时提高它是为了增强画面的层次。
> 2. 将渲染区域设置为128，是为了增强图像的像素细节，渲染区域越大，渲染时的每一块图像像素就清楚细致，但渲染时间略长。大家可以根据自己硬件的条件来确定最终渲染用64像素还是128像素。

步骤 8 **检查自动载入的光子贴图和灯光缓存贴图**

展开VRay Light cache（灯光缓存）卷展栏，在Mode（模式）中选择From file（载入）模式，如图4-69所示。然后展开VRay Irradiance map（光子贴图）卷展栏，选择Mode（模式）类型是From file（载入）如图4-70所示。最后再展开VRay Global switches（通用参数）卷展栏，并取消Don't render final image（不渲染最终图像）勾选，如图4-71所示。

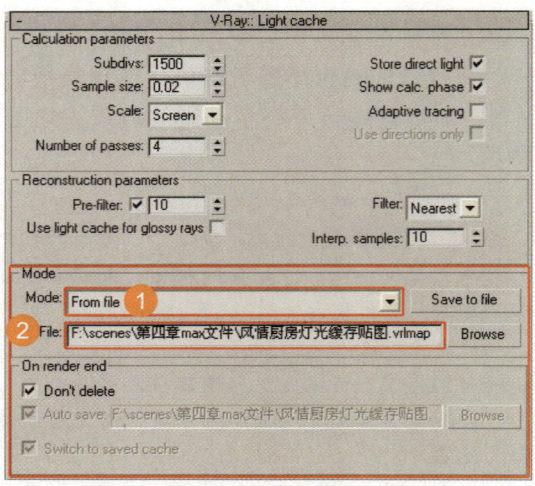

图4-69 检查自动载入的灯光缓存贴图

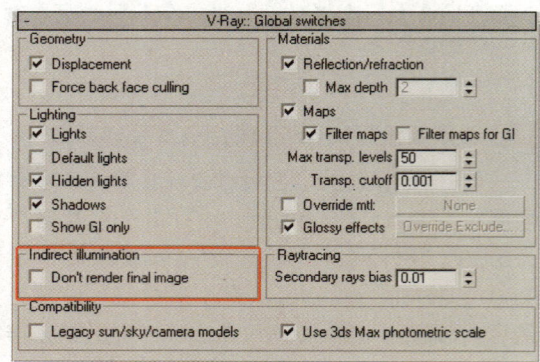

图4-71 取消不渲染最终图像

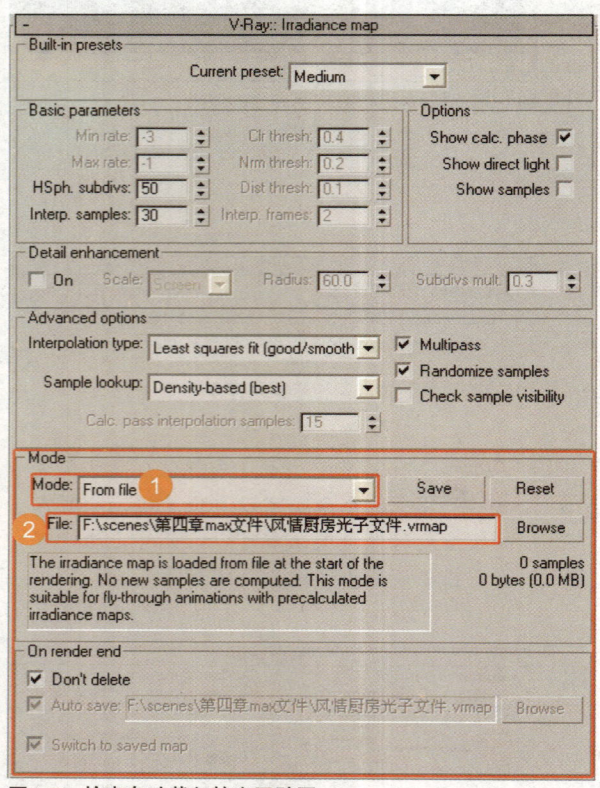

图4-70 检查自动载入的光子贴图

步骤 9 **修改VRay图像采样参数**

展开VRay Image sampler [Antialiasing]（图像采样）卷展栏，然后在Image sampler选项组中的Type（类型）右侧的下拉列表中选择Adaptive subdivision（自适应细分）采样器，并开启Antialiasing filter（抗锯齿过滤）功能，将抗锯齿过滤方式设置为Catmull-Rom过滤模式，最后展开VRay Adaptive subdivision image sample（自适应细分采样）卷展栏并设置相关参数，如图4-72所示。

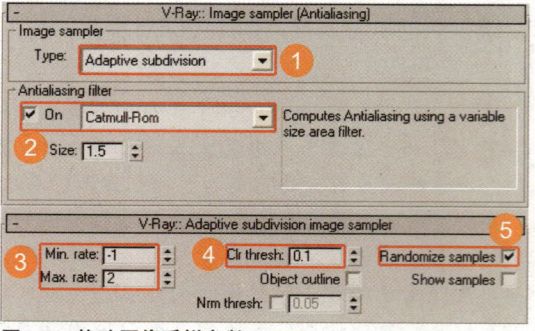

图4-72 修改图像采样参数

步骤10 重新调节落地玻璃材质

使用快捷键M，调出材质编辑器，接着在弹出材质面板中选择"落地窗玻璃"，然后将漫反射的颜色改为白色，并设置Opacity不透明度参数，最后在Reflection（反射）通道中加入VRayMap并调节反射通道数值，如图4-73所示。

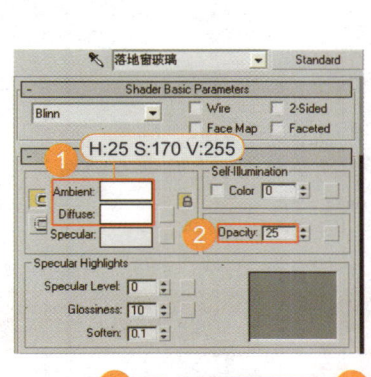

图4-73 重新调节落地玻璃材质

步骤11 对场景进行最终渲染

将视口切换为摄影机视口，使用快捷键Shift+Q，对场景进行最终渲染，如图4-74所示，最终效果如图4-75所示。

图4-74 对场景进行最终渲染

提示

1. 最终渲染图像渲染前，要取消先前使用的Track mouse while rendering（跟随鼠标渲染）命令。

2. 如果有条件的话，我们可以将渲染文件复制到另一台电脑上，在VRay系统参数面板中勾选Reverse Sequence（反向渲染顺序）对图像进行反向渲染，从而加快图像渲染速度。

图4-75 对场景最终渲染的效果

本节小结： 以上就是风情厨房空间的渲染调节过程，从场景的预测试到场景全局光照的调节，再到材质和场景环境的融合经过了反反复复的调节与推敲，希望读者通过学习掌握运用所学知识做出精彩的图像效果。

4.6 为后期处理渲染单色文件

本节要点： 本节重点讲解如何批量渲染单色脚本来渲染场景，渲染场景单色文件的原因以及渲染单色应注意的问题。

步骤 1 切换到3ds Max默认渲染引擎

先在工具栏上选择按扭 ，在弹出的渲染场景对话框中的Assign Renderer（指定渲染器）卷展栏中选择Production右侧对话框按钮，然后在对话框中选择Default Scanline renderer渲染器，单击OK键完成渲染引擎切换，如图4-76所示。

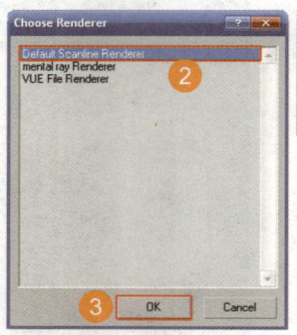
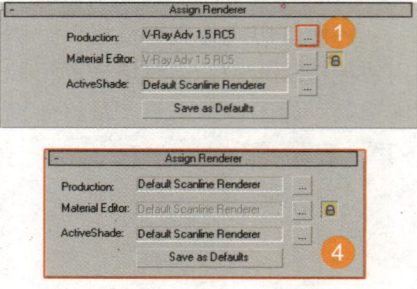

图4-76 切换到默认渲染引擎

步骤 2 设置3ds Max默认渲染引擎

在渲染场景对话框中选择Renderer（渲染器）选项卡，在Default Scanline renderer卷展栏中取消选择Mapping（贴图）、Auto-Reflect/Refract and Mirrors（自动反射/折射和镜像）、Shadows（阴影）复选框，最后在Antialiasing（抗锯齿）选项组中选择Filter（过滤方式）为Mitchell-Netravali（米切尔精细过滤方式），如图4-77所示。

1. 这里将Mapping（贴图）、Auto-Reflect/Refract and Mirrors（自动反射/折射和镜像）、Shadows（阴影）都关掉，是因为制作单色文件时不需要考虑这些因素，节省时间。
2. 这里将Antialiasing（抗锯齿）选择为Mitchell-Netravali（米切尔精细过滤方式）是为了得到更好品质的单色图像。

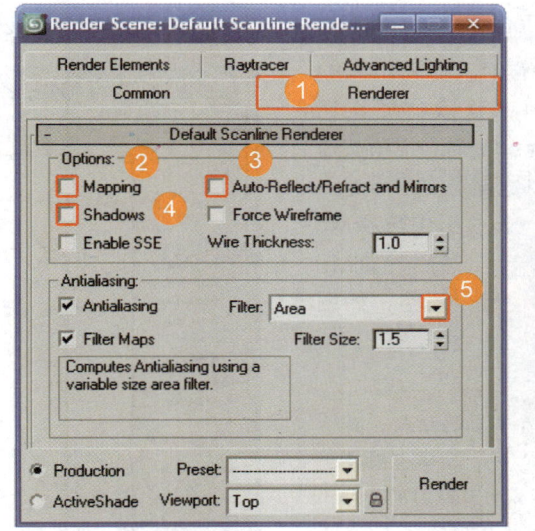
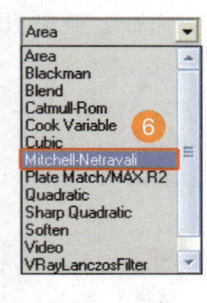

图4-77 设置默认渲染引擎

步骤 3 设置环境与效果对话框

使用快捷键"8"，在弹出的Environment and Effects（环境与效果）对话框中选择Environment（环境）选项卡，将其中的Background（背景）的Color（颜色）设置为H:0, S:0, V:0, 如图4-78所示。

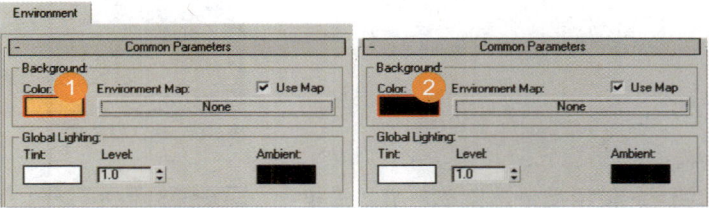

图4-78 设置环境与特效面板

提示 将Environment（环境）选项卡里的Background（背景）的Color（颜色）改为黑色，是因为在批量修改单色贴图时，如果不调节背景颜色的话，在渲染单色图时会出现错误。

步骤 4 删除场景灯光

切换到Top视口，使用快捷键Shift+G，隐藏几何物体，Shift+C隐藏摄影机，然后使用快捷键Ctrl+A，选择场景中所有灯光，并将他们全部删除掉，最后再用快捷键Shift+G和Shift+C将刚才隐藏的几何物体和摄影机全部显示出来，准备渲染单色图像，如图4-79所示。

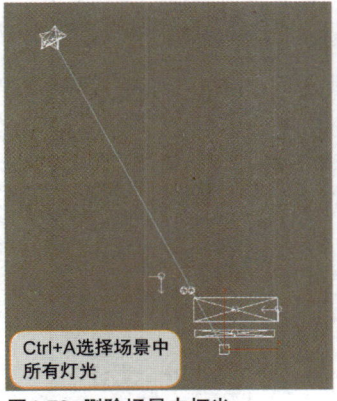
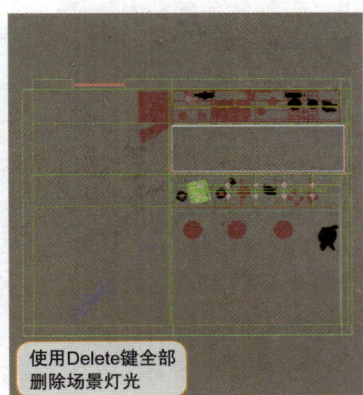

Ctrl+A选择场景中所有灯光

使用Delete键全部删除场景灯光

图4-79 删除场景中灯光

步骤 5 确认Mtl Library（材质库）

先使用快捷键M，在弹出来的
材质编辑器中单击获取材质按钮
，在弹出的Material/Map Browser
（材质与贴图浏览器）的Browse
From（浏览自）选项组中选择Mtl
Library（材质库），然后检查Mtl
Library（材质库）是否清空，如图
4-80所示。

> **提示** 清空材质库里的材质，是
> 因为在批量修改单色贴图
> 时，如果材质库里有贴图的话，
> 在渲染单色图时会出现错误。

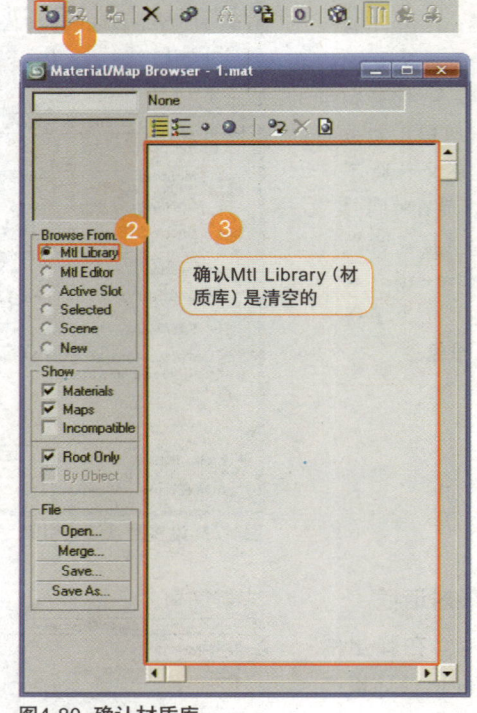

图4-80 确认材质库

**步骤 6 使用批量渲染单色脚本渲染
场景**

单击鼠标右键，在弹出的菜单
中选择Color Alpha（色彩通道），
然后在弹出的面板上分别选择
"C.整理色彩通道"和"D.清理次
级色彩"，如图4-81所示。按快捷
键M，在弹出来的材质编辑器中单
击按钮，在弹出的Material/Map
Browser（材质与贴图浏览器）中
Browse From（浏览自）中选择
Mtl Library（材质库），最后在Mtl
Library（材质库）工具栏选择"从
库更新场景材质"按钮，在弹出
的浮动对话框中选择按钮All，单击
OK按钮完成，如图4-82所示。

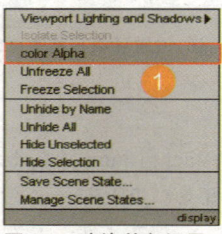

图4-81 渲染单色场景

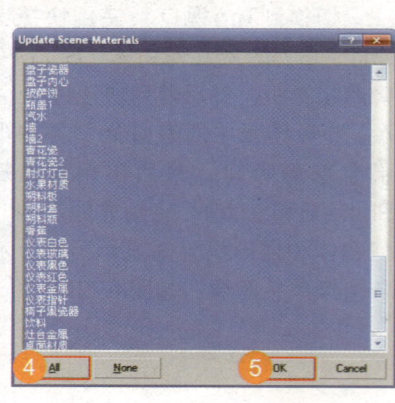

图4-82 将图库材质返回到场景

步骤 7　渲染单色场景

　　切换到摄影机视口，使用快捷键Shift+Q，对调整好单色材质的场景渲染，如图4-83所示。

> **提示**　因为我们的单色脚本还有一定的不足，我们需要观察渲染的单色图像，一般将窗口、地面或墙体修改为选择方便的纯色。

图4-83　渲染单色场景

> **本节小结：** 以上就是使用批量渲染单色脚本来渲染单色场景的过程，希望大家掌握创建方法，单色文件能够方便大家在Photoshop中快速选择相关物体进行后期调节，提高工作效率。

4.7　后期处理渲染完成的图像

> **本节要点：** 本节重点讲解使用Photoshop后期处理色阶、亮度与对比度、色彩平衡、柔光及高斯模糊等，根据图像完成后期编辑，丰富我们的渲染图像，使用软件是Adobe Photoshop CS3中文版。

步骤 1　在Photoshop里调节图像色彩平衡

　　在Photoshop里打开配套光盘"scenes\第四章\第四章后期文件\风情厨房空间后期.psd"文件，使用快捷键Ctrl+J复制渲染图像并起名为"调节层"，将背景图层前的小眼睛图标关闭，如图4-84所示。发现调节层图像整体色彩偏灰，使用快捷键Ctrl+M在弹出的Curves（曲线）对话框中，调整渲染图像的亮度，如图4-85所示。

图4-84　复制调节层

提示

1. 自定义调节Curves（曲线），也可以预设选择所需选项，因为场景色彩偏灰，所以为了方便调节，在预设选项里给场景选择了增加对比度选项。

2. 在曲线调整的预设选项中还有很多方式，大家按照自己调节的效果试一试。

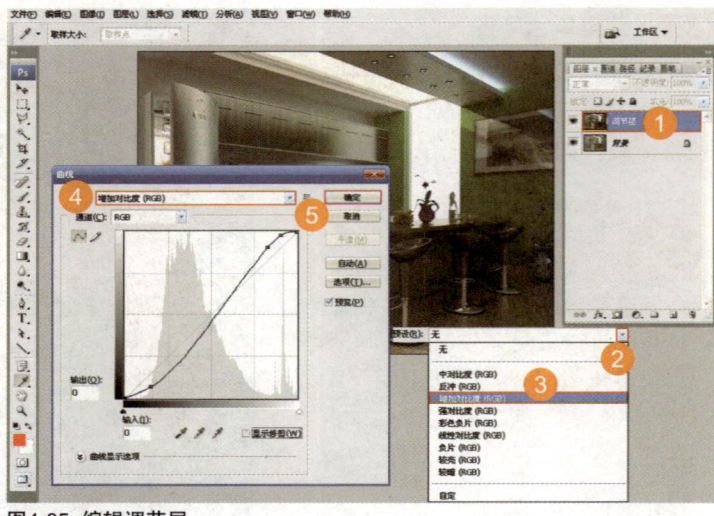

图4-85 编辑调节层

步骤 2 分析并进一步调节图像

通过分析调整，图像的饱和度有了较大的改善，但是整个场景的直接光照在饱和度的影响下降低了，我们使用快捷键Ctrl+L，并在弹出的色阶对话框中调整渲染图像，如图4-86所示。

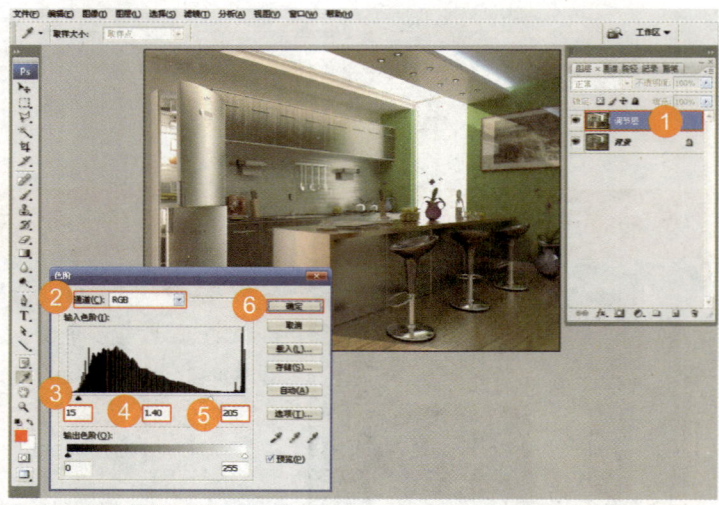

图4-86 分析并进一步调节图像

步骤 3 将单色图像匹配到渲染图像

在Photoshop里打开配套光盘"scenes\第四章\第四章后期文件\风情厨房空间单色.tga"单色图像，然后选择移动工具按钮，将单色图像拖拽到渲染图像窗口中时按下Shift键，释放鼠标完成单色图像到渲染图像的匹配，最后重命名为"单色图层"，如图4-87所示。

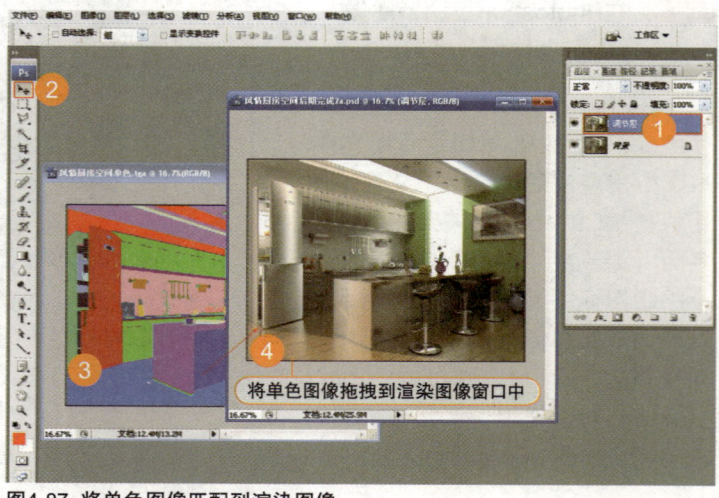

图4-87 将单色图像匹配到渲染图像

提示 匹配单色图像正确的条件有三个，首先渲染图像和单色图像的像素必须是一致的；其次就是渲染图像和单色图像的摄影机角度必须一致；最后单色图像的保存类型最好是tga格式的。

步骤4 单独调节物体的亮度和对比度

通过分析场景内绿墙、冰箱、吧台及地面等物体的亮度和对比度，发现需要分别调整相应物体。先在图层面板中选择"单色层"，然后使用快捷键W，利用魔棒将单色层的绿墙部分选择出来，如图4-88所示。

图4-88 选择绿墙

关闭"单色层"选择"调节层"，使用快捷键Ctrl+J复制该图层后取名"绿墙层"，最后使用快捷键Ctrl+/，在弹出的"亮度/对比度"对话框中调整绿墙层的亮度与对比度，如图4-89所示。

提示 这里我们取消勾选了"连续"复选框，方便大家快速选择墙体，但是大家需要注意这种选择方式会选择上相似色彩，我们在选择后需要对选择区域进行再编辑，详见光盘教学。

图4-89 调节绿墙层的亮度和对比度

提示 因为官方快捷键没有设定亮度和对比度，这里我们使用的亮度和对比度的快捷键Ctrl+/，是在"键盘快捷键"列表里设置的。

步骤 5 调节场景中相应物体的亮度和对比度

先在图层列表中选择"调节层"，使用"色彩范围"命令分别选择场景所需物体，然后分别使用快捷键Ctrl+J，复制并起相应名称，最后根据场景光线关系，分别对相应图层进行亮度与对比度的调节，如图4-90所示。

图4-90 调节场景中相应物体

提示 1. 大家根据场景的环境效果调节其他物体的亮度与对比度，具体参数参考相应光盘教学。
2. 因为调节方法相同，这里笔者就不重叙了，其他物体的调整方法，大家可以对照调节。

步骤 6 在Photoshop打开后期处理配景图片

这里我们在配套光盘中打开给窗外适合的外景图像，如图4-91所示。

图4-91 配景图像

提示 室内后期的配景像素一般为1600×1200，就能满足后期处理的需要。

步骤 7 编辑窗口选区

切换到图像通道，在通道列表里按住Ctrl键的同时选择Alpha 1通道缩略图，选择窗口选区，如图4-92所示，最后切换到图层列表，选择"调节层"。

提示 窗口通道是我们渲染完成后保存下来的，大家在保存最终渲染图像时也可以保存成tga格式。

图4-92 拾取窗口选区

步骤 8 创建窗口配景

打开配景图片，解开配景图像的锁定，并按住Ctrl键，选择配景图像缩略图，选择整个图像，然后使用快捷键Ctrl+C，复制配景图像，最后在"调节层"上使用快捷键Ctrl+Shift+V，将背景图像粘贴入窗口选区中，并按照场景透视关系调整配景图像，如图4-93所示。

提示 1. 选择全部图像时一定要解开图像的锁定。
2. 粘贴到调节层的选区中，表示配景图像只在选区范围内显示，方便我们对配景调节。

图4-93 创建窗口配景

步骤 9 创建窗口玻璃层

切换到图像通道，在通道列表里按住Ctrl键的同时，选择Alpha 1通道缩略图，选择窗口选区，将窗口切换到图层，然后在调节层上使用快捷键Ctrl+J，复制该图层并取名为"窗口玻璃层"，最后将玻璃层的不透明度设置为35，如图4-94所示。

图4-94 创建窗口玻璃层

提示 1. 大家可以按住Ctrl键同时选择配景层蒙版缩略图，也可以得到窗口选区。
2. 创建窗口玻璃层要放置到配景层的上方。
3. 选择窗口玻璃的选区还有另一种方法，读者可以尝试使用魔棒工具配合单色图像的方法来完成。
4. 为了能够真实的展现背景环境，我们降低了窗口玻璃层的透明度。

步骤 10 创建合并层1

切换到图层列表，在图层列表中选择"绿墙层"，然后使用快捷键Ctrl+Shift+Alt+E合并图层，最后给合并好的图层起名为"合并层1"，如图4-95所示。

> **提示** 我们没有将所有的编辑图层都合并到一起，是因为分层物体便于今后修改。

图4-95 创建合并层1

步骤 11 创建柔光层

先到图层列表选择"合并层1"图像，接着使用快捷键Ctrl+J，复制该图像并起名为"柔光层"，并在图层的正常列表下选择柔光选项，如图4-96所示。

> **提示**
> 1. 给渲染图像加柔光效果，是为了使图像色彩更加饱和，色彩鲜亮。
> 2. 降低柔光层的透明度是为了达到图像色彩的中和效果。

图4-96 创建柔光层

然后进一步编辑"柔光层"，最后将"柔光层"的不透明度降低到50%，如图4-97所示。

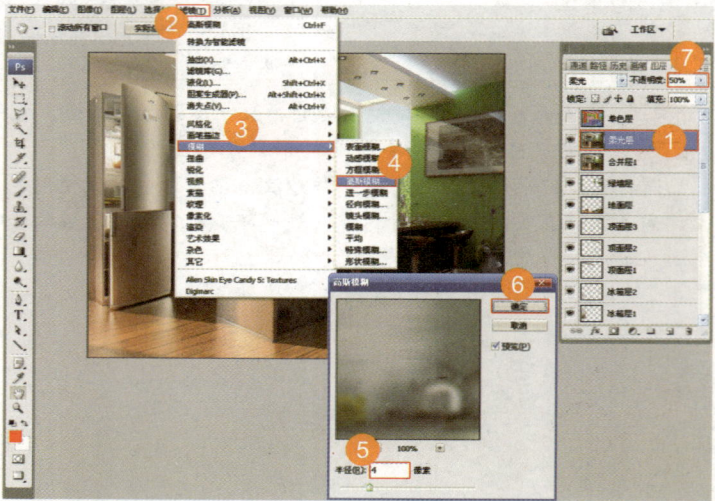

图4-97 进一步编辑柔光层

步骤12 创建合并层2

先切换到图层列表，在图层列表中选择"柔光层"，然后使用快捷键Ctrl＋Shift＋Alt＋E合并图层，最后给合并好的图层起名为"合并层2"，如图4-98所示。

> **提示** 合并"柔光层"和"合并层1"是为了方便进一步调节图像。

图4-98 创建合并层2

步骤13 创建锐化层

先将窗口切换到图层列表，选择"合并层2"，使用快捷键Ctrl＋J复制该图像，起名为"锐化层"，然后在菜单栏执行"滤镜＞锐化＞USM锐化"命令，最后在弹出的"USM锐化"对话框中调整相应参数并降低不透明度到75%，如图4-99所示。

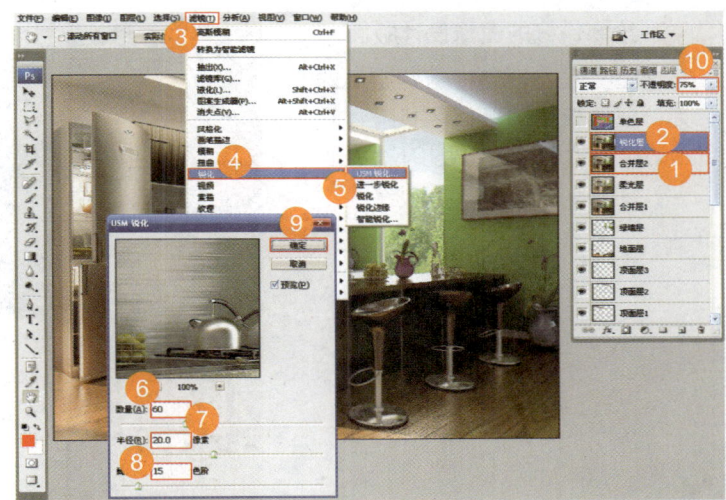

图4-99 创建锐化层

> **提示** 1. 锐化图像可以使图像细节更加丰富。
> 2. USM 锐化中的"数量"参数控制图像锐化的强度，半径控制锐化像素的大小，值越大锐化范围就广，"阈值色阶"控制锐化图像的黑白灰关系，阈值越强，锐化高光越灰。

步骤14 保存完成的后期处理文件

在菜单栏中执行"文件＞存储为"命令，在弹出的"存储为"对话框中设置保存图片的格式，然后单击"保存"按钮完成图片存储，如图4-100所示。

提示

1. 为了以防工作中会出现的意外，大家应该养成备份的习惯。

2. 为了打印方便，我们需要将文件模式从RGB模式转化为CMYK模式。

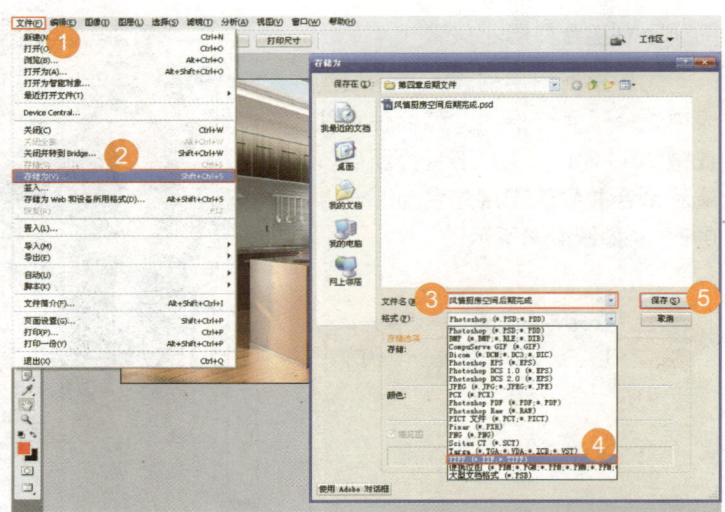

图4-100 保存后期完成文件

步骤15 给制作好的图像设计版面

这里大家还可以根据对空间的感觉，塑造自己的版面风格，体现自己的设计特点，如图4-101所示。

图4-101 完成后期处理

本节小结： 写到这里，风情厨房空间场景的后期制作已经完成，大家需要在学习过程中掌握单色图像在后期处理中的运用，熟练运用渲染图像后期编辑流程中的常用命令，通过总结与分析，从而形成自己的后期制作过程和制作方法。

4.8 本章小结

本章案例在结构上并不是家电与橱柜简单搭配，而是将整体厨房的美观性与实用性完美结合在一起，注重厨房整体的格调、布局和功能，在效果制作上重点介绍了VRay渲染引擎的使用、厨房空间里主要材质的调节、场景灯光的布置及渲染图像的后期处理等制作方法，最后希望读者通过总结，为今后制作类似厨房空间积累下宝贵的经验。

第 5 章

休闲办公空间

本章要点:

  本章重点讲解，在准备好的休闲办公空间案例中，详细讲述如何在3ds Max中使用VRay高级渲染器制作休闲办公空间，如何使用VRay全局照明引擎制作场景全局光照效果，最后详细介绍创建办公空间的布光方法和室内常用办公材质的精细调节与使用技巧。

重点内容: 1. 日光光线和室内灯光的设定

     2. 办公材质的调节

     3. 发光贴图和准蒙特卡罗渲染引擎的结合设置

     4. 后期调整

5.1 休闲办公空间渲染之前的准备工作

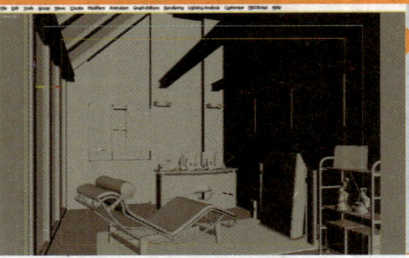

> **本节要点：**本节重点讲解如何为生活在都市紧张节奏下的人群设计个性化的休闲办公空间，以及办公空间区域的基本划分，然后在3ds max中为即将编辑的场景模型准备编辑前的工作以及应该注意的相关问题。

5.1.1 模型渲染之前的准备工作

主要步骤 打开光盘中创建好的实例模型，调节窗户的玻璃材质，最后将3ds Max中的渲染引擎切换成VRay的渲染引擎。

步骤1 打开创建好的3ds Max实例模型文件

执行菜单栏中的"File（文件）>Open（打开）"命令，选择配套光盘"scenes\第五章\第五章max文件\休闲办公空间未完成.max"文件，单击"打开"按钮将文件打开，如图5-1所示。

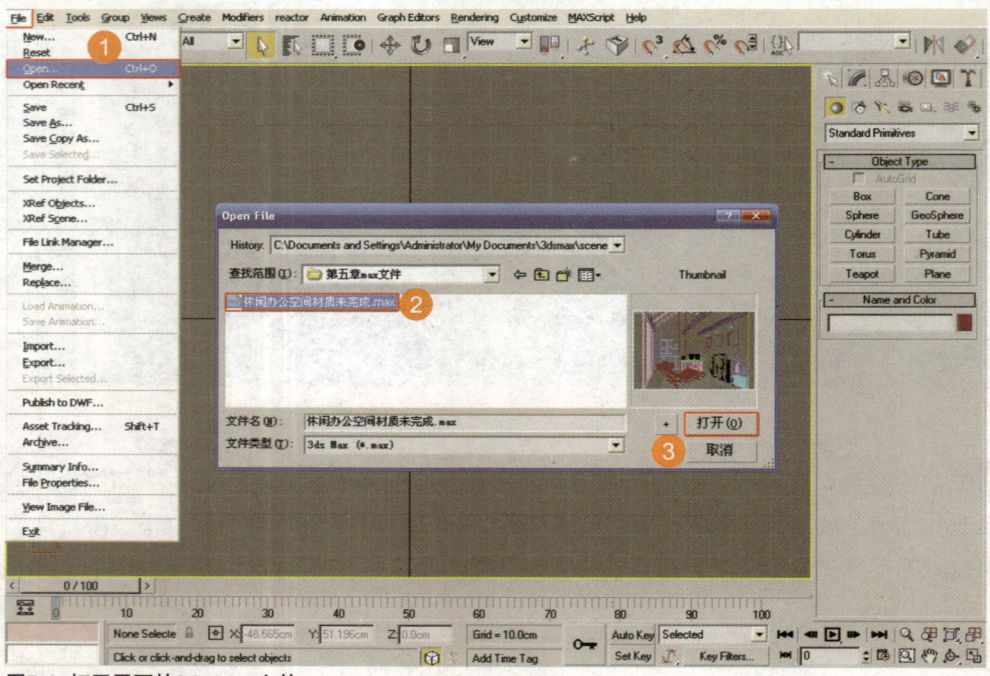

图5-1 打开需要的3ds Max文件

步骤 2 **在场景中选择玻璃物体**

在工具栏上选择"按名称选择"按钮■或者使用快捷键H，在弹出的对话框中选择"场景玻璃"，单击 Select 按钮完成物体的选择，然后使用快捷键Alt+Q，在场景中单独显示选择后的场景玻璃物体，如图5-2所示。

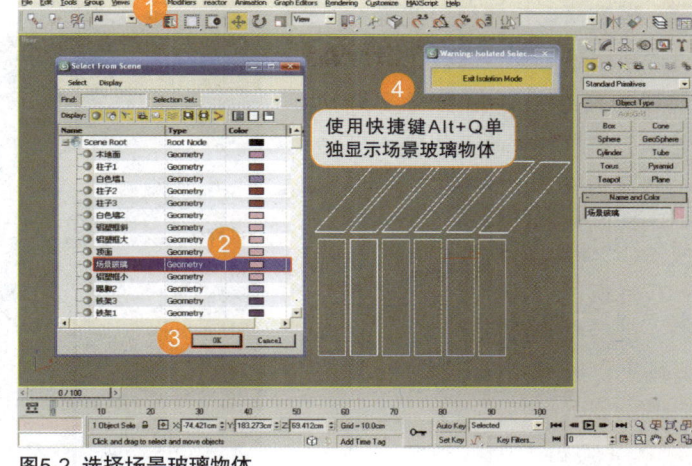

图5-2 选择场景玻璃物体

步骤 3 **将玻璃材质指定给玻璃物体**

使用快捷键M，调出材质编辑器，选择一空白材质球，并起名为"玻璃材质"，然后在"Blinn基本参数"卷展栏中设置Opacity（不透明度）参数为20，最后在材质面板中单击按钮■，将设置好的材质赋予给选择好的窗户玻璃物体，如图5-3所示。

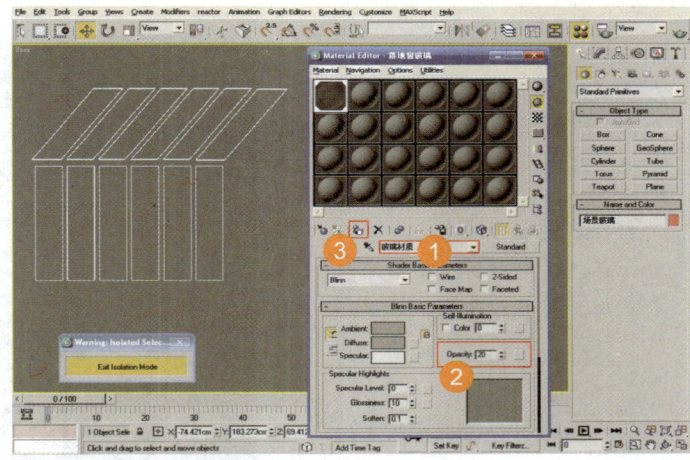

图5-3 将玻璃材质指定给场景玻璃物体

提示 我们是用box物体搭建的玻璃，想表现玻璃的折射厚度。如果我们用Lightscape渲染场景，最好创建单面玻璃，这样可以加快渲染速度。

步骤 4 **给场景添加摄影机**

切换至创建命令面板■，单击按钮■，在下拉列表中选择Standard（标准摄影机），再单击Target（目标摄影机），将视口切换Top视口后，将摄影机建立到场景中，如图5-4所示。

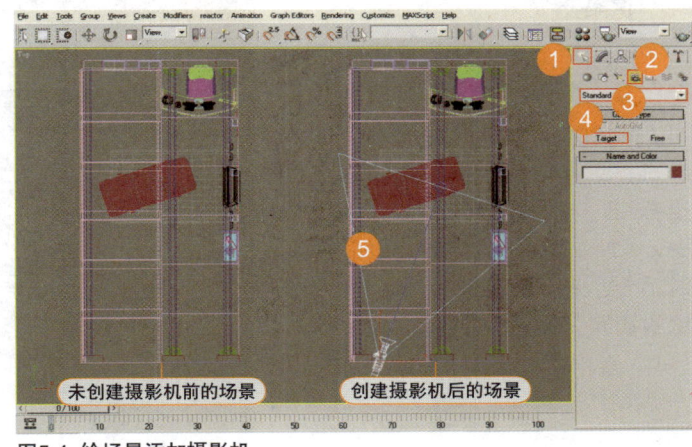

未创建摄影机前的场景　　　创建摄影机后的场景

图5-4 给场景添加摄影机

步骤 5 调节摄影机的视口位置

将视口切换到Top视口，选择刚创建的摄影机，接着在工具栏中的移动工具按钮 ✥ 上单击鼠标右键，在弹出的对话框中按照图5-5所示设置摄影机的位置，然后使用快捷键C，将视口切换到摄影机视口，观察视口以内的模型结构是否协调，最后按照创建视口的要求调节好场景，如图5-6所示。

> **提示**
> 1. 我们建立摄影机一定要建立在室内空间以内，因为VRay只渲染摄影机以内的场景。
> 2. 为了提高读者的实际操作能力，笔者给大家设置了两个摄影机，后期处理中我们将会讲另一个视口的后期编辑过程，布置灯光和调节VRay设置参数时我们使用上面这个摄影机来完成。

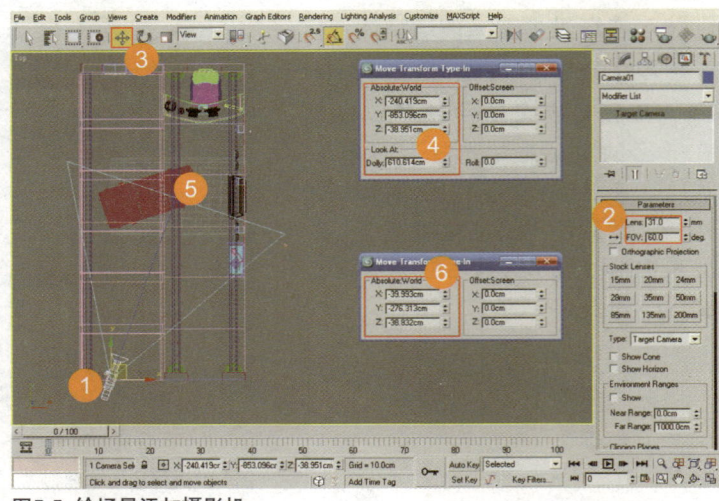

图5-5 给场景添加摄影机

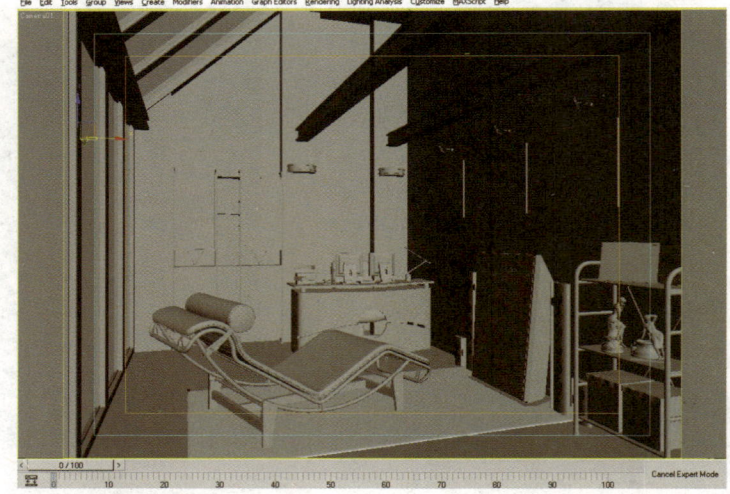

图5-6 给场景添加摄影机

步骤 6 将默认渲染器切换为VRay渲染器

在工具栏上选择渲染场景对话框按钮 🖼，在弹出的对话框中展开Assign Renderer（指定渲染器）卷展栏，选择Production右侧的对话框按钮，然后在对话框中选择V-Ray Adv 1.5RC3渲染器，最后选择对话框上的OK键完成VRay渲染引擎的切换，如图5-7所示。

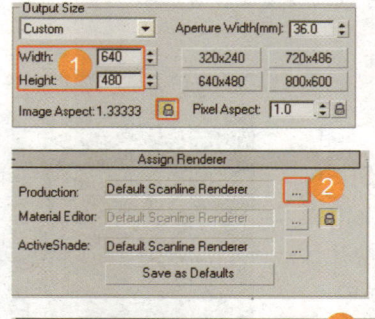

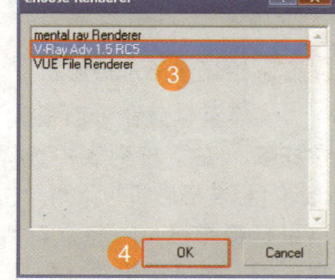

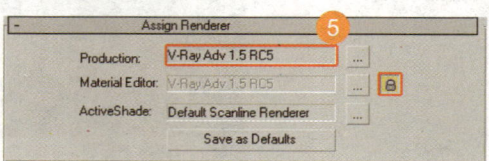

图5-7 切换渲染器

5.1.2 创建VRayProxy（VRay代理物体）

> **主要步骤** 将地毯物体单独显示，在创建面板中执行VRayProxy（VRay代理物体）命令，然后按照路径，指定地毯的代理物体，最后利用缩放命令完成地毯的创建。

步骤1 选择场景地毯物体

使用快捷键H，在弹出的对话框中选择"地毯"，单击按钮 Select ，完成物体的选择，然后使用快捷键Alt+Q，在场景中单独显示地毯物体，如图5-8所示。

> **提示** 这里单独显示地毯物体是为了更好地根据地毯的大小编辑VRayProxy物体。

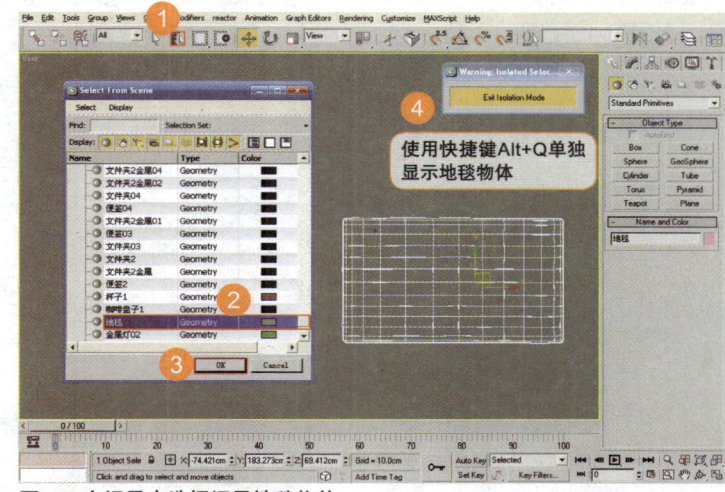

图5-8 在场景中选择场景地毯物体

步骤2 创建VRayProxy

在创建命令面板中单击按钮，在列表中用鼠标点击Standard，在下拉列表中选择VRay，然后选择VRayProxy（VRay代理物体）按钮，在MeshProxy params（网格代理物体属性）中载入配套光盘"scenes\第五章\第五章max文件\地毯.vrmesh"文件，最后在视口中创建VRayProxy，如图5-9所示。

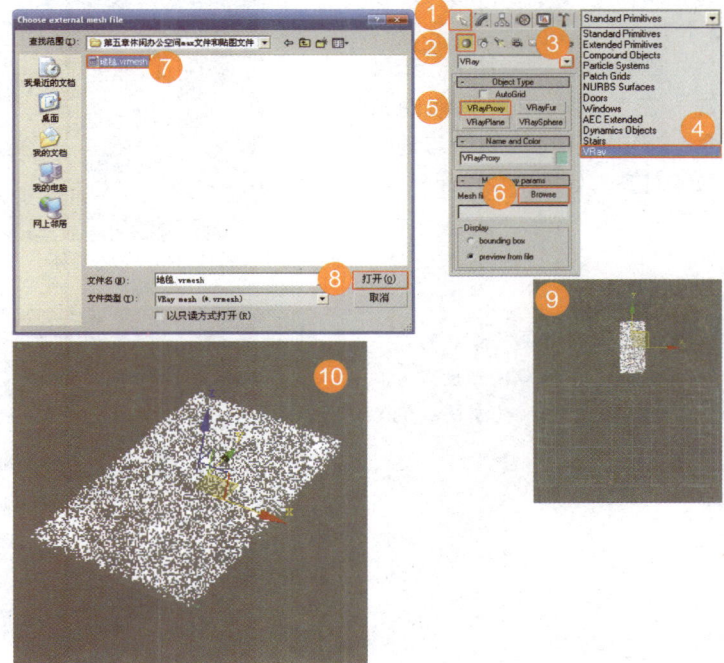

图5-9 创建VRayProxy

>
> 1. VRaymesh（VRay网格物体）是已经编辑好的物体造型，如植物造型、人物造型、汽车造型以及装饰物体造型等。
> 2. 用VRaymesh可以节省大量的物体截面，加快作图效率，使场景内容更加真实丰富。

步骤3 **调节VRayProxy物体**

　　将视口切换到Top视口，在工具栏选择"选择并旋转"命令，将刚创建的VRayProxy物体旋转90度，适应地毯物体，如图5-10所示。

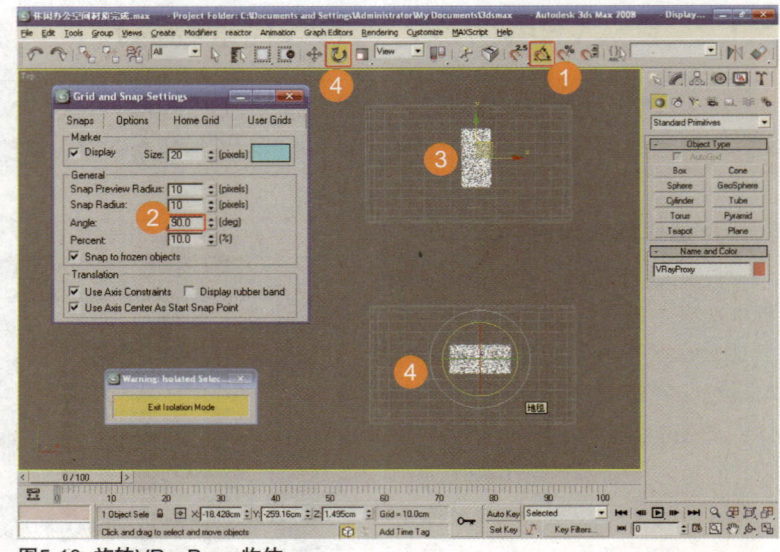

图5-10 旋转VRayProxy物体

　　然后在工具栏选择缩放命令，对旋转好的VRayProxy物体进行X轴和Y轴的缩放，缩放要和地毯物体大小相近，如图5-11所示。

　　最后将视口切换到Left视口，在工具栏中选择移动命令，将VRayProxy物体与地毯物体对齐，如图5-12所示。

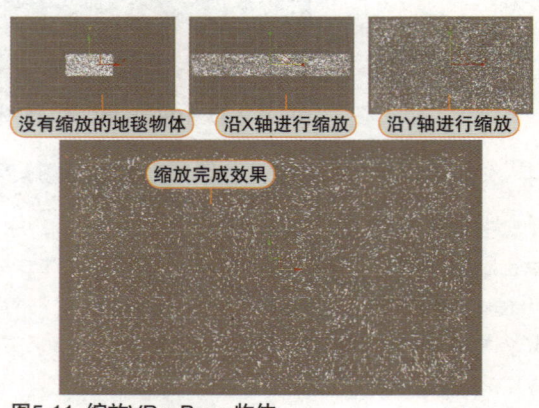

图5-11 缩放VRayProxy物体

提示 我们需要解除旋转锁定并在面板上设置每次旋转的角度，以方便我们的操作。

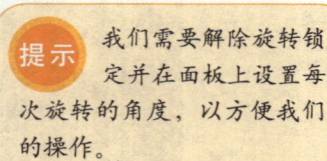

图5-12 移动VRayProxy物体

本节小结： 以上是休闲办公空间渲染前模型的准备工作，本节重点讲述了使用VrayProxy代理物体工具编辑真实的地毯物体的方法，通过学习，读者应该初步了解模型在渲染前需要准备的流程。

5.2　为场景赋予材质

▶ **本节要点：**本节重点讲解如何使用VRayMtl（VRay标准材质）配合Blend（混合材质）、Falloff（衰减）和Bump（凹凸）调节办公场景中常用材质，希望读者通过习能掌握材质的参数调节。

步骤 1 **调节白色墙材质**

在材质编辑器中选择一个默认材质，起名为"白色墙"，单击"标准材质"按钮 Standard ，在弹出的列表中选择VRayMtl（VRay标准材质），设置Diffuse（漫反射）颜色和Reflect（反射）通道颜色，接着在Bump（凹凸）通道中加入墙面贴图，并调节凹凸参数，然后在材质面板中设置Hilight glossiness（高光光泽度）、Refl glossiness（反射光泽度）、Subdivs（细分）的参数，最后将材质模式改为Ward（墙体）模式，设置参数如图5-13所示。

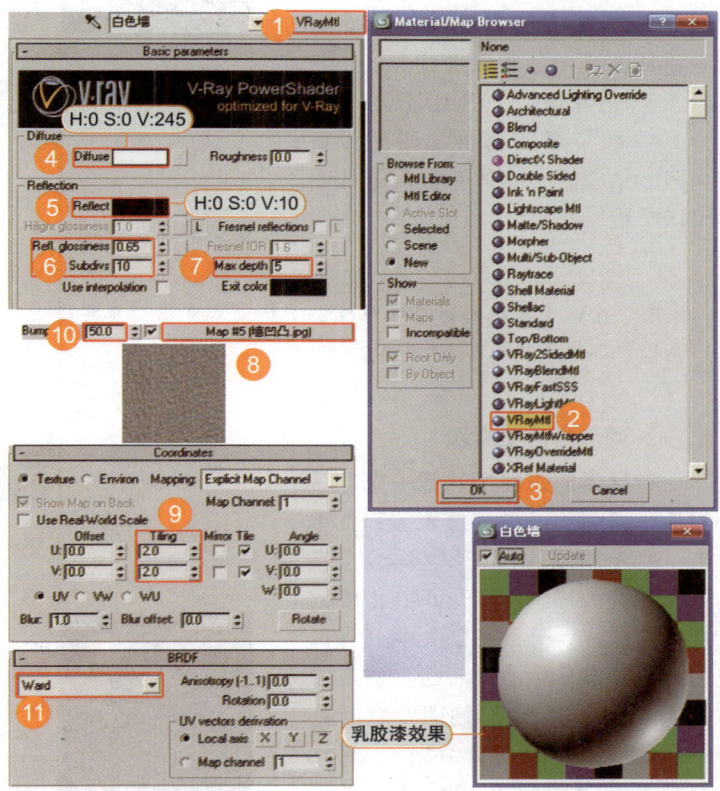

图5-13　调节白色墙材质

提示 这里我们将凹凸贴图的Tiling（重复）参数设置为2，表示重复贴图两次，也就是说将原始贴图比例缩小了一倍，那么贴图纹理的间距变小了。

步骤 2 调节木地面材质

在材质编辑器中选择一个默认材质，起名为"木质地面"，单击"标准材质"按钮 Standard ，在弹出的列表中选择VRayMtl（VRay标准材质），分别在Diffuse（漫反射）通道和Bump（凹凸）通道中加入"木地面2.jpg"贴图，并且在Reflect（反射）通道中加入Falloff（衰减）并调节衰减颜色，然后在材质面板中设置Refl glossiness（反射光泽度）、Subdivs（细分）参数，最后将材质模式设置为Phong模式，具体参数设置如图5-14所示。

木质地面效果

图5-14 调节木地面材质

> **提示** 在赋予木地面材质的时候，需要大家考虑到真实场景木质地面的具体尺寸，一般家居里面的方木质拼块尺寸为600×600mm。

步骤 3 调节办公桌木质

在材质编辑器中选择一个默认材质，起名为"办公桌木质"，单击"标准材质"按钮 Standard ，在弹出的列表中选择VRayMtl（VRay标准材质），分别在Diffuse（漫反射）通道和Bump（凹凸）通道中加入"木质5.jpg"贴图，并且在Reflect（反射）通道中加入Falloff（衰减）并调节衰减颜色，然后在材质面板中设置Refl glossiness（反射光泽度）、Subdivs（细分）参数，最后将材质模式设置为Phong模式，具体参数设置如图5-15所示。

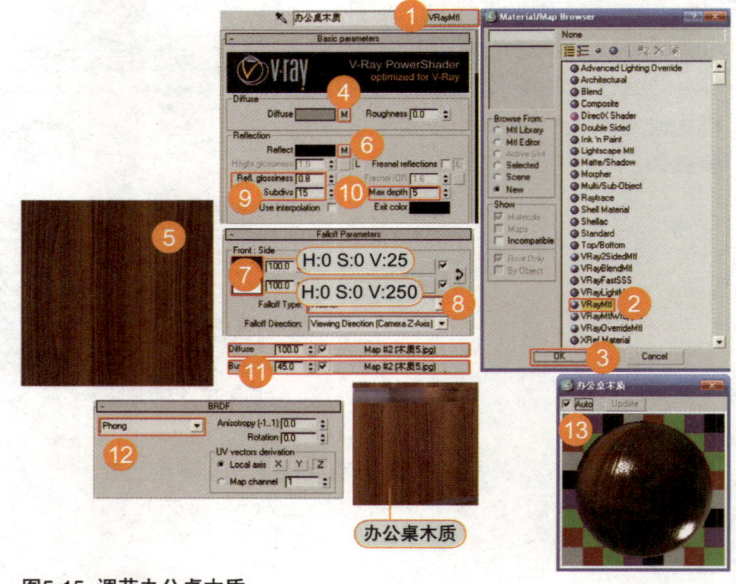

办公桌木质

图5-15 调节办公桌木质

步骤 4 调节亚光纸盒材质

在材质编辑器中选择一个默认材质，起名为"亚光纸盒"，单击"标准材质"按钮 Standard ，在弹出的列表中选择VRayMtl（VRay标准材质），分别调节Diffuse（漫反射）和Reflect（反射）颜色，然后在材质面板中设置 Refl glossiness（反射光泽度）、Subdivs（细分）参数，最后将材质模式设置为Blinn模式，具体参数设置如图5-16所示。

> **提示** 场景里还有一个浅色亚光盒子，只需要改变漫反射即可，大家可以按照方法试一试。

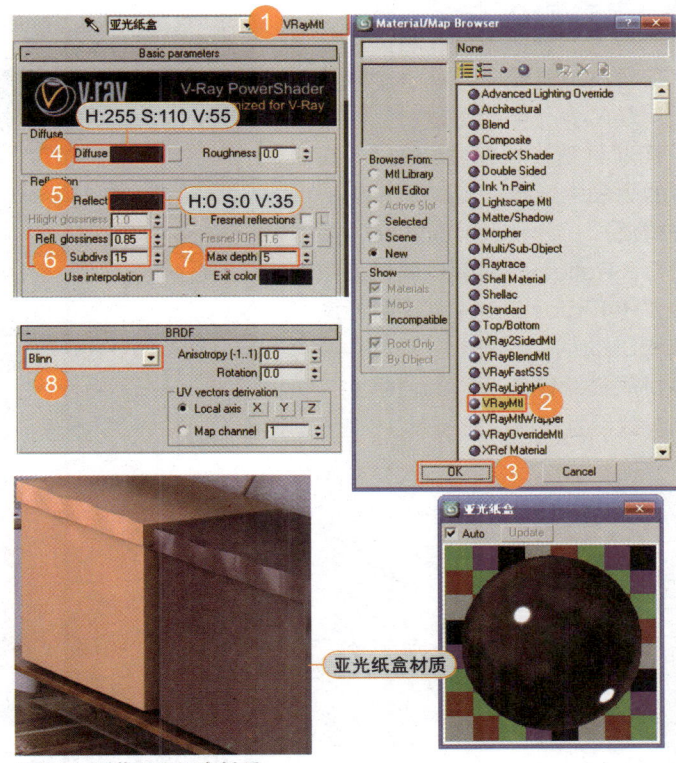

图5-16 调节亚光纸盒材质

步骤 5 调节音响铝塑材质

在材质编辑器中选择一个默认材质，起名为"音响铝塑"，单击"标准材质"按钮 Standard ，在弹出的列表中选择VRayMtl（VRay标准材质），分别调节Diffuse（漫反射）和Reflect（反射）颜色，并在Reflect（反射）通道中加入Falloff（衰减），将Falloff Type（衰减类型）改为Fresnel（菲涅尔），然后在Mix Curve（混合曲线）卷展栏中调节材质的反射曲线，最后在材质面板中设置Refl glossiness（反射光泽度）和Subdivs（细分）参数，具体参数设置如图5-17所示。

> **提示** 铝塑材质具有衰减反射，因此我们在反射通道里加入衰减，并使用衰减曲线来来控制材质的衰减反射。

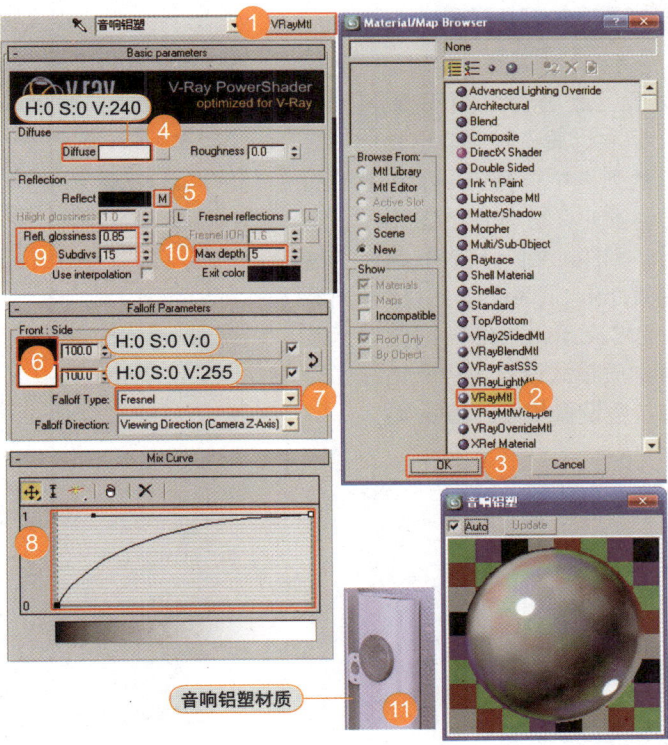

图5-17 调节音响铝塑材质

步骤 6 **调节电视黑塑料材质**

在材质编辑器中选择一个默认材质，起名为"电视黑塑料"，单击"标准材质"按钮 Standard ，在弹出的列表中选择VRayMtl（VRay标准材质），分别调节Diffuse（漫反射）和Reflect（反射）颜色，然后设置Refl glossiness（反射光泽度）和Subdivs（细分）参数，最后将材质模式设置为Phong模式，具体参数设置如图5-18所示。

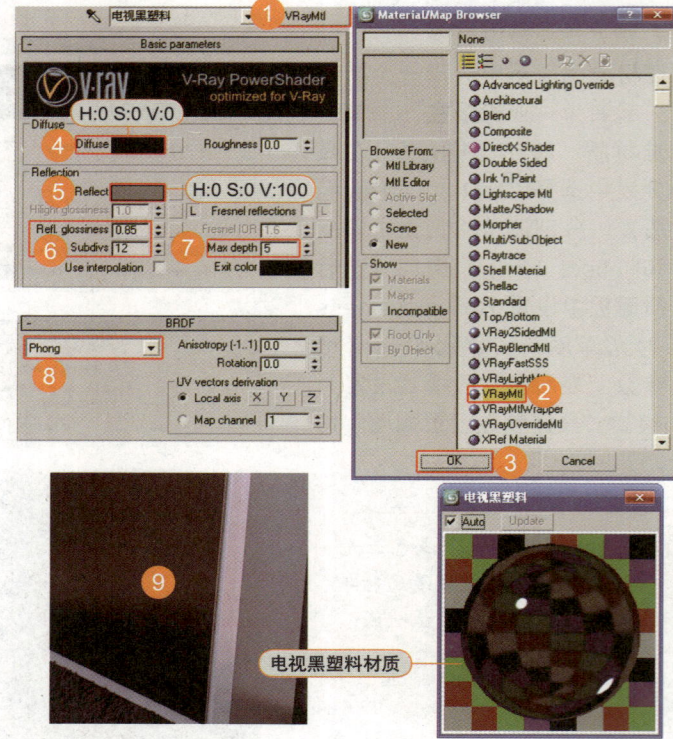

图5-18 调节电视黑塑料材质

步骤 7 **调节白石膏材质**

在材质编辑器中选择一个默认材质，起名为"白石膏"，单击"标准材质"按钮 Standard ，在弹出的列表中选择VRayMtl（VRay标准材质），分别调节Diffuse（漫反射）和Reflect（反射）颜色，然后设置Refl glossiness（反射光泽度）和Subdivs（细分）参数，最后将材质模式设置为Phong模式，具体参数设置如图5-19所示。

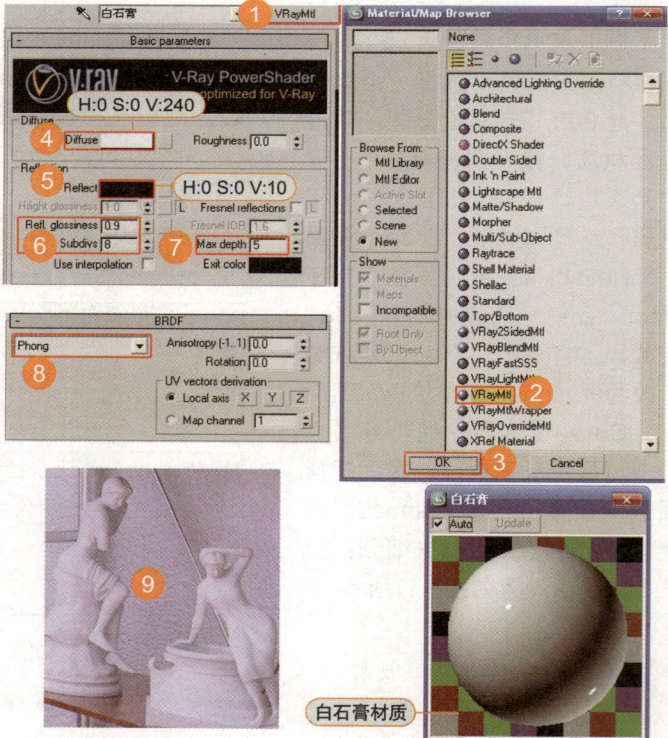

图5-19 调节白石膏材质

步骤 8 调节音响金属网材质

在材质编辑器中选择一个默认材质，起名为"音响金属网"，单击"标准材质"按钮 Standard ，在弹出的列表中选择Blend（混合材质），在Mask（蒙版）通道中加入"金属框.jpg"贴图，然后分别调节Material 1材质和Material 2材质，最后将材质模式设置为Phong模式，具体参数设置如图5-20所示。

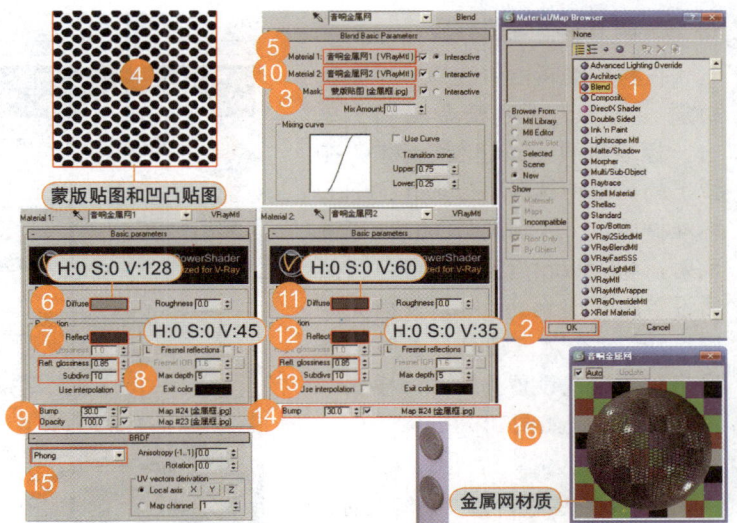

图5-20 调节音响金属网材质

> 提示 金属网使用的是Blend混合材质，通过蒙版效果来控制材质的黑色和白色，这里Material 1控制蒙版贴图的黑色；Material 2控制蒙版贴图的白色。

步骤 9 调节铸铁材质

在材质编辑器中选择一个默认材质，起名为"铸铁金属"，单击"标准材质"按钮 Standard ，在弹出的列表中选择VRayMtl（VRay标准材质），分别调节Diffuse（漫反射）和Reflect（反射）颜色，并在Reflect（反射）通道中加入Falloff（衰减），将Falloff Type（衰减类型）改为Fresnel（菲涅尔），然后在Bump（凹凸）通道中添加Noise（噪波）效果，最后设置Refl glossiness（反射光泽度）和Subdivs（细分）参数，具体参数设置如图5-21所示。

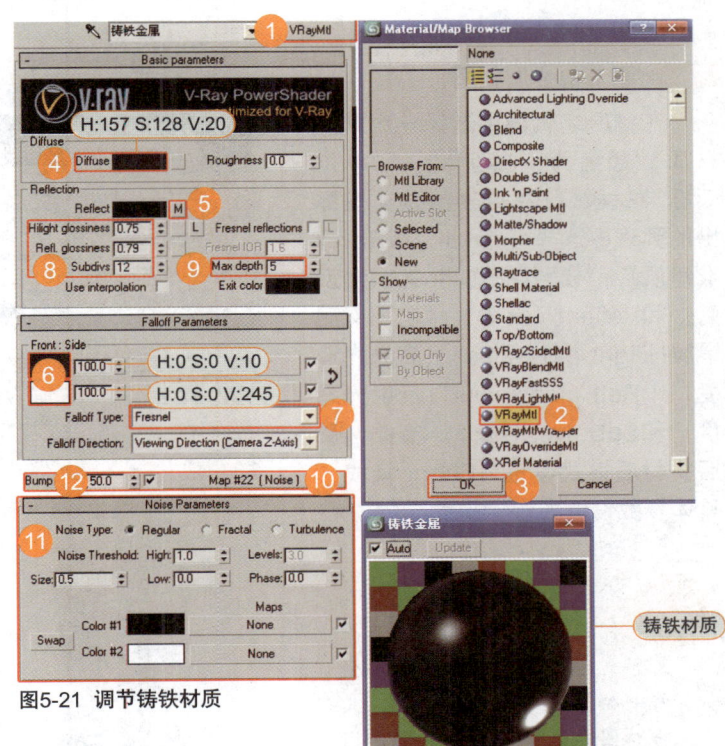

图5-21 调节铸铁材质

> 提示 铸铁材质的凹凸参数要根据物体的实际尺寸来设置，这里我们为了得到粗糙效果，设置为0.5，大家可以根据效果自由调节。

步骤 10 **调节躺椅金属材质**

在材质编辑器中选择一个默认材质，起名为"躺椅金属"，单击"标准材质"按钮 Standard ，在弹出的列表中选择VRayMtl（VRay标准材质），分别调节Diffuse（漫反射）和Reflect（反射）颜色，然后设置Refl glossiness（反射光泽度）和Subdivs（细分）参数，最后将材质模式设置为Phong模式，具体参数设置如图5-22所示。

> **提示** 躺椅金属材质属于高反射金属，所以我们将反射数值调节的比较高，是为了控制金属的高光，我们将贴图模式切换为Phong模式。

图5-22 调节躺椅金属材质

步骤 11 **调节白金属材质**

在材质编辑器中选择一个默认材质，起名为"白金属"，单击"标准材质"按钮 Standard ，在弹出的列表中选择VRayMtl（VRay标准材质），分别调节Diffuse（漫反射）和Reflect（反射）颜色，然后设置Hilight glossiness（高光光泽度）、Refl glossiness（反射光泽度）和Subdivs（细分）参数，最后将材质模式设置为Phong模式，具体参数设置如图5-23所示。

> **提示** 白金属虽然反射强，但我们观察到真实的白金属多少有一定衰减，所以我们在金属中加了0.85的高斯模糊，又将贴图的高光设置为0.75，以突出白色金属。

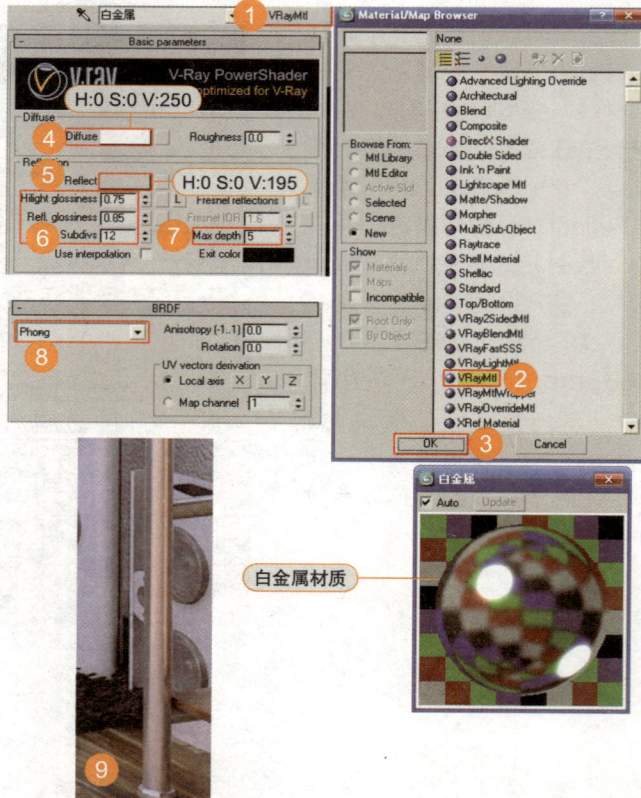

图5-23 调节白金属材质

步骤12 调节躺椅皮子材质

在材质编辑器中选择一个默认材质，起名为"躺椅皮子"，单击"标准材质"按钮 Standard ，在弹出的列表中选择VRayMtl（VRay标准材质），分别调节Diffuse（漫反射）和Reflect（反射）颜色，并在Reflect（反射）通道中加入Falloff（衰减），将Falloff Type（衰减类型）改为Fresnel（菲涅尔），然后在Mix Curve（混合曲线）卷展栏中调节材质反射曲线，最后设置Refl glossiness（反射光泽度）和Subdivs（细分）参数，具体参数设置如图5-24所示。

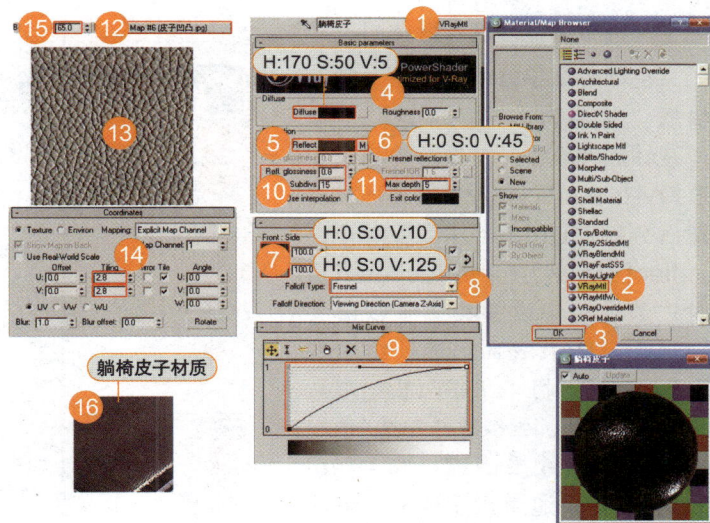

图5-24 调节躺椅皮子材质

> **提示** 这里的躺椅皮子材质具有衰减反射，因此我们在反射通道里加入衰减，并使用衰减曲线来控制皮子的反射。

步骤13 调节灰砖墙材质

在材质编辑器中选择一个默认材质，起名为"灰砖墙"，单击"标准材质"按钮 Standard ，在弹出的列表中选择Blend（混合材质），在Mask（蒙版）通道加入"墙面凹凸.jpg"贴图，然后分别调节Material 1材质和Material 2材质，最后将材质模式设置为Phong模式，具体参数设置如图5-25所示。

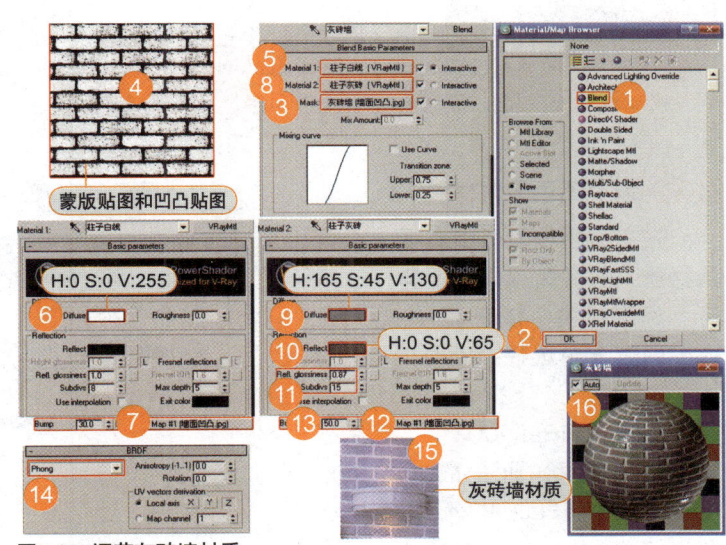

图5-25 调节灰砖墙材质

> **提示** 灰砖墙使用的是Blend混合材质，通过蒙版来控制材质的黑色和白色，这里Material 1控制灰砖墙蒙版贴图的黑色；Material 2控制灰砖墙蒙版贴图的白色。

步骤14 调节茶色玻璃材质

在材质编辑器中选择一个默认材质，起名为"茶色玻璃"，单击按钮 Standard ，在弹出的列表中选择VRayMtl（VRay标准材质），然后分别在Diffuse（漫反射）、Reflect（反射）、Refraction（折射）选项组中设置具体参数值，分别调节Refraction选项组中的Refract（折射）、IOR（折射率）和Fog multiplier参数并勾选Affect shadows（效果阴影）和Affect alpha（效果通道）复选框，最后将材质模式设置为Phong模式，完成玻璃杯材质的调节，具体参数设置如图5-26所示。

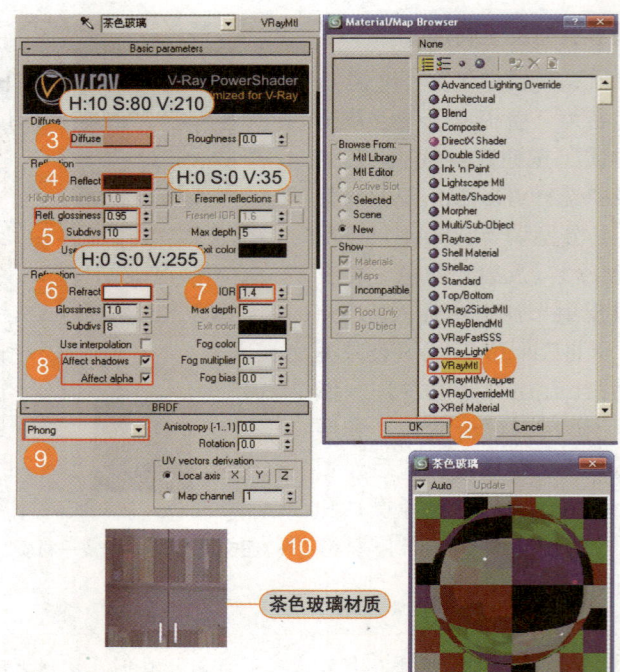

图5-26 调节茶色玻璃材质

> **提示**
> 1. 这里将玻璃的IOR（折射率）降低为1.4，是防止靠窗口玻璃的高光过于强烈。
> 2. 在玻璃材质里勾选了Affect shadows（效果阴影）和Affect alpha（效果通道）选项，是为了使玻璃材质更透亮，得到的透明效果和阴影效果更真实。

步骤15 调节黑色塑料材质

先在材质编辑器中选择一个默认材质，起名为"黑色塑料"，单击"标准材质"按钮 Standard ，在弹出的列表中选择VRayMtl（VRay标准材质），分别调节Diffuse（漫反射）和Reflect颜色，然后在Reflect（反射）通道中加入Falloff（衰减），将Falloff Type（衰减类型）改为Fresnel（菲涅尔），最后设置Refl glossiness（反射光泽度）和Subdivs（细分）参数，具体参数设置如图5-27所示。

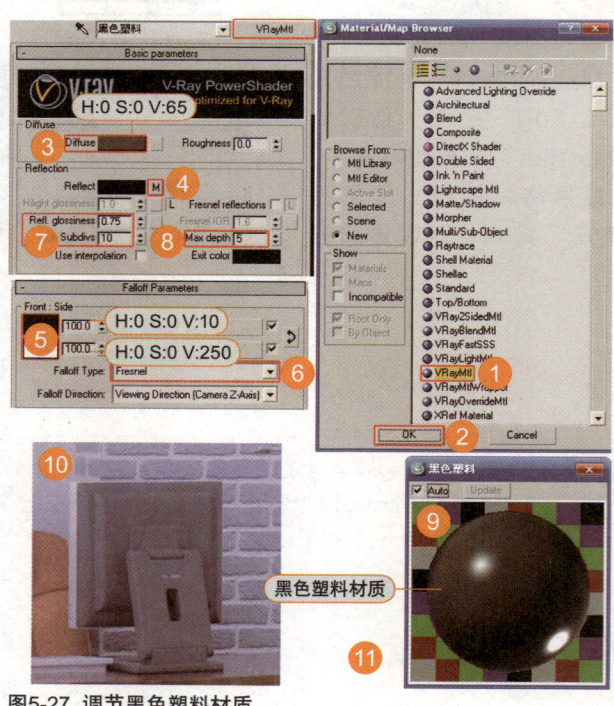

图5-27 调节黑色塑料材质

步骤16 调节黑地毯材质

在材质编辑器中选择一个默认材质，起名为"黑地毯"，单击"标准材质"按钮 Standard ，在弹出的列表中选择VRayMtl（VRay标准材质），分别调节Diffuse（漫反射）和Reflect颜色，然后设置Hilight glossiness（高光光泽度）数值，最后在Options（属性）卷展栏中将Trace Reflections（跟踪反射）取消勾选，具体参数设置如图5-28所示。

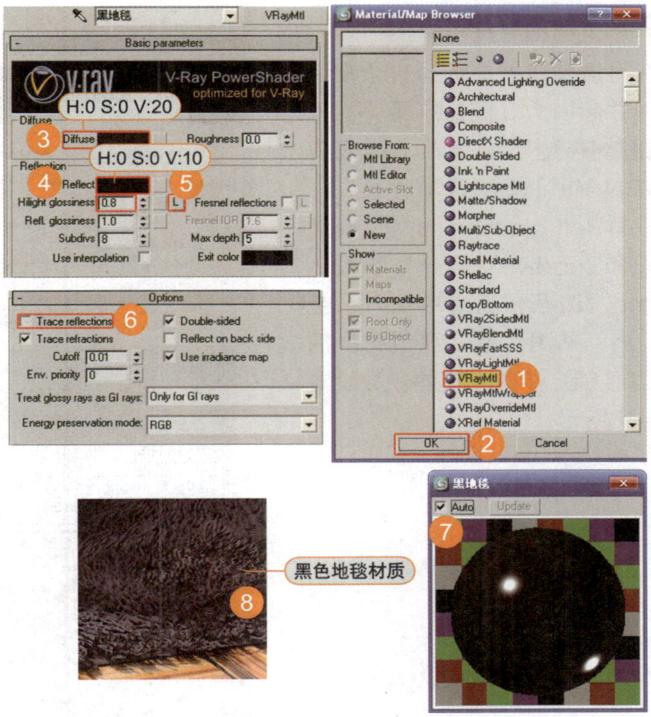

> **提示**
> 1. 这里的地毯因为是真实模型，所以不用过多的调节，只需要设置物体的颜色和高光就可以了。
> 2. 这里将Trace Reflections取消勾选，是为了给材质物体高光，因为物体在VRay里不加反射就不会有高光，还有一个好处就是能快速渲染出图。

图5-28 调节黑色地毯材质

步骤17 调节挂画材质

在材质编辑器中选择一个默认材质，起名为"挂画"，单击"标准材质"按钮 Standard ，在弹出的列表中选择VRayMtl（VRay标准材质），然后在Diffuse（漫反射）通道加入"画3.jpg"贴图，在Reflect（反射）卷展栏中设置具体参数值，最后将材质模式设置为Phong模式，具体参数设置如图5-29所示。

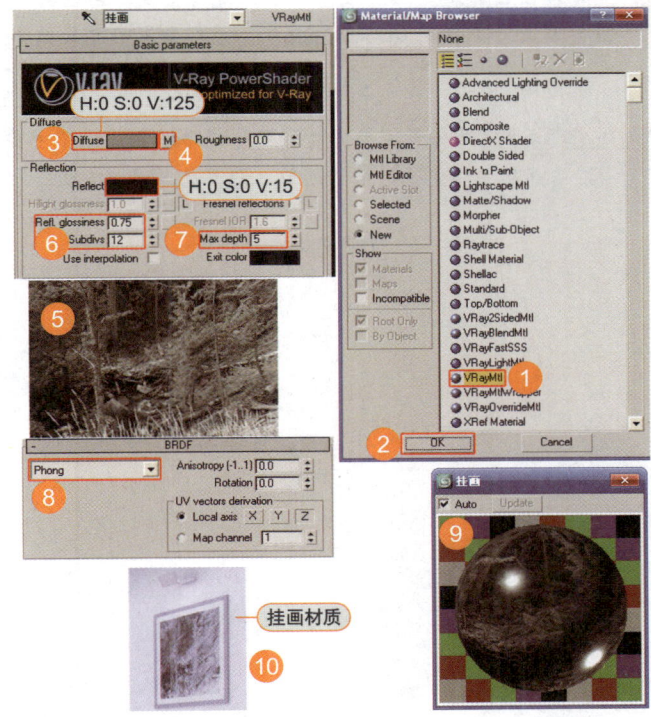

图5-29 调节挂画材质

步骤18 调节液晶屏幕材质

在材质编辑器中选择一个默认材质，并起名为"液晶屏幕"，单击按钮 Standard ，在弹出的列表中选择VRayMtl（VRay标准材质），然后设置Refl glossiness（反射光泽度）和Subdivs（细分）参数，在Bump（凹凸）通道中加入"金属布.jpg"贴图，最后调节材质的Tiling（平铺）参数，具体参数设置如图5-30所示。

图5-30 调节液晶屏幕材质

提示 一般在凹凸通道里添加黑白贴图，是为了提高凹凸材质的渲染效率，但是贴图像素要适中，贴图类型最好不要用.tif格式的图片，否则会影响渲染效率的。

▶ **本节小结：** 以上就是场景主要材质的具体调节过程，本节主要讲述了砖墙材质、皮质材质、高亮金属以及文件夹等材质的调节，需要读者练习掌握。

5.3 VRay高级渲染设置

> **本节要点：**本节重点讲解在VRay高级渲染面板中调节Irra-diance Map与Quasi-Monte Carlo GI的设置参数，详细介绍如何协调VRay准蒙特卡罗采样面板和全局照明引擎中Quasi-Monte Carlo GI的参数设置，以及使用最佳参数创建休闲办公空间全局光照的技巧。

步骤 1 开启VRay帧缓存

使用快捷键F10，在弹出的对话框中选择Ren-derer标签，然后在选项卡中展开VRay Frame buffer（VRay帧缓存），勾选Enable built-in Frame Buffer（在场景中启用VRay帧缓存），如图5-31所示。

 提示 打开VRay帧缓存，是因为它有选择渲染功能，也能够提高大家的工作效率。

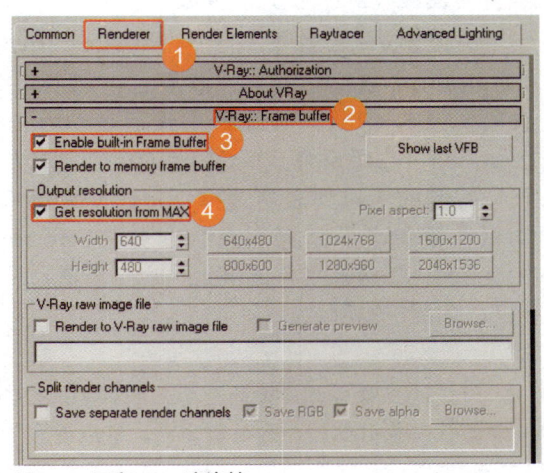

图5-31 开启VRay渲染帧

步骤 2 设置VRay 通用参数

切换到VRay选项卡，展开VRay Global swit-ches（通用参数）卷展栏，然后分别取消勾选De-fault lights（默认灯光）、Reflection/refraction（反射/折射）、Glossy effects（光泽效果）复选框，最后将Raytracing（光线跟踪）选项组里的Secondary rays bias（二级射线偏移）设置为0.05或者是0.01，如图5-32所示。

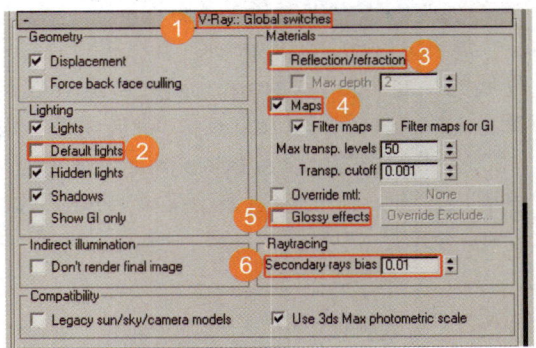

图5-32 设置通用参数

 提示 关掉场景中的"反射/折射"和"光滑效果"，是因为在光线没有确定的情况下没有观察材质属性的必要，这一点也是为了节约渲染场景的测试时间。

步骤 3 设置VRay图像采样参数

VRay选项卡中展开VRay Image sampler [Antialiasing]（图像采样）卷展栏，然后在Image sampler（图像采样）选项组中的Type（类型）下拉列表中选择Fixed（固定比采样器），并关闭Antialiasing filter（抗锯齿过滤）。

最后展开VRay Fixed image sampler（固定比采样）卷展栏并将Subdivs（细分）参数设置为1，如图5-33所示。

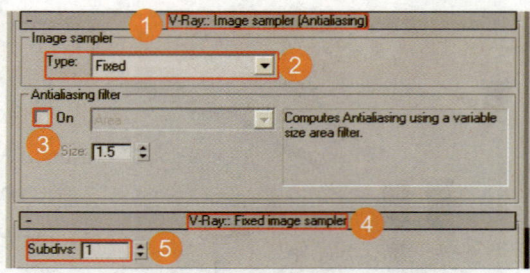

提示　因为预渲染不需要追求图像的品质，因此要关掉抗锯齿过滤选项。

图5-33　设置通用参数

　设置VRay间接光照参数

切换到VRay选项卡，展开VRay Indirect illuminaion（间接光照）卷展栏，然后勾选On选项，开启VRay间接光照，最后在Secondary bounces（二级反弹）的GI engine（全局光照引擎）右侧的下拉列表中选择Quasi-Monte Carlo GI（准蒙特卡罗渲染引擎），并将Secondary bounces（二级反弹）的Multiplier（倍增）设置为0.85，如图5-34所示。

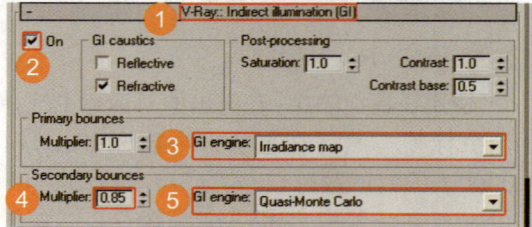

图5-34　设置间接光照参数

提示　这里将二级反弹的全局光照引擎改为Quasi-Monte Carlo GI（准蒙特卡罗渲染引擎）是用VRay渲染引擎的一种搭配方式，以后的章节将介绍到其他的全局光照引擎搭配方式。

步骤5　设置VRay准蒙特卡罗采样参数

展开VRay rQMC sampler（准蒙特卡罗采样）卷展栏，将Adaptive amount（自适应数量）设置为0.8，将Noise threshold（噪波阈值）设置为0.001，最后将Global subdivs multiplier（全局细分倍增）和Min samples（最小采样）分别设置为1.5和10，如图5-35所示。

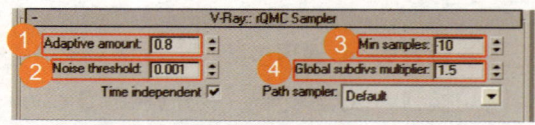

图5-35　设置准蒙特卡罗采样参数

提示　准蒙特卡罗渲染效果会有轻微颗粒感，在准蒙特卡罗采样卷展栏中将相关值数一次性设置完成。

步骤6　设置VRay光子贴图参数

展开VRay Irradiance map（光子贴图）卷展栏，在Built-in presets（内置预设）选项组中的Current preset（当前预设置）右侧的下拉列表中选择Very low（非常低），然后将Basic parameters（基本参数）中的HSph.subdivs（半球细分）和Interp.samples（插值采样）分别设置为50和20，并勾选Options（属性）中的Show calc.phase（显示光能进程）复选框。

最后在Mode（模式）中选择Single frame（单帧）模式，在On render end（在渲染之后）中勾选Auto save（自动保存），单击Browse（浏览）按钮，在弹出的对话框中命名并保存，将光子贴图文件保存到休闲办公空间文件的根目录里，如图5-36所示。

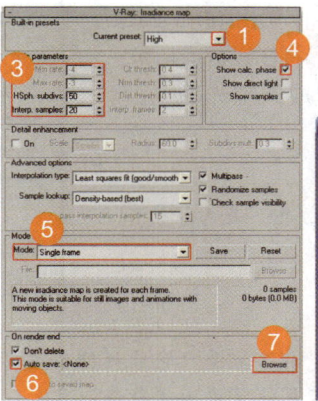
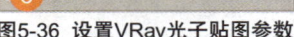
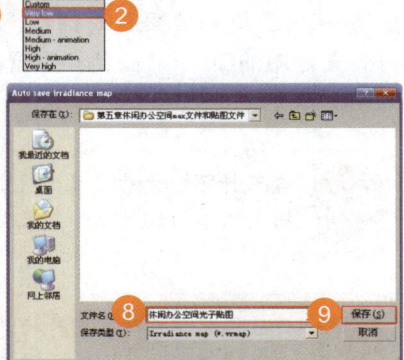

图5-36 设置VRay光子贴图参数

 提示 当前预渲染场景选择Very low（非常低），其目的就是要快速测试出整个场景的全局光照效果。

提示
1. HSph.subdivs（半球细分）决定光子样本的数量和分布，数值越小，渲染速度越快，但是会出现斑点，默认值是50，因为是预渲染，所以可以降低10个单位。
2. Interp.samples（插值采样）可以消除图像的黑斑和图像颗粒感，一般预渲染时设置为20，最终渲染时可以调整40至60。

步骤7 设置VRay准蒙特卡罗参数

展开VRay Quasi-Monte Carol GI（准蒙特卡罗）卷展栏，设置Subdivs（细分）参数为15，然后将secondary bounces（二级反弹）设置为4，如图5-37所示。

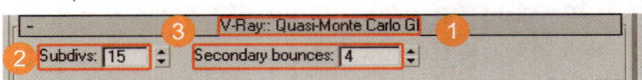

图5-37 设置准蒙特卡罗参数

提示
1. 准蒙特卡罗渲染引擎是一个非常优秀的全局照明计算方式，类似于Brazil渲染器，能够表现大量的细节效果，且功能简洁便于大家调节。
2. 这种全局照明计算方式也有个缺点，就是低细分的情况下，渲染效果会有轻微的颗粒感，消除颗粒感并和场景里的灯光配合，才能够达到好的全局光效果。

步骤8 设置VRay环境贴图参数

首先展开VRay Environment（环境贴图）卷展栏，接着在GI Environment（skylight）override中勾选On复选框，开启VRay全局光照明环境的天光，然后设置天空光的颜色，如图5-38所示。

图5-38 设置环境贴图参数

最后按快捷键"8"，弹出Environment and Effects（环境和效果）对话框，将Background（背景）中的Color（颜色）设置成天空光颜色，如图5-39所示。

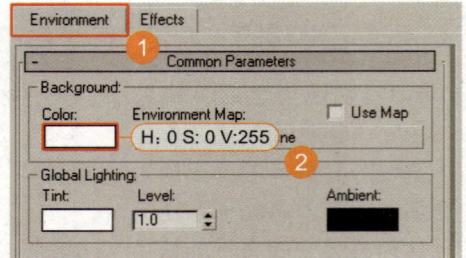

提示 这里将环境背景设置为纯白色，是为了使场景物体的反射模糊效果更强。

图5-39 设置环境和效果参数

提示
1. 应用环境光对室内外场景非常重要，它能模拟真实环境的天光效果。
2. 环境颜色表现阴天通常使用深蓝色或深蓝偏红色。
3. None是一个贴图槽，可以给场景指定环境贴图，一旦使用贴图，之前设定的颜色将失去作用。

 步骤9 设置VRay色彩贴图参数

展开VRay Color mapping （色彩贴图）卷展栏，在Type（类型）中选择Reinhard（混合曝光），将Gamma（伽玛值）设置为3.0，将Burn Value（混合值）设置为0.8，如图5-40所示。

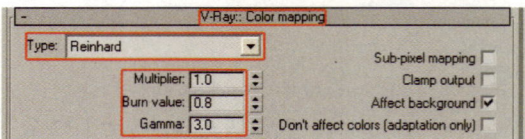

图5-40 设置色彩贴图参数

提示
1. Reinhard（混合曝光）是VRay1.5新增曝光方式，它可以把线形曝光和指数曝光结合起来使场景的全局光线搭配更和谐。
2. 如果Burn Value（混合值）是0，表示线形曝光不参与混合；如果是0.5表示线形曝光和指数曝光效果各占一半；而1则表示指数曝光不参与混合。

 步骤10 设置VRay系统参数

展开VRay System卷展栏，将Raycaster params（光线投射参数）中的Max.tree depth（最大树深度）设置为90，将Face/level coef（面/级别系数）设置为2.0，将Default geometry（默认几何参数）设置为Static（静态），然后将Render region division中的X和Y方向的渲染区域设置为64，并且在Region sequence右侧下拉列表中选择Top->Bottom区域方式，勾选Frame stamp复选框在信息框中设置VRay版本号和渲染时间，最后勾选启用Miscellaneous options中的MAX-compatible ShadeContext（work in camera space）如图5-41所示。

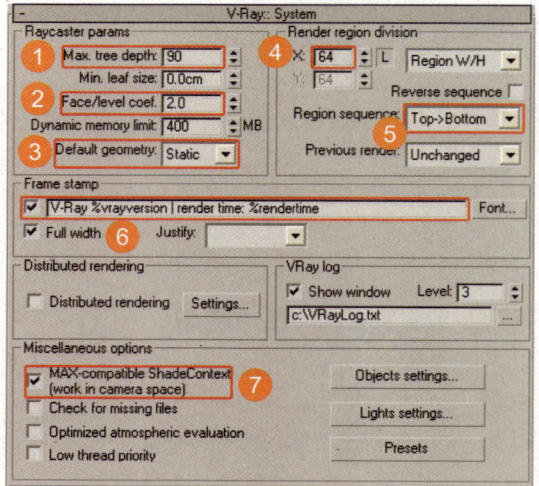

图5-41 设置系统参数

提示

1. 当Static（静态几何方式）会在渲染时自动使用本机上能够使用的内存资源。
2. Face/level coef（面/级别系数），我们设置为2.0是为了控制场景光子节点最大三角面的数量提高渲染效率。
3. Max.tree depth（最大树深度）这个参数如果较小在渲染时会减少内存的使用，但计算过程十分缓慢，相反如果数值较高会加速计算过程，但会占用更多的内存，如果拥有大量的物理内存加大这个参数是个不错的选择，这里因为笔者的内存比较大所以将参数设置为了90。
4. 我们将Render region division（渲染区域划分）设置为64像素，也是为了加快场景测试速度。

▶ **本节小结：** 以上是对休闲办公空间场景渲染参数的预设置，在设置过程中读者需要掌握VRay色彩贴图面板中Reinhard（混合曝光）在场景中控制全局光照的运用。

5.4　进行全局光测试并创建室内其他灯光

▶ **本节要点：** 本节重点讲解Irradiance Map（发光贴图）与Quasi-Monte Carlo GI（准蒙特卡罗渲染引擎）被载入后创建室内间接灯光的过程，并详细介绍间接光具体参数的设置与场景测试效果。

5.4.1　对设置好渲染参数的场景进行全局光测试

步骤1 **对设置好的场景进行测试**

先将视口切换摄影机视口，使用快捷键Shift＋Q，对场景进行第一次测试如图5-42所示，经过测试得到的效果如图5-43所示。

图5-42　测试光子图

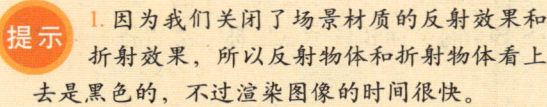提示

1. 因为我们关闭了场景材质的反射效果和折射效果，所以反射物体和折射物体看上去是黑色的，不过渲染图像的时间很快。
2. 大家可以看到低品质的光子贴图造成了窗框上的黑斑，不过我们可以利用后面创建的间接灯光来去除它。

图5-43　测试光子图效果

步骤 2 **手动载入光子贴图**

展开VRay Irradiance map（光子贴图）面板，选择Mode（模式）右边下拉菜单中的From File（载入）模式，然后单击Browse（浏览）按钮，在弹出的对话框中载入刚才保存好的预渲染光子贴图，如图5-44所示。

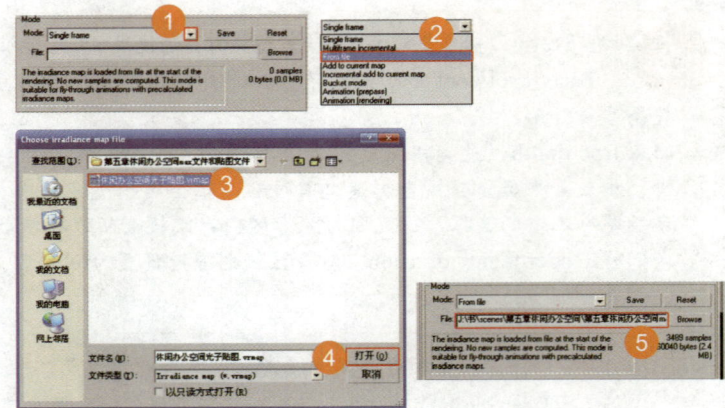

图5-44 测试光子图效果

> **提示** 这里我们载入光子贴图是为了之后场景灯光的测试，避免每次测试都运行光子图，节省了不少时间。

5.4.2 创建其他场景灯光

步骤 1 **创建场景的直接光照灯光**

切换至创建命令面板 ，单击"灯光"按钮，并在下拉菜单中选择Photometric（光度学）选项，然后选择IES Sun（IES太阳光）按钮，最后切换到Top视口，将IES Sun建立到场景中，如图5-45所示。

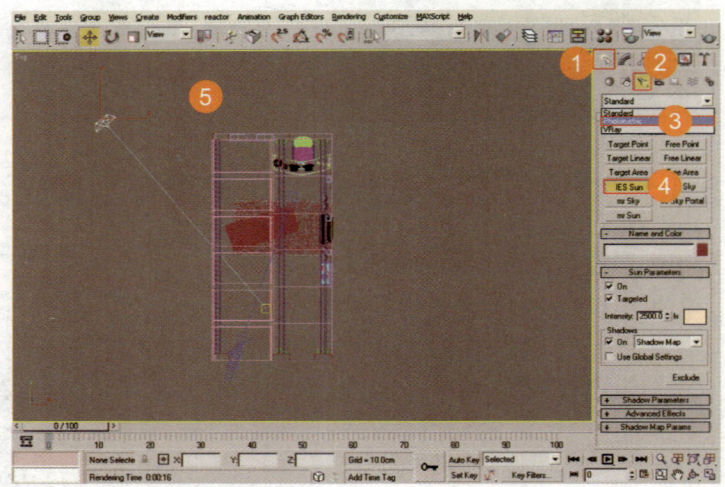

图5-45 创建场景的直接光照灯光

步骤 2 **调节IES Sun（IES太阳光）在场景中的位置**

切换到Top视口，分别选择IES Sun（IES太阳光）和目标点，接着在工具栏中的"选择并移动"工具上单击鼠标右键，在弹出的对话框中分别设置IES Sun的坐标和目标点坐标，然后将视口切换到Front（正）视口和Left（左）视口检查灯光。

最后在实例模型中完成IES Sun的调节，如图5-46所示。

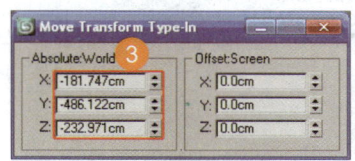

图5-46 调节IES Sun在场景中的位置

步骤 3 **设置IES Sun的具体参数**

切换到Top视口，选择IES Sun，切换至修改面板 🖉，在Sun Patameters（阳光属性）卷展栏中分别设置IES Sun灯光的Intensity（照明）参数、灯光颜色参数和shadows（阴影）参数，然后根据设置调节VRay shadows params（VRay阴影参数）设置，最后完成对IES Sun的具体参数设置，如图5-47所示。

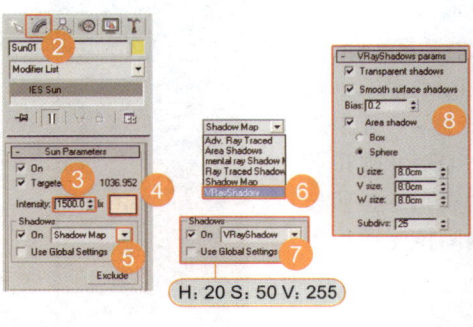
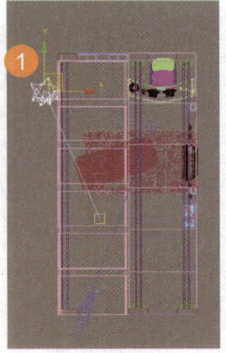

图5-47 设置IES Sun的具体参数

步骤 4 **测试IES Sun太阳光**

切换为摄影机视口，使用快捷键Shift+Q，对场景进行渲染测试，观察阳光的角度和色彩，如图5-48所示。

> **提示** 大家看到我们渲染有阳光场景的时间比运行光子的时间要长，是因为我们设置阳光的细分值比较高，这里为了得到优质的光影，将灯光的细分值设置为25。

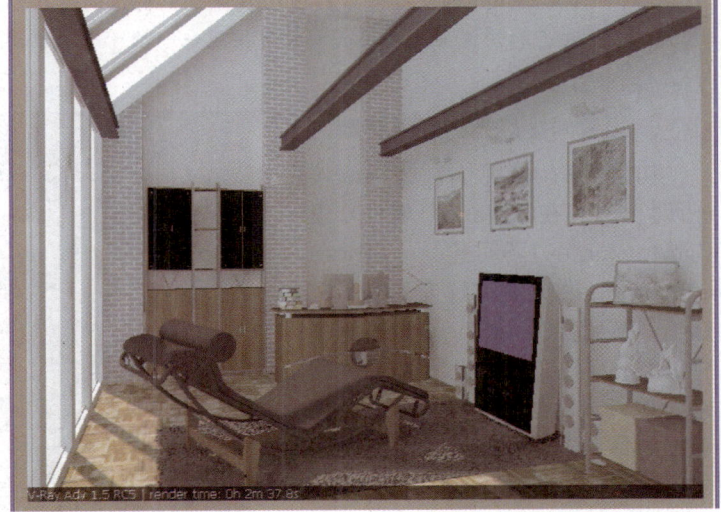

图5-48 测试IES Sun太阳光

步骤5 再次选择场景玻璃物体

使用快捷键H，在弹出的"选择对象"对话框中选择"场景玻璃"，接着在对话框中单击 Select 按钮，完成物体的选择，然后使用快捷键Alt+Q，在场景中单独显示选择后的场景玻璃物体，如图5-49所示。

提示 单独选择场景玻璃是为了更好的创建间接光照灯光。

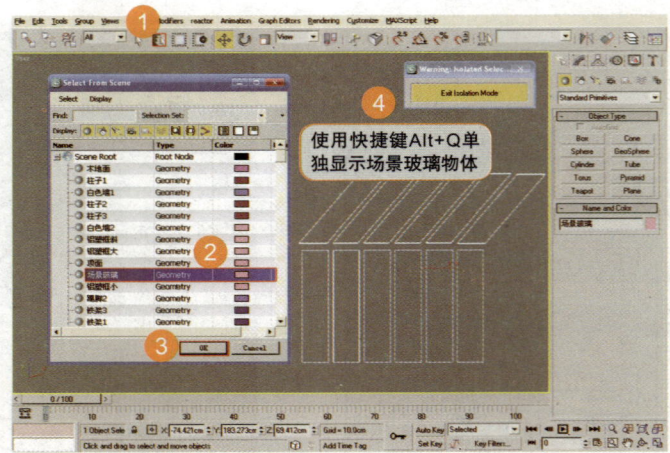

图5-49 在场景中选择场景玻璃物体

步骤6 创建场景的间接光照灯光

切换至创建命令面板，单击按钮，在下拉列表中选择VRay灯光，然后选择VRayLight（VRay灯光）按钮，使用快捷键V，分别将视口切换为Top视口、Back视口和Right视口，在相应的视口中按照玻璃位置调整创建好的间接光照，如图5-50所示。

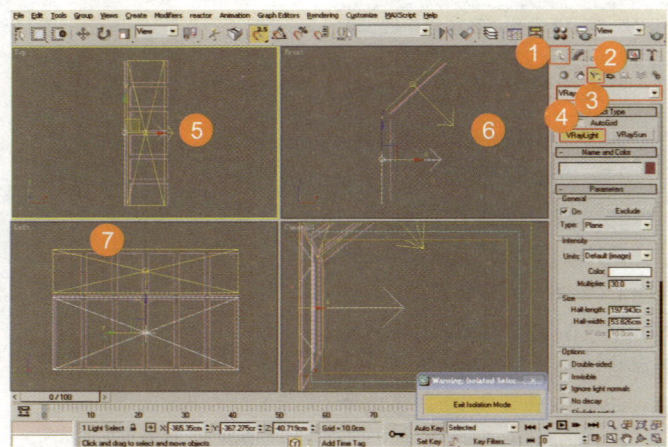

图5-50 创建场景的间接光照灯光

提示 1.VRayLight的大小可以按照Left视口中物体的形状创建。
2.为了加快渲染速度，我们没有按照每一块小玻璃创建VRayLight灯光。

步骤7 设置间接灯光的灯光参数

切换到Front视口，选择间接光照灯光1，在Options（属性）里勾选Invisible（不可见）、Ignore light normals（忽略灯光法线）复选框，然后在Sampling（采样）中将Subdivs（细分）设置为20，间接光照灯光2的参数设置一样，但要根据窗口的面积灯光大小不同，可以一试，如图5-51所示。

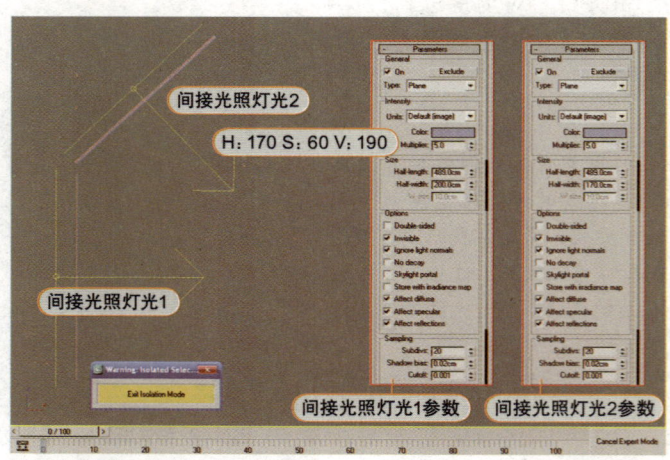

图5-51 调整间接灯光的灯光参数

提示 因为我们窗口的灯光是为了提高室内间接光照的，所以颜色是冷色调。

步骤8 **在场景中选择墙面射灯物体**

使用快捷键H，在弹出的对话框中选择"墙面射灯"，单击"选择" 按钮 Select ，完成物体的选择，然后使用快捷键Alt+Q，在场景中单独显示选择后的墙面射灯物体，如图5-52所示。

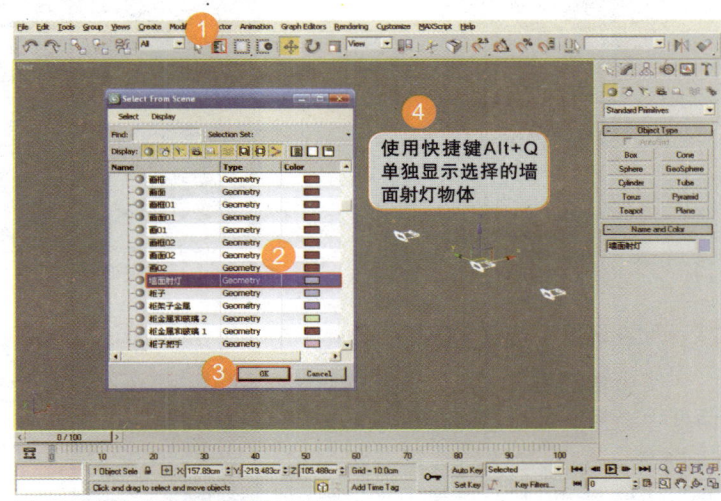

图5-52 在场景中选择墙面射灯物体

步骤9 **创建场景的墙面射灯灯光**

切换至创建灯光命令面板，在下拉列表中选择VRay灯光，再选择VRayLight（VRay灯光）按钮，最后使用快捷键V，分别将视口切换为Top视口、Back视口和Right视口，并在相应的视口中按照墙面射灯的位置，调整间接光照，如图5-53所示。

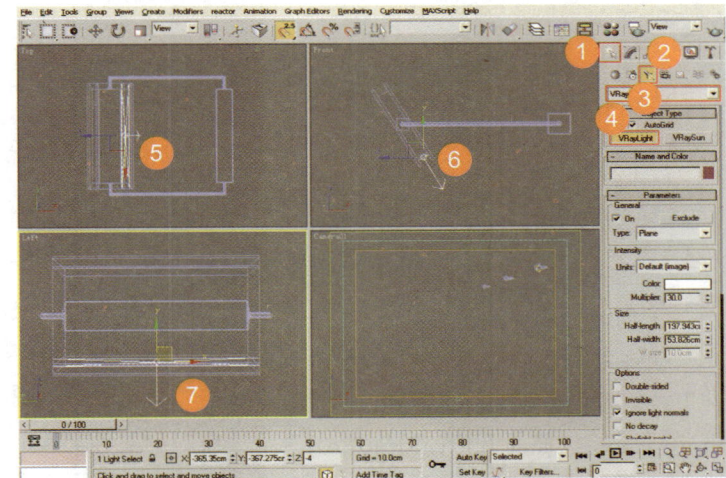

图5-53 创建场景的墙面射灯灯光

提示 这里需要大家按照物体的形状调整灯光的发光角度。

步骤10 **调整墙面射灯灯光**

将视口切换到Top视口，选择墙面射灯灯光，在Options（属性）选项组里勾选Invisible（不可见）、Ignore light normals（忽略灯光法线）复选框，并在Sampling（采样）中将Subdivs（细分）设置为12，然后使用旋转工具调整墙面射灯灯光与墙面射灯物体的角度，最后将视口切换到Top视口，使用移动工具同时按下Shift键，对调整好的墙面射灯进行关联复制，如图5-54所示。

提示
1. 勾选Invisible复选框，表示渲染时只能看到灯光物体发散出来的光，但看不到灯光物体。
2. 勾选Ignore light normals复选框，表示灯光物体按照灯光的法线进行发光。

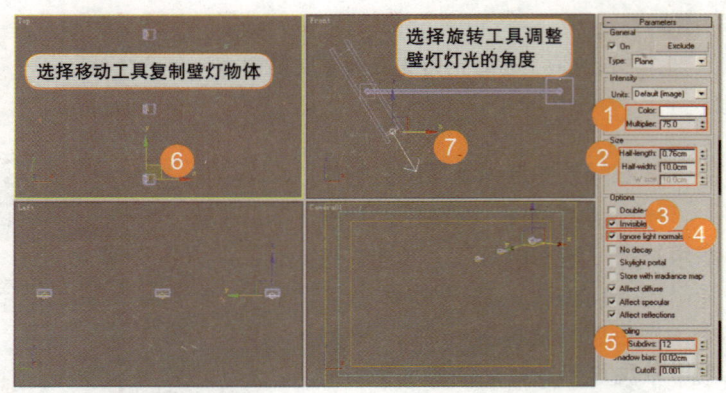

图5-54 调整墙面射灯灯光

步骤 11 在场景中选择金属壁灯物体

使用快捷键H，并在弹出的对话框中选择"金属壁灯"，单击按钮 Select ，完成物体的选择，然后使用快捷键Alt+Q在场景中单独显示选择后的金属壁灯物体，如图5-55所示。

提示 单独选择金属壁灯是为了更好的创建场景的光域网灯光。

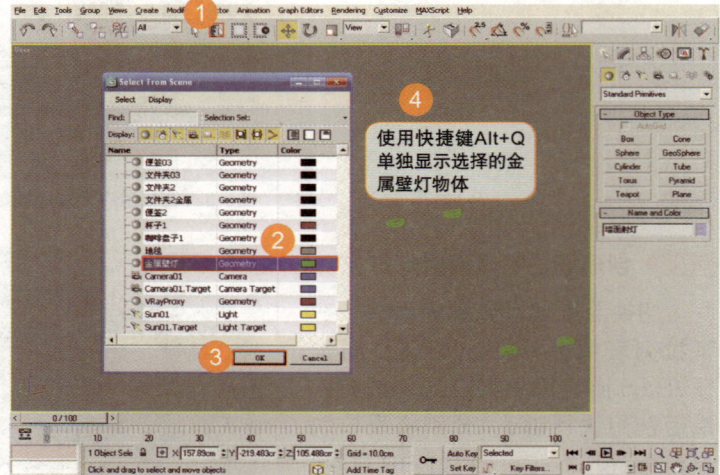

图5-55 在场景中选择金属壁灯物体

步骤 12 创建场景金属壁灯灯光

切换至创建灯光命令面板，在下拉列表中选择Photometric（光度学灯光），然后在Photometric（光度学灯光）列表中选择Free Point（自由点光源），最后将视口切换到Top视口，将Free Point建立到场景中，如图5-56所示。

提示 因为凭借光域网灯光的法线方向就能够确认灯光的目标，因此在这里我们使用Free Point。

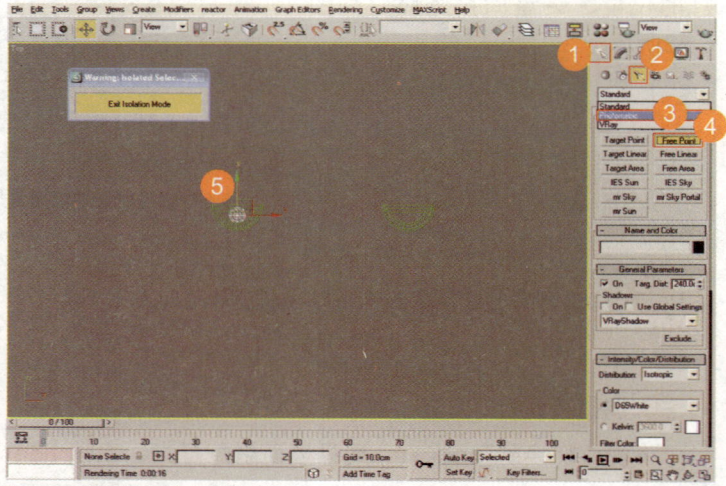

图5-56 创建场景金属壁灯灯光

步骤 13 设置场景金属壁灯灯光参数

切换到Top视口，选择金属壁灯灯光，然后进入修改面板 ，在Free Point列表中分别设置Free Point灯光的Intensity（照明）参数、灯光颜色参数、shadows（阴影）参数和Web Parameters（光域网参数），最后调节VRay shadows params（VRay阴影参数）的设置，如图5-57所示。

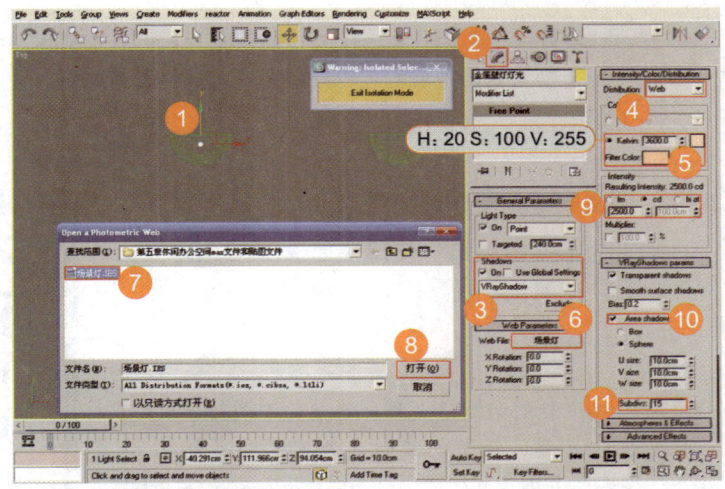

图5-57 调整场景金属壁灯灯光参数

步骤 14 调整场景金属壁灯灯光1

切换到Front视口，在场景中选择金属壁灯灯光，使用镜像工具关联复制一个灯光，然后使用移动工具将其移动到适合位置，最后选择编辑好的两个金属壁灯灯光，再关联复制到右面合适的位置处，如图5-58所示。

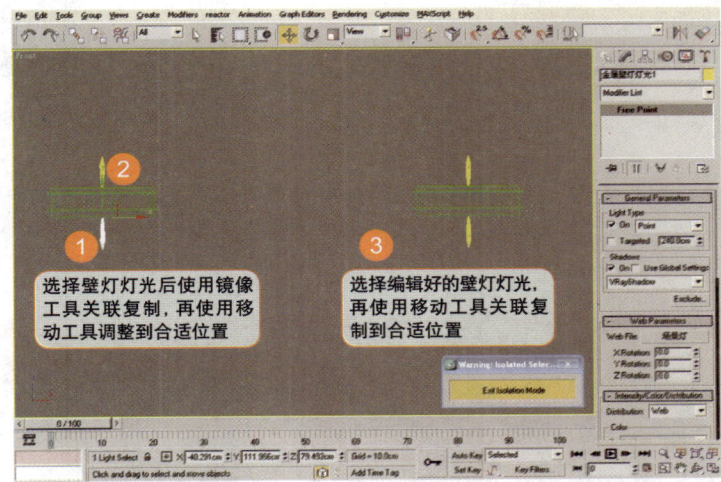

图5-58 镜像并复制金属壁灯灯光

步骤 15 调整场景金属壁灯灯光2

切换到Top视口，在场景中选择金属壁灯灯光，然后使用移动工具关联复制到适合位置，最后金属壁灯灯光的布置如图5-59所示。

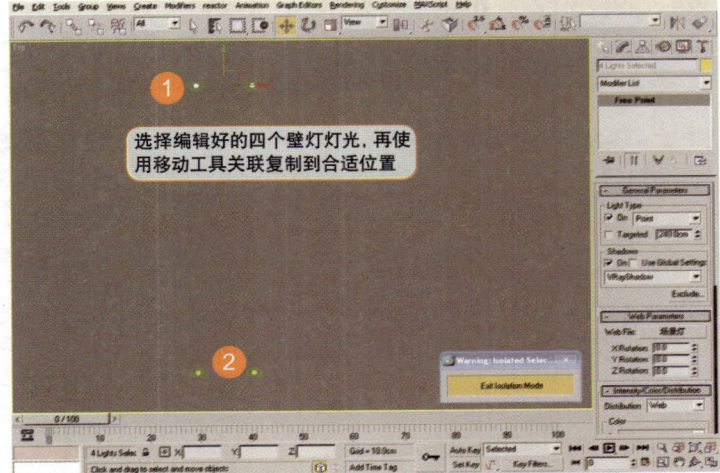

图5-59 调整场景金属壁灯灯光2

> **提示**
> 1. 因为根据物体的具体位置移动调整灯光，所以需要大家利用移动工具和旋转工具。
> 2. 这里用到的光域网可以理解为有特殊光晕效果的灯光，根据对环境的认识，选择适合的光域网灯光。

步骤16 测试间接光照灯光

切换为摄影机视口，使用快捷键Shift+Q，对场景进行渲染测试，观察阳光的角度和色彩，如图5-60所示。

> **提示** 观察我们的测试效果，在创建了间接光照灯光后，场景的漫射光线有了明显的改善，物体细节感增加，光线平和。

图5-60 测试间接光照灯光

> **本节小结：** 以上是室内间接灯光的创建过程，在设置过程中我们了解了创建灯光的方式与灯光的参数调节，大家在今后创建间接灯光时，可以遵循场景当中的真实灯光位置来创建。

5.5 最终渲染设置和渲染出图

> **本节要点：** 本节重点讲解如何根据渲染需要对VRay渲染参数进行最终设置，以及对调整好的场景进行渲染出图。

步骤1 修改VRay通用参数

切换到VRay选项卡，展开VRay Global switches（通用参数）卷展栏，然后在Materials（材质选项组中）勾选Reflection/refraction（反射/折射）、Maps（贴图）和Glossy effects（光泽效果）参数，最后完成通用参数的修改，如图5-61所示。

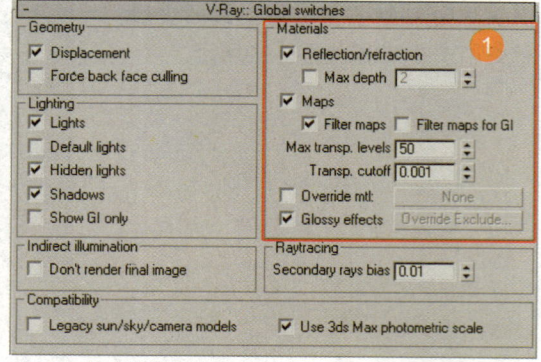

图5-61 修改通用参数

步骤 2 修改VRay图像采样参数

展开VRay Image Sampler [Antialiasing]（图像采样）卷展栏，然后在Image Sampler（图像采样）选项组Type（类型）右侧下拉列表中选择Adaptive subdivision（自适应细分采样器），并开启Antialiasing Filter（抗锯齿过滤），将抗锯齿过滤方式切换为Catmull-Rom模式，最后展开VRay Adaptive subdivision Image Sampler（VRay自适应细分采样）卷展栏并设置相关参数，如图5-62所示。

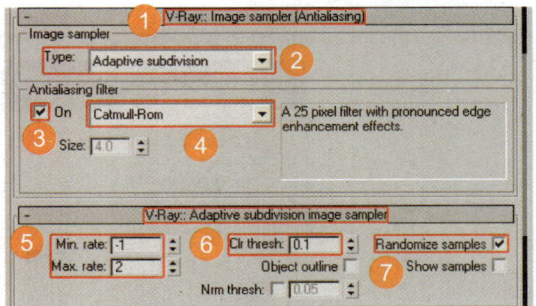

图5-62 修改图像采样参数

> **提示**
>
> 1. **Clr thresh（色彩推敲）**：使用它表示在全局光采样中可以按照场景分辨颜色的漫射区域和阴影区域，因此这里的色彩指的是材质的漫反射，也就是材质的灰调部分。
>
> 2. **Randomize samples（随机样本）**：勾选它后采样细分样本会随机分布。样本的精细度和准确度都会更高，同时这个选项不影响渲染速度，建议大家勾选。

步骤 3 重新设置VRay系统参数

展开VRay System（系统参数）卷展栏，将Face/level coef（面/级别系数）设置为2.0，然后将Render region division（渲染区域划分参数）选项组中的X和Y方向的渲染区域设置为128，最后在Region sequence（区域方式）右侧下拉列表中选择Top->Bottom（从上到下）方式，如图5-63所示。

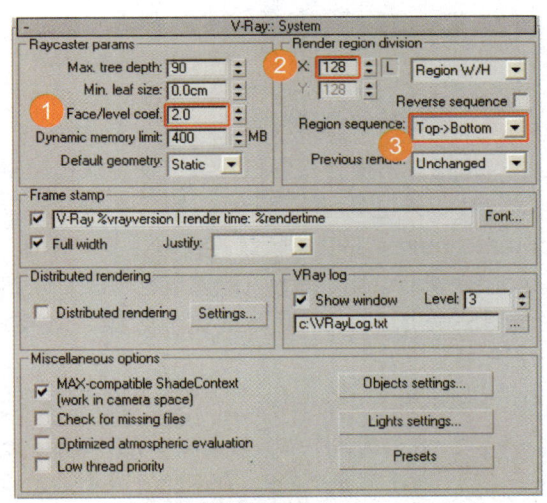

图5-63 重新设置系统参数面板

步骤 4 重新调节场景玻璃材质

分别在Diffuse（漫反射）、Reflect（反射）、Refraction（折射）选项组中设置具体参数值，然后分别调节Refraction选项组中的Refract（折射）、IOR（折射率）参数，最后勾选Affect shadows（效果阴影）和Affect alpha（效果通道）复选框，如图5-64所示。

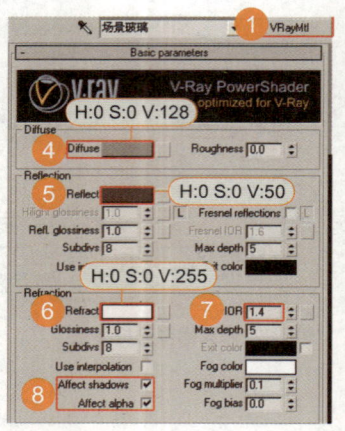

图5-64 重新调节场景玻璃材质

场景玻璃材质

步骤5 测试最终渲染效果

将视口切换为摄影机视口，使用快捷键Shift＋Q，对场景进行渲染测试，然后在弹出的VRay Frame buffer（VRay帧缓存）对话框中单击Track mouse while rendering（跟随鼠标渲染）按钮，如图5-65所示，最后测试完成效果，如图5-66所示。

> **提示** 我们测试小像素的高品质图像是为了看清材质的物理属性，然而加上反射和光泽效果后，渲染测试是需要时间的，所以我们可以使用VRay帧缓存里的"跟随鼠标渲染"工具来提高我们测试的效率。

> **提示**
> 1. 大家通过测试的小像素高品质图像可以看到场景材质的具体特性，如果有不满意的材质，我们可以在渲染大像素图像前修改它。
> 2. 图像的整体感觉有些偏灰，我们准备在后期处理中完善整个图像。

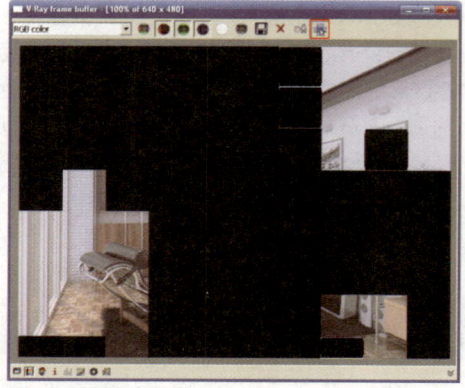

图5-65 测渲染效果

图5-66 最终测试效果

步骤6 设置最终渲染输出尺寸

使用快捷键F10，在弹出的对话框中选择Common选项卡，展开Common Parameters卷展栏，在Output size选项组中将渲染图像的宽度和高度设置为2400×1800像素，如图5-67所示。

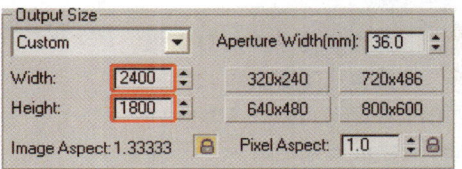

图5-67 设置最终渲染输出尺寸

> **提示** 根据具体情况，室内最终渲染图像的像素一般分为1600×1200和2400×1800，前者出图时间相对紧张时选用，后者出图时间相对宽松时选用，像素越大图像越清晰。

 步骤7 修改VRay光子贴图参数

展开VRay Irradiance map卷展栏，然后将Basic Parameters（基本参数）选项组中Interp. samples（插值采样）提高到40，并确认Mode（模式）中的类型是From file（载入）模式，再确认载入的光子贴图路径，如图5-68所示。

> **提示** 提高Interp.samples（插值采样）参数可以去掉渲染中图像的小光斑，使画面更清晰。

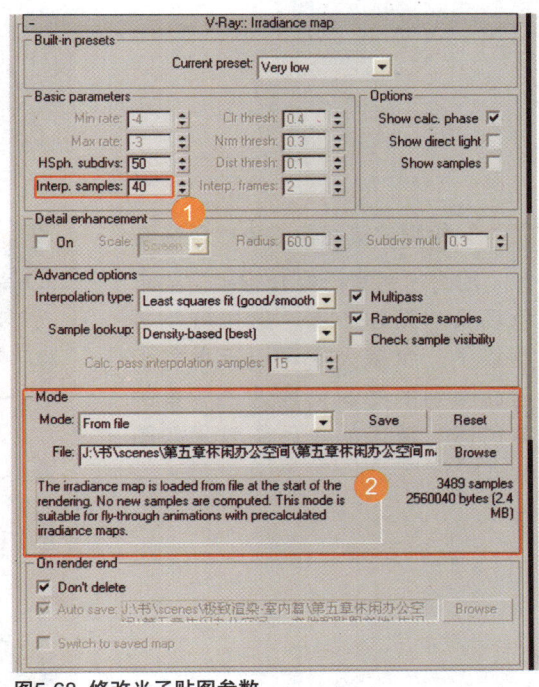

图5-68 修改光子贴图参数

步骤8 最终渲染场景图像

先将视口切换为摄影机视口，使用快捷键Shift+Q，对场景进行最终渲染，然后在弹出的VRay Frame buffer对话框关闭Track mouse whilerendering（跟随鼠标渲染）选项，开始渲染，渲染过程如图5-69所示，最终渲染效果如图5-70所示。

图5-69 最终渲染过程

提示 1. 因为本场景中反射模糊的物体并不多,因此最终渲染时笔者采用的是Adaptive subdivision(自适应细分采样器),从而提高渲染效率。

2. 由于书中篇幅原因,没有对场景中所有材质进行逐一讲解,请读者参考本场景源文件里的材质设置。

图5-70 最终渲染效果

步骤9 根据渲染图像渲染单色场景

因为前两章已经介绍了渲染单色场景的具体步骤,这里就不再重叙了,希望大家可以运用我们前面学到的知识创建这个场景的单色图,渲染的单色图效果如图5-71所示。

图5-71 渲染单色场景

提示 1. 用脚本渲染单色图,要将VRay渲染器切换到3D默认渲染器,因为后者比前者渲染快。

2. 删掉场景里的所有灯光并在设置时关掉"贴图"、"反射/折射"、"阴影"等参数,避免未知错误。

3. 根据实际渲染效果要调整物体重叠颜色,方便后期选择。

4. 最后大家可以根据后面讲到的后期方法去调整渲染好的图像,达到学以致用的学习目的。

▶ **本节小结:** 以上就是为了最终的渲染出图对VRay渲染选项卡进行最终的渲染设置以及为了后期所准备的相应工作。大家可以根据自己的硬件配置,在保证图像品质上调节某些参数的设置,并从中分析出适合自己的作图方式。

5.6 后期处理渲染完成的图像

▶ **本节要点:** 本节重点讲解如何利用Photoshop后期处理休闲办公室图像的后期编辑,从而丰富我们渲染的图像,这里使用的软件是Adobe Photoshop CS3中文版。

步骤1 打开场景图像并调节图像色相与饱和度

在Photoshop里打开配套光盘"scenes\第五章\第五章后期文件\休闲办公空间未后期.psd"文件,如图5-72所示。然后使用快捷键Ctrl+J,对渲染图像复制,并起名为"调节层"。分析渲染成图,发现图像整体色彩偏灰,需要调节图像的饱和度。使用快捷键Ctrl+/,在弹出的"亮度/对比度"对话框中设置相应参数,最后单击OK按钮,完成调节,如图5-73所示。

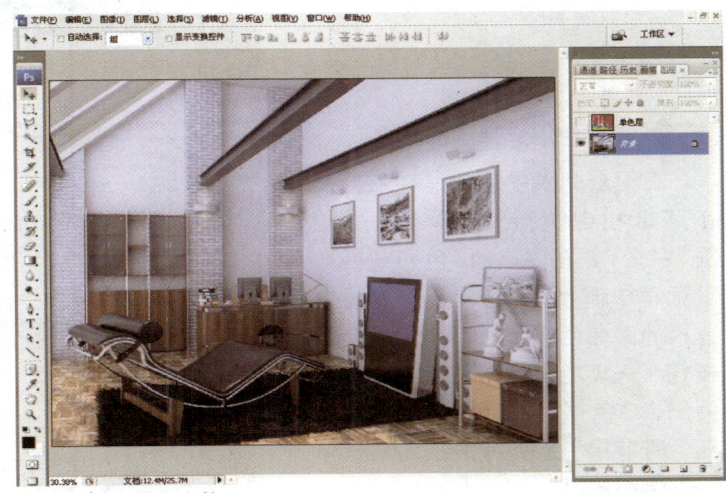

图5-72 打开后期文件

> **提示**
> 1. 我们渲染图像的全局光线很好,但大家也看到了画面色调整体偏灰,饱和度低。
> 2. 因为我们所用的渲染方式的目的在于快速出图,也就是说利用多种类型的软件,以最快的方法完成图像方案的制作,我们用Photoshop来修改图像的灰调是一种性价比很高的调整方式。
> 3. 这个文件里有一个做好的"单色层",和渲染图像只是角度不同,笔者希望大家可以按照后期制作的方法完成我们先前那个角度的后期。

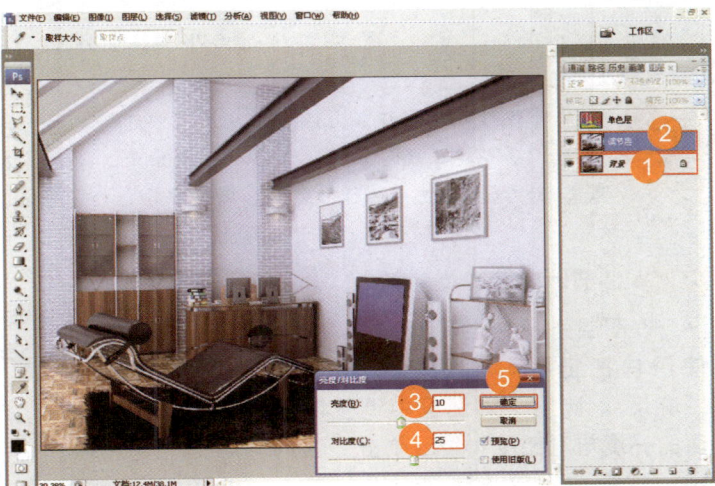

图5-73 调节图像色相与饱和度

> **提示** 调节图像的对比度可以弥补渲染图像的色彩饱和度,使画面更鲜亮。

步骤 2 **分析调整后的图像**

调整完饱和度的图像有了一定的色彩，整体环境有了漫射光的颜色反弹，但图像里的地面、地毯、躺椅面、座椅暗部、顶部铸铁和书柜玻璃等场景物体都需要进一步调节，适应场景的整体光亮关系，如图5-74所示。

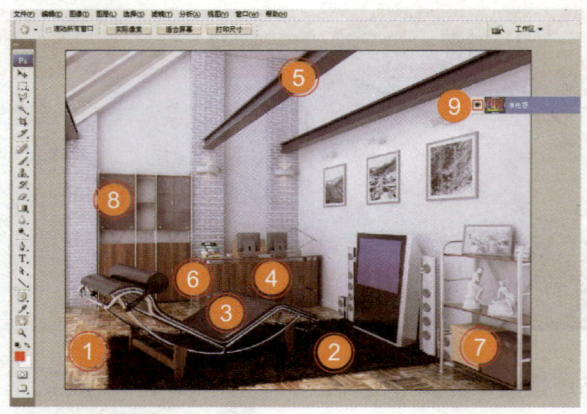

图5-74 分析调整后的图像

步骤 3 **在单色层选择地面选区**

在图层列表中选择"单色层"，在菜单栏中执行"选择>色彩范围"命令，并在弹出的"色彩范围"对话框中调整设置，然后在图像中选择地面绿色部分，并单击"确定"按钮，完成地面选区的选择，最后关闭"单色层"，选择"调节层"，在"调节层"上使用快捷键Ctrl+J，复制图层，取名为"木质地面"，如图5-75所示。

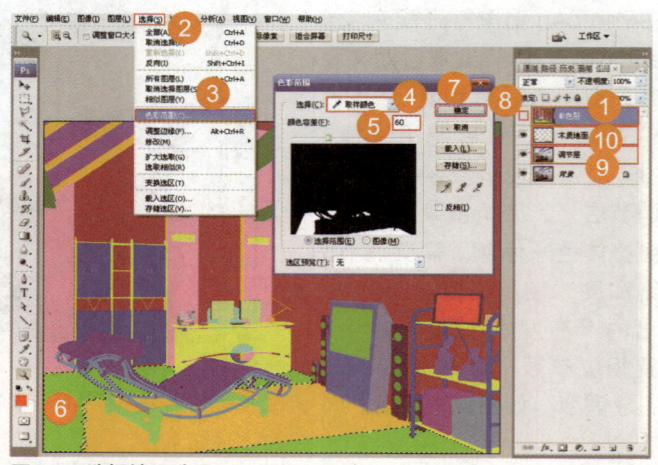

图5-75 选择地面选区

提示
1. 大家还可以用魔棒工具在"单色层"中选择地面选区。
2. 我们将"地面层"在"调节层"复制出来，是为了方便地面区域的编辑和调节。
3. 大家需要举一反三，使用同样的方法在图像中分别选择地毯、躺椅面、座椅暗部、顶部铸铁的选区。

步骤 4 **调节地面层**

在图层列表中选择"地面层"，使用快捷键Ctrl+/，在弹出的"亮度/对比度"对话框中调整地面的亮度与对比度，最后单击"确定"按钮，完成"地面层"的调节，如图5-76所示。

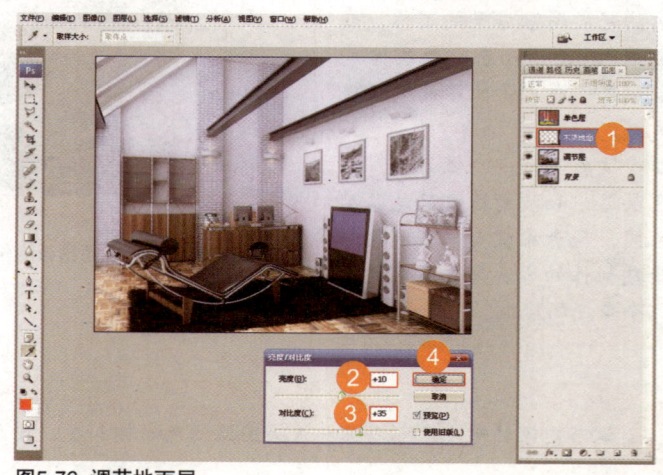

图5-76 调节地面层

提示
1. 对于图像色彩的调节，需要大家依照相关的色彩知识进行调节。
2. 案例中所调节的数值不是固定的，大家可以根据具体图像效果进行调节。

步骤 5 调节其他物体层

在图层列表中选择"调节层"，使用"色彩范围"命令分别选择靠椅面、座椅层、铸铁层等选区，然后分别使用快捷键Ctrl+J复制，并分别命名，最后根据场景光线关系分别对相应图层进行亮度、对比度以及色阶的调节，如图5-77所示。

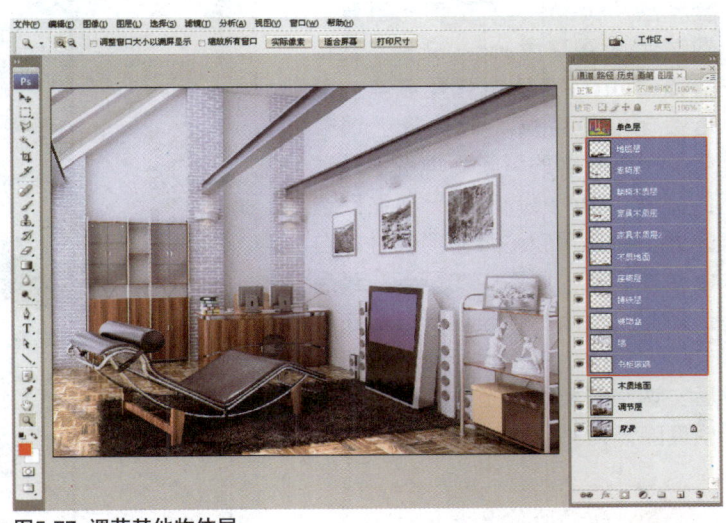

图5-77 调节其他物体层

提示
1. 大家根据阳光的环境强度调节其他物体的亮度与对比度，具体参考相应光盘教学。
2. 因为调节的方法相同，这里笔者就不重叙了，大家一边学一边运用，从中提高后期经验与技巧。

步骤 6 创建并调节电视屏幕

在"单色层"中使用"色彩范围"命令得到电视屏幕选区，打开配套光盘"scenes\第五章\第五章后期文件\电视屏幕.jpg"文件，使用快捷键Ctrl+C，复制电视屏幕，然后关闭"单色层"选择调节层，将复制的"电视屏幕"图像粘贴到选区里，最后使用Ctrl+T，对图像自由变换，将图像的不透明度降低为85%，如图5-78所示。

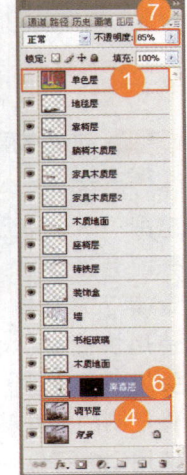

图5-78 创建调节电视屏幕

提示
1. 使用自由变换对图像进行调整时，应注意调节时图像与实际环境的透视相匹配。
2. 选择"粘贴到选区"表示粘贴的图像只在选区内显示，便于我们对图像的编辑。
3. 我们还可以按照场景环境光线给电视屏幕层加上"滤镜/渲染/光照"效果，使其融入到整个的环境中。

步骤 7 创建玻璃背景环境

在"单色层"执行"色彩范围"命令得到顶玻璃选区，打开配套光盘"scenes\第五章\第五章后期文件\背景环境.jpg"文件，使用快捷键Ctrl＋C复制背景环境，然后关闭"单色层"，选择"调节层"，将复制的背景环境图像通过快捷键"Ctrl＋Shift＋V"粘贴到选区里，并使用Ctrl＋T对图像进行自由变换调整，如图5-79所示。最后选择配景蒙版的顶玻璃选区，在调节层使用Ctrl＋J创建"顶玻璃层"后，调整到配景层上方，并将不透明度降低到35%，如图5-80所示。

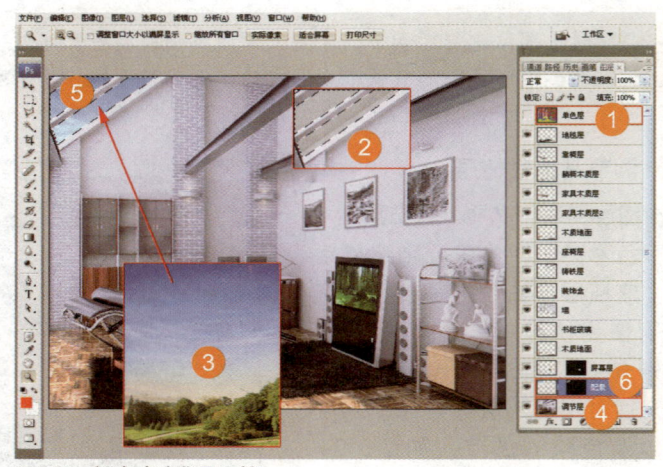

图5-79 创建玻璃背景环境

> **提示** 我们降低背景环境的透明度，是为了表现背景物体在玻璃后面并突出玻璃的真实效果。

图5-80 创建顶玻璃

步骤 8 创建书层

先在"单色层"上执行"色彩范围"命令得到书柜玻璃选区，打开配套光盘"scenes文件夹\第五章\第五章后期文件\书.tif"文件，使用快捷键Ctrl＋C复制该图片，关闭"单色层"选择"调节层"，将复制的图像粘贴到选区里，最后使用Ctrl＋T分别对图像进行自由变换调整，将图像的不透明度降低为25%，如图5-81所示。

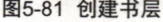

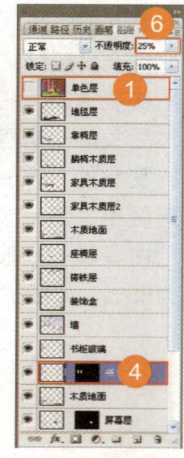

图5-81 创建书层

> **提示** 这里为了提高工作效率，没有使用真实的模型，而是采用后期处理的方法来完成。

制作环境光

在图层列表的最上层使用快捷键"Ctrl+Shift+N"新建一个图层，起名为"环境光层"，在工具面板中选择多边形套索工具，按照图5-82所示，创建一个环境光选区，然后使用快捷键Alt+Ctrl+D，在弹出来的羽化对话框中输入"85"，如图5-83所示。

> **提示** 大家要根据阳光的投射角度创建环境光的套索选区。

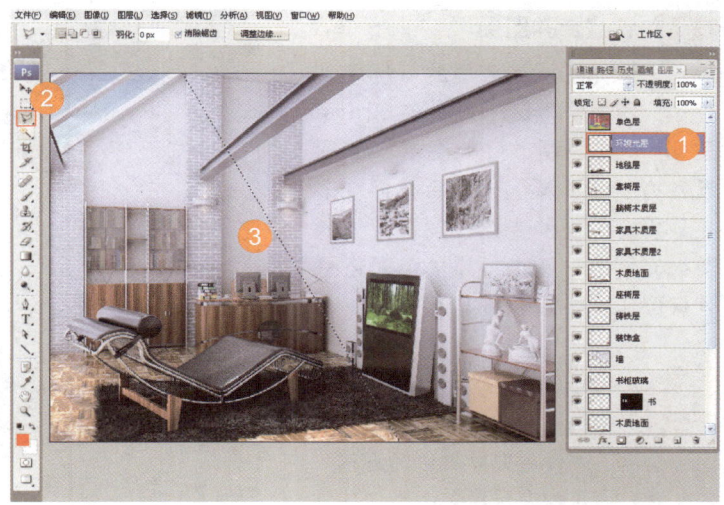

图5-82 创建环境光层

最后在工具面板中选择渐变工具，在选区里从右上角到左下角拉出渐变范围，并将"环境光层"的不透明度降低到"15%"，如图5-84所示。

> **提示** 羽化选区是为了使我们以后添加的渐变层边缘部分与编辑的图像有更好的融合效果，图像更真实。

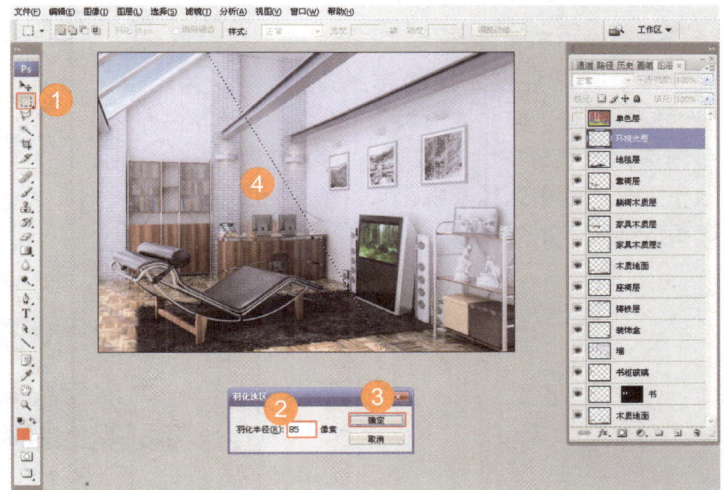

图5-83 羽化环境光层

> **提示** 1. 在选区中拖拽渐变时应注意拖拽的角度和方向，一般按照直接光照的光线角度。
> 2. 我们需要将创建的"环境光层"的不透明度降低，使之适合我们的图片场景。
> 3. 创建"环境光层"后，窗口的环境光线变亮了，自上而下地模拟了环境光线。
> 4. 环境光线也可以在3d Max中用体积光创建，以后我们会讲到如何创建。

图5-84 制作环境光

步骤 10 创建合并图层

先选择图层列表里的"环境光层"，使用快捷键Alt＋Ctrl＋Shif＋E，合并其他调节好的图层，然后起名为"合并层"，最后我们观察并分析合并层的光线，发现整体的漫射光偏暗，图像的整体色彩还是有点偏灰，如图5-85所示。

> 提示
> 1. 合并场景是为了方便更好的编辑。
> 2. 我为了方便我们对图像的再调节，没有将所有图层合并。

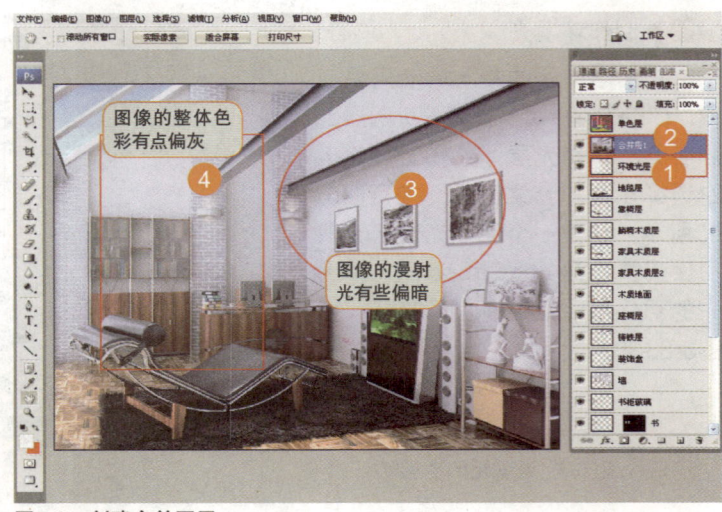

图5-85 创建合并图层

步骤 11 创建阳光地面层

为了突出直接光照的光线效果，需要创建"阳光地面层"。先在图层列表选择"合并层1"，接着在工具面板中选择套索工具，创建相应选区，如图5-86所示。

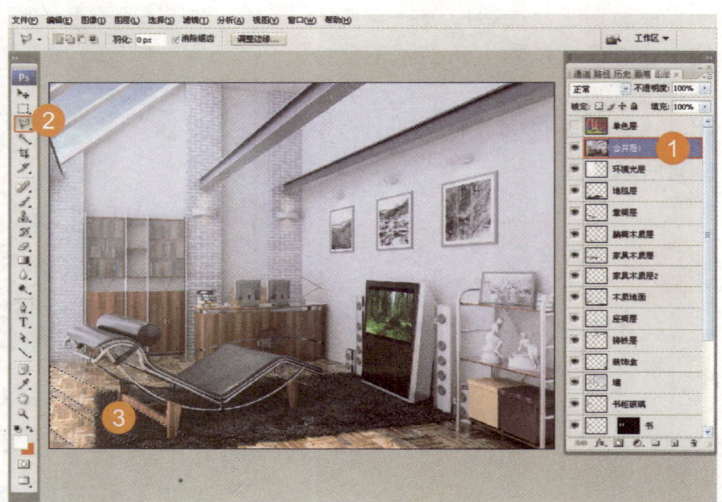

图5-86 创建阳光地面层

使用快捷键Ctrl＋J，创建阳光地面层，最后使用快捷键Ctrl＋L，在弹出来的色阶对话框中调节相应参数，如图5-87所示。

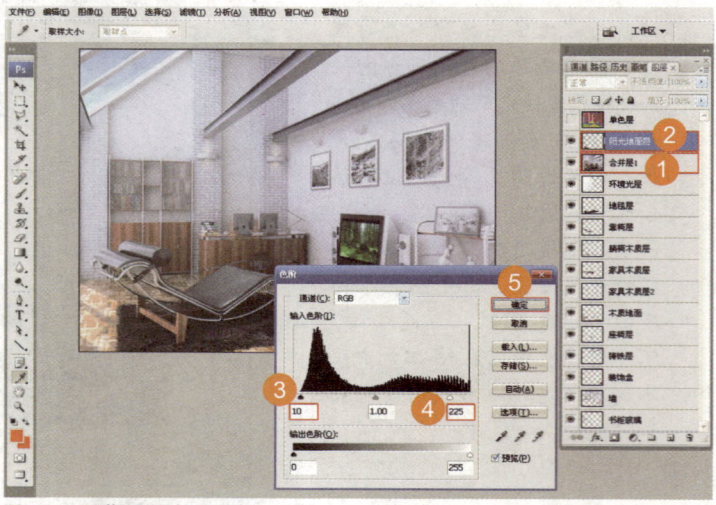

图5-87 调节阳光地面层

步骤12 创建柔光层

先选择图层列表里的"合并层",使用快捷键Ctrl+J复制出一个新层,起名为"柔光层",最后我们在图层面板上的下拉菜单中选择"柔光",如图5-88所示。

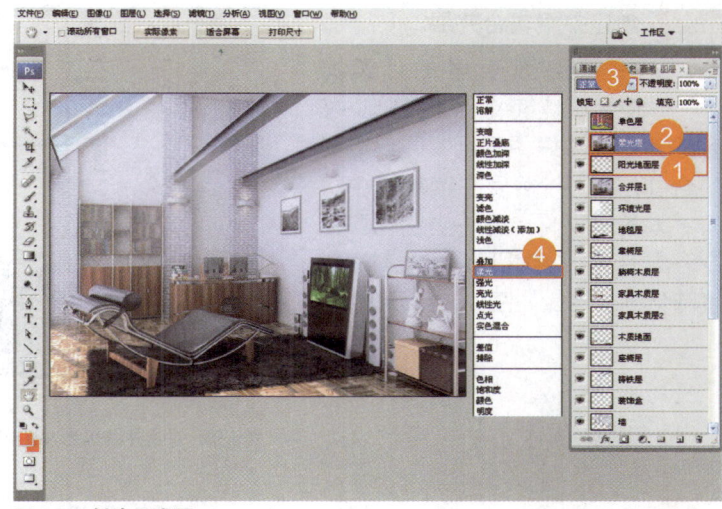

图5-88 创建柔光层

步骤13 对比调节柔光前后的效果

大家可以看到柔光之前的图像整体偏灰,如图5-89所示,调节过柔光的图像有真实的色彩关系,图像变得真实清楚,如图5-90所示。通过对比,大家应该理解为什么给图像加柔光效果,但柔光层有时感觉太过强调明暗,其实真实环境下物体的色彩没有这么纯。

图5-89 未柔光层

图5-90 柔光后的效果

步骤14 调节柔光层

先在图层列表中选择"柔光层",执行菜单栏中的"滤镜>模糊>高斯模糊"命令,然后在弹出的"高斯模糊"对话框中设置高斯模糊参数,最后在图层面板中将不透明度降低为50%,如图5-91所示。

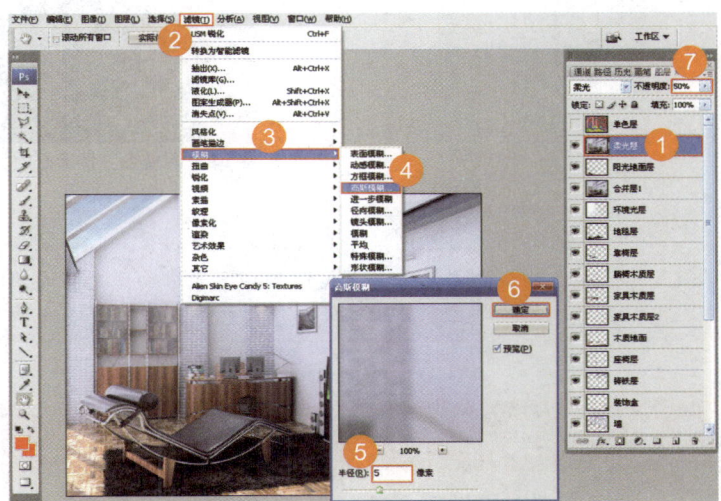

图5-91 给柔光层调节高斯模糊

步骤 15 创建并编辑合并层2

　　选择图层列表里的"柔光层",使用快捷键Alt+Ctrl+Shif+E合并其他调节好的图层,并起名为"合并层2",然后在菜单栏中执行"滤镜>锐化>进一步锐化"命令,最后将"合并层2"的不透明度降低到90%,如图5-92所示。

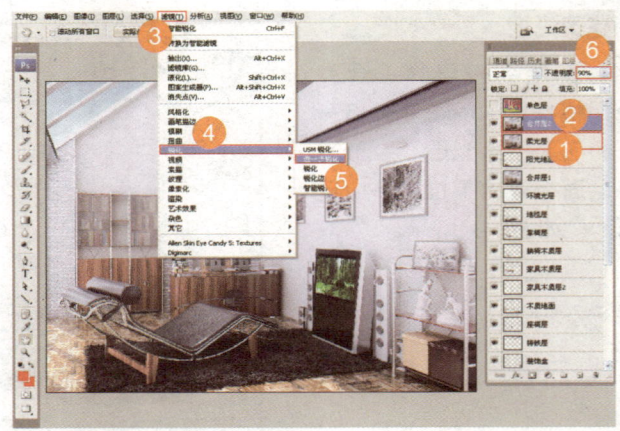

图5-92　创建并编辑合并图层2

提示　1.给渲染图像加入进一步锐化效果,可以使图像边缘更真实,色彩比较鲜亮。
　　　　　2.为了使画面达到真实的效果,我们将锐化过图层的不透明度降低,因为真实环境下的物体不会很清晰,略有一点亚光感觉。

步骤 16 最终合并调节好的图像

　　选择图层列表里的"照片滤镜层",使用快捷键Alt+Ctrl+Shif+E,合并所有图层,起名为"最终合并层",保存图片后,最终效果如图5-93所示。

图5-93　最终合并调节好的图像

本节小结: 休闲办公空间的后期处理就写到这里,我们完成了对渲染图像的后期编辑,读者在学习过程中需要掌握并控制渲染图像中物体之间的明暗关系与色彩关系,通过学习能够运用选区等工具处理环境背景、电视屏幕、书柜图书等需要编辑的图像物体。

5.7　本章小结

　　本章案例在设计理念上体现了办公空间多功能性,将办公空间与休闲空间结合在一起,突出了办公空间人性化的设计,为忙碌在都市快节奏的人们提供了一个舒适的活动空间,使得个人的办公空间更具活力与新意,在制作过程中需要读者掌握VRayProxy 代理物体的运用,另一种VRay渲染引擎搭配的方法,场景灯光中光域网在场景中的应用以及主要办公材质的调节等制作的主要步骤,为今后创作优秀的办公空间积累宝贵的经验。

06

第 6 章

阳光卧室空间

本章要点:

　　本章重点讲解的是阳光卧室空间的制作过程，在3ds Max中运用VRay高级渲染器，结合VRay全局照明引擎的灵活运用，详细介绍创建室内阳光全局光照的布置方法，细致讲解如何使用VrayMtl材质精细调节卧室常用高级材质的技巧，以及作者多年宝贵的渲染经验。

重点内容: 1. 发光贴图和灯光缓存渲染引擎的设置

　　　　　　2. 卧室材质的调节

　　　　　　3. 直接光照与室内灯光的设定

　　　　　　4. 后期调整

6.1 阳光卧室空间渲染之前的准备工作

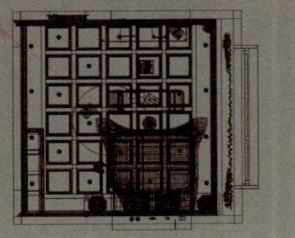

▶ **本节要点：** 本节重点介绍在阳光卧室空间模型渲染之前，应该调整模型的主要参数，如模型尺寸单位设置、VRay渲染器引擎的切换等设置。

主要步骤 打开创建好的实例模型，检查模型的单位设置，最后将3ds Max中的渲染引擎切换成VRay的渲染引擎。

步骤 1 **启动3ds max，将创建好的3ds Max实例模型文件打开**

执行File（文件）>Open（打开）命令，然后选择配套光盘"scenes\第六章\第六章max文件\阳光卧室空间.max"文件，将文件打开，如图6-1所示。

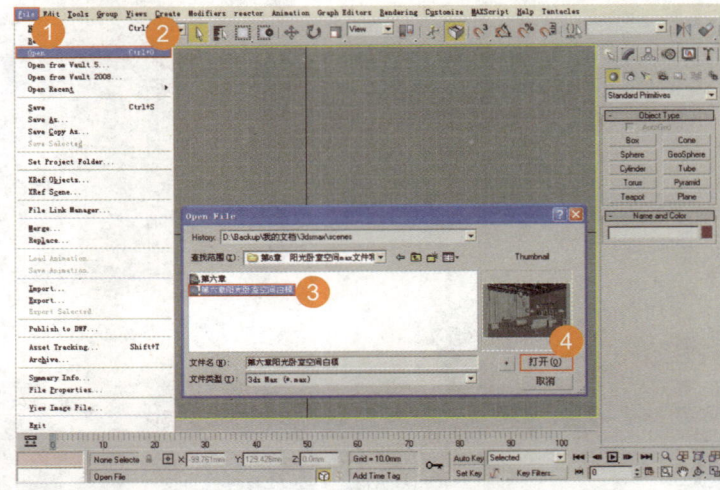

图6-1 打开3ds Max文件

步骤 2 **检查模型单位尺寸**

执行菜单栏中的Customize（自定义）> Units Setup（单位设置）命令，检查单位尺寸，如图6-2所示。

提示 设置好模型的单位尺寸是为了在渲染中表现出模型的实际效果和真实感觉，因此我们在建立模型时，应该按照实际室内空间建立。

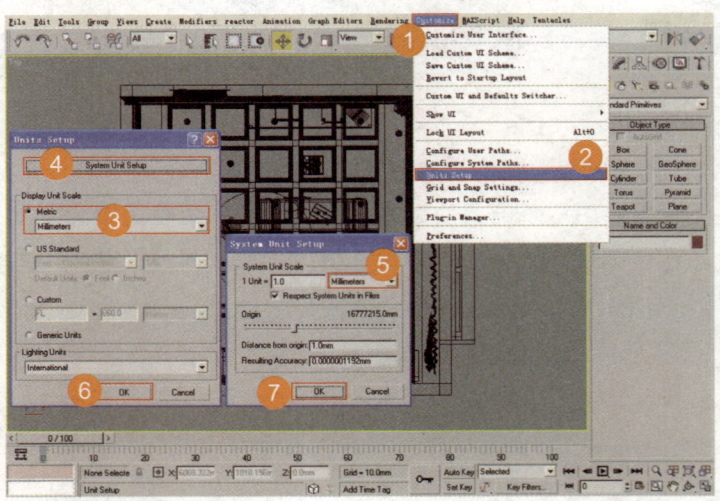

图6-2 场景单位尺寸设定

步骤 3 给场景添加摄影机

在创建命令面板里选择摄影机选项，在下拉列表中选择Target（目标摄影机），然后将视口切换Top视口，完成摄影机在模型中的建立，如图6-3所示。

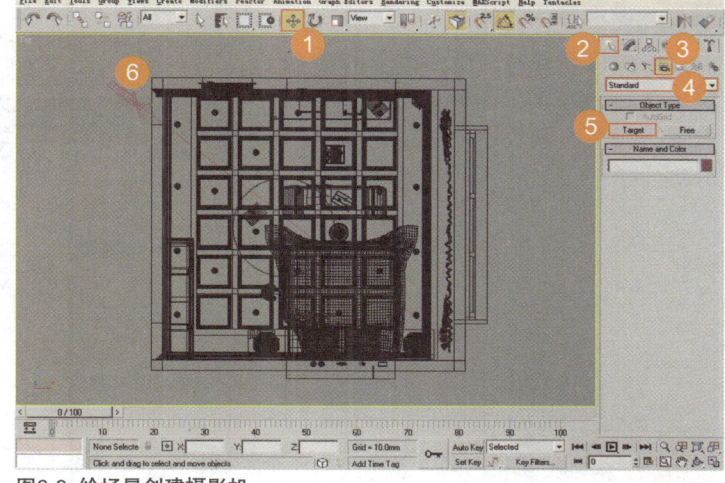

图6-3 给场景创建摄影机

步骤 4 调节摄影机的视口位置

将视口切换到Top视口，选择刚创建的摄影机，并在摄影机的修改面板中设置相应参数。在工具栏的移动工具上单击右键，在弹出的对话框中按照世界坐标设置摄影机的位置，如图6-4所示。然后使用快捷键C，将视口切换到摄影机视口，观察调节好的视口空间，最后完成场景视口的设置，如图6-5所示。

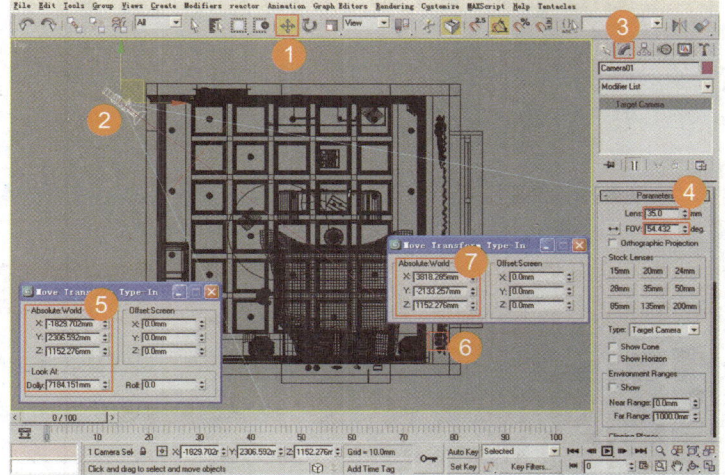

图6-4 摄影机参数位置设定

提示 在场景中创建摄影机应注意两个问题：首先如果我们要用VRay渲染场景，就要把摄影机建立在室内空间以内，因为VRay只渲染摄影机以内的场景视口，以外的光子贴图不计算；其次，我们创建摄影机要表现场景的中心思想，也就是视口中要表现出场景的灵魂，一定要经过多次测试才能调整到合适的位置，大家可以按照自己要表达的场景角度调整。

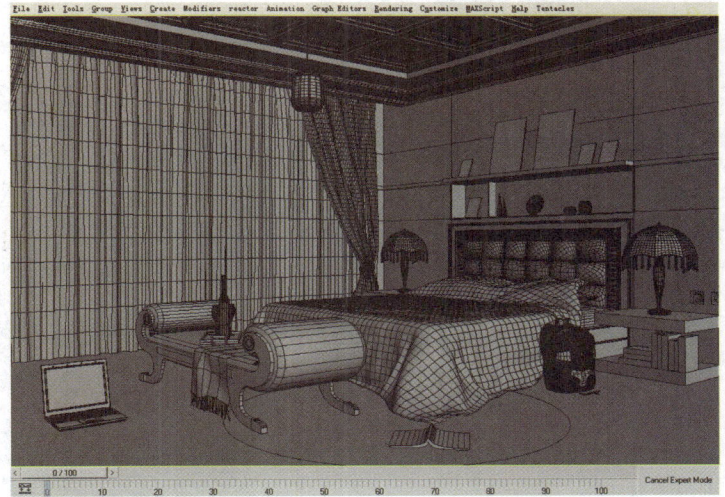

图6-5 调整好的视口

步骤 5 **设置测试材质**

使用快捷键M，在弹出来的材质编辑器中选择VRay标准材质，再设置Diffuse（漫反射）颜色，如图6-6所示。

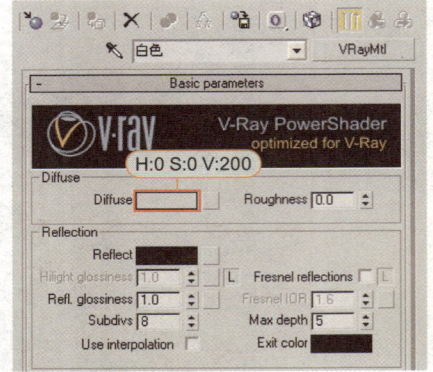

图6-6 测试材质参数

提示
1. 我们可以给整个场景添加一个替换材质，检查模型是否有漏光问题。
2. 替换材质就是暂时将相应材质替换为一个材质的同时，又不破坏场景中相应材质的赋予关系。
3. 替换材质的颜色最好设置的和场景效果的环境相符合，白天的场景材质颜色可以调节亮一些，晚间可以调节灰一些。

本节小结：以上是阳光卧室场景渲染前的准备工作，本节重点讲述了为了测试场景模型我们创建了一个测试材质，读者需要掌握测试材质的创建方法和使用效果。

6.2 VRay高级渲染设置

本节要点：本节重点讲解并详细介绍了阳光卧室空间中VRay高级渲染面板的预渲染参数设置。

步骤 1 **切换渲染器**

使用快捷键F10，在弹出的对话框中展开Assign Renderer（指定渲染器）卷展栏，选择Production右侧的对话框按钮，在弹出的对话框中选择VRay Adv 1.5RC5渲染器，最后单击对话框上OK按钮，完成VRay渲染器的切换，如图6-7所示。

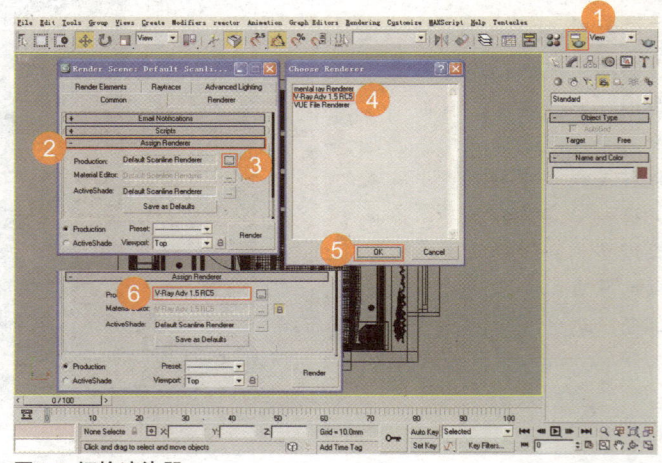

图6-7 切换渲染器

步骤 2 设置渲染尺寸

使用快捷键F10，在弹出对话框中选择Common选项卡，展开Common Parameters卷展栏，在Output size选项组中将渲染图像设置为400×300像素，单击Image Aspect右面的锁定图标，将渲染图像尺寸锁定，具体参数设置如图6-8所示。

> 提示 设置小像素是为了节约预渲染光子贴图和灯光贴图的时间，在测试场景时提高工作效率，更快看到测试效果。

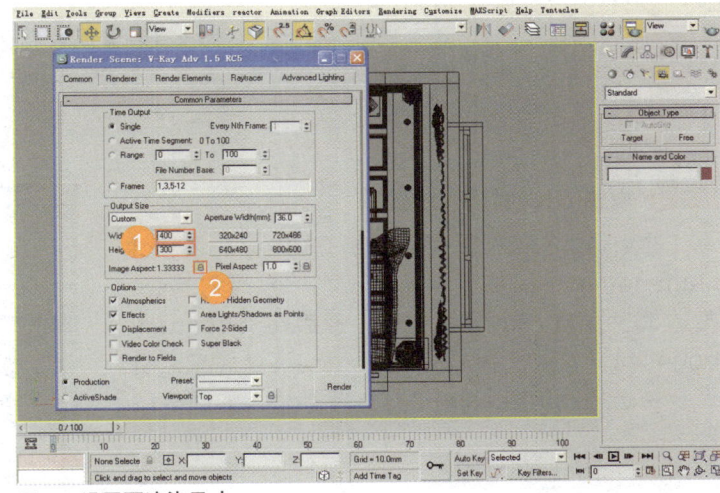

图6-8 设置预渲染尺寸

步骤 3 设置VRay通用参数

在VRay选项卡中，展开VRay Global switches（通用参数）卷展栏，分别取消勾选Default lights（默认灯光）、Reflection/refraction（反射/折射）、Maps（贴图）、Glossy effects（光泽效果）复选框，再把刚才设定的测试材质拖放到Override mtl（替换材质）右侧的按钮上，完成场景材质的替换，最后将Raytracing（光线跟踪）选项组中的Secondary rays bias（二级射线偏移）设置为0.01，如图6-9所示。

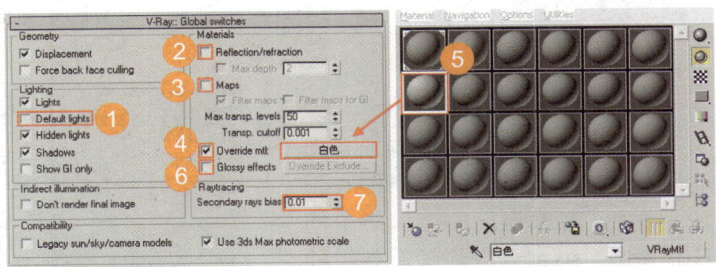

图6-9 设置通用参数

步骤 4 设置VRay图像采样参数

在VRay渲染选项卡中，展开VRay Image sampler [Antialiasing]（图像采样）卷展栏，然后在Image sampler（图像采样）选项组中的Type（类型）右侧的下拉列表中选择Fixed（固定比采样器），并关闭Antialiasing filter（抗锯齿过滤），最后在VRay Fixed image sampler（固定比采样）卷展栏中将Subdivs（细分）设置为1，如图6-10所示。

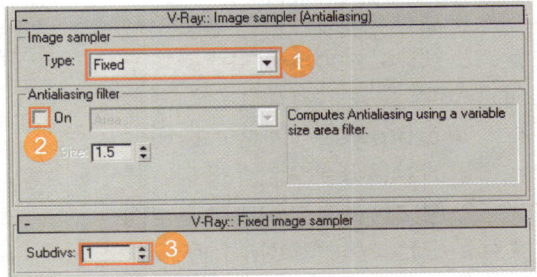

图6-10 设置图像采样参数

1. 选择Fixed（固定比采样器），是因为这种方式占用内存小，预览图像快。

2. 预渲染时，不需要追求图像品质，所以我们将Antialiasing Filter抗锯齿过滤关掉，以提高预渲染效率。

步骤5 设置VRay间接光照参数

在VRay渲染选项卡中，展开VRay Indirect illumination（间接光照）卷展栏，然后勾选On复选框，开启VRay间接光照，最后在Secondary bounces（二级反弹）的GI engine（全局光照引擎）中选择Light cache（灯光缓存），如图6-11所示。

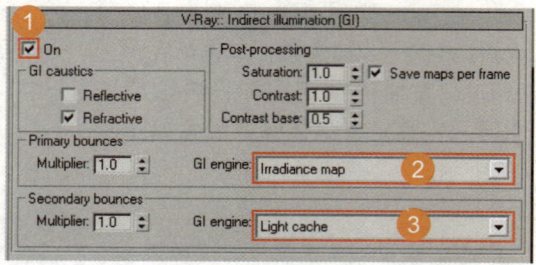

图6-11 设置间接光照参数

提示 1. 这里将二级反弹的全局光照引擎改为Light cache（灯光缓存），是VRay渲染引擎的一种搭配方式，以后的章节将介绍到其他的全局光照引擎搭配方式。

2. 只有勾选On复选框，VRay的全局光照引擎和天光系统才能使用。

步骤6 设置VRay光子贴图参数

展开VRay Irradiance map（光子贴图）卷展栏，在Built-in presets（内置预设）选项组中的Current preset（当前预设置）的右侧选择Very low（非常低）品质，然后将Basic parameters（基本参数）中的HSph.subdivs（半球细分）和Interp.samples（插值采样）参数分别设置为30和20，并勾选Options（属性）选项组中的Show calc.phase（显示光能进程）复选框，最后在Mode（模式）中选择Single frame（单帧）模式，在On render end选项组中勾选Auto save（自动保存）复选框，单击Browse（浏览）按钮，在弹出的对话框中命名并保存，将光子贴图文件保存到阳光卧室空间文件的根目录里，如图6-12所示。

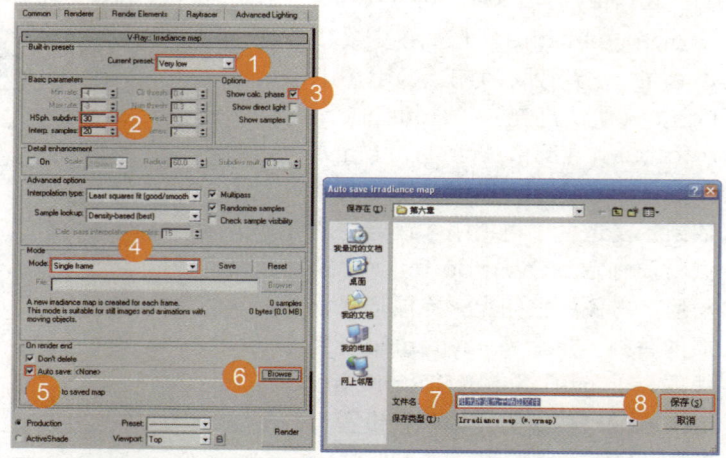

图6-12 设置VRay光子贴图面板参数

提示 1. 预渲染时，我们一般选择Very low（非常低）品质，目的就是要快速测试出整个场景的全局光照效果。

2. 勾选Show calc.phase（显示光能进程）复选框，使读者看到全局光照进行的过程，便于大家观察灯光效果，如果读者的硬件配置不高，可以不开。

3. 勾选Auto save（自动保存）复选框可以将测试好的光子贴图自动保存到预设根目录里。

步骤7 设置VRay灯光缓存贴图参数

展开VRay Light cache（灯光缓存卷展栏），在Calculation parameters（计算参数）选项组中将Subdivs（细分）设置为300，Scale（比例方式）设置为Screen（屏幕），分别勾选Store direct light（存储直接光照）和Show calc phase（显示光能进程）复选框，然后在Mode（模式）中选择Single frame（单帧）模式，在On render end中勾选Auto save（自动保存）复选框，单击Browse（浏览）按钮，在弹出的对话框中命名并保存，将灯光缓存贴图文件保存到阳光卧室空间文件的根目录里，如图6-13所示。

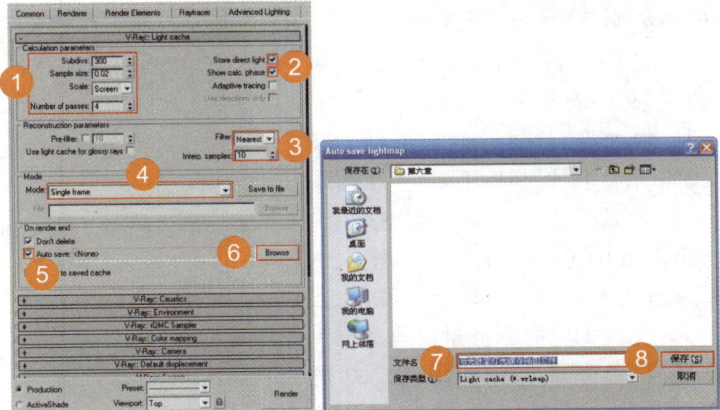

图6-13 设置VRay灯光缓存贴图参数

提示 勾选Store direct light（存储直接光照）复选框，是为了方便今后的渲染，加快图像渲染的速度。

步骤8 设置VRay环境贴图参数

展开VRay Environment（环境贴图）卷展栏，并在GI Environment（skylight）override（全局光照明环境）选项组中勾选On，开启VRay全局光照明环境的天光，并将天空光的颜色设置为H:148，S:51，V:255，设置Multiplier为4，然后在Reflection/refraction environment override（反射/折射照明环境）中开启照明环境，然后将反射与折射照明环境的颜色设置为H:0，S:0，V:255，最后将Multiplier值设置为3.5，具体参数设置如图6-14所示。

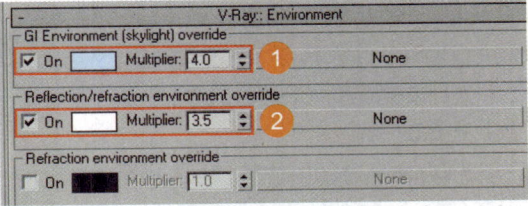

图6-14 设置VRay环境贴图参数

步骤9 设置VRay准蒙特卡罗采样

展开VRay rQMC sampler（准蒙特卡罗采样）卷展栏，将Adaptive amount（自适应数量）设置为0.85，将Noise threshold（噪波阈值）设置为0.01，最后将Global subdivs multiplier（全局细分倍增）设置为1，完成准蒙特卡罗采样参数设置，如图6-15所示。

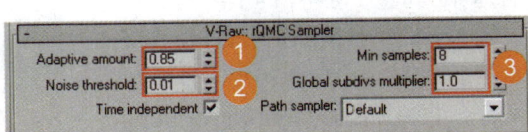

图6-15 设置VRay准蒙特卡罗采样

步骤10 设置VRay色彩贴图

　　展开VRay Color mapping（色彩贴图）卷展栏，在Type（类型）中选择Linear multiply线性指数曝光，接着将Gamma（伽玛值）设置为1.0，最后勾选Sub-pixel mapping（次像素贴图）、Clamp output（限制输出）和Affect background（影响背景）复选框，完成色彩贴图参数的设置，如图6-16所示。

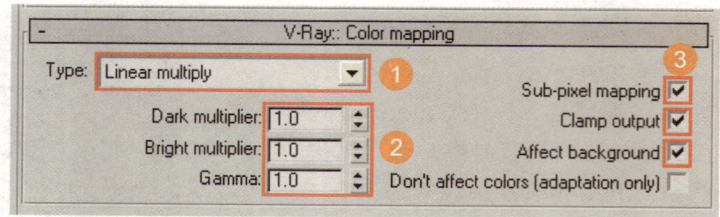

图6-16 设置VRay色彩贴图

提示
1. Exponential（指数曝光）可以降低离光源较近处表面的曝光效果，场景颜色饱和度也会降低。
2. 勾选Sub-pixel mapping（次像素贴图）复选框，是为了减少杂点，让渲染图像更光滑。
3. 勾选Clamp output（限制输出）复选框，是为了把在渲染图中无法表现出来的色彩通过限制来纠正。
4. 勾选Affect background（影响背景）复选框，是为了在渲染同时，使当前场景灯光可以影响到我们设置的背景颜色或背景贴图。

步骤11 设置VRay系统参数

　　展开VRay System（系统参数）卷展栏，设置Raycaster params（光线投射参数）中的参数.Max. tree depth（最大树深度）→90

　　• Face/level coef（面/级别系数）→0.5

　　• Default geometry（默认几何参数）→Static（静态）几何方式。

　　然后将Render region division中的X和Y方向的渲染区域均设置为64，并且在Region sequence（区域方式）右侧的下拉列表中选择Top->Bottom（从上到下）的渲染方式，再将Frame stamp设置为%VRayversion（VRay的版本号）和%rendertime（渲染时间），再将Miscellaneous options（多样属性）中的MAX-compatible ShadeContext(work in camera space)（贴图类型兼容性面板）勾选启用，如图6-17所示。

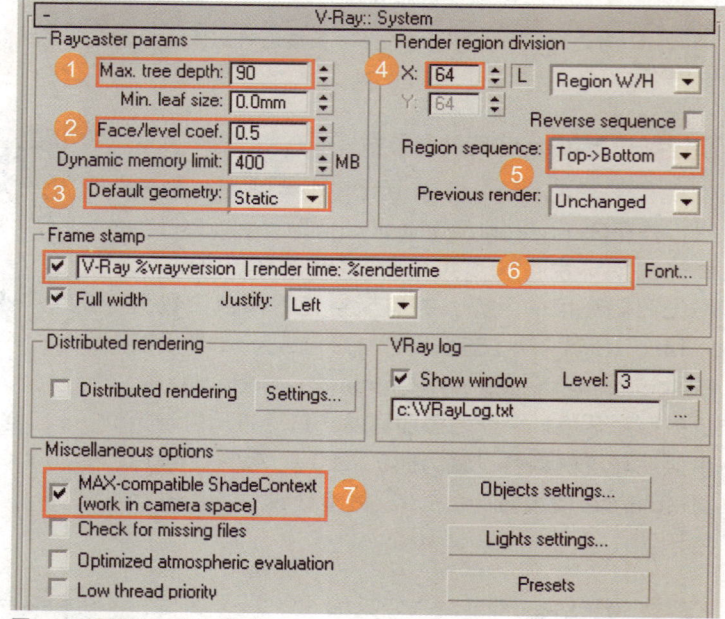

图6-17 设置VRay系统参数

提示
打开水印信息，可以通过渲染场景的测试时间，推算出最终渲染图像的时间。

步骤 12 测试模型

切换到摄影机视口，使用快捷键Shift+Q，对场景进行第一次测试，如图6-18所示。

> **提示** 我们要观察测试模型的结果，看一看有没有漏光的地方，如果没有漏光现象，我们继续往下调节，如果有漏光现象，我们要对模型进行修改后，才能够进行下一步调节。

图6-18 测试渲染结果

> ▶ **本节小结**：以上是对阳光卧室空间的预渲染设置，在预渲染设置的过程中需要大家掌握使用GI Environment（skylight）override（全局光照明环境）设置来配合替换材质测试场景模型。

6.3 为预渲染场景赋予材质

> ▶ **本节要点**：本节重点讲解如何使用VRayMtl（VRay标准材质）配合Mask（蒙版）、Diffuse（漫反射）通道和Bump（凹凸）通道调节卧室场景中常用材质，希望读者通过习能掌握材质的参数调节。

6.3.1 场景材质编号

为了方便讲解，笔者对场景中的材质进行了编号，并按照标号逐一对材质进行设定，如图6-19所示。

图6-19 场景材质的编号

6.3.2 场景材质的设定

步骤 1 不锈钢材质的制作

　　在材质编辑器中选择一个VRay材质球，起名为"不锈钢"，设置Diffuse（漫反射）颜色为黑色，再设置Reflect（反射）颜色，Hilight glossiness（高光光泽度）参数，Refl glossiness（反射光泽度）参数和Subdivs（细分）参数，具体设置如图6-20所示。最终效果如图6-21所示。

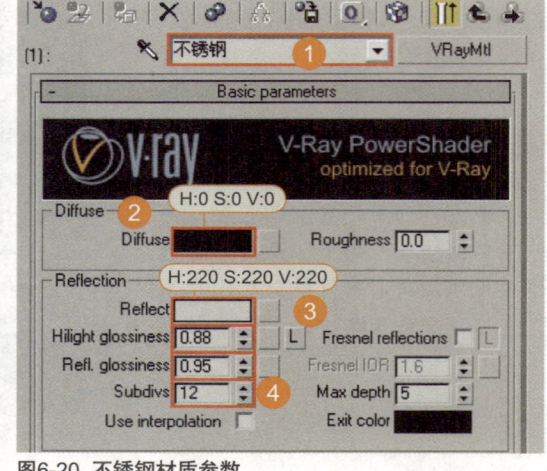

图6-20　不锈钢材质参数

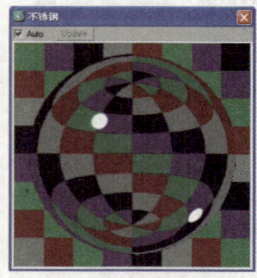 

图6-21　不锈钢完成效果

步骤 2 黄金拖盘材质的制作

　　在材质编辑器中选择一个VRay材质球，起名为"黄金托盘"，设置Diffuse（漫反射）颜色为H:12，S:223，V:255，然后设置Reflect（反射）颜色、Hilight glossiness（高光光泽度）值大小、Refl glossiness（反射光泽度）值大小，具体参数设置如图6-22所示，最终效果如图6-23所示。

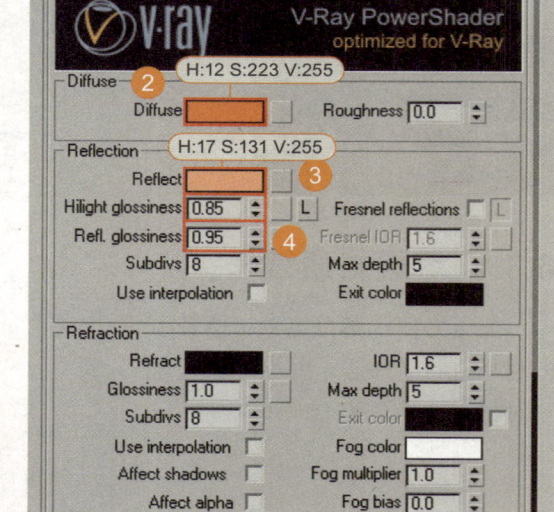

图6-22　黄金拖盘材质参数

图6-23　黄金拖盘完成效果

在材质编辑器中选择一个VRay材质球，起名为"铜"，设置Diffuse（漫反射）颜色参数，然后设置Reflect（反射）颜色、Hilight glossiness（高光光泽度）值大小、Refl glossiness（反射光泽度）值大小、细分值大小，具体参数设置如图6-24所示，最终效果如图6-25所示。

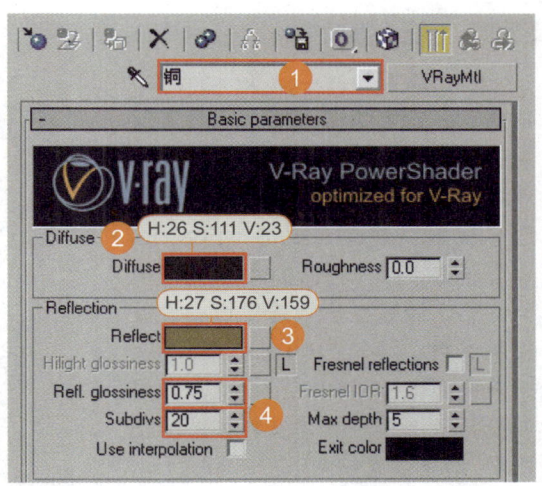

图6-24 铜材质参数

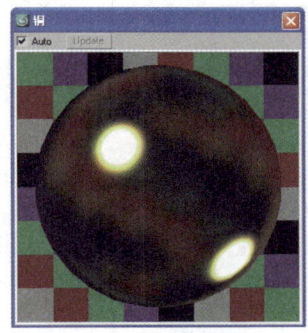

图6-25 铜材质完成效果

在材质编辑器中选择一个VRay材质球，起名为"玻璃吊坠"，设置漫反射颜色为白色，然后设置反射颜色、高光光泽度、反射光泽度及菲涅尔反射参数值，最后设置折射通道颜色参数，并在折射通道里选择一个常用的Falloff贴图，设置衰减方式为Fresnel（菲涅尔）；Override Material IOR值设置为1.6，具体参数设置如图6-26所示，最终效果如图6-27所示。

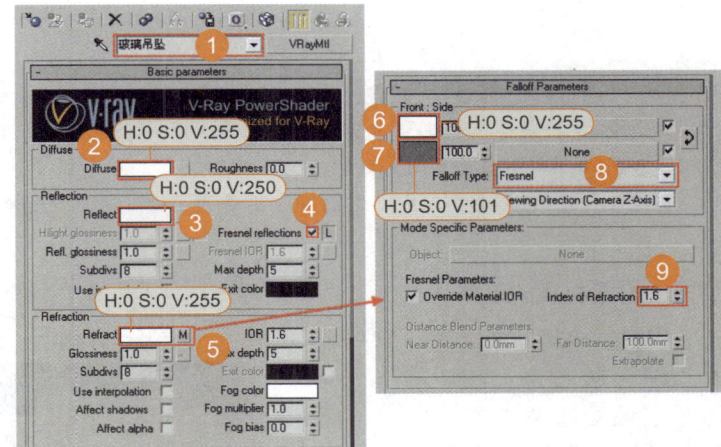

图6-26 玻璃吊坠材质参数设置

提示 反射颜色设置为H:0, S:0, V:250，选择菲涅尔反射，是因为笔者为了控制反射强度，得到一个与环境相匹配的材质。

图6-27 玻璃吊坠完成效果

步骤5　酒瓶材质的制作

在材质编辑器中选择一个VRay材质球，起名为"酒瓶"，设置反射颜色、高光光泽度大小、反射光泽度大小，然后在反射通道设置菲涅尔反射，衰减方式选择Fresnel（菲涅尔）并设置Fresnel IOR值为1.75，最后在折射选项组中设置相关参数，再勾选Affect shadows（效果阴影）和Affect alpha（效果通道）复选框，具体参数如图6-28所示，最终效果如图6-29所示。

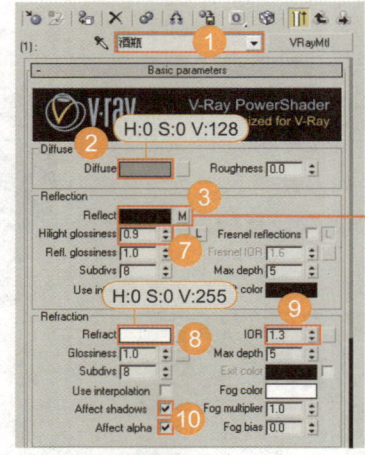

图6-28　酒瓶材质参数

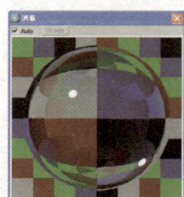

图6-29　酒瓶材质完成效果

> **提示**
> 1.将过渡色的颜色设置为灰色调，是为了模拟真实玻璃的层次效果。
> 2.把折射通道颜色设置为全白色，是为了增强玻璃的折射效果，颜色越白越透明。
> 3.设置Fresnel IOR值为1.75，目的是为了控制玻璃的反射强度。
> 4.勾选Affect shadows和Affect alpha复选框是为了让光可以穿透此物体。

步骤6　灯罩材质的制作

在材质编辑器中选择一个VRay材质球，起名为"台灯罩"，在漫反射贴图通道内添加一张"蝴蝶.jpg"贴图，然后设置反射颜色、高光光泽度大小、反射光泽度大小，并设置折射的颜色，让灯罩显得稍微有些通透。最后在凹凸贴图通道内添加一张和漫反射贴图同样的一张黑白蝴蝶纹贴图，并把凹凸强度设置为51，具体参数设置如图6-30所示，最终效果如图6-31所示。

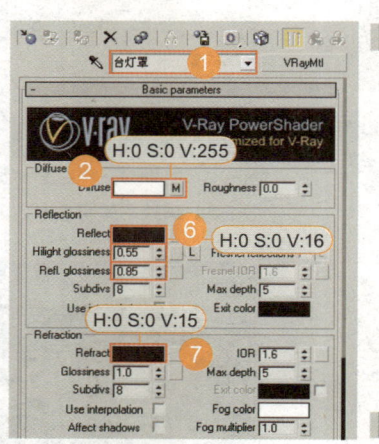

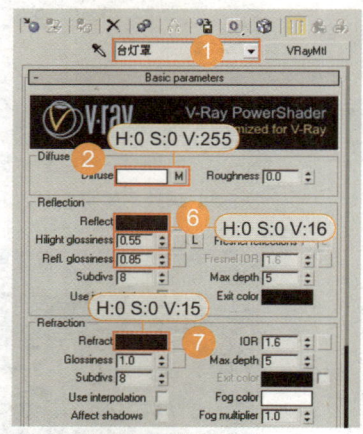

图6-30　灯罩材质参数设置

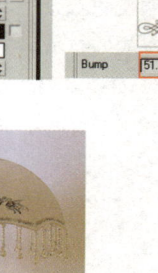

图6-31　灯罩材质完成效果

步骤 7 透明纱窗材质的制作

在材质编辑器中选择一个VRay材质球，起名为"透明窗帘"，设置漫反射通道的颜色，并在折射通道内添加衰减，将折射率值设置为1.005，折射光泽度设置为0.8，最后勾选Affect shadows（效果阴影）和Affect alpha（效果通道）参数，具体参数设置如图6-32所示，最终效果如图6-33所示。

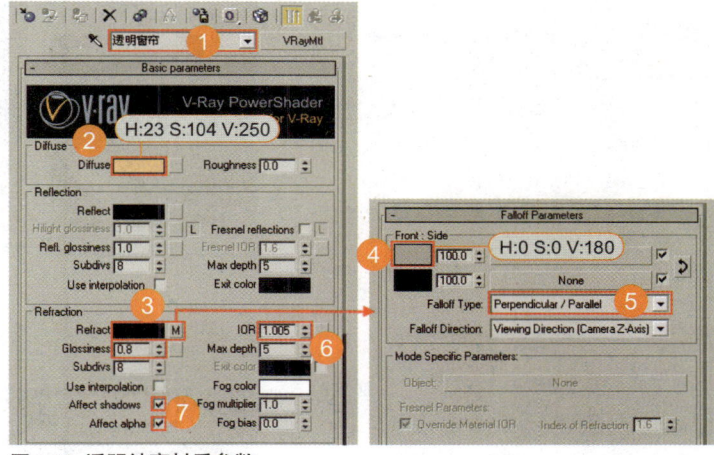

图6-32 透明纱窗材质参数

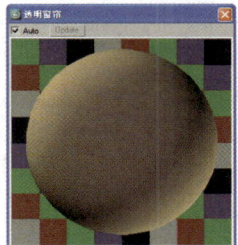

图6-33 透明纱窗完成效果

步骤 8 木地板材质的参数设置与制作思路

分析一下真实亚光木地板的照片，这种木地板带有菲涅尔反射、表面有凹凸且纹理没有规律，如图6-34所示。

图6-34 真实照片效果

在材质编辑器中选择一个VRay材质球，起名为"木地板"，并在漫反射贴图通道内添加一张无缝木地板纹理贴图"木地板.jpg"，并设置相关参数，然后在材质选项组中设置反射颜色为白色，高光光泽度参数，反射光泽度大小，并在反射通道内加入Falloff（衰减），控制衰减反射颜色，将Falloff的衰减方式更改为Fresnel（菲涅尔）衰减方式，将Fresnel IOR值设置为1.85，具体参数设置如图6-35所示，最终效果如图6-36所示。

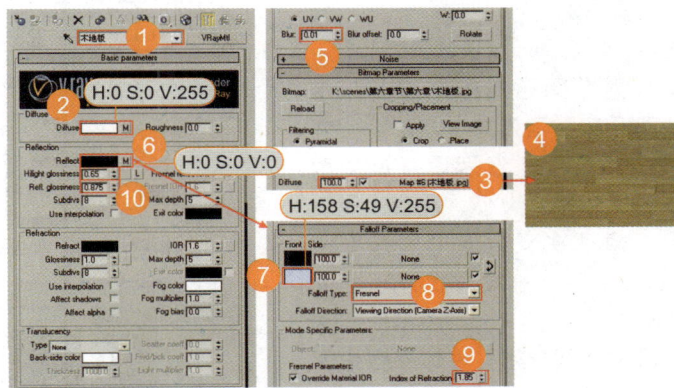

图6-35 木地板材质参数的设置

提示 1. 这里控制远方反射的颜色不是纯白色，而是天蓝色，为了让远处地面反射天空的漫射光线，使材质效果更真实。
2. 设置Fresnel IOR值为1.85，是为了控制亚光木地板的反射强度。

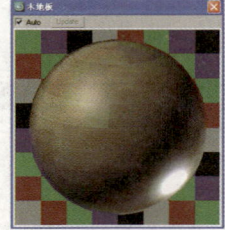

图6-36 木地板材质最终效果

步骤 9 清漆木头材质的制作

在材质编辑器中选择一个VRay材质球，起名为"清漆木头1"，然后在漫反射贴图通道内添加一张木纹贴图"枫木1.jpg"，并在贴图选项组中设置相关参数，然后设置反射颜色、高光光泽度大小、反射光泽度大小，最后在反射通道里选择Falloff贴图，衰减方式为Fresnel（菲涅尔），Override Material IOR值设置为1.75，具体参数如图6-37所示，最终效果如图6-38所示。

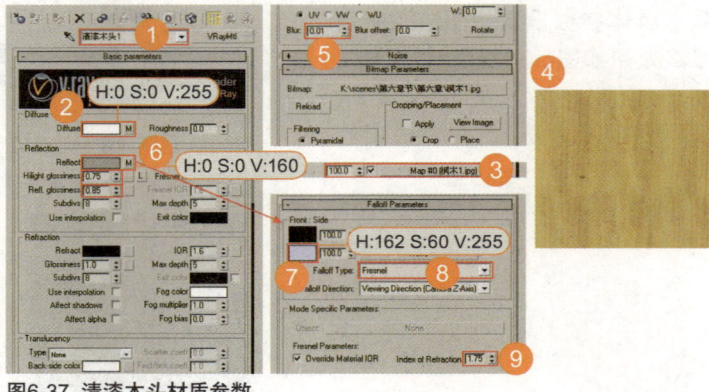

图6-37 清漆木头材质参数

提示 1. 为了使清漆木质有一定的反射模糊，把反射光泽度大小设置为0.85。
2. 因为摄影机离得较远，细分值不需要太高，保持默认即可。

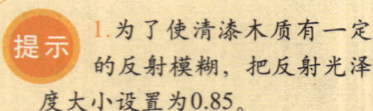

图6-38 清漆木头完成效果

步骤 10 床头档板材质的制作

在材质编辑器中选择一个VRay材质球，起名为"床头清漆木头"，在漫反射贴图通道内添加一张木纹贴图"床头清漆木头.jpg"，并设置相关参数，然后设置反射颜色、高光光泽度大小、反射光泽度大小，最后在反射通道里选择一个Falloff贴图，衰减方式为Fresnel（菲涅尔），Override Material IOR 值设置为1.75，具体参数设置如图6-39所示，最终效果如图6-40所示。

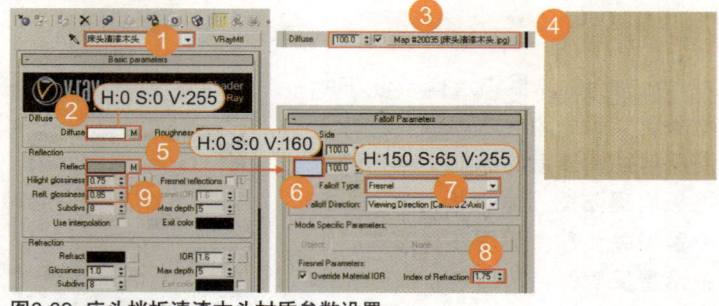

图6-39 床头档板清漆木头材质参数设置

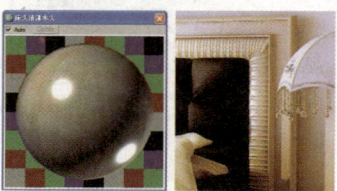

图6-40 清漆木头完成效果

步骤 11 **地毯材质的制作**

在材质编辑器中选择一个默认材质，起名为"地毯"，并设置漫反射的颜色参数，然后在漫反射贴图通道内添加一张真实地毯贴图"咖啡地毯.jpg"，在凹凸通道内添加黑白毛绒贴图"地毯凹凸.jpg"，强度设置为100，具体参数如图6-41所示。

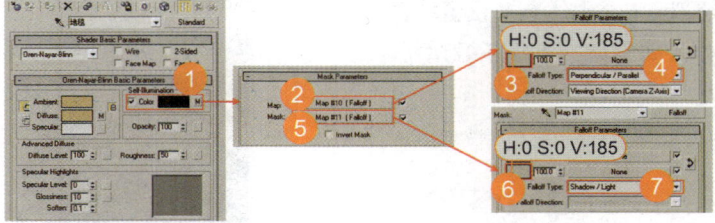

图6-41 地毯材质参数的设置

最后在自发光贴图通道内加入Mask（蒙版）类型，分别在Map（贴图）通道和Mask通道内加入衰减，具体参数如图6-42所示。最终效果如图6-43所示。

图6-42 地毯材质参数

> **提示**
>
> 1. 这里将3D材质的过渡色的色彩设置为黄色，是为了接近地毯贴图的颜色，这样是为了让颜色与材质相匹配。
> 2. 为了提高材质的渲染速度这里我们采用3D材质的调节方法调节地毯效果。
> 3. 使用蒙版衰减调节出来的地毯表面有相应的衰减，毛绒质感强。

图6-43 地毯材质完成效果

步骤 12 **床头脚踏布纹材质的制作**

在材质编辑器中选择一个默认材质球，起名为"脚踏布纹"，并在漫反射贴图通道内添加贴图"格布.jpg"，然后在自发光贴图通道内添加Mask（蒙版），分别在Map贴图通道和Mask贴图通道内添加衰减并调节衰减参数，具体参数如图6-44所示，最终效果如图6-45所示。

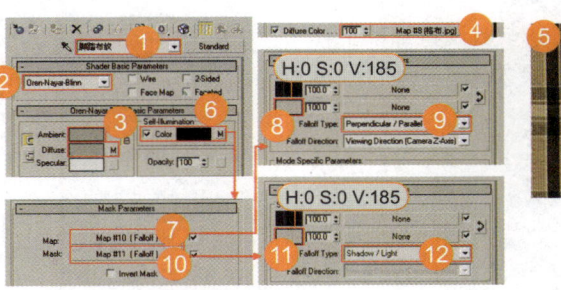

图6-44 床单材质参数的设置

> **提示**
>
> 场景中床单布纹的调节方法与床头脚踏布纹的调节方法相同，大家可以尝试一下。

图6-45 布纹完成效果

步骤 13 床头黑色绒布材质的制作

在材质编辑器中选择一个VRay
材质球，起名为"床头绒布"，设
置漫反射颜色参数，然后设置反射
颜色、高光光泽度大小、反射光泽
度大小，最后在反射通道里选择
Falloff，衰减方式为Fresnel（菲涅
尔）；Override Material IOR 值设
置为1.6，具体参数设置如图6-46所
示，最终效果如图6-47所示。

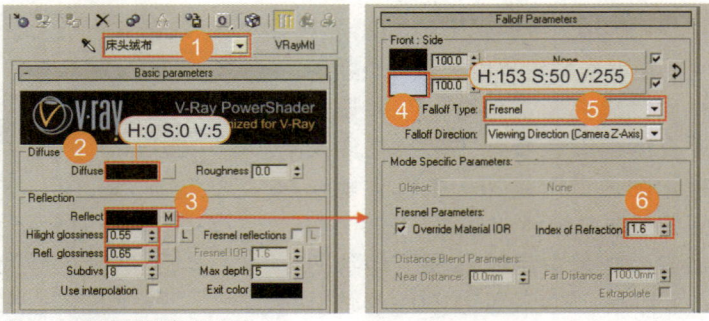

图6-46 布纹调解完成效果

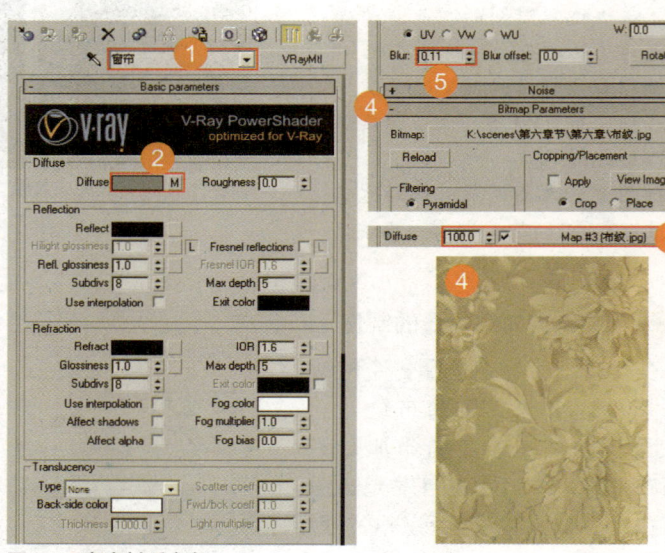

图6-47 床头绒布完成效果

步骤 14 窗帘材质参数设置与制作
思路

在材质编辑器中选择一个VRay
材质球，起名为"窗帘"，然后在
漫反射贴图通道添加一张真实窗帘
贴图"布纹.jpg"，并在贴图选项
组中设置相关参数，其他参数保持
默认即可。具体参数设置如图6-48
所示。最终效果如图6-49所示。

图6-48 窗帘材质参数

图6-49 窗帘完成效果

步骤15 **黑色书包材质的制作**

在材质编辑器中选择一个VRay材质球，起名为"书包材质"，然后在漫反射贴图通道里选择Falloff并设置衰减方式为默认，最后设置反射颜色、高光光泽度大小、反射光泽度大小，具体参数设置如图6-50所示，最终效果如图6-51所示。

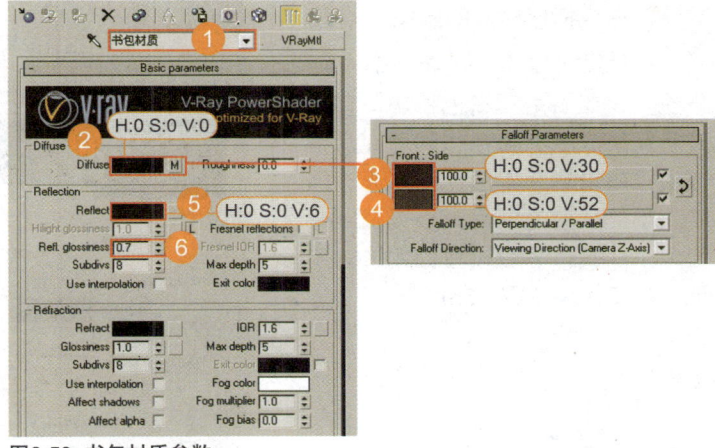

图6-50 书包材质参数

图6-51 书包材质完成效果

步骤16 **蓝格颜色书包材质的制作**

先在材质编辑器中选择一个VRay材质球，起名为"书包材质1"，然后在漫反射贴图通道里选择Falloff，且衰减方式保持默认，调节衰减参数，最后设置反射颜色、反射光泽度大小，具体参数设置如图6-52所示，最终效果如图6-53所示。

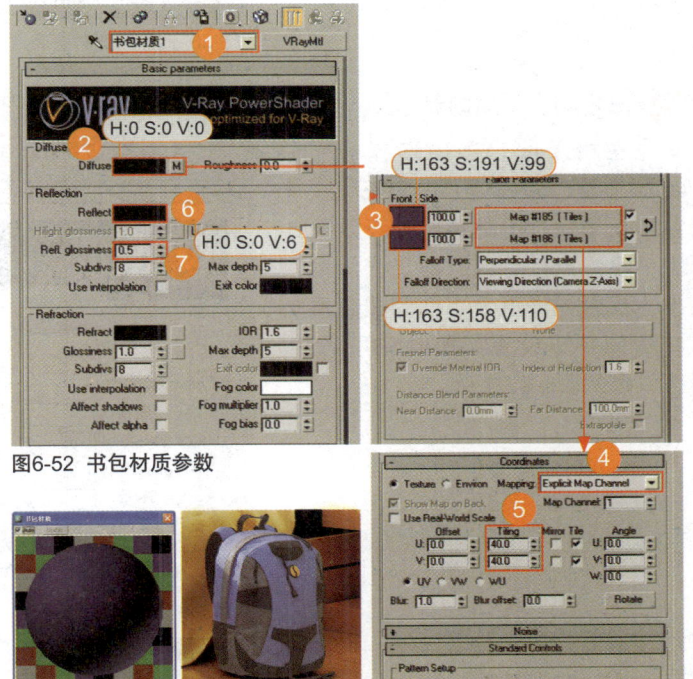

图6-52 书包材质参数

图6-53 书包材质完成效果

步骤17 **白色插座材质的制作**

　　在材质编辑器中选择一个VRay材质球，起名为"白色插座"，设置漫反射颜色为白色，然后在反射选项组中设置反射颜色、高光光泽度大小、反射光泽度大小以及细分值大小，具体参数设置如图6-54所示，最终效果如图6-55所示。

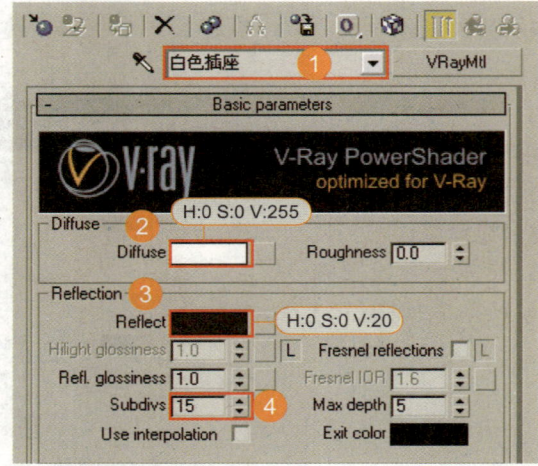

图6-54　白色插座材质参数

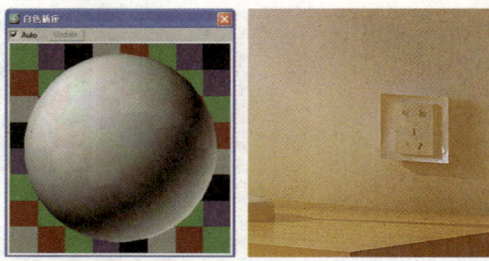

图6-55　白色插座材质完成效果

步骤18 **白色陶瓷材质的制作**

　　先在材质编辑器中选择一个VRay材质球，起名为"白陶瓷"，设置漫反射颜色为白色，在反射选项组中设置反射颜色、高光光泽度大小、反射光泽度大小及菲涅尔反射，具体参数设置如图6-56所示，最终效果如图6-57所示。

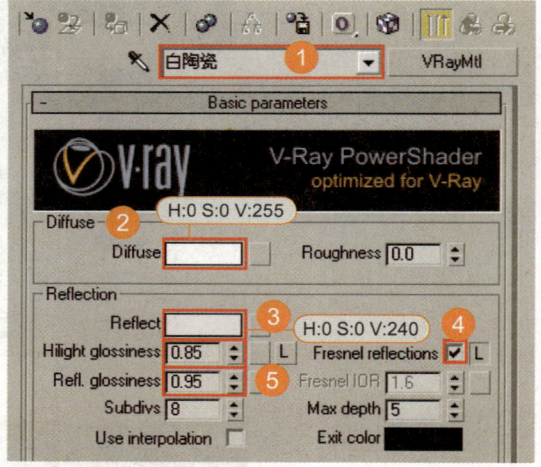

图6-56　白色陶瓷材质参数设置

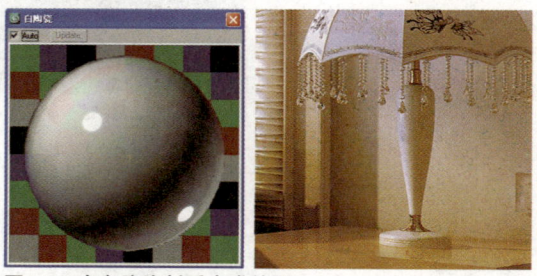

图6-57　白色陶瓷材质完成效果

步骤 19 装饰品陶瓷花盘材质的制作

在材质编辑器中选择一个VRay材质球，起名为"瓷盘"，在漫反射贴图通道内添加一张陶瓷花纹贴图"瓷盘贴图2.jpg"。然后设置反射颜色、高光光泽度大小、反射光泽度大小，具体参数设置如图6-58所示，最终效果如图6-59所示。

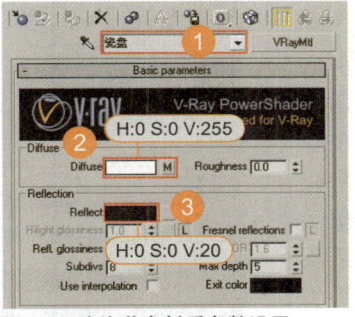

图6-58 陶瓷花盘材质参数设置

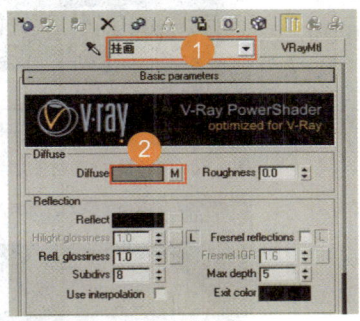

图6-59 陶瓷花盘完成效果

步骤 20 装饰画材质的制作

在材质编辑器中选择一个VRay材质球，起名为"挂画"，然后在漫反射贴图通道内添加一张装饰画贴图"玻璃挂画.jpg"，其他参数保持默认即可，具体参数设置如图6-60所示，最终效果如图6-61所示。

图6-60 装饰画材质参数

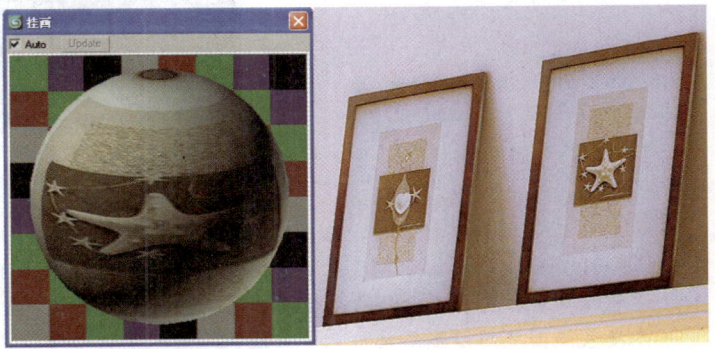

图6-61 装饰画完成效果

步骤21 **书籍封面材质的制作**

在材质编辑器中选择一个VRay材质球，起名为"书本"，然后在漫反射贴图通道内添加一张彩色封面图片"05.jpg"，其他保持默认即可。为了让书面有些凹凸效果，最后在凹凸通道内添加一张和漫反射同样的贴图，凹凸强度值设置为5，具体参数设置如图6-62所示。最终效果如图6-63所示。

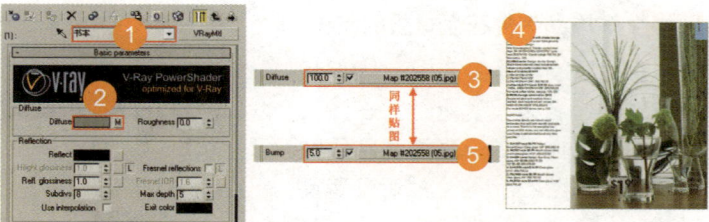

图6-62 书籍封面材质参数

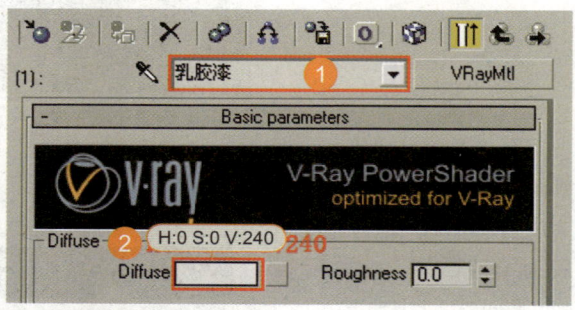

图6-63 书籍封面调解完成效果

步骤22 **白色墙面材质的制作**

在材质编辑器中选择一个VRay材质球，起名为"乳胶漆"，设置漫反射颜色参数，其他参数保持不变即可，具体参数设置如图6-64所示，最终效果如图6-65所示。

图6-64 白色乳胶漆材质参数

图6-65 材质完成效果

提示

1. 在较远观察墙面时，墙面比较平整，颜色较白，而靠近观察，可以发现上面有很多凹凸和细小划痕，这是由于刷乳胶漆的时候，使用刷子涂抹留下的痕迹。这种痕迹是避免不了的，如不近看或细看，是看不出来的，所以我们制作效果图的时候没必要把这些划痕都表现出来。

2. 本场景墙面之所以不是纯白色，是因为墙面不可能全部反光，所以这里设置一个特别接近纯白色的值。这里没有设置凹凸的强度值，是因为墙面离摄影机比较远，所以有没有凹凸值，效果基本一样。如有要求还可以在Bump（凹凸）通道中添加Noise，大家可以试一试。

> **本节小结：** 以上就是阳光卧室空间材质的具体调节过程，本节主要讲述了透明窗帘、绒布、陶瓷、酒瓶等卧室常用材质的制作调节细节，希望读者通过练习熟练掌握。

6.4 场景灯光的设置

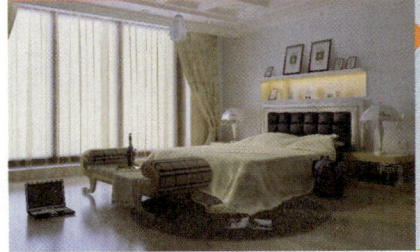

> **本节要点：** 首先给创建好的实例模型建立IES Sun（IES太阳光），接着在模型中调整IES Sun（IES太阳光）的位置及详细设置，然后在模型的窗口处创建VRayLight，最后根据布光环境创建辅助灯光。

> **主要步骤** 首先给实例模型创建IES Sun（IES太阳光），接着在模型中调整IES Sun的位置及详细设置，然后在模型窗口处创建VRayLight（VRay灯光），最后根据布光的环境创建辅助灯光，完成实例模型的布光设置。

6.4.1 创建直接光照灯光

切换到创建命令面板，单击"灯光"按钮，在下拉菜单中选择Photometric（光度学灯光）选项，接着在Photometric（光度学灯光）选项中选择IES Sun（IES太阳光），然后将视口切换到Top视口，最后将IES Sun（IES太阳光）建立到场景中，如图6-66所示。

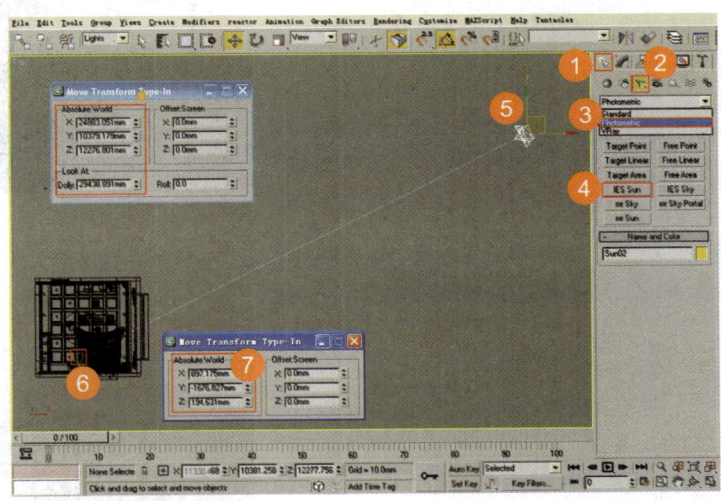

图6-66 阳光位置

> **提示** 本场景想表现的效果是下午3点30分左右的效果，这里会根据真实世界的情况设定太阳的高度，有的时候需要根据图的角度及朝向来设置位置才能达到自己想要的渲染效果。

选择IES Sun（IES太阳光），设置灯光颜色值和亮度值，亮度值设置得比较小，是因为要模拟下午的阳光，具体参数设置如图6-67所示，测试渲染效果如图6-68所示。

> **提示** Area shadow的UVW参数设置的越高，阴影越柔，越低阴影越硬，大家可以测试一下。

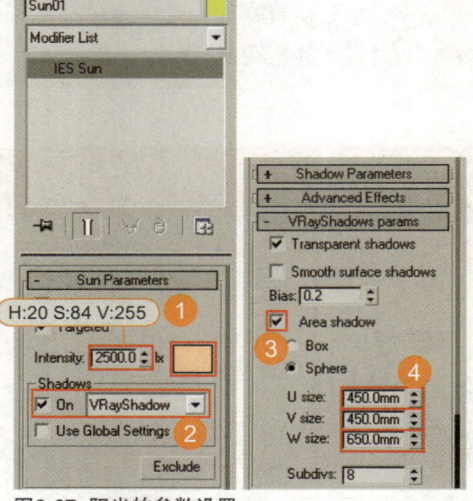

图6-67 阳光的参数设置

> **提示** 在主灯光设定以后，就需要按照真实的室内场景布置其他的灯光。观察这一小节的渲染效果，可以明显看出，测试效果图的亮度不够，因为这个场景里目前只存在太阳光，而没有天光，还需要添加辅助光来模拟天光效果。

图6-68 测试渲染效果

6.4.2 辅助光的设置

步骤1 添加辅助光

先在场景窗口处添加一个VRay辅助光来模拟天光，位置如图6-69所示。

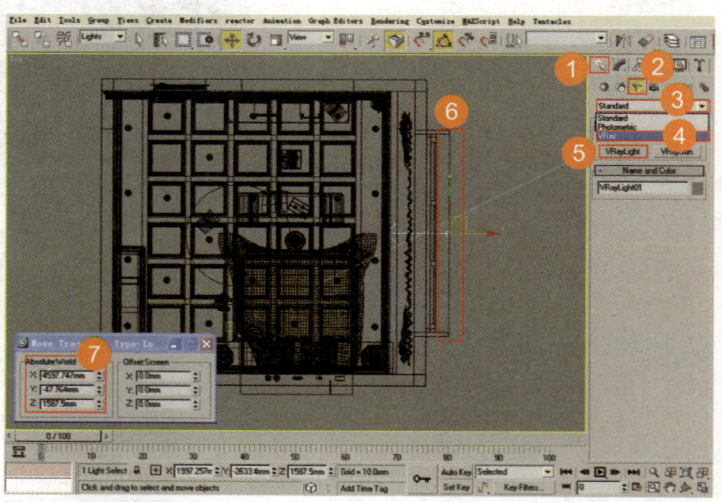

图6-69 添加辅助光位置

因为是用来模拟天光的颜色，所以这里辅助光的颜色设置为蓝色调。灯光大小同窗口一样大小，然后设置灯光颜色和亮度数值，如图6-70所示。

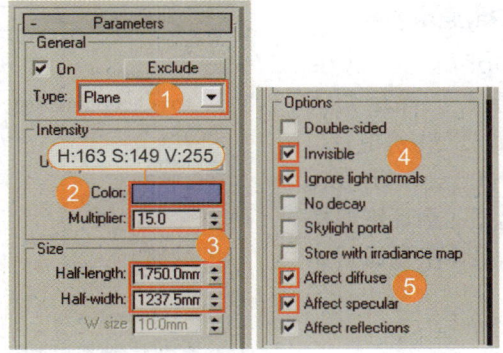

图6-70 辅助光的参数设置

步骤2 添加补光

通过窗口补光后，我们发现光的感觉基本合适，但屋内光感有点差。

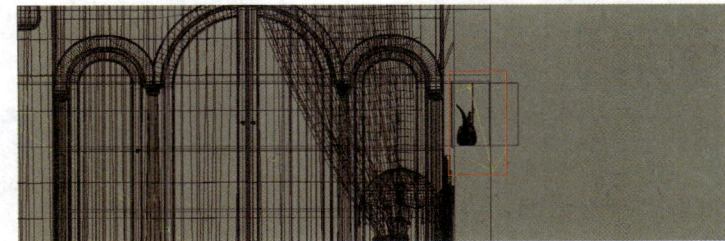

图6-71 L视口添加辅助光位置

我们继续在床头上方的暗格内添加补光，还是用VRay辅助光来代替，位置如图6-71和6-72所示。

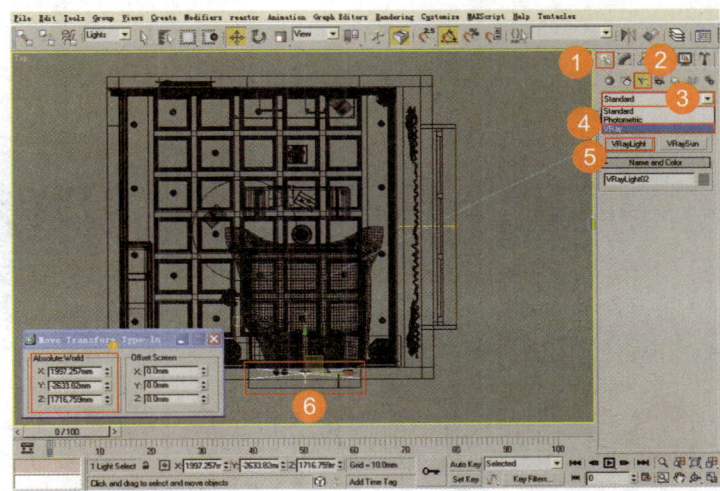

图6-72 添加补光位置

然后设置灯光颜色和亮度数值，如图6-73所示。

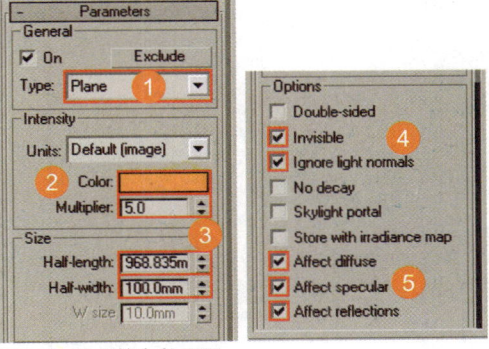

图6-73 补光的参数设置

步骤 3 **重新设置VRay通用参数**

展开VRay Global switches（通用参数）卷展栏，然后勾选 Reflection/refraction（反射/折射）、Maps（贴图）、Glossy effects（高光效果）复选框，最后将替换材质的选项勾掉，具体参数设置如图6-74所示。

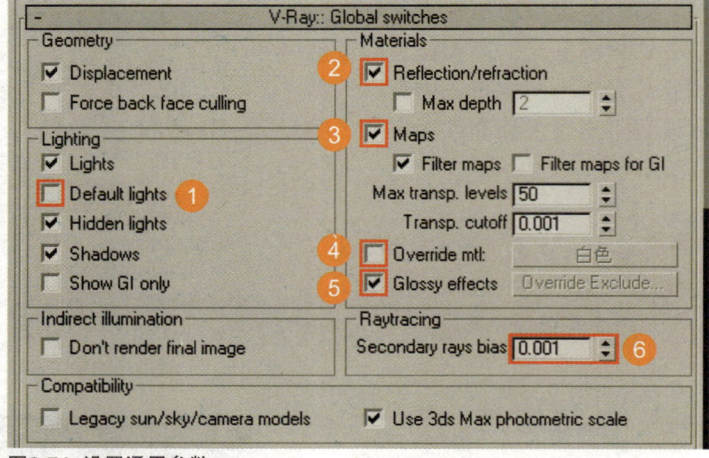

图6-74 设置通用参数

步骤 4 **再次测试渲染**

通过添加补光，我们对场景进行再一次渲染测试，最终效果如图6-75所示。

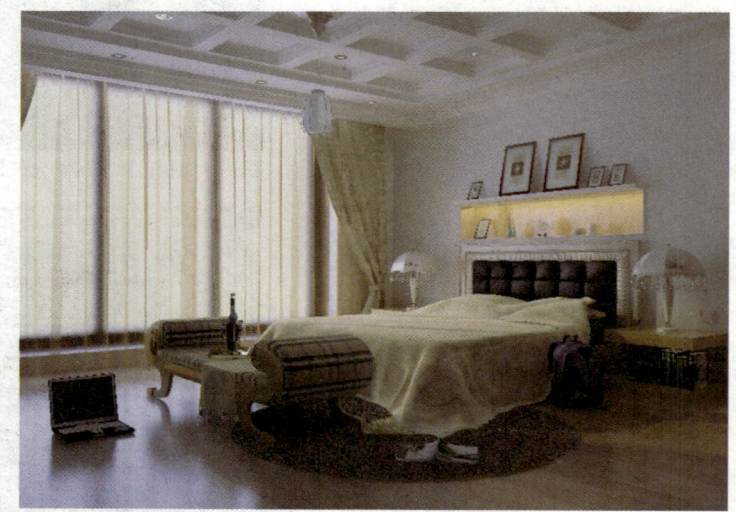

图6-75 测试渲染效果

提示
1. 观察上图，本场景的光感基本达到了预期效果，灯光及辅助灯光的设置到这里就完成了。
2. 之所以说达到预期效果，其实是为了节约测试时间，在后期处理编辑图像时，观察图像发现明度有些偏暗，色彩有些偏灰，读者可以运用辅助灯光的知识去完善这个场景光线关系。

6.5 最终渲染参数的设置

> **本节要点:** 本节重点讲解的是，先调整渲染输出的像素，然后为了得到高品质的渲染图像，我们需要对VRay渲染参数进行最终渲染设置，最后对阳光卧室场景进行渲染输出。

步骤1 设置最终渲染输出参数

使用快捷键F10，在弹出的对话框中选择Common选项卡，展开Common Parameters卷展栏，在Output size选项组中将渲染图像设置为1600×1200像素，然后单击Image Aspect右面的锁定图标，将渲染图像尺寸锁定，具体参数设置如图6-76所示。

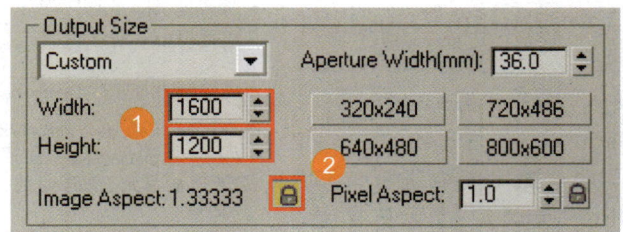

图6-76 测试渲染尺寸

> **提示** 这里将像素设置为1600×1200，是因为在工作中要根据甲方的要求，以达到标准为底线来设置。

步骤2 重新设置图像采样参数

展开VRay Image Sampler [Antialiasing]（图像采样）卷展栏，然后在Image Sampler（图像采样）选项组中Type（类型）的右侧下拉列表中选择Adaptive rQMC（自适应准蒙特卡罗采样器），并打开Antialiasing Filter（抗锯齿过滤）功能，在其右侧下拉列表中选择Mitchell-Netravali（米切尔精细过滤）抗锯齿方式，最后展开VRay Adaptive rQMC image sampler（自适应细分采样参数）卷展栏，并将Min subdivs（最小细分）设置为1，将Max subdivs（最大细分）设置为4，其他保持默认即可，具体参数设置如图6-77所示。

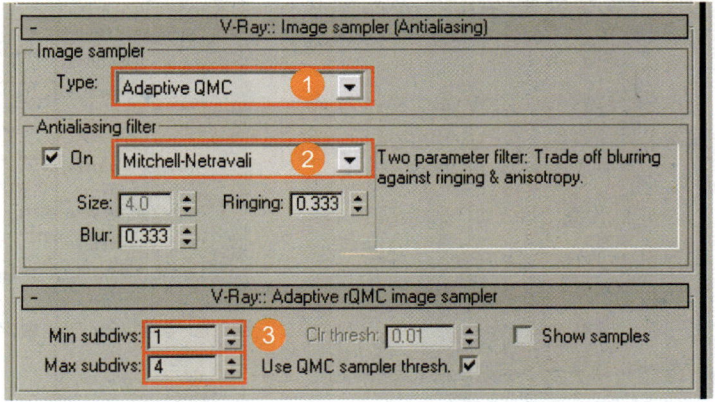

图6-77 设置图像采样参数

> **提示** 1. 选择Mitchell-Netravali抗锯齿方式的目的是因为其抗锯齿效果更好，可以让渲染出来的图更清晰。
> 2. Min subdivs（最小细分）设置的值越大，暗部角落采样品质越高。Max subdivs（最大细分）设置的越高，光亮部分采样品质越高。

步骤3 **重新设置VRay光子贴图参数**

　　展开VRay Irradiance map（光子贴图）卷展栏，在Built-in presets（内置预设）选项组中Current preset（当前预设置）的右侧下拉列表中选择Custom（自定义），将Basic parameters（基本参数）内的Min rate（最小比率）设置为-3，Max rate（最大比率）设置为0，然后将HSph.subdivs（半球细分）和Interp.samples（插值采样）分别设置为55和35，并勾选Options（属性）内的Show calc.phase（显示光能进程）和Show Direct Light（显示直接光照），最后将Advanced options（高级选项）内的Calc.pass interpolation samples（计算传递插补样本）设置为15，具体参数设置如图6-78所示。

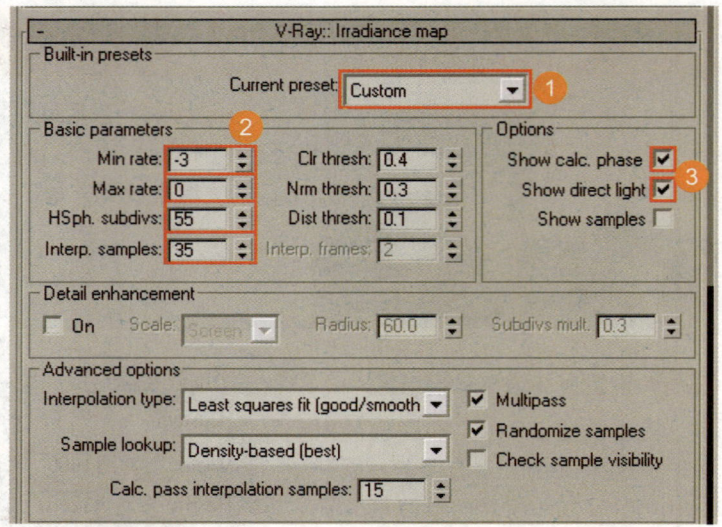

图6-78 设置光子贴图参数

> **提示**
> 1. 最终渲染时我们一般选择Custom（自定义），目的就是自己要根据电脑硬件配置来设置出图的品质效果。
> 2. HSph.subdivs（半球细分）主要模拟光线的数量，值越高，光线数量越多，那么精度也就越高，渲染效果图的品质也就越高，当然时间也就越长。

步骤4 **重新设置VRay灯光缓存贴图参数**

　　展开VRay Light cache（灯光缓存）卷展栏，在Calculation parameters（计算参数）中将Subdivs（细分）设置为1000，将Scale（比例方式）设置为Screen（屏幕），将Number of passes（通过量）设置为4，再分别勾选Store direct light（存储直接光照）和Show calc phase（显示光能进程）复选框，然后在将Reconstruction parameters（优化参数）内的Intep.samples（插值样本）设置为15。具体参数设置如图6-79所示。

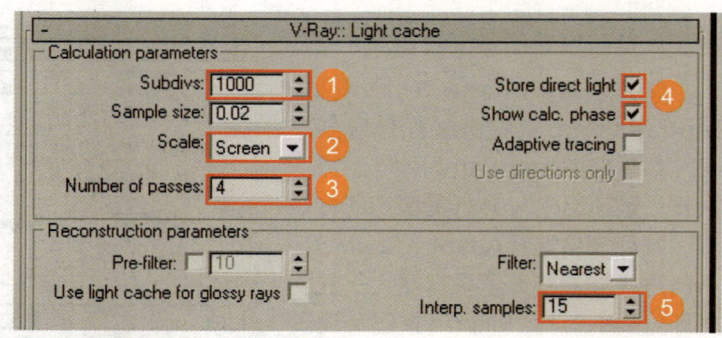

图6-79 设置VRay灯光缓存贴图参数

步骤5 **重新设置VRay环境贴图参数**

展开VRay Environment（环境贴图）卷展栏，并在Reflection/refraction environment override（反射/折射照明环境）选项组中勾选On复选框，开启照明环境，并将反射和折射照明环境的颜色设置为白色，并将其Multiplier值设置为3.5，具体参数设置如图6-80所示。

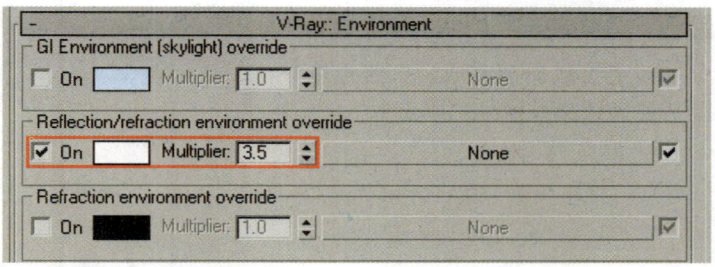

图6-80 设置VRay环境贴图参数

 前面测试场景模型中我们勾选了天光，因为我们又在窗口创建了辅助灯光，所以我们可以将天光选项关闭。

步骤6 **重新设置VRay准蒙特卡罗采样**

展开VRay QMC sampler（准蒙特卡罗采样）卷展栏，接着将Adaptive amount（自适应数量）设置为0.85，然后将Noise threshold（噪波阈值）设置为0.001，Min samples设置为15，最后将Global subdivs multiplier（全局细分倍增）设置为1，完成准蒙特卡罗采样参数的设置，如图6-81所示。

图6-81 设置VRay准蒙特卡罗采样

步骤7 **重新设置VRay色彩贴图**

展开VRay Color mapping（VRay色彩贴图）卷展栏，然后在Type（类型）中选择Exponential（指数曝光），将Gamma（伽玛值）设置为1.0，最后勾选Sub-pixel mapping（次像素贴图）、Clamp output（限制输出）和Affect background（影响背景）复选框，完成色彩贴图参数的设置，如图6-82所示。

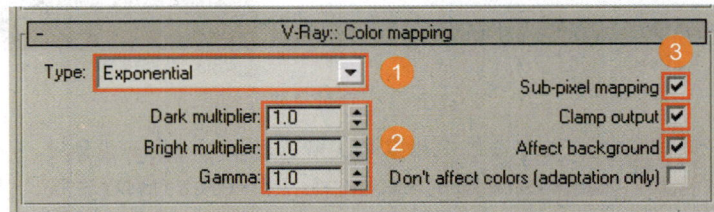

图6-82 设置VRay色彩贴图

 1. 勾选Sub-pixel mapping（次像素贴图）复选框是为了减少杂点，让渲染图像更光滑。
2. 勾选Clamp output（限制输出）复选框是为了把在渲染图中无法表现出来的色彩通过限制来纠正。

步骤 8 **最终渲染**

以上参数调节完成后，经过渲染，最后效果如图6-83所示。

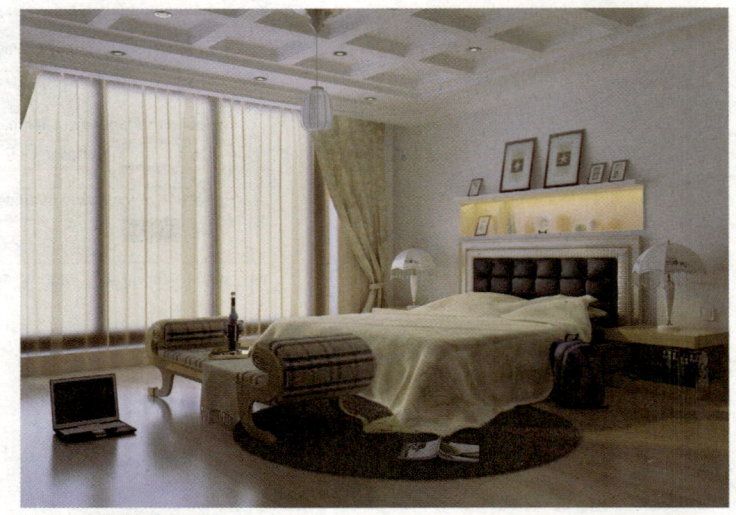

图6-83 最终渲染效果

步骤 9 **根据渲染图像渲染单色场景**

因为前面的章节已经介绍了渲染单色场景的具体步骤，因此这里就不再重叙了，希望大家可以运用我们前面学到的知识创建这个场景的单色图，渲染的单色图效果如图6-84所示。

图6-84 单色场景

提示 这里为了合理安排篇幅，所以对单色场景的渲染过程一带而过，但读者不要轻视它在后期处理中的重要作用，要通过练习掌握单色的制作过程。

本节小结： 以上完成了阳光卧室空间的渲染，通过学习需要掌握使用辅助灯光结合渲染参数在场景中产生漫射的光线效果，本案例没有开启GI Environment（skylight）override选项，这种方式也可以平衡渲染品质与渲染时间的关系提高场景的制作效率。

6.6 后期处理渲染完成的图像

▶ **本节要点:** 本节重点讲解在后期处理中,要学会观察渲染的图像,针对图像偏灰,协调图像的色彩和氛围。掌握在Photoshop后期处理中需要使用哪些命令进行调整,从而使读者掌握阳光卧室图像后期制作的流程方法,便于今后运用。

步骤1 打开渲染图像调整亮度/对比度

在Photoshop里打开配套光盘"scenes\第六章\第六章后期文件\阳光卧室空间.tga"文件。认真观察渲染出来的效果图,感觉有些发灰,我们可以通过调整图的亮度、对比度以及色彩平衡来修改这些问题。首先复制图层,调整图像的亮度和对比度,让图看起来不那么灰,执行"图像>调整>亮度/对比度"命令,调整图像的对比度,具体参数设置如图6-85所示。

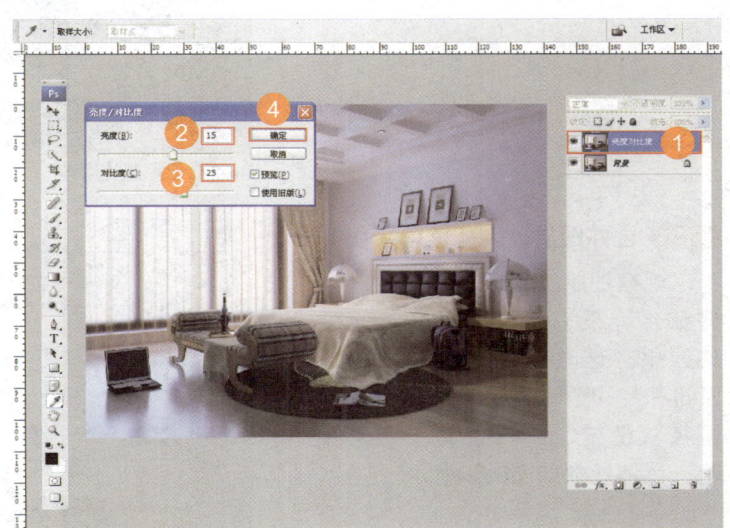

图6-85 调整图像的亮度/对比度

步骤2 调节图像的色彩平衡

再复制图层,按快捷键Ctrl+B,打开"色彩平衡"对话框,调整其参数,如图6-86所示。

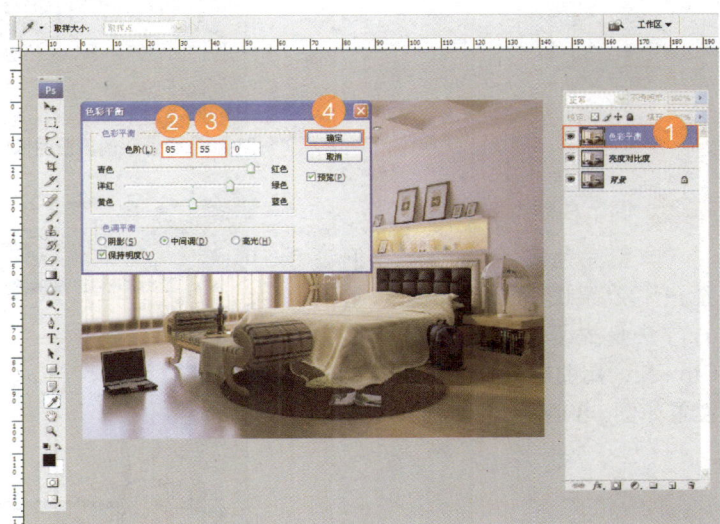

图6-86 使用色彩平衡调整图像整体的色调

步骤 3 给图像添加照片滤镜

为了让白色墙面变得更白，对图像使用照片滤镜，具体参数设置如图6-87所示。

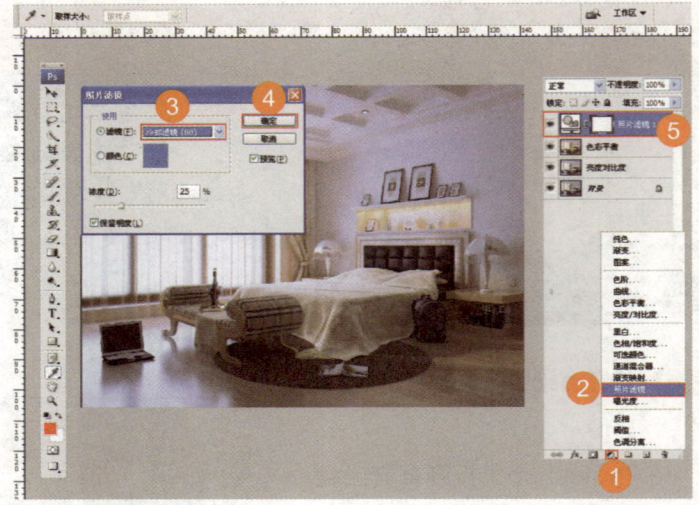

图6-87 使用照片滤镜

步骤 4 合并图层，调节色彩平衡

观察图6-88所示效果，整体有些偏冷，没有达到我们预期想要的效果。这时按快捷键Ctrl＋Alt＋Shift＋E，把所有图层合并在一起，再按快捷键Ctrl＋B，调节色彩平衡，具体参数如图6-88所示。

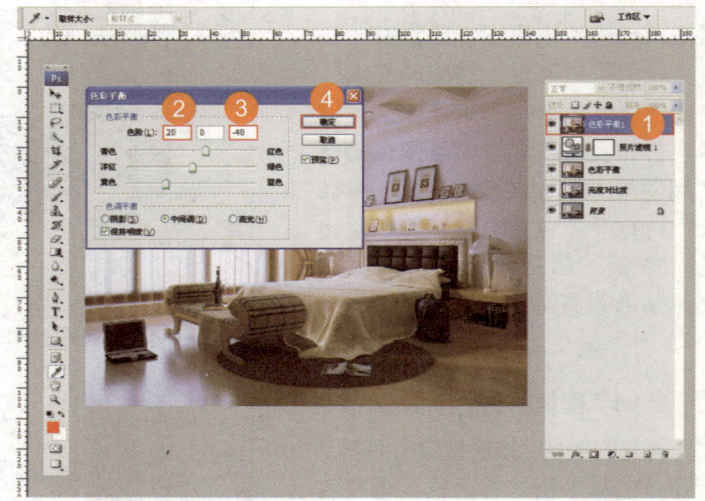

图6-88 色彩平衡调整图像整体的色调

步骤 5 调节曲线

调整完色彩平衡后，我们设置一下效果图的层次。笔者常用的方法是先复制图层，按快捷键Ctrl＋M，用曲线来调整，具体其他设置如图6-89所示。

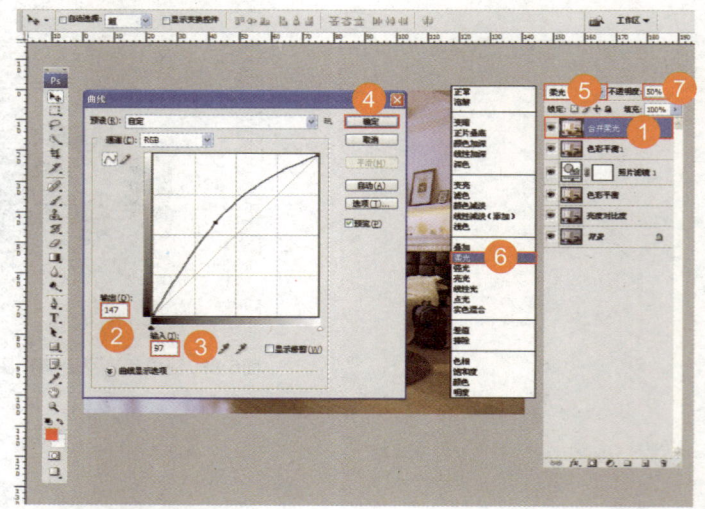

图6-89 用曲线调整图像

步骤6 **为图像添加亮度及颜色强度**

观察效果图，发现还是稍暗了一些，执行"图像>调整>匹配颜色"选项，调整图像的亮度和颜色强度，如图6-90所示。

图6-90 使用匹配颜色调整图像的亮度和颜色强度

步骤7 **将单色图像匹配到渲染图像**

在Photoshop里打开配套光盘"scenes\第六章\第六章后期文件\阳光卧室空间单色.tga"文件，然后在工具箱中选择移动工具，将单色图像拖拽到渲染图像窗口中，并按下Shift键，释放鼠标，完成单色图像到渲染图像的匹配，最后重命名为"单色图层"，再将单色图层关闭，如图6-91所示。

图6-91 匹配单色图像到渲染图像

步骤8 **单独用曲线调节书包层**

通过观察，发现书包处有些暗，这里我们在单色层中把书包区域单独用选区框选出来，然后单独复制出书包图层，按快捷键Ctrl＋M调整其曲线，使其亮度增加。具体参数设置如图6-92所示。

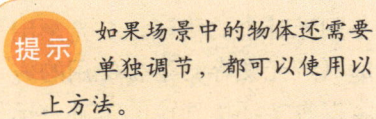
提示 如果场景中的物体还需要单独调节，都可以使用以上方法。

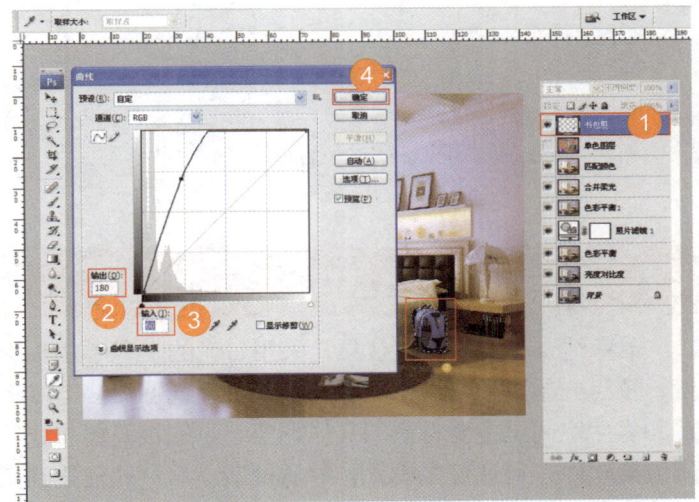

图6-92 选择书包并调整亮度

步骤9 **全部合成，锐化图像**

完成以上全部调节后，按快捷键Ctrl＋Alt＋Shift＋E合并所有图层，最后选择"滤镜＞锐化＞智能锐化"命令，让图像更加清晰透彻，参数设置如图6-93所示。

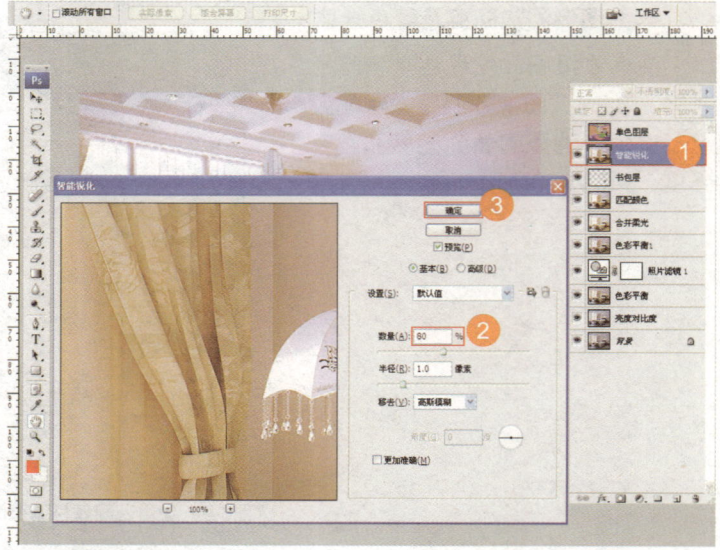

图6-93 智能锐化设置

步骤10 **全部调节完成**

到此为止，本例的后期处理工作就完成了，最终效果如图6-94所示。

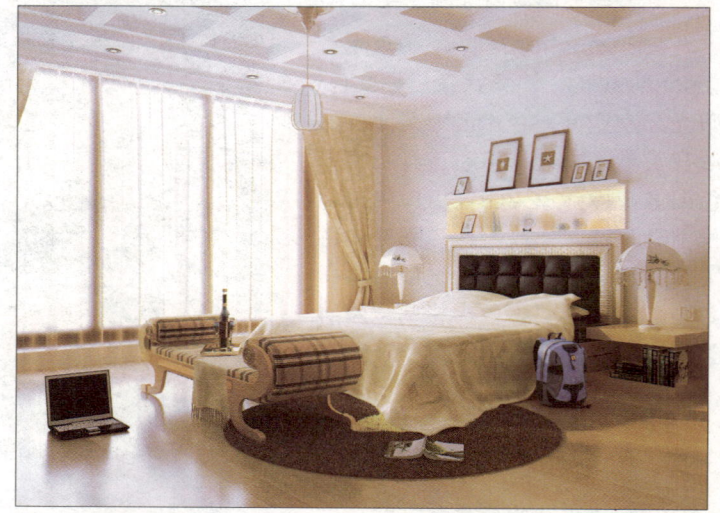

图6-94 最终完成效果

本节小结：写到这里，本场景的后期制作已经全部完成了，大家需要在学习过程中仔细分析总结，形成自己的分析过程和制作过程。

6.7 本章小结

本章结合真实的自然效果，采用日光的表现手法来烘托下午阳光卧室的气氛，从光影出发，重点介绍了VRay Irradiance Map（发光贴图）与Light Cache（灯光缓存）结合使用的方法和客厅空间里主要材质的具体调节，目的很简单想让读者在掌握真实环境理论的基础上运用渲染软件，通过灯光设置、材质调节、后期处理达到读者所需要的场景效果，本章很多效果的体现都采用了后期处理，提高做图的效率。

07

第 7 章
简欧式晚间空间

本章要点:

　　本章重点讲解，在简欧式晚间空间案例中，如何在3ds Max中运用VRay高级渲染器来渲染简欧式晚间室内方案，运用VRay高级材质来创建欧式室内常用质感纹理，细致介绍室内晚间全局光照的布光方法与常用技巧，以及在布置场景灯光时应该如何注意灯光与环境物体的融合过程。

重点内容: 1. 晚间灯光的设定
　　　　　　 2. 准蒙特卡罗渲染引擎与灯光缓存渲染引擎的结合设置
　　　　　　 3. 欧式室内材质的调节
　　　　　　 4. 后期调整

7.1 简欧式晚间空间渲染之前的准备工作

▶ **本节要点**：本节重点讲解在VRay的渲染引擎中如何设置VRay的渲染帧，针对复杂的场景如何设置模型场景的替换材质，如何设置并调节晚间室内的布光等模型渲染前的主要设置。

7.1.1 模型渲染之前的准备工作1

主要步骤：首先打开创建好的实例模型，检查模型的单位设置，然后调节预渲染的图像大小，将3ds Max中的渲染引擎切换成VRay的渲染引擎，最后设置VRay帧缓存和VRay通用参数并在场景创建摄影机。

步骤 1 在文件菜单中将创建好的3ds Max实例模型文件打开

执行File（文件）> Open（打开）命令，然后选择配套光盘 "scenes\第七章\第七章max文件\第七章简欧式空间白模.max" 文件，单击 "打开" 按钮将文件打开，如图7-1所示。

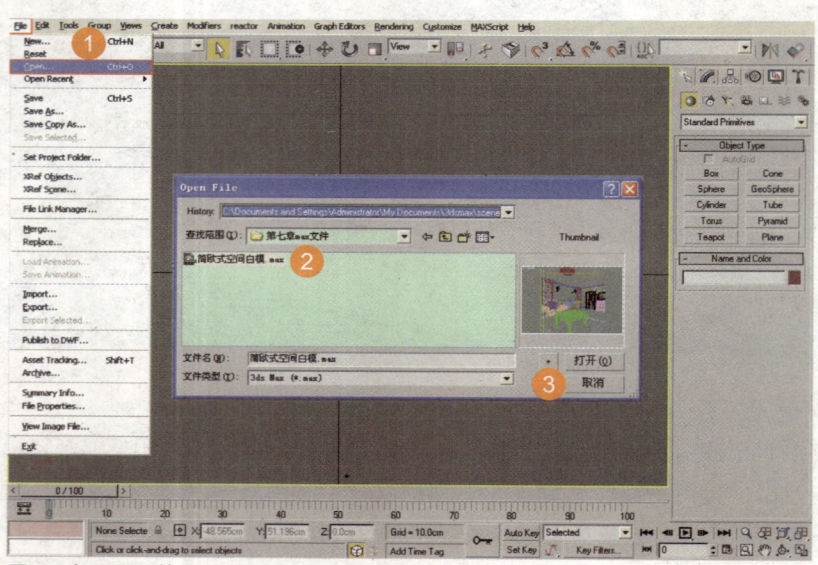

图7-1 打开需要的3ds Max文件

步骤 2 检查模型单位尺寸

执行Customize（自定义）> Units Setup（单位设置）命令，检查单位尺寸，如图7-2所示。

提示 因为欧式模型结构相对复杂，这就要求大家一定要确定好场景的模型尺寸，以便提高模型调节的效率，这里我们使用的单位是毫米。

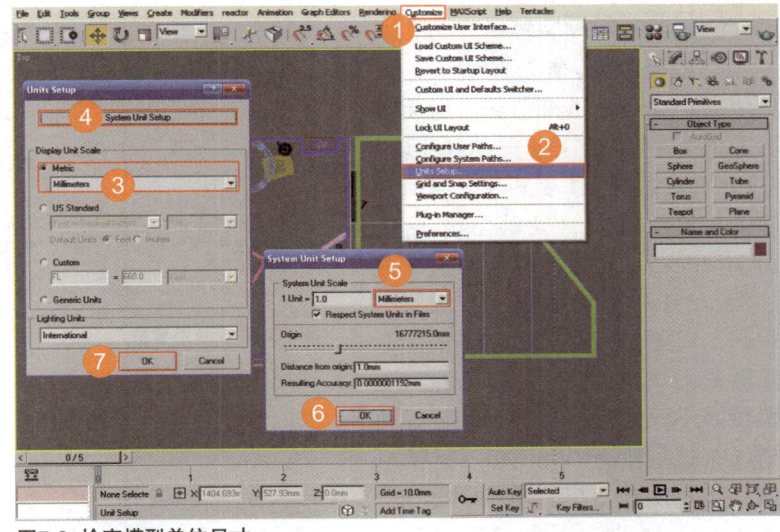

图7-2 检查模型单位尺寸

步骤3 将默认渲染器切换为VRay渲染器

先在工具栏上选择渲染场景对话框按钮，在弹出的对话框里的Output Size选项组中设置输出尺寸，然后展开Assign Renderer（指定渲染器）卷展栏，选择Production右侧的对话框按钮，并在弹出的对话框中选择V-Ray Adv 1.5RC3渲染器，最后选择对话框上的OK键完成VRay的渲染引擎的切换，并锁定材质编辑选项，如图7-3所示。

提示 这里设置的像素大小是根据摄影机的构图来确定的，默认像素是640×480。

步骤4 开启VRay帧缓存

使用快捷键F10，选择Renderer渲染选项卡，然后展开VRay Frame buffer（VRay帧缓存）卷展栏，勾选Enable built-in Frame Buffer（在场景中启用VRay帧缓存），如图7-4所示。

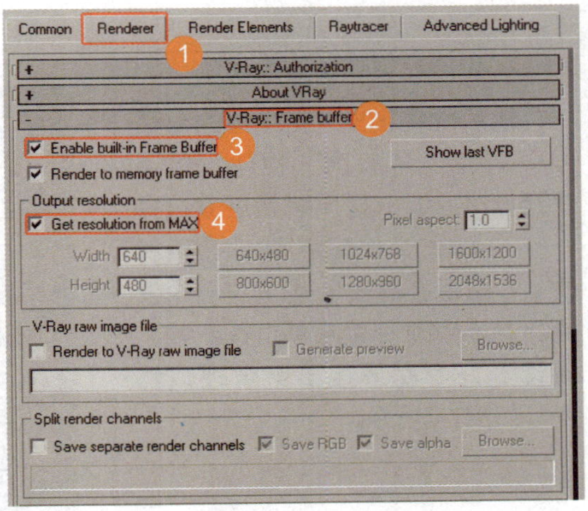

提示 1. 因为VRay帧缓存窗口有很多渲染的辅助功能，所以能提高图像渲染的测试效率。
2. 勾选 Get resolution from MAX复选框表示使用Max输出尺寸渲染场景。

图7-3 切换渲染器

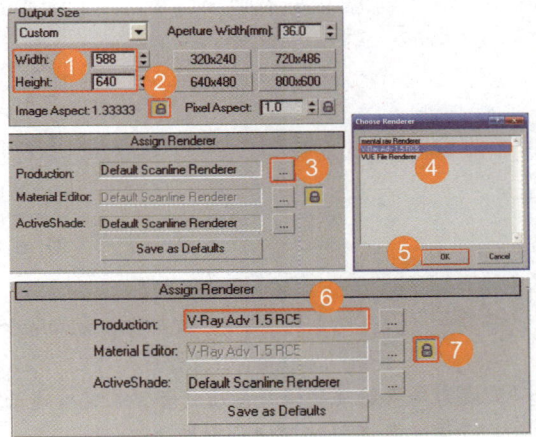

图7-4 开启VRay帧缓存

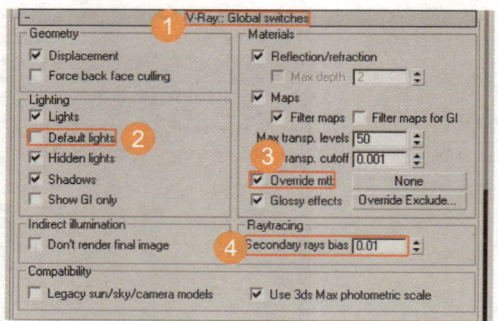

步骤5 **设置场景辅助材质**

切换到VRay渲染选项卡，展开VRay Global switches（通用参数）卷展栏，关闭场景的Default lights（默认灯光），开启Override Mtl（替换材质）功能，然后在Raytracing（光线跟踪）选项组里将Secondary rays bias（二级射线偏移）设置为0.01，如图7-5所示。最后使用快捷键M，在弹出的材质编辑器中设置辅助材质，并将辅助材质拖拽到Override Mtl（替换材质）的材质通道中，单击Override Exclude（替换排除）按钮，在弹出的对话框中将窗玻璃物体排除，如图7-6所示。

图7-5 设置通用参数

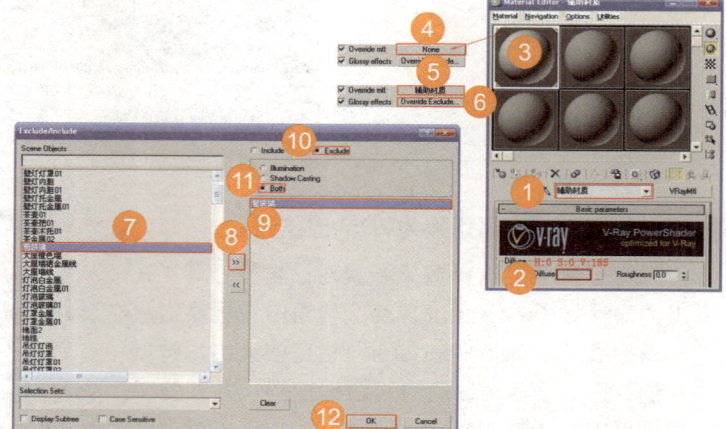

图7-6 将窗玻璃物体排除

> 提示
> 1. 为了防止场景曝光，我们将场景Default lights（默认灯光）关闭。
> 2. 使用Override Mtl（替换材质）可以保证场景里材质统一，方便大家快速确定场景光线。
> 3. 因为场景材质被辅助材质代替，而窗玻璃物体也在其中，为了方便我们设置的光线能投射到模型场景中，笔者将窗玻璃物体排除。
> 4. 辅助材质一定要使用VRayMtl材质，保证场景光线测试的效果。

步骤6 **指定窗玻璃物体的材质**

使用快捷键H，在弹出的对话框中选择"窗玻璃"物体，使用快捷键M，调出材质编辑器，选择一空白材质球并起名为"玻璃材质"，然后在材质/贴图浏览器中设置Opacity参数，最后单击按钮，将设置好的材质赋予给窗玻璃物体，如图7-7所示。

在场景中选择窗玻璃物体

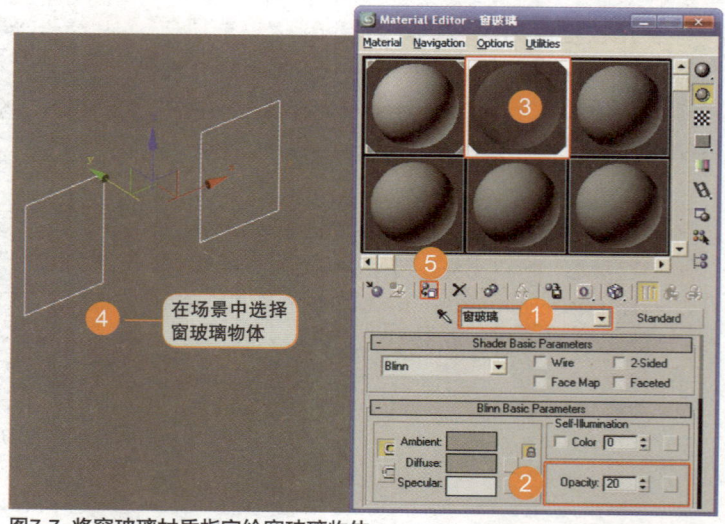

图7-7 将窗玻璃材质指定给窗玻璃物体

提示 1. 窗玻璃物体不是透明的，也就是说我们即使将窗玻璃在Override Mtl（替换材质）中排除了，如果不对物体玻璃进行材质调节，那设置的漫射光线也不会进入室内场景中。

2. 我们还可以将窗玻璃物体暂时隐藏，达到以上目的。

步骤7 给场景添加摄影机

切换至创建命令面板，单击按钮选择Standard（标准摄影机）下的Target（目标摄影机），然后将视口切换到Top视口，将摄影机建立到场景中，如图7-8所示。

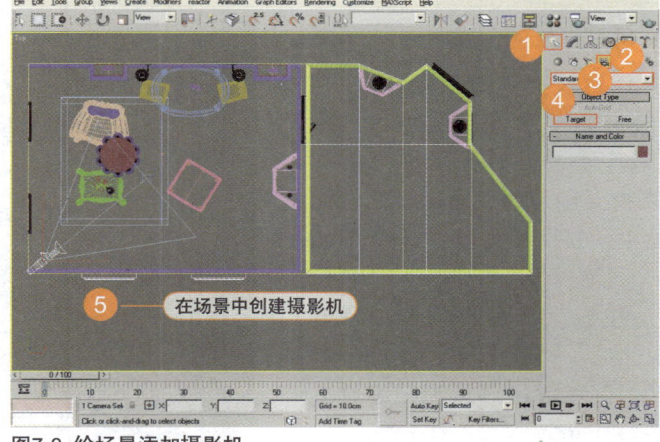

图7-8 给场景添加摄影机

步骤8 调节摄影机的视口位置

切换到Top视口，先在视口中选择刚创建的摄影机，接着在工具栏的移动工具上单击鼠标右键，在弹出的对话框中设置参数如图7-9所示。

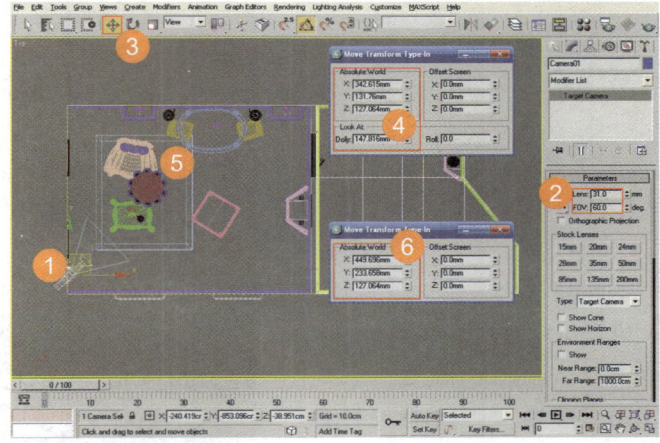

图7-9 调节摄影机的视口位置

设置好摄影机的位置后，使用快捷键 C，将视口切换到摄影机视口，观察视口以内的模型结构是否协调，最后按照创建视口的要求调节好场景，最终视口效果如图7-10所示。

 提示 这次我们的摄影机要表现出简欧式场景的近景效果。

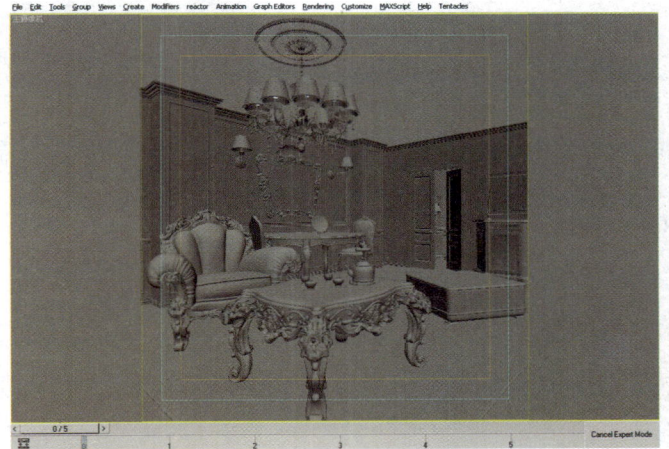

图7-10 最终视口效果

7.1.2 模型渲染之前的准备工作2

先创建吊灯灯光及设置详细参数，然后在模型中设置壁灯灯光位置，在模型窗口处创建 VRayLight模拟环境光，最后根据模型环境，创建辅助灯光，完成布光设置。

步骤1 吊灯灯光的创建

先使用快捷键Ctrl+Shif+L，在弹出来的"图层管理"对话框中关闭其他层，只显示吊灯层，然后切换至创建命令面板的灯光列表中，在下拉列表中选择VRay选项，再选择VRayLight（VRay灯光）按钮，最后在场景中创建VRayLight，并起名为"模拟吊灯灯光1"，完成吊灯灯光的创建，如图7-11所示。

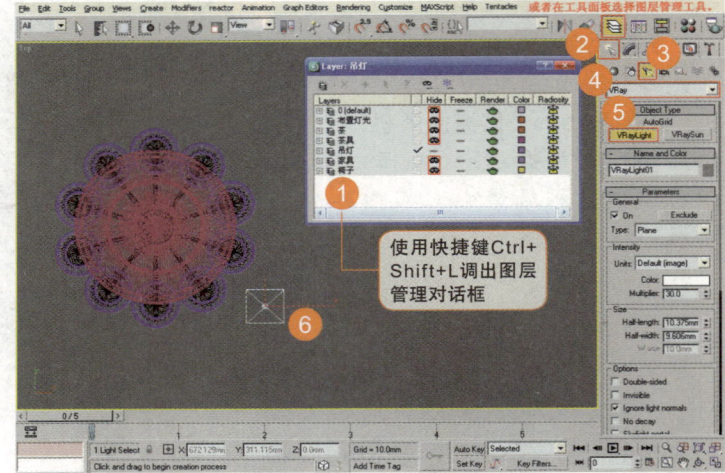

图7-11 吊灯灯光的创建

> **提示**
> 1. "图层管理"对话框的快捷键是笔者自己设定的，大家可以在工具栏上选择Layer Manager（图层管理）工具。
> 2. 笔者为了提高欧式模型的结构管理，在创建模型阶段分别给模型设置了各自的管理图层。
> 3. 设置吊灯灯光时，我们通过图层显示，将吊灯物体单独显示出来，也是为了方便大家调节与操作，原因是本案例场景模型量非常大。

步骤2 设置吊灯灯光参数

将视口切换到Top视口，选择"模拟吊灯灯光1"，然后在Type（类型）里将灯光设置为Sphere（球型），接着在Options（属性）选项组里勾选Invisible（不可见）、Ignore light normals（忽视灯光法线）、Color（颜色）、Multiplier（信增）的参数值，最后在Sampling（采样）中将Subdivs（细分）参数设置为15，如图7-12所示。

图7-12 设置吊灯灯光参数

> **提示**
> VRaylights有三种类型，这里用的是Sphere（球型），一般用来模拟真实场景中的点光源，用它来模拟吊顶的灯光效果比光度学灯光更真实、更细腻。

步骤 3 **调整吊灯灯光的位置**

将视口切换到Top视口，选择"模拟吊灯灯光1"，然后打开捕捉设置，按照吊灯物体的位置关联复制灯光，如图7-13所示。

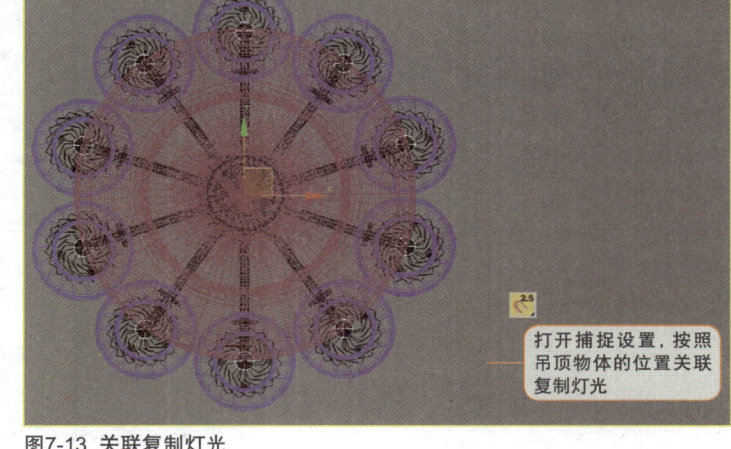

打开捕捉设置，按照吊顶物体的位置关联复制灯光

图7-13 关联复制灯光

然后换到Left视口，选择刚才创建的所有灯光，使用移动工具，按照吊灯位置将灯光调整到适合位置，完成吊灯灯光位置的调整，如图7-14所示。

 提示 关联复制吊灯灯光时大家也可以采取阵列的方式完成。

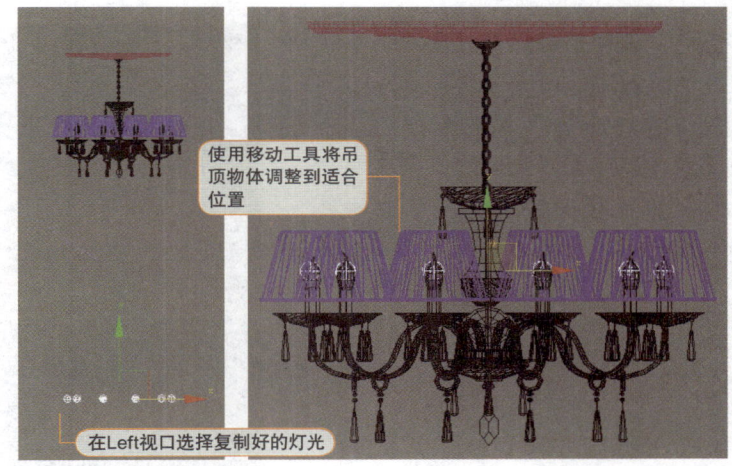

使用移动工具将吊顶物体调整到适合位置

在Left视口选择复制好的灯光

图7-14 调整吊灯灯光位置

步骤 4 **调整吊灯灯泡物体**

先将视口切换到Left视口，选择吊灯灯泡物体，然后单击鼠标右键，在弹出的菜单中选择Object Properties...（物体属性）命令，接着在"物体属性"对话中取消吊灯灯泡物体的Cast Shadows（产生阴影）复选框，最后单击OK按钮，完成吊灯灯泡物体的调整，如图7-15所示。

 提示 取消选择吊灯灯泡物体的"产生阴影"复选框，是为了得到更和谐的光影效果。

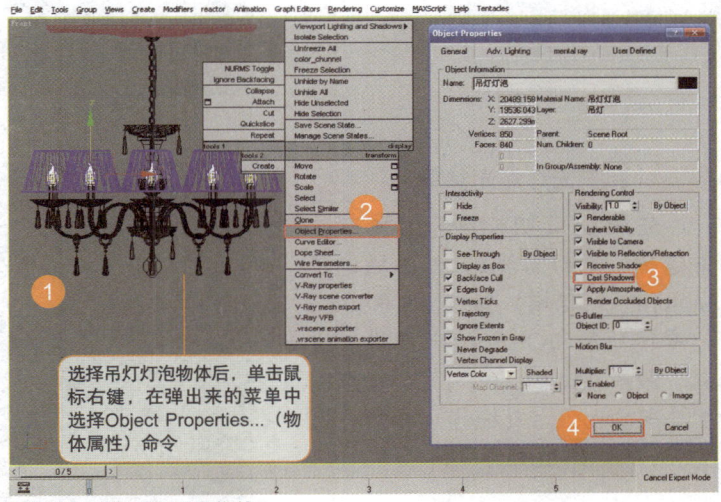

选择吊灯灯泡物体后，单击鼠标右键，在弹出来的菜单中选择Object Properties...（物体属性）命令

图7-15 调整吊灯灯泡物体

步骤 5 **壁灯灯光的创建**

先使用快捷键Ctrl+Shif+L，在弹出来的"图层管理"对话框中选择"布置灯光"层，然后在视口中选择"模拟吊灯灯光1"，并按住Shift键同时使用移动工具将它复制出来，在弹出的对话框中起名为"壁灯灯光1"，最后单击OK按钮，完成灯光创建，如图7-16所示。

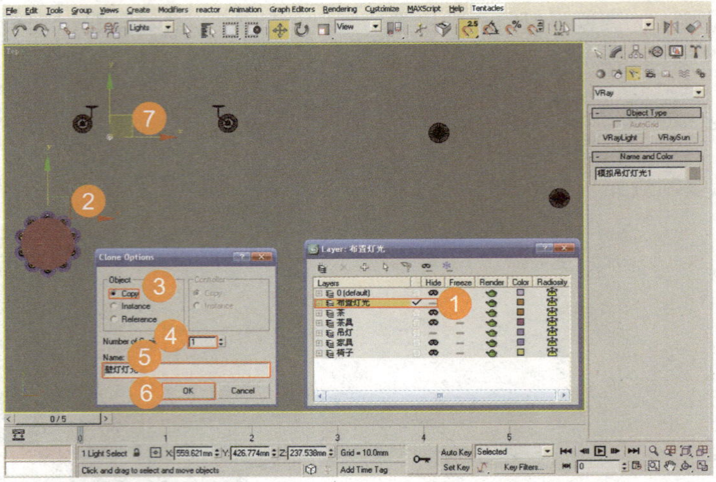

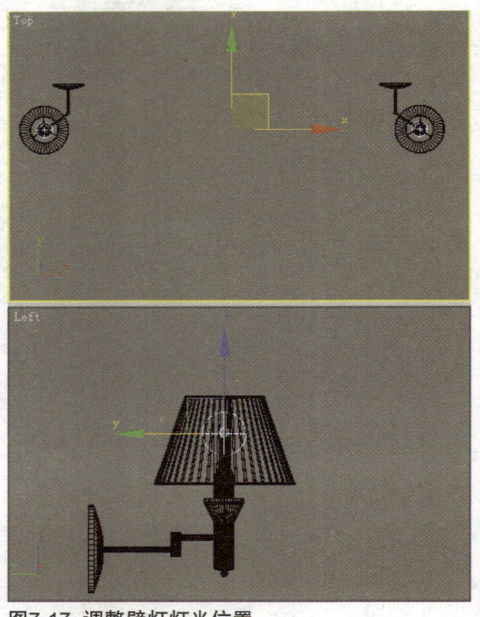

图7-16 壁灯灯光的创建

步骤 6 **调整壁灯灯光位置**

先将视口切换到Top视口，选择"壁灯灯光1"，然后使用移动工具，按照壁灯物体的位置放置壁灯灯光，然后将灯光复制到右面壁灯物体上，最后将视口切换到Left视口，调整壁灯灯光的具体高度，如图7-17所示。

图7-17 调整壁灯灯光位置

步骤 7 **调整壁灯灯光参数**

先将视口切换到Top视口，并选择"壁灯灯光1"，然后调整Multiplier（倍增）参数值、Radius（半径）值和Options（属性）设置，最后在Sampling（采样）选项组中将Subdivs（细分）参数设置为15，如图7-18所示。

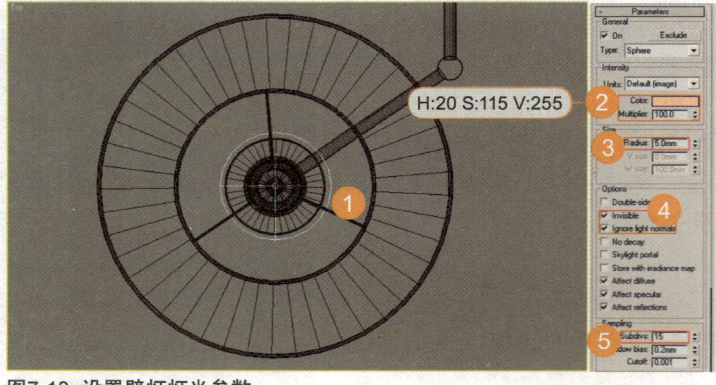

图7-18 设置壁灯灯光参数

提示　笔者将灯光的Radius（半径）数值从2.5调节到5，是为了实现壁灯灯光的衰减范围。即半径越大，灯光的衰减范围就越大，照射面积就越广。

步骤8 调节其他壁灯灯光位置

先将视口切换到Top视口，并选择"壁灯灯光1"，然后关联复制，并按照壁灯物体的位置在视口中调节位置，如图7-19所示。

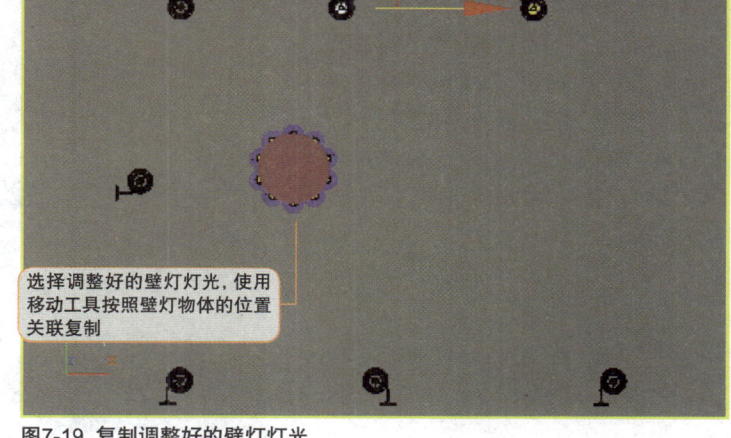

选择调整好的壁灯灯光，使用移动工具按照壁灯物体的位置关联复制

图7-19 复制调整好的壁灯灯光

然后按照上述方法关联复制其他壁灯灯光，并按照其他壁灯物体在视口中位置摆放复制的壁灯灯光，如图7-20所示，最后完成其他壁灯灯光位置的调节，如图7-21所示。

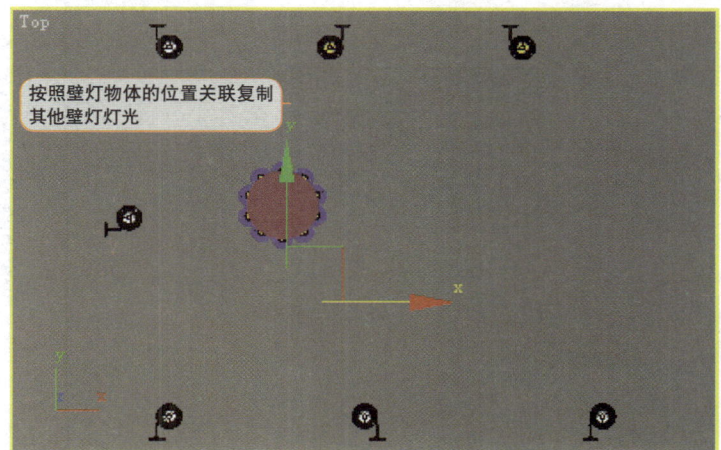

按照壁灯物体的位置关联复制其他壁灯灯光

图7-20 复制调整其他壁灯灯光

 提示　1. 在今后室内空间布置灯光时，大家可以参照实际场景中的真实灯光位置来创建场景模拟灯光。

2. 笔者为了调节灯光方便，所有复制的壁灯灯光都是关联的。

3. 由于使用捕捉设置对齐灯光比较基础，笔者在这里就一带而过了，希望大家将壁灯灯光按照其他壁灯物体的位置，将灯光对齐，以保证灯光正确渲染效果。

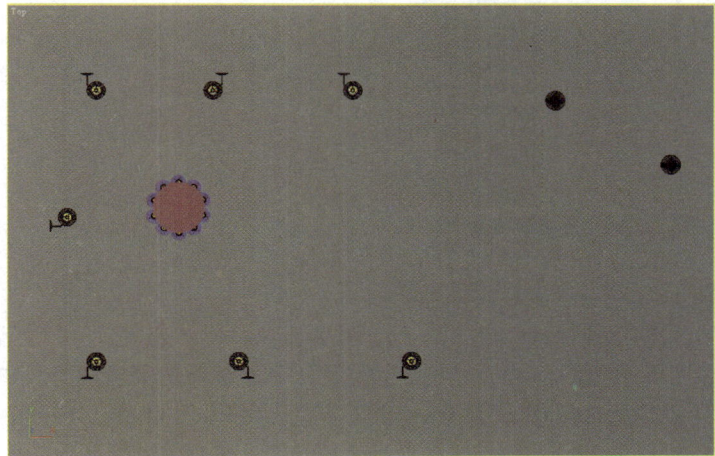

图7-21 调整完成的壁灯灯光位置

步骤9 台灯灯光的创建与设置

在视口中选择"壁灯灯光1"，按住Shift键同时使用移动工具将它复制，然后在弹出的对话框中重命名为"台灯灯光1"，单击OK按钮，完成台灯灯光的创建，然后在Left视口中调整台灯灯光的位置，并设置其参数，如图7-22所示。最后在Left视口中选择灯泡玻璃物体，并取消该物体的阴影，如图7-23所示。

提示 这里将灯光的Radius（半径）数值从2.5调节到5，是为了实现台灯灯光的衰减范围，从而模拟真实的台灯光线效果。

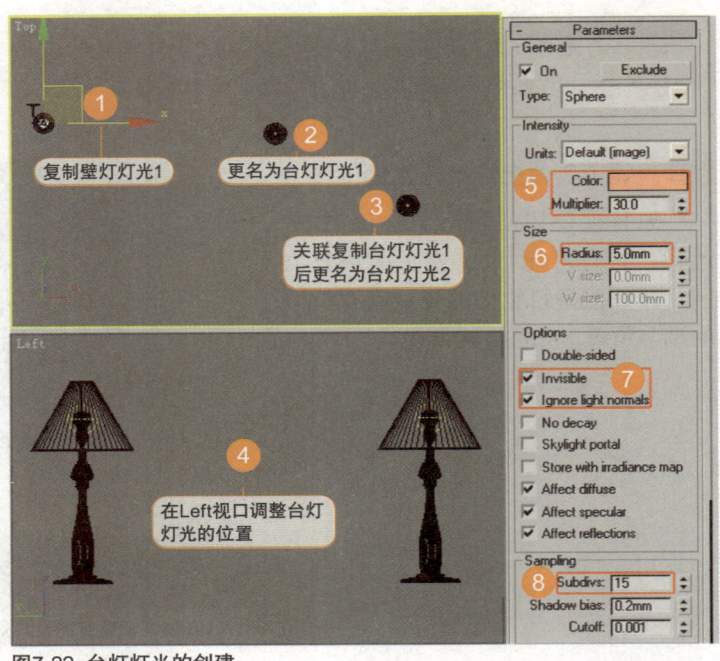

图7-22 台灯灯光的创建

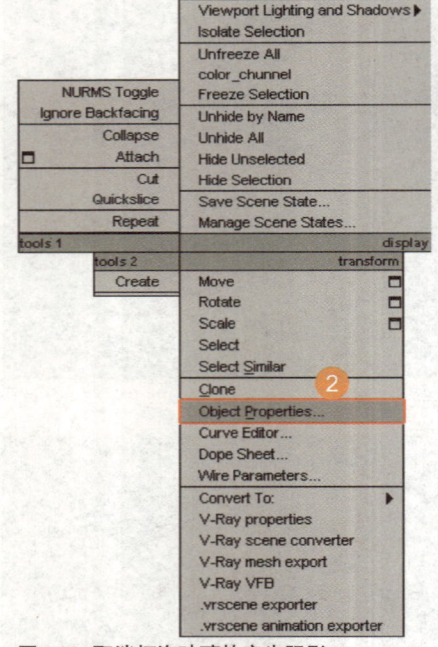

图7-23 取消灯泡玻璃的产生阴影

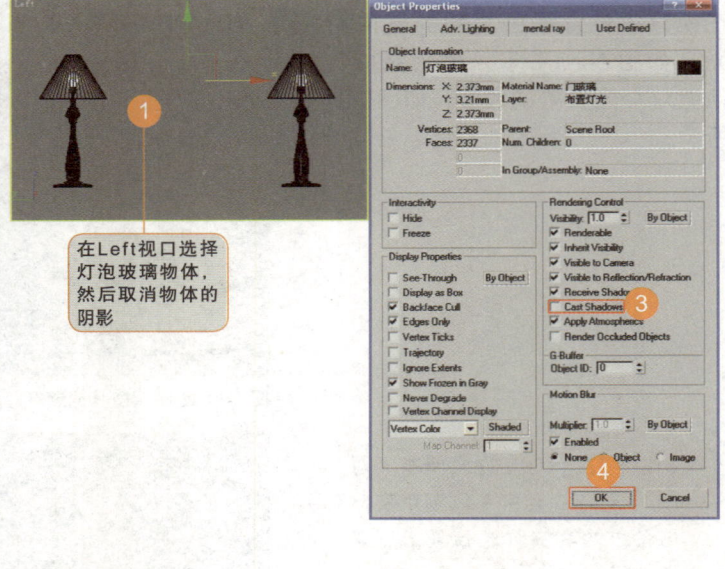

步骤10 窗口漫射灯光的创建

使用快捷键Ctrl+Shif+L，在弹出来的"图层管理"对话框中选择默认下"0图层"，然后将视口切换到Front视口后，切换至创建命令面板的灯光列表中，在下拉列表中选择"VRay灯光"，再选择VRayLight（VRay灯光）按钮，并设置相关灯光参数，最后打开捕捉工具，在Front视口中按照窗口大小分别创建两个窗口漫射灯光，如图7-24所示。

1. VRaylights有三种类型，这里用的是Plane（面片型），一般用来模拟真实场景中的漫射光源、辅助灯光和灯槽灯带。
2. 勾选Skylight portal复选框表示创建的VRaylights将被VRay渲染参数中的天光参数代替。
3. 勾选Skylight portal后，灯光的直接照明功能将不起作用，如invisible、Ignore light normals、No decay、Color、Multiplier等选项将不可用。

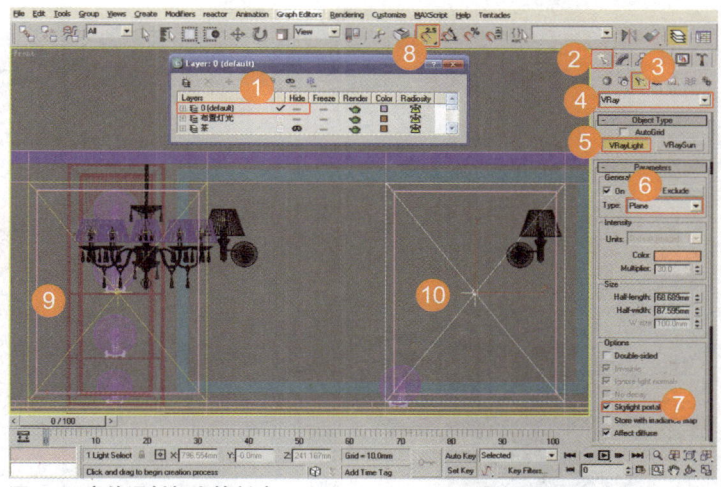

图7-24 窗外漫射灯光的创建

步骤11 调整漫射灯光的位置

将视口切换到Top视口，选择VRayLight01和VRayLight02灯光，分别起名为"漫射灯光1"和"漫射灯光2"，然后对灯光进行相应的调节，完成漫射灯光位置的调整，如图7-25所示。

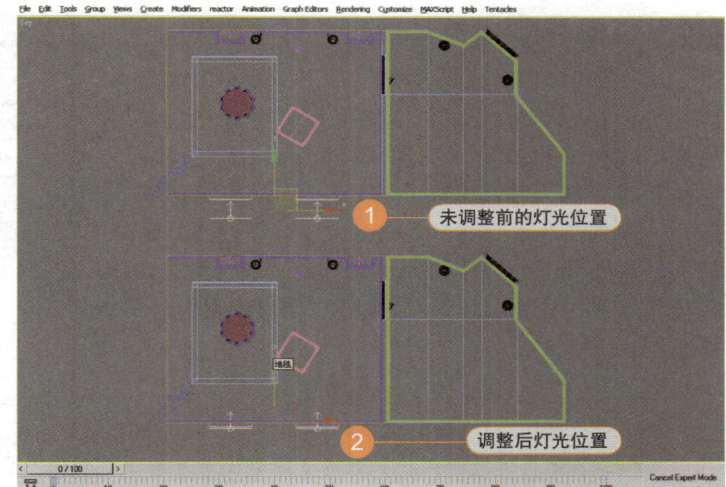

图7-25 调整漫射灯光的位置

步骤12 显示所有隐藏层

使用快捷键Ctrl+Shif+L，在弹出来的"图层管理"对话框中打开所有物体图层，在场景中显示所有渲染物体，如图7-26所示。

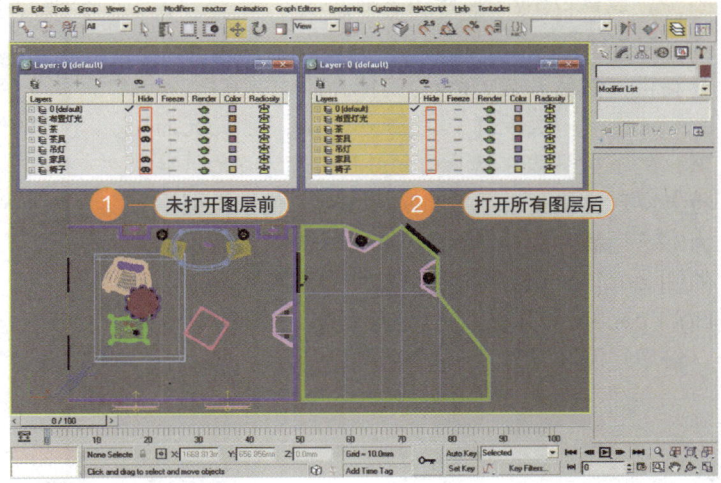

图7-26 显示所有隐藏层

本节小结：本节重点针对复杂且文件量大的场景。为了提高工作效率，使用VRay中Quasi-Monte Carlo GI（准蒙特卡罗渲染引擎）与Light Cache（灯光缓存渲染引擎）的方法创建晚间室内全局光照。

7.2 VRay高级渲染参数的设置

本节要点：以上是简欧式晚间场景模型渲染前的准备工作，需要读者重点掌握晚间室内的灯光布置方法与灯光的参数调节，学会如何创建场景漫射光线以及室内人造灯光的调节。

步骤 1 设置VRay图像采样参数

切换到VRay渲染选项卡，展开VRay Image sampler [Antialiasing]（图像采样）卷展栏，然后在Image sampler（图像采样）选项组的Type（类型）右侧下拉列表中选择Fixed（固定比采样器），并关闭Antialiasing filter（抗锯齿过滤）功能，最后展开VRay Fixed image sampler（固定比采样）卷展栏并将Subdivs（细分）参数设置为1，如图7-27所示。

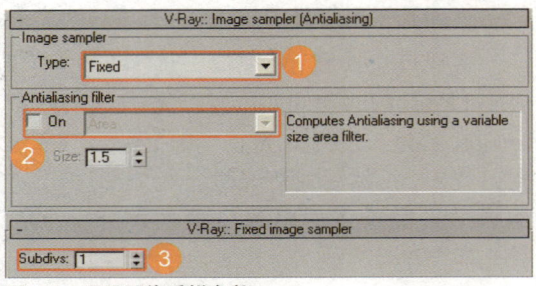

图7-27 设置图像采样参数

提示
1. 选择Fixed（固定比采样器），在灯光测试阶段可以提高测试效率。
2. 在最终渲染阶段，如果场景中有大量反射模糊物体，我们可以使用固定比采样器提高渲染效率。

步骤 2 设置VRay间接光照参数

展开VRay Indirect illumination（间接光照）卷展栏，然后开启VRay的间接光照，并在Primary bounces（一级反弹）的GI engine（全局光照引擎）的下拉列表中选择Quasi-Monte Carlo（准蒙特卡罗）渲染引擎，并将Multiplier（倍增）值设置为0.85，最后在Secondary bounces（二级反弹）的GI engine（全局光照引擎）的下拉列表中选择Light cache（灯光缓存）渲染引擎，并将Multiplier（倍增）值设置为0.65，如图7-28所示。

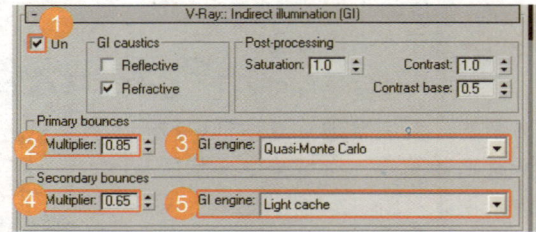

图7-28 设置间接光照参数

设置VRay准蒙特卡罗参数

展开VRay Quasi-Monte Carol GI卷展栏，设置Subdivs（细分）参数为15，完成准蒙特卡罗参数的设置，如图7-29所示。

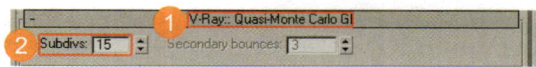

图7-29 设置准蒙特卡罗参数

提示 我们在直接光照里使用Quasi-Monte Carlo（准蒙特卡罗）渲染引擎，因此反弹参数不可用。

步骤 4 **设置VRay灯光缓存贴图参数**

展开VRay Light cache（灯光缓存）卷展栏，在Calculation parameters（计算参数）中设置如下：

- Subdivs（细分）→300
- Scale（比例方式）→Screen（屏幕）

勾选Store direct light（存储直接光照）、Show calc phase（显示光能进程）、Adaptive tracing（自适应追踪）复选框，然后在Reconstruction parameters（重建参数）中勾选Pre-filter（预过滤）并设置预过滤数值为25，在Filter（过滤器）右侧的下拉列表中选择None（无），在Mode（模式）中选择Single frame（单帧）模式，最后勾选Auto save（自动保存），单击Browse（浏览）按钮，在弹出的对话框中命名并保存，将灯光缓存贴图文件保存到简欧式晚间空间文件的根目录里，如图7-30所示。

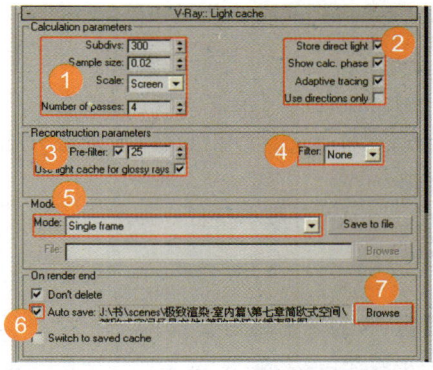

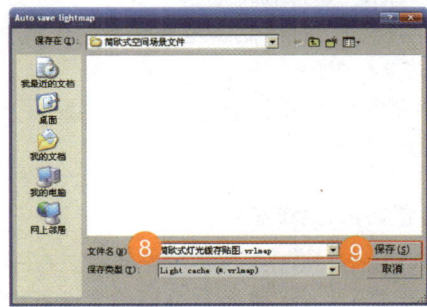

图7-30 设置灯光缓存贴图参数

提示 1. 勾选Adaptive tracing复选框，可以记录场景灯光的位置，并在确认的灯光位置上产生更多的灯光样本，同时快速处理反射模糊，但是会占用一定内存，比较适合大内存的用户。
2. 勾选Use directions only复选框则渲染时只计算直接光照信息，在Primary bounces（一级反弹）中使用它，渲染灯光缓存的速度很快，因为VRay Light cache渲染引擎是在secondary bounces（二级反弹）中使用，所以笔者没有勾选。

步骤 5 **设置VRay色彩贴图**

展开VRay Color mapping（色彩贴图）卷展栏，然后在Type（类型）中选择Intensity exponential（密度指数曝光），将Gamma（伽玛值）设置为1.8，勾选Affect background（影响背景）、Clamp output（增强输出）复选框，但不要勾选Don´t affect colors复选框，完成色彩贴图参数的设置，如图7-31所示。

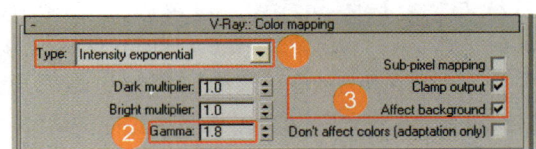

图7-31 设置色彩贴图

> **提示**
> 1. 勾选Clamp output复选框可以纠正渲染过程中无法识别的颜色，使图像颜色更细腻。
> 2. Don't affect colors（adaptation only）是新增选项，勾选它表示场景自适应颜色采样，从而提高渲染图像的采样质量和渲染速度，此选项适合白天全局光场景。
> 3. Intensity exponential是优秀的曝光方式，可以控制光源附近曝光的同时，又能保持场景物体饱和度颜色，使场景的灯光效果非常柔和，色彩也相对饱和。

步骤6 设置VRay准蒙特卡罗采样参数

展开VRay rQMC sampler（准蒙特卡罗采样）卷展栏，然后设置参数如下：

- Adaptive amount（自适应数量）→0.85
- Noise threshold（噪波阈值）→0.1
- Global subdivs multiplier（全局细分倍增）→0.8
- Min samples（最小采样）→8

详细设置如图7-32所示。

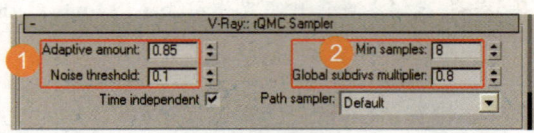

图7-32 设置准蒙特卡罗采样参数

步骤7 设置VRay环境贴图参数

展开VRay Environment卷展栏，在GI Environment（skylight）override（全局光照明环境）选项组中开启VRay全局光照明环境的天光，然后设置天空光的颜色，完成环境贴图参数的设置，如图7-33所示。

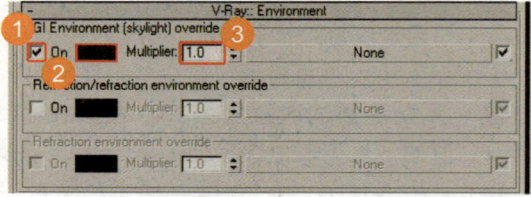

图7-33 设置环境贴图参数

步骤8 设置VRay系统参数

展开VRay System系统参数卷展栏，在Raycaster params（光线投射参数）选项组中设置如下：

- Max.tree depth（最大树深度）→90
- Face/level coef（面/级别系数）→2.0
- Default geometry（默认几何参数）→ Static（静态）几何方式

然后在Render region division中将X和Y方向的渲染区域分别设置为64，并且在Region sequence（区域方式）右侧的下拉列表中选择Top->Bottom（从上到下）区域方式，再勾选Frame stamp（装饰水印），填写%VRayversion（VRay的版本号）和%rendertime（渲染时间），最后再启用Miscellaneous options（多样属性）中的MAX-compatible ShadeContext（work in camera space）功能，如图7-34所示。

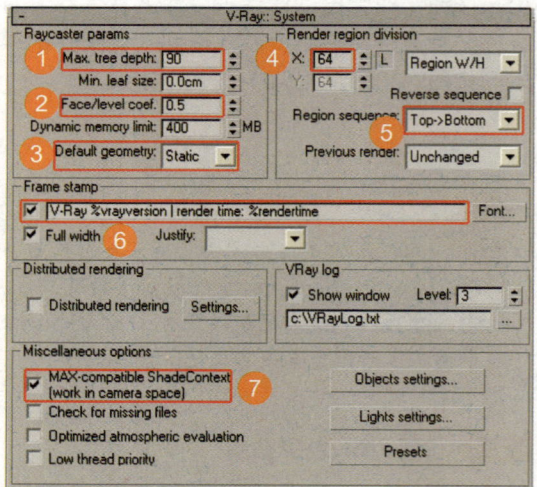

图7-34 设置系统参数

本节小结：以上是简欧式晚间空间的预渲染设置过程，在设置过程中需要大家分别掌握在一级反射和二级反射中使用VRay Quasi-Monte Carlo（准蒙特卡罗）参数的不同设置和技巧。

7.3 确定最终可以调节材质的全局光方案

本节要点：本节重点讲解通过对场景灯光的分析，详细介绍场景预渲染时，场景筒灯灯光和辅助灯光的创建，最后得到最终可以调节材质的场景灯光方案。

步骤 1 对设置好的场景测试

将视口切换到设置好安全框的摄影机视口中，使用快捷键Shift＋Q，对场景进行第一次预渲染测试，大家可以看到渲染进程，最后的测试效果如图7-35所示。

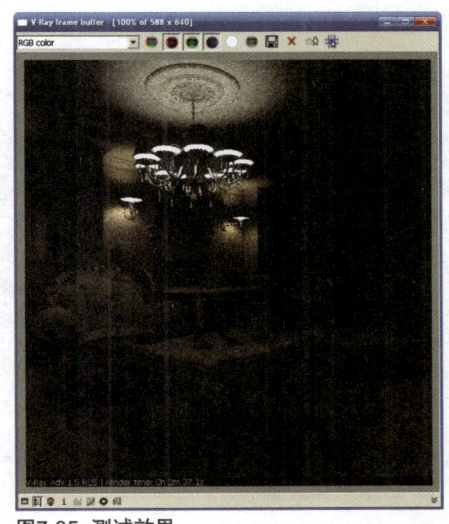

图7-35 测试效果

步骤 2 对测试效果进行分析

先看测试场景的灯光效果，整个图像的漫射光线整体偏暗，图中①和②部分的天光弱，图中④和⑤部分的室内暖色偏弱，图中③部分的环境光弱，针对漫射光线偏暗，需要进一步烘托场景气氛的问题，我们需要对场景灯光进行再次布置与调节，如图7-36所示。

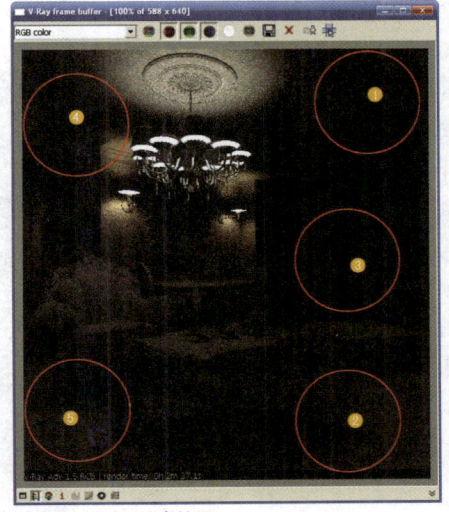

图7-36 分析测试效果

步骤 3 **创建天光辅助灯光**

在创建命令面板中 中单击按钮 ，在下拉菜单中选择Photometric（光度学）灯光，然后切换到Top视口，按照筒灯位置将Free Point建立到场景中，起名为"天光辅助灯1"，完成灯光的创建，如图7-37所示。

> **提示** 这里我们使用Photometric（光度学灯光）里的Free Point（自由点光源）来作为天光辅助灯。

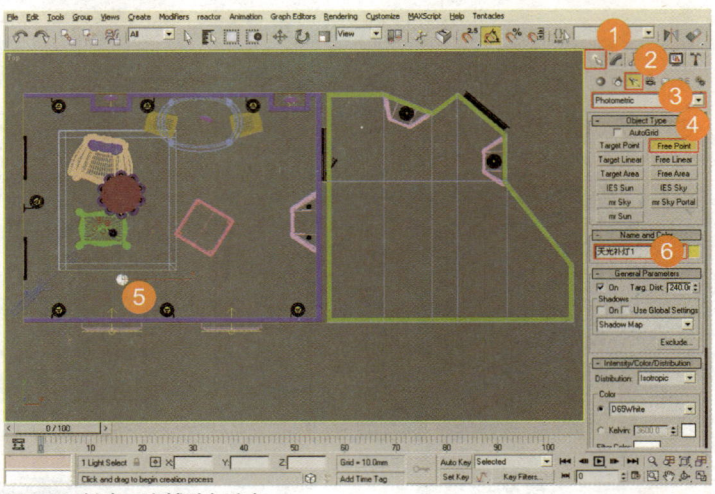

图7-37 创建天光辅助灯光灯

步骤 4 **设置天光辅助灯光参数**

切换到Top视口，在视口中选择刚创建的"天光辅助灯1"，切换至修改面板 ，设置灯光的Intensity（照明）参数、灯光颜色参数、VRayshadows（VRay阴影）参数以及光域网的相关参数，完成灯光的设置，如图7-38所示。

> **提示** 为保证天光辅助灯的漫射效果，这里使用Free Point（自由点光源）的光域网模式来设定。

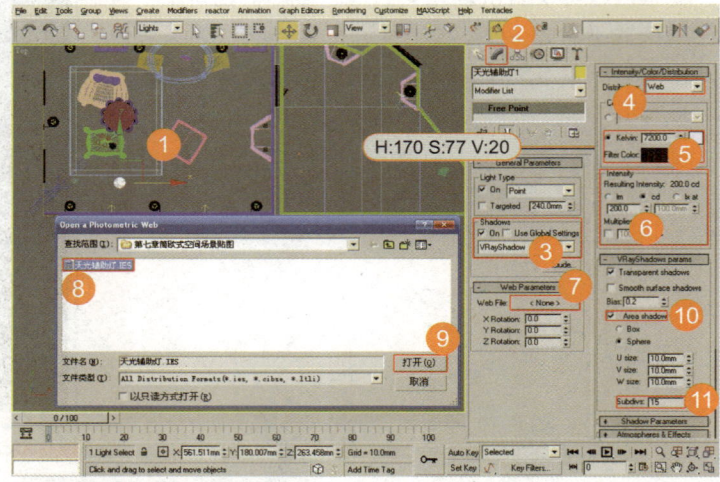

图7-38 设置天光辅助灯光参数

步骤 5 **调节天光辅助灯光**

切换到Top视口，选择"天光辅助灯1"，利用移动工具 并按住Shift键，按照室内模型空间位置进行复制灯光，如图7-39所示。切换到Front视口和Top视口，利用移动工具按照模型高度摆放好，完成灯光位置的调节，如图7-40所示。

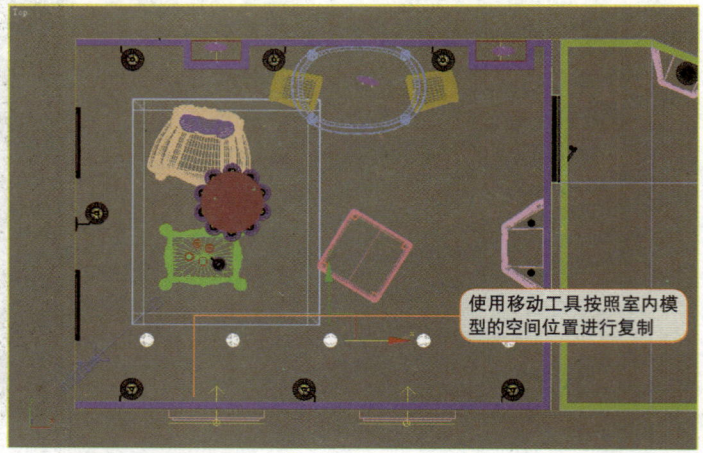

使用移动工具按照室内模型的空间位置进行复制

图7-39 复制天光辅助灯光

未调节前的灯光位置

调节完成后的灯光位置

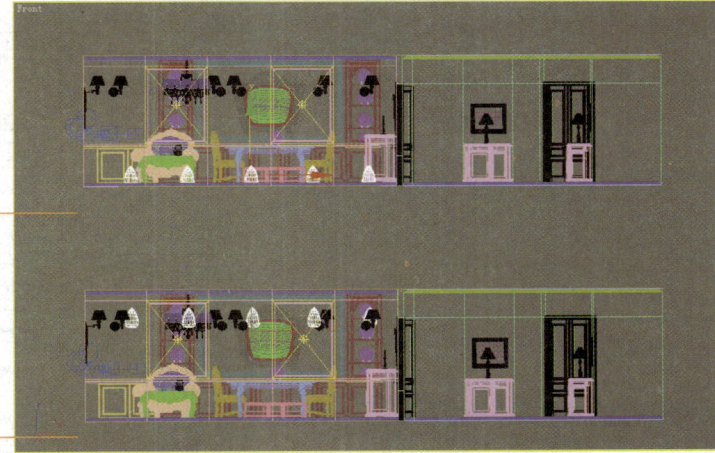

图7-40 调节天光辅助灯高度

步骤6 创建室内补灯灯光

切换到Top视口，然后选择刚创建好的天光辅助灯，利用移动工具並按住Shift键进行复制，最后在弹出的对话框中设置参数并起名为"室内补灯1"，单击OK按钮，完成辅助灯光的创建，如图7-41所示。

选择天光辅助灯，使用移动工具复制

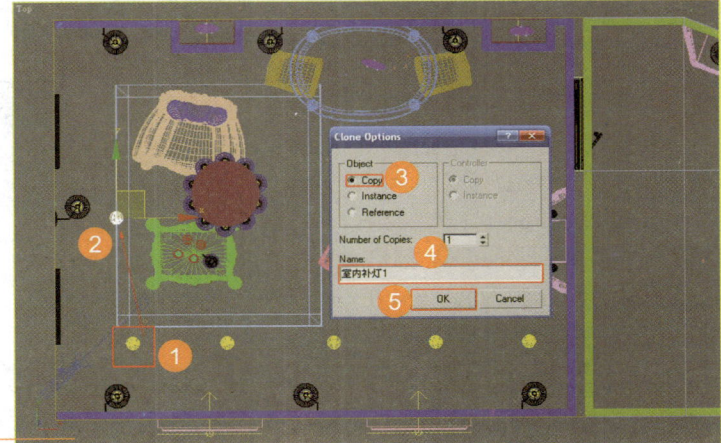

图7-41 建室内补灯灯光

步骤7 布置其他室内补灯灯光

切换到Top视口，然后选择刚创建好的"室内补灯1"，利用移动工具並按住Shift键，按照场景空间进行布置，如图7-42所示。最后调整①、②、③部分的室内暖色补灯和④部分冷色补灯的参数，如图7-43所示。

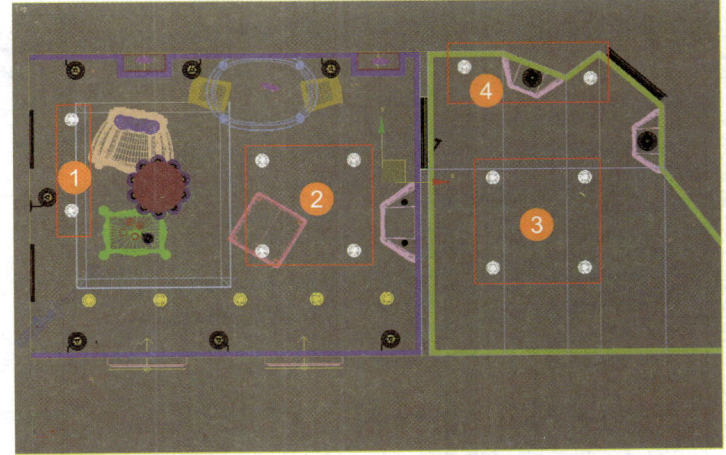

图7-42 布置其他室内补灯

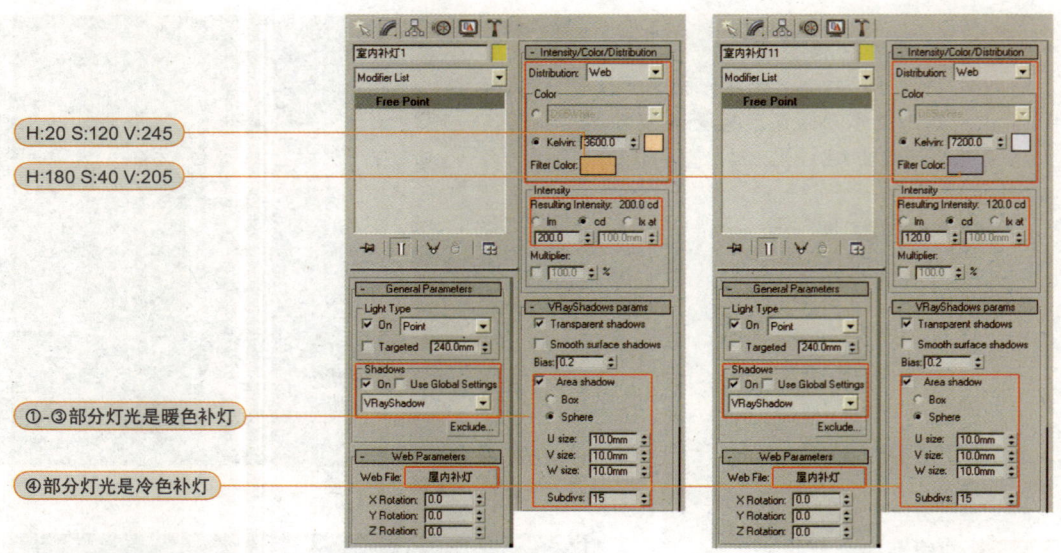

H:20 S:120 V:245

H:180 S:40 V:205

①-③部分灯光是暖色补灯

④部分灯光是冷色补灯

图7-43 调整室内补灯参数

步骤8 **重新调节VRay色彩贴图参数**

　　展开VRay Color mapping（色彩贴图）卷展栏，然后调整参数如下：

- Dark multiplier（暗部倍增）→1.5
- Bright multiplier（亮部倍增）→1.1
- Gamma（伽玛值）→1.8

完成色彩贴图参数的设置，如图7-44所示。

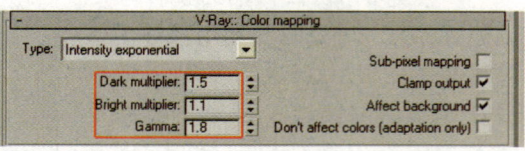

图7-44 重新调节色彩贴图参数

 1. 调整Dark multiplier（暗部倍增）可以控制场景暗部光线的亮度以达到理想效果。
2. 调整Bright multiplier（亮部倍增）可以控制场景直接光线的亮度以达到理想效果。

步骤9 **重新调节VRay准蒙特卡罗采样参数**

　　展开VRay rQMC sampler（准蒙特卡罗采样）卷展栏，接着设置参数如下：

- DAdaptive amount（自适应数量）→0.85
- Noise threshold（噪波阈值）→0.001
- Global subdivs multiplier（全局细分倍增）→1.2
- Min samples（最小采样）→10

完成准蒙特卡罗采样参数设置，如图7-45所示。

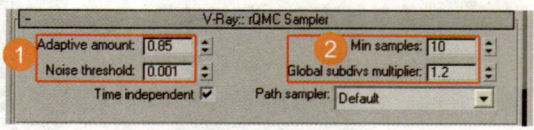

图7-45 重新调节准蒙特卡罗采样参数

提示 重新调整准蒙特卡罗采样参数可以降低先前渲染图像的颗粒感，使渲染图像更清晰。

步骤10 重新调节VRay准蒙特卡罗参数

展开VRay Quasi-Monte Carol GI（准蒙特卡罗）卷展栏，设置Subdivs（细分）参数到45完成准蒙特卡罗参数设置，如图7-46所示。

图7-46 重新调节准蒙特卡罗面板参数

> **提示** 在直接光照中我们可以将细分值调节的高一些，不会影响测试速度。

步骤11 重新调节VRay灯光缓存贴图参数

展开VRay Light cache（灯光缓存）卷展栏，在Calculation parameters（计算参数）中将Subdivs（细分）设置为1500，然后在Mode（模式）中选择Single frame（单帧）模式，最后在On render end（在渲染之后）中勾选Switch to saved cache复选框，则自动载入运行好的灯光缓存贴图，如图7-47所示。

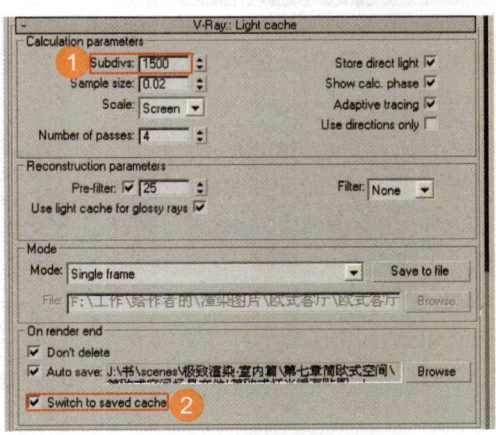

图7-47 重新调节灯光缓存贴图参数

步骤12 对设置好的场景再测试

将视口切换到设置好安全框的摄影机视口中，使用快捷键Shift+Q，对场景进行第二次渲染测试，大家可以看到渲染进程，最后的测试效果如图7-48所示。

> **提示**
> 1. 我们看到，再次渲染的图像颗粒感没有了，晚间整体的光效都烘托出来了。
> 2. 一般使用替换材质测试的场景亮度要比实际场景的光线要亮。
> 3. 晚间漫射光线的颜色不要太强，灯光气氛主要用室内灯光来烘托，这里环境天光的亮度一般是1。
> 4. 因为我们渲染的是出图的光子品质，所以这次测试光子的时间稍长。

图7-48 对设置好的场景进行再测试

本节小结： 以上是场景进行测试并根据测试效果分析，然后再对场景灯光进行再设置与再调节，为了最终的光线效果，我们又重新调节了VRay的渲染设置参数，在设置过程中我们了解了有关渲染参数的具体调节过程，渲染参数的细分值比较高，其目的就是得到品质高的场景全局光线，并减少图像的颗粒感，为最终材质调节和场景渲染创建良好的光线环境。

7.4 为场景赋予材质

> **本节要点：**本节重点讲解如何将材质编辑器中默认材质转换为VRay标准材质，如何使用VRayMtl（VRay标准材质）配合Opacity（透明）通道、Mask（蒙版）和Diffuse（漫反射）通道调节场景中常用材质，希望读者掌握材质的参数调节。

步骤 1 重新设置VRay通用参数

切换到VRay渲染选项卡，展开VRay Global switches（通用参数）卷展栏，然后在Materials中勾选Reflection/refraction（反射/折射）、Maps（贴图）、Glossy effects（高光效果）复选框，最后取消勾选Override mtl（替换材质），完成通用参数的修改，如图7-49所示。

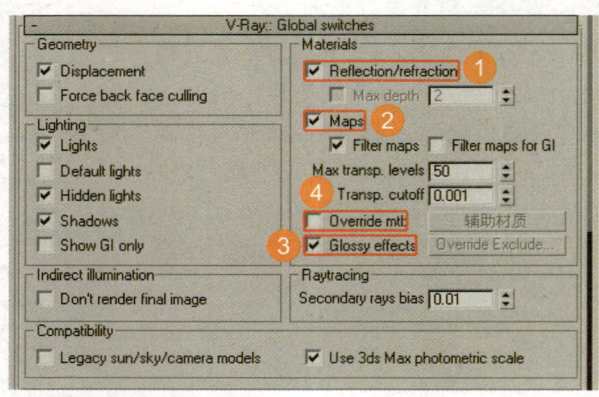

图7-49 重新设置通用参数

步骤 2 将标准材质转化为VRay标准材质

切换到Top视口，在视口中单击鼠标右键，并在弹出的菜单中选择VRay scene converter（转换VRay场景）选项，然后在弹出的对话框中选择"是"，最后在材质编辑器中看到标准材质都变成了VRay标准材质，如图7-50所示。

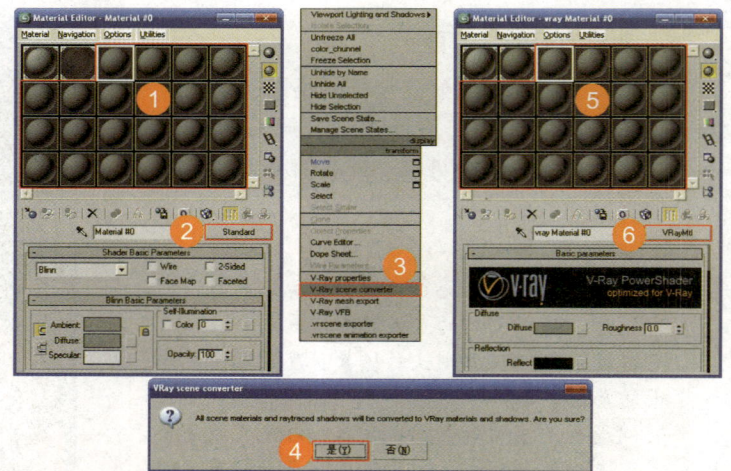

图7-50 转为VRay标准材质

> **提示** 前几章调节材质时，为了使大家掌握材质的调节过程，故没有使用这种转变材质的方式。

步骤3 调节沙发布料

在材质编辑器中选择一个VRay默认材质球，起名为"沙发布料"，然后在Diffuse通道中加入"椅子贴图材质2.jpg"贴图，再调节Reflect反射颜色，并在Reflect通道中加入"椅子反射材质2.jpg"贴图，调整通道参数。调节Refl Glossiness（反射光泽度）的数值与细分参数值，并在Refl Glossiness通道中加入"椅子高斯材质2.jpg"贴图，再调整通道数值，最后在Bump（凹凸）通道中加入"椅子凹凸材质2.jpg"贴图后，调整通道数值，完成沙发布料材质的调节，如图7-51所示。

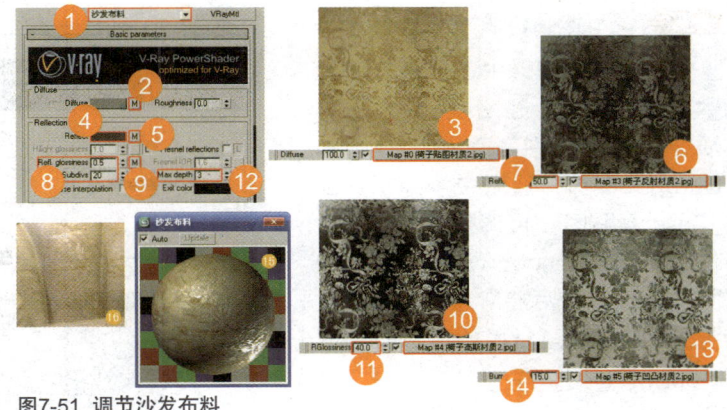

图7-51 调节沙发布料

> **提示**
> 1. 为了使贴图纹理在渲染的时候更真实，我们分别在反射通道、反射光泽度和凹凸通道中加入了相应的贴图。
> 2. 场景中的椅子靠背也是用相同的调节方法，大家可以尝试调节一下。

步骤4 调节地毯布料

在材质编辑器中选择一个VRay默认材质球，起名为"地毯布料"，然后在Diffuse通道中加入"欧式地毯4.jpg"贴图，在Bump（凹凸）通道中加入"地毯凹凸2.jpg"贴图，调整参数值为100，最后在Opacity通道中加入"欧式地毯4凹凸.jpg"贴图，完成地毯布料材质的调节，如图7-52所示。

图7-52 调节地毯布料

> **提示**
> 1. 在地毯贴图的透明通道中加入地毯的透明贴图，可以使地毯边缘的渲染效果更真实。
> 2. 这种方式相对置换方法和毛发方法要更节约时间。

步骤5 调节挂画材质

在材质编辑器中选择一个VRay默认材质球，起名为"挂画材质"，然后分别在Diffuse通道和Bump（凹凸）通道中添加"挂画17.jpg"贴图，再调整凹凸通道数值。再调节Reflect（反射）颜色和其他参数，最后将Max depth设置为3，完成挂画材质的调节，如图7-53所示。

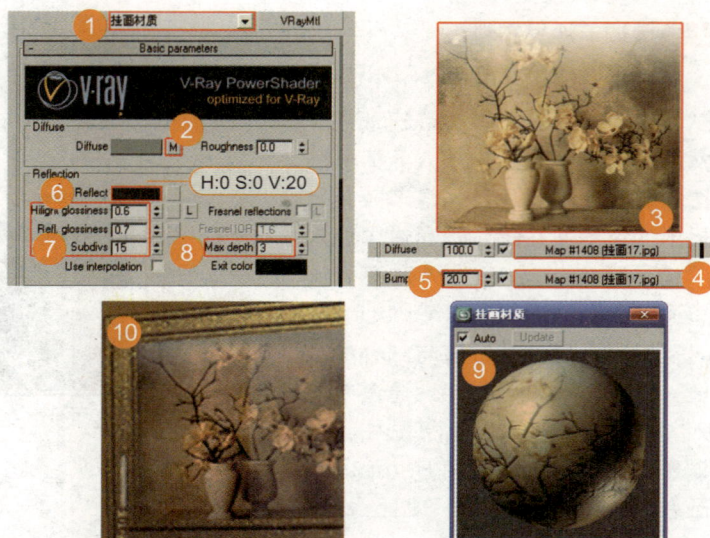

图7-53 调节挂画材质

步骤6 调节装饰托盘材质

在材质编辑器中选择一个VRay默认材质球，起名为"装饰托盘"，然后在Diffuse通道中加入"托盘11.jpg"贴图，在Reflect通道中加入Falloff（衰减）贴图，并在衰减参数卷展栏中调整相关参数，再到Reflection选项组中设置其他参数，最后在Bump（凹凸）通道中加入"托盘凹凸.jpg"贴图，并调整凹凸通道数值为30，完成装饰托盘材质的调节，如图7-54所示。

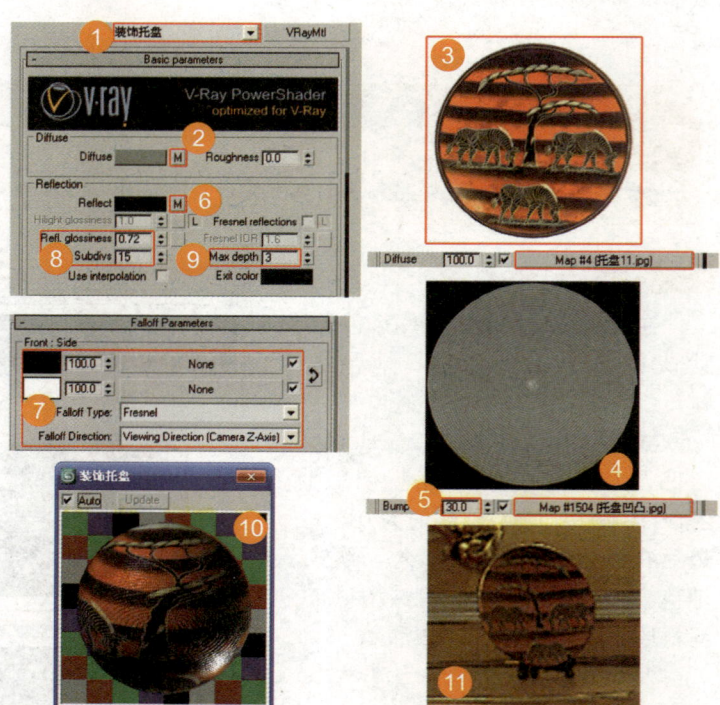

图7-54 调节装饰托盘材质

提示 场景里还有一些装饰托盘的调节方法与上述相同，只是贴图纹理不同，大家可以试一试。

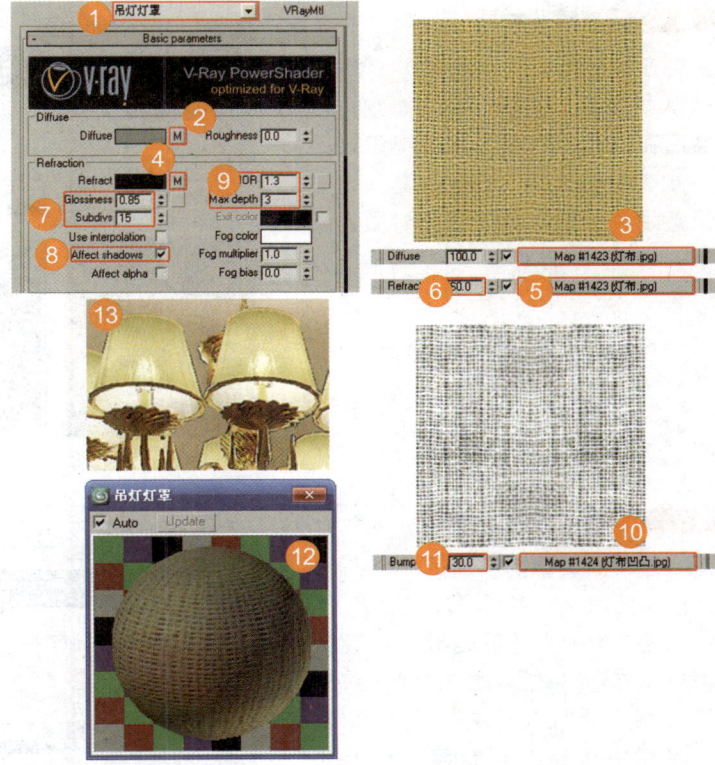

步骤7 调节吊灯灯罩材质

在材质编辑器中选择一个VRay默认材质球，起名为"吊灯灯罩"，然后分别在Diffuse（漫反射）通道和Refract（折射）通道中加入"灯布.jpg"贴图，在Refraction（折射）选项组设置相关参数，最后在Bump（凹凸）通道中加入"灯布凹凸.jpg"贴图，并调整凹凸通道数值为30，完成吊灯灯罩材质的调节，如图7-55所示。

图7-55 调节吊灯灯罩材质

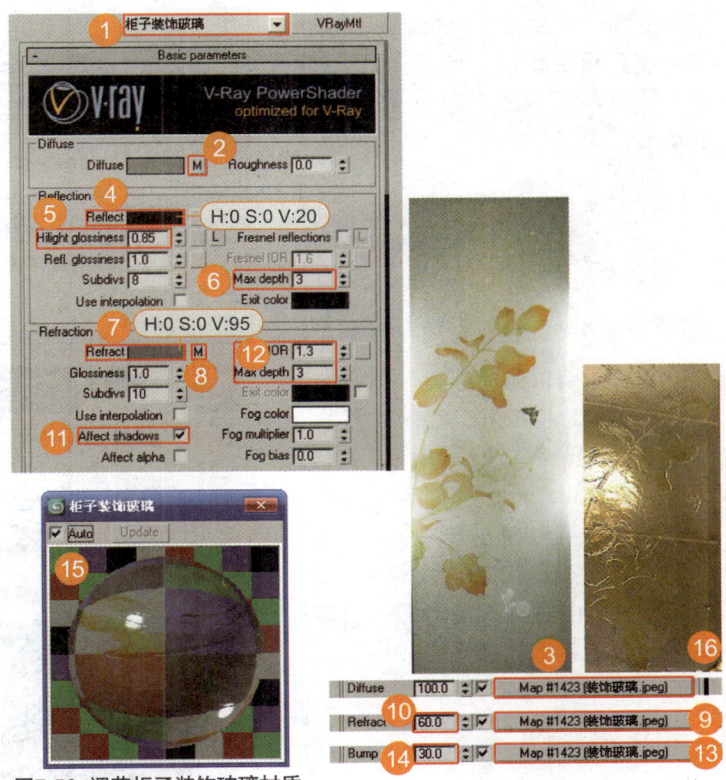

步骤8 调节柜子装饰玻璃材质

在材质编辑器中选择一个VRay默认材质球，起名为"柜子装饰玻璃"，然后分别在Diffuse（漫反射）通道、Refract（折射）通道、Bump（凹凸）通道中加入"装饰玻璃.jpeg"贴图，然后在Reflection（反射）和Refraction（折射）选项组中设置相关参数，最后在Bump（凹凸）通道和Refract（折射）通道中调整通道参数，完成柜子装饰玻璃材质的调节，如图7-56所示。

图7-56 调节柜子装饰玻璃材质

步骤9 调节镜子材质

在材质编辑器中选择一个VRay默认材质球，起名为"镜子"，然后在Diffuse（漫反射）中设置颜色，在Reflection（反射）选项组中设置相关参数，完成镜子材质的调节，如图7-57所示。

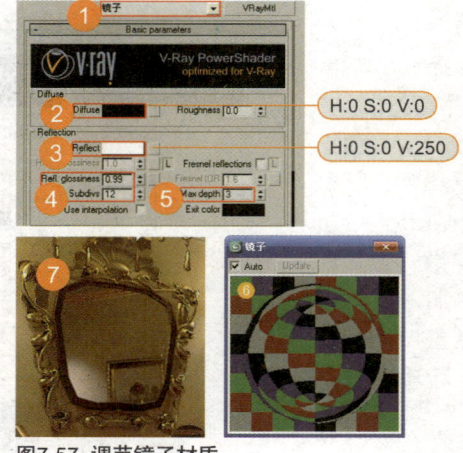

图7-57 调节镜子材质

步骤10 调节沙发金属材质

在材质编辑器中选择一个VRay默认材质球，起名为"沙发金属"，然后在Diffuse（漫反射）中设置颜色，在Reflect通道中加入Falloff（衰减）贴图，并在衰减参数卷展栏中调整相关参数，在Refl. glossiness通道中加入Falloff（衰减）贴图，到衰减和Reflection选项组中调整相关参数，最后将贴图模式切换为Ward模式，完成沙发金属的调节，如图7-58所示。

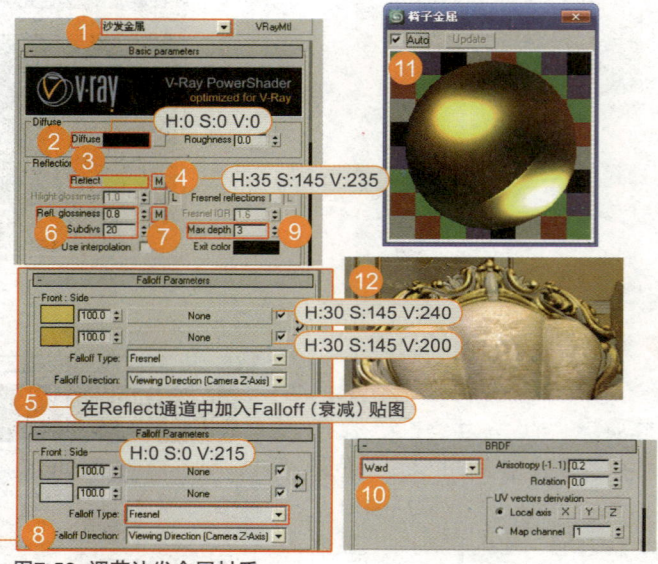

图7-58 调节沙发金属材质

步骤11 调节装饰金属材质

在材质编辑器中选择一个VRay默认材质球，起名为"装饰金属"，然后在Diffuse（漫反射）中设置颜色，在Reflect通道中加入Falloff（衰减）贴图，并在衰减参数卷展栏中调整相关参数，最后在Reflection选项组中调整相关参数，完成装饰金属的调节，如图7-59所示。

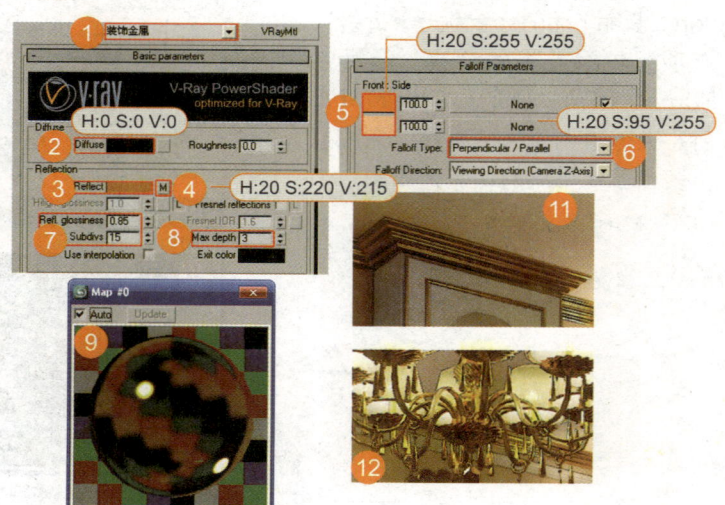

图7-59 调节装饰金属材质

提示　场景里还有一些金属物体，与上述调节方法相同，只是需要大家考虑金属的颜色和衰减大小，可以试一试。

步骤12 调节紫色装饰花材质

在材质编辑器中选择一个VRay默认材质球，起名为"紫色装饰花"，然后在Diffuse（漫反射）中设置颜色，在Reflect通道中加入Falloff（衰减）贴图，并调整相关衰减参数，最后在Reflection选项组中调整相关参数，完成紫色装饰花的调节，如图7-60所示。

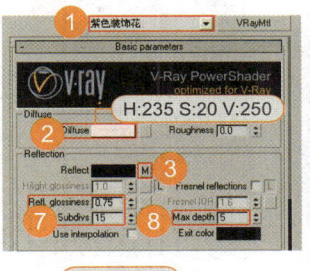

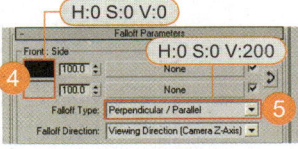
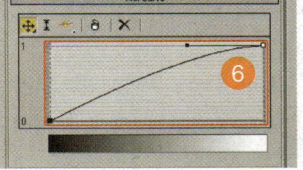

图7-60 调节紫色装饰花材质

提示　加入衰减可以控制材质的反射强度，我们使用Mix Curve（最小曲线）可以直观地通过调整曲线来观察物体的反射效果。

步骤13 调节茶壶材质

在材质编辑器中选择一个VRay默认材质球，起名为"茶壶"，再将VRay的材质类型切换为Blend（混合）材质模式，然后在Mask（蒙版）通道加入"花瓷杯.jpg"贴图，打开子材质"茶壶材质a"进行相关参数的设置，再打开子材质"茶壶材质b"进行相关参数的设置，完成茶壶材质的调节，如图7-61所示。

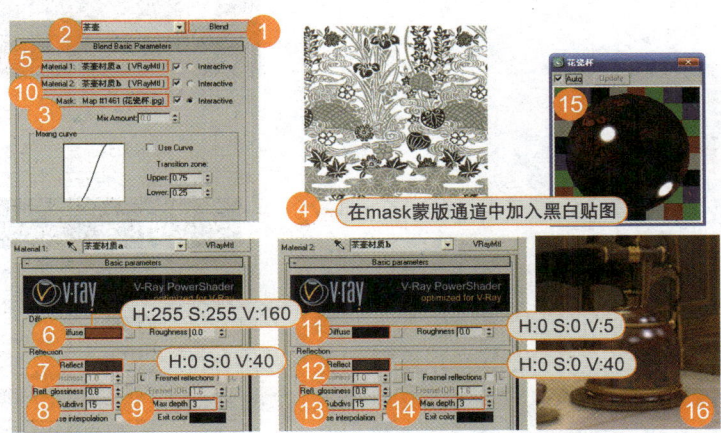

图7-61 调节茶壶材质

提示　1. 混合材质在欧式室内的材质调节中经常使用，混合材质可以把两种材质通过Mask（蒙版）或者Mix Amount（混合数量）两种方式混合成一种材质。
2. 混合材质可以得到比较复杂的贴图，笔者希望大家掌握混合材质的运用，提高作图的效率。

步骤14 **调节竹椅材质**

　　在材质编辑器中选择一个VRay默认材质球，起名为"竹椅材质"，然后在Diffuse（漫反射）通道中加入"装饰竹子.jpg"贴图，在Reflection中调整相关参数，最后分别在Bump（凹凸）通道和Opacity通道中加入"竹子黑白透明图.jpg"贴图，并设置相关通道参数，完成竹椅材质的调节，如图7-62所示。

> 提示　使用透明材质可以提高建模效率以及表现复杂材质的效果。

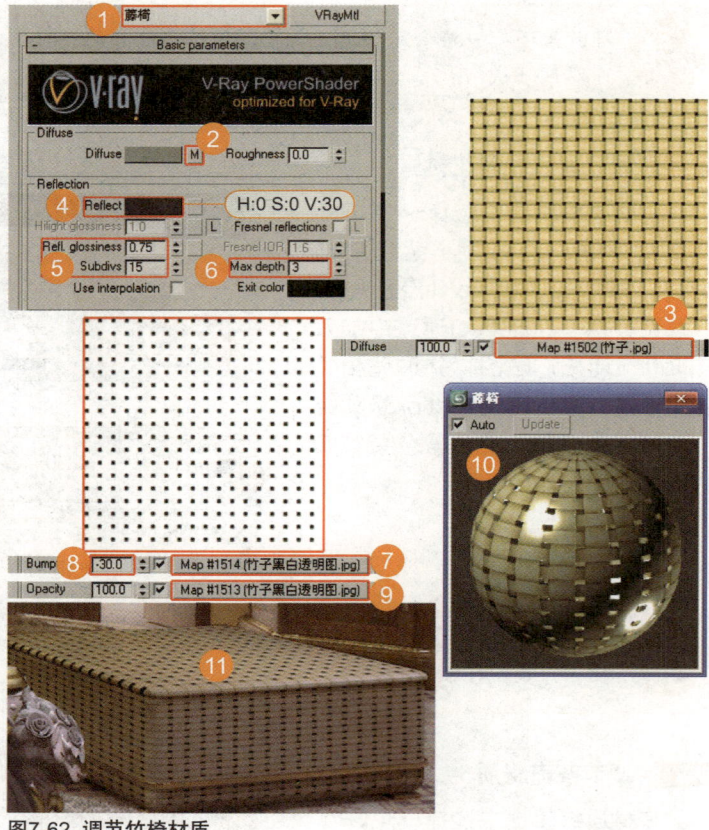

图7-62　调节竹椅材质

步骤15 **调节烛台木门材质**

　　在材质编辑器中选择一个VRay默认材质球，起名为"烛台木门"，然后分别在Diffuse（漫反射）通道和Bump（凹凸）通道中加入"烛台木质2.jpg"贴图，并设置相关通道参数，在Reflect通道中加入Falloff（衰减）贴图，并调整相关衰减参数，完成烛台木门材质的调节，如图7-63所示。

图7-63　调节烛台木门材质

步骤16 调节墙面材质

在材质编辑器中选择一个VRay默认材质球，起名为"墙面"，然后在Diffuse（漫反射）中设置颜色，在Reflection中调整相关参数，最后在Options（属性）中取消勾选Trace reflections复选框，如图7-64所示。

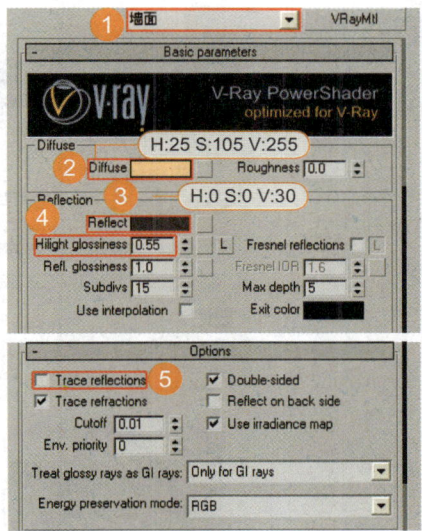
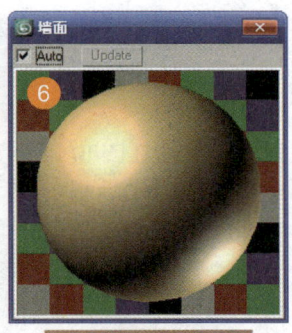

图7-64 调节墙面材质

提示 在VRay材质中没有高光的调节，因此在这里我们设置完材质的反射后，再将材质的Trace reflections取消掉，就是为了得到有适合场景高光的墙面物体。

步骤17 调节白色混油材质

在材质编辑器中选择一个VRay默认材质球，起名为"白色混油"，然后在Diffuse（漫反射）中设置颜色，在Reflect通道中加入Falloff（衰减）贴图，并调整相关衰减参数，最后Reflection中调整相关参数，完成白色混油材质的调节，如图7-65所示。

提示 在Fallofff Type（衰减类型）中，我们选择的是Fresnel（菲涅尔）模式，是为了得到更真实的混油效果。

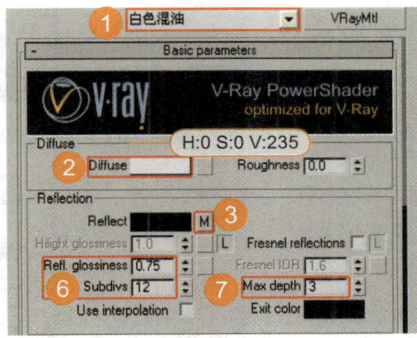
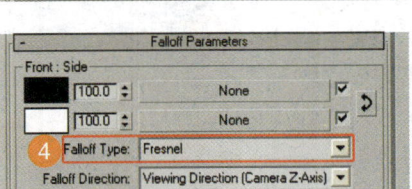
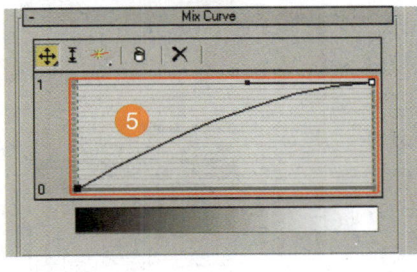
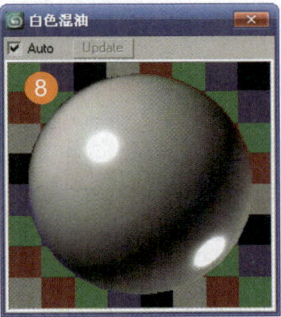
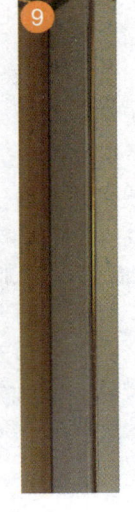

图7-65 调节白色混油材质

步骤18 调节木地板地面材质

在材质编辑器中选择一个VRay默认材质球，起名为"木地板地面"，然后在Diffuse（漫反射）通道中加入"木地板.jpg"贴图，在Reflect通道中加入Falloff（衰减）贴图，并调整相关衰减参数，最后在Bump（凹凸）通道中加入"木地板凹凸.jpg"贴图，设置相关通道参数，完成木地板地面材质的调节，如图7-66所示。

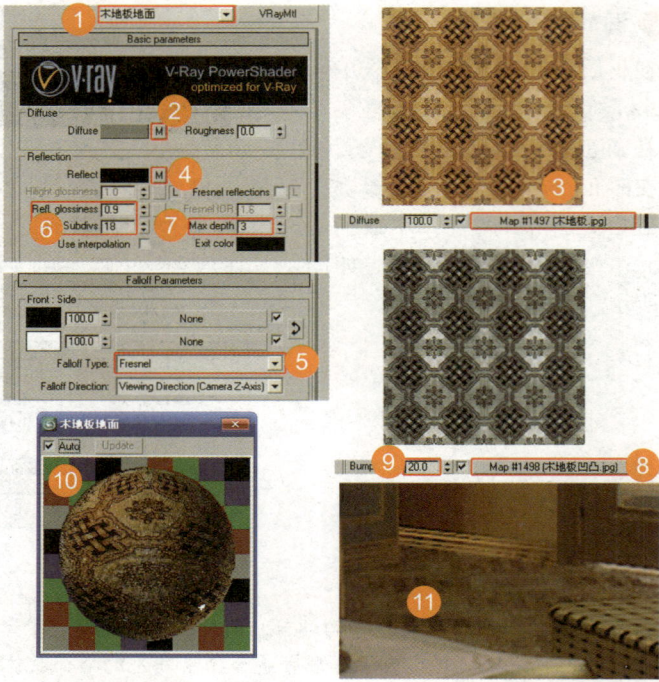

图7-66 调节木地板地面材质

步骤19 调节灯泡玻璃材质

在材质编辑器中选择一个VRay默认材质球，起名为"灯泡玻璃"，然后在Diffuse（漫反射）中设置颜色，接着在Reflect通道中加入Falloff（衰减）贴图，并调整相关衰减参数，在Refraction（折射）中设置相关参数，完成灯泡玻璃材质的调节，如图7-67所示。

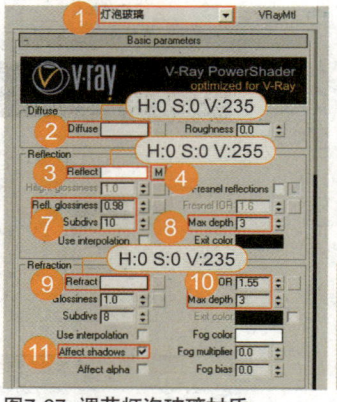

图7-67 调节灯泡玻璃材质

步骤20 调节桌面材质

在材质编辑器中选择一个VRay默认材质球，起名为"桌面"，切换到Blend（混合）材质模式，在Mask（蒙版）通道加入"桌面黑白图2.jpg"贴图，打开子材质"桌面金属线"，进行相关参数设置，再打开子材质"桌面清漆"，进行相关参数设置如图7-68所示。

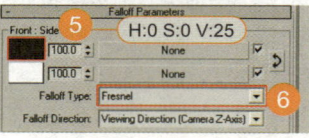

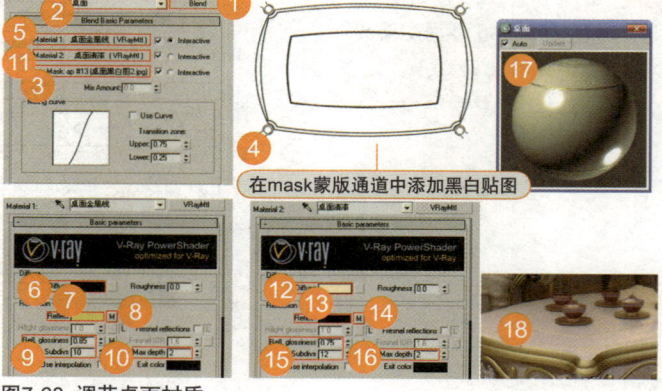

图7-68 调节桌面材质

> **本节小结：** 以上就是简欧式空间材质的具体调节，本节主要讲述了吊灯罩、装饰玻璃、竹椅、镜子、茶壶等室内常用材质的调节方法，希望读者通过练习熟练掌握，并能举一反三运用所学知识调节其他相似材质。

7.5 测试材质效果并设置最终渲染参数

> **本节要点：** 本节重点讲解VRay Frame buffer（VRay帧缓存）参数的相关运用；分析场景材质测试效果，根据材质测试效果对VRay渲染参数进行再调节。

步骤1　使用VRay帧缓存对场景材质测试

　　先将视口切换为摄影机视口，使用快捷键Shift+Q，对场景进行材质测试，然后在弹出的VRay Frame buffer（VRay帧缓存）对话框中单击Track mouse while rendering（跟随鼠标渲染）按钮，最后将调节好材质的场景测试完成，如图7-69所示效果。

> **提示**
> 1. 为了使读者看清材质效果，笔者渲染了全部材质，其实大家可以使用Track mouse while rendering（鼠标跟随渲染）功能来测试材质而没有必要全部渲染完，这样可以节省大量测试时间。
> 2. 我们看到图像整体材质效果不错，但也有不足，物体边缘多多少少有锯齿现象，这是我们接下来需要解决的问题。

图7-69　测试材质效果

步骤2　重新设置渲染输出面板

　　使用快捷键F10，在弹出的对话框中选择Common选项卡，展开Common Parameters卷展栏，在Output size选项组中将渲染图像的宽度像素和高度像素设置为2205和2400，确认渲染图像尺寸按钮，完成渲染尺寸的重新设定，如图7-70所示。

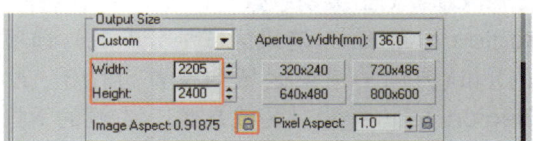

图7-70　重新设置渲染输出面板

步骤3 最终设置VRay图像采样参数

切换到VRay渲染选项卡,展开VRay Image Sampler [Antialiasing] (图像采样) 卷展栏,然后在Image Sampler (图像采样) 选项组中Type (类型) 右侧下拉列表中选择Fixed (固定比采样器) ,并在Antialiasing Filter (抗锯齿过滤) 中选择Mitchell-Netravali (米切尔精细过滤) 方式,最后展开VRay Fixed image sampler (固定比采样) 卷展栏,这里我们将Subdivs (细分) 参数提高为4,完成图像采样参数的最终设置,如图7-71所示。

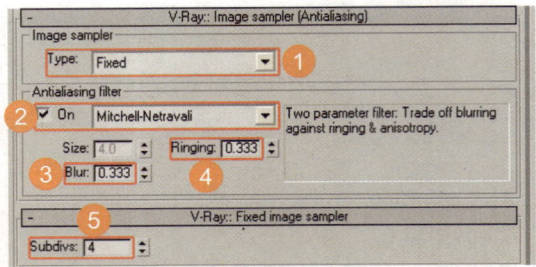

图7-71 最终设置图像采样参数

> 提示
> 1. 因为在欧式场景里材质绝大部分使用了反射模糊,所以用Fixed (固定比采样器) 渲染拥有大量反射模糊材质的场景比其他两种方式要快很多,可以提高渲染图像的效率。
> 2. 这里我们将Subdivs (细分) 参数提高到4,一般都能满足大家渲染图像的品质。

步骤4 检查是否载入灯光缓存贴图

展开VRay Light cache (灯光缓存) 卷展栏,然后确认Mode (模式) 中选择的是From file (载入) 模式,最后检查载入灯光缓存贴图的路径是否正确,如图7-72所示。

> 提示
> 1. 因为我们在运行灯光缓存贴图时勾选Switch to saved cache,自动载入了运行好的灯光缓存贴图,所以大家检查一下路径和载入模式就可以了。
> 2. 这里我们使用事先运行好的灯光缓存贴图,是为了在最终渲染图像时节省一部分时间。

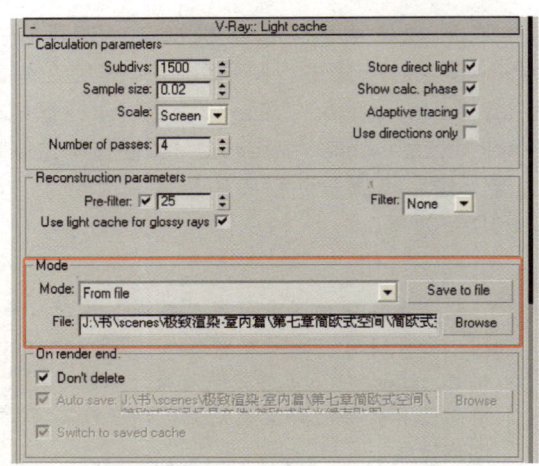

图7-72 检查是否载入灯光缓存贴图

步骤5 最终设置VRay系统参数

展开VRay System系统参数卷展栏,将Face/level coef (面/级别系数) 设置为2.0,将Render region division (渲染区域划分参数) 选项组中的X和Y方向的渲染区域均设置为128,最后在Region sequence (区域方式) 右侧的下拉列表中选择Top->Bottom (从上到下) 区域方式,如图7-73所示。

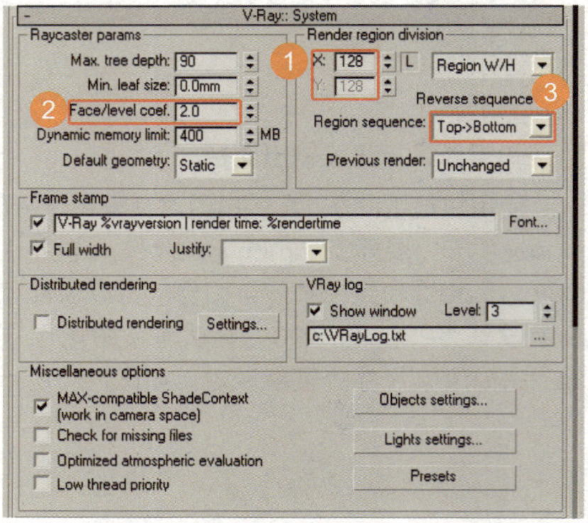

图7-73 最终设置系统参数

步骤6 设置最终渲染图像的保存类型

使用快捷键F10，然后在弹出的对话框中选择Common（通用）选项卡中展开Common Parameters（通用参数）卷展栏，在Render Output（渲染输出）选项组中单击Files...（渲染文件预存）按钮，在弹出的Render Output Files对话框中设置预存文件的名称和保存类型，完成最终渲染图像保存类型的设置，如图7-74所示。

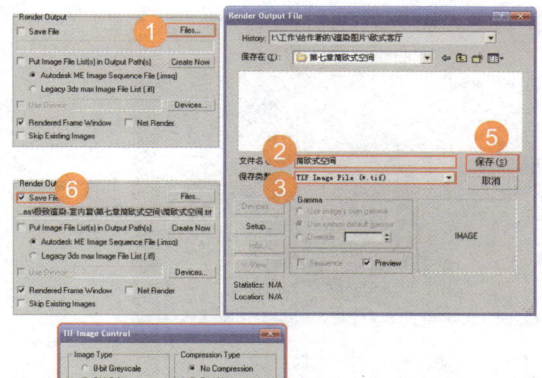

图7-74 设置最终渲染图像的保存类型

步骤7 渲染最终场景

切换到摄影机视口，使用快捷键Shift+Q，对场景进行最终渲染，在弹出的VRay Frame buffer对话框中关闭Track mouse while rendering（跟随鼠标渲染）选项，最终渲染效果如图7-75所示。

图7-75 最终渲染效果

步骤8 根据渲染图像渲染单色场景

因为前面的章节已经介绍了渲染单色场景的具体步骤，所以就不再重叙了，希望大家可以运用我们前面学到的知识创建这个场景的单色图，渲染单色图的效果如图7-76所示。

图7-76 单色场景

本节小结： 以上就是按照最终渲染要求设置完成的欧式晚间空间，通过学习，读者需要掌握渲染复杂场景和文件量比较大的场景的制作技巧，为了方便后续的工作需要养成创建单色图像的习惯，为接下来的后期处理铺平道路。

7.6 后期处理渲染完成的图像

▷ **本节要点：** 本节重点讲解如何使用Adobe Photoshop CS3后期处理软件里的亮度与对比度、色彩范围、皮毛滤镜、柔光、高斯模糊、USM锐化等修改命令，根据图像色彩关系调整渲染图像。

主要步骤	先在 Photoshop里打开场景渲染图像和场景的单色渲染图像，观察并分析渲染成图，然后利用Photoshop里的色阶、亮度与对比度、色彩平衡、柔光和高斯模糊等命令根据图像依次调整，最后为场景添加上照片滤镜，完成图像。

步骤 1 **打开渲染图像并调节亮度和饱和度**

先在Photoshop里打开配套光盘"scenes\第七章\第七章后期文件\欧式客厅后期文件.psd"文件，这个文件里包含一个背景图像和一个匹配好的单色图像，使用快捷键Ctrl+J对渲染图像复制，起名为"调节层"，我们为了方便以后图像的编辑，在图层面板中将"背景"层和"单色层"关闭显示。最后分析渲染成图，发现图像整体色彩偏灰偏暗，需要我们调节图像的亮度与饱和度。使用快捷键Ctrl+/，在弹出的"亮度与饱和度"对话框中设置相应参数，单击OK按钮完成调节，最后如图7-77所示。

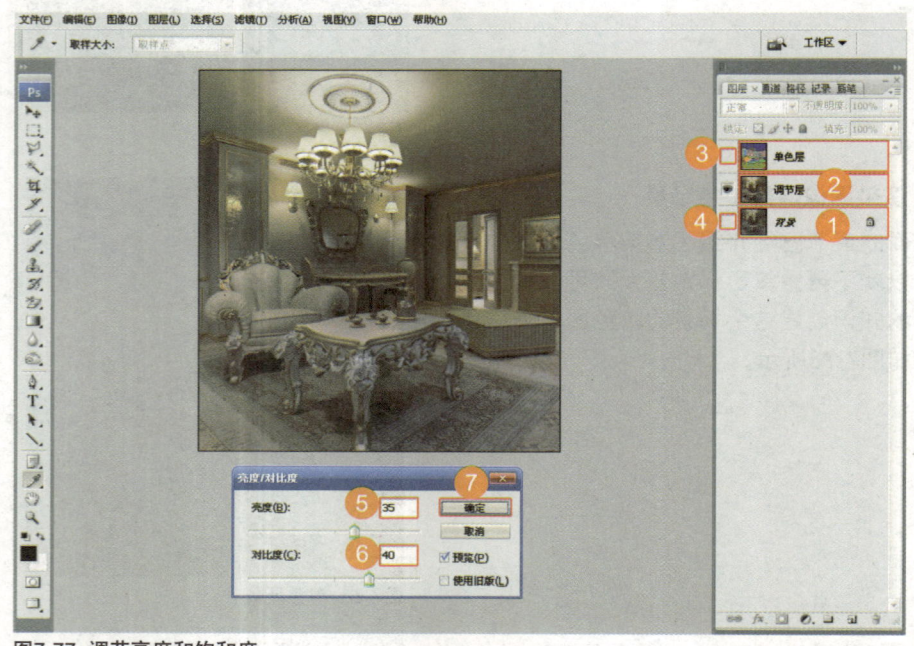

图7-77 调节亮度和饱和度

提示	单色图像可以方便后期图像的调节，前面的章节已讲过单色图像匹配渲染图像的方法，这里就不重叙了。

步骤2 **分析调整后的图像**

我们看到调节完亮度与对比度的图像，其整体环境有了改善，但图像里的地毯、装饰玻璃、沙发靠垫、场景金属和墙面都需要进一步调节来适应场景的整体光亮关系，如图7-78所示。

> **提示** 可以发现我们的渲染图像多少有一些灰，这就需要大家在后期处理中利用"单色层"依次调节图像中的不足。

图7-78 分析调整后的图像

步骤3 **调节地毯**

先在图层列表中选择"单色层"，并执行"选择>色彩范围"命令，在弹出的"色彩范围"对话框中调整设置，然后在图像中选择地毯部分并单击"确定"按钮完成地面选区的选择，如图7-79所示。将"单色层"关闭后，选择"调节层"，并在"调节层"使用快捷键Ctrl+J复制图层，并取名为"地毯层"，使用快捷键Ctrl+/，在弹出的"亮度/对比度"对话框中设置相应参数并单击OK按钮，完成调节，最后如图7-80所示。

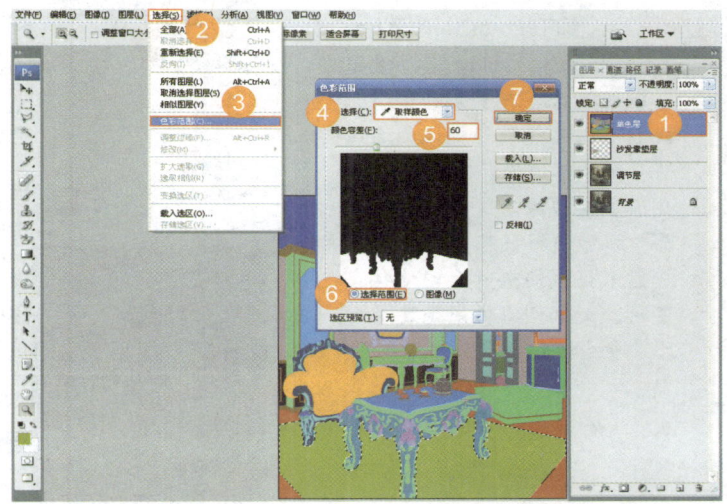

图7-79 在单色层选择地毯选区

> **提示** 使用"色彩范围"命令选择选区时应当注意要选择的区域，在这里我们选择完后需要使用选区工具减选掉多余的选区。

> **提示** 大家可以看到地毯整体的颜色和亮度得到了改善，但是地毯的质感不是很明显，下面我们使用Photoshop的Alien Skin Eye Candy 5毛发滤镜来处理地毯。

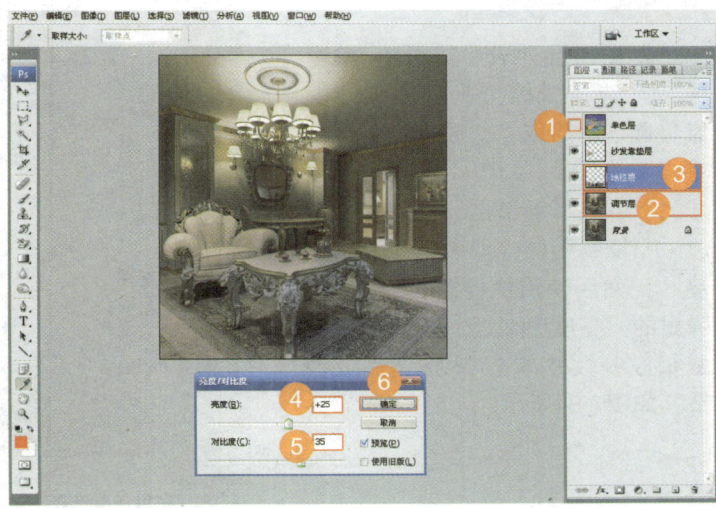

图7-80 调节地毯层

步骤4 编辑地毯

先在图层列表中选择刚调节过的"地毯层",执行"滤镜>Alien Skin Eye Candy 5>动物皮毛"命令,如图7-81所示。在弹出的对话框中设置滤镜的具体参数,然后双击"地毯层",在弹出来的"图层样式"对话框中选择投影选项,最后设置投影参数,单击"确定"按钮完成地毯的编辑,如图7-82所示。

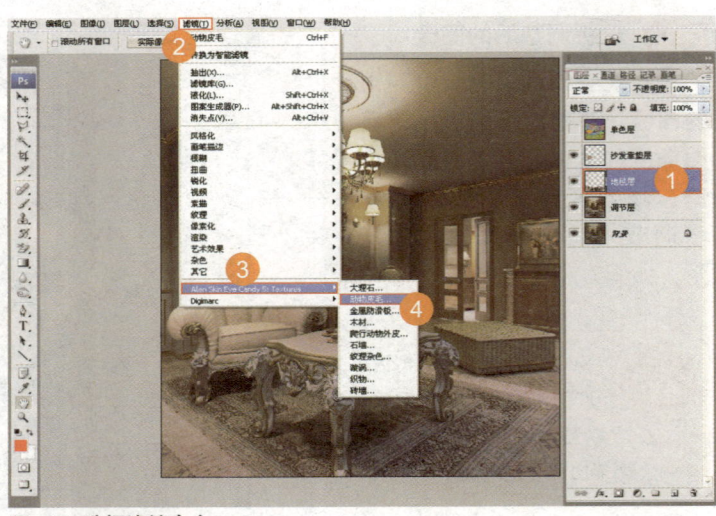

图7-81 选择滤镜命令

提示

1. 使用Photoshop的Alien Skin Eye Candy 5毛发滤镜处理地毯后会有多余的边缘,我们可以选择相邻物体的选区将多余边缘删除。

2. 删除多余边缘后,再给"地毯层"添加阴影效果。

3. 一般来说我们编辑后的地毯会变暗,大家可以使用亮度与对比度命令具体调节。

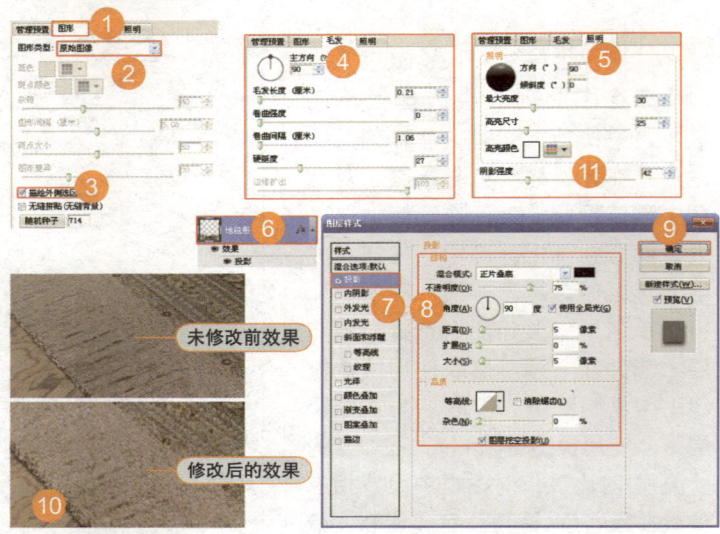

图7-82 编辑地毯层

步骤5 调节沙发靠垫

先在图层列表中打开"单色层",选择魔棒工具,完成沙发靠垫选区的拾取,如图7-83所示。将"单色层"关闭,选择"调节层",并在"调节层"使用快捷键Ctrl+J复制图层,取名为"沙发靠垫",然后使用快捷键Ctrl+/,在弹出的"亮度/对比度"对话框中设置相应参数并单击OK按钮完成调节,如图7-84所示。

图7-83 在单色层选择沙发靠垫选区

1. 调节物体的亮度与饱和度，要根据实际显示效果进行色调和亮度的调节，因此给出的参数值只是一个参考值，希望大家能灵活运用调节图像。

2. 接下来的工作就是要调整场景中其他物体的亮度与对比度了，方法基本相同，就不详细讲解了，这里给出了一些调节参数供大家参考。

图7-84 调节沙发靠垫层

步骤6 调节其他物体层

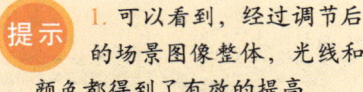

在图层列表中选择"调节层"，使用"色彩范围"命令或者魔棒工具分别选择"装饰玻璃"、"金属装饰层"、"装饰花层"、"白色混油层"、"墙层"、"镜子金属层"、"藤椅层"、"木地面层"和"餐桌层选区"，然后分别使用快捷键Ctrl＋J复制并命名，最后分别对相应图层进行亮度与对比度的调节，如图7-85所示，调节效果如图7-86所示。

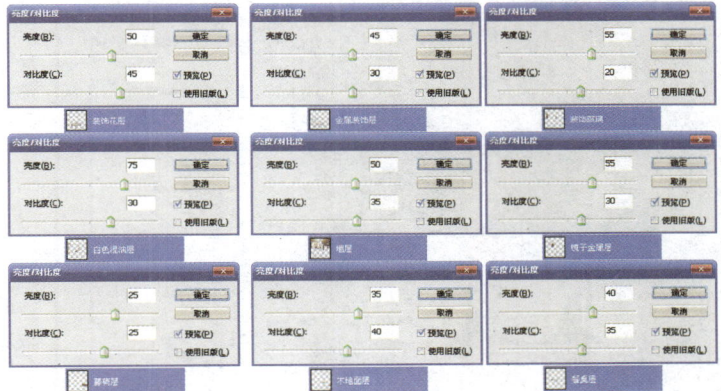

图7-85 调节其他物体层

1. 可以看到，经过调节后的场景图像整体，光线和颜色都得到了有效的提高。

2. 场景中的吊灯太亮了，失去了材质的层次，我们来解决这个问题。

图7-86 调节效果

步骤 7 ▶ 调节吊灯

使用"色彩范围"命令，在"单色层"完成吊灯选区的选择，如图7-87所示。将"单色层"关闭，选择"背景层"并在"调节层"使用快捷键Ctrl+J复制图层，取名为"吊灯层"，然后将"吊灯层"放到"调节层"上方后，使用快捷键Ctrl+L，在弹出的"色阶"对话框中设置相应参数，如图7-88所示，最后调节完成后的效果如图7-89所示。

图7-87 吊灯选区的选择

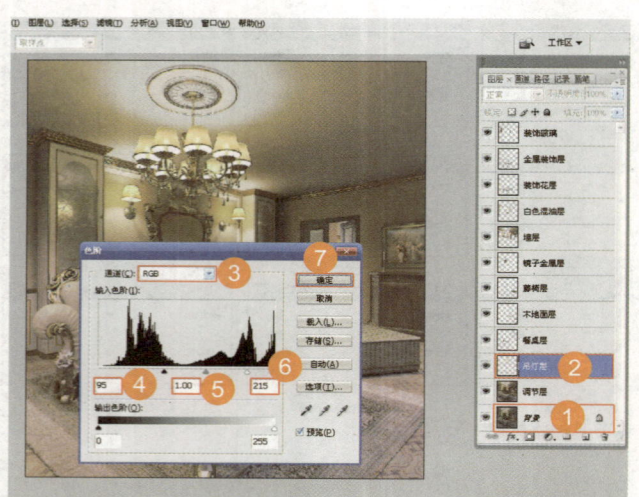

图7-88 调整吊灯层

图7-89 调整后吊灯层效果

步骤 8 ▶ 创建合并图层

选择图层列表里的"沙发靠垫层"，使用快捷键Alt+Ctrl+Shif+E合并其他调节好的图层，然后起名为"合并层"，最后再观察分析合并层的光线，发现整体图像的色彩还是有点灰，如图7-90所示。

图7-90 创建合并图层

步骤9 创建柔光层

选择图层列表里的"合并层"，使用快捷键Ctrl+J复制出一个新层，然后起名为"柔光层"，并将不透明度降低为50%，在图层面板上的下拉列表中选择柔光，最后使用快捷键Ctrl+L，在弹出的"色阶"对话框中设置相应参数，如图7-91所示。

提示 给后期图像加柔光可以使我们的图像色彩更饱和。

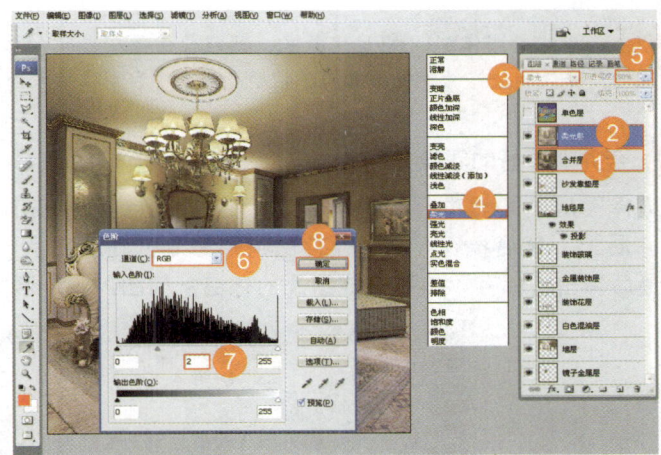

图7-91 创建柔光层

步骤10 调整柔光层

执行"滤镜>模糊>高斯模糊"命令，在弹出的"高斯模糊"对话框中设置高斯模糊参数，完成"柔光层"的调整，如图7-92所示。

提示 晚间图像加完柔光一般会变暗，所以我们给"柔光层"使用色阶命令，只调节中间调来保持图像亮度的平衡。

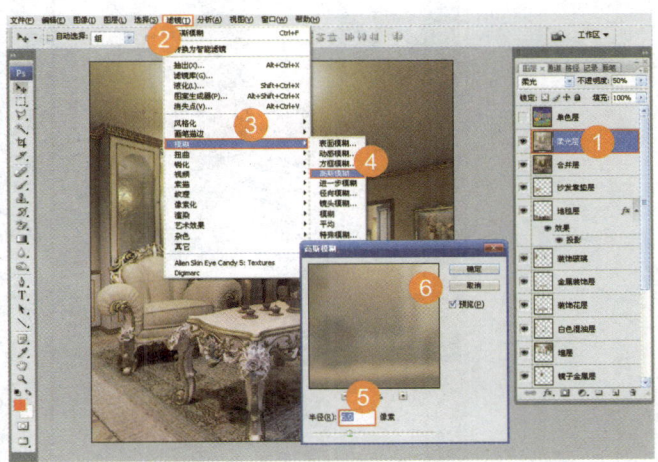

图7-92 调整柔光层

 步骤11 创建合并图层2

选择图层列表里的柔光层，使用快捷键Alt+Ctrl+Shif+E合并其他调节好的图层，起名为"合并层2"，然后执行"滤镜>锐化>USM锐化"命令，在弹出的"USM锐化"对话框中调整"合并层2"的锐化效果，最后将"合并层2"的不透明度降低到75%，如图7-93所示。

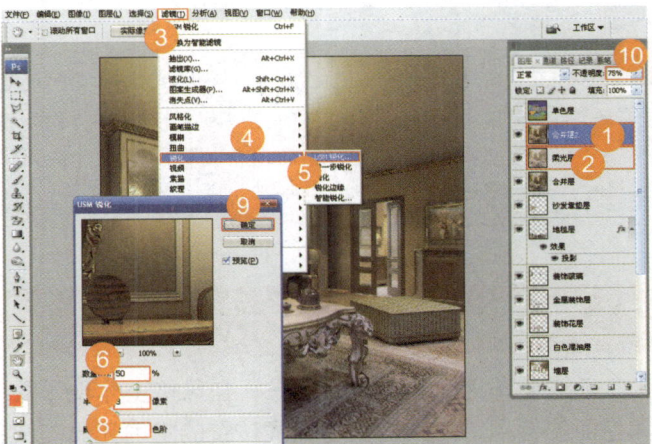

图7-93 创建合并图层2

提示
1. 给渲染图像加USM锐化效果，可以使图像中物体的边缘更加清晰。
2. 降低调整好的锐化图像的透明度是为了中和图像效果，因为现实中的物体显示没有那么锐利。

步骤12 **合并调节好的图像并保存**

　　选择图层列表里的"合并层2"，使用快捷键Alt+Ctrl+Shif+E合并所有图层，起名为"最终合并层"，然后执行"文件>存储为"命令，在弹出的"存储为"对话框中设置保存图片的格式，最后单击"保存"按钮完成图片的存储，如图7-94所示。

图7-94　最终合并调节好的图像

▶ **本节小结：** 写到这里，我们已经完成了简欧式晚间空间的后期制作，在制作过程中需要读者把握渲染图像的晚间氛围，围绕这种氛围运用后期处理工具调节图像中物体之间的关系，在调节上要突出渲染图像的近景物体，虚化渲染图像的远景物体，并通过学习和必要的总结掌握近景空间的后期处理方法。

7.7　本章小结

　　本章结合真实的欧式室内效果，在风格上体现了欧式室内曲线趣味、非对称法则、色彩柔和艳丽的特点，在结构上将欧式传统的室内元素与流行设计元素相结合，阐释了简约式欧式空间的内涵，在制作过程中读者应该掌握处理大文件量复杂场景的制作、理解场景灯光布置和VRay渲染引擎搭配使用等重要步骤的运用，最后希望读者认真总结，提高自身的制作能力。

08

第 8 章
欧式客厅空间

本章要点:

    本章重点讲解的是欧式客厅空间的制作过程，在制作过程中重点讲述在3ds Max中运用VRay高级渲染器，通过VRay全局照明引擎与3ds Max中光度学灯光的结合，真实模拟欧式客厅环境的写实效果，从中将欧式风格中的色彩、材质、造型和灯光完美结合起来，设计出富有内涵又美观的客厅效果。

重点内容: 1. 发光贴图和灯光缓存的设置
             2. 客厅材质的调节
             3. 直接光线的设定
             4. 后期调整

8.1 欧式客厅空间渲染之前的准备工作

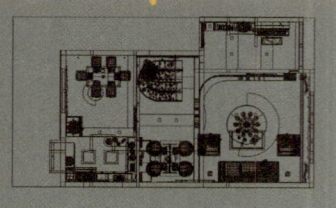

> **本节要点：** 本节重点讲解为了方便欧式客厅空间模型的渲染测试，在3ds Max中如何对场景模型的主要参数进行调整及设置，如布置室内场景灯光、设置场景摄像机等设置。

> **主要步骤**　首先打开创建好的实例模型，检查模型的单位设置，最后将3ds Max中的渲染引擎切换成VRay的渲染引擎。

步骤 1　打开创建好的的3ds Max实例模型文件

执行File（文件）> Open（打开）命令，然后选择配套光盘"scenes\第八章\第八章max文件\欧式客厅空间.max"文件，单击"打开"按钮将文件打开，如图8-1所示。

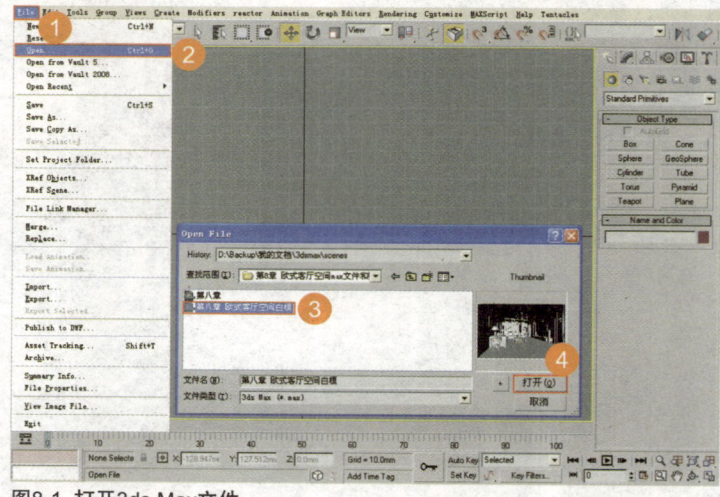

图8-1 打开3ds Max文件

步骤 2　检查模型单位尺寸

执行菜单栏中的Customize（自定义）> Units Setup（单位设置）命令，检查单位尺寸，如图8-2所示。

> **提示**　设置好模型的单位尺寸是为了在渲染中表现出模型的实际效果和真实感觉，因此我们在建立模型时应该按照实际室内空间建立。

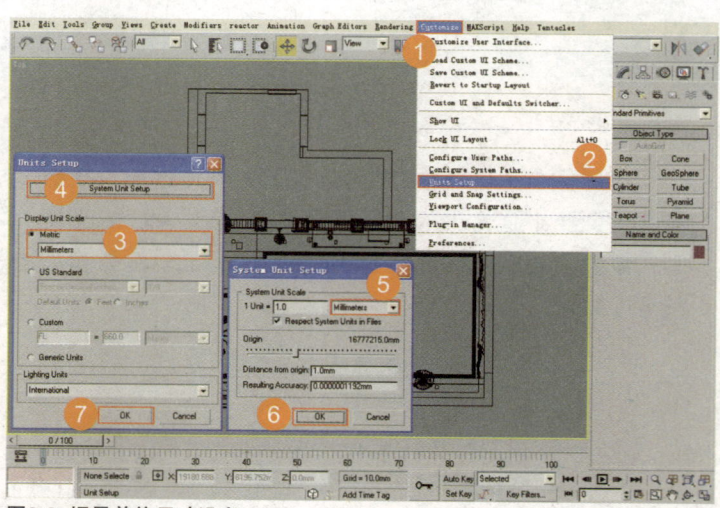

图8-2 场景单位尺寸设定

给场景创建摄影机

切换至创建摄影机命令面板，在下拉列表中选择Standard（标准摄影机），单击Target（目标摄影机）按钮，然后切换到Top视口，完成摄影机在模型中的建立，如图8-3所示。

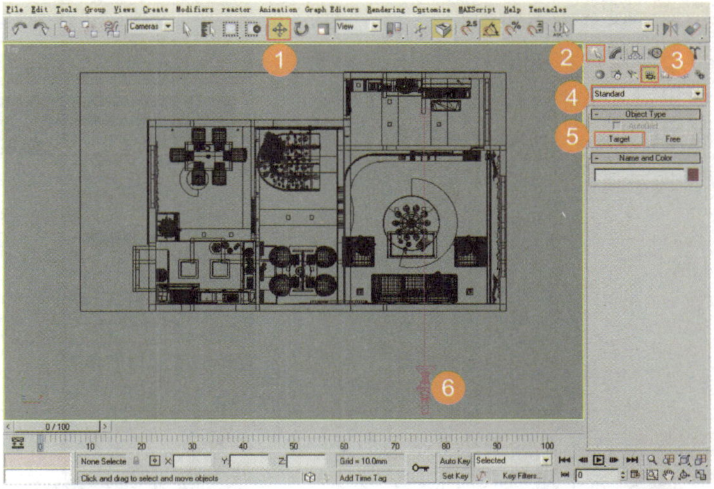

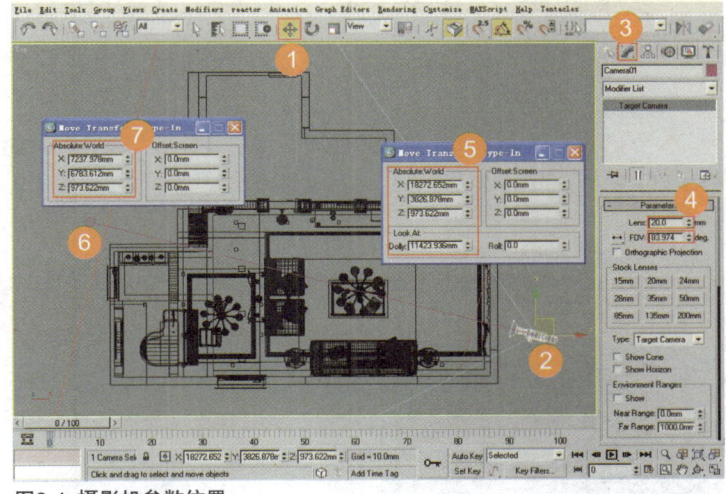

图8-3 给场景创建摄影机

调节摄影机的视图位置

先将视口切换到Top视口，并选择刚创建的摄影机，在修改面板中设置相应参数，然后在工具栏的移动工具上单击鼠标右键，在弹出的对话框中按照世界坐标设置摄影机的位置，如图8-4所示。

图8-4 摄影机参数位置

然后使用快捷键C，将视口切换到摄影机视口，观察调节好的视口空间，最后完成场景视口的设置，如图8-5所示。

图8-5 调整好的视口

步骤5 **设置测试材质**

使用快捷键M，在弹出的材质编辑器中切换到VRay标准材质，设置Diffuse（漫反射）颜色，如图8-6所示。

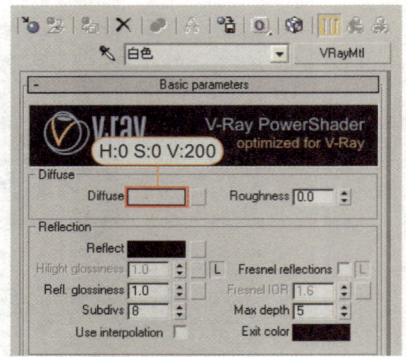

图8-6 测试材质参数

提示

1. 我们给整个场景添加了一个替换材质，可以检查模型是否有漏光问题。

2. 在前面我们讲到，建立场景物体都有相对应的材质，使用替换材质可以暂时将这些相应材质替换为一个材质的同时，不破坏场景中相应材质的赋予关系。

3. 一般来说替换材质的颜色最好设置和场景效果的环境相符合，即白天的场景，颜色可以调节亮一些，晚间可以调节灰一些。

▶ **本节小结**：以上是设置欧式客厅场景渲染前的准备工作，读者通过学习需要掌握模型场景中视图的创建，通过练习认识到视图在渲染图像中的重要性。

8.2 VRay高级渲染设置

▶ **本节要点**：首先建立IES Sun（IES太阳光），在模型中调整IES Sun（IES太阳光）的位置及详细设置，然后在模型的窗口处创建VRayLight（VRay灯光），最后根据布光环境创建辅助灯光，完成实例模型的布光设置。

步骤1 **切换渲染器**

使用快捷键F10，在弹出的对话框中展开Assign Renderer（指定渲染器）卷展栏，选择Production右侧的对话框按钮，在弹出的对话框中选择V-Ray Adv 1.5RC5渲染器，最后单击对话框上的OK按钮，完成渲染器的切换，如图8-7所示。

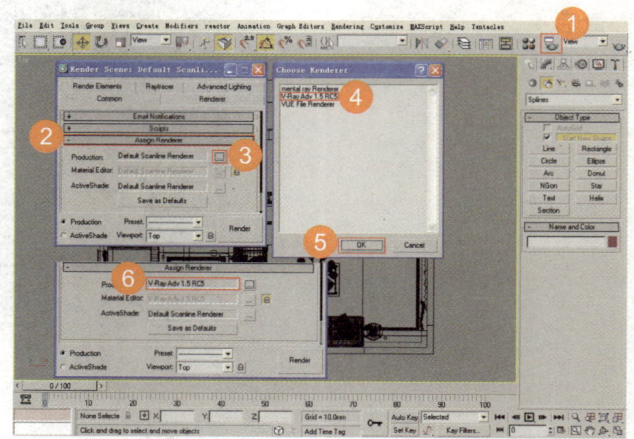

图8-7 切换渲染器

步骤2 **设置渲染尺寸**

使用快捷键F10，在弹出的对话框中选择Common选项卡，展开Common Parameters卷展栏，在 Output size选项组中将渲染图像设置为800×500像素，接着单击Image Aspect右面的锁定图标，将渲染图像尺寸锁定，具体参数设置如图8-8所示。

> **提示** 设置小像素是为了节约预渲染光子贴图和灯光贴图的时间，测试场景时提高大家的工作效率。

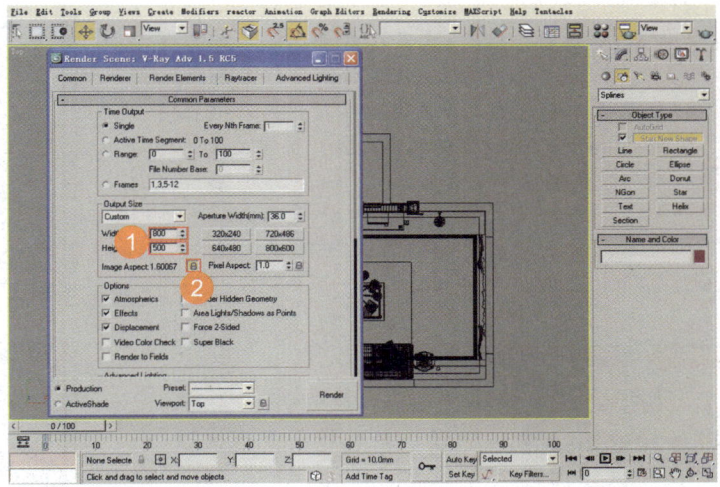

图8-8 设置预渲染尺寸

步骤3 **设置VRay通用参数**

切换到VRay渲染选项卡，展开VRay Global switches（通用参数）卷展栏，然后分别取消勾选Default lights（默认灯光）、Reflection/refraction（反射/折射）、Maps（贴图）和Glossy effects（光泽度效果）复选框，再把刚才设定的测试材质拖放到Override mtl（替换材质）右侧的按钮上，完成场景材质的替换，最后将Raytracing（光线跟踪）中Secondary rays bias（二级射线偏移）参数设置为0.01，如图8-10所示。

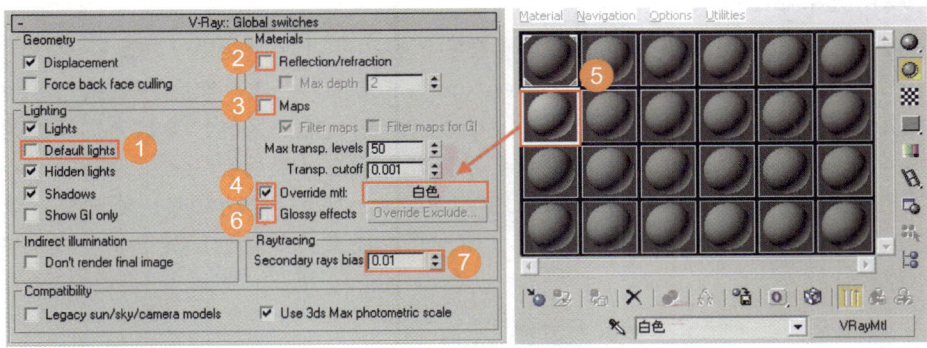

图8-9 设置通用参数面板的参数

> **提示** 1. 这里关闭Default lights（默认灯光）功能是为了避免光能传递时模型场景曝光。
> 2. 设置Secondary rays bias（二级射线偏移）参数是为了使场景中面与面相交的物体在全局光效果中更真实，体量感更强，并且可以解决面与面的黑影泄漏问题。

 步骤4 **设置VRay图像采样参数**

展开VRay Image sampler [Antialiasing]（图像采样）卷展栏，然后在Image sampler（图像采样）选项组中Type（类型）右侧的下拉列表中选择Fixed（固定比采样器），并关闭Antialiasing filter（抗锯齿过滤）功能，最后展开VRay Fixed image sampler（固定比采样）卷展栏，并将Subdivs（细分）参数设置为1，如图8-10所示。

提示
1. 选择Fixed（固定比采样器）是因为其占用内存小，预览图像快，工作效率高。
2. 预渲染时不需要追求图像的品质，所以这里将Antialiasing Filter（抗锯齿过滤）功能关掉，提高预渲染的效率。

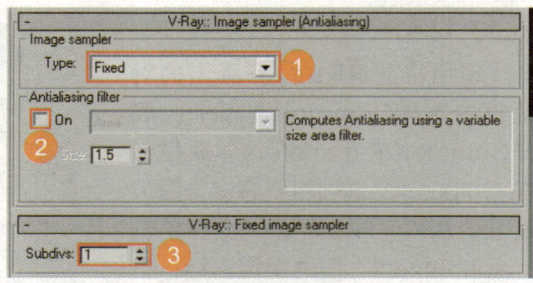

图8-10 设置图像采样面板的参数

步骤5 **设置VRay全局光照参数**

切换到VRay渲染选项卡，展开VRay Indirect Illumination（全局光照）卷展栏，然后勾选On（开启）复选框，开启VRay全局光照，最后在Secondary bounces（二级反弹）的GI Engine（全局光照引擎）中的下拉列表中选择Light cache（灯光缓存）渲染引擎，如图8-11所示。

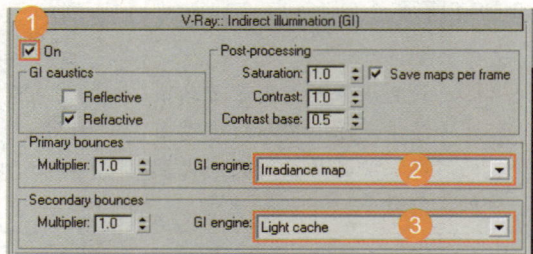

图8-11 设置全局光照参数

提示
1. 将二级反弹的全局光照引擎改为Light cache（灯光缓存）渲染引擎，是VRay渲染引擎的一种搭配方式，以后的章节中将介绍其他全局光照引擎的搭配方式。
2. 只有选择On选项，VRay的全局光照引擎和天光系统才能使用。

步骤6 **设置VRay光子贴图参数**

展开VRay Irradiance map（光子贴图）卷展栏，在Built-in presets（内置预设）中的Current preset（当前预设置）右侧的下拉列表中选择Very low（非常低）品质，然后将Basic parameters（基本参数）中的HSph.subdivs（半球细分）和Interp.samples（插值采样）参数分别设置为30和20，勾选Options（属性）中的Show calc.phase（显示光能进程），最后在Mode（模式）中选择Single frame（单帧）模式，紧接着在On render end中勾选Auto save（自动保存）复选框，单击Browse（浏览）按钮，在弹出的对话框中命名并保存，将光子贴图文件保存到阳光卧室空间文件的根目录里，如图8-12所示。

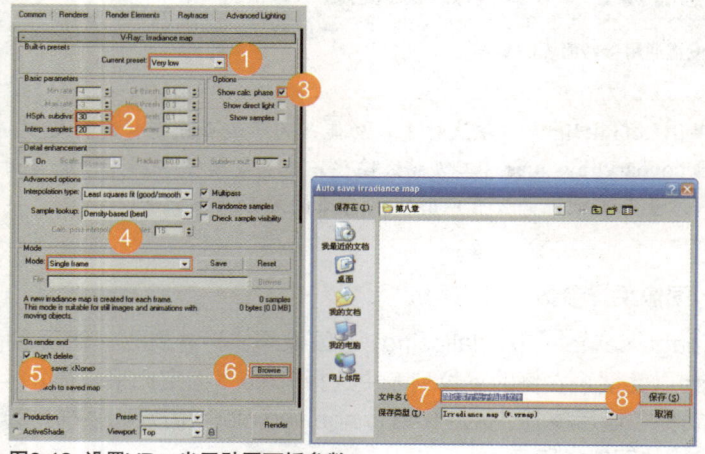

图8-12 设置VRay光子贴图面板参数

1. 预渲染时我们一般选择Very low（非常低）品质，目的就是要快速测试出整个场景的全局光照效果。

2. 勾选Show calc.phase（显示光能进程）复选框，则能看到全局光照进行的过程，便于观察灯光效果，如果硬件配置不高，可以不开启。

3. 勾选Auto save（自动保存）复选框可以将测试好的光子贴图自动保存到预设根目录里。

步骤7 设置VRay灯光缓存贴图参数

展开VRay Light cache灯光缓存卷展栏，在Calculation parameters（计算参数）中将Subdivs（细分）设置为300，将Scale（比例方式）设置为Screen（屏幕），分别勾选Store direct light（存储直接光照）和Show calc phase（显示光能进程）复选框，然后在Mode（模式）中选择Single frame（单帧）模式，在On render end（参数面板）中勾选Auto save（自动保存）复选框，单击Browse（浏览）按钮，在弹出的对话框中命名并保存，将灯光缓存贴图文件保存到阳光卧室空间文件的根目录里，如图8-13所示。

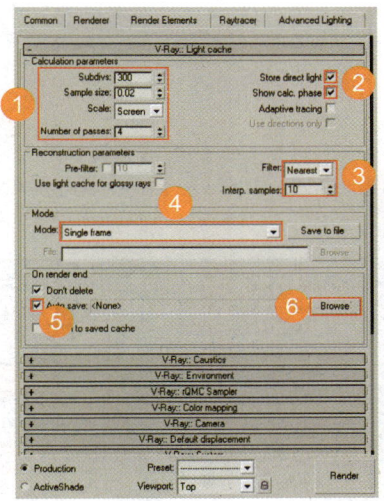

图8-13 设置VRay灯光缓存贴图参数

勾选Store direct light（存储直接光照）复选框，是为了方便今后渲染，将直接光照文件保存下来后可以加快渲染的速度提高工作效率，预渲染时可以不用勾选。

步骤8 设置VRay环境贴图

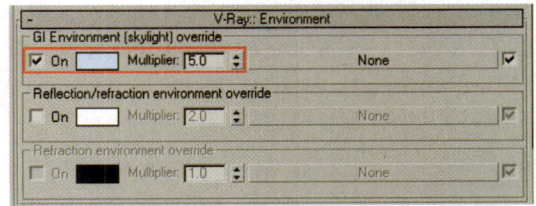

展开VRay Environment（环境贴图卷展栏）并在GI Environment（skylight）override（全局光照明环境）选项组中勾选复选项On，开启VRay全局光照明环境的天光，并设置天空光的颜色为浅蓝色，将Multiplier设置为5，具体参数设置如图8-14所示。

图8-14 设置VRay环境贴图

步骤 9 设置VRay准蒙特卡罗采样参数

展开VRay rQMC sampler（准蒙特卡罗采样）卷展栏，将Adaptive amount（自适应数量）设置为0.85，然后将Noise threshold（噪波阈值）设置为0.01，最后将Global subdivs multiplier（全局细分倍增）设置为1，完成准蒙特卡罗采样参数的设置，如图8-15所示。

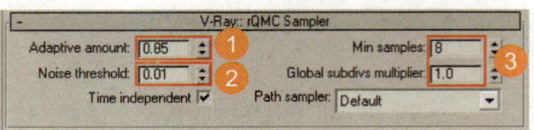

图8-15 设置VRay准蒙特卡罗采样参数

步骤 10 设置VRay色彩贴图参数

展开VRay Color mapping（色彩贴图）卷展栏，然后在Type(类型)选项中选择Reinhard（混合曝光），将Burn value（混合值）设置为0.5，最后勾选Sub-pixel mapping（次像素贴图）、Clamp output（限制输出）和Affect background（影响背景）复选框，完成色彩贴图参数的设置，如图8-16所示。

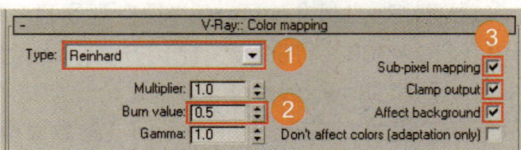

图8-16 设置VRay色彩贴图参数

> **提示** Reinhard（混合曝光）的Burn value（混合值）的大小可以控制线性曝光和指数曝光，设置为0表示线性曝光不参与混合，设置为1表示指数曝光不参与混合，0.5则表示两种曝光模式各占一半。

步骤 11 设置VRay系统参数

展开VRay System（系统参数）卷展栏，将Raycaster params中的Max.tree depth（最大树深度）设置为90，将Face/level coef（面/级别系数）设置为0.5，再将Default geometry（默认几何参数）设置为Static（静态）几何方式，然后将Render region division中的X和Y方向的渲染区域分别设置为64，并且在Region sequence（区域方式）右侧的下拉列表中选择Top->Bottom（从上到下）的渲染方式，勾选Frame stamp（装饰水印）复选框，填入信息%VRayversion（VRay的版本号）和%rendertime（渲染时间），最后再勾选启用Miscellaneous options（多样属性）中的MAX-compatible ShadeContext（work in camera space）功能，完成VRay系统参数的设置，如图8-17所示。

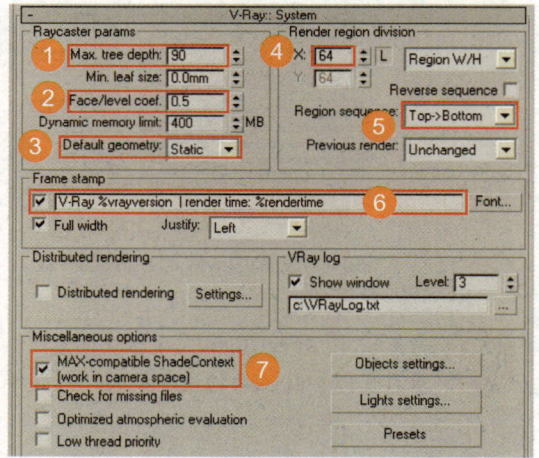

图8-17 设置VRay系统参数

步骤12 **测试模型**

　　切换到摄影机视口，使用快捷键Shift＋Q，对场景进行第一次测试，如图8-18所示。

> **提示** 我们观察测试的模型结果，查看有没有漏光的地方，如果没有漏光现象我们继续往下调节，如果有漏光现象，我们则要对模型进行修改才能够继续调节。

图8-18　测试渲染结果

> **本节小结：** 以上是对欧式客厅空间的预渲染设置，在设置过程中需要掌握场景模型与渲染设置的主要步骤与设置参数，为接下来的场景调节铺平道路。

8.3　为预渲染场景赋予材质

> **本节要点：** 本节重点讲解如何使用VRayMtl（VRay标准材质）配合VRayMtlwrapper、Mask（蒙版）和Reflection（反射）通道调节客厅场景中的常用材质。

　　为了方便讲解，笔者对场景中的材质进行编号，将按照标号逐一对材质进行设定，如图8-19所示。

图8-19　测试渲染结果

步骤1 **地毯材质的制作**

　　在材质编辑器中选择一个3D默认材质球，起名为"地毯"，在3D材质中设置漫反射颜色参数，然后在漫反射贴图通道内添加一张真实地毯贴图"地毯.jpg"，并设置相关参数。由于地毯表面比较粗糙，最后在凹凸通道内添加黑白毛绒贴图并设置其强度参数，具体参数如图8-21所示。然后在自发光贴图通道中添加Mask（蒙版）材质，然后在Map贴图通道和Mask贴图通道内添加衰减，且衰减颜色一致，具体参数如图8-21所示，最终效果如图8-22所示。

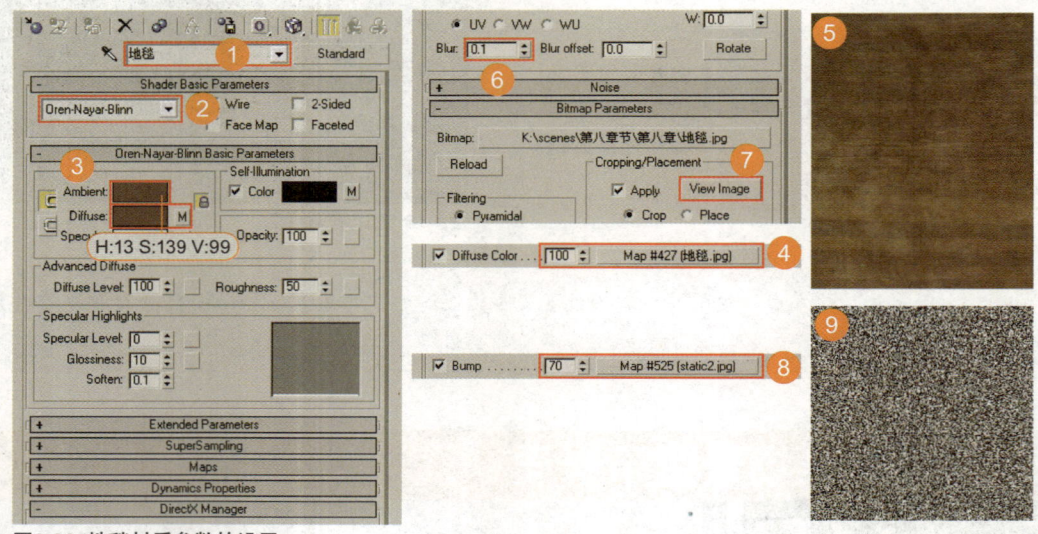

图8-20 地毯材质参数的设置

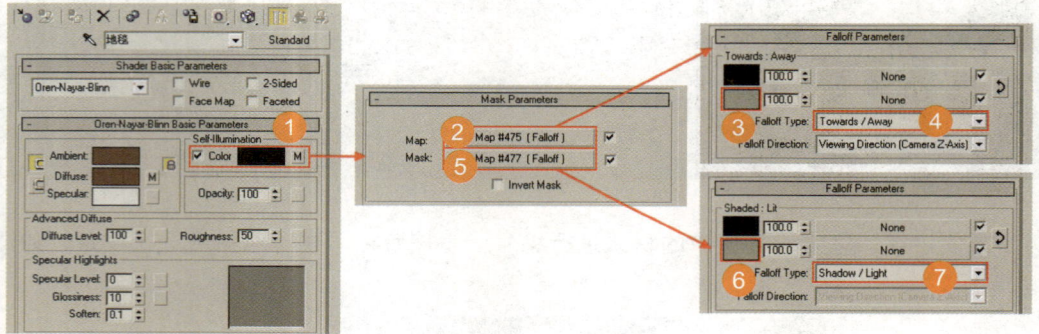

图8-21 添加衰减

图8-22 地毯最终效果

> **提示** 这里将材质的漫反射设置为深黄色，是为了接近地毯贴图的颜色，这样颜色与真实情况更相近更真实。

步骤 2 **布纹沙发材质的制作**

在材质编辑器中选择一个默认材质球，起名为"沙发布材质"，在材质中设置漫反射的颜色参数，然后在漫反射贴图通道内添加一张真实布纹贴图"竖纹布样.jpg"，并设置相关参数，最后在自发光贴图通道中添加Mask（蒙版），并在Map贴图通道和Mask贴图通道内添加衰减，且衰减颜色一致，具体参数设置如图8-23所示，最终效果如图8-24所示。

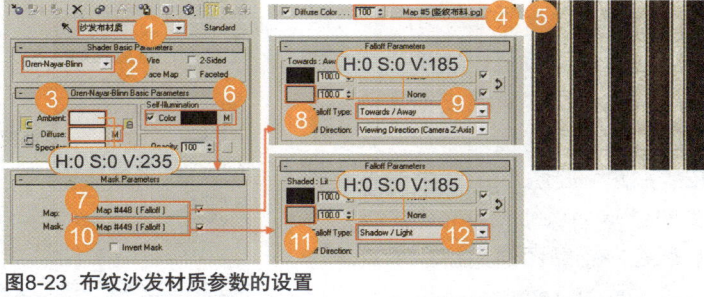

图8-23 布纹沙发材质参数的设置

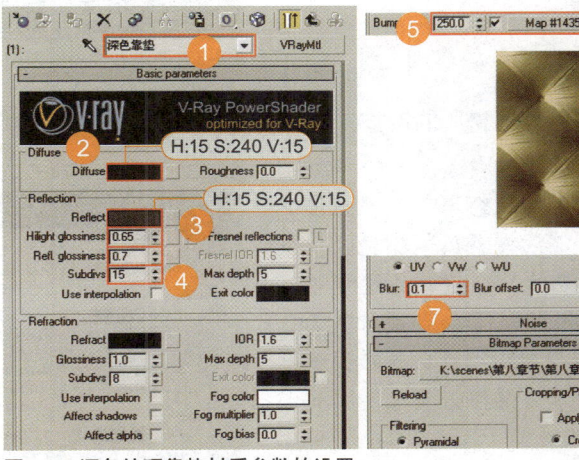

图8-24 布纹沙发最终效果

步骤 3 **深色纹理靠垫材质的制作**

在材质编辑器中选择一个VRay材质球，起名为"深色靠垫"，设置漫反射颜色参数，然后设置反射颜色、高光光泽度大小、反射光泽度大小及材质细分值。为了要表现出较强的纹理，最后在凹凸贴图通道内加入一张真实的凹凸贴图，并设置其凹凸值参数。具体参数设置如图8-25所示，最终效果如图8-26所示。

图8-25 深色纹理靠垫材质参数的设置

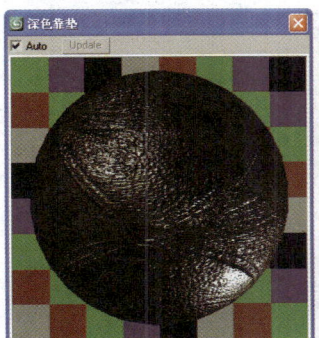

图8-26 深色纹理靠垫最终效果

步骤 4 **浅黄色皮质靠垫材质的制作**

在材质编辑器中选择一个材质球，起名为"浅黄色皮抽靠垫"，在漫反射贴图通道内添加一张真实皮纹贴图"皮质.jpg"。并在自发光贴图通道中添加Mask（蒙版），然后在Map贴图通道里添加衰减，衰减方式为Fresnel（菲涅尔），设置Override Material IOR 值。然后在Mask贴图通道内同样加衰减，衰减方式为Shadow/Light（灯光/阴影）。具体参数设置如图8-27所示，最终效果如图8-28所示。

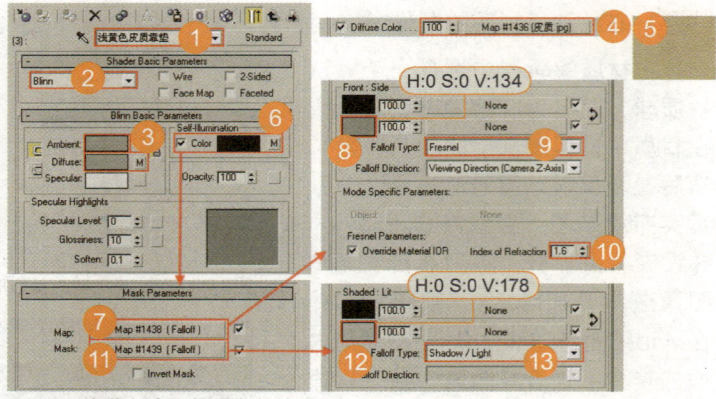
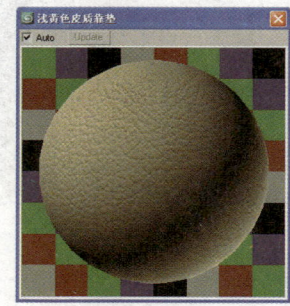

图8-27 浅黄色皮纹材质参数的设置

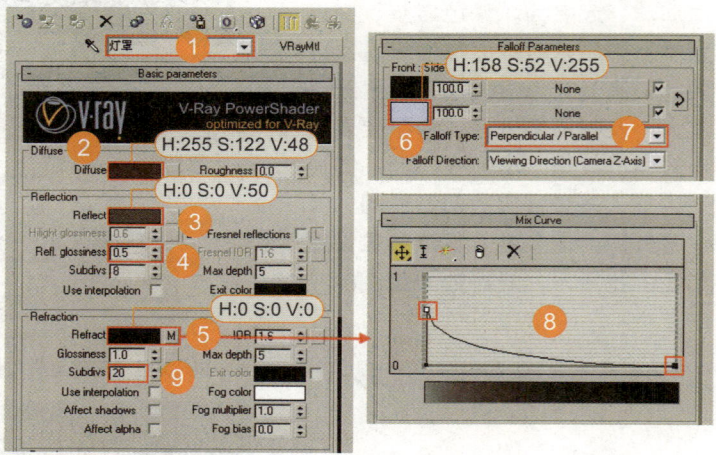

图8-28 布纹沙发最终效果

步骤 5 **咖啡色灯罩材质的制作**

在材质编辑器中选择一个VRay材质球，起名为"灯罩"，设置漫反射颜色，然后设置反射颜色及反射光泽度参数大小。在折射通道里选择一个Falloff贴图，衰减方式为Fresnel（菲涅尔），具体参数设置如图8-29所示，最终效果如图8-30所示。

图8-29 灯罩参数的设置

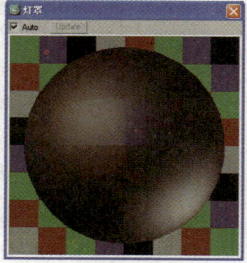

图8-30 灯罩最终效果

步骤 6 壁灯灯罩材质的制作

在材质编辑器中选择一个VRay材质球,起名为"灯罩",在漫反射通道内添加一张棕黄色的布纹贴图"壁灯照.jpg",然后再设置反射颜色、高光光泽度大小、反射光泽度大小,具体参数设置如图8-31所示,最终效果如图8-32所示。

> 提示 之所以没有给灯罩添加透明度,是为了让灯光不要扩散的更大,这样看起来更加真实。

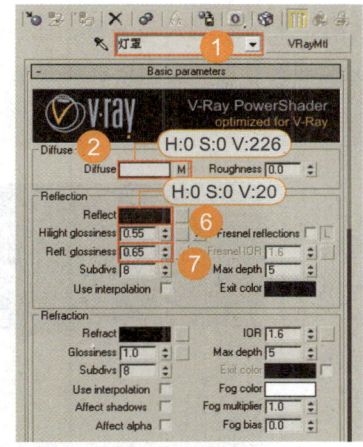
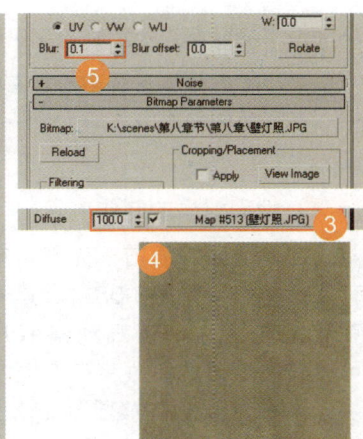

图8-31 壁灯灯罩材质参数的设置

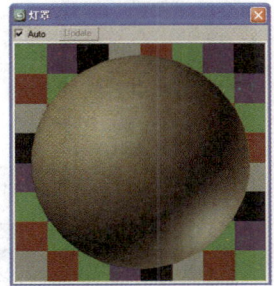

图8-32 壁灯灯罩最终效果

步骤 7 透明玻璃花瓶材质的制作

在材质编辑器中选择一个VRay材质球,起名为"花瓶玻璃",设置漫反射颜色为偏白色,然后设置反射颜色、高光光泽度大小、反射光泽度大小,并在反射通道里选择一个常用的Falloff贴图,衰减方式为Fresnel(菲涅尔),设置Override Material IOR值参数。最后设置折射通道颜色,并设置IOR(折射率)大小,勾选Affect shadows(效果阴影)和Affect alpha(效果通道)复选框,具体参数设置如图8-33所示,最终效果如图8-34所示。

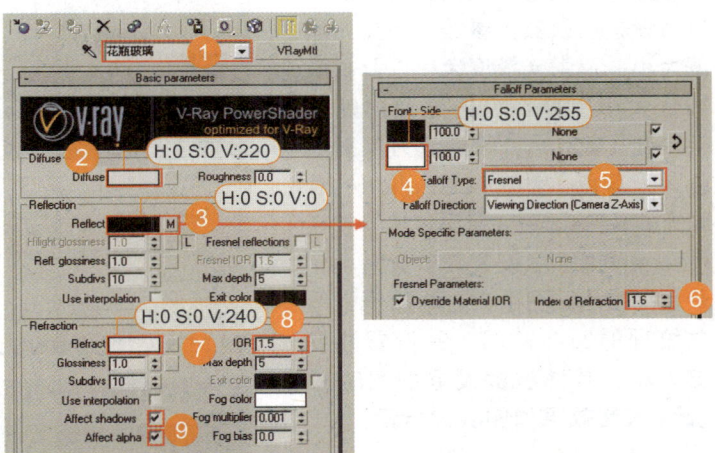

图8-33 透明玻璃花瓶参数的设置

图8-34 透明玻璃花瓶最终效果

提示 在玻璃材质里都勾选了Affect shadows（效果阴影）和Affect alpha（效果通道）复选框是为了使室内的阳光和天光穿透玻璃材质，这样得到的透明效果和阴影效果更真实，可以直接看到玻璃杯后面的画面。

步骤8 地面材质的制作

制作地面材质前，先分析地砖有什么特性，如图8-35所示是一张真实室内照片，仔细观察照片，可以看出地砖的特性带有菲涅尔反射，表面光滑、高光光泽度较小，表面稍有模糊，并有凹凸拼接。

图8-35 真实照片效果

先在材质编辑器中选择一个VRay材质球，起名为"地面"，在漫反射贴图通道内添加一张真实地砖纹理的贴图"地面米黄砖w.jpg"，并在贴图选项组中设置相关参数，然后设置反射颜色参数、高光光泽度大小、反射光泽度大小以及材质细分大小，并在反射通道内加入Falloff（衰减），设置远方反射颜色为天蓝色，然后设置Falloff的衰减方式为Fresnel（菲涅尔），并在Fresnel的IOR中设置其参数大小。最后在凹凸贴图通道内添加一张黑白纹理的凹凸贴图，并设置强度值大小，具体参数设置如图8-36所示，最终效果如图8-37所示。

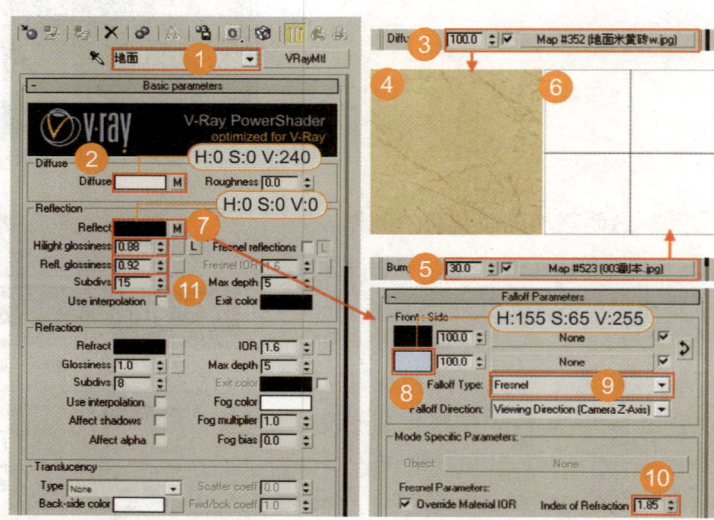

图8-36 地砖材质参数的设置

提示 1. 这里设置远处的反射颜色带点天蓝色，效果会更真实；在Fresnel的IOR中设置1.85，目的是让衰减不要太强烈。
2. 在凹凸贴图通道内添加一张黑白纹理的凹凸贴图，是为了让地砖显示出真实的缝隙。

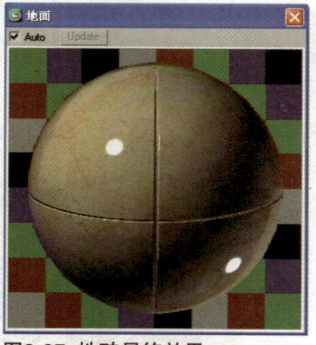

图8-37 地砖最终效果

步骤9 **咖啡纹石材材质的制作**

在材质编辑器中选择一个VRay材质球，起名为"啡网石材"，然后在漫反射贴图通道内添加一张咖啡纹石材贴图"啡网纹a.jpg"并设置相关参数，然后设置反射颜色、高光光泽度大小、反射光泽度大小，最后在反射通道里选择一个常用Falloff贴图，衰减方式为Fresnel（菲涅尔），并设置Override Material IOR 参数，具体参数如图8-38所示，最终效果如图8-39所示。

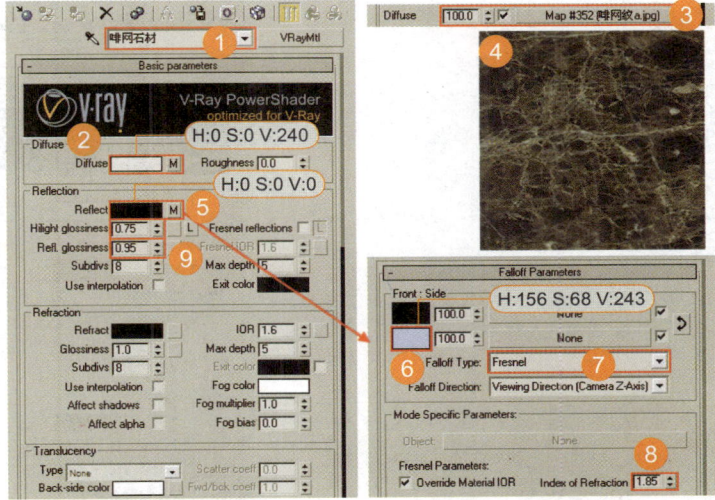

图8-38 咖啡纹材质参数的设置

图8-39 咖啡纹最终效果

步骤10 **白色立式音箱材质的制作**

在材质编辑器中选择一个VRay材质球，起名为"音响白"，设置漫反射颜色为白色，然后设置反射颜色，其他参数保持默认即可。具体参数设置如图8-40所示，最终效果如图8-41所示。

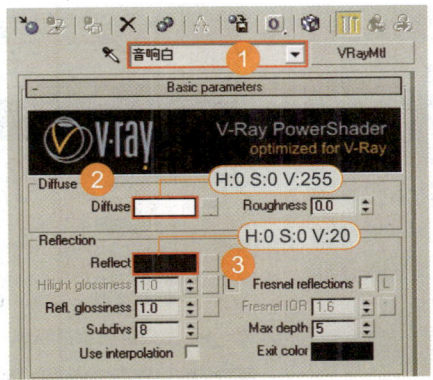

图8-40 白色立式音箱材质参数的设置

图8-41 白色立式音箱最终效果

步骤11 装饰瓶材质的制作

在材质编辑器中选择一个VRay材质球，起名为"白色白油"，然后设置漫反射颜色，调节设置参数，设置反射颜色、高光光泽度大小和反射光泽度大小，具体参数设置如图8-42。同理黑色装饰瓶把漫反射颜色设置为黑色就OK了。最终效果如图8-43所示。

> **提示** 黑色装饰瓶调节的方法和白色装饰瓶一样，只是把漫反射颜色设置为黑色就可以了。

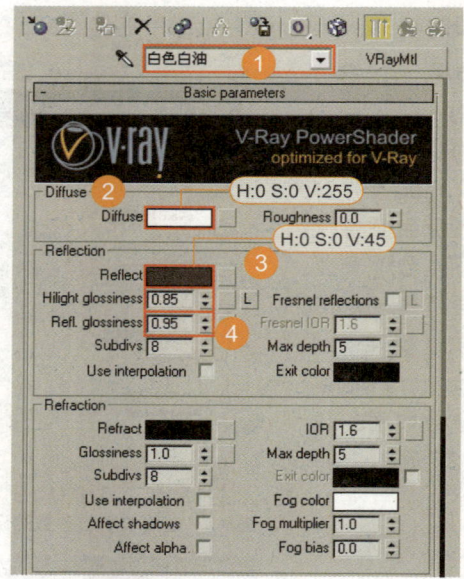

图8-42 装饰瓶材质参数的设置

图8-43 装饰瓶最终效果

步骤12 液晶电视屏幕材质的制作

在材质编辑器中选择一个VRay材质球，起名为"电视屏"，在漫反射贴图通道添加一张黑色的电视屏贴图"电视屏.jpg"，然后再设置反射颜色及材质细分大小，其他参数保持不变。具体参数设置如图8-44所示，最终效果如图8-45所示。

> **提示** 也可以直接把漫反射颜色设置为黑色，就省去了添加贴图的时间，但反射参数不要设置的太大，否则会被误解为镜子。

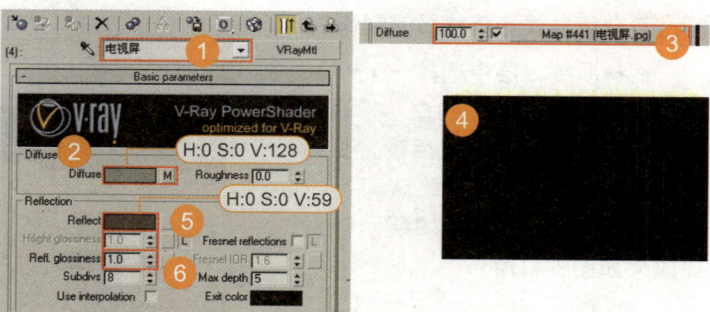

图8-44 电视屏幕材质参数的设置

图8-45 屏幕最终效果

步骤13 立式音箱金属面材质的制作

在材质编辑器中选择一个VRay材质球，起名为"不锈钢"，然后设置漫反射颜色，然后设置反射颜色、高光光泽度大小和反射光泽度大小、具体参数设置如图8-46所示，最终效果如图8-47所示。

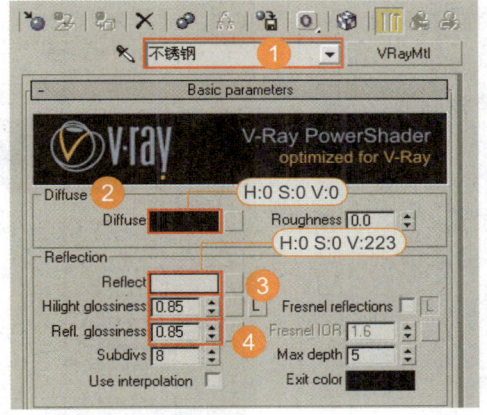

图8-46 金属面材质参数的设置

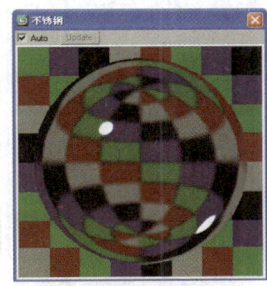

图8-47 金属面最终效果

步骤14 黑色金属面材质的制作

在材质编辑器中选择一个VRay材质球，起名为"黑色金属挂画外框"，设置漫反射颜色，然后设置反射颜色、高光光泽度大小以及反射光泽度大小，具体参数设置如图8-48所示，最终效果如图8-49所示。

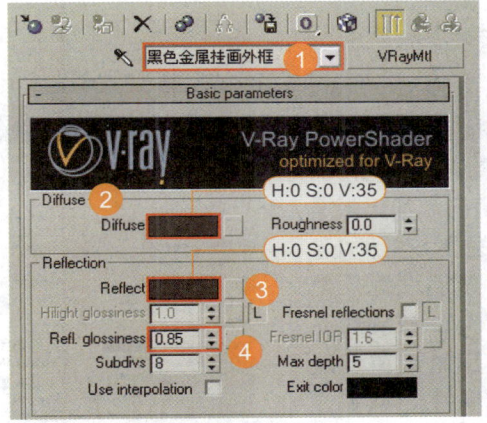

图8-48 黑色金属面材质参数的设置

图8-49 黑色金属面最终效果

步骤15 黄金色灯座材质的制作

在材质编辑器中选择一个VRay
材质球，起名为"黄金材质"，设
置漫反射颜色，然后设置反射颜
色、高光光泽度大小和反射光泽
度大小，具体参数设置如图8-50所
示，最终效果如图8-51所示。

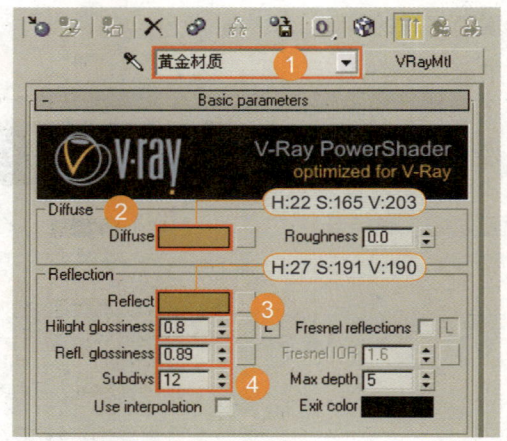

图8-50 黄金色灯座参数的设置

图8-51 黄金色灯座最终效果

步骤16 深色弧形清漆木头材质的
制作

在材质编辑器中选择一个VRay
材质球，起名为"清漆木纹"，然
后在漫反射贴图通道内添加一张深
色的木纹贴图"深色木纹1.jpg"
并设置相关参数，然后设置反射
颜色、高光光泽度大小和反射光
泽度大小，最后在反射通道里选
择一个常用的Falloff贴图，衰减方
式为Fresnel（菲涅尔），并设置
Override Material IOR参数值大小，
具体参数如图8-52所示，最终效果
如图8-53所示。

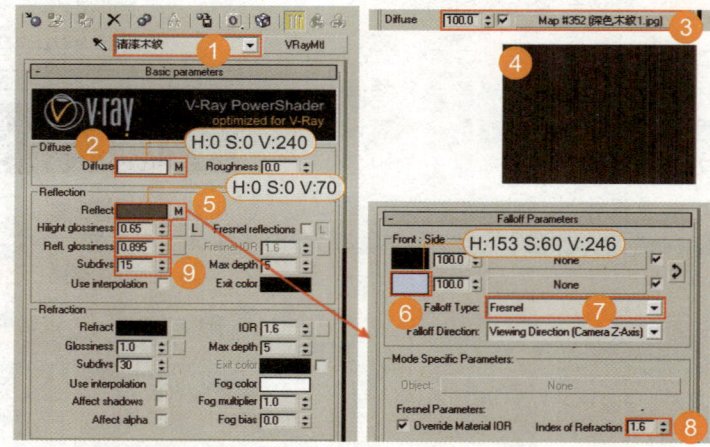

图8-52 深色弧形清漆木头材质参数的设置

图8-53 深色弧形清漆木头最终效果

步骤17 树叶材质的制作

在材质编辑器中选择一个VRay材质球，起名为"树叶"，在漫反射贴图通道内添加一张合适的树叶纹理贴图"树叶.jpg"，并设置相关参数，然后设置反射颜色、高光光泽度大小、反射光泽度大小，最后在凹凸贴图通道内添加一张和漫反射贴图通道同样的木纹贴图，并设置凹凸参数大小，具体参数如图8-54所示，最终效果如图8-55所示。

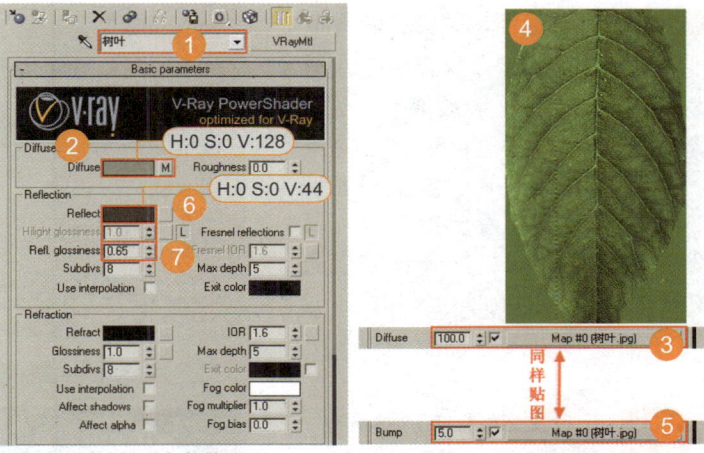

图8-54 树叶材质参数的设置

图8-55 树叶最终效果

步骤18 杂志封面材质的制作

在材质编辑器中选择一个VRay材质球，起名为"书本"，然后在漫反射贴图通道内添加一张书本贴图，反射颜色不变。其他保持默认即可。具体设置如图8-56所示，最终效果如图8-57所示。

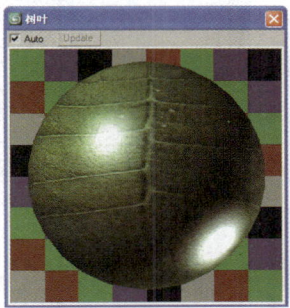

图8-56 杂志封面参数的设置

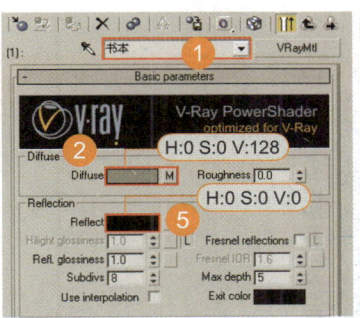

图8-57 杂志封面最终效果

步骤19 白色乳胶漆顶面材质的制作

在材质编辑器中选择一个VRay材质球，起名为"乳胶漆"，为了不让乳胶漆出现溢色现象，添加一个包裹材质，并设置全局光照参数，然后设置漫反射颜色，其他参数保持默认，具体参数设置如图8-58所示，最终效果如图8-59所示。

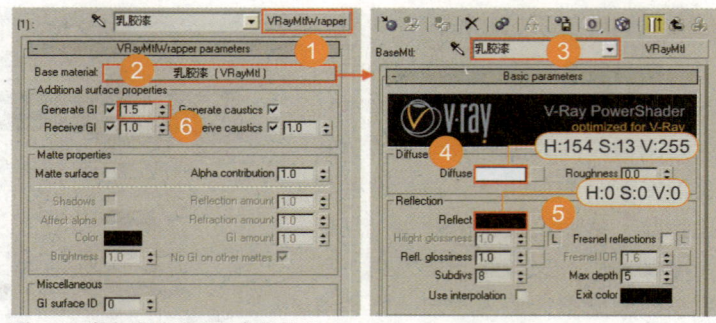

图8-58 白色乳胶漆顶面参数的设置

提示 1. 设置全局光照引擎参数为1.5，可控制当前赋予包裹材质的物体是否计算GI光照的产生，后面的参数则控制GI的倍增。

2. 没有设置纯白色是因为墙面不可能全部反光，所以它不是纯白的，这里设置一个特别接近纯白色的值。

图8-59 白色乳胶漆顶面最终效果

本节小结： 以上就是欧式客厅空间材质的具体调节过程，本节主要讲述了液晶电视屏幕、清漆木纹、植物叶子、地面瓷砖等客厅常用材质的调节方法，希望读者通过练习熟练掌握。

8.4 场景灯光的设置

本节要点： 本节重点讲解并详细介绍了欧式客厅空间直接光照灯光与间接光照灯光的创建过程，通过学习需要读者掌握阳光和光度学灯光的创建方法。

8.4.1 创建直接光照灯光

切换至创建灯光命令面板，在Standard（标准灯光）的下拉菜单中选择Photometric（光度学灯光），然后选择IES Sun（IES 太阳光）按钮，将视口切换到Top视口，最后将IES Sun建立到场景中，如图8-60所示。

本场景想表现的效果是正午2点30分左右的效果，但这里会根据真实世界的情况设定太阳的高度，因为在有的时候需要根据模型的角度及朝向来设置位置才能达到自己想要的渲染效果。

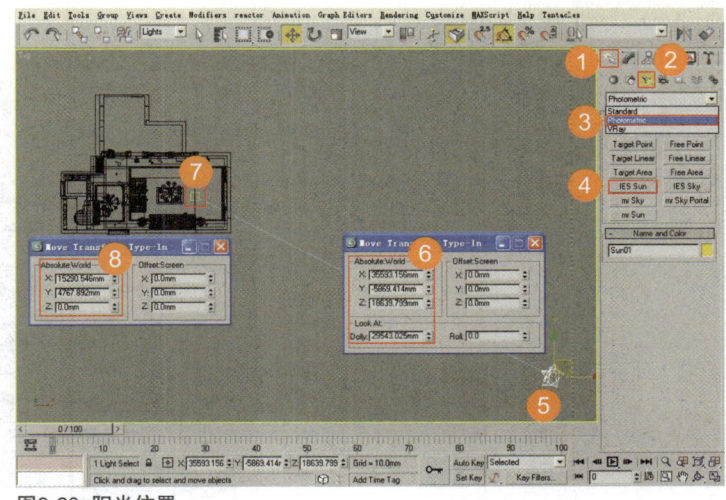

图8-60 阳光位置

选择IES Sun（IES 太阳光），设置灯光颜色值和亮度值，亮度值可以设置得比较高，是因为要模拟正午比较强烈的阳光，具体参数设置如图8-61所示。测试渲染效果如图8-62所示。

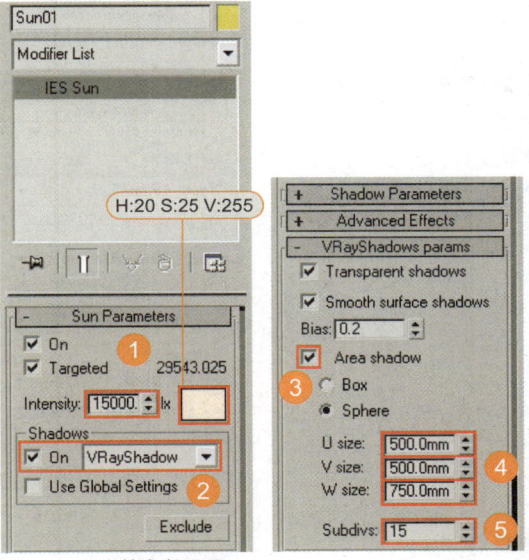

图8-61 阳光的参数设置

主光设定以后，就需要按照真实的室内场景布置其他的灯光，下一步就来学习辅光的做法及设定。观察本节的渲染效果可以明显看出，测试效果图的亮度不够，还需要添加辅助光来模拟天光效果，原因是这个场景里只有直接光照，而没有天空漫射光线。

图8-62 测试渲染效果

8.4.2 创建辅助光

步骤 1 添加辅助光

先在场景窗口处添加一个VRay辅助光模拟天光，位置如图8-63所示。

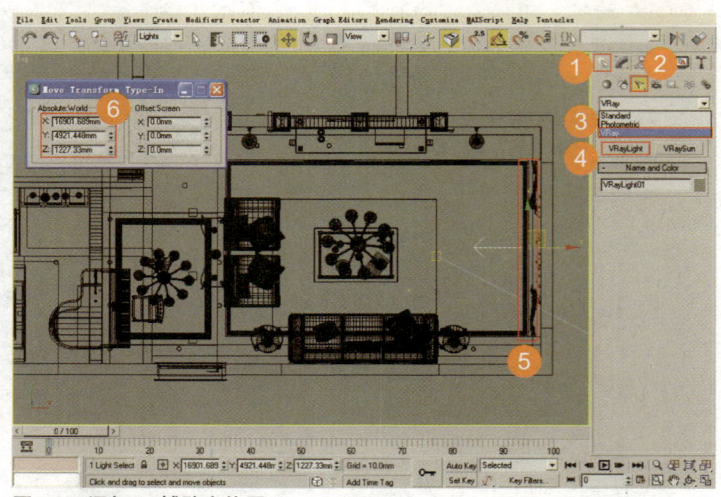

图8-63 添加VR辅助光位置

这里辅助光的颜色设置为蓝色调，因为是用来模拟天光的，灯光大小同窗口一样大小。然后设置灯光颜色和灯光亮度，具体参数设置如图8-64所示。

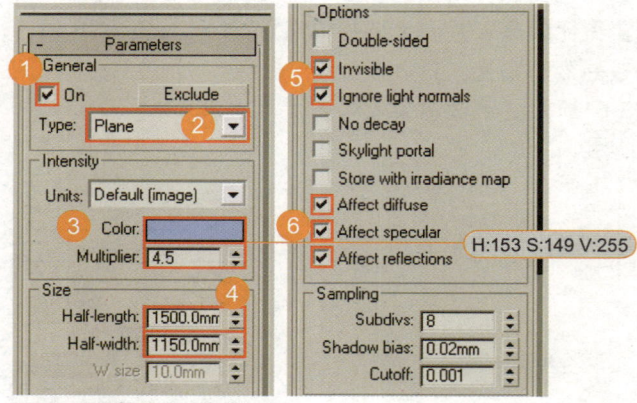

图8-64 VR辅助光的参数设置

步骤 2 创建场景筒灯

为了丰富场景的光线效果，我们按照模型结构在第一个筒灯模型下面创建Free Point（自由点光源），位置如图8-65、图8-66、图8-67、图8-68所示。

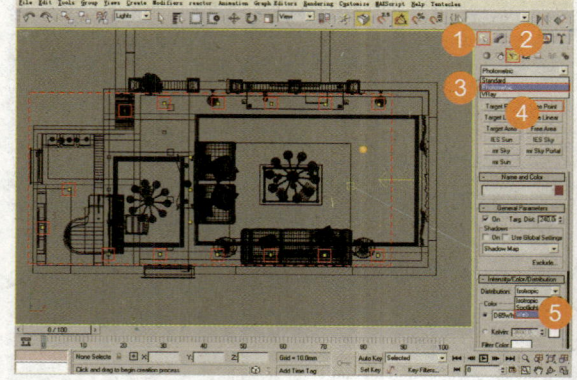

图8-65 Top视口灯光的位置

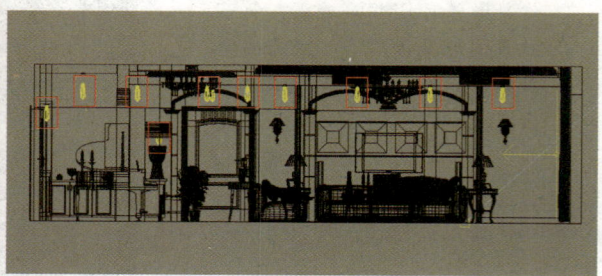

图8-66 Front视口灯光的位置

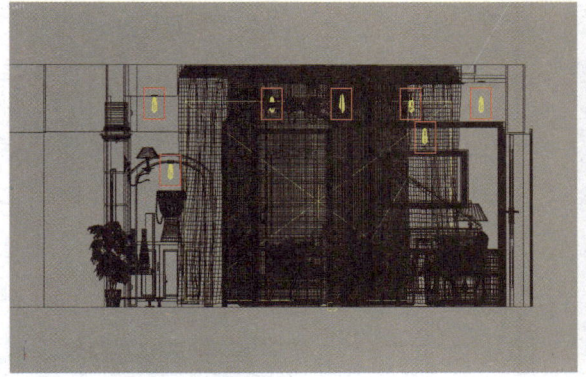

图8-67 Left视口灯光的位置　　　　　　　　图8-68 Camera视口灯光的位置

步骤3 设置筒灯参数

在General Parameters（常规参数）卷展栏内把Shadows（阴影）设置为VRay Shadow（VR阴影），然后展开Intensity/Color/Distribution（强度/颜色/分布）卷展栏内，在Distribution（分布）下拉列表中选择Web（光域网），并设置光域网参数，最后设置Free Point（自由点光源）的颜色值和灯光强度。具体参数设置如图8-69所示。

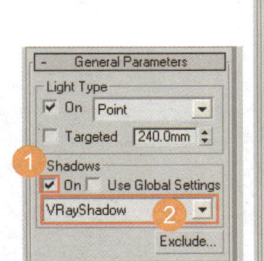

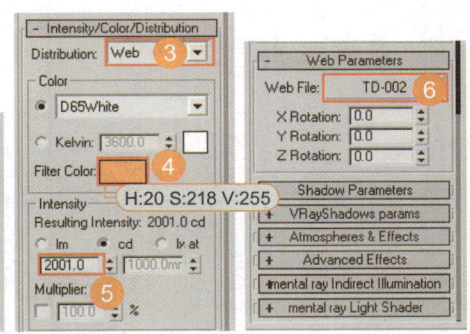

图8-69 光域网参数设置

步骤4 创建屋内灯

为了把屋内灯光的气氛感表现出来，我们采用普通灯光内的Free Spot（自由聚光灯），灯光位置如图8-70和图8-71所示。

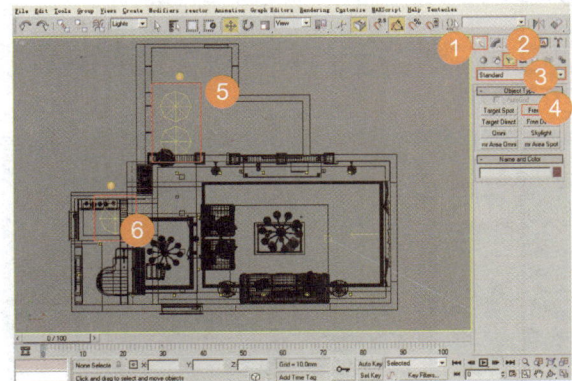

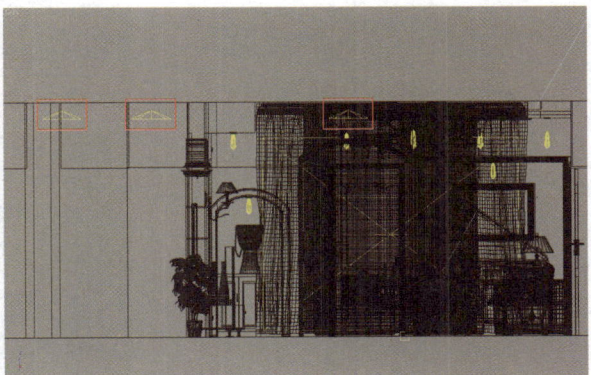

图8-70 Top视口灯光的位置　　　　　　　　图8-71 Left视口灯光的位置

步骤 5　**设置屋内灯光参数**

在General Parameters卷展栏设置如下。

Shadows（阴影）→VRay Shadow（VR阴影）

在Intensity/Color/Attenuation（强度/颜色/衰减）卷展栏内设置：

Free Spot（自由聚光灯）颜色→H:20，S:218，V:255

倍增值→1

Start（开始）→1160.8mm

End（结束值）→ 3138.8mm

勾选Far Attenuation（远距衰减）内的Use（使用）复选框。

最后展开Spotlight Parameters（聚光灯参数）卷展栏。

Hotspot/Beam（聚光区/光束）→42.9

Falloff/Field（衰减区/区域）→134

同时勾选Circle（圆）复选框，具体参数设置如图8-72所示。

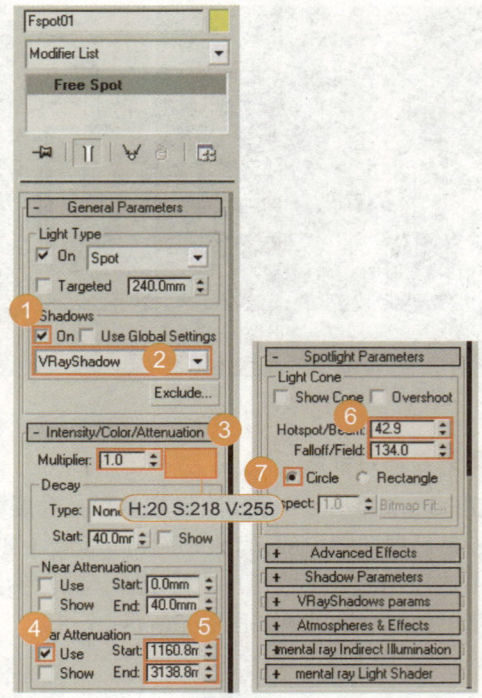

图8-72　Free Spot参数设置

步骤 6　**创建壁灯及台灯光线**

我们根据模型中的壁灯和台灯来确定灯光的位置，这里用Free Point（自由点光源）来代替，灯光位置如图8-73、图8-74所示。

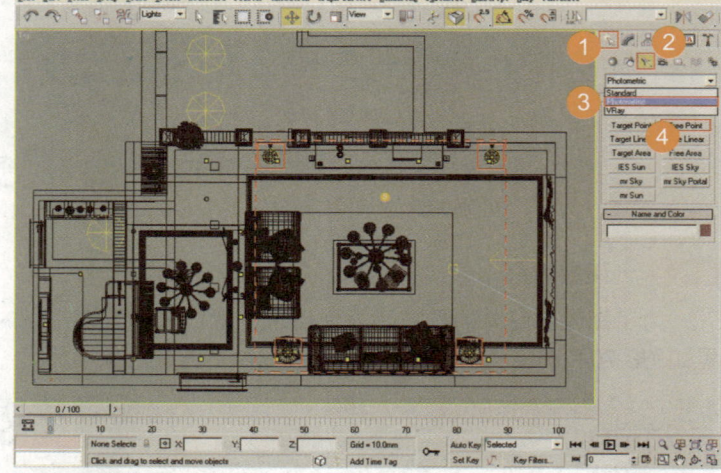

图8-73　Top视口灯光的位置

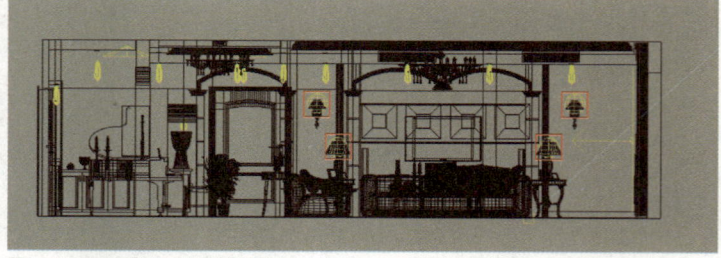

图8-74　Front视口灯光的位置

步骤7 设置壁灯与台灯参数

在General Parameters（常规参数）卷展栏内，在Shadows（阴影）选项组中的下拉菜单中设置VRay Shadow（VRay阴影）。然后展开Intensity/Color/Distribution（强度/颜色/分布）卷展栏，将Distribution（分布）设置为Isotropic（等向）分布，设置Free Point（自由点光源）的颜色为暖色调，再设置灯光强度。具体参数设置如图8-75所示。

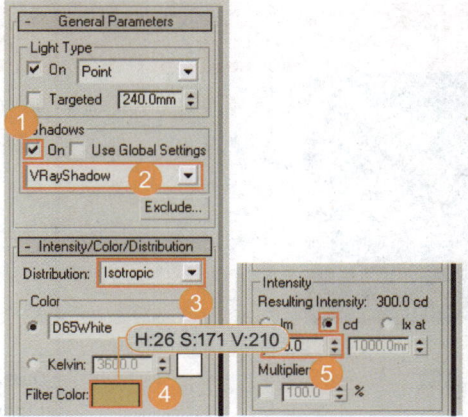

图8-75 Free Point（自由点光源）参数设置

步骤8 测试场景灯光

对设置好灯光的场景进行渲染测试，最终效果如图8-76所示。

图8-76 最终测试效果

提示：观察上图，本场景的光感基本达到了预期效果，那么灯光及辅助光的设置到这里就完成了。

本节小结：以上完成了欧式客厅空间的预渲染，本案例场景辅助灯光不少，通过学习需要掌握场景中辅助灯光的布灯方式，并且要多观察现实生活中各种灯光的位置与光效，还要学会控制辅助灯光与渲染参数在场景中的统一。

8.5 最终渲染参数的设置

> **本节要点：** 本节先重点讲解调整图像渲染输出的像素，然后为了得到高品质的渲染图像，我们分别设置VRay渲染参数中的图像采样参数、光子贴图参数，灯光缓存贴图和准蒙特卡罗采样的最终渲染参数，最后对欧式客厅场景进行最后渲染输出。

步骤 1 设置渲染输出参数

使用快捷键F10，在弹出的对话框中选择Co-mmon选项卡，展开Common Parameters卷展栏，在Output size选项组中将渲染图像设置为2000×1500像素，然后单击Image Aspect右面的锁定图标，将渲染图像尺寸锁定，如图8-77所示。

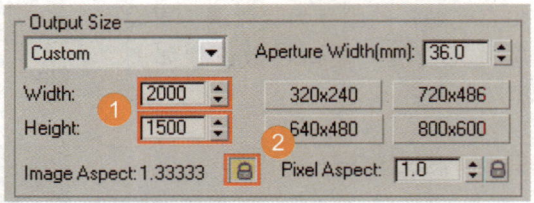

图8-77 设置渲染参数

> **提示** 设置高像素是为了让渲染出来的效果图更大更清晰，但在速度上会很慢。

步骤 2 重新设置VRay图像采样参数

展开VRay Image Sampler [Antialiasing]（图像采样）卷展栏，然后在Image Sampler（图像采样）选项组中Type（类型），右侧的下拉列表中选择Adaptive rQMC（自适应准蒙特卡罗采样器），并开启Antialiasing Filter（抗锯齿过滤）功能，在右侧的下拉列表中选择Mitchell-Netavali（米切尔精细过滤）抗锯齿方式，最后展开VRay Adaptive rQMC image sampler（自适应细分采样）卷展栏，并将Min subdivs（最小细分）设置为1，将Max subdivs（最大细分）设置为4，其他保持默认即可，如图8-78所示。

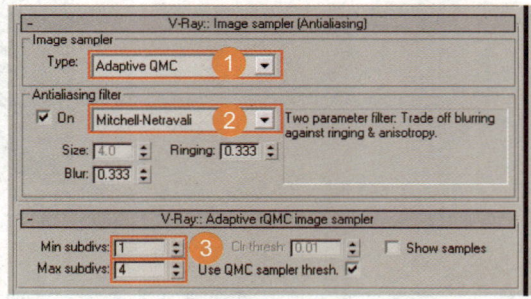

图8-78 设置图像采样参数

步骤 3 **重新设置VRay光子贴图参数**

展开VRay Irradiance map（光子贴图卷展栏），在Built-in presets（内置预设）中Current preset（当前预设置）的右侧下拉列表中选择Custom（自定义）选项，将Basic parameters（基本参数）选项组中的Min rate（最小比率）设置为-3，Max rate（最大比率）设置为-1，然后将HSph.subdivs（半球细分）和Interp.samples（插值采样）分别设置为55和35，并勾选Options（属性）选项中的Show calc.phase（显示光能进程）和Show Direct Light（显示直接光照）复选框，最后将Advanced options（高级选项）内的Calc.pass interpolation samples（计算传递插补样本）设置为15，如图8-79所示。

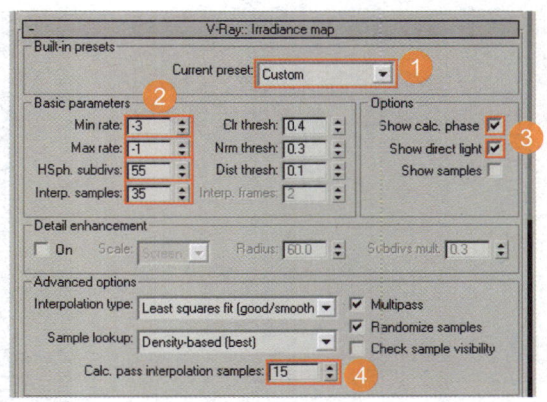

图8-79 设置光子贴图参数

提示　1. 最终渲染时，我们一般选择Custom（自定义），目的就是要读者自己根据电脑的硬件配置来设置出图的品质效果。

2. HSph.subdivs（半球细分）主要模拟光线的数量多少，值越高，光线数量越多，精度也就越高，渲染效果图的品质也就越高，同样时间也就越长。

步骤 4 **重新设置VRay灯光缓存贴图参数**

展开VRay Light cache（灯光缓存卷展栏），在Calculation parameters（计算参数）选项组中将Subdivs（细分）设置为1200，将Scale（比例方式）设置为Screen（屏幕），将Number of passes（通过量）设置为4，分别勾选Store direct light（存储直接光照）和Show calc phase（显示光能进程）复选框，然后将Reconstruction parameters（优化参数）内的Intep.samples（插值样本）设置为15。如图8-80所示。

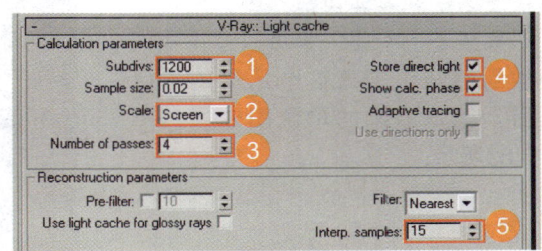

图8-80 设置VRay灯光缓存贴图参数

步骤 5 **重新设置VRay准蒙特卡罗采样参数**

展开VRay rQMC sampler（准蒙特卡罗采样）卷展栏，将Adaptive amount（自适应数量）设置为0.85，将Noise threshold（噪波阈值）设置为0.001，Min samples（最小采样值）设置为15，最后将Global subdivs multiplier（全局细分倍增）设置为1，完成准蒙特卡罗采样参数设置，如图8-81所示。

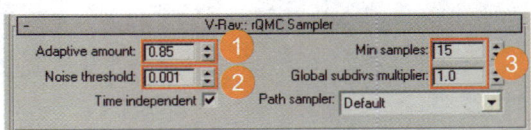

图8-81 设置VRay准蒙特卡罗采样参数

步骤 6 **最终渲染**

以上参数调节完成后，经过几个小时的渲染，最后的效果如图8-82所示。

图8-82 **最终渲染效果**

> 提示
> 1. 本案例模型比较多，因此渲染高像素的室内图像时间是比较长的，大概需要4个小时。
> 2. 读者在调节渲染参数上不要盲目追求高参数，尽量保持图像品质与渲染时间的平衡。

步骤 7 **根据渲染图像渲染单色场景**

因为前面章节已经介绍了渲染单色场景的具体步骤，因此这里就不重叙了，希望大家可以运用我们学到的知识创建这个场景的单色图，笔者渲染的单色图效果如图8-83所示。

图8-83 **单色场景**

> ▶ **本节小结：** 以上完成了欧式客厅空间最终渲染的设置，要多观察现实生活中各种灯光的位置与光效，还要学会控制辅助灯光与渲染参数在场景中的统一，为了平衡渲染品质与渲染时间的关系，提高场景的制作效率，本案没有使用Environment（skylight）override选项。

8.6 后期处理渲染完成的图像

本节要点： 本节重点讲解怎样使用Adobe Photoshop CS3后期处理软件里的亮度与对比度、单色图像、色彩平衡、照片滤镜、匹配颜色等修改命令调节渲染输出图像，丰富我们渲染的图像。

步骤 1 打开渲染图像并调整亮度/对比度

在Photoshop里打开配套光盘"scenes\第八章\第八章后期文件\欧式客厅空间.tga"文件。认真观察一下渲染出来的效果图，感觉整体有些发灰，可以通过调整图的亮度、对比度以及色彩平衡修改这些问题。复制图层，调整图像的亮度和对比度，让图像效果看起来不是那么灰，执行"图像 >调整>亮度/对比度"命令，调整图像的对比度，具体参数设置如图8-84所示。

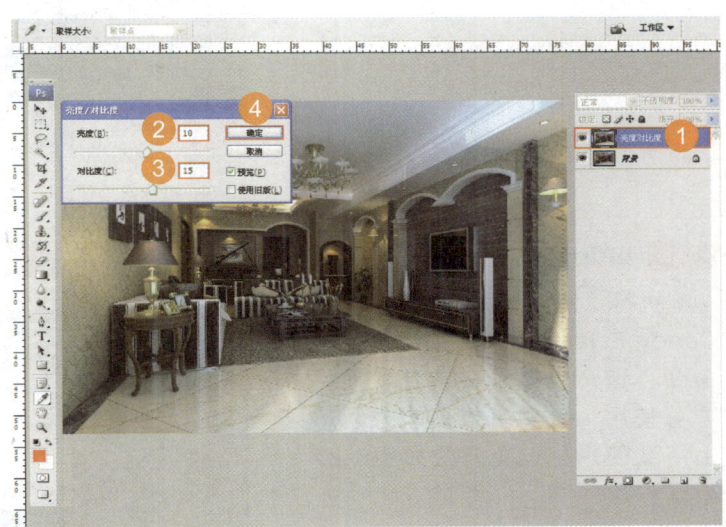

图8-84 调整图像的亮度对比度

步骤 2 将单色图像匹配到渲染图像

在Photoshop里打开配套光盘"scenes\第八章\第八章后期文件\欧式客厅空间单色.tga"文件，利用移动工具将单色图像拖拽到渲染图像窗口中，按下Shift键，然后释放鼠标左键，完成单色图像到渲染图像的匹配，最后关闭单色图层，重命名为"单色图层"，如图8-85所示。

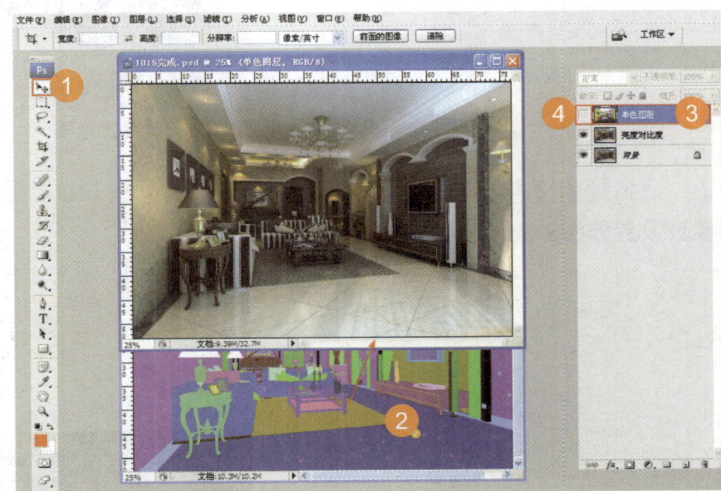

图8-85 匹配单色图像到渲染图像

步骤 3 选择地毯选区

选择单色图层，把地毯部分用选区框选出来，目的是为了给地毯加上一个毛绒效果，让其更真实，如图8-86所示。

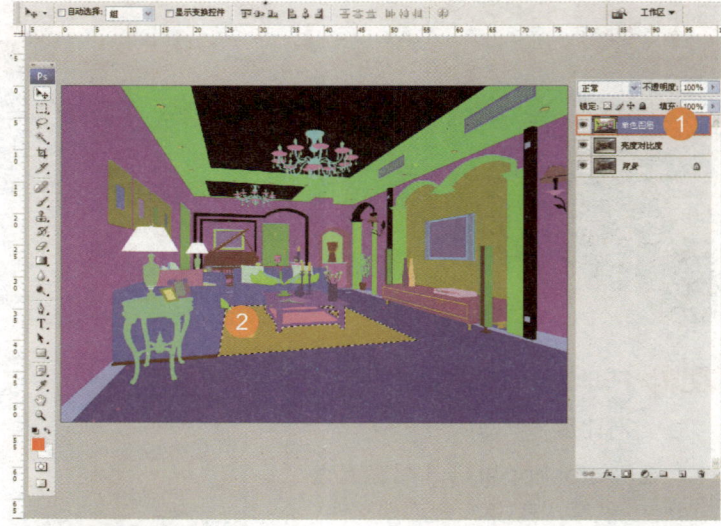

图8-86 框选出地毯选区

步骤 4 编辑地毯选区

执行"滤镜 > Alien Skin Eye Candy 5:Textures > 动物皮毛"命令，该命令必须安装毛发插件方可使用，大家可以到官方网站上下载使用，设置方法如图8-87所示。

图8-87 打开毛发选项

执行动物皮毛命令后，具体的参数设置如图8-88所示。

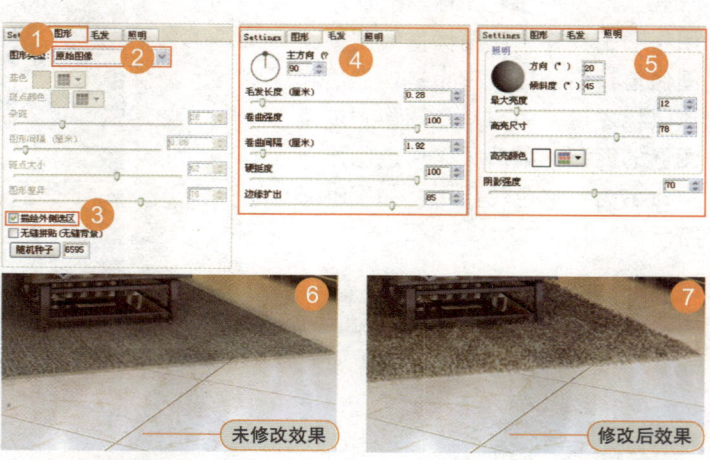

图8-88 毛发参数设置

步骤5 调节图像的色彩平衡

按快捷键Ctrl+Alt+Shift+E把所有图层合并，合并完成后，按快捷键Ctrl+B调整其色彩平衡，具体参数设置如图8-89所示。

图8-89 调整图像色彩平衡

步骤6 使用橡皮擦工具调节图像

调节色彩平衡完成后，图像整体有些偏红，其实有些地方是不需要调节色彩平衡的。在工具箱中选择橡皮擦工具，设置不透明度为50，将不需要调节色彩平衡的部分擦除。参数设置如图8-90所示。

图8-90 橡皮擦工具参数设置

步骤7 调节完成

将不需要调节色彩平衡的部分擦除后，效果如图8-91所示。

图8-91 擦除后的最终效果

步骤8 添加蜡烛火焰

　　把所有分图层合并到一层，打开火焰贴图，按照场景内蜡烛的位置调整，具体调整位置及效果如图8-92所示。

图8-92　添加火焰后的效果

步骤9 调节图像曲线

　　观察上图，场景还是有些暗。合并所有图层，使用快捷键Ctrl+M，利用曲线命令，将亮度增加一些，这样看起来会舒服一些，具体参数设置如图8-93所示。

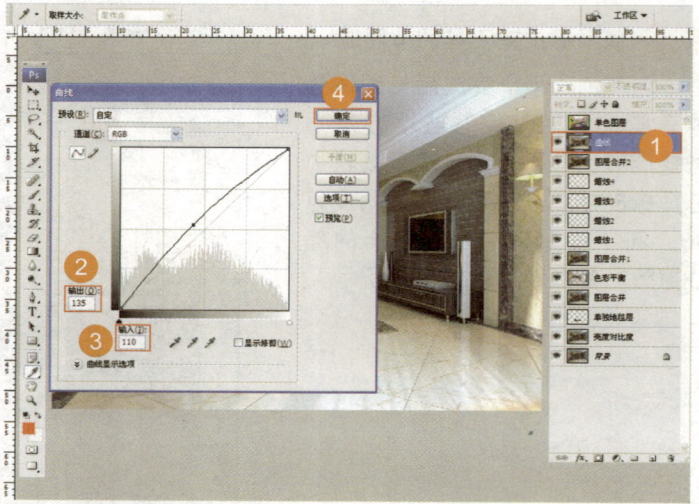

图8-93　曲线的参数设置

步骤10 给图像添加照片滤镜

　　曲线调节完成后，我们觉得颜色上还有些不足之处，比如墙面有些发红，这里我们需要给其添加一个"照片滤镜"，具体创建如图8-94所示。

图8-94　照片滤镜参数的设置

最后将"照片滤镜"所在图层的不透明度设置为50，具体参数设置如图8-95所示。

图8-95 照片滤镜参数的设置

步骤11 调节图像色彩平衡

添加照片滤镜后，合并所有图层，感觉整体颜色有点偏蓝调，为了达到暖色调的效果，按Ctrl＋B再次调节色彩平衡即可，具体调节参数如图8-96所示。

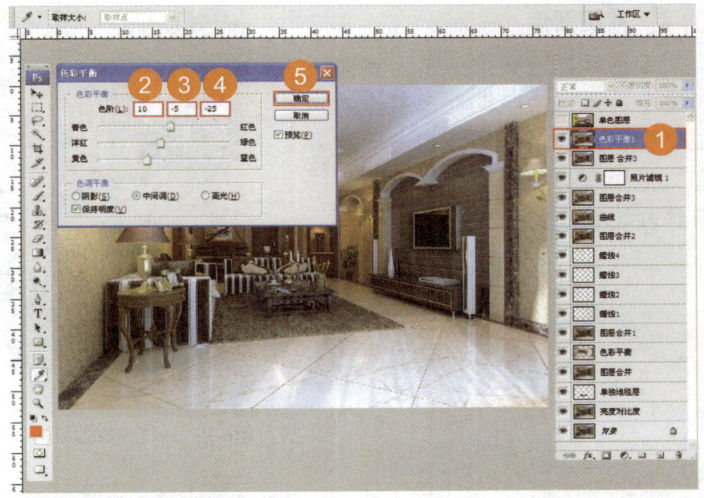

图8-96 色彩平衡参数的设置

步骤12 让图像更有层次感

合并所有图层，使用快捷键Ctrl＋M命令加亮图层效果，然后在图层面板上选择柔光模式，把不透明度设置为30%，具做参数设置如图8-97所示。

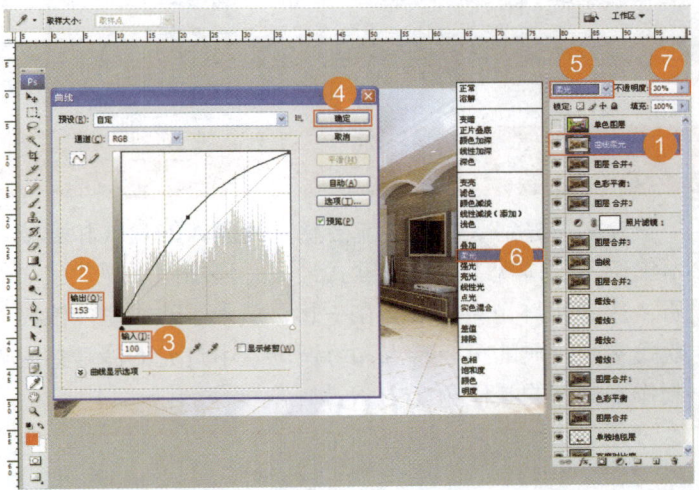

图8-97 曲线及图层模式参数的设置

步骤13 **为图像添加亮度及颜色强度**

全部完成后，我们须要提高一下整体亮度及饱和度，让效果图看起来更漂亮自然，执行"图像 > 调整 > 匹配颜色"命令，调整图像的亮度和饱和度，如图8-98所示。

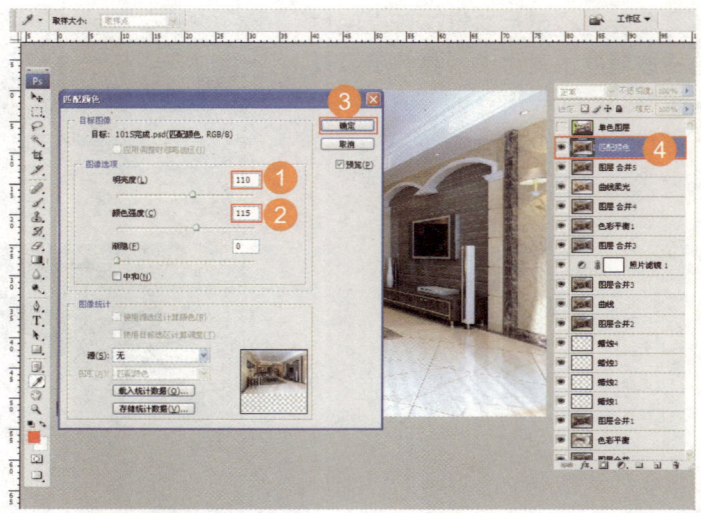

图8-98　匹配颜色参数的设置

步骤14 **裁切图像**

本场景处理到这一步，就告一段落了，本例的后期处理工作就完成了，下面我们需要裁切一下效果图，把没有必要的地方裁掉即可，最终裁切完成如图8-99所示。

图8-99　最终完成效果图

> **本节小结：** 写到这里，欧式客厅的后期制作已经全部完成了，在学习过程中需要读者把握图像视图效果，在制作中我们运用了裁切工具，突出了欧式客厅环境，从中我们认识到设置好摄影机对于表现场景中心效果是多么重要。

8.7　本章小结

大家一提到欧式风格就会感觉到逼人的贵气和奢华，总感觉离我们有一定的距离感。而本案例不仅体现了浓郁的欧式经典，还增添了现代家居的生活气息，在空间上又将色彩、材质、造型和灯光完美结合在一起，赋予了欧式室内浪漫的情怀。在制作过程中需要读者掌握欧式室内材质的风格特点和协调场景中灯光的冷暖搭配效果，最后希望读者利用学到的知识制作本案例的其他角度。

第 9 章
清新别墅空间

本章要点:

　　本章讲解的是通过实际的别墅案例讲述如何在3ds Max中运用VRay高级渲染器制作别墅方案的过程, 在制作过程中重点讲述如何运用VRay高级材质创建别墅空间常用质感纹理, 如何针对众多场景结构布置别墅空间全局光照灯光与间接灯光。

重点内容: 1. 发光贴图渲染引擎和灯光缓存渲染引擎的设置
　　　　　 2. 别墅材质的调节
　　　　　 3. 直接光照与室内灯光的设定
　　　　　 4. 后期调整

9.1 清新别墅空间渲染之前的准备工作

> **本节要点：** 鉴于别墅场景比较丰富，创建模型时难免有疏漏，本节重点讲解在3ds Max 中设置清新别墅空间渲染前的主要参数，如设置模型进行漏光测试材质等相关参数。

> **主要步骤** 首先打开创建好的实例模型，检查模型的单位设置，最后将3ds Max中的渲染引擎切换成VRay的渲染引擎。

步骤 1 将创建好的3ds Max实例模型文件打开

执行菜单栏中的File（文件）> Open（打开）命令，然后选择配套光盘"scenes\第九章\第九章max文件\清新别墅空间.max"文件，最后单击"打开"按钮将文件打开，如图9-1所示。

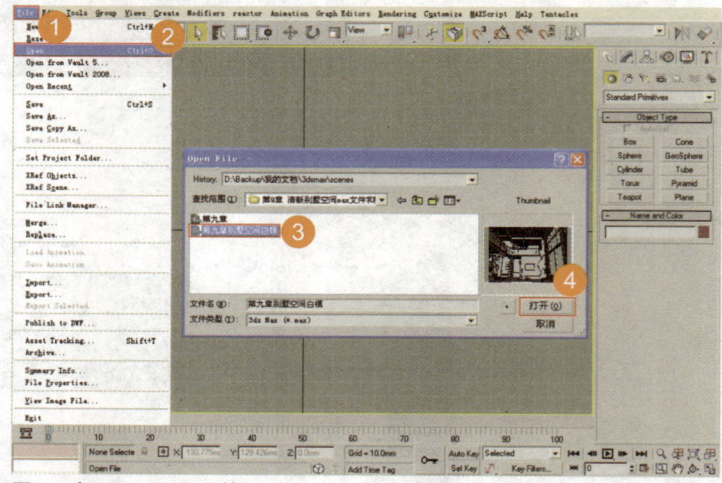

图9-1 打开3ds Max文件

步骤 2 检查模型单位尺寸

执行菜单栏中的Customize（自定义）> Units Setup（单位设置）命令，检查单位尺寸，如图9-2所示。

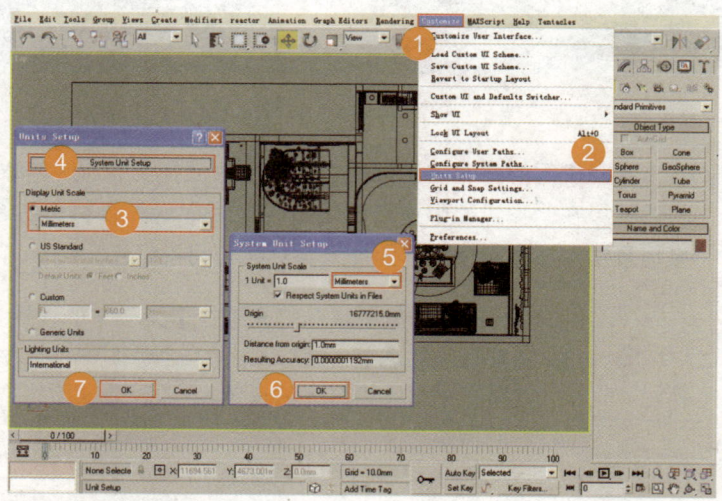

图9-2 场景单位尺寸设定

步骤3 给场景添加摄影机

切换至创建摄影机命令面板，在下拉列表中选择Standard（标准摄影机）选项，单击Target（目标摄影机）按钮，然后将视口切换到Top视口完成摄影机在场景中的建立，如图9-3所示。

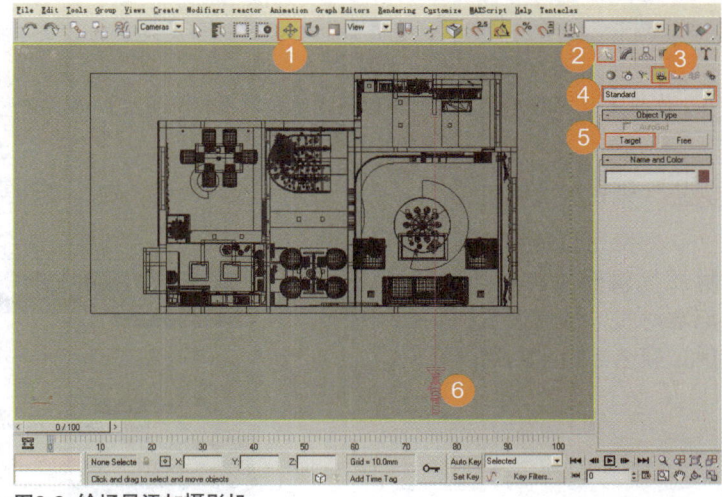

图9-3 给场景添加摄影机

步骤4 调节摄影机的视口位置

将视口切换到Top视口，先在视口中选择刚创建的摄影机，然后在工具栏的移动工具按钮上单击鼠标右键，在弹出的对话框中按照图9-4所示，设置摄影机的位置参数。

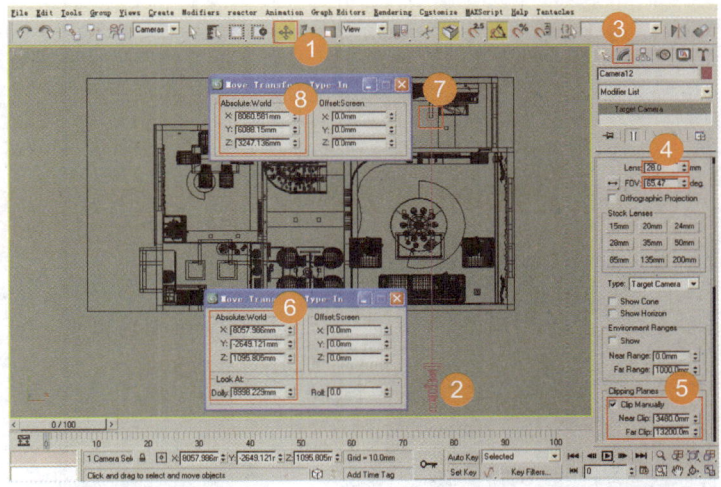

图9-4 摄影机参数位置设定

然后使用快捷键C，将视口切换到摄影机视口，观察视口以内的模型结构是否协调，最后按照创建视口的要求调节好场景，如图9-5所示。

图9-5 调整好的视口

提示 1. 在别墅场景中创建摄影机的摄影机角度是委托方要求的，我们分别创建了客厅角度、餐厅角度、卧室角度。

2. 作为学习案例，读者可以自行创建适合的摄影机角度，练习摄影机的设置方法。

步骤5 **设置测试材质**

先使用快捷键M，在弹出来的材质编辑器中将材质切换到VRay标准材质，然后设置Diffuse（漫反射）颜色，如图9-6所示。

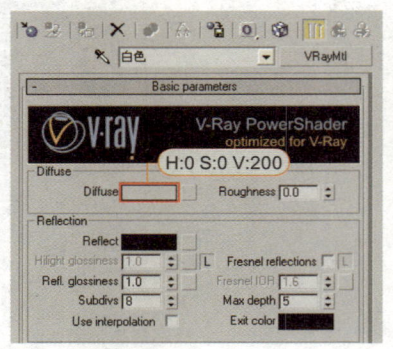

图9-6 测试材质参数

▶ **本节小结：** 以上是别墅场景渲染前的准备工作，通过在准备过程中的学习，读者需要掌握模型渲染前准备工作的流程、要点并会运用。

9.2 VRay高级渲染设置

▶ **本节要点：** 本节重点讲解的是，别墅空间VRay高级渲染面板中预渲染参数设置，通过学习，读者需要掌握主要渲染面板的预渲染数值。

步骤1 **选择渲染器**

在工具栏中选择"渲染场景对话框"按钮，或使用快捷键F10，在弹出的对话框中展开Assign Renderer（指定渲染器）卷展栏，选择Production右侧的对话框按钮，在弹出的对话框中选择V-Ray Adv 1.5RC5渲染器，最后单击OK按钮，完成渲染器的选择，如图9-7所示。

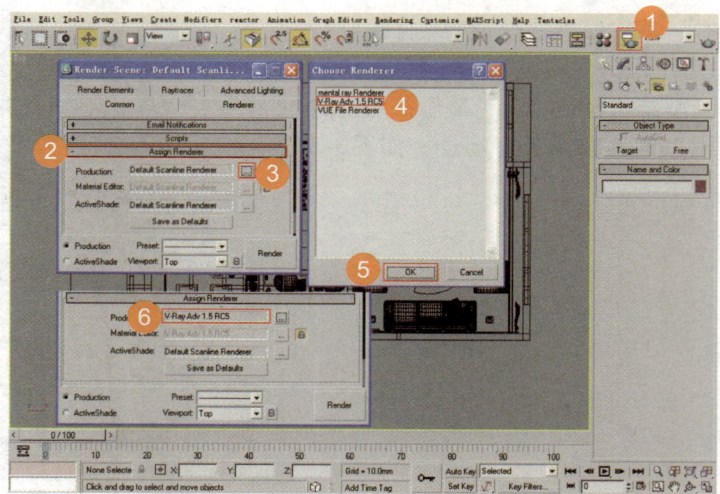

图9-7 选择渲染器

步骤2 **设置渲染尺寸**

在"渲染设置"对话框中，切换到Common选项卡，展开Common Parameters卷展栏，在Output size选项组中将渲染图像设置为600×450像素，接着单击Image Aspect右侧的锁定图标，将渲染图像尺寸锁定，具体参数设置如图9-8所示。

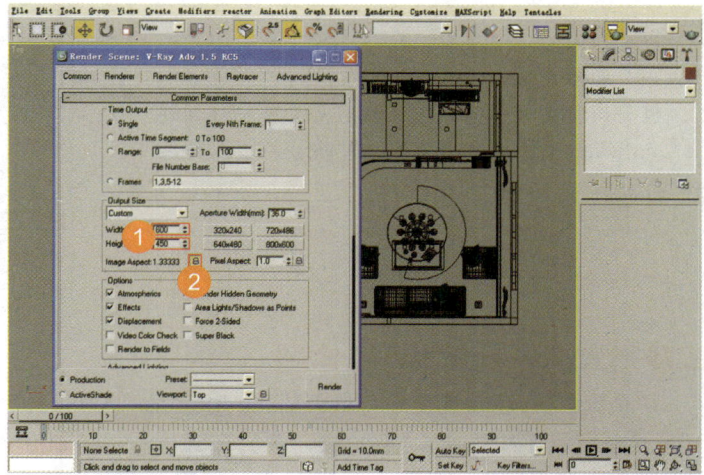

图9-8 设置预渲染尺寸

步骤3 **设置VRay通用参数**

切换到VRay渲染选项卡，展开VRay Global switches（通用参数）卷展栏，然后分别取消勾选Default lights（默认灯光）、Reflection/refraction（反射/折射）、Maps（贴图）、Glossy effects（光泽度效果）复选框，然后把刚才设定的测试材质拖放到Override mtl（替换材质）右侧的按钮上，完成场景材质的替换，最后将Raytracing（光线跟踪）的Secondary rays bias（二级射线偏移）参数设置为0.01，如图9-9所示。

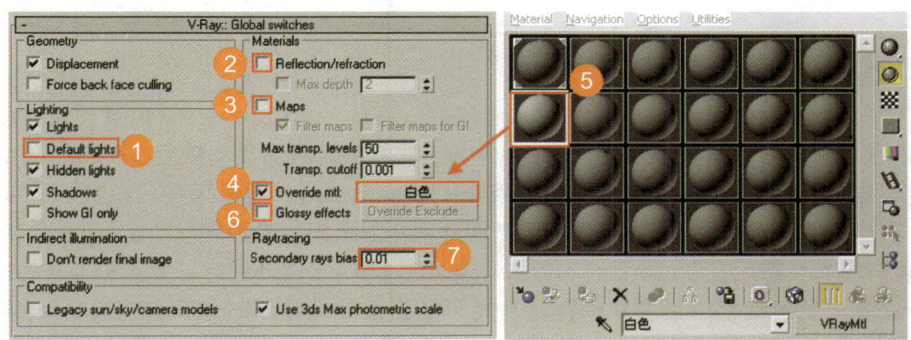

图9-9 设置通用参数面板的参数

> **提示**
> 1. 场景中已经赋予所有模型材质时，我们不勾选材质反射和贴图，可以提高模型的测试速度。
> 2. 因为别墅场景比较大，交叉物体渲染时会出现不必要的黑斑，我们调节Raytracing（光线跟踪）参数可以取消交叉物体渲染时的黑斑并丰富物体阴影效果。

步骤4 **设置VRay图像采样参数**

展开VRay Image sampler [Antialiasing]（图像采样）卷展栏，然后在Image sampler（图像采样）选项组的Type（类型）右侧的下拉列表中选择Fixed（固定比采样器），并关闭Antialiasing filter（抗锯齿过滤）功能，最后展开VRay Fixed image sampler（VRay固定比采样）卷展栏并将Subdivs（细分）参数设置为1，如图9-10所示。

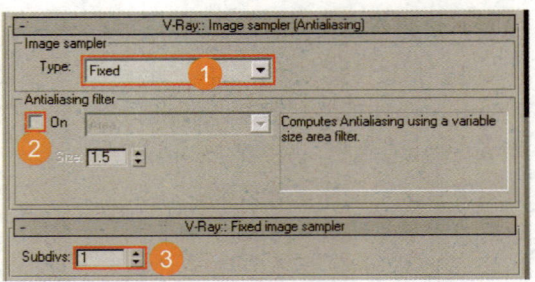

> **提示** 1. 因为是预渲染，我们不需要提高固定比采样的细分数值。
> 2. 提高预渲染的效率，这里我们需要将Antialiasing Filter抗锯齿过滤关掉，最终渲染出图时再打开。

图9-10 设置图像采样参数

步骤5 设置VRay全局光照参数

切换到VRay渲染选项卡，展开VRay Indirect illumination（VRay间接光照）卷展栏，然后勾选On复选框，开启VRay的间接光照，最后在Secondary bounces（二级反弹）的GI engine（全局光照引擎）中选择Light cache（灯光缓存）渲染引擎，如图9-11所示。

> **提示** 1. 这里我们需要理解什么是全局光照的一级反射和二级反射。
> 2. VRay的全局光照引擎设置参数和天光系统只有开启全局光照面板才能使用。

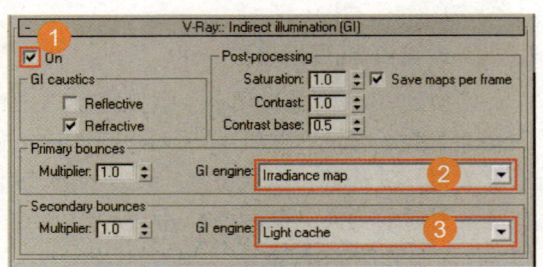

图9-11 设置全局光照面板的参数

步骤6 设置VRay光子贴图参数

展开VRay Irradiance map（光子贴图）卷展栏，在Built-in presets（内置预设）中的Current preset（当前预设置）右侧下拉列表中选择Very low（非常低）的品质，然后在Basic parameters（基本参数）中设置HSph.subdivs（半球细分）和Interp.samples（插值采样）参数，并勾选Options（属性）选项组中的Show calc.phase（显示光能进程）复选框，最后在Mode（模式）中选择Single frame（单帧）模式，然后在On render end中勾选Auto save（自动保存）复选框，单击Browse（浏览）按钮，在弹出的对话框中命名并保存，将光子贴图文件保存到阳光卧室空间文件的根目录里，如图9-12所示。

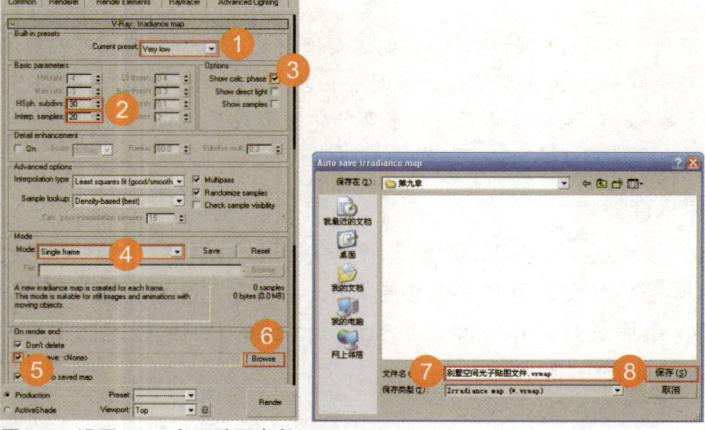

图9-12 设置VRay光子贴图参数

步骤7 设置VRay灯光缓存贴图参数

展开VRay Light cache（灯光缓存）卷展栏，在Calculation parameters（计算参数）选项组中将Subdivs（细分）设置为300，将Scale（比例方式）设置为Screen（屏幕），再分别勾选Store direct light（存储直接光照）和Show calc phase（显示光能进程）复选框，然后在Mode（模式）中选择Single frame（单帧）模式，在On render end中勾选Auto save（自动保存），单击Browse（浏览）按钮，在弹出的对话框中命名并保存，将灯光缓存贴图文件保存到阳光卧室空间文件的根目录里，如图9-13所示。

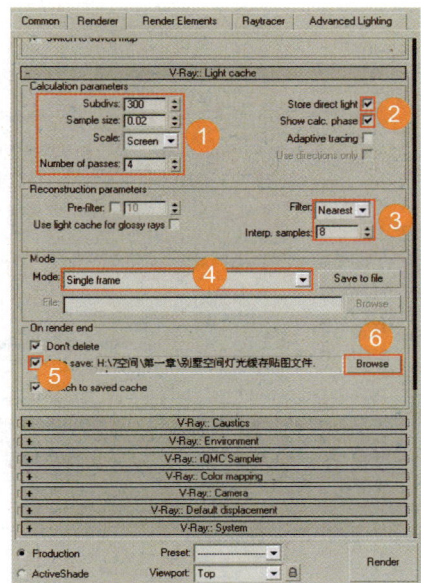
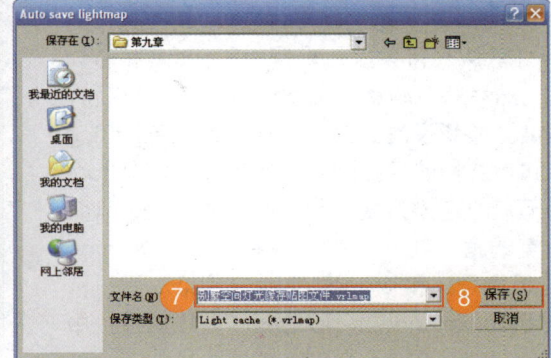

图9-13 设置VRay灯光缓存贴图参数

步骤8 设置VRay环境贴图参数

展开VRay Environment环境贴图卷展栏，并在GI Environment（skylight）override（全局光照明环境）选项组中开启VRay全局光照明环境的天光，并设置天空光颜色参数，设置Multiplier参数值，在Reflection/refraction environment override（反射/折射照明环境）选项组中开启照明环境，并设置反射和折射照明环境的颜色数值，再设置Multiplier参数值，具体设置如图9-14所示。

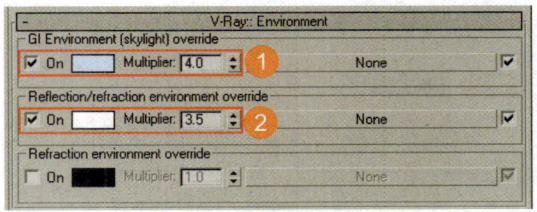

图9-14 设置VRay环境贴图参数

步骤9 设置VRay准蒙特卡罗采样参数

展开VRay rQMC sampler（准蒙特卡罗采样）卷展栏，将Adaptive amount（自适应数量）设置为0.85，Noise threshold（噪波阈值）设置为0.01，最后将Global subdivs multiplier（全局细分倍增）值设置为1，完成准蒙特卡罗采样参数设置，如图9-15所示。

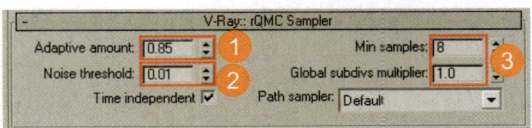

图9-15 设置VRay准蒙特卡罗采样参数

步骤10 设置VRay色彩贴图参数

切换到VRay Color mapping（色彩贴图）卷展栏，在Type（类型）中选择Reinhard（混合曝光）选项，将Burn value（混合值）设置为0.5，最后勾选Sub-pixel mapping（次像素贴图）、Clamp output（限制输出）和Affect background（影响背景）复选框，完成色彩贴图参数的设置，如图9-16所示。

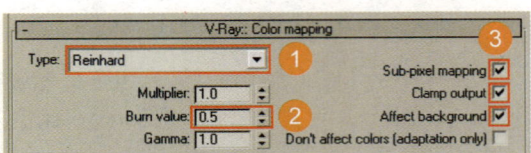

图9-16 设置VRay色彩贴图参数

步骤11 设置VRay系统参数

展开VRay System（系统参数）卷展栏，将Raycaster params（光线投射参数）选项组中的Max.tree depth（最大树深度）设置为90，将Face/level coef（面/级别系数）设置为0.5，再将Default geometry（默认几何参数）设置为Static（静态）几何方式，然后将Render region division中的X和Y方向的渲染区域均设置为64，在Region sequence（区域方式）右侧的下拉列表中选择Top->Bottom（从上到下）的渲染方式，勾选Frame stamp（装饰水印）复选框，在文本框中填写%VRayversion（VRay的版本号）和%rendertime（渲染时间），最后再启用Miscellaneous options（多样属性）中的MAX-compatible ShadeContext（work in camera space）（贴图类型兼容性面板）功能，完成VRay系统参数设置，如图9-17所示。

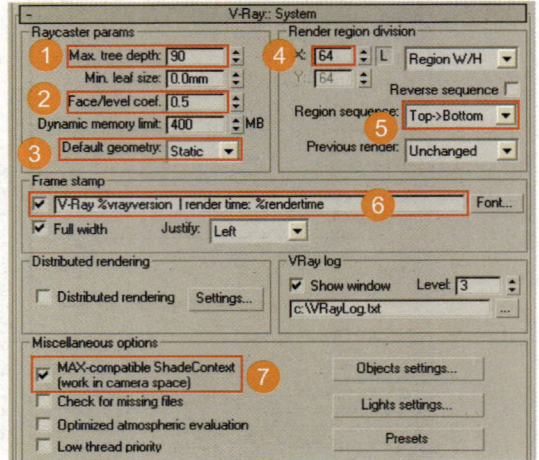

图9-17 设置VRay系统参数

步骤12 测试模型

切换到摄影机视口，使用快捷键Shift+Q，对场景进行第一次测试，如图9-18所示。

图9-18 测试渲染结果

▶ **本节小结：** 以上是对清新别墅空间场景的预渲染设置，在设置过程中需要掌握Reflection/refraction environment override（反射和折射照明环境）面板的参数设置对场景全局光照的影响。

9.3 场景中主要材质设定

▶ **本节要点:** 本节重点讲解如何使用VRayMtl(VRay标准材质)配合VRayLightMtl、Mask(蒙版)、Diffuse(漫反射)通道和Reflection(反射)通道,调节别墅场景中的常用材质。

9.3.1 场景材质编号

为了方便读者能一目了然,这里把最终效果图上的材质编号,我们将根据图上的顺序逐一设定讲解,如图9-19所示。

图9-19 场景材质编号

9.3.2 设定场景材质

步骤1 **地面材质的制作**

先在材质编辑器中选择一个VRay材质球,起名为"地面",在漫反射贴图通道内添加一张真实地砖纹理贴图"白色地砖.jpg",并设置相关参数,然后设置反射颜色、高光光泽度大小、反射光泽度大小及材质细分参数,最后在凹凸贴图通道内添加一张黑白纹理的凹凸贴图"地砖凹凸.jpg",并设置强度值大小,具体参数设置如图9-20所示,最终效果如图9-21所示。

图9-20 地面材质参数

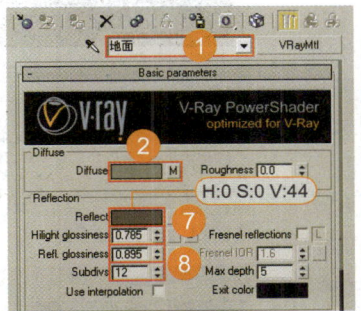

图9-21 材质球完成效果

步骤 2 **马赛克洗手池瓷砖材质的**
制作

在材质编辑器中选择一个VRay材质球，起名为"洗手间瓷砖"，在漫反射贴图通道内添加一张瓷砖贴图"小格瓷砖.jpg"，并设置相关参数，然后设置反射颜色、高光光泽度大小、反射光泽度大小，并在反射通道里选择一个Falloff贴图，设置衰减方式为Fresnel（菲涅尔），设置Override Material IOR值为1.7，最后在凹凸贴图通道内添加一张和漫反射同样的瓷砖贴图，具体参数设置如图9-22所示，最终效果如图9-23所示。

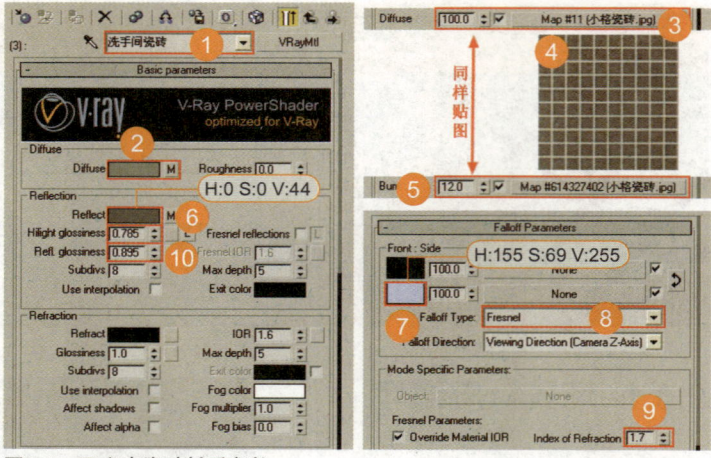

图9-22 马赛克瓷砖材质参数

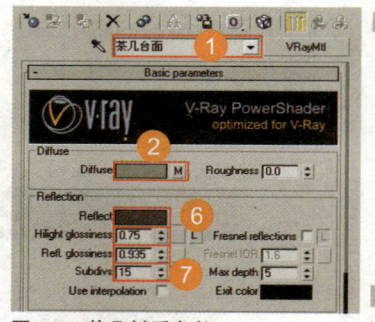

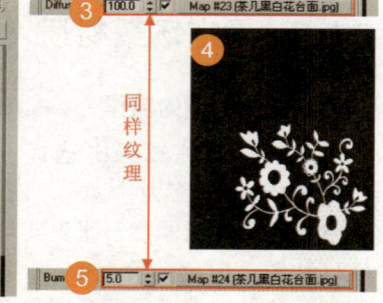

图9-23 材质球完成效果

步骤 3 **茶几材质的制作**

在材质编辑器中选择一个VRay材质球，起名为"茶几台面"，在漫反射贴图通道内添加一张"茶几黑白花台面jpg."贴图，并设置相关参数，然后设置反射颜色、高光光泽度大小、反射光泽度大小及材质细分参数，最后在凹凸通道内添加一张和漫反射贴图通道一样的贴图，凹凸值设置成5。具体参数设置如图9-24所示，最终效果如图9-25所示。

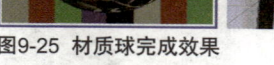

图9-24 茶几材质参数

图9-25 材质球完成效果

步骤 4 **咖啡白瓷杯材质的制作**

在材质编辑器中选择一个VRay材质球，起名为"陶瓷杯（白色）"，设置漫反射颜色，然后设置反射颜色，保持其他参数不变，具体参数设置如图9-26所示，最终效果如图9-27所示。

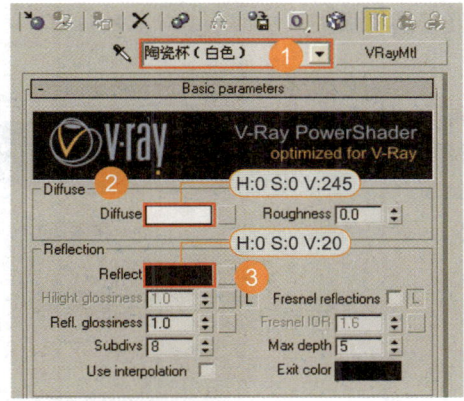

图9-26 白瓷杯材质参数

图9-27 白瓷杯完成效果

步骤 5 **吊灯白色陶瓷材质的制作**

在材质编辑器中选择一个VRay材质球，起名为"吊灯白瓷"，然后设置漫反射颜色和反射颜色，具体参数设置如图9-28所示，最终效果如图9-29所示。

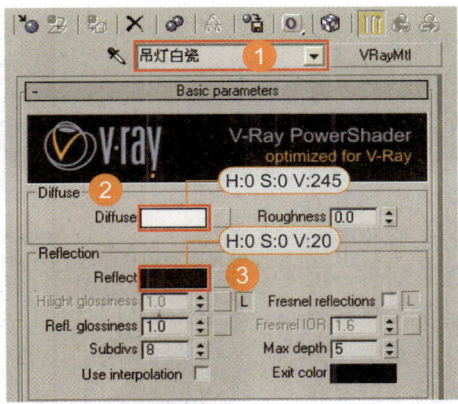

图9-28 白瓷材质参数

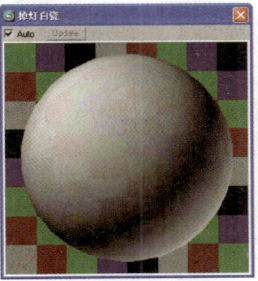

图9-29 白瓷完成效果

步骤 6 **液晶电视屏幕及外边材质的**
制作

在材质编辑器中选择一个VRay
材质球，起名为"电视屏"，然后
设置漫反射颜色和反射颜色，具体
参数设置如图9-30所示，最终效果
如图9-31所示。

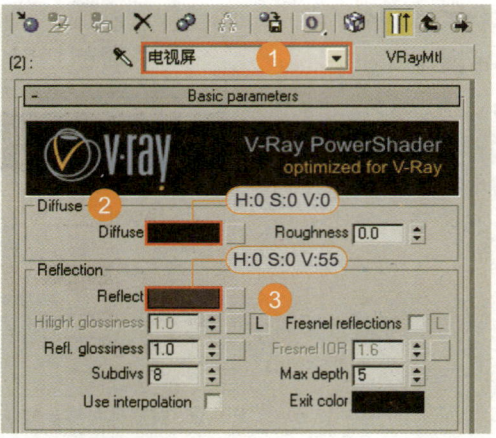

图9-30 电视屏幕材质参数

图9-31 电视屏幕完成效果

步骤 7 **沙发抱枕分析与制作**

首先观察沙发抱枕材质在真实
世界里的特点，比如有没有反射，
有没有高光以及有没有模糊，这些
我们都要注意。通过对真实沙发的
观察，我们了解沙发的表面比较粗
糙，基本没有反射，但表面有一层
白绒毛，看上去非常自然。真实沙
发照片如图9-32所示。场景中设置
沙发抱枕材质有两种方法，下面我
们先讲解第一种方法。

图9-32 真实沙发照片

提示 沙发抱枕表面看起来有一层白绒毛的感觉，这是因为布表面的织物毛发受到光的影响产生的一
种正常现象，如果通过模型表现该效果较难，且不一定能表现得很好，则可以采用调节材质来
实现。

步骤8 沙发抱枕材质的制作方法1

在材质编辑器中选择一个默认材质球，起名为"抱枕"，我们首先设置漫反射颜色，然后在漫反射贴图通道内添加一张真实的"咖啡抱枕.jpg"贴图，并设置相关参数。由于抱枕表面比较粗糙，最后在凹凸通道内添加"沙发布纹凹凸.jpg"贴图，并设置其凹凸强度值大小，具体参数如图9-33所示。在自发光贴图通道内加上Mask，然后在Map贴图通道和Mask贴图通道内添加衰减，且衰减颜色设置一致，具体参数如图9-34所示，最终效果如图9-35所示。

> **提示** 这里将材质的漫反射颜色设置为深黄色，是为了接近布纹贴图的颜色，这样是为了让颜色更相近更真实。

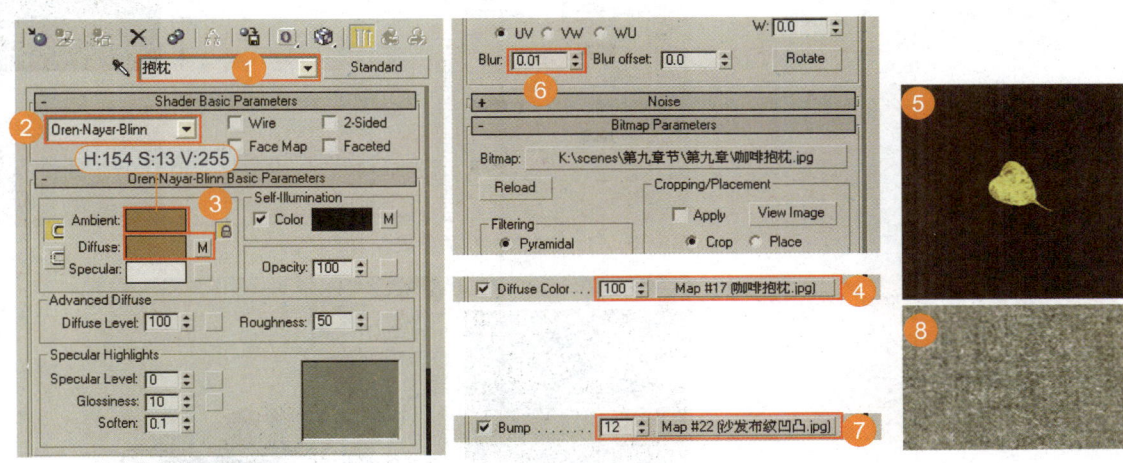

图9-33 沙发抱枕材质参数1

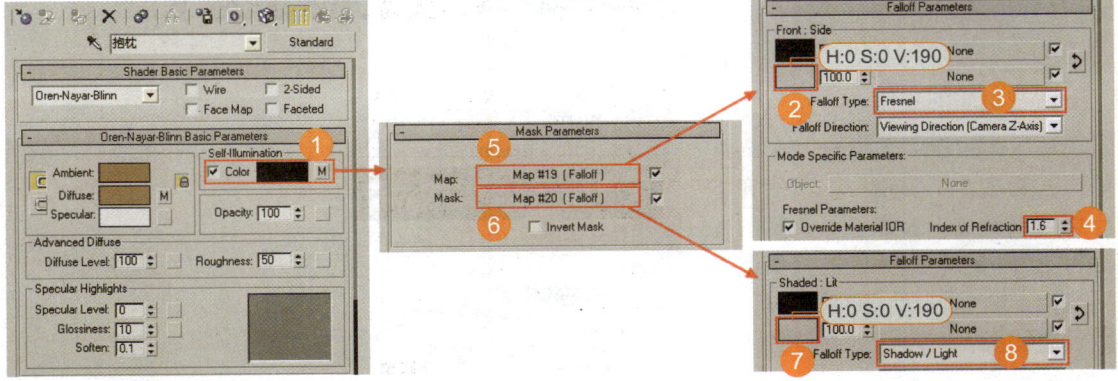

图9-34 沙发抱枕材质参数2

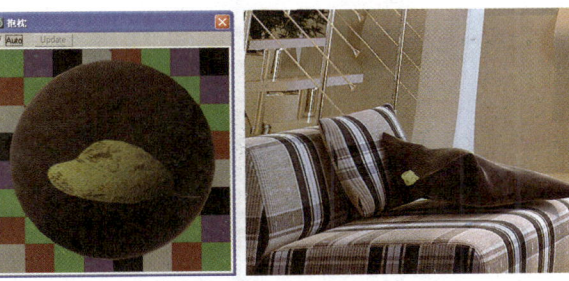

图9-35 材质球完成效果

沙发抱枕材质的制作方法2

在材质编辑器中选择一个VRay材质球，起名为"抱枕"，在漫反射通道内添加Falloff（衰减）且衰减方式为菲涅尔方式，然后添加一张"咖啡抱枕.jpg"贴图，并设置相关参数，然后设置反射颜色、高光光泽度大小，并在Options选项组内取消勾选Trace reflections复选框。由于抱枕表面比较粗糙，最后在凹凸通道内添加"沙发布纹凹凸.jpg"贴图，并设置凹凸强度值大小，最后给沙发抱枕指定一个合适的贴图坐标，具体参数如图9-36所示，最终效果如图9-37所示。

提示 取消勾选Trace reflections复选框就是把反射关掉，这样可以让抱枕只有高光而无反射。

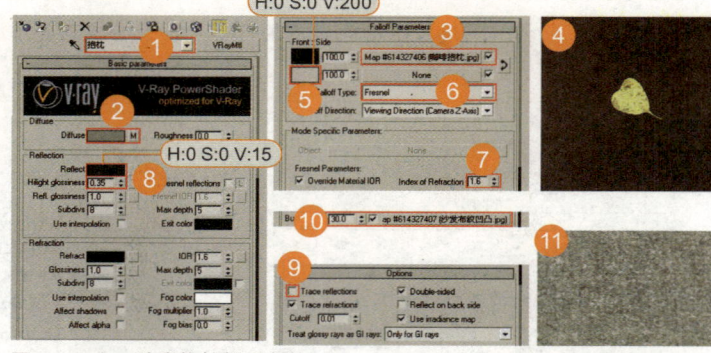

图9-36 VRay沙发抱枕材质参数

提示 场景中沙发布纹的调节方法与抱枕的调节方法相同，大家可以尝试一下。

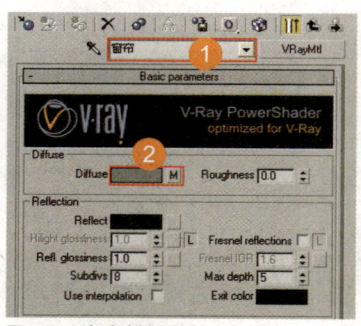

图9-37 沙发抱枕完成效果

步骤 9 窗帘材质的制作

在材质编辑器中选择一个VRay材质球，起名为"窗帘"，然后在漫反射贴图通道中添加一张真实的"窗帘.jpg"贴图，并设置相关参数，其他参数保持默认即可。具体参数设置如图9-38所示，最终效果如图9-39所示。

图9-38 窗帘材质参数

图9-39 窗帘完成效果

步骤10 透明窗沙材质的制作

在材质编辑器中选择一个VRay材质球，起名为"透明窗帘"，然后设置漫反射通道颜色。在折射通道内添加衰减，并把折射率设置为1.005，折射模糊设置为0.8。勾选Affect shadows（效果阴影）和Affect alpha（效果通道）复选框，具体参数设置如图9-40所示，最终效果如图9-41所示。

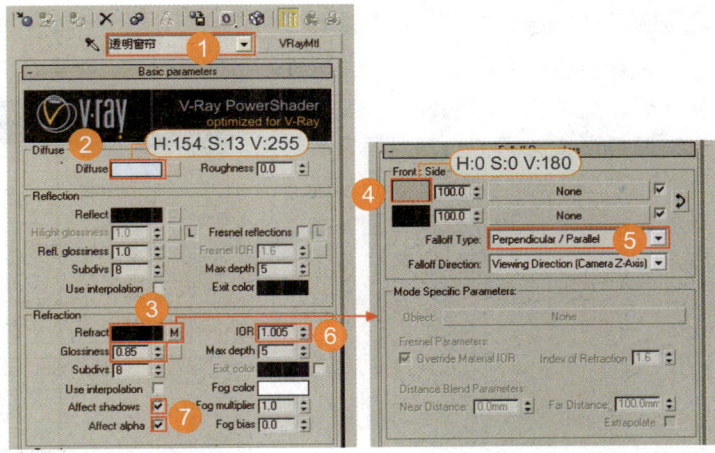

图9-40 透明窗沙材质参数

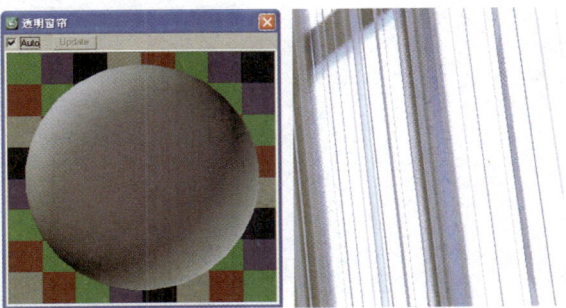

图9-41 透明窗完成效果

步骤11 二楼扶手玻璃挡板材质的制作

在材质编辑器中选择一个VRay材质球，起名为"glass二楼扶手档板"，然后设置反射颜色、高光光泽度大小，在反射通道里添加一个衰减，衰减方式同样选择Fresnel（菲涅尔），并设置Fresnel IOR值为1.85，最后设置反射颜色、IOR（折射率）并勾选Affect shadows（效果阴影）和Affect alpha（效果通道）复选框，具体参数如图9-42所示，最终效果如图9-43所示。

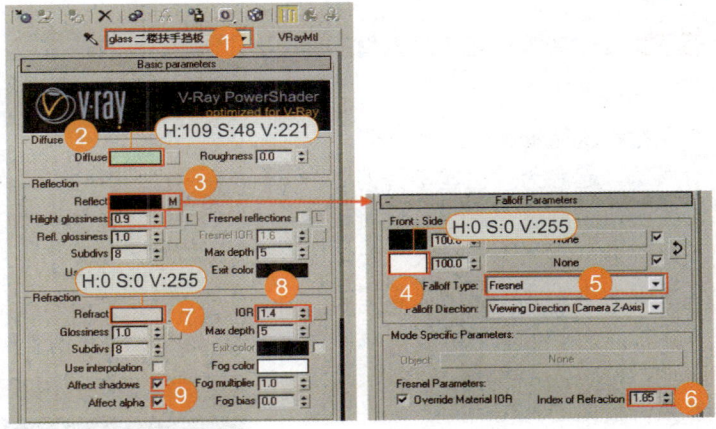

图9-42 玻璃档板材质参数

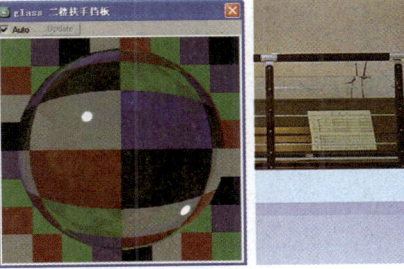

图9-43 玻璃档板完成效果

步骤12 **不锈钢楼梯扶手材质的制作**

在材质编辑器中选择一个VRay材质球，起名为"不锈钢"，把漫反射颜色设置为黑色，然后再设置反射颜色、高光光泽度大小、反射光泽度大小，具体参数设置如图9-44所示，最终效果如图9-45所示。

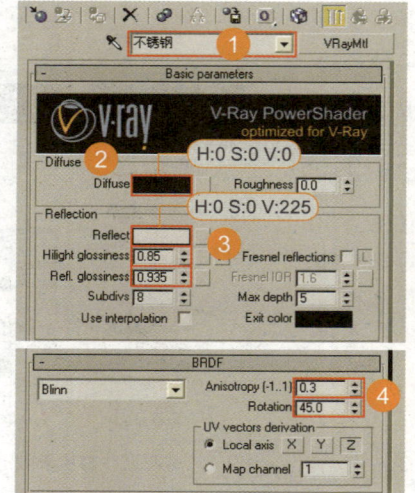

图9-44 玻璃挡板材质参数

图9-45 玻璃挡板材质效果

步骤13 **立体音箱拉丝不锈钢材质的制作**

在材质编辑器中选择一个VRay材质球，起名为"拉丝不锈钢"，设置漫反射颜色为黑色，然后设置反射颜色、高光光泽度大小及反射光泽度大小。为了渲染出真实的拉丝效果，在Bump（凹凸）通道里面加入Noise（噪波）贴图，具体参数设置如图9-46所示，最终效果如图9-47所示。

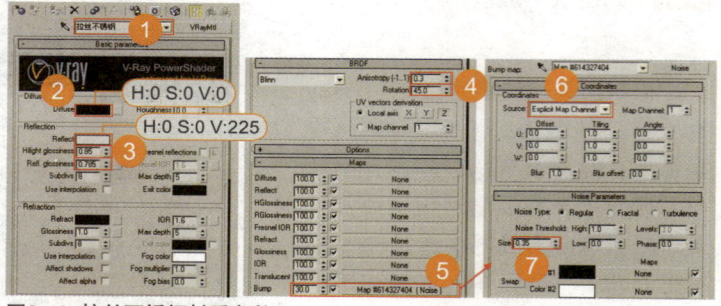

图9-46 拉丝不锈钢材质参数

图9-47 拉丝不锈钢完成效果

步骤14 镜子材质的制作

在材质编辑器中选择一个VRay材质球，起名为"镜子"，然后设置漫反射颜色、反射颜色、高光光泽度大小及Max depth参数值大小，具体参数设置如图9-48所示，最终效果如图9-49所示。

提示 设置反射通道的颜色为H:85，S:10，V:245，这里没有把反射颜色调成白色或灰色，是为了让镜面的效果更加丰富，看起来不那么灰。将Max depth设置为12，则使反射的影像更清晰。

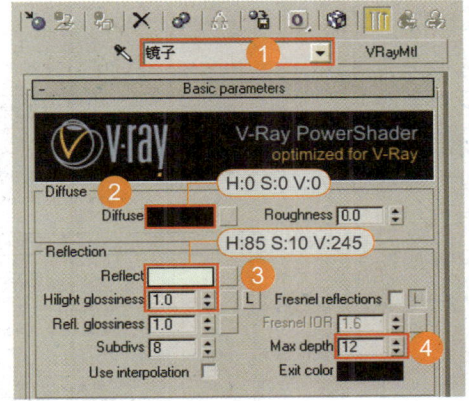

图9-48 镜子材质参数

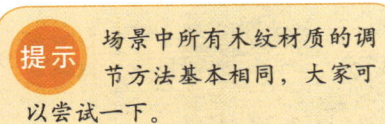

图9-49 镜子调解完成效果

步骤15 木门材质的制作

在材质编辑器中选择一个VRay材质球，起名为"深色清漆木头"，在漫反射贴图通道内添加一张木纹贴图"深色清漆木头.jpg"并设置相关参数，然后设置反射颜色、高光光泽度大小以及反射光泽度大小。在反射通道里选择一个常用的Falloff贴图，衰减方式为Fresnel（菲涅尔），Override Material IOR值设置为1.75，最后在凹凸通道内添加一张和漫反射贴图通道内同样的贴图，凹凸强度设置为3，具体参数设置如图9-50所示，最终效果如图9-51所示。

提示 场景中所有木纹材质的调节方法基本相同，大家可以尝试一下。

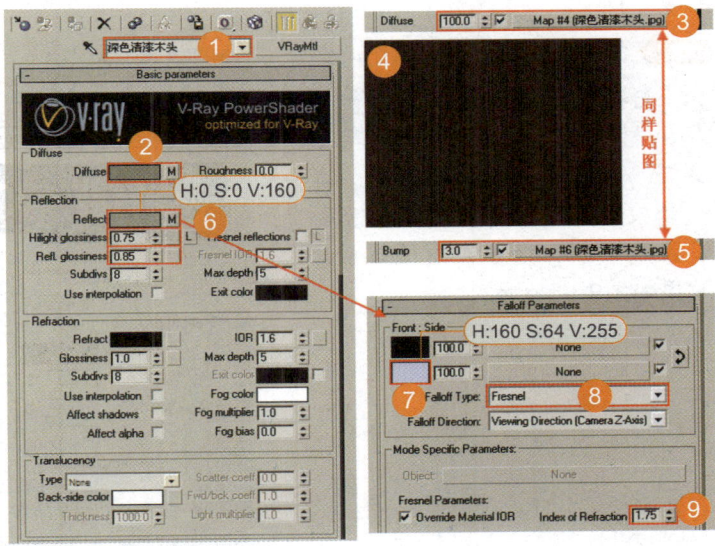

图9-50 木门材质参数

图9-51 木门完成效果

步骤16 白色筒灯材质的制作

在材质编辑器中选择一个默认材质球，起名为"白色自发光"，然后添加一个自发光材质，设置颜色亮度为2，利用这种方法可以做灯带，这样省去了很多灯，但并不影响效果。具体参数设置如图9-52所示，最终效果如图9-53所示。

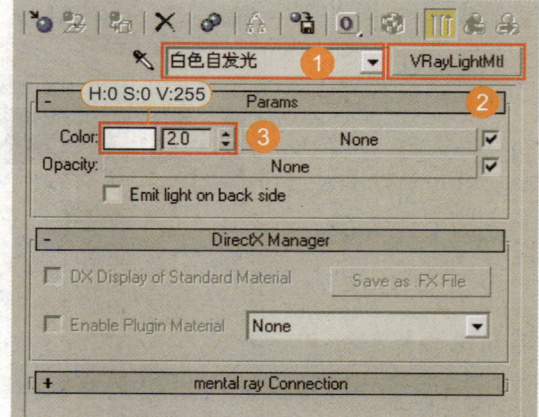

图9-52 白色筒灯材质参数

图9-53 白色筒灯完成效果

步骤17 白色乳胶漆材质的制作

先在材质编辑器中选择一个VRay材质球，起名为"白色乳胶漆"，然后设置漫反射颜色，其他参数保持不变即可。具体参数设置如图9-54所示。材质球最终效果如图9-55所示。

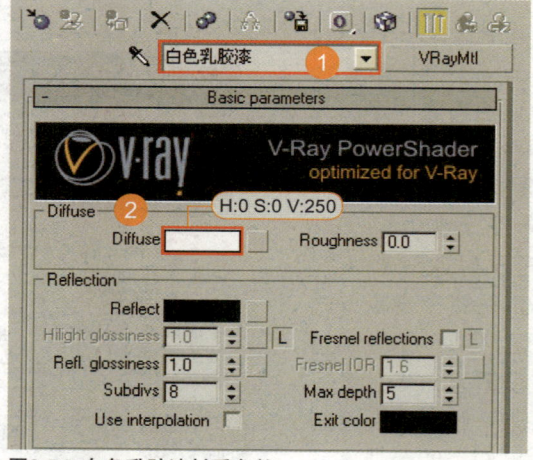

图9-54 白色乳胶漆材质参数

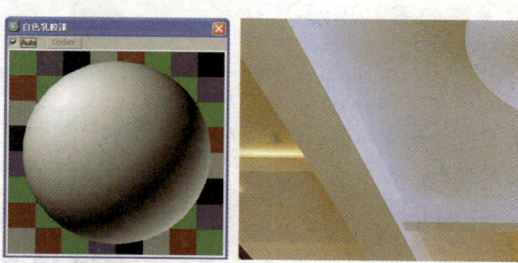

图9-55 材质球完成效果

9.4 场景灯光的设置

本节要点： 本节重点讲解并详细介绍的是清新别墅空间直接光照灯光与间接光照灯光的创建过程，通过学习需要读者掌握直接灯光和辅助灯光的创建方法。

9.4.1 创建直接光照灯光

切换至创建灯光命令面板在下拉菜单中选择Photometric（光度学灯光），然后选择IES Sun（IES太阳光）按钮，然后将视口切换到Top视口，最后将IES Sun（IES太阳光）建立到场景中，如图9-56所示。选择IES Sun（IES 太阳光），调节灯光颜色和灯光亮度，具体参数设置如图9-57所示。测试渲染效果如图9-58所示。

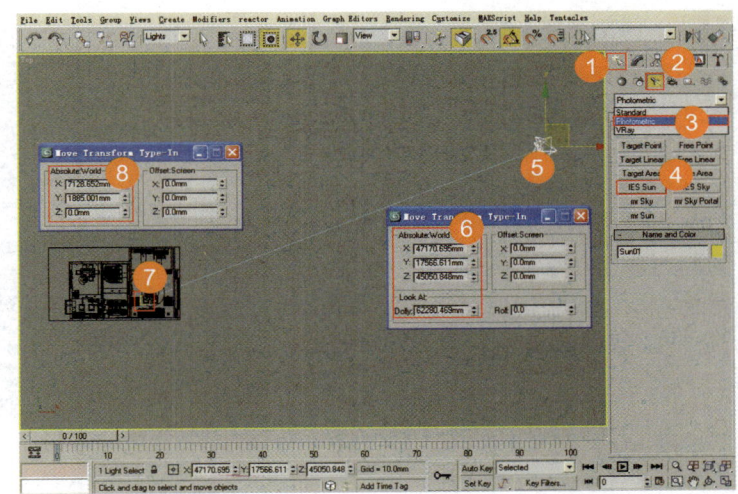

图9-56 太阳光位置

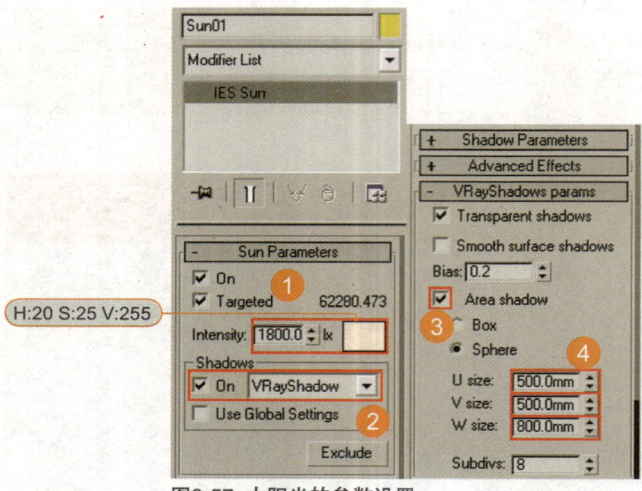

H:20 S:25 V:255

图9-57 太阳光的参数设置

图9-58 测试渲染效果

9.4.2 设置辅助光

步骤1 创建天空光1

　　首先在场景窗口处添加一个VRay辅助光来模拟天光，位置如图9-59所示。这里辅助光的颜色设置为蓝色调，用来模拟天光的颜色，灯光大小同窗口一样大小，然后设置灯光颜色和灯光亮度。因为模拟天光，所以这个辅助光强度要调的高一些，如图9-60所示。

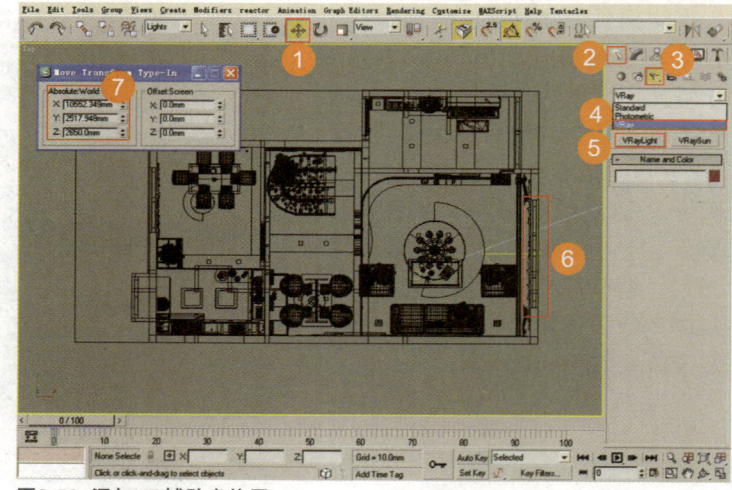

图9-59 添加VR辅助光位置

提示　本场景是预先做好的，所以这里的灯光也不是一次就把位置和亮度设定好的，要经过多次测试后得到较为合适的亮度及位置，这里就不再对灯光的亮度测试了。

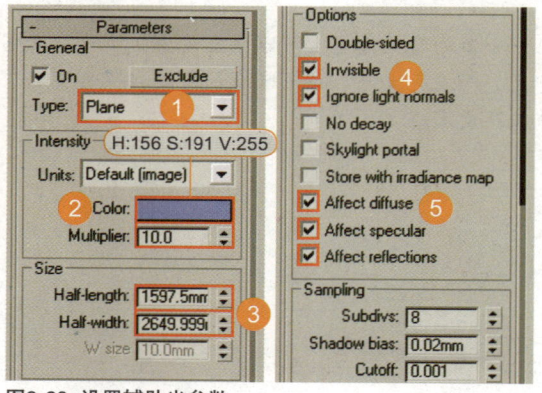

图9-60 设置辅助光参数

步骤 2 创建天空光2

继续添加VRay辅助光来模拟天光，位置如图9-61所示。把辅助光颜色设置成蓝色，并设置亮度值大小，参数如图9-62所示。

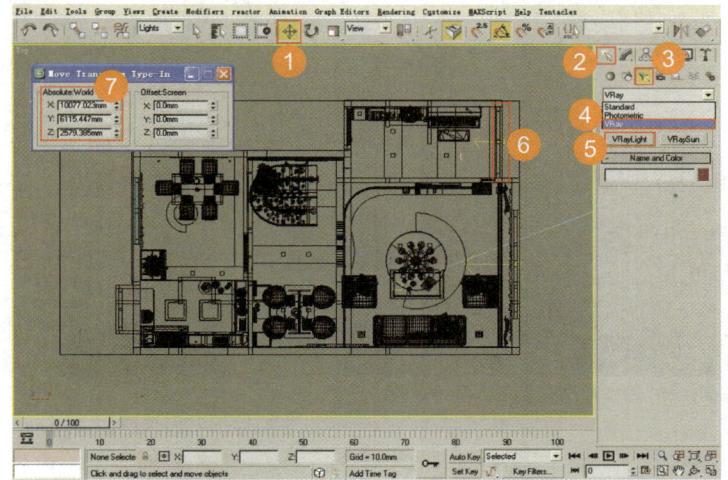

图9-61 再次添加辅助光

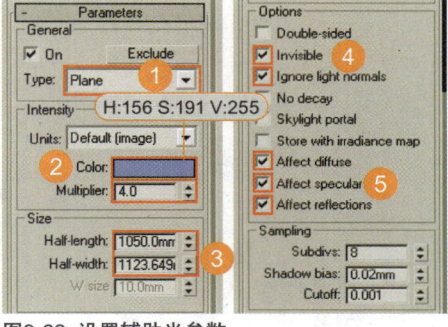

图9-62 设置辅助光参数

步骤 3 创建餐厅和厨房天空光

观察上面渲染完成的图，发现还是有些暗，还要在餐厅和厨房的窗户上面添加辅助光，位置如图9-63所示。设置餐厅和厨房灯光的颜色及亮度值大小，具体参数设置如图9-64所示。

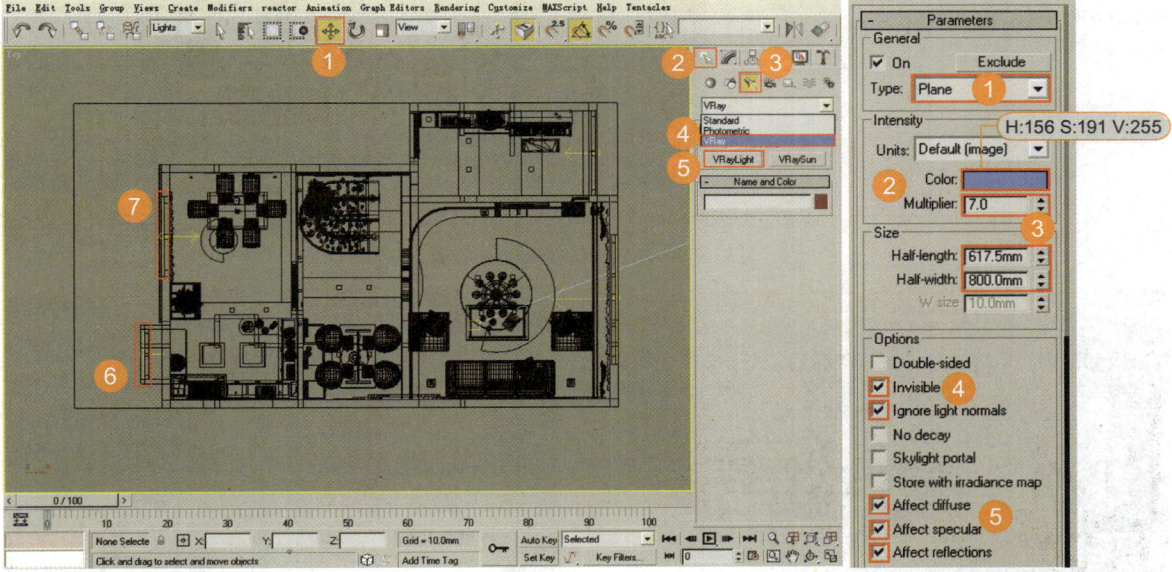

图9-63 再次添加辅助光的位置

图9-64 设置辅助光参数

步骤 4 **测试场景灯光1**

我们对场景进行灯光渲染测试，效果如图9-65所示。

> **提示** 我们看到测试效果整体颜色偏蓝调，不用着急，接下来设置室内的其他灯光。

图9-65 添加辅助光后测试渲染效果

步骤 5 **创建灯带**

下面我们来创建灯带，用VRay灯光来模拟灯带效果。位置如图9-66和9-67所示，然后把顶部灯带辅助光颜色设置成暖色，并设置灯光的亮度值大小，具体参数设置如图9-68所示。

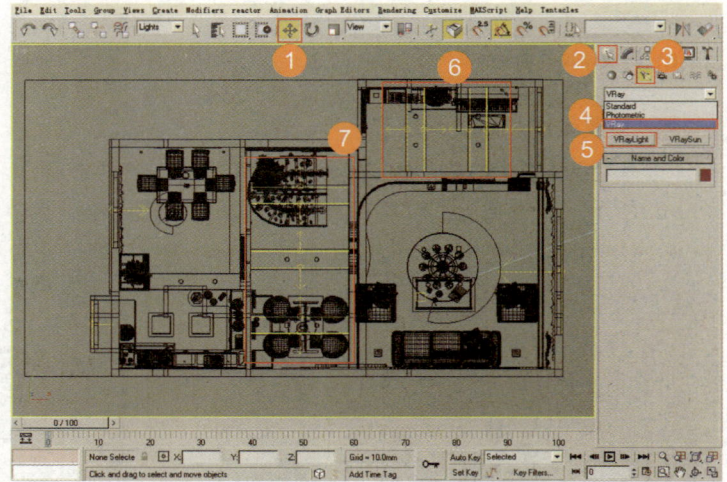

图9-66 Top视口辅助光的位置

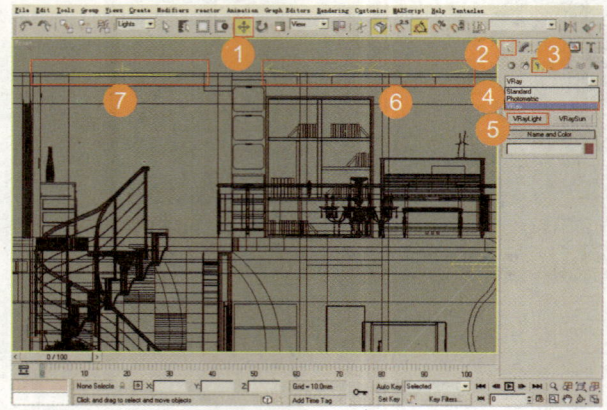

图9-67 Front视口辅助光的位置

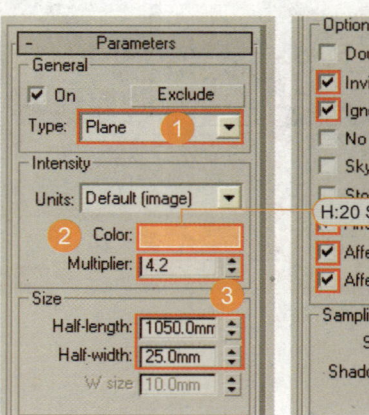
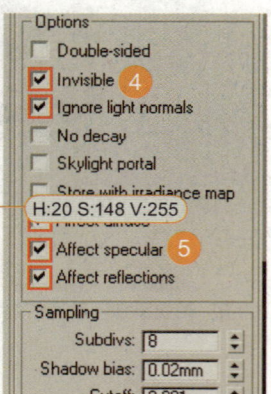

图9-68 辅助光参数

步骤6 创建室内灯光

暖色灯带位置及灯光参数设置完成后创建室内筒灯，我们在大厅的吊灯下加设筒灯，利用自由点光源的光域网来模拟筒灯效果，位置如图9-69和图9-70所示，然后设置筒灯颜色及亮度值参数，具体参数设置如图9-71所示。

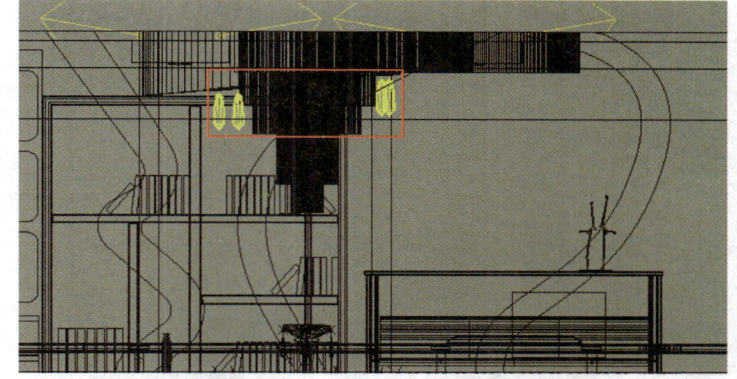

图9-69 Front视口灯光的位置

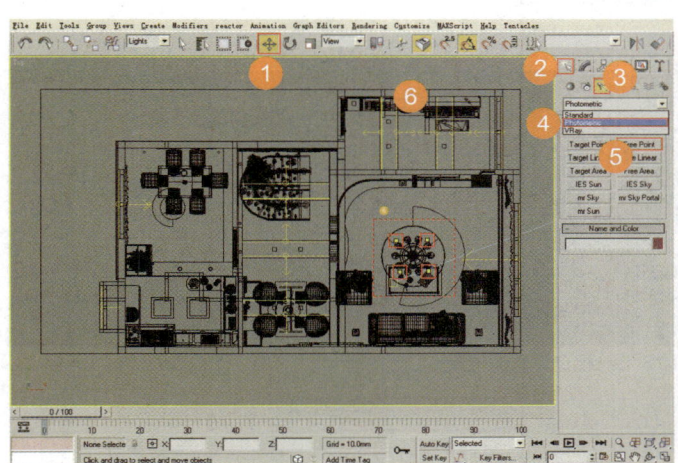

图9-70 Top视口灯光的位置

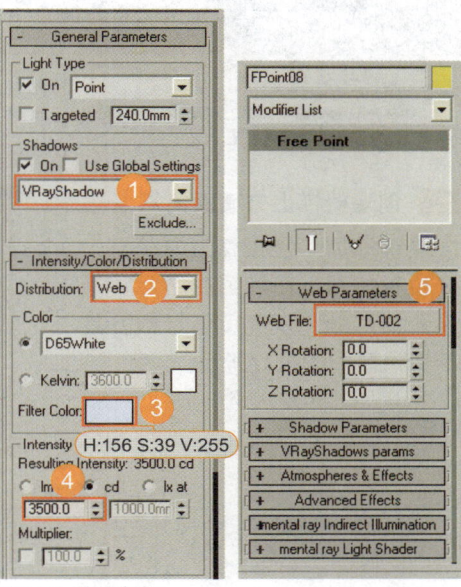

图9-71 筒灯参数

步骤7 创建二楼筒灯

设置大厅筒灯完成后，设置二楼灯带下面的筒灯，位置如图9-72和图9-73所示，最后设置筒灯颜色及亮度值参数，具体参数设置如图9-74所示。

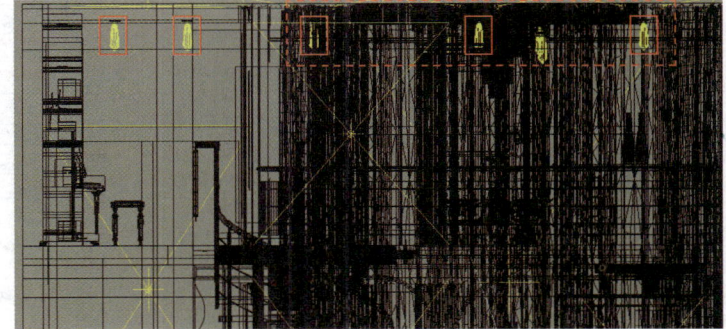

图9-72 Left视口灯光的位置

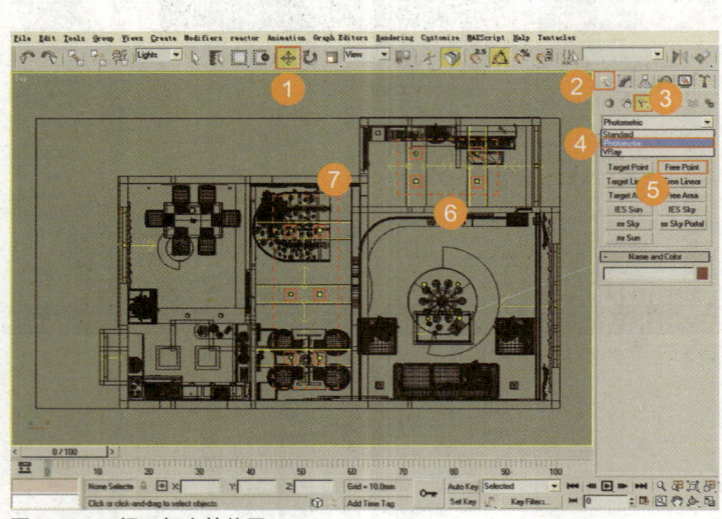

图9-73 Top视口灯光的位置

图9-74 筒灯参数1

步骤 8 创建楼梯上方墙面筒灯

继续添加二楼楼梯上方筒灯，灯光位置如图9-75和9-76所示，最后设置筒灯颜色及亮度值参数，具体参数设置如图9-77所示。

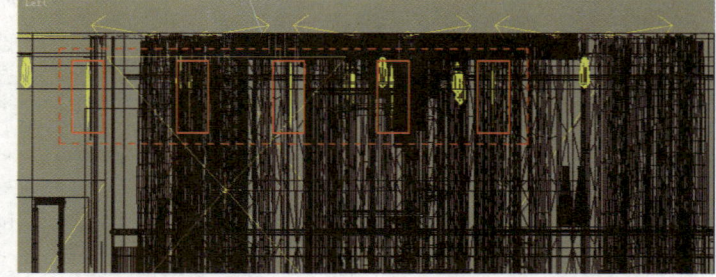

图9-75 Left视口灯光的位置

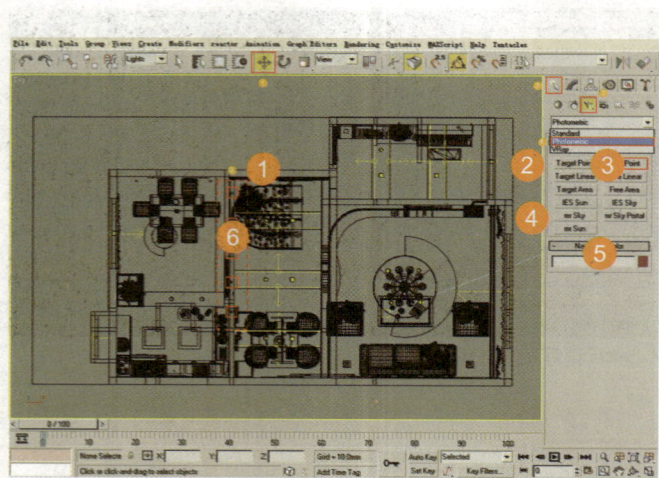

图9-76 Top视口灯光的位置

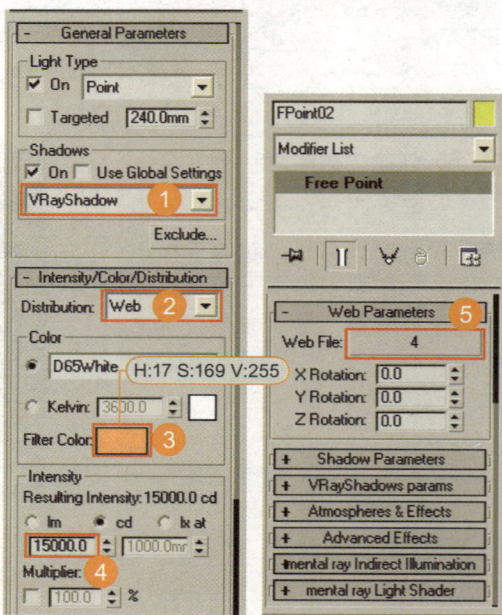

图9-77 筒灯参数2

步骤9 测试场景灯光2

我们对场景进行再测试，测试渲染效果如图9-78所示。

图9-78 测试渲染效果

提示 设置灯光到这里，我们可以看出，二楼正面书柜上面缺少补光，层次感很差，没有眼前一亮的感觉。那我们就在白色书柜上面加暖色补光，让楼上的光感更加丰富起来。

步骤10 创建书柜灯光

根据书柜结构创建书柜灯光，具体位置如图9-79和9-80所示，最后再设置灯光颜色和亮度值大小，具体参数设置如图9-81所示。

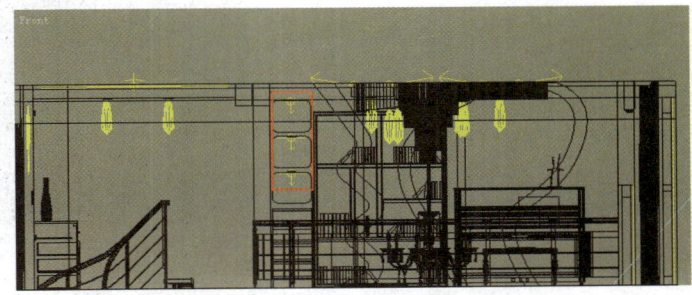

图9-79 Front视口灯光的位置及灯光参数设置

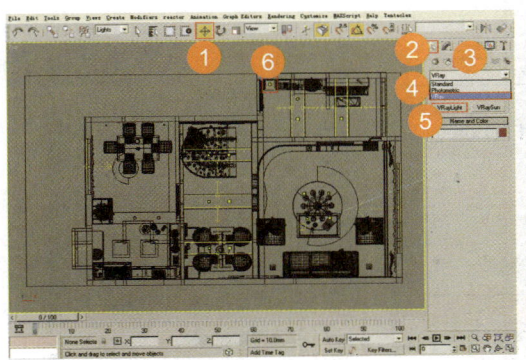

图9-80 Top视口灯光的位置

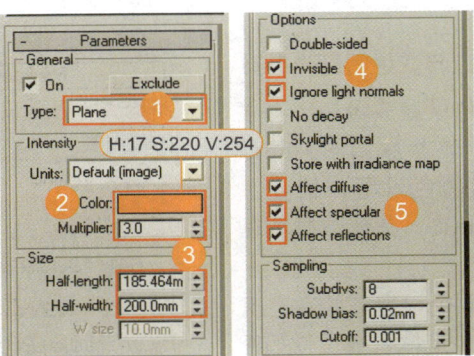

图9-81 辅助光参数

提示 1. 这里也可以使用光域网来模拟，但是为了让白色柜子里体现出灯池的效果，所以用了辅助光，比光域网更容易表现出此效果。

2. 楼上的灯光效果已经完成。目前来看，楼上的灯光效果已经达到了冷暖结合，但楼下的灯光颜色还很单调，我们还得继续为本场景的楼下添加相应灯光。

步骤11 创建门口处及洗手间灯光

我们在进门洗手池的上方加一盏暖色辅助光及一盏暖色光域网，虽然我们看不到洗手池，但是可以看到他所在墙面的一部分。布灯时不要漏过场景的细微之处，方能细节体现品质。灯光位置如图9-82和9-83所示。

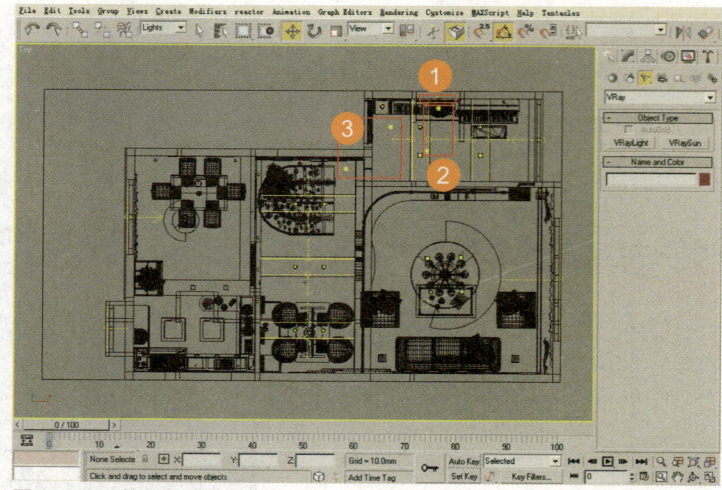

图9-82 Top视口灯光的位置

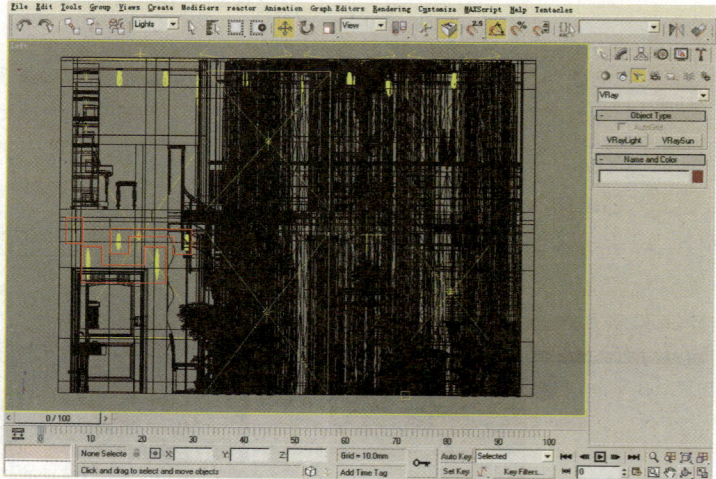

图9-83 Left视口灯光的位置

步骤12 设置门口与洗手间灯光参数

辅助光颜色设置成暖色，亮度设置为3.5，具体参数如图9-84所示。把光域网颜色设置成暖色，亮度设置为20000，具体参数如图9-85所示。

将光域网颜色设置成暖色，亮度设置为3500，具体参数设置如图9-86所示。

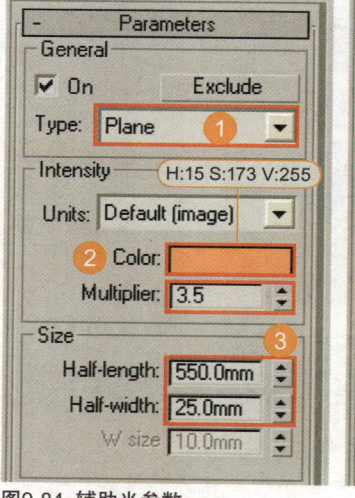

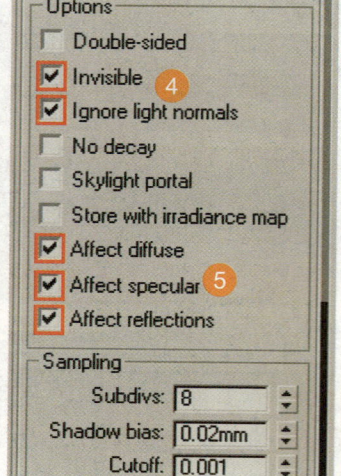

图9-84 辅助光参数

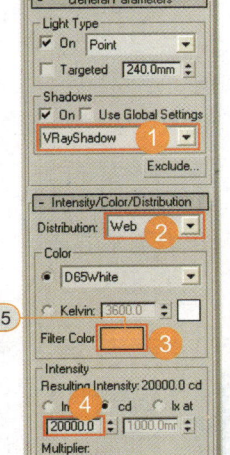
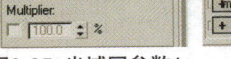

图9-85 光域网参数1

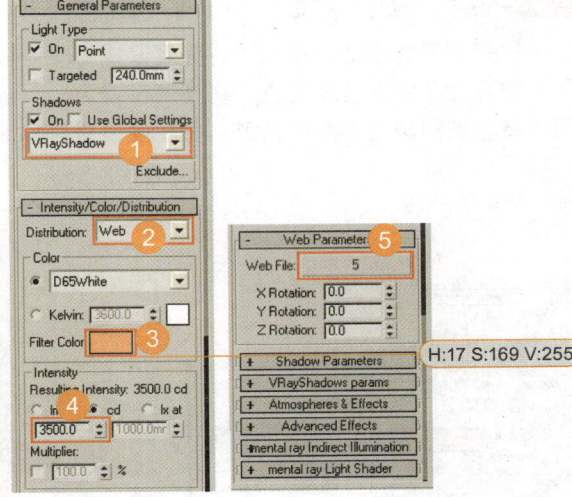

图9-86 光域网参数2

步骤13 **创建其他灯光**

我们来布置二楼支柱下的光
线，让光感看起来更丰富一些，灯
光位置如图9-87和9-88所示。

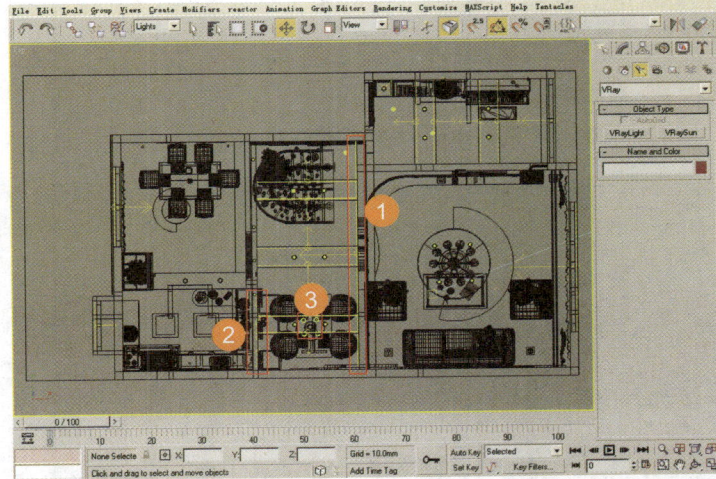

图9-87 Top视口灯光的位置

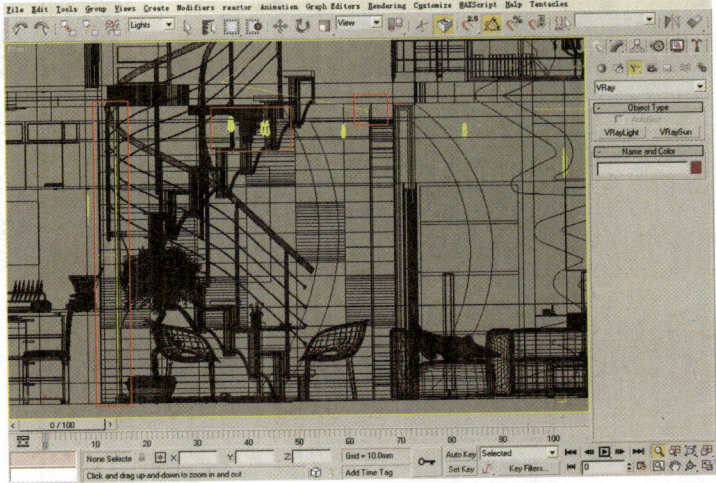

图9-88 Front视口灯光的位置

步骤14 **设置其他灯光参数**

把灯光颜色设置成暖色，将亮度设置为5，具体参数设置如图9-89所示。
把灯光颜色设置成暖色，将亮度设置为4，具体参数设置如图9-90所示。
将光域网颜色设置成暖色，将亮度设置为1500，参数如图9-91所示。

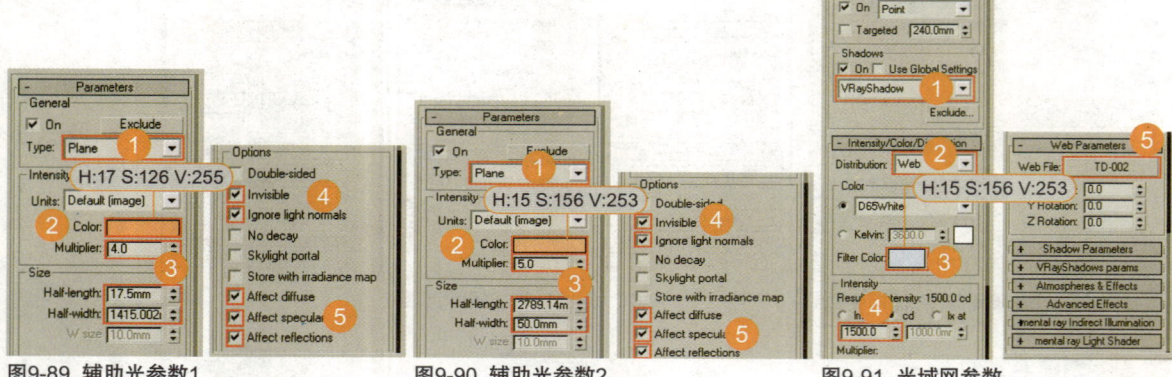

图9-89 辅助光参数1　　图9-90 辅助光参数2　　图9-91 光域网参数

步骤15 **最后测试灯光**

通过添加补光，我们对场景进行再一次渲染测试，最终效果如图9-92、图9-93所示。

图9-92 测试角度1　　　　　图9-93 测试角度2

> **本节小结：** 以上完成了别墅空间的最终渲染，在制作过程中我们不断完善场景的灯光布置，通过练习我们了解了光度学灯光、光域网灯光、VRaylight的参数设置，最后将VRay渲染参数和场景灯光相统一，测试出比较满意的别墅空间效果。

9.5 最终渲染参数的设置

▶ **本节要点：** 本节先重点讲解调整渲染输出的像素，然后我们根据需要，对VRay渲染参数进行最终的渲染设置，最后对欧式客厅场景进行最后渲染输出。

步骤1 重新设置最终渲染尺寸

使用快捷键F10，在弹出的对话框中选择Common选项卡，展开Common Parameters卷展栏，在Output size选项组中将渲染图像设置为2000×1500像素，单击Image Aspect右面的锁定图标，将渲染图像尺寸锁定，具体参数设置如图9-94所示。

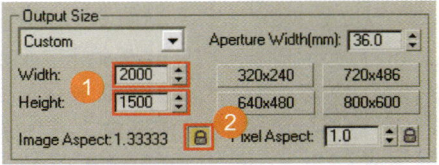

图9-94 测试渲染尺寸

 提示 设置高像素是为了让渲染出来的效果图更大更清晰，但在速度上会很慢。

步骤2 重新设置VRay图像采样参数

展开VRay Image Sampler [Antialiasing]（图像采样）卷展栏，然后在Image Sampler（图像采样）选项组Type（类型）右侧的下拉列表中选择Adaptive rQMC（自适应准蒙特卡罗采样器），并打开Antialiasing Filter（抗锯齿过滤）功能，并在右侧下拉列表中选择Mitchell-Netravali（米切尔精细过滤）抗锯齿方式。最后展开VRay Adaptive rQMC image sampler（自适应细分采样卷展栏），并将Min subdivs（最小细分）设置为1，Max subdivs（最大细分）设置为4，其他保持默认即可，具体参数设置如图9-95所示。

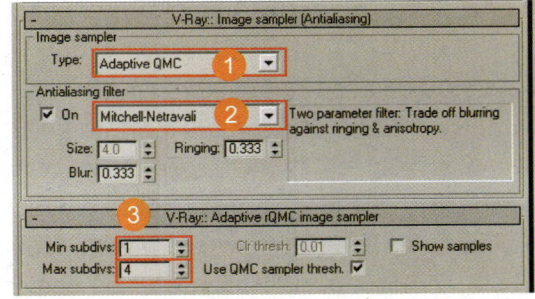

图9-95 设置图像采样参数

 提示 1.因为别墅场景中有很多带有反射模糊的物体，因此这里我们选择Adaptive QMC（自适应准蒙特卡罗采样器）可以提高图像的渲染效率。
2.这里的自适应细分采样参数我们保持默认值，因为这个品质能够满足图像的质量。

步骤3 **重新设置VRay光子贴图参数**

展开VRay Irradiance map（光子贴图）卷展栏，接着在Built-in presets（内置预设）中的Current preset（当前预设置）右侧的下拉列表中选择Custom（自定义），在将Basic parameters（基本参数）内的Min rate（最小比率）设置为-3，Max rate（最大比率）设置为0，然后将HSph.subdivs（半球细分）和Interp.samples（插值采样）参数分别设置为55和35，并勾选Options（属性）参数内的Show calc.phase（显示光能进程）和Show Direct Light（显示直接光照），最后将Advanced options（高级选项）内的Calc.pass interpolation samples（计算传递插补样本）设置为15，具体参数设置如图9-96所示。

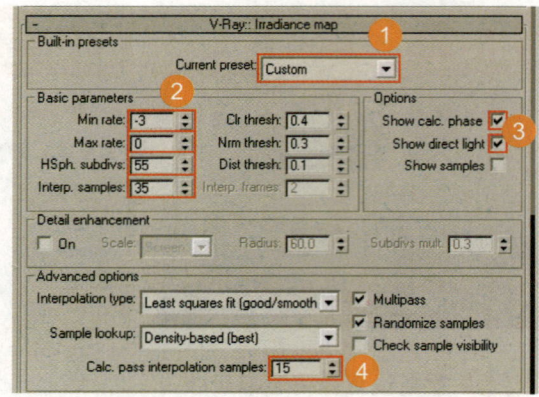

图9-96 设置光子贴图参数

提示 1. 最终渲染时我们选择的是Custom（自定义）模式，可以自由输入光子的细分数值确定光子贴图的品质。

2. 为了得到更好的光子品质我们将Calc.pass interpolation samples（计算传递插补样本）设置为15，默认数值为10。

步骤4 **重新设置VRay灯光缓存贴图参数**

展开VRay Light cache（灯光缓存）卷展栏，在Calculation parameters（计算参数）中将Subdivs（细分）设置为1200，将Scale（比例方式）设置为Screen（屏幕），将Number of passes（通过量）设置为4，再分别勾选Store direct light（存储直接光照）和Show calc phase（显示光能进程）复选框，然后将Reconstruction parameters（优化参数）内的Intep.samples（插值样本）参数设置为15，具体设置如图9-97所示。

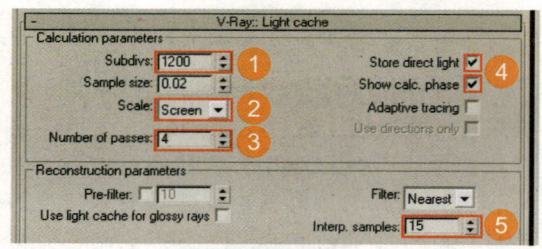

图9-97 设置VRay灯光缓存贴图参数

步骤5 **重新设置VRay环境贴图参数**

展开VRay Environment（环境贴图）卷展栏，并在Reflection/refraction environment override（反射/折射照明环境）选项组中开启照明环境，并将反射和折射照明环境的颜色均设置为H:0，S:0，V:255，并将其Multiplier大小值设置为3.5，具体参数设置如图9-98所示。

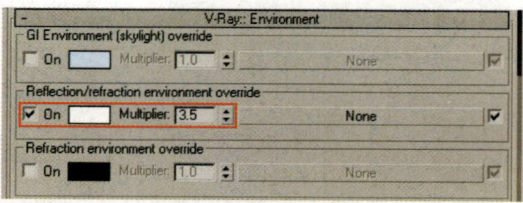

图9-98 设置VRay环境贴图参数

提示 前面我们在场景窗口中创建了辅助灯光，为了快速渲染图像，我们将天光选项关闭。

步骤 6　重新设置VRay准蒙特卡罗采样参数

展开VRay rQMC sampler（准蒙特卡罗采样）卷展栏，将Adaptive amount（自适应数量）设置为0.85，将Noise threshold（噪波阈值）设置为0.001，Min samples（最小采样值）设置为15，最后将Global subdivs multiplier（全局细分倍增）值设置为1，完成准蒙特卡罗采样参数的设置，具体参数设置如图9-99所示。

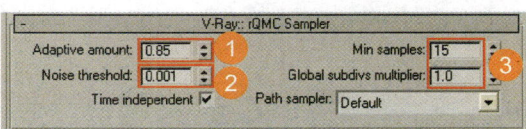

图9-99　设置VRay准蒙特卡罗采样参数

步骤 7　最终渲染

以上参数调节完成后，经过几个小时的渲染，最后的效果如图9-100所示。

图9-100　最终渲染效果

提示 1. 我们观察最终渲染图像的整体基调偏冷，需要到后期处理中平衡图像的冷暖关系。
2. 通过对渲染图像的分析，为了方便后期处理，需要我们为别墅场景渲染单色图像。

步骤 8　根据渲染图像渲染单色场景

因为前面的章节已经介绍了渲染单色场景的具体步骤，因此这里就不重叙了，希望大家可以运用我们前面学到的知识创建这个场景的单色图，渲染的单色图效果如图9-101所示。

图9-101　单色场景

▶ **本节小结**：以上完成了对清新别墅空间其中一个角度的渲染，希望读者通过学习掌握渲染场景的调节流程，运用所学知识试着渲染场景中的其他角度，看一看自己收获到了哪些知识。

9.6 后期处理渲染完成的图像

▶ **本节要点**：本节重点讲解的是，在Adobe Photoshop CS3后期处理软件里的运用色彩平衡、亮度与对比度、单色图像、匹配颜色、曲线、照片滤镜、智能锐化等修改命令调节渲染输出图像，丰富我们渲染的图像。

步骤 1 **打开渲染图像**

先在Photoshop里打开配套光盘"scenes\第九章\第九章后期文件\清新别墅空间.tga"文件，如图9-102所示。认真观察一下渲染出来的效果图，感觉有些发蓝、发灰，可以通过调整图的亮度、对比度和色彩平衡修改这些问题。

图9-102 在Photoshop中打开渲染效果图

步骤 2 **调节图像的色彩平衡**

首先复制一下原图层，然后按快捷键Ctr+B，打开"色彩平衡"对话框，调整其参数，如图9-103所示。

图9-103 使用色彩平衡调整图像整体色调

步骤3 调节图像的亮度/对比度

复制图层，执行"图像>调整>亮度/对比度"命令，调整图像的对比度，使图像看起不发灰，具体参数设置如图9-104所示。

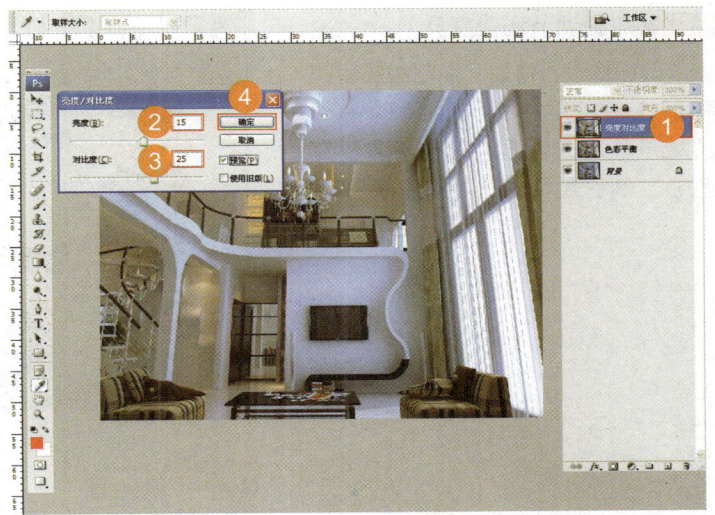

图9-104 调整图像的亮度与对比度

步骤4 调节完成

当亮度、对比度和色彩平衡调节完成后，效果如图9-105所示。对此图进行分析，感到沙发和茶几台面偏红，不是十分搭配，需要加深沙发和茶几台面的颜色。

图9-105 调整完图像亮度、对比度和色彩平衡后的效果

步骤5 将单色图像匹配到渲染图像

先在Photoshop里打开配套光盘"scenes\第九章\第九章后期文件\清新别墅空间单色.tga"文件，然后在工具箱中选择移动工具，将单色图像拖拽到渲染图像窗口中，并按下Shift键，然后释放鼠标左键，完成单色图像到渲染图像的匹配，最后单击单色图层前面的小眼睛图标，将单色图层关闭，并重命名为"单色图层"，如图9-106所示。

将单色图像拖拽到渲染图像窗口中

图9-106 匹配单色图像到渲染图像

步骤6 **单独调节场景家具**

对图像进行修改，复制图层后，我们在单色层中把要调整的家具区域单独用选区框选出来，调整其色彩，选区位置如图9-107所示。

图9-107 选区位置

得到选区后，选择最原始图层，也就是背景图层，按快捷键Ctrl+J复制其选区部分，再将得到的选区部分移动到图层的最顶端，调整其亮度和对比度，并调整到合适的位置即可，具体参数设置如图9-108所示。

图9-108 选区调整亮度和对比度

步骤7 **为图像添加亮度及颜色强度**

观察效果图，发现还是稍显暗了一些，执行"图像>调整>匹配颜色"命令，调整图像的亮度和饱和度，如图9-109所示。

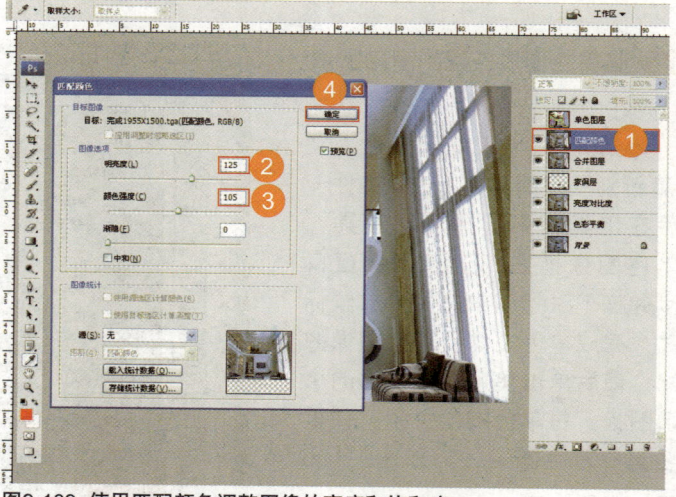

图9-109 使用匹配颜色调整图像的亮度和饱和度

步骤8 **为图像添加柔光效果**

调整完成后，图像层次感有点差，我们再复制图层，按Ctrl+M，利用曲线命令调整，把本层的属性调成（柔光），把透明度设置为60%。这样图像的光感和层次感都有了，具体参数设置如图9-110所示。

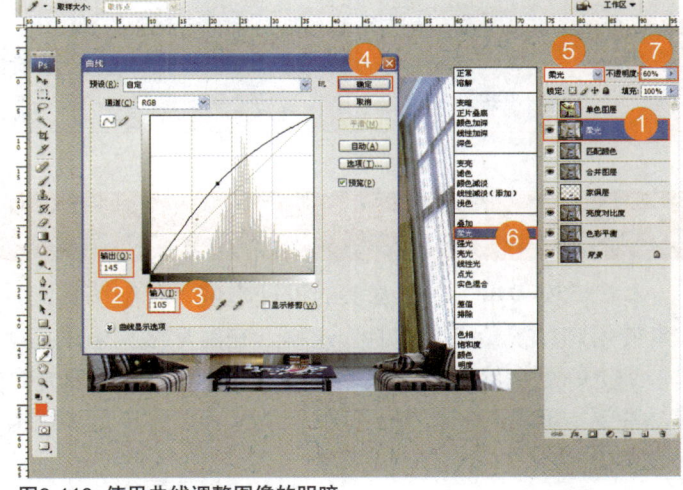

图9-110 使用曲线调整图像的明暗

步骤9 **全部合成后，锐化图像**

最后选择"滤镜>锐化>智能锐化"命令，为了让图像更加清晰透彻，具体参数设置如图9-111所示。

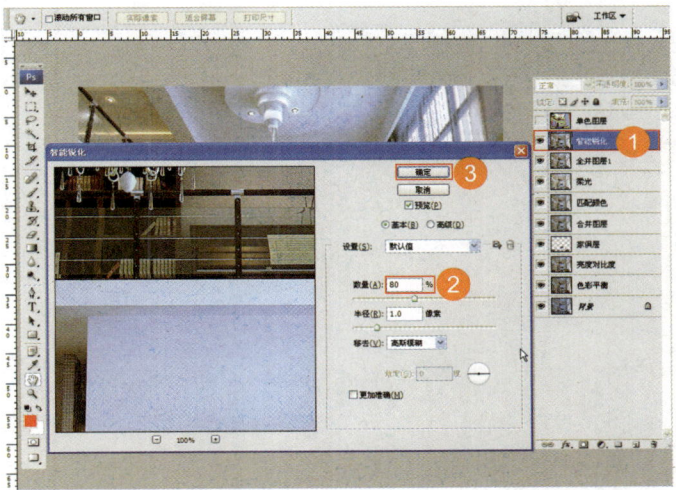

图9-111 智能锐化参数设置

步骤10 **锐化完成后的效果**

本章到此为止，该场景的后期处理工作就完成了，最后的场景效果如图9-112所示。

图9-112 最终效果

▶ **本节小结：**写到这里，别墅空间的后期制作已经全部完成了，在学习过程中需要读者把握图像的色彩关系，在制作中我们运用了智能锐化工具使图像中的物体很清晰，最后读者可以运用所学知识后期处理另一个角度的渲染图像，从而提高后期制作水平。

9.7　本章小结

　　本章案例采用了一个真实的设计案例，模型场景比较大，角度要求多，为了节约篇幅，作者使用客厅视角来介绍制作过程，在客厅结构上采用落地窗适当引入自然光线，可以为空间带来更好更自然的舒适感，希望读者体会制作过程中的要点，从而掌握别墅空间的创造流程，希望本案例的制作方法能够帮助读者创作出更多优秀方案。

第 10 章
书房空间

本章要点：

　　本章重点讲解，在准备好的书房空间案例中，根据前面所学方案图的制作流程，运用VRay高级渲染器及VRay高级材质，创建书房空间常用质感纹理，并复习VRay四种全局照明引擎中的直接光照Irradiance Map（发光贴图）渲染引擎与间接光照Light Cache（灯光缓存）渲染引擎的结合运用，以及在创建应用时应该注意的相关问题。

重点内容： 1. 场景光线的设定

　　　　　　2. 书房材质的调节

　　　　　　3. 发光贴图渲染引擎和灯光缓存渲染引擎的设置

　　　　　　4. 后期调整

10.1 书房空间渲染之前的准备工作

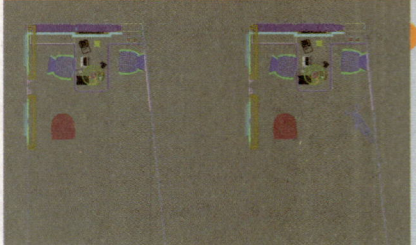

> **本节要点：** 本节重点通过书房空间场景，复习在3ds Max中场景模型渲染前的主要设置步骤及参数调节，如渲染前场景玻璃、视图的调节、环境背景、场景初步灯光等相关设置。

10.1.1 模型渲染之前的准备工作1

> **主要步骤** 首先打开创建好的实例模型，然后检查模型的单位设置，调节窗户的玻璃材质，最后添加摄影机。

步骤1 **将创建好的3ds Max实例模型文件打开**

执行菜单栏中的File（文件）> open（打开）命令，然后选择配套光盘 "scenes\第十章\第十章max文件\第十章书房空间未完成.max" 文件，最后单击 "打开" 按钮将文件打开，如图10-1所示。

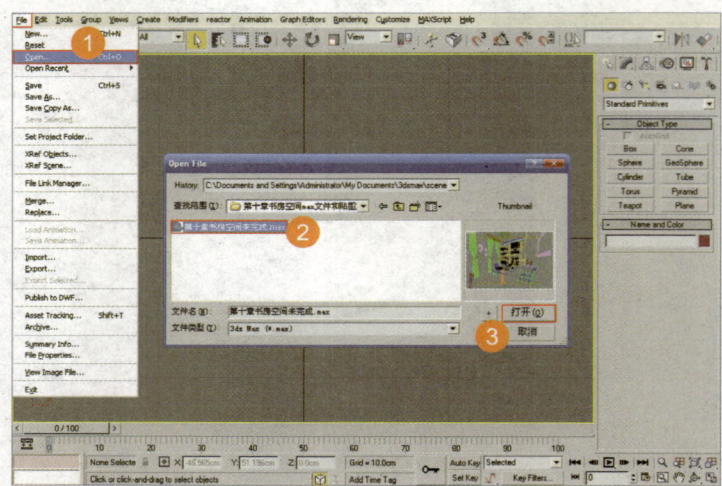

图10-1 打开需要的3ds Max文件

步骤2 **渲染模型前的其他设置**

检查模型单位尺寸，如图10-2所示，在场景中选择窗户玻璃物体，如图10-3所示，然后将窗玻璃材质指定给窗玻璃物体，如图10-4所示。

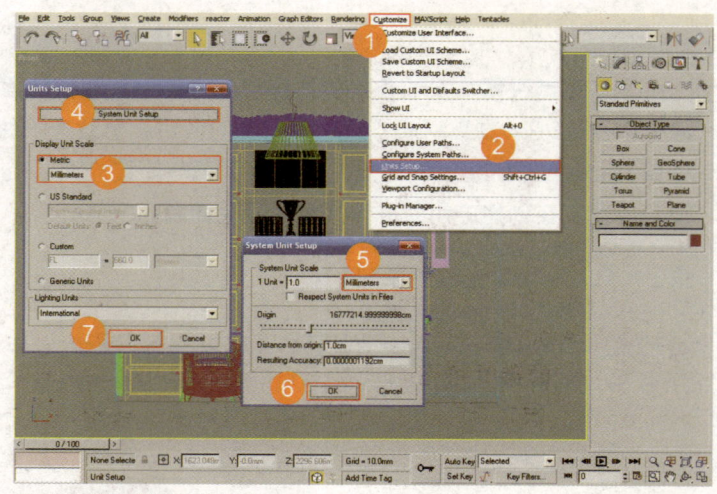

图10-2 检查模型单位尺寸

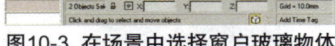

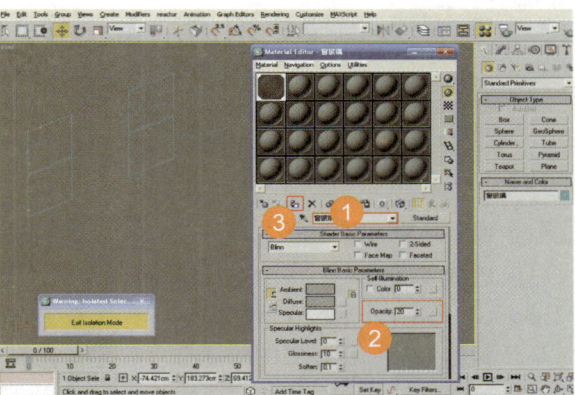

图10-3 在场景中选择窗户玻璃物体　　　　　　图10-4 将窗玻璃材质指定给窗玻璃物体

步骤3 **给场景添加摄影机**

切换至创建命令面板 的摄影机层级面板，选择Standard（标准）单击Target（目标）按钮，然后切换至Top视口，将摄影机建立到场景中，如图10-5所示。调节摄影机的相关参数，如图10-6所示，调节好的模型视口如图10-7所示。

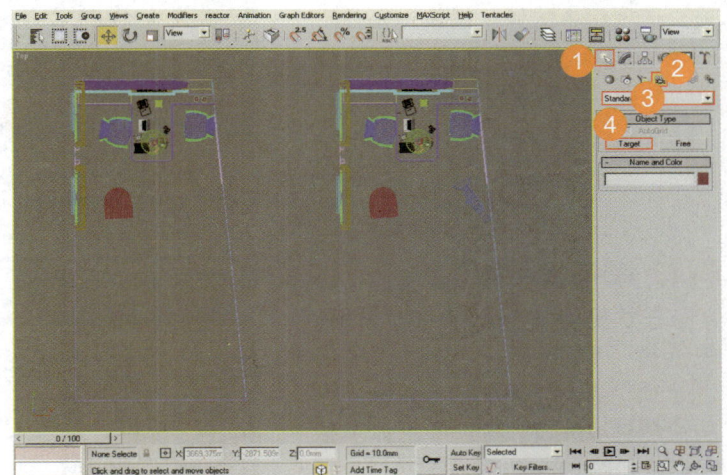

图10-5 建立摄影机

图10-6 调节摄影机的视口位置

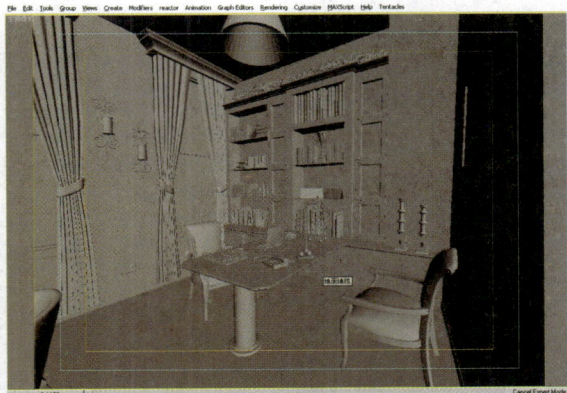

图10-7 调节好的模型视口

10.1.2　模型渲染之前的准备工作2

首先在模型窗口处创建VRayLight（VRay灯光），然后根据布光的环境创建辅助灯光，最后完成实例模型的布光设置。

步骤 1 设置环境背景颜色

执行菜单栏中的Rendering
（渲染）>Environment and Effects
（环境和效果），在弹出的对话框
中单击Common Parameters（系统
参数）卷展栏中Background（背
景）选项组中的颜色按钮，在弹出
的色彩面板上调节环境背景的颜
色，如图10-8所示。

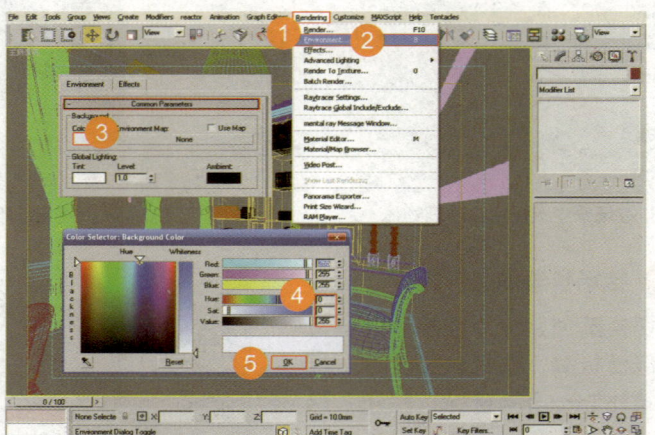

图10-8　设置环境背景颜色

步骤 2 选择窗玻璃物体

按快捷键H，在弹出的对话框
中选择"窗玻璃"，然后在单击
"选择"按钮 Select 完成选择，再
按快捷键Alt＋Q，将选择物体单独
显示，如图10-9所示。

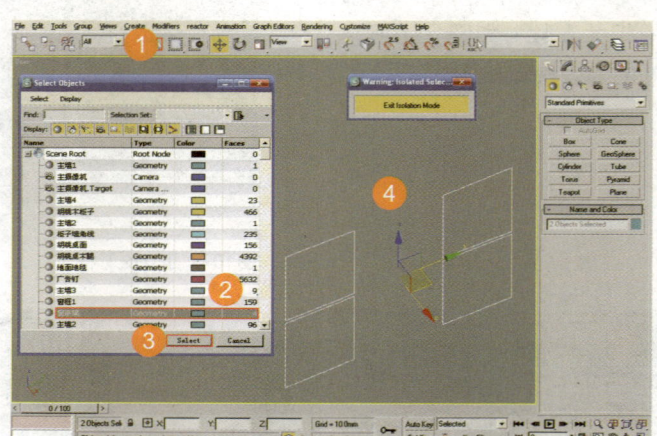

图10-9　选择窗玻璃物体

步骤 3 创建书房漫射光照灯光

切换至创建命令面板 的灯
光层级面板 选择Standard（标
准），在下拉列表中选择VRay灯
光，然后选择VRayLight（VRay灯
光）按钮，按快捷键V，分别切换
至Top视口、Back视口和Right视
口，并在相应的视口中按照玻璃的
位置分别创建间接光照，如图10-10
所示。

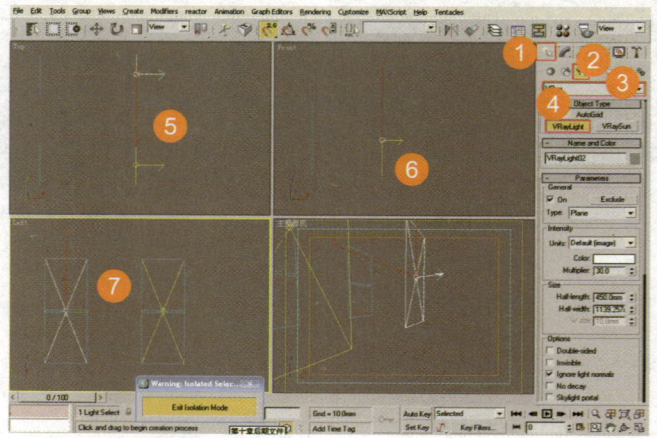

图10-10　创建书房漫射光照灯光

步骤4 **调整刚创建的漫射灯光**

切换到Top视口，分别选择VRayLight01灯光和VRay Light02灯光，然后在工具面板中选择移动工具，在Top视口中将VRayLight01和VRayLight02灯光调整到相应位置，并分别命名，最后调节漫射光线的具体参数，如图10-11所示。

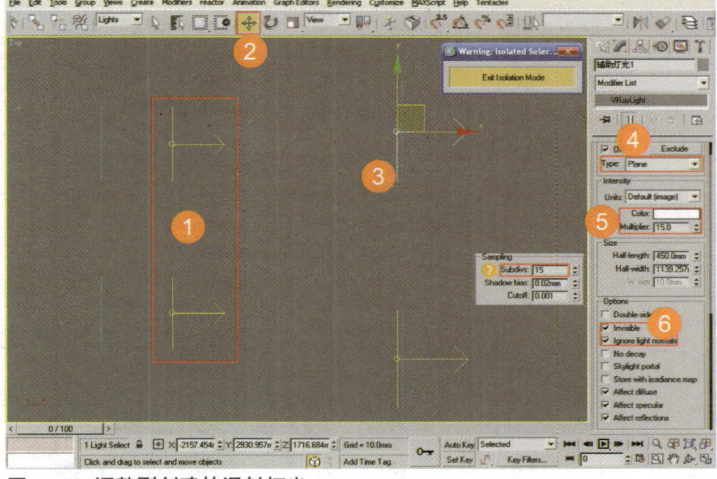

图10-11 调整刚创建的漫射灯光

步骤5 **创建吊灯并设置灯光属性**

同步骤2，单独显示吊灯罩物体，切换到Top视口，在相应的位置创建吊顶灯光，然后在灯光的修改面板中设置Type（类型）为Sphere（球形），设置灯的Radius（半径）为35mm，设置Color（灯光颜色）为H:25，S:40，V:255，设置Multiplier为500，并且在Options（属性）里勾选Invisible（不可见）和Ignore light normals（忽略灯光法线）复选框，最后在Sampling（采样）选项组中设置Subdivs（细分）参数，完成吊灯灯光参数的设置，如图10-12所示。

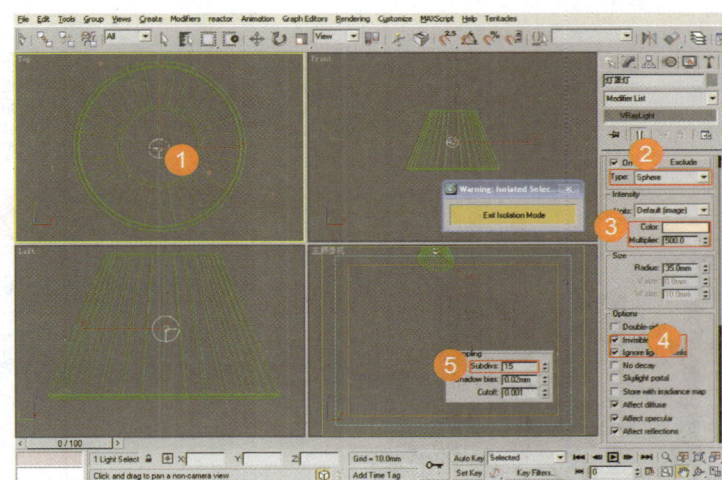

图10-12 创建吊灯灯光并设置灯光属性

提示
1. 书房场景的光线是模拟现实生活中漫射光线下的效果，所以没有设置直接光照。
2. 大家在今后室内灯光的设置中，应遵循模型结构进行灯光的设置。

步骤6 **切换渲染器**

先在工具面板上单击按钮 或按快捷键F10，在弹出的对话框中展开Assign Renderer（指定渲染器）卷展栏，单击Production右侧的对话框按钮，在弹出的对话框中选择V-Ray Adv 1.5RC5渲染器，最后单击对话框中的OK按钮，完成渲染器的切换，如图10-13所示。

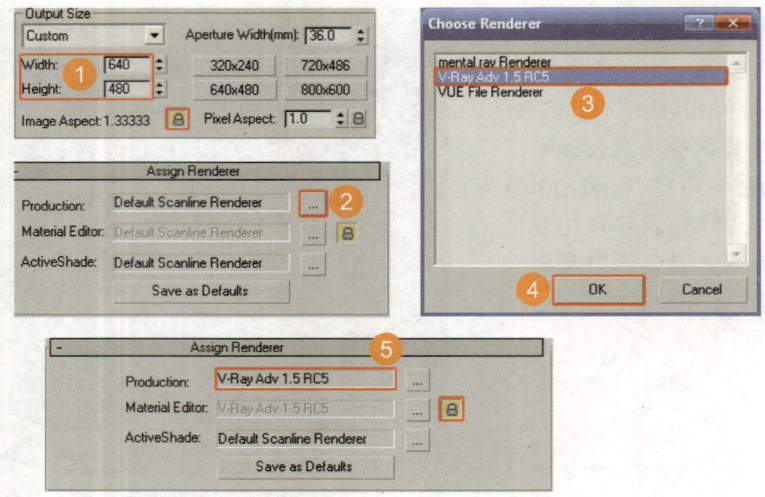

图10-13 切换渲染器

> **本节小结：** 以上复习了模型场景渲染前的准备工作，本节主要讲述了模型环境背景的设置和场景漫射光线的设置，希望读者通过练习理解并掌握。

10.2 调节场景主要材质

> **本节要点：** 本节重点讲解的是，如何使用Vray标准材质并配合Bump通道、Reflection参数、Diffuse通道和Refraction参数，调节书房场景中常用材质。

步骤 1 设置VRay通用参数

切换到VRay渲染选项卡，展开VRay Global switches通用参数卷展栏，然后取消勾选Default lights（默认灯光）复选框，最后在Materials（材质）选项组中勾选Reflection/refraction（反射/折射）、Maps（贴图）和Glossy effects（高光效果）复选框，完成参数的设置，如图10-14所示。

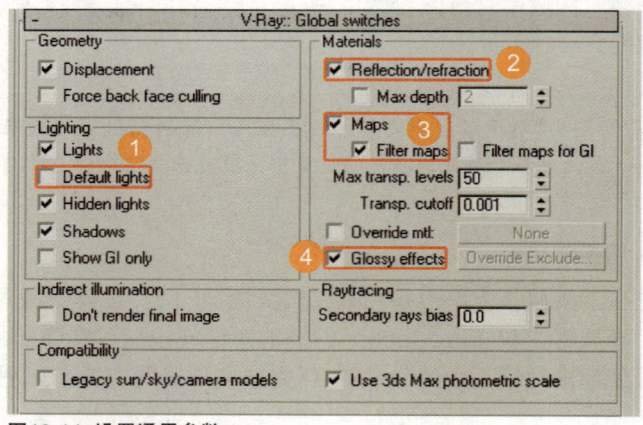

图10-14 设置通用参数

步骤 2 将标准材质转换为VRay标准材质

先切换为Top视口，然后中单击鼠标右键，在弹出的菜单中选择VRay scene converter（转换VRay场景）选项，在弹出的对话框中单击"是"按钮，最后在材质编辑器中看到标准材质都变成了VRay标准材质，如图10-15所示。

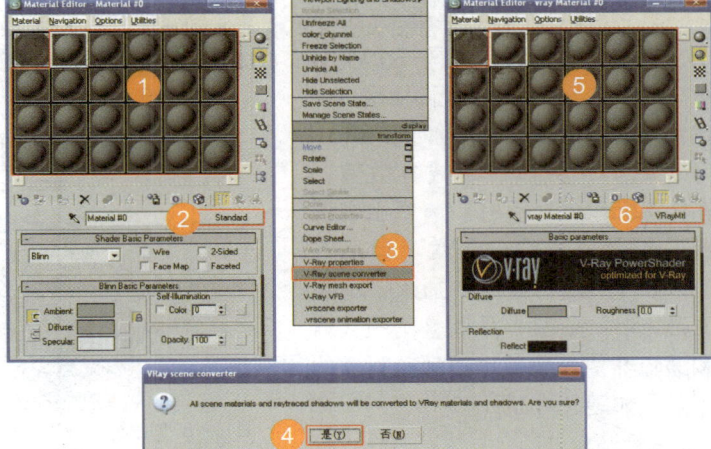

图10-15 转换为VRay标准材质

步骤 3 创建主墙材质

在材质编辑器中选择一个VRay默认材质球，命名为"主墙"，然后在Diffuse漫反射选项组中设置颜色，在Reflection选项组中调整相关参数，并在Options（属性）选项组中取消Trace reflections复选框，如图10-16所示，最后将材质模式设置为Ward模式。

> **提示** 书房场景的顶面材质、窗帘盒材质和窗户下面墙体材质的调节方法与主墙材质相似，只是颜色略有不同，具体调节请参照完成模型中的材质。

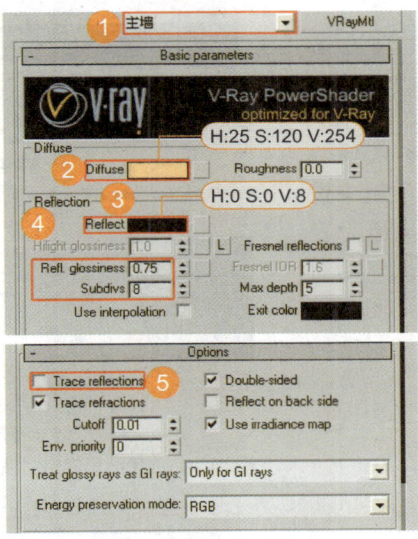

图10-16 创建主墙材质

步骤 4 创建椅子布料材质

在材质编辑器中选择一个VRay默认材质球，命名为"椅子布料"，然后在Diffuse通道中加入"椅子布料.jpg"贴图，并调整贴图数值，在Reflection（反射）选项组中设置各参数数值与细分参数，最后在Bump（凹凸）通道中加入"椅子布料凹凸.jpg"贴图，并调整贴图数值和通道数值，完成椅子布料材质的创建，如图10-17所示。

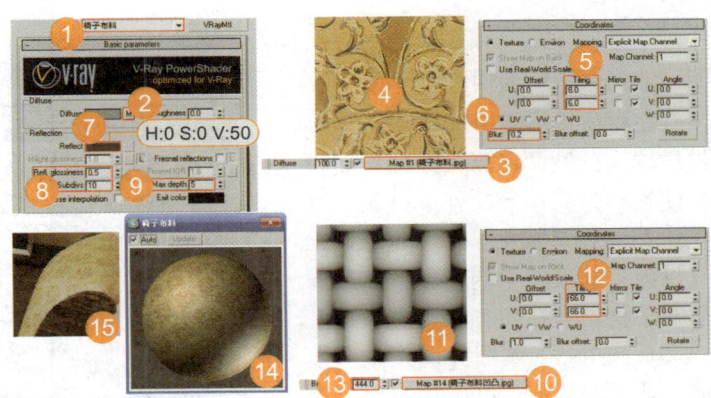

图10-17 创建椅子布料材质

步骤 5 **创建地面地毯材质**

在材质编辑器中选择一个VRay默认材质球，命名为"地面地毯"，然后在Diffuse通道中加入Falloff（衰减），并调节衰减参数值，在Reflection（反射）选项组中设置各参数值与细分参数，最后在Bump（凹凸）通道中加入"地毯凹凸.jpg"贴图，并调整贴图数值和通道数值，完成地面地毯材质的创建，如图10-18所示。

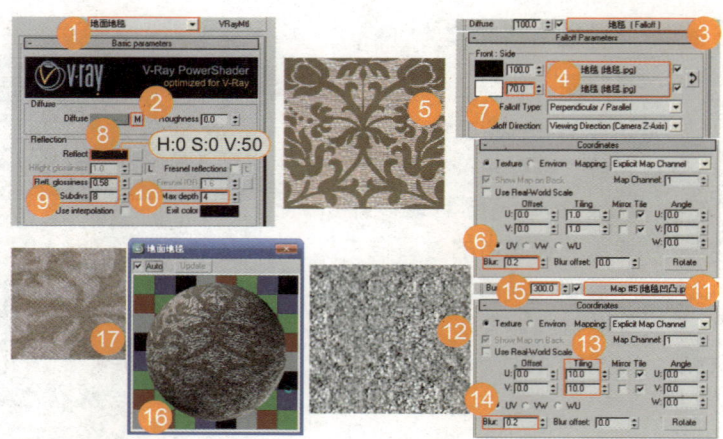

图10-18 创建地面地毯材质

步骤 6 **创建窗帘材质**

在材质编辑器中选择一个VRay默认材质球，命名为"纱质窗帘"，然后在Refract通道中加入Falloff（衰减），并调节衰减参数值，在Refraction（折射）选项组中设置各参数值与细分参数，最后在Bump（凹凸）通道中加入"窗帘凹凸.jpg"贴图，并调整贴图参数值和通道参数值，完成窗帘材质的创建，如图10-19所示。

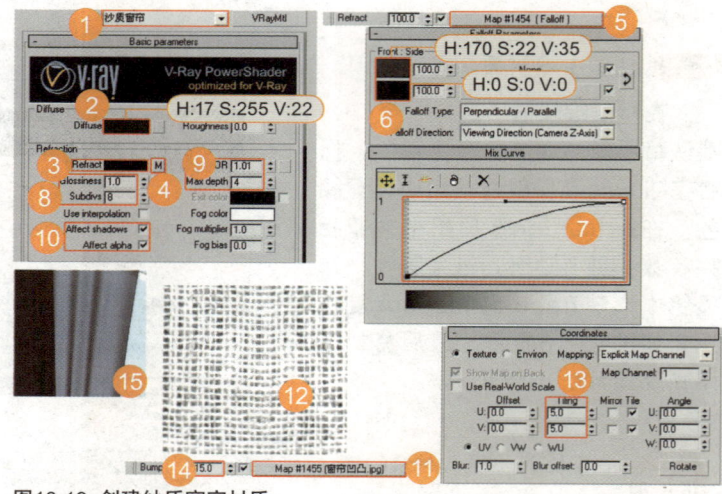

图10-19 创建纱质窗帘材质

提示
1. 调节衰减曲线可以控制窗帘的通透效果。
2. IOR（折射率）参数控制窗帘的折射效果，因为现实中的纱质折射率很低，因此我们这里降低为1.01。
3. 勾选Affect shadows和Affect alpha选项，保证漫射光线穿过窗帘后产生正确的阴影。

步骤 7 **创建文件夹和便签材质**

在材质编辑器中选择VRay默认材质球，分别命名为"文件夹"和"便签"。先调节文件夹材质，调整Diffuse（漫反射）和 Reflection（反射）选项组中的参数，然后调节便签材质，在Diffuse通道中加入"文件夹.jpg"贴图并调整贴图数值，最后调节Reflection（反射）参数，如图10-22所示。

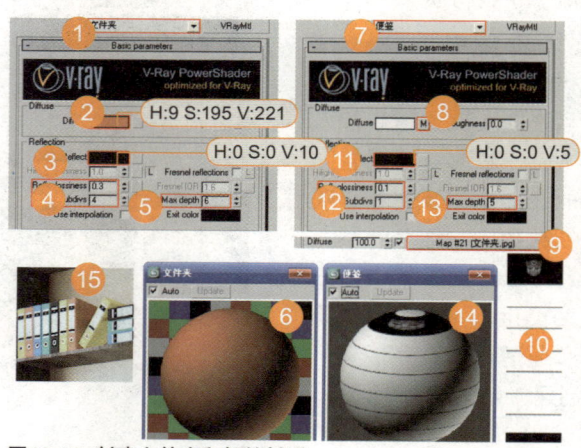

图10-20 创建文件夹和便签材质

步骤8 创建高亮金属材质

在材质编辑器中选择一个VRay默认材质球，命名为"高亮金属"，调节Diffuse（漫反射）参数，然后在Reflect通道中加入Falloff（衰减）并调节衰减数值，最后在Reflection（反射选项组）中设置各参数值与细分参数，完成高亮金属材质的创建，如图10-21所示。

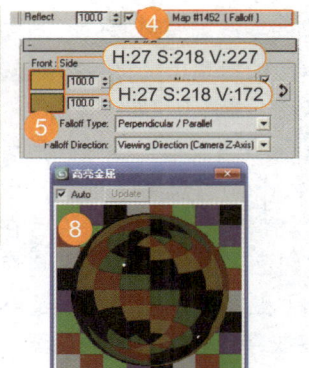

图10-21 创建高亮金属材质

步骤9 创建亚光金属材质

在材质编辑器中选择一个VRay默认材质球，命名为"亚光金属"，调节Diffuse（漫反射）参数，然后调节Reflection（反射选项组）中的参数值与细分参数，最后完成亚光金属材质的创建，如图10-22所示。

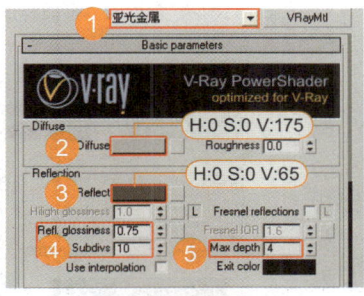

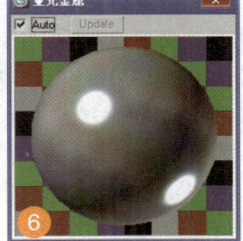

图10-22 创建亚光金属材质

提示
1. 这里讲解的是一种有色金属的调节方法，在工作中经常会用到，希望大家掌握。
2. 一般金属的渲染比较慢，因此在这里将Max depth参数值调节为"4"。

步骤10 创建铸铁金属材质

在材质编辑器中选择一个VRay默认材质球，命名为"铸铁金属"，调节Diffuse（漫反射）参数，然后调节Reflection（反射选项组）中的参数值及细分参数，最后在Bump（凹凸）通道中加入"金属.jpg"贴图，并调整凹凸通道参数值，完成铸铁金属材质的创建，如图10-23所示。

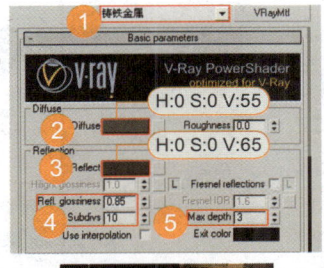

图10-23 创建铸铁金属材质

步骤11 创建磨砂金属材质

在材质编辑器中选择一个VRay默认材质球，命名为"磨砂金属"，调节Diffuse（漫反射）参数，然后调节Reflection（反射选项组）中的各参数值与细分参数，最后在Bump（凹凸）通道中加入"金属凹凸.jpg"贴图并调整凹凸通道参数值，完成磨砂金属材质的创建，如图10-24所示。

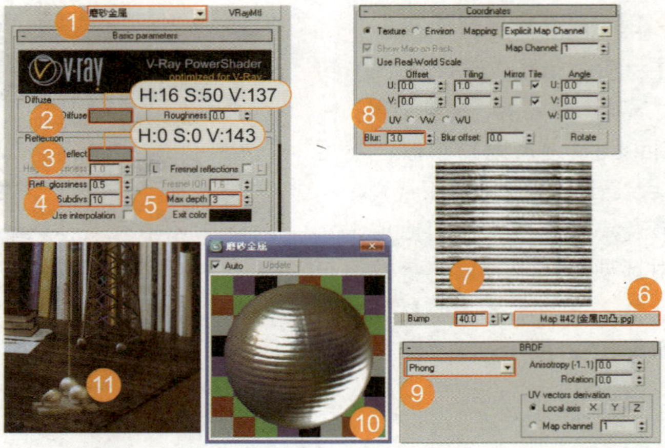

图10-24 创建磨砂金属材质

步骤12 创建黑胡桃材质

在材质编辑器中选择一个VRay默认材质球，命名为"黑胡桃"，分别在Diffuse通道和Reflect通道中加入"深木2.jpg"贴图，并调节相应参数，然后调节Reflection（反射选项组）中各参数值与细分参数，最后在Bump（凹凸）通道中加入"黑胡桃2凹凸.jpg"贴图，并调整凹凸通道数值，完成黑胡桃材质的创建，如图10-25所示。

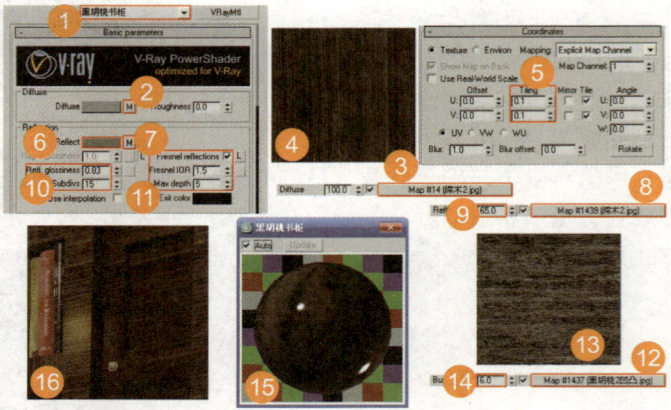

图10-25 创建黑胡桃材质

> **提示** 亚光木质需要加反射模糊，但是渲染的时间长，在这里给大家介绍了一种渲染时间短且效果不错的方法，场景中还有相应的材质，大家可以试一试。

步骤13 创建电话塑料材质

在材质编辑器中选择一个VRay默认材质球，命名为"电话塑料"，调节Diffuse（漫反射）参数，然后在Reflect通道中加入Falloff（衰减）并调节衰减数值，再调节Reflection（反射选项组）中设置参数值与细分参数，最后将材质模式设置为Ward模式，完成电话塑料材质的创建，如图10-26所示。

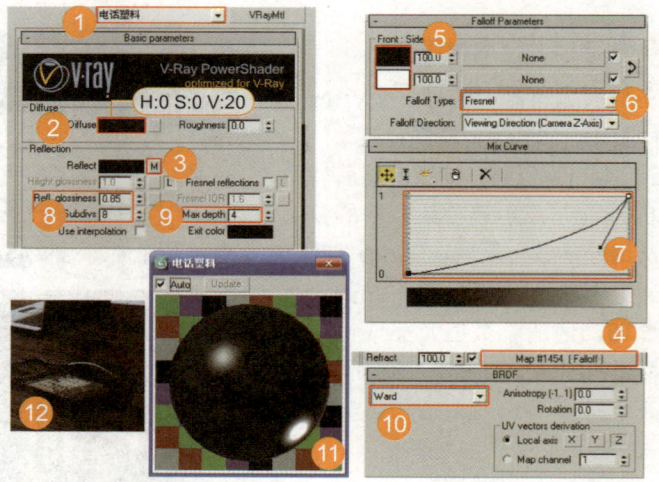

图10-26 创建电话塑料材质

步骤14 创建灯玻璃和灯布材质

在材质编辑器中选择VRay默认材质球，分别命名为"灯玻璃"和"灯布"，然后调整灯玻璃材质的Diffuse漫反射和Refraction（折射）选项组中的参数，接着调整灯布材质，分别在Diffuse通道和Refract通道中加入"灯布.jpg"贴图，再调节Refraction（折射）中的参数值与细分参数，最后在Bump（凹凸）通道中加入"灯布凹凸.jpg"贴图，调整贴图数值和通道数值，完成灯玻璃和灯布材质的创建，如图10-27所示。

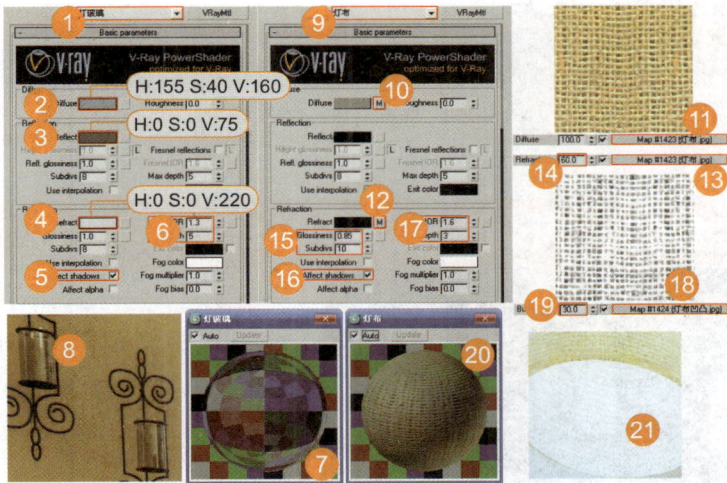

图10-27 创建灯玻璃和灯布材质

提示 灯玻璃属于高亮玻璃材质，而灯布属于半透明材质，希望大家在今后的工作中能够举一反三。

步骤15 创建植物材质

在材质编辑器中选择一个VRay默认材质球，命名为"植物"，在Diffuse通道中添加"植物叶子.jpg"贴图，在Reflect通道中添加"植物叶子反射.jpg"贴图，然后调节Reflection（反射）中设置参数值与细分参数，最后在Bump（凹凸）通道中加入"植物凹凸.jpg"贴图，调整凹凸通道数值，完成植物材质的创建，如图10-28所示。

图10-28 创建植物材质

步骤16 查看赋予好的材质

切换为Camera摄影机视口，按快捷键Shift+Q，查看赋予好的材质，效果如图10-29所示。

图10-29 查看赋予好的材质

> **本节小结：** 以上就是书房空间材质的具体调节过程，主要讲述了文件夹便签、纱质窗帘、铸铁金属、塑料、椅子布料等室内常用材质，希望读者通过练习熟练掌握，并能举一反三运用所学知识调节场景中其他相似材质。

10.3 VRay高级渲染参数的设置

> **本节要点：** 本节重点讲解如何结合使用VRay全局照明引擎中Irradiance Map（发光贴图渲染引擎）与Light Cache（灯光缓存渲染引擎）来设置书房模型的全局照明，并详细介绍设置过程中其他主要VRay渲染面板的参数的设置和调节技巧。

步骤 1 设置VRay通用参数

切换到VRay渲染选项卡，展开VRay Global switches（通用参数）卷展栏，然后取消勾选Glossy effects复选框，最后将Raytracing（光线跟踪）中的Secondary rays bias（二级射线偏移）设置为0.01，如图10-30所示。

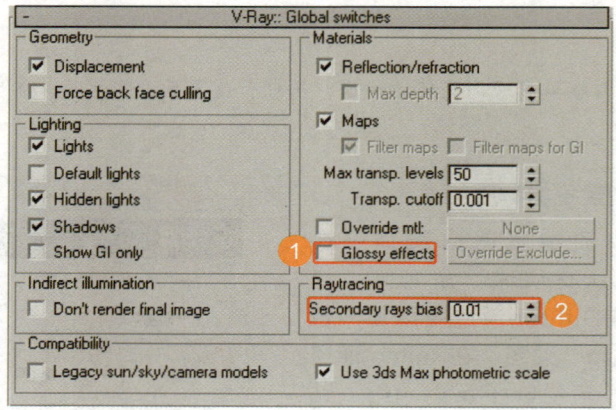

图10-30 设置通用参数

> **提示** 为了在测试场景时节约时间，这里将Glossy effects选项关闭。

步骤 2 设置VRay图像采样参数

展开VRay Image sampler [Antialiasing]（图像采样）卷展栏，然后在image sampler（图像采样）选项组Type（类型）右侧的下拉列表中选择Fixed（固定比采样器），关闭Antialiasing filter（抗锯齿过滤）功能，最后展开VRay Fixed image sampler（固定比采样）卷展栏将Subdivs（细分）参数设置为1，如图10-31所示。

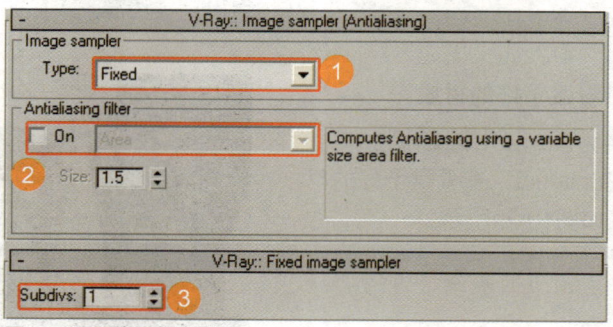

图10-31 图像采样参数

步骤 3 设置VRay间接光照参数

展开VRay Indirect illumination卷展栏，勾选On复选框，开启VRay的间接光照功能，最后在Secondary bounces（二级反弹）的GI engine（全局光照引擎）中选择Light cache（灯光缓存）渲染引擎，如图10-32所示。

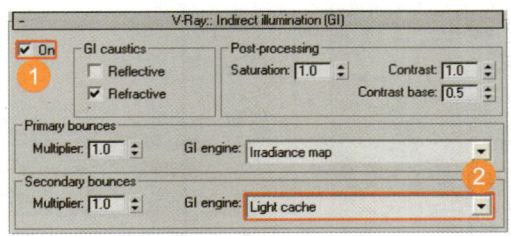

图10-32 设置间接光照参数

步骤 4 设置VRay光子贴图参数

展开VRay Irradiance map卷展栏，在Built-in presets（内置预设）中的Current preset（当前预设置）右侧的下拉列表中选择Custom（自定义），然后在Basic parameters（基本参数）选项组中分别设置Min rate、Max rate、HSph.subdivs（半球细分）参数和Interp.samples（插值采样）参数，再勾选Options（属性）选项组中的Show calc.phase（显示光能进程）复选框，最后在Mode（模式）中选择Single frame（单帧）模式，在On render end中勾选Auto save（自动保存）复选框，单击Browse（浏览）按钮，在弹出的对话框中命名并保存，将光子贴图文件保存到书房空间文件的根目录里，如图10-33所示。

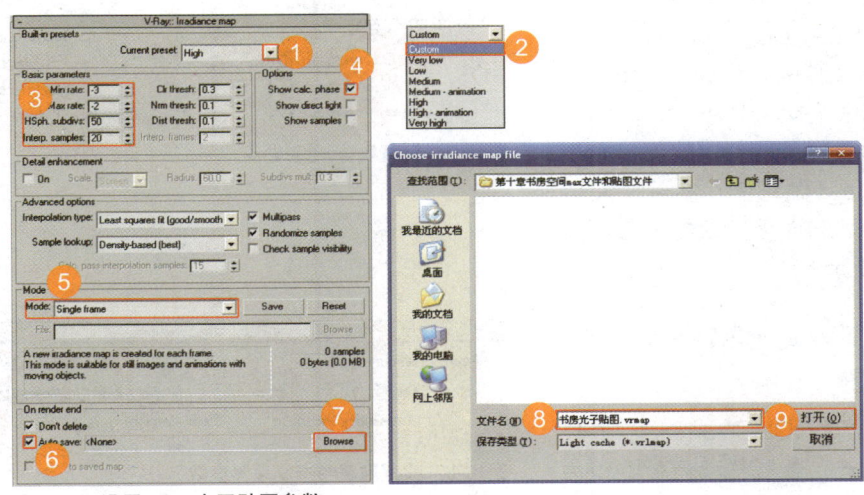

图10-33 设置VRay光子贴图参数

步骤 5 设置VRay灯光缓存贴图参数

展开VRay Light cache （灯光缓存）卷展栏，在Calculation parameters（计算参数）中将Subdivs（细分）设置为300，将Scale（比例方式）设置为Screen（屏幕），再分别勾选Store direct light（存储直接光照）和Show calc. phase（显示光能进程）复选框，然后在Reconstruction parameters （重建参数）中勾选Pre-filter（预过滤）复选框，在Filter（过滤器）右侧下拉列表中选择Nearest（临近）方式，最后在Mode（模式）中选择Single frame（单帧）模式，在On render end （在渲染之后）中勾选Auto save（自动保存）复选框，将灯光缓存贴图文件保存到书房空间文件的根目录里，如图10-36所示。

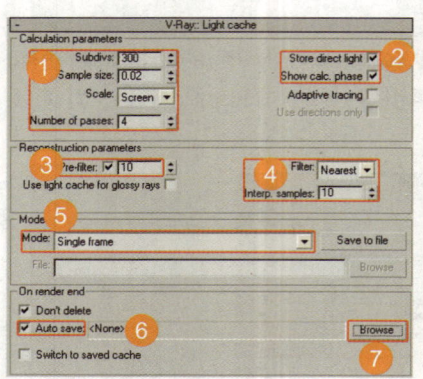

图10-34 设置灯光缓存贴图参数

步骤6 设置VRay环境贴图

展开VRay Environment（环境贴图）卷展栏，在GI Environment［skylight］override（全局光照明环境）选项组中开启天光，将天空光的颜色设置为H：150，S：50，V：255，如图10-35所示。

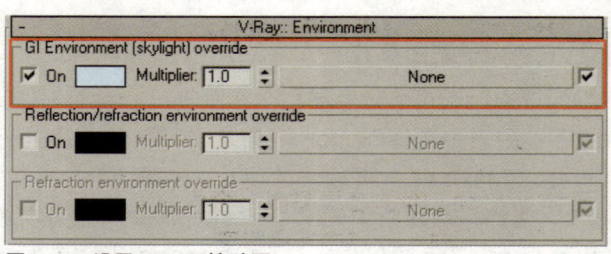

图10-35 设置VRay环境贴图

步骤7 设置VRay色彩贴图

展开VRay Color mapping（色彩贴图）卷展栏，然后在Type（类型）选项中选择HSV exponential，并设置Dark multiplier（暗部倍增）和Gamma（伽玛值）参数，最后完成色彩贴图面板参数的设置，如图10-36所示。

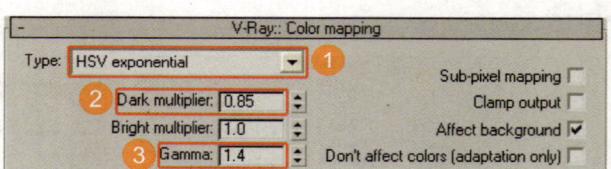

图10-36 设置VRay色彩贴图

步骤8 设置VRay准蒙特卡罗采样参数

展开VRay rQMC sampler（准蒙特卡罗采样）卷展栏，将Adaptive amount（自适应数量）设置为1，将Noise threshold（噪波阈值）设置为0.2，Min samples（最小采样值）设置为8，最后将Global subdivs multiplier（全局细分倍增）值设置为0.8，完成准蒙特卡罗采样参数设置，如图10-37所示。

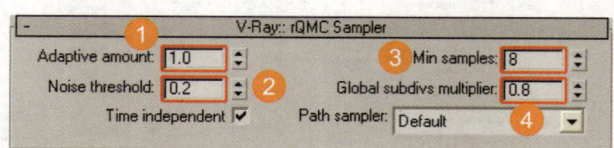

图10-37 设置准蒙特卡罗采样参数

步骤9 **设置VRay系统参数**

展开VRay System（系统参数）卷展栏，将Ray-caster params（光线投射参数）选项组中的Max. tree depth（最大树深度）设置为90，然后将Render region division选项组中的X和Y方向的渲染区域均设置为64，在Region sequence（区域方式）右侧的下拉列表中选择Top→ Bottom（从上到下）的渲染方式，最后再勾选Miscellaneous options（多样属性）中的MAX-compatible ShadeContext（work in camera space）（贴图类型兼容性）复选框，完成VRay系统参数的设置，如图10-38所示。

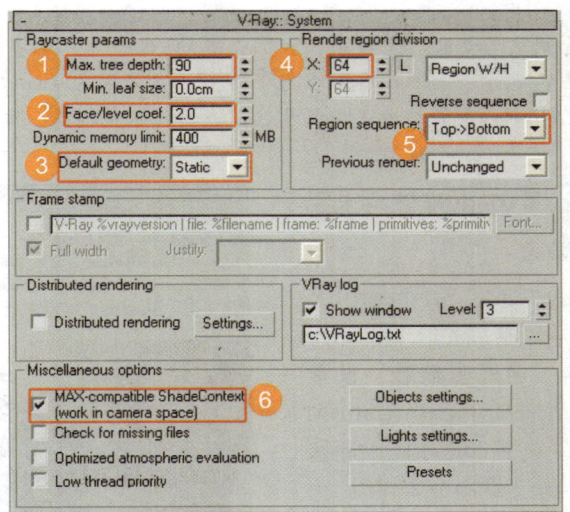

图10-38 设置VRay系统参数

▶ **本节小结：** 以上是对书房空间模型的预渲染设置，在设置过程中需要掌握HSV Exponential（色调和饱和度指数）如何控制场景全局光照的，对比学习过的曝光类型，体会之间的差别。

10.4 对场景进行全局光测试和调整

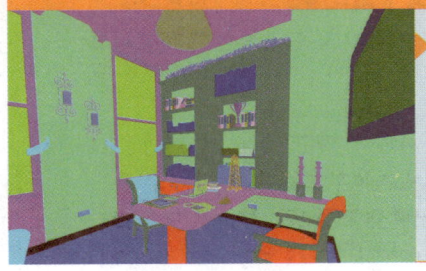

▶ **本节要点：** 本节重点讲解在调整好参数的场景中对全局光进行测试，以及Irradiance Map（发光贴图）渲染引擎与Light Cache（灯光缓存）渲染引擎再调节的过程，并详细介绍真实的光照效果在全局光照设置过程中的运用。

步骤1 **对设置好的场景进行测试**

先切换为Camera（摄影机）视口，按快捷键Shift＋Q，对场景光线进行第一次测试，最后测试结果如图10-39所示。

图10-39 测试效果

提示 先看测试场景的灯光效果，我们设置的VRayLight基本上达到了漫射光线的预测效果，但仍有不足的地方，如墙面有不少光子斑点，这是因为VRay准蒙特卡罗采样参数不高，为了使读者进一步理解VRay准蒙特卡罗采样参数，我们将参数调高，体会前后的不同。

步骤2 重新设置VRay准蒙特卡罗采样参数

展开VRay rQMC Sampler（准蒙特卡罗采样）卷展栏，将Adaptive amount（自适应数量）设置为0.85，然后将Noise threshold（噪波阈值）设置为0.001，调整Min samples（最小采样值）为10，再将Global subdivs multiplier（全局细分倍增）值设置为1.0，如图10-40所示，最后按快捷键Shift＋Q，对场景进行再测试，如图10-41所示。

图10-40 重新设置准蒙特卡罗采样参数

图10-41 再次测试结果

提示 1. 通过对比，大家发现墙面的光子斑点消失了，并且图像相对清晰一些，但是图像的渲染时间增加了，因此在渲染大场景时为了节约预渲染时间，我们可以降低准蒙特卡罗采样参数。
2. 大家还发现墙面、顶面、黑胡桃桌面有很强的反射，这是因为我们在前面关闭了通用参数中的Glossy effects选项，节约了图像处理反射模糊的时间，从而提高了测试效率。
3. 通过快速的光线测试，我们得到了漫射光线的场景效果，接下来需要将渲染设置调节为高品质。

步骤3 设置渲染输出尺寸

按快捷键F10，在对话框中选择Common选项卡，展开Common Parameters 卷展栏，在Output Size选项组中将渲染图像设置为2400×1800像素，参数如图10-42所示。

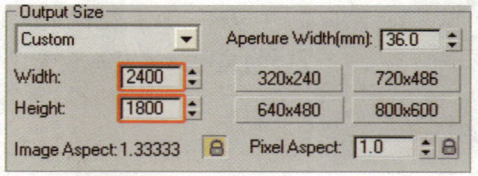

图10-42 设置渲染输出尺寸

步骤4 重新调节VRay通用参数

展开VRay Global switches（通用参数）卷展栏，然后在Indirect illumination选项组中勾选Don't render final image（不渲染最终图像）复选框，完成通用参数的修改，如图10-43所示。

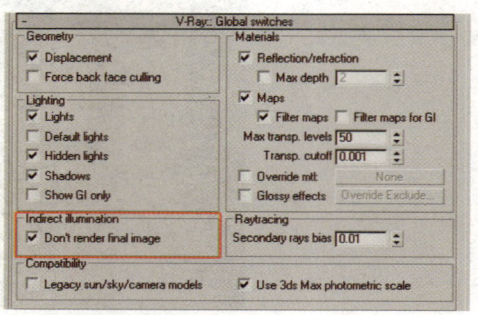

图10-43 修改通用参数面板

步骤5 重新调节VRay光子贴图参数

展开VRay Irradiance map（光子贴图）卷展栏，在Mode（模式）中选择Single frame（单帧）模式，然后在On render end（在渲染之后）选项组中勾选Switch to saved map（自动载入保存贴图）复选框，完成光子贴图参数的调节，如图10-44所示。

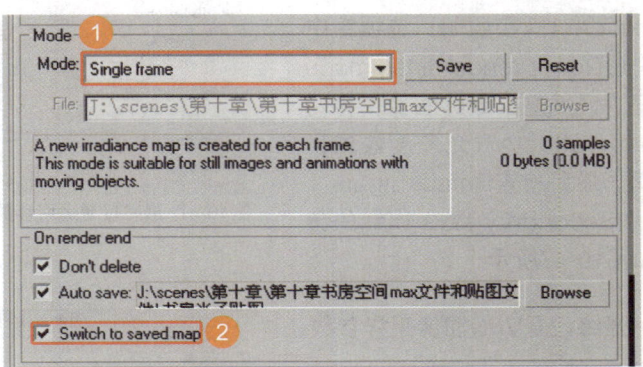

图10-44 重新调节光子贴图参数

步骤6 重新调节VRay灯光缓存参数

展开VRay Light cache（灯光缓存）卷展栏，在Calculation parameters（计算参数）中将Subdivs（细分）设置为1500，在Mode（模式）中选择Single frame（单帧）模式，最后在On render end（在渲染之后）中勾选Switch to saved cache（自动载入保存）复选框，完成灯光缓存参数的调节，如图10-45所示。

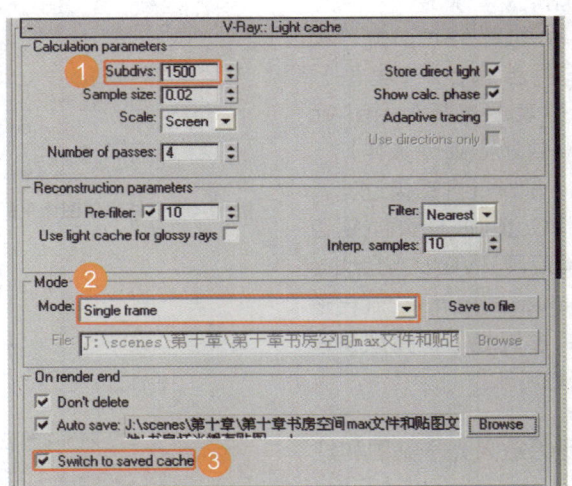

图10-45 重新调节灯光缓存参数

步骤7 渲染大图像的光子贴图和灯光缓存贴图

切换到Camera（摄影机）视口，按快捷键Shift+Q，对场景进行大图像光子贴图和灯光缓存贴图的渲染，大家可以看到渲染进程，最后得到测试的效果如图10-46所示。

图10-46 渲染大图像的光子贴图和灯光缓存贴图

步骤8 最终设置VRay通用参数

切换到VRay渲染选项卡，展开VRay Global switches（VRay通用参数）卷展栏，然后在Indirect illumination（间接照明）选项组中取消勾选Don't render final image复选框，恢复渲染最终图像，再勾选Glossy effects（光泽度效果）复选框，最后检查Default lights、Maps和Secondary rays bias的参数，如图10-47所示。

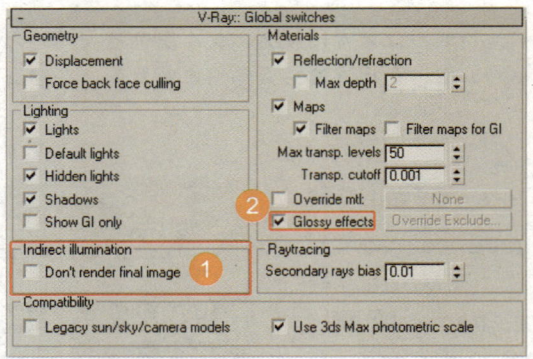

图10-47 最终设置通用参数

步骤9 最终设置Vray图像采样参数

展开VRay Image sampler [Antialiasing]（图像采样）卷展栏，然后在image sampler（图像采样）选项组Type（类型）右侧的下拉列表中选择Adaptive subdivision（自适应细分采样），在Antialiasing filter（抗锯齿过滤）选项组中选择Catmull-Rom抗锯齿过滤方式，最后展开VRay Adaptive subdivision image sampler（自适应细分采样）卷展栏，保持默认设置，如图10-48所示。

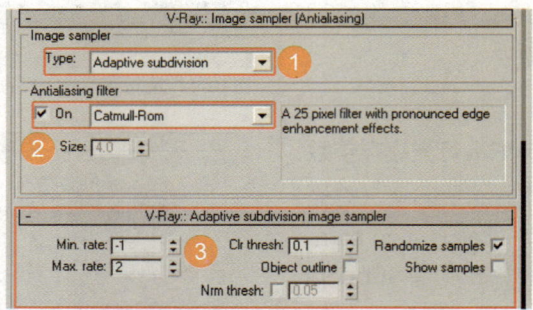

图10-48 最终设置图像采样参数

步骤10 检查是否载入光子贴图和灯光缓存贴图

展开VRay Irradiance map（光子贴图）卷展栏，确认Mode（模式）中选择的是From file（载入）模式，如图10-49所示。

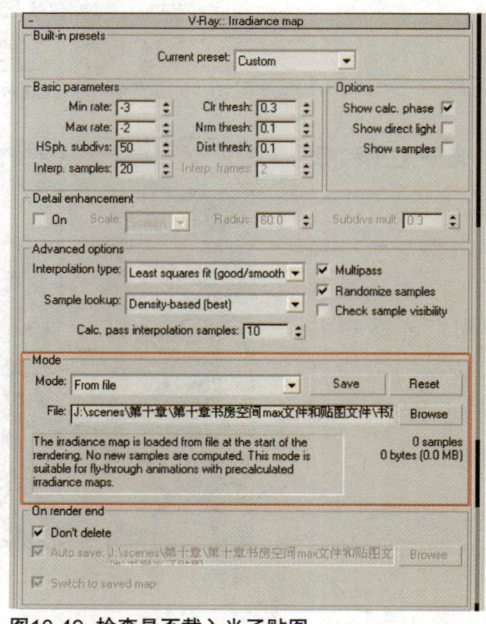

图10-49 检查是否载入光子贴图

然后展开VRay Light cache（灯光缓存）卷展栏，最后确认Mode（模式）中选择的是From file（载入）模式，如图10-50所示。

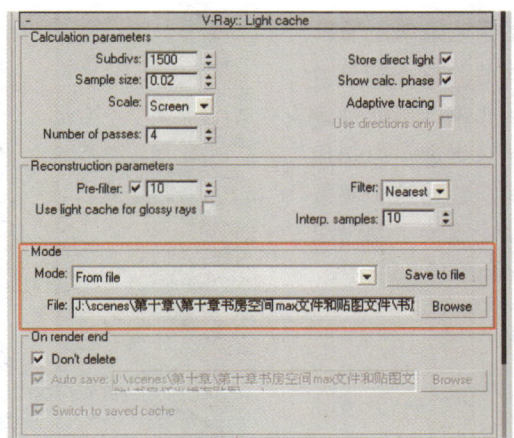

图10-50 检查是否载入灯光缓存贴图

步骤11 最终设置VRay系统参数

展开VRay System（系统参数）卷展栏，将Render region division中的X和Y方向的渲染区域均设置为128，最后确认Region sequence（区域方式）为Top->→Bottom（从上到下）方式，如图10-51所示。

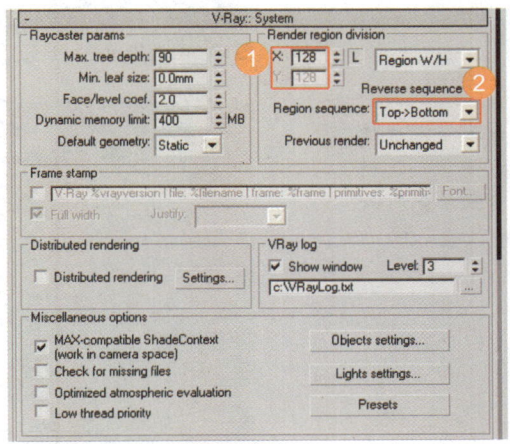

图10-51 最终设置系统参数

> 提示 如果时间有限，可以将Render region division（渲染区域划分参数）都设置为64像素，如果需要高品质图像，则可以设置为128像素，像素越大图像质量越好，当然渲染时间也越长。

步骤12 渲染最终场景

先切换为Camera（摄影机）视口，按快捷键Shift+Q，对场景进行最终渲染，最终渲染过程如图10-52所示，最终渲染效果如图10-53所示。

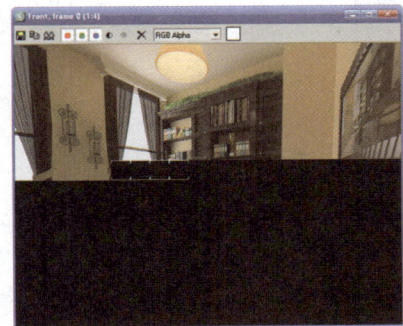

图10-52 最终渲染过程

图10-53 最终渲染效果

步骤13 **根据渲染图像渲染单色场景**

因为前面的章节已经介绍了渲染单色场景的具体步骤，因此这里就不再重叙了，希望大家可以运用我们前面学到的知识创建这个场景的单色图，这里我们渲染了两张单色图像，如图10-54和图10-55所示。

图10-54 渲染单色场景1

提示 因为我们的窗帘是半透明的，为了方便后期编辑，这里渲染出了两张单色图像。

图10-55 渲染单色场景2

本节小结： 我们先对调整渲染参数的场景进行了全局光测试与参数再调节，并调节了最终渲染设置和后期准备工作，大家可以根据自己的硬件配置，调节某些参数的设置，并从中分析出适合自己的作图方式。

10.5 后期处理渲染完成的图像

本节要点: 本节复习如何使用Photoshop后期处理软件里的亮度与对比度、单色图像、柔光、高斯模糊、USM锐化等命令根据真实环境的效果调整渲染图像。

步骤 1 调节亮度与对比度

先在Photoshop里打开配套光盘"scenes\第十章\第十章后期文件\书房后期文件.psd"文件，按快捷键Ctrl+J复制背景图像，并命名为"调节层"。分析渲染成图，发现图像整体色彩偏暗，需要调节图像的亮度与对比度。按快捷键Ctrl+/，在弹出的"亮度/对比度"对话框中设置相应参数，单击"确定"按钮完成调节，最后为方便以后的编辑，将背景图层关闭，如图10-56所示。

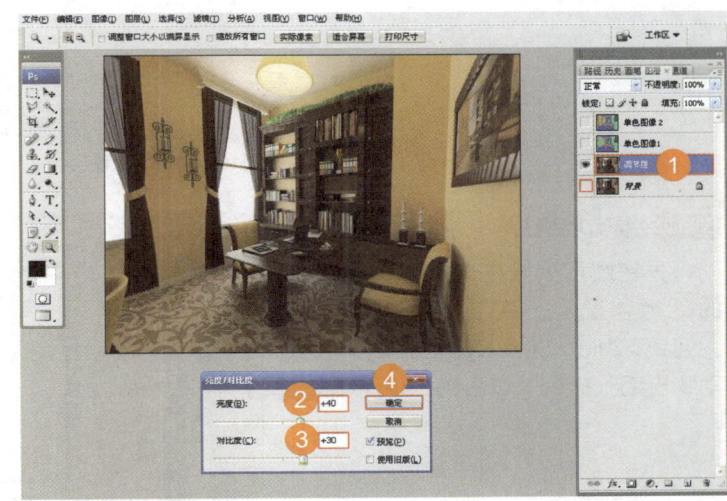

图10-56 调节图像亮度和对比度

提示 为了方便读者后期的编辑，我们打开的后期文件里有两个单色文件和一个渲染好的图像。

步骤 2 调节地毯

在图层列表中选择"单色图像1"，在工具栏中选择魔棒工具，在单色图像中完成地毯选区的选择，如图10-57所示。

图10-57 选择地毯选区

然后关闭"单色图像1"，选择"调节层"后再按快捷键Ctrl+J复制图层，命名为"地毯层"，最后按快捷键Ctrl+/，在弹出的亮度/对比度"对话框中设置相应参数，单击"确定"按钮完成调节，最后如图10-58所示。

图10-58 调节地毯层

步骤3 编辑地毯层

先在图层列表中选择刚调节过的"地毯层"，在菜单栏中执行"滤镜>Alien Skin Eye Candy 5>动物皮毛"命令，如图10-59所示。

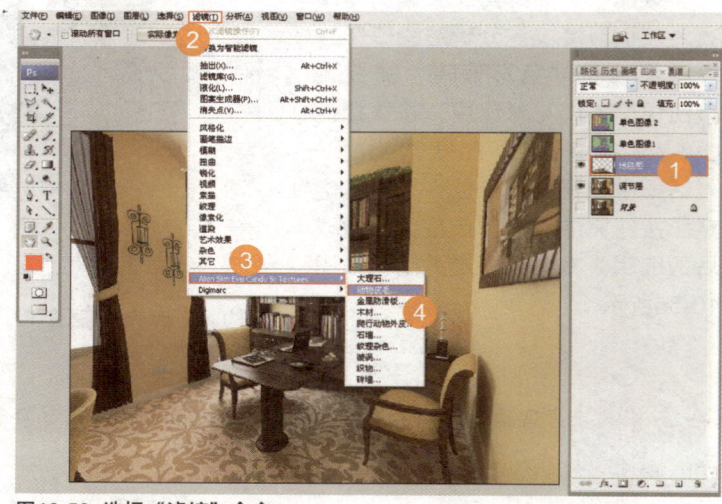

图10-59 选择"滤镜"命令

在弹出的对话框中设置滤镜图形选项具体参数，然后设置毛发选项具体参数，最后设置照明选项具体参数后，单击确定按钮完成地毯的编辑，如图10-60所示。

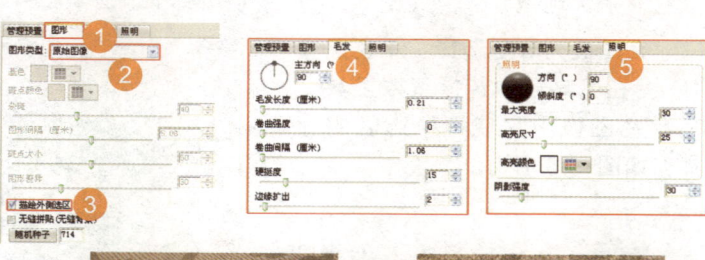

图10-60 编辑地毯层

步骤4 创建玻璃背景环境

先在"单色图像1"中使用魔棒工具得到窗玻璃的选区，接着打开配套光盘"scenes\第十章\第十章后期文件\背景环境.jpg"文件，按快捷键Ctrl+C复制背景环境，如图10-61所示。

图10-61 选择窗玻璃选区1

然后关掉"单色图像1"，选择"调节层"，将复制的背景环境粘贴到选区里，再按Ctrl+T对图像进行自由变换调整，最后命名为"环境背景"，将图层的不透明度降低为15%，如图10-62所示。

图10-62 编辑环境背景层1

步骤5 创建背景环境2

先在"单色图像2"中使用魔棒工具得到窗玻璃选区，如图10-63所示。关掉"单色图像2"，选择"环境背景"层，然后按快捷键Ctrl+J复制图层，命名为"环境背景2"，将"环境背景2"的不透明度提高为50%，最后按快捷键Ctrl+/，在弹出的"亮度/对比度"对话框中设置相应参数，如图10-64所示。

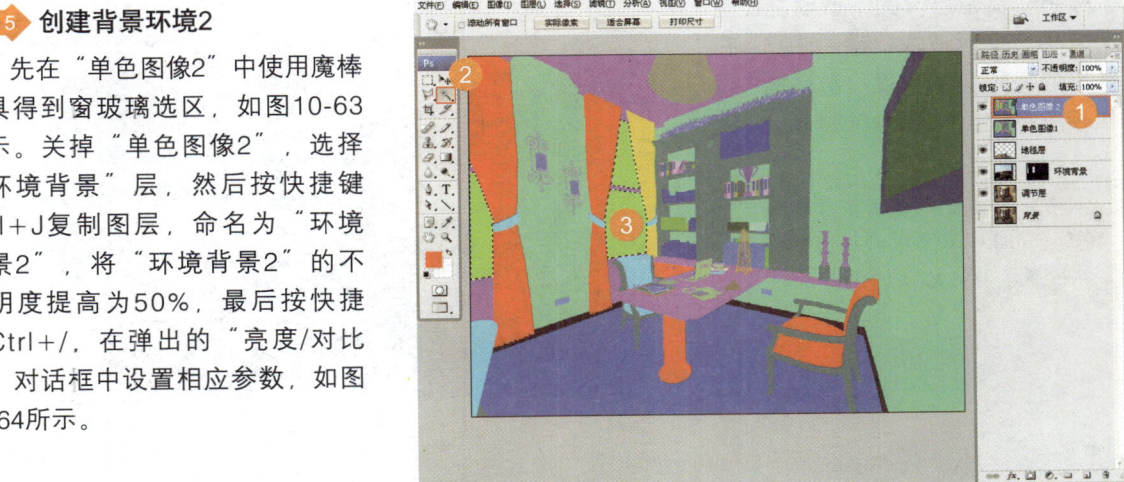

图10-63 选择窗玻璃选区2

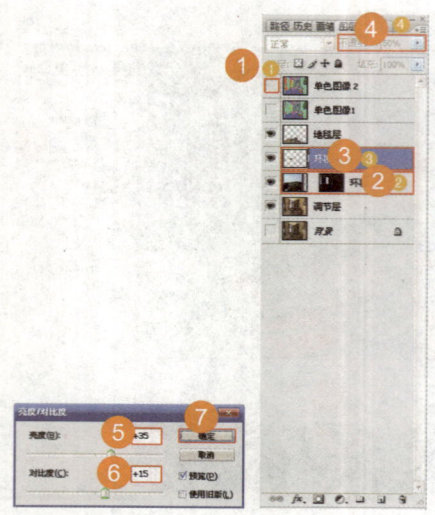

图10-64 编辑环境背景层2

步骤6 创建窗帘层

　　先在"单色图像2"中使用魔棒工具得到窗帘选区，如图10-65所示。关掉"单色图像2"，选择"调节层"，然后按快捷键Ctrl+J复制图层，命名为"窗帘层"。

图10-65 选择窗帘选区

　　将"窗帘层"的不透明度提高为50%，最后按快捷键Ctrl+/，在弹出的"亮度/对比度"对话框中设置相应参数，如图10-66所示。

> **提示** 大家可以根据实际光线分别对图像中的相应物体进行亮度与对比度的调节。

图10-66 编辑窗帘层

步骤7 创建合并图层和柔光层

　　选择图层列表里的"地毯层"，按快捷键Alt+Ctrl+Shift+E，合并其他调节完毕的图层，然后命名为"合并层"，最后再观察并分析合并层的光线，发现图像的整体色彩有些偏灰。选择图层列表里的"合并层"，按快捷键Ctrl+J，复制出一个新图层，命名为"柔光层"，最后在图层面板上的"正常"右边的下拉菜单中选择"柔光"，如图10-67所示。

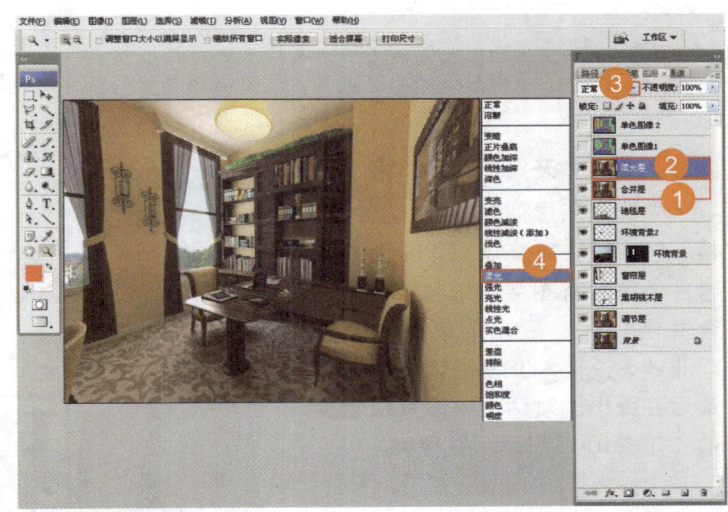

图10-67 创建柔光层

步骤8 调节柔光层

　　先在图层列表选择"柔光层"，再执行菜单栏中的"滤镜 > 模糊 > 高斯模糊"命令，然后在弹出的"高斯模糊"对话框中设置高斯模糊参数，最后将"柔光层"的不透明度降低为50%，如图10-68所示。

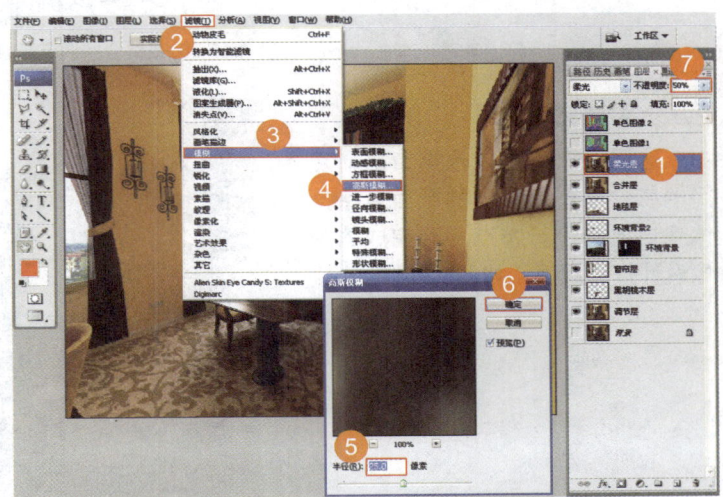

图10-68 调节柔光层

步骤9 创建照片滤镜层

　　先选择图层列表里的"柔光层"，再单击"创建新的填充或调整图层"按钮，然后在菜单中选择"照片滤镜"命令，在弹出的对话框中设置相应参数，最后将照片滤镜层的不透明度降低为75%，如图10-69所示。

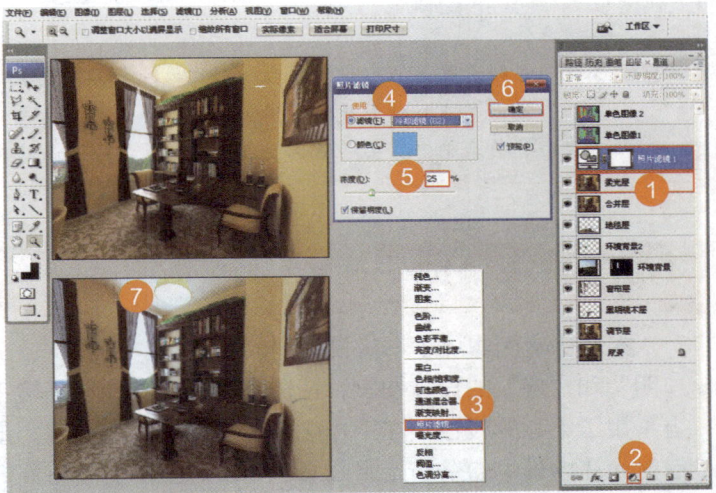

图10-69 创建照片滤镜层

提示

1. 通过分析，发现渲染图像整体偏暖，缺少真实天光效果，因此我们创建了照片滤镜层。
2. 为了平衡图像的冷暖关系，这里将调整好的照片滤镜图层的不透明度降低为75%。

步骤10 最终合并调节好的图像

先选择图层列表里的"照片滤镜"层，按快捷键Alt+Ctrl+Shif+E合并最终所有图层，命名为"最终合并层"，然后在菜单栏中执行"滤镜>锐化>USM锐化"命令，最后在弹出的对话框中设置相应参数，如图10-70所示，并保存。

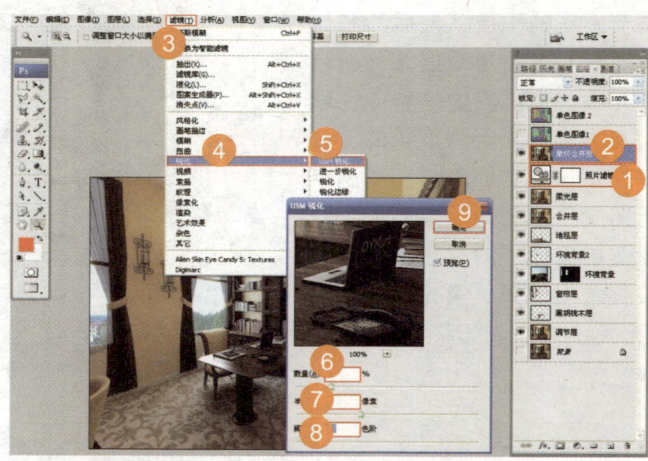

图10-70 最终合并调节好的图像

步骤11 最终完成效果

这里大家还可以根据自己对空间的感觉，塑造自己的版面风格，体现自己的设计特点，给完成的图像设计打印版面，如图10-71所示。

图10-71 最终完成效果

本节小结： 写到这里，书房空间的后期制作已经全部完成了，在学习过程中需要读者把握图像的光线氛围，在制作中我们运用了照片滤镜工具丰富书房漫射光线的氛围，最后我们运用了毛发滤镜来制作真实的地毯效果，提高了渲染图像的真实感。

10.6 本章小结

本书房案例体现了书房设计中的"明"、"静"、"雅"、"序"四大特点，主要突出"明"和"序"的设计初衷，在适合的采光和照明环境下休闲地处理工作事宜，在色彩氛围上采用了柔和的暖色，在工作之余体现了环境的温馨，最后在制作过程中读者应该学会把握漫射光在场景中的全局光照效果，为今后创作类似场景积累经验。

11

第 11 章

阳光浴室空间

本章要点:

　　本章讲解的是一个准备好的阳光浴室案例,在浴室案例的制作过程中重要讲述场景模型渲染之前的准备工作,使用VRay高级材质创建浴室空间常用质感纹理,如何使用Vray全局照明引擎制作浴室空间的阳光氛围,本章主旨是通过浴室案例帮助读者系统、全面地复习前面学习到的知识点。

重点内容: 1. 场景阳光光线的设定

　　　　　　 2. 浴室材质的调节

　　　　　　 3. 发光贴图渲染引擎和灯光缓存渲染引擎的设置

　　　　　　 4. 后期调整

11.1 阳光浴室空间渲染之前的准备工作

本节要点：本节重点复习在3ds Max中创建地面模型的操作方法以及阳光浴室空间在渲染前的主要设置步骤及参数调节。

11.1.1 模型渲染之前的准备工作1

主要步骤	首先打开创建好的实例模型，检查模型的单位设置，然后设置场景的摄影机，最后创建模型地面物体。

步骤1 将创建3ds Max实例模型文件打开

执行菜单栏中的File（文件）>Open（打开）命令，然后选择配套光盘"scenes\第十一章\第十一章max文件\阳光浴室空间模型.max"文件，最后单击"打开"按钮，将文件打开，如图11-1所示。

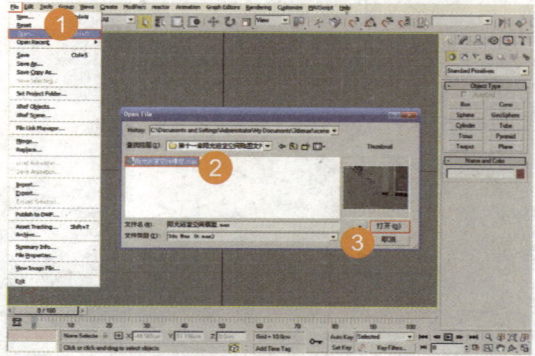

图11-1 打开需要的3ds Max文件

> **提示** 打开场景后要先检查模型的单位尺寸，并按照之前讲过的方法调节窗户玻璃材质，再将默认渲染器切换到VRay渲染引擎，最后设置背景环境颜色为浅蓝色。

步骤2 创建场景摄影机

切换到Perspective（透视）视口，未调整好的透视视口如图11-2所示。使用Field of view和Pan view工具调整透视视口，如图11-3所示。然后按快捷键Ctrl+C，在透视视口创建摄影机，如图11-4所示。最后为了观察实际视口，按快捷键Shift+F，给刚创建好的摄影机视口设置安全框，如图11-5所示。调整好的场景摄影机视口如图11-6所示。

图11-2 未调整好的透视视口

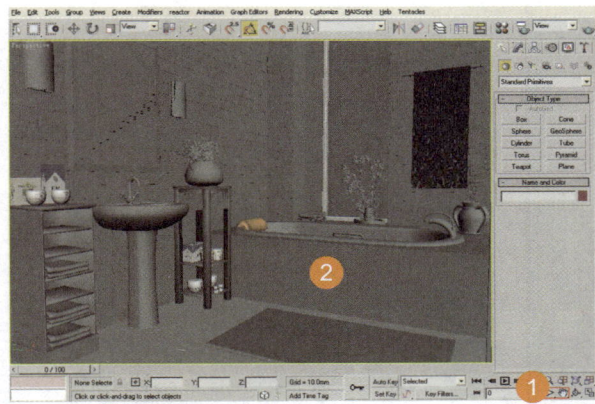

图11-3 调整透视视口

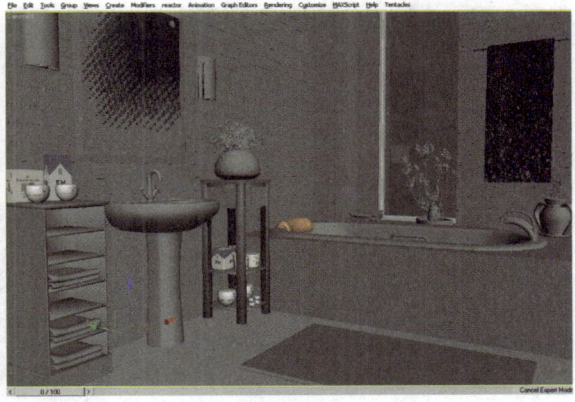

图11-4 将透视视口设置为摄影机视口

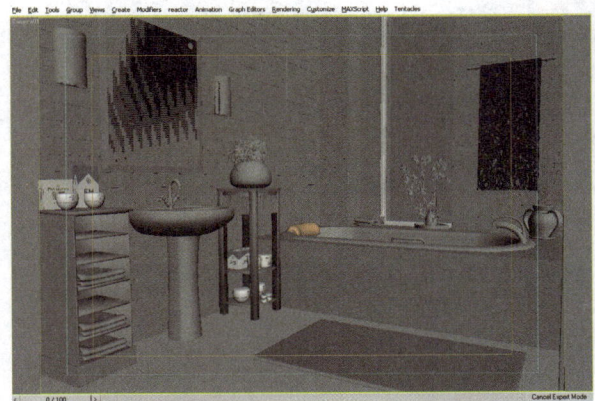

图11-5 设置安全框

图11-6 调整好的场景摄影机视口

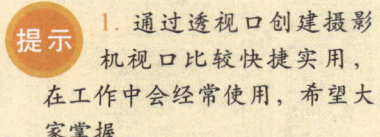

提示

1. 通过透视口创建摄影机视口比较快捷实用，在工作中会经常使用，希望大家掌握。

2. 大家也可以使用前面讲过的坐标方式来设置摄影机视口，如图11-7所示。

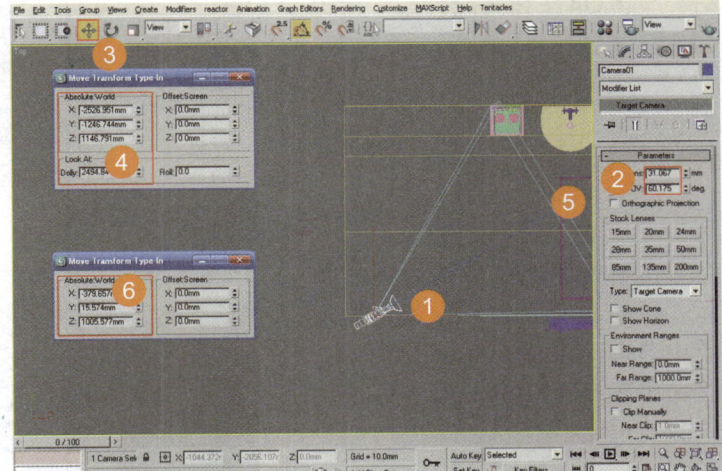

图11-7 坐标方式设置摄影机

11.1.2 模型渲染之前的准备工作2

主要
步骤

首先导入地面CAD方案，按照方案创建地面模型，最后将创建好的地面模型摆放到相应
位置。

步骤 1 **导入编辑地面CAD文件**

使用快捷键Ctrl＋A全部选择
场景里的模型，单击鼠标右键，在
弹出的菜单中选择Hide Selection
（全部隐藏）命令，将模型全部隐
藏，如图11-8所示。

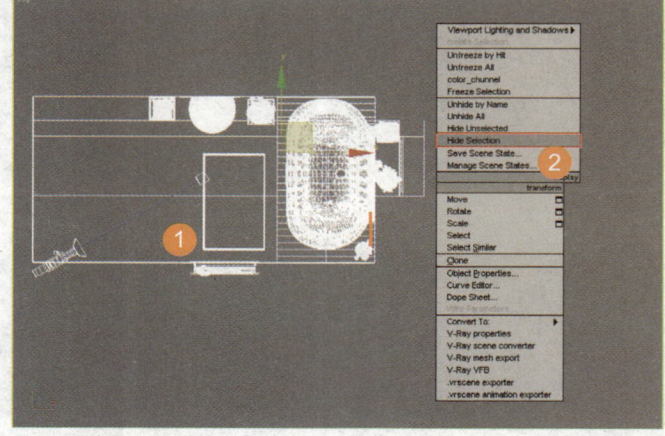

图11-8 隐藏全部模型

再执行菜单中的File（文件）＞
Import（导入）命令，导入配套光
盘"scenes\第十一章\第十一章CAD
文件\浴室地面CAD文件.DWG"文
件，在导入面板中设置相关参数
后，单击OK按钮完成导入，如图
11-9所示。

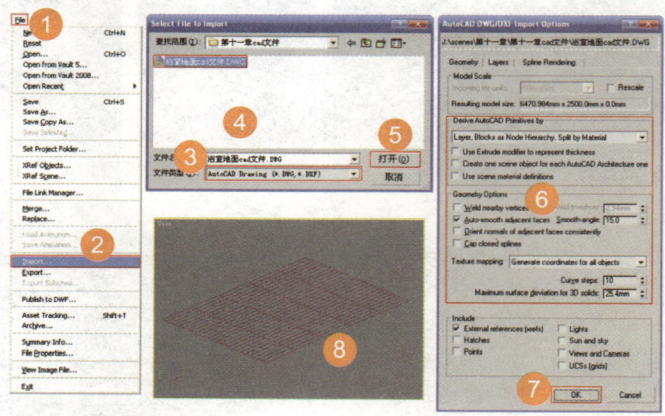

图11-9 导入地面CAD

在场景中选择导入进来的物
体，单击鼠标右键，在弹出的菜
单中选择Freeze selection命令，
将地面冻结，如图11-10所示。

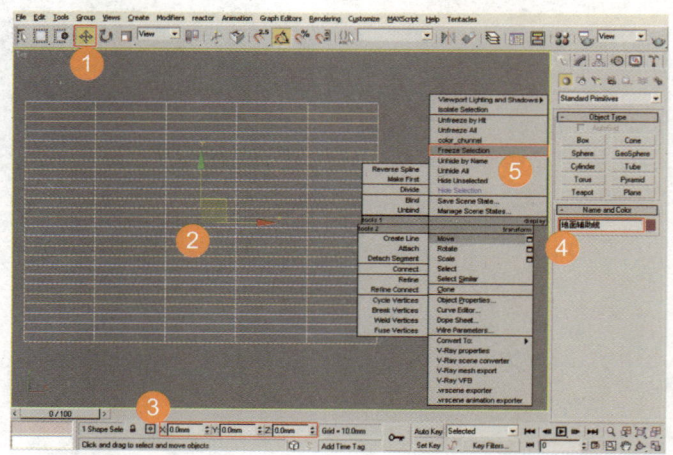

图11-10 将地面冻结

步骤2 创建地面线框物体

切换到Top视口，然后在工具面板中将对象捕捉设置为2.5维，切换至创建命令面板图形层级面板，单击Rectangle（矩形）按钮，创建符合设计图的矩形线框，最后单击鼠标右键，在弹出的对话框中选择Convert to Editable poly（转换为可编辑多边形）命令，将创建的矩形转换为可编辑多边形，如图11-11所示。

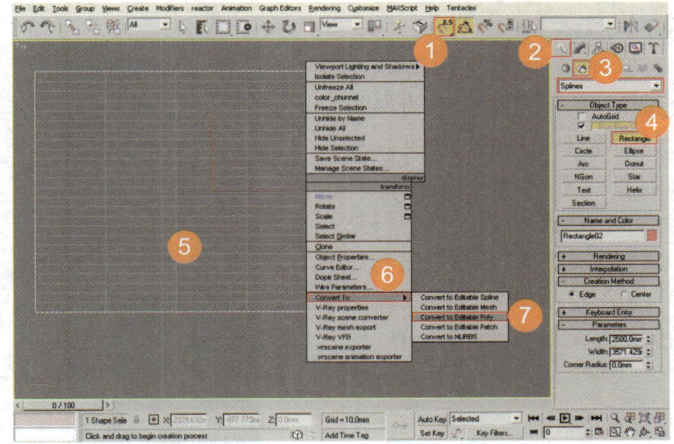

图11-11 创建地面线框物体

提示 将矩形转换成Poly物体的过程其实就是将线性物体转变成实体的过程。

步骤3 竖向连接地面物体

选择刚转换好的地面物体，按快捷键2，切换至物体的边层级，选择物体的两条横线，单击鼠标右键，在弹出的菜单中选择Connect（连接）命令前的设置按钮，然后在弹出来的对话框中进行相应设置，如图11-12所示。

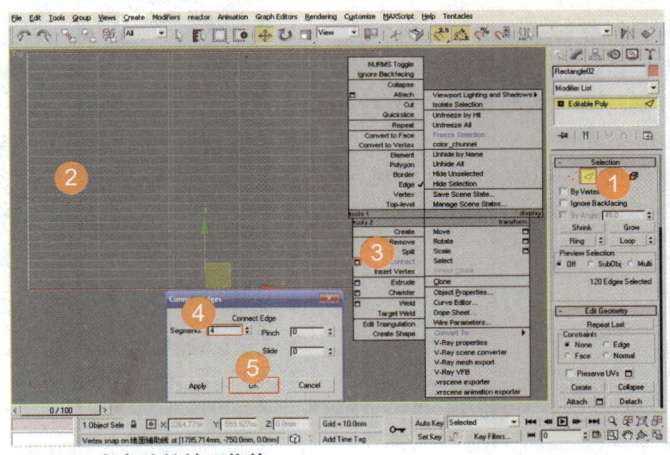

图11-12 竖向连接地面物体

最后单击OK按钮完成编辑，如图11-13所示。

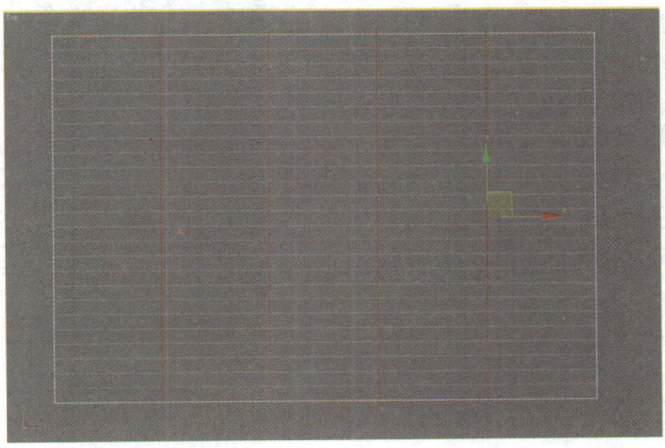

图11-13 连接好的效果

步骤4 横向连接地面物体

选择刚转换的地面物体，按快捷键2，切换至物体的边层级，然后选择物体的六条横线，单击鼠标右键，在弹出的菜单中单击Connect（连接）命令前的设置按钮，在弹出来的对话框中进行相应设置，如图11-14所示。最后单击OK按钮完成编辑，如图11-15所示。

提示
1. 应根据CAD方案进行物体截面线的划分。
2. 通过练习，我们得到一个要点，划分物体竖截面线时要选择物体横向所有边线，而划分物体横截面线时要选择物体竖向所有边线。
3. 当然使用Quickslice（快速切片）命令也能达到划分的目的。

步骤5 编辑连接好的地面物体

先在Top视口中选择划分好的地面物体，按快捷键2，切换至物体的边层级，选择物体的所有划分边线，然后单击鼠标右键，在弹出的菜单中单击Chamfer（切角）命令的设置按钮，在弹出的对话框中设置参数，单击OK按钮完成物体接缝部分的制作，如图11-16所示。

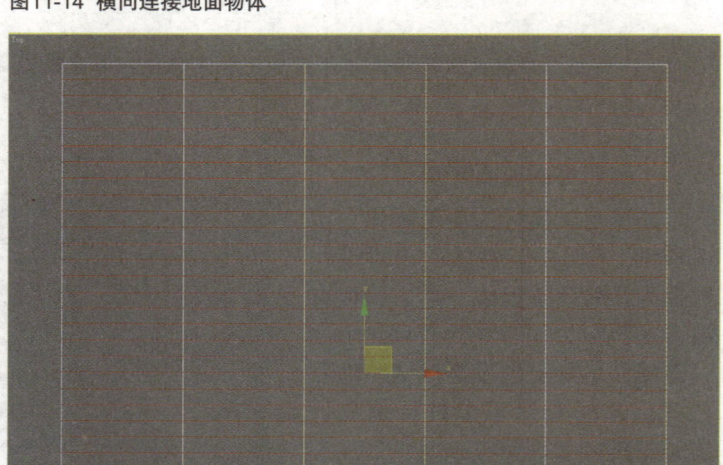
图11-14 横向连接地面物体

图11-15 横向连接好的效果

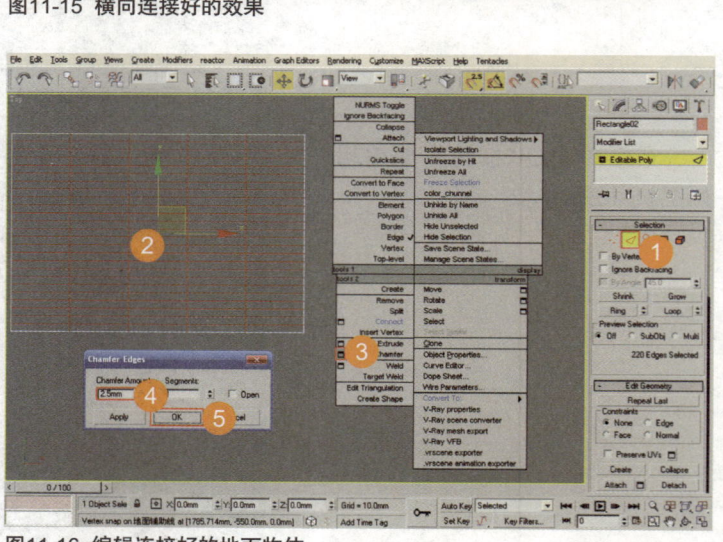
图11-16 编辑连接好的地面物体

大家可以看到编辑完成后接缝部分的形态，如图11-17所示。

图11-17 切角完成效果

选择边层级下的Ring命令，选择被选边线的相邻截边，按快捷键Ctrl+I，反向选择接缝部分边线，如图11-18所示。

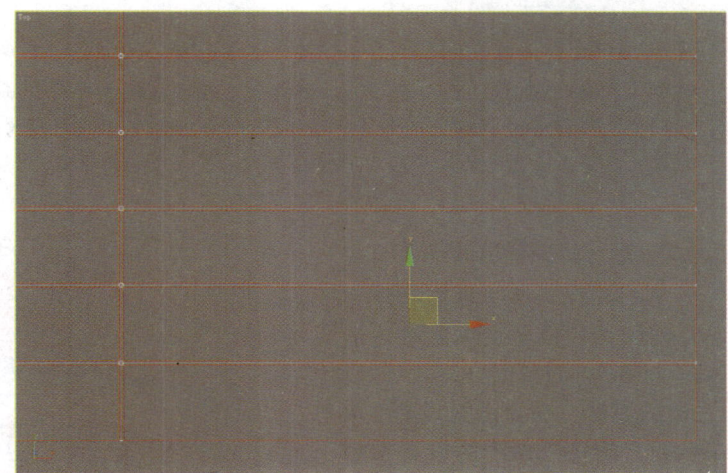

图11-18 执行Ring命令

单击鼠标右键，在弹出的菜单中选择Convert to Face（转换到面）命令，图11-19所示，选择的接缝部分边线转换到面，最后选择多边形层级下的Detach命令将接缝面分离出来，如图11-19所示。

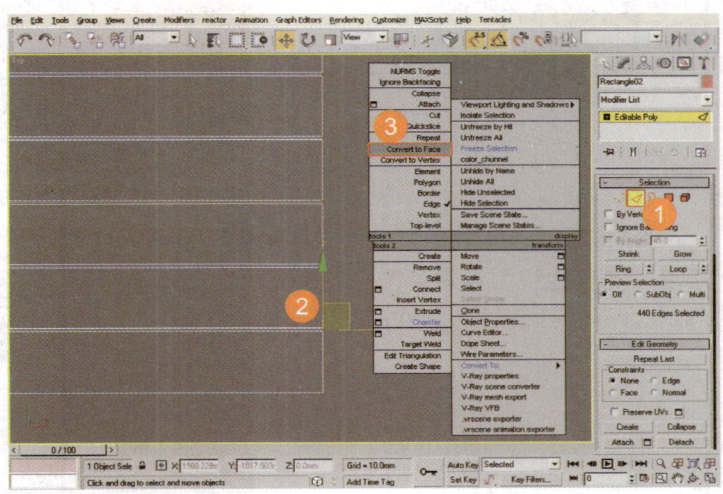

图11-19 将边转换到面

提示

1. 大家要注意Chamfer数值，这里我们设置的是2.5mm，接缝面的真正宽度是5mm。
2. 如果右键选择Chamfer命令，可以在场景中拖动鼠标控制切角的距离，这里我们选择输入实际数值。
3. 这里选择Ring命令表示选择被选边线的相邻截边。
4. 需要大家掌握并了解Ctrl+I（反向）选择命令的作用。

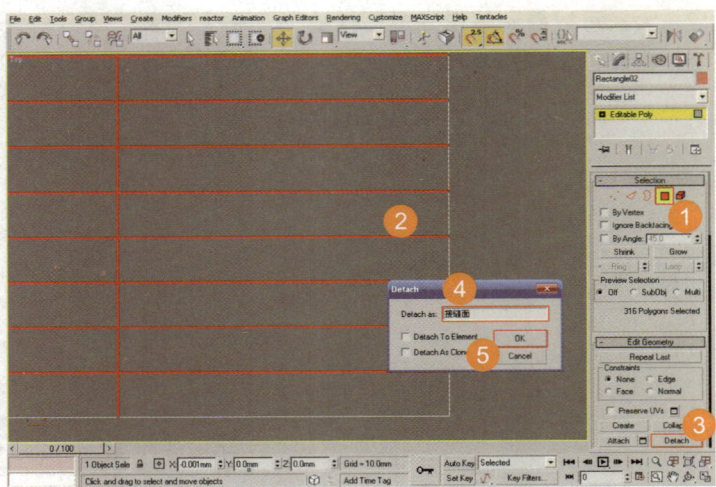

图11-20 分离接缝面

提示

1. 这里选择的Detach命令表示从元素物体中分离出另一个元素物体。
2. 如果选择Detach To Element命令，表示从元素物体里分离出来的物体仍属于该元素物体。
3. 如果选择Detach As Clone命令，表示从元素物体里按照原地复制出另一个相同的元素物体。
4. 我们将分离出来的物体命名为"接缝面"，另一个物体命名为"地面物体"。

步骤6 进一步编辑地面物体

在Use视口选择地面物体，按快捷键4，切换至物体的多边形层级，按Ctrl+A选择全部面，然后单击鼠标右键，在弹出的菜单中单击Bevel（倒角）命令的设置按钮，在弹出的对话框中设置参数，单击OK按钮，完成地面物体的制作，如图11-21所示。

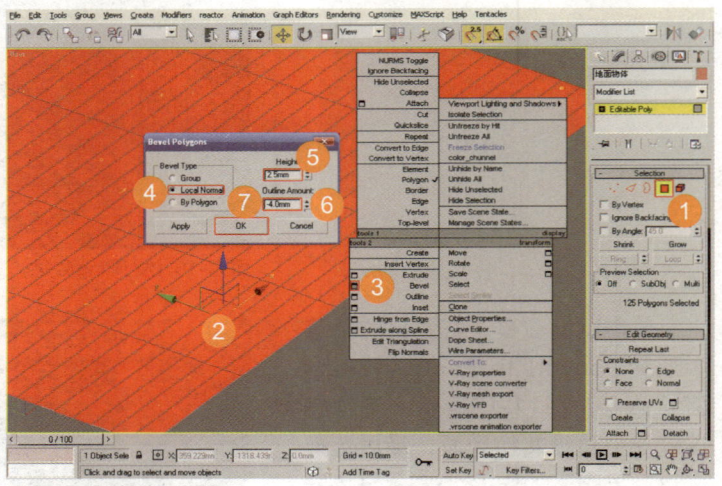

图11-21 倒角地面物体

最后完成的地面物体如图11-22所示，完整的模型场景如图11-23所示。

图11-22 完成的地面物体

提示
1. 在材质编辑器中分别创建地面瓷砖和白胶线材质并将材质赋予给相应物体。
2. 将导入的CAD文件解除冻结后删除，然后将创建好的物体对齐到场景中。

提示
墙面的建模方法与地面相同，读者可以尝试一下。

图11-23 完整的模型场景

11.1.3　模型渲染之前的准备工作3

主要
步骤　首先给创建好的实例模型建立IES Sun（IES 太阳光），然后在模型中调整IES Sun（IES 太阳光）的详细设置，最后在模型窗口处创建VRayLight（VRay灯光），完成布光设置。

步骤 1　**直接光照灯光的创建**

切换至创建命令面板 的灯光层级面板 单击Standard（标准）右边的下拉菜单中选择Photometric（光度学灯光），单击IES Sun（IES 太阳光），然后切换到Top视口，最后将IES Sun建立到场景中作为直接光照灯光，如图11-24所示。

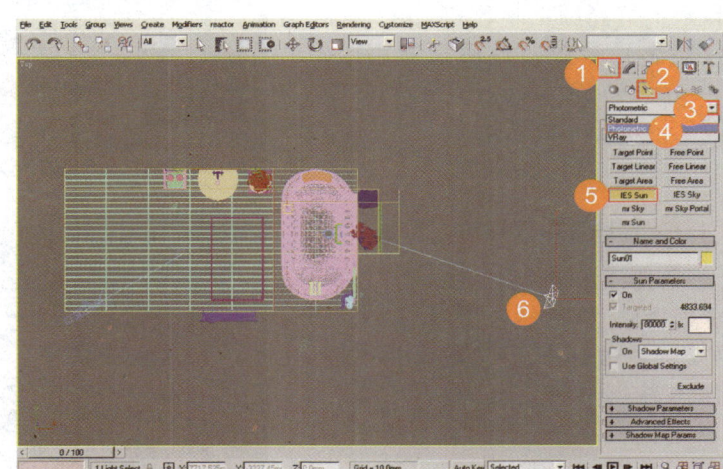

图11-24 建立IES Sun灯

步骤2 调节IES Sun在场景中坐标位置

先切换到Top视口，分别选择IES Sun（IES 太阳光）和目标点，然后在工具面板的移动工具 ⊕ 上单击鼠标右键，在弹出的对话框中分别设置IES Sun的坐标和目标点坐标，最后分别切换到Front（前）视口和Left（左）视口，观察灯光的相对位置，完成IES Sun坐标的调节，如图11-25所示。

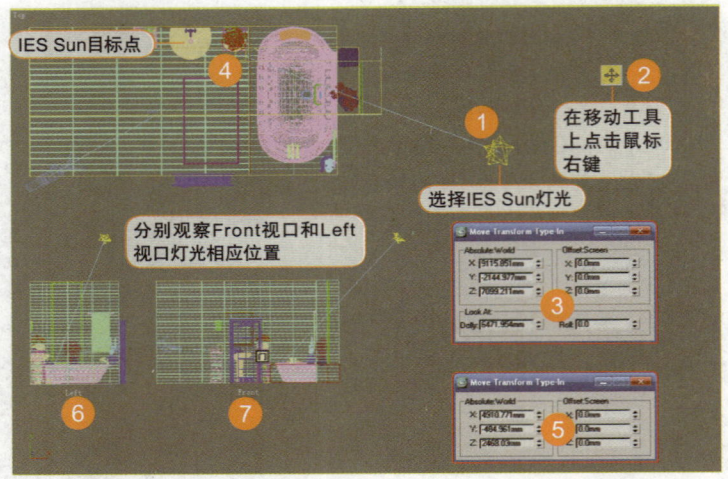

图11-25　IES Sun在场景中坐标位置

步骤3 设置IES Sun的具体参数

先切换到Top视口，选择IES Sun （IES 太阳光），然后切换至修改面板 ☑，在Sun Patameters（阳光属性）卷展栏中分别设置IES Sun灯光的Intensity（照明）参数、灯光颜色参数和Shadows（阴影）参数，最后设置VRay shadows params（VRay阴影参数），如图11-26所示。

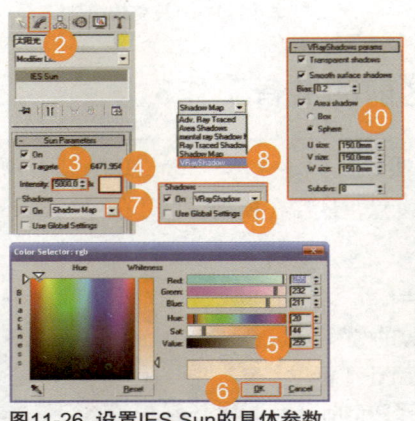

图11-26　设置IES Sun的具体参数

步骤4 在场景中选择窗框物体

切换到Top视口，在场景中选择窗框物体，然后按快捷键Alt+Q，将选择物体单独显示在场景中，如图11-27所示。

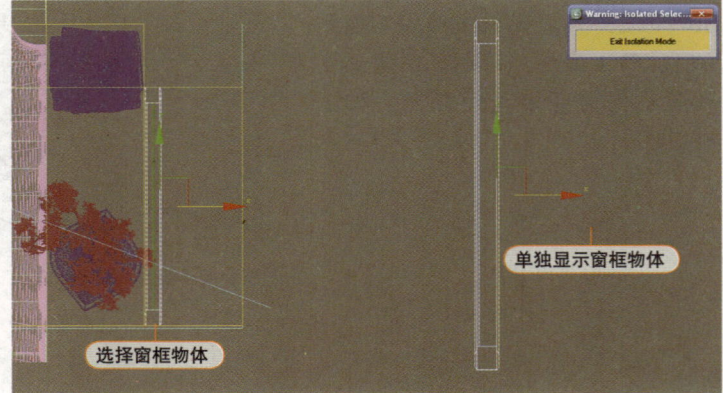

图11-27　单独显示窗框物体

步骤5 **创建场景的辅助灯光**

　　切换为Right视口，切换至创建命令面板的灯光层级面板，在Standard（标准灯光）右边的下拉列表中选择VRay灯光，然后在VRay灯光中选择VRayLight（VRay灯光）按钮，然后打开捕捉设置，根据窗框的大小创建辅助灯光，最后切换为Top视口，把创建好的VRay灯光放置到场景合适位置，如图11-28所示。

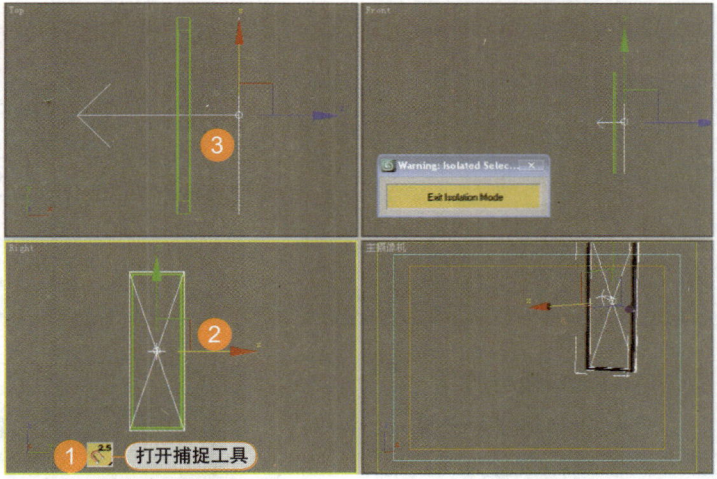

图11-28 创建场景的辅助灯光

> **提示** 创建完毕后，为了方便以后的选择编辑，给IES Sun命名为"太阳光"，给VRayLight命名为"辅助灯光"。

步骤6 **设置辅助灯光参数**

　　切换到Top视口，选择刚创建的辅助灯光，在Options（属性）里勾选Invisible（消隐）、Ignore light normals（忽视灯光法线）复选框，调节Color（颜色）、Multiplier（倍增）的参数值，然后在Sampling（采样）中将Subdivs（细分）参数设置为20，调节完成参数后如图11-29所示。

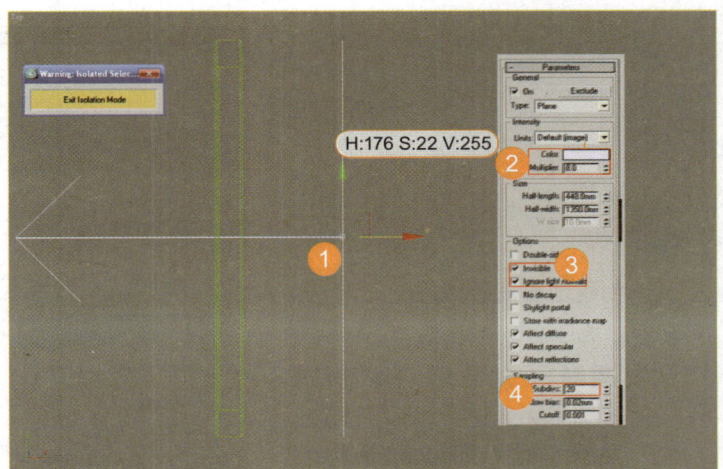

图11-29 设置辅助灯光参数

> **本节小结：** 我们复习了渲染之前三维场景应该注意的相关问题，为了得到地面的真实渲染效果，我们详细介绍了地面的建模过程，又详细讲解了创建摄影机以及布置阳光浴室场景灯光的具体操作，希望大家有所收获。

11.2 调节场景主要材质

本节要点： 本节重点讲解如何使用VrayMtl配合Blend（混合材质）、Bump（凹凸）通道、Diffuse（漫反射）通道、Reflection（反射）和Refraction（折射）参数调节浴室场景中的常用材质。

步骤1 创建白墙材质

在材质编辑器中选择一个VRay默认材质球，命名为"白墙"，然后在Diffuse选项组中设置颜色，接着在Reflection选项组中调整相关参数，最后将材质模式设置为Ward模式，如图11-30所示。

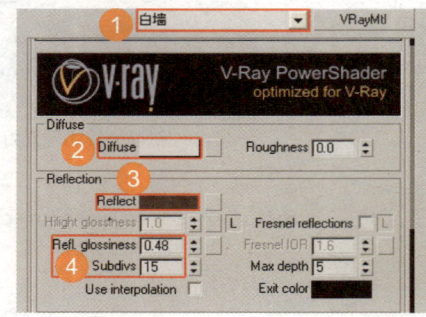

图11-30 创建白墙材质

步骤2 创建地面瓷砖材质

在材质编辑器中选择一个VRay默认材质球，命名为"地面瓷砖"，在Diffuse通道中添加"瓷砖1.jpg"贴图，然后在Reflect通道中加入Falloff（衰减），并调节衰减数值，再调节Reflection（反射）选项组中的参数值与细分参数，完成地面瓷砖材质的创建，如图11-31所示。

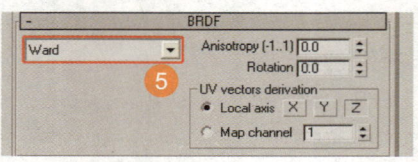

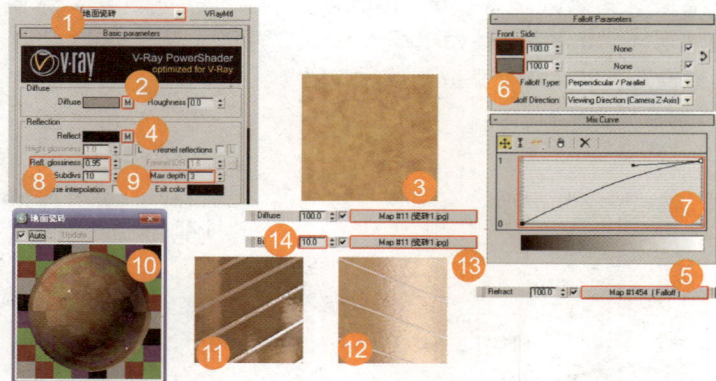

图11-31 创建地面瓷砖材质

地面和墙面都使用这种材质，只是物体的UVW Mapping不同，如图11-32所示。

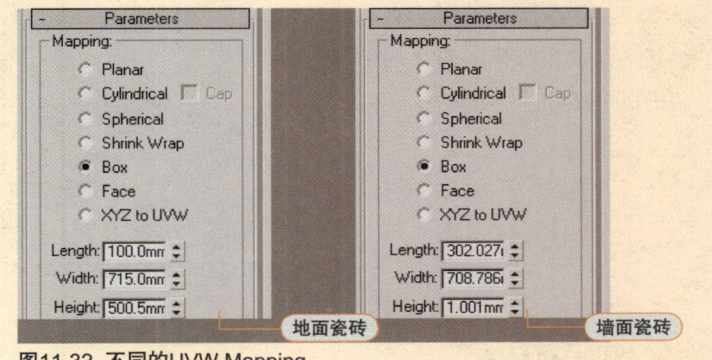

图11-32 不同的UVW Mapping

步骤3 创建瓷器材质

在材质编辑器中选择一个VRay默认材质球，命名为"瓷器"，调节Diffuse漫反射颜色，然后在Reflect通道中加入Falloff（衰减）并调节衰减数值，最后调节Reflection（反射）中数值与细分参数，完成瓷器材质的创建，如图11-33所示。

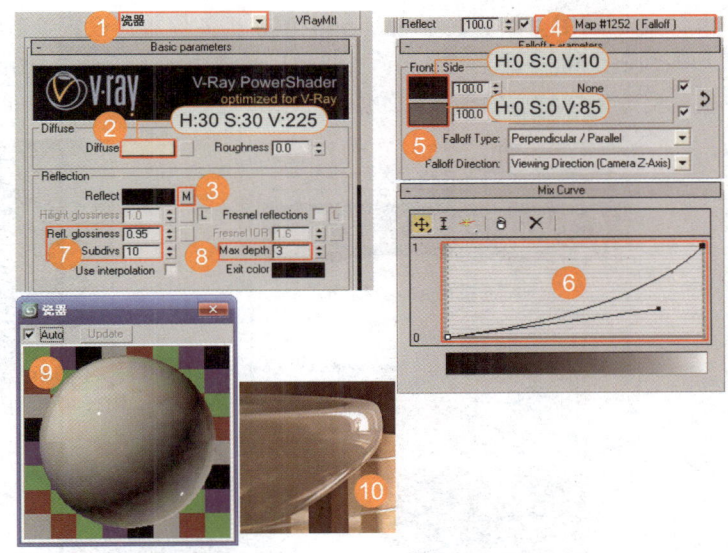

图11-33 创建瓷器材质

步骤4 创建花纹金属漆材质

先在材质编辑器中选择一个VRay默认材质球，命名为"花纹金属漆"，再将VRay的材质类型切换为Blend（混合材质）模式，在Mask（蒙版）通道加入"花纹金属.jpg"贴图，打开子材质"花纹金属"，进行相关参数的设置，最后再打开子材质"花盆"，进行相关参数的设置，完成花纹金属漆材质的调节，如图11-34所示。

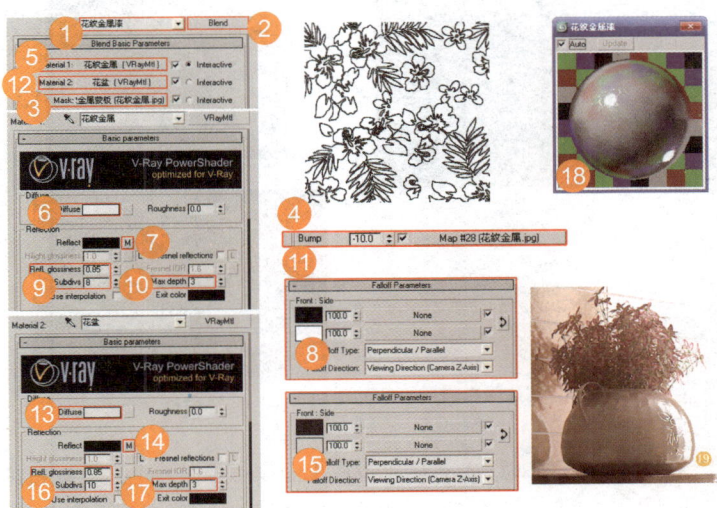

图11-34 创建花纹金属漆材质

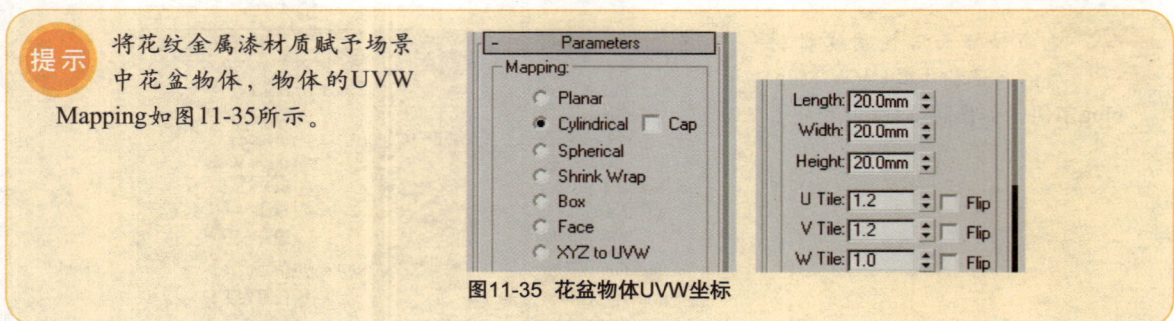

提示 将花纹金属漆材质赋予场景中花盆物体，物体的UVW Mapping如图11-35所示。

图11-35 花盆物体UVW坐标

步骤5 **创建毛巾材质**

在材质编辑器中选择一个VRay默认材质球，命名为"毛巾"，接着在Diffuse通道中添加"毛巾1.jpg"贴图，然后在Reflection中调整相关参数，设置参数值与细分参数，在Options中关闭Trace reflections功能，最后在Bump（凹凸）通道中加入"毛巾1凹凸2.jpg"贴图，调整贴图数值和通道数值，完成毛巾材质的创建，如图11-36所示。

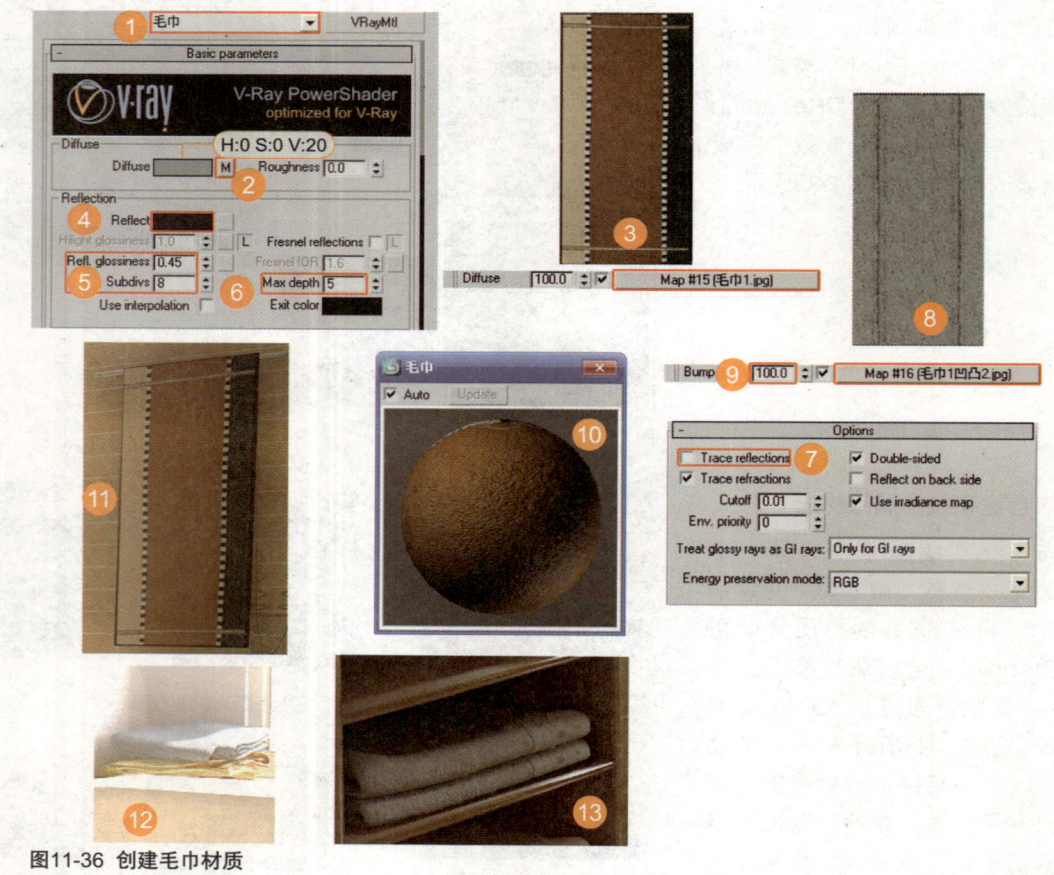

图11-36 创建毛巾材质

提示 1. 场景中还有其他毛巾物体，调节方法与上述大致相同，只是材质有所不同。
2. VRay材质基于真实环境，在VRay材质里有反射物体才会有高光。
3. 在这里关闭了材质的Trace reflections功能，保证毛巾材质既有真实的光感又不影响渲染。

步骤6 创建地毯材质

在材质编辑器中选择一个VRay默认材质球，命名为"地毯"，接着在Diffuse通道中添加"地毯2.jpg"贴图，然后在Bump（凹凸）通道中加入"地毯2凹凸.jpg"贴图，调整贴图数值和通道数值，完成地毯材质的创建，如图11-37所示。

图11-37 创建地毯材质

步骤7 创建纸盒材质

在材质编辑器中选择一个VRay默认材质球，命名为"纸盒"，分别在Diffuse（漫反射）通道、Refl.glossiness（反射光泽度）通道、Bump（凹凸）通道中加入"盒子贴图2.jpg"贴图，调整相应通道数值，完成纸盒材质的创建，如图11-38所示。

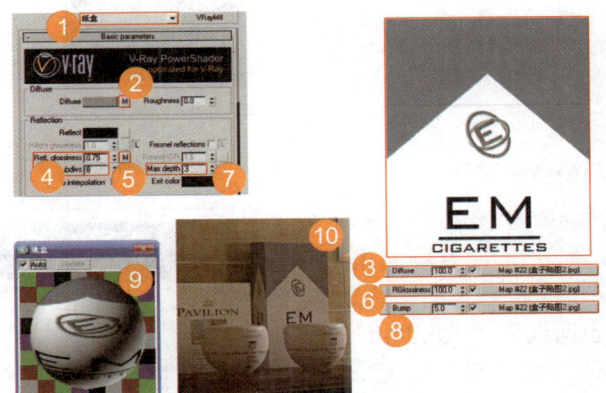

图11-38 创建纸盒材质

步骤8 创建清漆木质

先在材质编辑器中选择一个VRay默认材质球，命名为"清漆木质"，在Diffuse通道中加入"木质.jpg"贴图，然后在Reflect通道中加入Falloff（衰减）并调节衰减数值，再调节Reflection（反射）中的参数值与细分参数，最后在Bump（凹凸）通道中加入"木质.jpg"贴图，调整相应通道数值，完成清漆木质的创建，如图11-39所示。

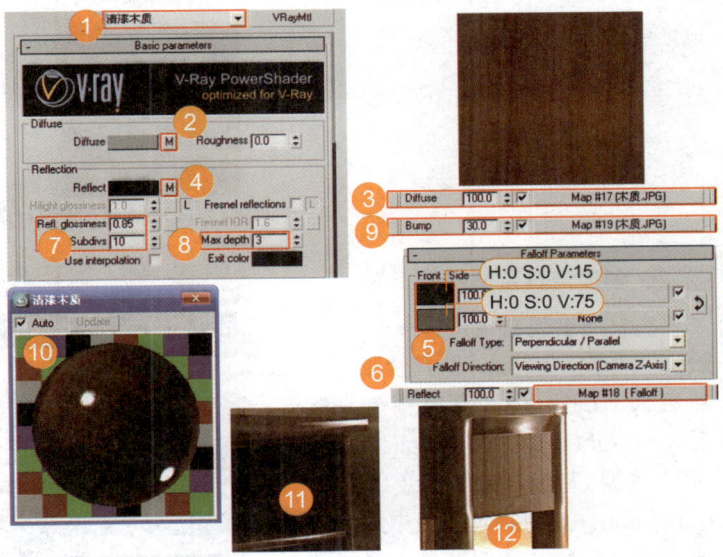

图11-39 创建清漆木质

 提示　材质的Subdivs（细分）参数直接影响渲染效率，这里笔者使用的材质品质是中档再往下一些，如果读者想要高品质清漆木质可以将Subdivs（细分）值调高，但一般不要超过25。

步骤9 创建镜子木质

在材质编辑器中选择一个VRay默认材质球，命名为"镜子"，然后在Diffuse选项组中设置颜色，接着在Reflection选项组中调节相应参数，完成镜子材质的调节，如图11-40所示。

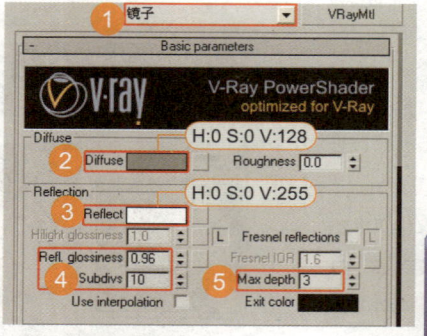

图11-40 创建镜子木质

步骤10 创建镜框金属材质

在材质编辑器中选择一个VRay默认材质球，命名为"镜框金属"，调节Diffuse漫反射颜色，然后在Reflect通道中加入Falloff（衰减）并调节衰减数值，最后调节Reflection中的参数值与细分参数，完成镜框金属材质的创建，如图11-41所示。

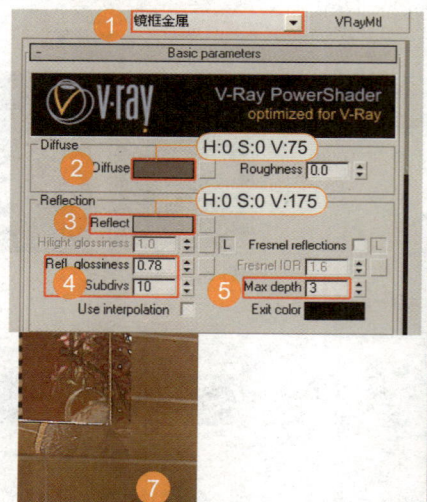

图11-41 创建镜子金属材质

步骤11 创建洁具金属材质

在材质编辑器中选择一个VRay默认材质球，命名为"洁具金属"，然后调节Diffuse漫反射颜色，然后在Reflect通道中加入Falloff（衰减）并调节衰减数值，最后调节Reflection（反射）选项组中的参数值与细分参数，完成洁具金属材质的创建，如图11-42所示。

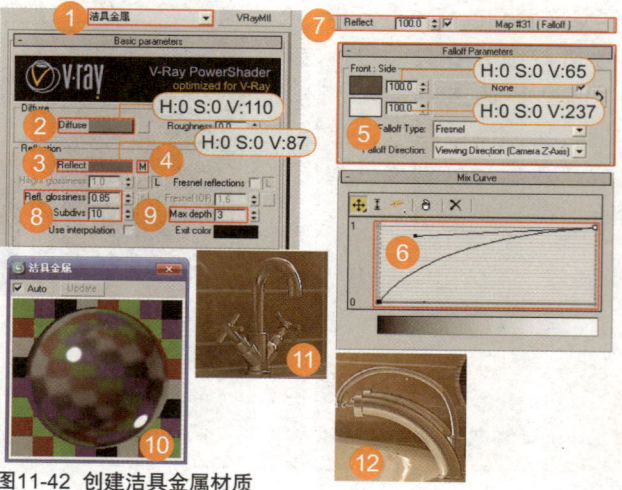

图11-42 创建洁具金属材质

步骤 12 创建壁灯玻璃材质

在材质编辑器中选择一个VRay默认材质球，命名为"壁灯玻璃"．然后分别调整灯玻璃材质的Diffuse（漫反射）、Reflection（反射）和Refraction（折射）选项组中的相关参数，如图11-43所示。

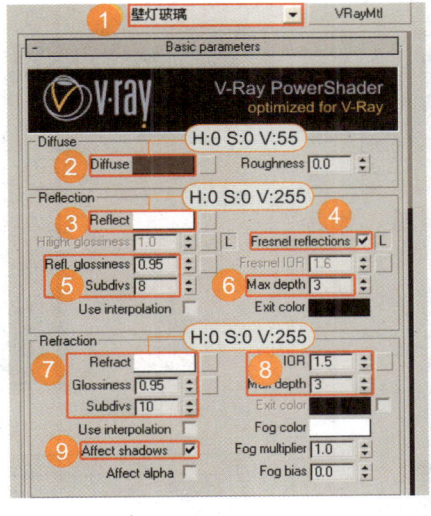

图11-43 创建壁灯玻璃材质

步骤 13 创建藤壶材质

在材质编辑器中选择一个VRay默认材质球，命名为"藤壶"，在Diffuse通道中加入"藤条2.jpg"贴图，然后调节Reflection（反射）选项组中的参数值与细分参数，最后在Bump（凹凸）通道中加入"藤条2凹凸.jpg"贴图，调整凹凸通道数值，完成藤壶材质的创建，如图11-44所示。

图11-44 创建藤壶材质

步骤 14 创建花材质

在材质编辑器中选择一个VRay默认材质球，命名为"花"，在Diffuse通道中加入"花.jpg"贴图，然后设置Refraction（折射）选项组中的参数值与细分参数，最后在Bump（凹凸）通道中加入"花凹凸.jpg"贴图，调整凹凸通道数值，完成花材质的创建，如图11-45所示。

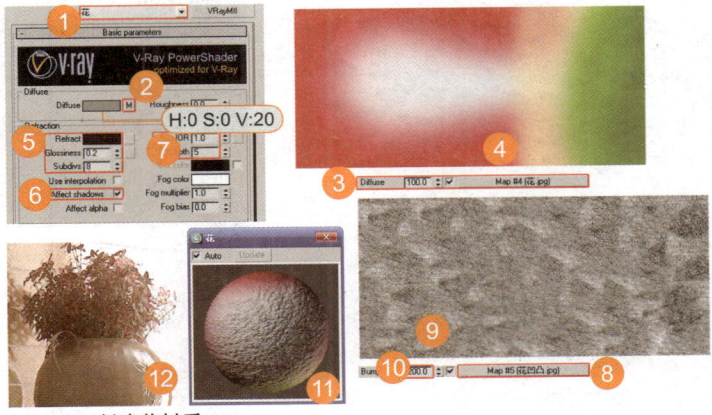

图11-45 创建花材质

步骤15 创建花盆材质

在材质编辑器中选择一个VRay默认材质球，命名为"花盆"，在Diffuse通道中加入"花盆.jpg"贴图，然后调节Reflection（反射）选项组中的参数值与细分参数，最后在Bump（凹凸）通道中加入"花盆凹凸.jpg"贴图，调整凹凸通道参数值，完成花盆材质的创建，如图11-46所示。

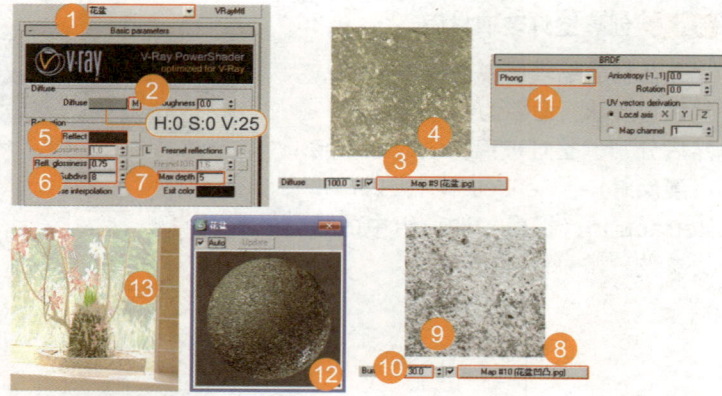

图11-46 创建花盆材质

步骤16 设置VRay通用参数

按快捷键F10，选择VRay渲染选项卡，接着展开VRay Global Switches（通用参数）卷展栏，然后关闭场景的Default lights（默认灯光）功能，最后在Materials（材质）选项组中勾选Reflection/refraction（反射/折射）、Maps（贴图）和Glossy effects（光泽度效果），完成参数的设置，如图11-47所示。

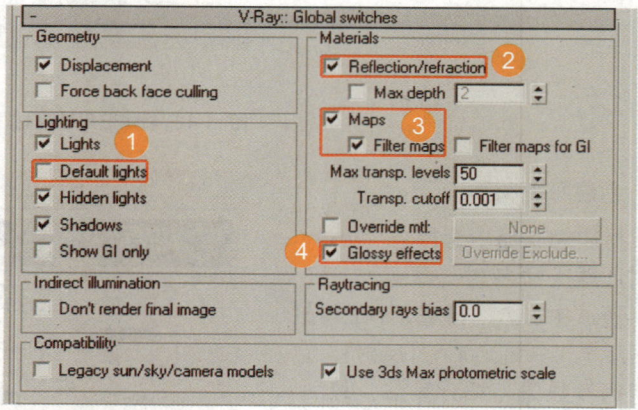

图11-47 设置通用参数

步骤17 查看赋予好的材质

切换为设置好的摄影机视口，按快捷键Shift+Q，查看赋予好的材质，如图11-48所示。

图11-48 查看赋予好的材质

> **本节小结：** 以上就是浴室空间材质的具体调节过程，本节主要讲述了花卉、浴巾、花纹金属漆、藤壶、洁具瓷器等浴室常用材质的调节方法，希望读者能熟练掌握，并运用所学知识调节场景其他相似材质。

11.3 VRay高级渲染设置

本节要点: 本节重点复习渲染室内场景时使用VRay全局照明引擎中Irradiance Map与Light Cache测试场景的方法,并且配合其他涉及到的主要渲染面板,共同创建阳光浴室全局光照效果。

步骤 1 修改VRay通用参数

切换到VRay渲染选项卡,展开VRay Global switches(通用参数)卷展栏,然后取消勾选Glossy effects(光泽度效果)复选框,最后将Raytracing(光线跟踪)的Secondary rays bias(二级射线偏移)参数设置为0.01,如图11-49所示。

图11-49 修改通用参数面板的参数

步骤 2 设置VRay图像采样参数

展开VRay Image sampler [Antialiasing](图像采样)卷展栏,然后在Image sampler对话框中Type(类型)右侧的下拉列表中选择Fixed(固定比采样器),关闭Antialiasing filter(抗锯齿过滤)功能,最后展开VRay Fixed image sampler(固定比采样)卷展栏,并将Subdivs(细分)参数设置为1,如图11-50所示。

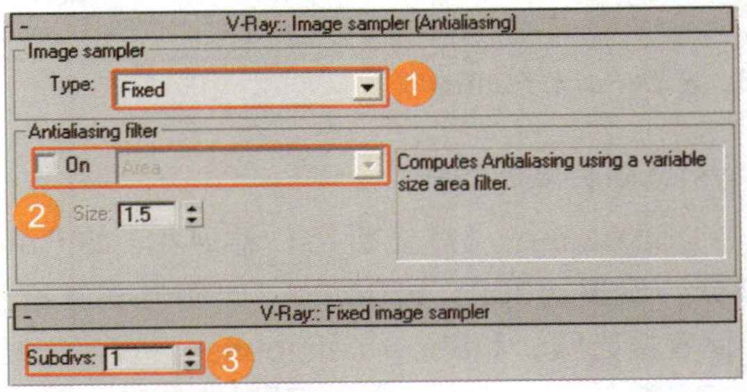

图11-50 图像采样面板的参数

步骤 3 设置VRay间接光照参数

展开VRay Indirect Illumination,卷展栏,勾选On复选框,开启VRay间接光照,最后在Secondary bounces(二级反弹)的GI engine(全局光照引擎)中右侧的下拉列表中选择Light cache(灯光缓存)渲染引擎,如图11-51所示。

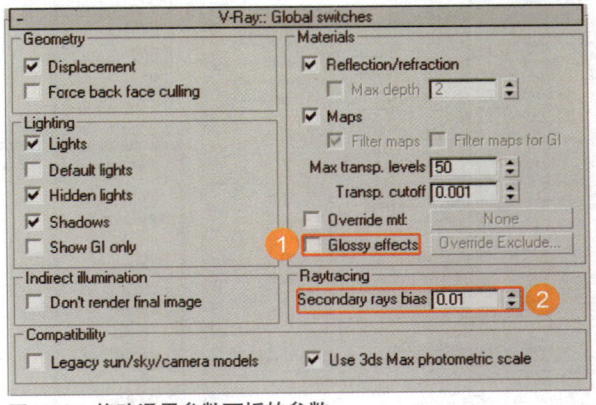

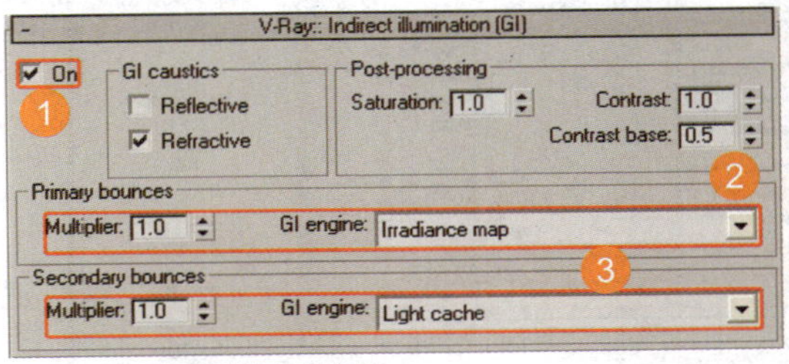

图11-51 设置间接光照参数

步骤4 设置VRay光子贴图参数

　　展开VRay Irradiance map光子贴图面板，在Built-in presets（内置预设）的Current preset（当前预设置）右侧下拉列表中选择Custom（自定义），然后在Basic parameters（基本参数）中分别设置Min rate（最小半径）、Max rate（最大半径）、HSph.subdivs（半球细分）参数和Interp.samples（插值采样）参数，再勾选Options（属性）选项组中的Show calc.phase（显示光能进程）复选框，最后在Mode（模式）中选择Single frame（单帧）模式，在On render end中勾选Auto save（自动保存）复选框，单击Browse（浏览）按钮，在弹出的对话框中命名并保存，将光子贴图文件保存到阳光浴室空间文件的根目录里，如图11-52所示。

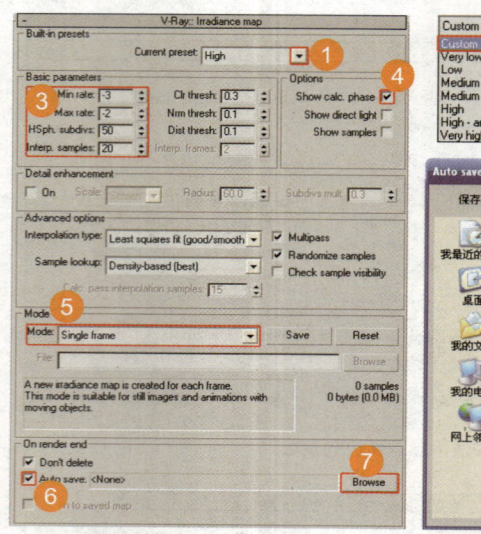
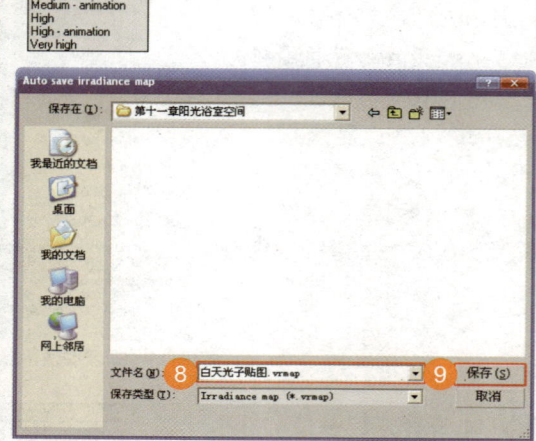

图11-52 设置VRay光子贴图参数

步骤5 设置VRay灯光缓存贴图参数

　　展开VRay Light cache（灯光缓存）卷展栏，在Calculation parameters（计算参数）中将Subdivs（细分）设置为300，将Scale（比例方式）设置为Screen（屏幕），分别勾选Store direct light（存储直接光照）和Show calc.phase（显示光能进程）复选框，然后在Reconstruction parameters（重建参数）中勾选Pre-filter（预过滤）复选框，在Filter（过滤器）右侧下拉列表中选择Nearest（临近）方式，最后在Mode（模式）中选择Single frame（单帧）模式，在On render end中勾选Auto save（自动保存）复选框，单击Browse（浏览）按钮，在弹出的对话框中命名并保存，将灯光缓存贴图文件保存到阳光浴室空间文件的根目录里，如图11-53所示。

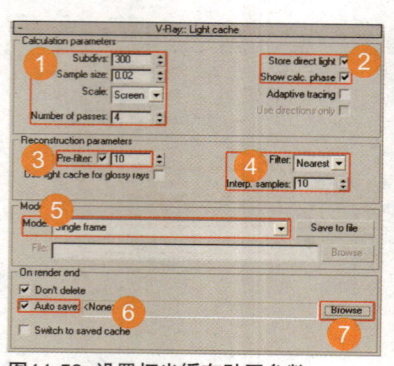
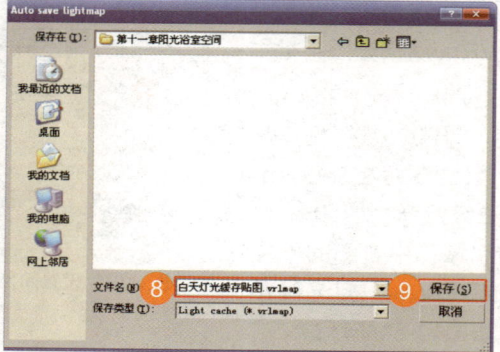

图11-53 设置灯光缓存贴图参数

步骤6 设置VRay环境贴图参数

展开VRay Environment（环境贴图）卷展栏，在GI Environment［skylight］override（全局光照明环境）选项组中开启天光，将天空光的颜色设置为H：155，S：80，V：255，如图11-54所示。

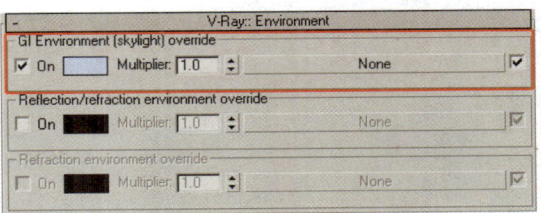

图11-54 设置VRay环境贴图参数

步骤7 设置VRay色彩贴图参数

展开VRay Color mapping（色彩贴图）卷展栏，然后在Type（类型）中选择Linear multiply（线性指数）并设置Gamma（伽玛值）参数，最后完成色彩贴图参数的设置，如图11-55所示。

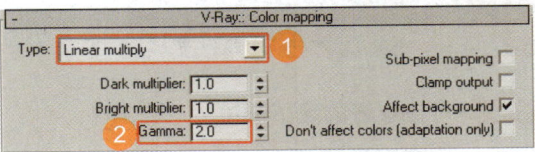

图11-55 设置VRay色彩贴图参数

步骤8 设置VRay准蒙特卡罗采样参数

展开VRay rQMC sampler（准蒙特卡罗采样）卷展栏，将Adaptive amount（自适应数量）设置为1，将Noise threshold（噪波阈值）设置为0.2，Min samples（最小采样值）设置为8，将Global subdivs multiplier（全局细分倍增）设置为0.8，完成准蒙特卡罗采样参数设置，如图11-56所示。

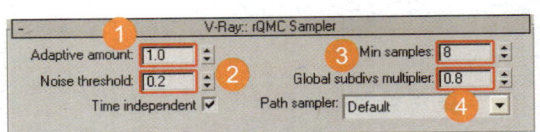

图11-56 设置准蒙特卡罗采样参数

步骤9 设置VRay系统参数

展开VRay System系统参数卷展栏，将Raycaster params（光线投射参数）选项组中的Max.tree depth（最大树深度）设置为90，然后将Render region division（渲染区域划分参数）选项组中的X和Y方向的渲染区域均设置为64，在region sequence（区域方式）右侧的下拉列表中选择Top->Bottom（从上到下）的渲染方式，最后再勾选启用Miscellaneous options（多样属性）中的MAX-compatible ShadeContext（work in camera space）（贴图类型兼容性）功能，完成VRay系统参数的设置，如图11-57所示。

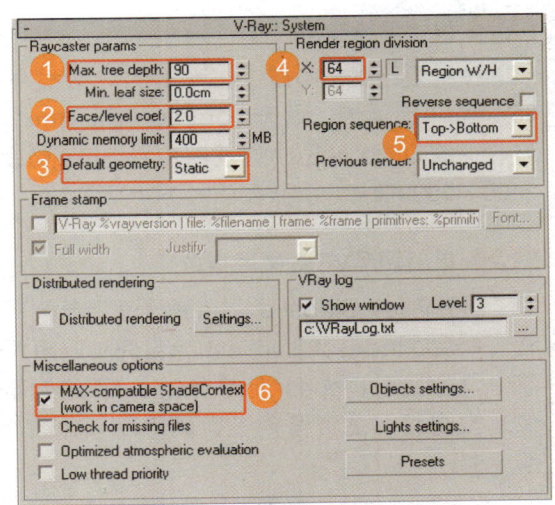

图11-57 设置VRay系统参数面板

本节小结：通过对阳光浴室空间的预渲染设置，我们重点复习了场景预渲染前渲染面板的设置流程，希望读者复习的同时能加深对预渲染设置的理解，提高模型预渲染的制作效率。

11.4 对场景进行全局光测试和调整

> **本节要点**：本节重点讲解的是，如何对场景进行测试渲染，如何对VRay渲染参数进行再调节，如何针对满意的全局光照预存最终渲染光子文件和灯光缓存文件，如何对阳光浴室场景进行最终的渲染设置。

步骤 1 对设置好的场景测试

切换为摄影机视口，按快捷键Shift+Q，对场景光线进行第一次测试，最后测试结果如图11-58所示。

> **提示** 通过测试，我们得到了需要的光线，因为前期的光线测试不需要太高的图像品质，所以为了节约渲染时间，在前期的测试中不需要调高VRay准蒙特卡罗采样参数。

图11-58 光线测试结果

步骤 2 设置渲染输出尺寸

按键盘上的F10键，在弹出的对话框中选择Common选项卡，展开Common Parameters卷展栏，在Output Size选项组中将渲染图像设置为2400×1800像素，参数如图11-59所示。

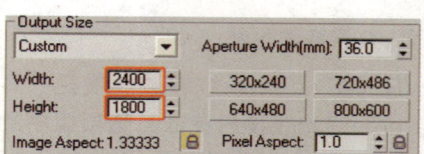

图11-59 设置渲染输出尺寸

步骤 3 重新调节VRay通用参数

展开VRay Global switches（通用参数）卷展栏，然后在Indirect illumination（间接照明）选项组中勾选Don´t render final image（不渲染最终图像）复选框，完成通用参数的修改，如图11-60所示。

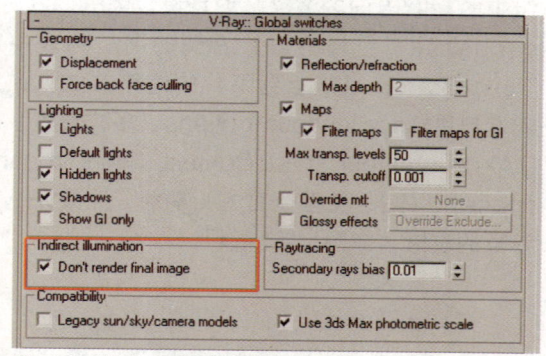

图11-60 修改通用参数面板

> **提示** 1.为了提高大像素图像的出图效率，我们事先渲染大像素图像的光子贴图和灯光缓存贴图。
> 2.渲染完光子贴图和灯光缓存贴图后要取消该选择，否则渲染出来的是黑色的图像。

步骤4 重新调节VRay光子贴图参数

展开VRay Irradiance map（光子贴图）卷展栏，重新设置Basic parameters（基本参数）选项组，在Mode（模式）中选择Single frame（单帧）模式，然后在On render end（在渲染之后）选项组中勾选Switch to saved map（自动载入保存贴图）复选框，完成光子贴图参数的调节，如图11-61所示。

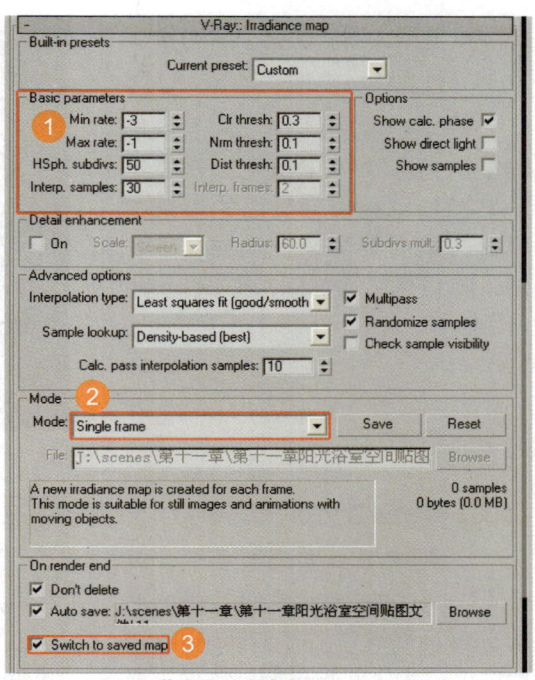

图11-61 重新调节光子贴图参数

步骤5 重新调节VRay灯光缓存参数

展开VRay Light cache（灯光缓存）卷展栏，在Calculation parameters（计算参数）中将Subdivs（细分）参数设置为1500，然后在Mode（模式）中选择Single frame（单帧）模式，最后在On render end（在渲染之后）复选框中勾选Switch to saved cache（自动载入保存贴图）复选框，完成灯光缓存参数的调节，如图11-62所示。

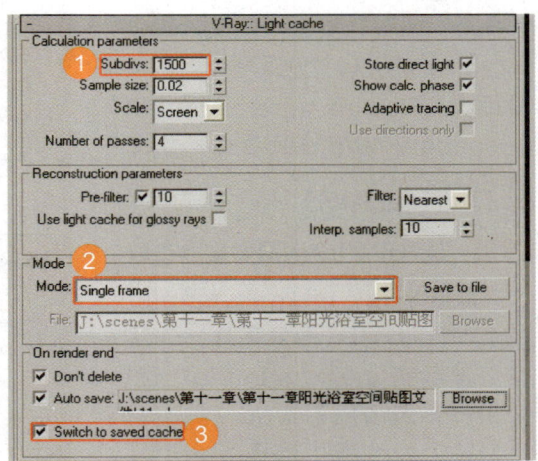

图11-62 重新调节灯光缓存参数

步骤6 重新设置VRay准蒙特卡罗采样参数

展开VRay rQMC Sampler（准蒙特卡罗采样）卷展栏，将Adaptive amount（自适应数量）设置为0.85，然后将Noise threshold（噪波阈值）设置为0.001，调整Min samples（最小采样值）为10，再将Global subdivs multiplier（全局细分倍增）设置为1.0，如图11-63所示。

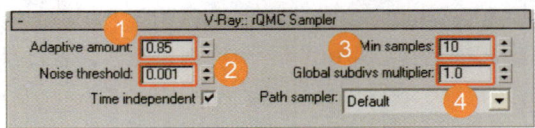

图11-63 重新设置准蒙特卡罗采样参数

步骤 7 渲染大图像的光子贴图和
　　　灯光缓存贴图

　　先切换到摄影机视口，按快捷键Shift+Q，对场景进行大图像光子贴图和灯光缓存贴图的渲染，大家可以看到渲染的进程，经过渲染我们得到测试效果如图11-64所示。

图11-64　渲染大图像的光子贴图和灯光缓存贴图

步骤 8 最终设置VRay通用参数

　　切换到VRay渲染选项卡，展开VRay Global switches（VRay通用参数）卷展栏，然后在Indirect illumination（间接照明）选项组中取消勾选Don't render final image复选框，恢复渲染最终图像，再勾选Glossy effects（光泽度效果），最后检查Default lights、Maps和Secondary rays bias参数，如图11-65所示。

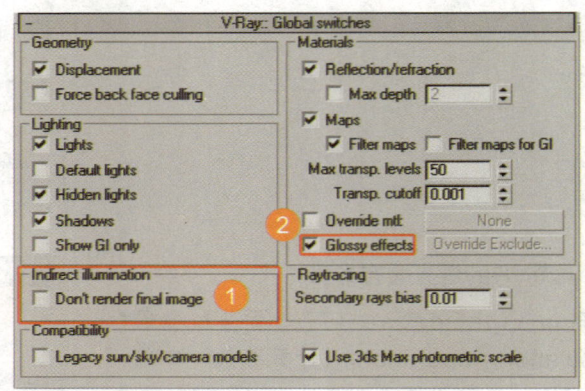

图11-65　最终设置通用参数

步骤 9 最终设置VRay图像采样参数

　　展开VRay Image sampler [Antialiasing]（图像采样）卷展栏，然后在Image sampler（图像采样）选项组的Type（类型）右侧的下拉列表中选择Adaptive subdivision（自适应细分采样），接着在Antialiasing filter（抗锯齿过滤）中选择Catmull-Rom抗锯齿过滤方式，最后展开VRay Adaptive subdivision image sampler（自适应细分采样）卷展栏，并保持默认设置，如图11-66所示。

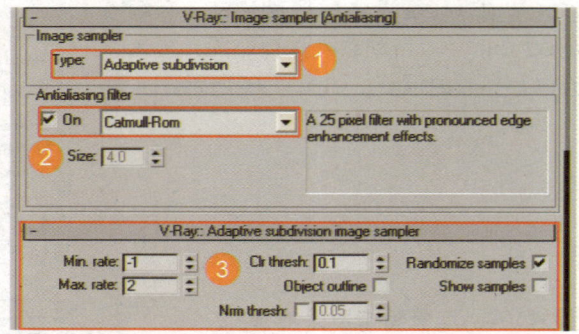

图11-66　最终设置图像采样参数

步骤 10 **检查是否载入光子贴图和灯光缓存贴图**

展开VRay Irradiance map（光子贴图）卷展栏，确认Mode（模式）中选择的是From file（载入）模式，如图11-67所示。

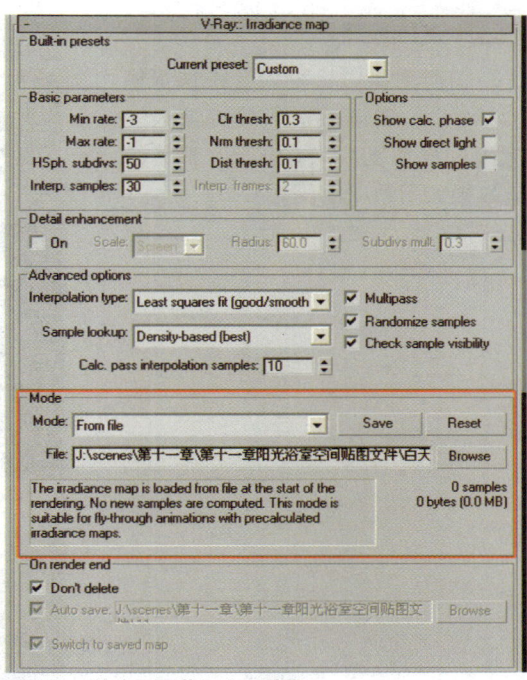

图11-67 检查是否载入光子贴图

然后再展开VRay Light cache（灯光缓存）卷展栏，最后确认Mode（模式）中选择的是From file（载入）模式，如图11-68所示。

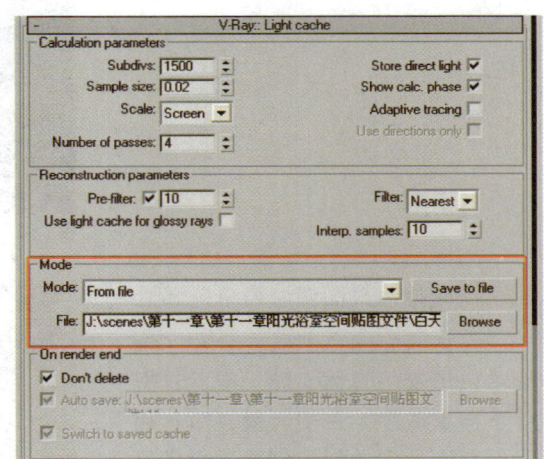

图11-68 检查是否载入灯光缓存贴图

步骤 11 **最终设置VRay系统参数**

展开VRay System（系统参数）卷展栏，将Render region division（渲染区域划分参数）中的X和Y方向的渲染区域均设置为128，最后确认Region sequence（区域方式）是Top-> Bottom（从上到下）的区域方式，如图11-69所示。

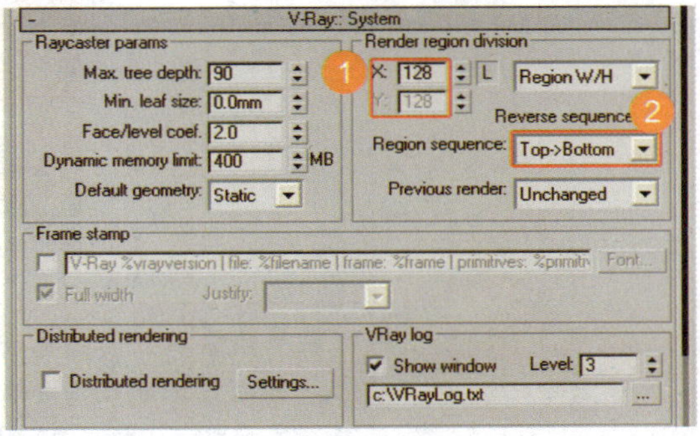

图11-69 最终设置系统参数

步骤12 **渲染最终场景**

　　切换为摄影机视口，按快捷键 Shift＋Q，对场景进行最终渲染，渲染过程如图11-70所示，最终渲染效果如图11-71所示。

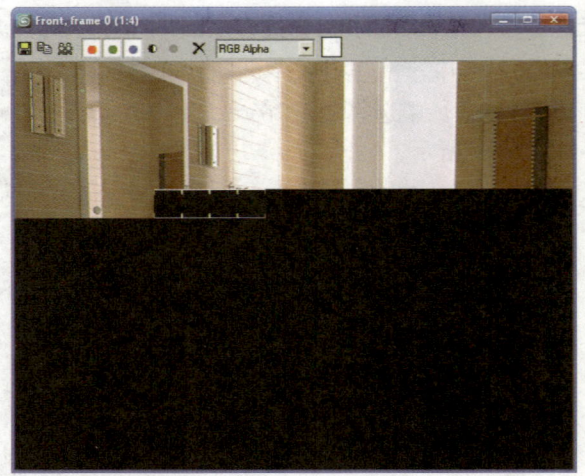

图11-70 最终渲染过程

图11-71 最终渲染效果

步骤13 **根据渲染图像渲染单色场景**

　　因为前面的章节已经介绍了渲染单色场景的具体步骤，因此这里就不再重叙了，希望大家可以运用我们前面学到的知识创建这个场景的单色图，效果如图11-72所示。

图11-72 渲染单色场景

▶ **本节小结:** 以上先对调整渲染参数的场景进行全局光测试与再调节的过程，接着调节了最终渲染设置和为了后期所准备的相应工作，大家可以根据自己的硬件配置在图像品质的调节上有些参数的设置并从中分析出适合自己的作图方法与方式。

11.5 后期处理渲染完成的图像

本节要点：本节重点复习如何使用Adobe Photoshop CS3后期处理软件里的通道、单色图像、柔光、高斯模糊、USM锐化、智能锐化等修改命令调节阳光浴室输出图像，从而更加丰富我们渲染的输出图像。

步骤1　打开渲染好的渲染图像

先在Photoshop里打开配套光盘"scenes\第十一章\第十一章后期文件\阳光浴室后期.psd"文件，然后按快捷键Ctrl+J复制背景图像，并命名为"调节层"，最后为了方便以后的编辑将背景图层关闭，如图11-73所示。

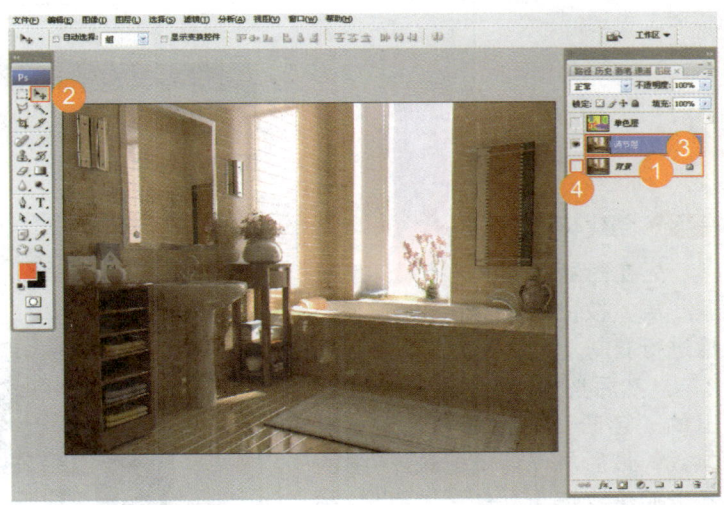

图11-73　创建调节层

步骤2　创建环境配景1

先在通道列表中选择"Alpha1"层，按住Ctrl键同时单击通道缩览图得到选区，然后按快捷键Ctrl+I，反选得到窗口选区，如图11-74所示。

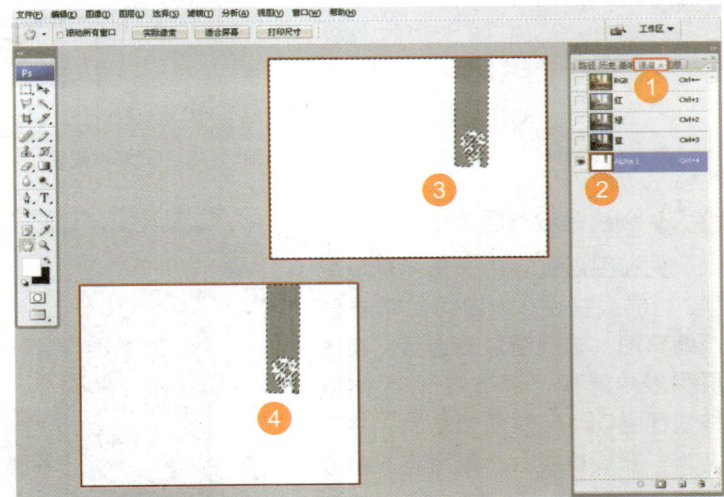

图11-74　创建选区

再切换到图层列表，打开配套光盘"scenes\第十一章\第十一章后期文件\后期配景.tif"文件，按快捷键Ctrl+C复制配景文件，再按快捷键Ctrl+Shift+V粘贴到窗口选区里，按Ctrl+T对图像进行自由变换调整，最后命名为"环境配景"，如图11-75所示。

图11-75 编辑环境配景1

步骤3 创建环境配景2

先在图层列表中选择"环境配景"层，按快捷键Ctrl+J对配景图像进行复制，并命名为"环境配景2"，然后按快捷键Ctr+L，在弹出的"色阶"对话框中设置相应参数，最后将"环境配景2"层的不透明度降低为45%，如图11-76所示。

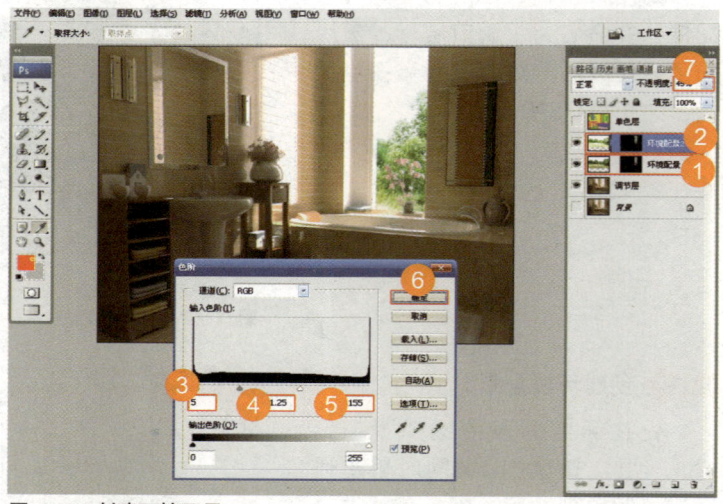

图11-76 创建环境配景2

步骤4 创建窗玻璃层

先在图层列表中选择"环境配景2"层，按住Ctrl键同时单击蒙版缩览图，选择窗玻璃选区，在图层列表中选择"调节层"，然后按快捷键Ctrl+J对图像复制，并命名为"窗玻璃层"，最后将"窗玻璃层"拖放到"环境配景2"的上层，如图11-77所示。

图11-77 创建窗玻璃层

步骤5 创建合并层

先选择图层列表里的"窗玻璃"层，按快捷键Alt+Ctrl+Shif+E合并其他已经调节完毕的图层，然后命名为"合并层"，最后再观察分析"合并层"的光线，发现整体图像的整体色彩有些偏灰，如图11-78所示。

图11-78 创建合并层

步骤6 创建柔光层

选择图层列表里的"合并层"，按快捷键Ctrl+J复制出一个新层，然后命名为"柔光层"，最后在图层面板上"正常"右边的下拉菜单中选择"柔光"，如图11-79所示。

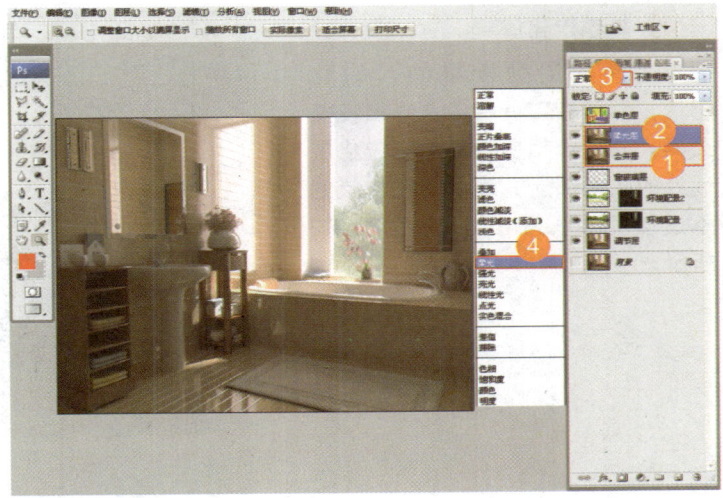

图11-79 创建柔光层

步骤7 调节柔光层

先在图层列表中选择"柔光层"，执行菜单栏中的"滤镜>模糊>高斯模糊"命令，然后在弹出的"高斯模糊"对话框中设置高斯模糊参数，最后将柔光层的不透明度降低为50%，如图11-80所示。

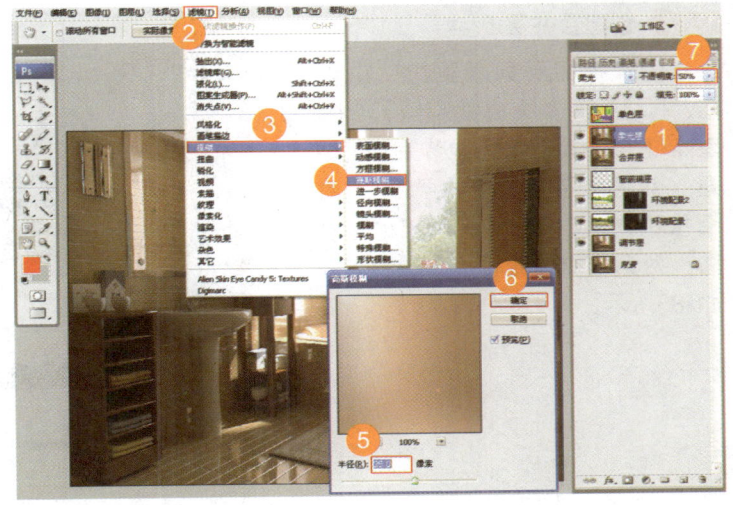

图11-80 调节柔光层

步骤8 创建锐化层

先选择图层列表里的"柔光层"，按快捷键Alt+Ctrl+Shif+ E创建一个新层，命名为"锐化层"，然后执行菜单栏中的"滤镜 > 锐化 >智能锐化"命令，在弹出的"智能锐化"对话框中设置锐化参数，如图11-81所示。

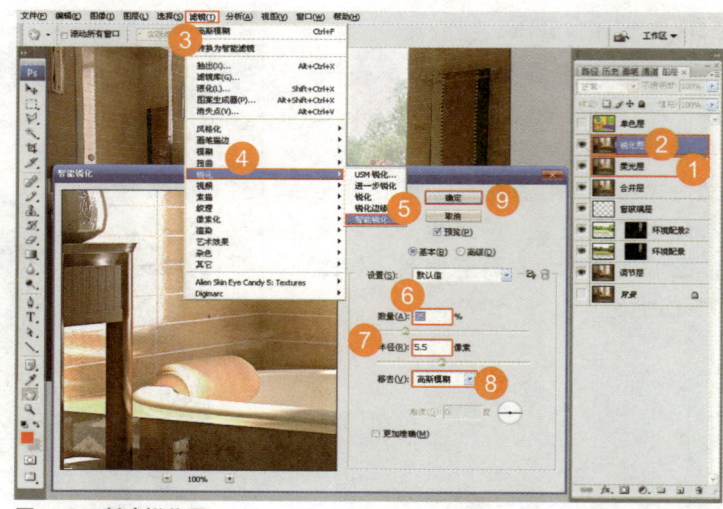

图11-81 创建锐化层

步骤9 编辑锐化层

选择图层列表里的"锐化层"，然后在工具栏中选择橡皮擦工具，并调节相应参数，将锐化层远处的图像擦淡，最后将锐化层的不透明度降低为85%，如图11-82所示。

图11-82 编辑锐化层

步骤10 创建合并层2

先选择图层列表里的"锐化层"，接着按快捷键Alt＋Ctrl＋Shif＋E合并其他已经调节完毕的图层，然后命名为"合并层2"，最后按快捷键Ctrl+L，在弹出的"色阶"对话框中设置相应参数，如图11-83所示。

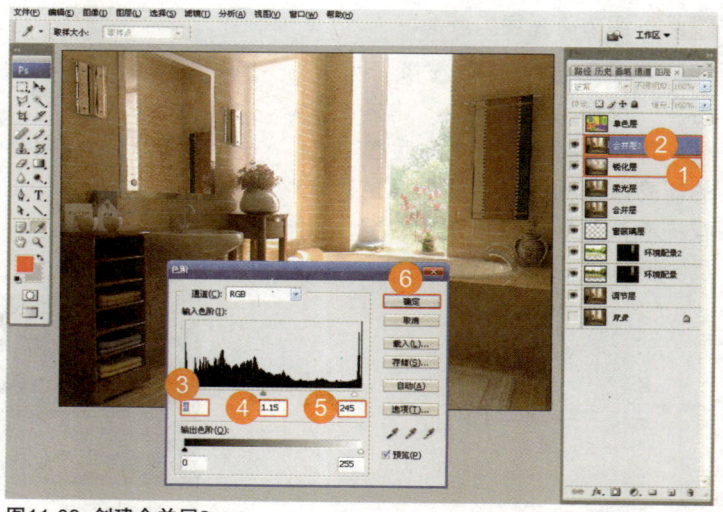

图11-83 创建合并层2

步骤11 创建主要物体锐化层

选择图层列表里的"单色层"，在工具栏选择魔棒工具，选择图像前景物体选区，然后关闭"单色层"，选择"合并层2"，按快捷键Ctrl+J复制出一个新层，并命名为"主要物体锐化层"，如图11-84所示。

图11-84 创建主要物体锐化层

步骤12 编辑主要物体锐化层

选择图层列表里的"主要物体锐化层"，选择菜单栏中的"滤镜>锐化>USM锐化"命令，然后在弹出的"USM锐化"对话框中设置锐化参数，如图11-85所示。

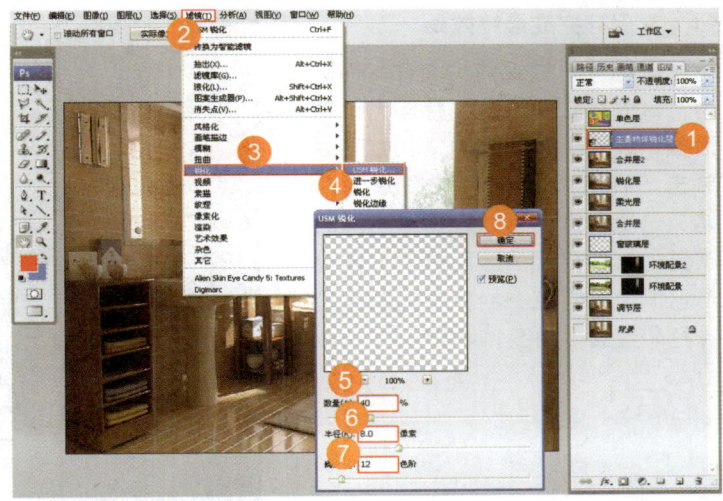

图11-85 编辑主要物体锐化层

步骤13 创建并编辑金属层

选择"单色层"，再选择魔棒工具，选择图像的金属选区，然后关闭"单色层"，选择"合并层2"，按快捷键Ctrl+J复制出一个新层，命名为"金属层"。选择"金属层"，按快捷键Ctrl+L，在弹出的"色阶"对话框中设置相应参数，如图11-86所示。

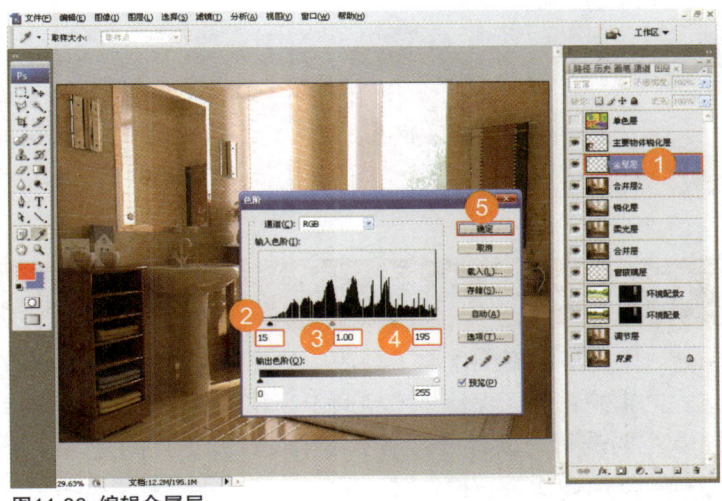

图11-86 编辑金属层

步骤14 最终合并调节好的图像

选择图层列表里的"主要物体锐化层",按快捷键Alt＋Ctrl＋Shif＋E最终合并所有图层,命名为"最终合并层",如图11-87所示。

图11-87 最终合并调节好的图像

步骤15 保存完成最终效果

执行菜单栏中的"文件＞存储为"命令,在弹出的"存储为"对话框中设置保存图片的格式,然后单击"保存"按钮完成图片的存储。这里大家还可以根据对空间的感觉,塑造自己的版面风格,体现自己的设计特点,给完成的图像设计打印版面,如图11-88所示。

图11-88 最终完成效果

本节小结: 写到这里,阳光浴室空间的后期制作已经全部完成了,主要是针对室内后期处理的方法进行了复习,需要读者掌握室内后期编辑中亮度与对比度、背景添加、图像色阶调整、柔光调节、输出图像类型等主要步骤的制作方法与运用,最后通过总结与分析,形成自己的后期制作过程和制作方法。

11.6 本章小结

阳光浴室案例体现了舒适、美观和方便的特点,为了更好的通风,我们采用了一个开放式的窗户;为了保持浴室空间干爽和易清洁的要求,我们采用了防滑瓷砖;在制作上,这一章主要是帮助读者进行所学室内设计知识点的复习,帮助读者更进一步掌握场景的创作流程,最后由于编辑稿件时间紧,操作过程中难免有不足之处,希望读者不吝赐教。

教你提高室内设计制作效率

附录1. 如何在AutoCAD中打印大像素图片文件

本节重点讲解如何在AutoCAD中打印大像素图片文件以及大像素图像在室内设计中的运用。

步骤1 打开方案图，创建绘图仪
管理器

执行"文件>打开"命令，打
开配套光盘scenes\附录\Cad文件
\打印Cad文件1.dwg，执行"文件
>绘图仪管理器"命令，在弹出来
的对话框中选择添加绘图仪向导，
如附图1-1所示，接着在向导对话
框中设置相应参数，如附图1-2、
附图1-3所示，最后单击"完成"
按钮，完成绘图仪的创建，如附图
1-4所示。

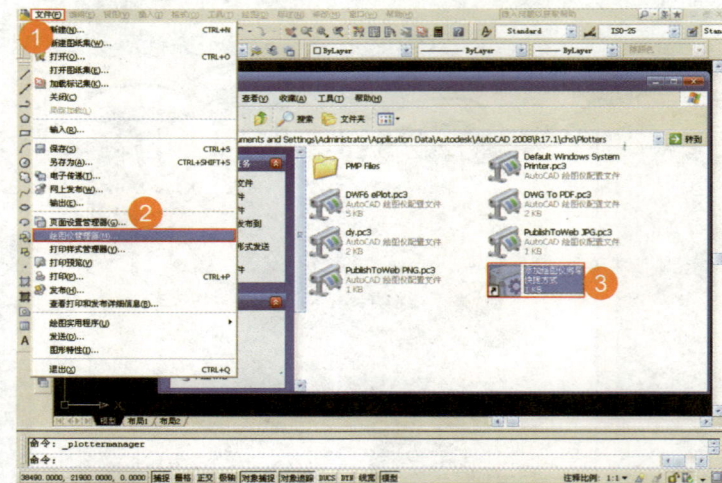

附图1-1 选择添加绘图仪向导

提示 1. 一般打印使用的是某品牌打印机端口，这次我们设置的是本机打印，也就说直接从CAD打印到我们使用的电脑硬盘里。
2. 一般需要在CAD中打印大像素图像时，为了提高制作效率应该先设置相应的绘图仪端口。

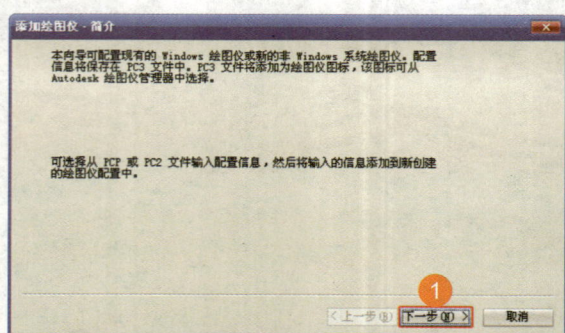

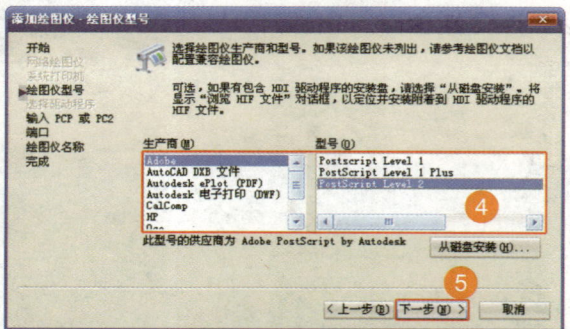

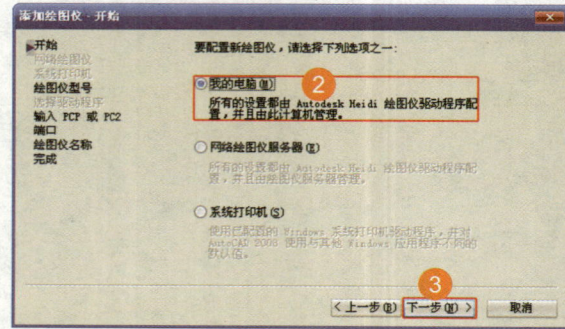

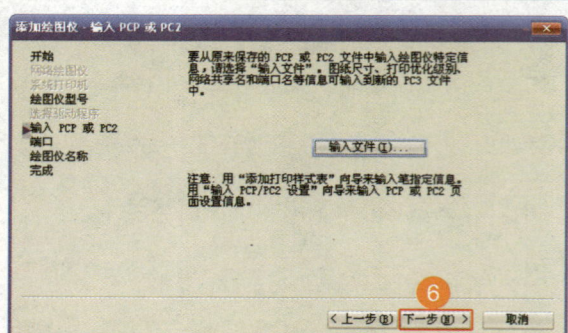

附图1-2 设置向导对话框1　　　　　　附图1-3 设置向导对话框2

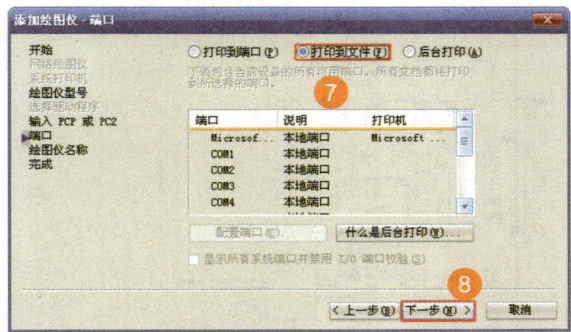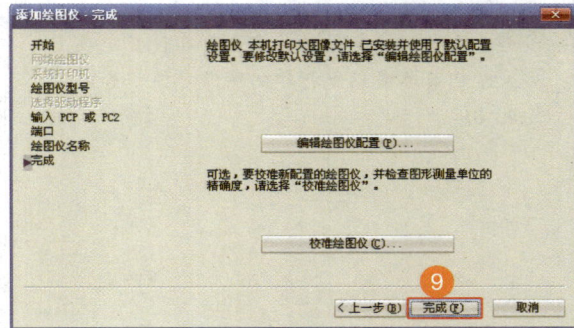

附图1-4 设置向导对话框3

步骤 2 创建页面设置管理器

执行"文件 > 页面设置管理器"命令,在弹出来的对话框中创建新的页面设置,如附图1-5所示。接着在页面设置面板选择刚创建的绘图仪,设置打印的图纸大小、打印范围,单击"确定"按钮完成页面设计的编辑,最后在页面设置管理器对话框中将本机打印设置为"置为当前",单击"关闭"按钮完成页面设置,如附图1-6所示。

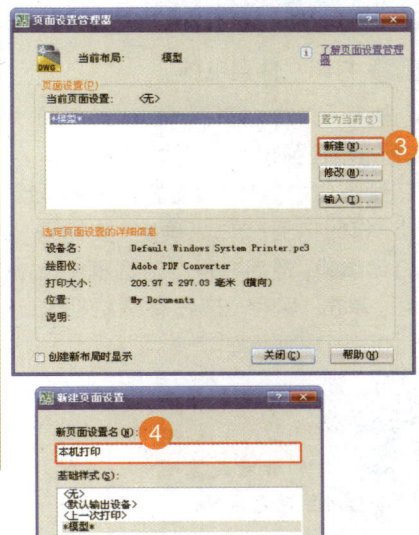

附图1-5 新建页面设置管理器

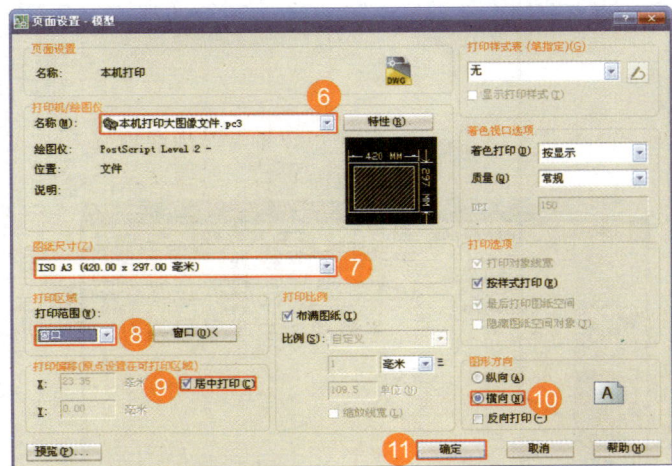

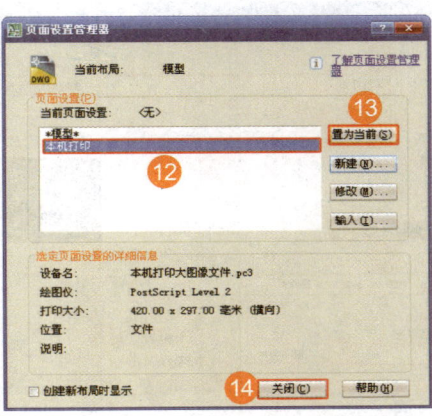

附图1-6 设置页面设置管理器

> **提示** 为了提高打印的效率在页面设置中我们要养成预览打印的图像习惯，如附图1-8所示。

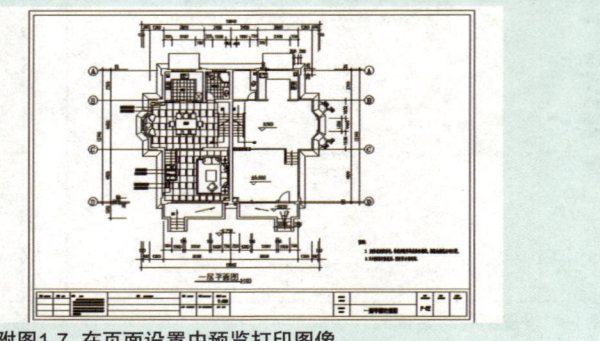

附图1-7 在页面设置中预览打印图像

步骤3 打印文件到电脑

执行"文件>打印"命令，如附图1-8所示，在弹出来的对话框中检查打印绘图仪的选择，设置打印的图纸大小、打印范围，单击"确定"按钮完成打印编辑，最后在保存对话框中设置后，单击"保存"按钮存储打印文件，如附图1-9所示。

> **提示** 文件的图像是.eps格式，图片的背景是透明的，方便今后对图像再编辑。

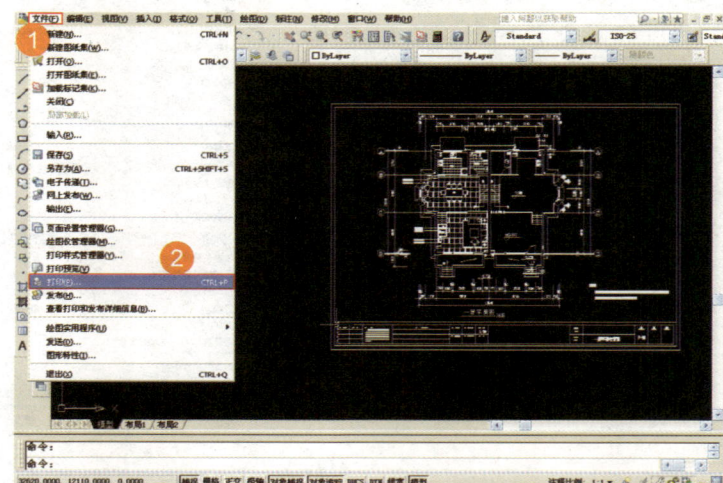

附图1-8 选择打印命令

> **提示** 1.前面我们细致地设置了打印页面，这里我们直接选择设置好的页面设置选项提高打印效率。
> 2.CAD中打印的快捷键是Ctrl+P键。

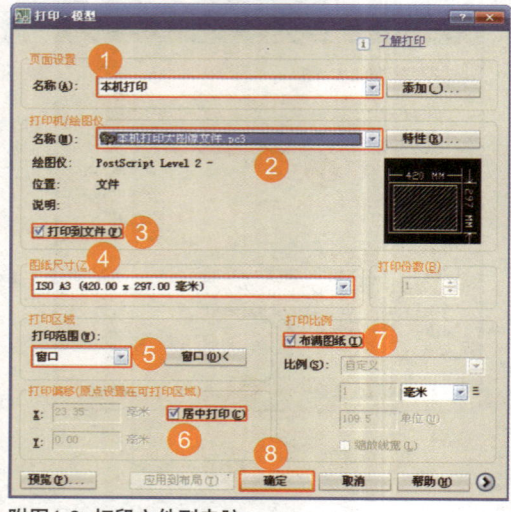
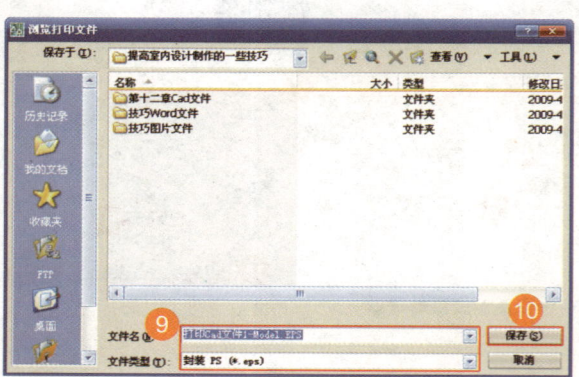

附图1-9 打印文件到电脑

步骤 4 **本机打印文件的用途**

　　本机打印的图像可以将CAD方案图转化为清晰的图片格式，从而保护制作方案图方面的利益，如附图1-10所示，本机打印的文件还能够提高彩色平面图的制作效率，如附图1-11所示。

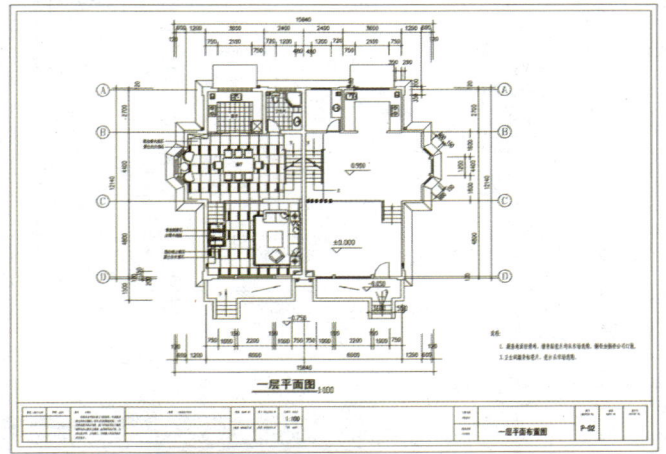

附图1-10　打印清晰的图片文件

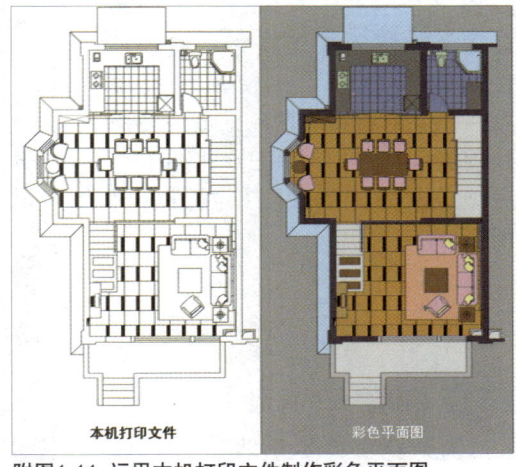

附图1-11　运用本机打印文件制作彩色平面图

步骤 5 **使用本机打印文件的技巧**

　　先在Adobe Photoshop中打开我们前面保存的"打印Cad文件.EPS"文件，接着在弹出的"栅格化通用EPS格式"对话框中设置相关参数，如附图1-12所示，最后打开的文件效果，如附图1-13所示。

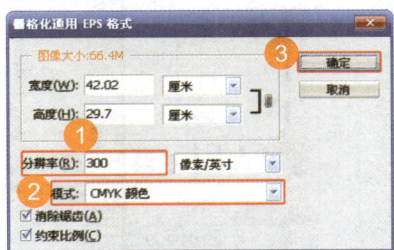

附图1-12　设置相关参数

提示　　1. 如果读者在Adobe Photoshop里第一次打开.EPS文件，图像分辨率的默认设置是72像素，属于比较低的品质，因此为了得到清晰的图像，我们需要将图像分辨率设置为300像素。
　　2. 我们看到打开的文件背景是透明的，说明.EPS文件有通道功能，方便我们今后的再编辑。

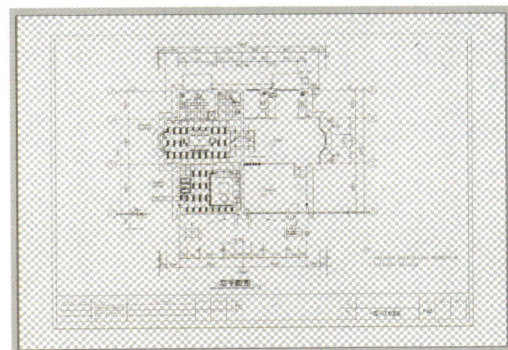

附图1-13　打开的EPS文件

步骤 6　**编辑.EPS文件**

　　先在Adobe Photoshop中，在图层面板上使用快捷键Ctrl+Shift+N新建一个图层，起名为"背景颜色层"，接着在工具栏将前景色设置为"白色"，使用快捷键Alt+Delete添加前景色，最后使用快捷键Ctrl+Shift+E合并图层，完成该文件的编辑，如附图1-14所示。

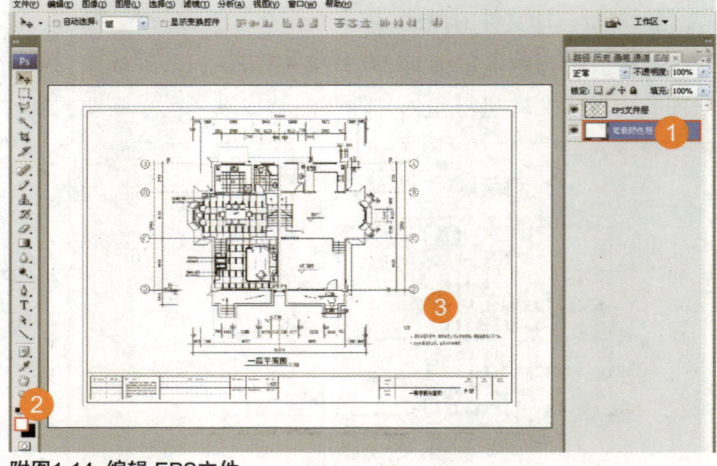

附图1-14　编辑.EPS文件

步骤 7　**编辑彩色平面图**

　　先在图层面板中选择"底图2层"，接着使用魔棒工具获得地毯选区，再将前景色设置为相应颜色，然后在图层面板中使用快捷键Ctrl+Shift+N新建一个图层，起名为"地毯层"，最后使用快捷键Alt+Delete添加前景色，如附图1-15所示。

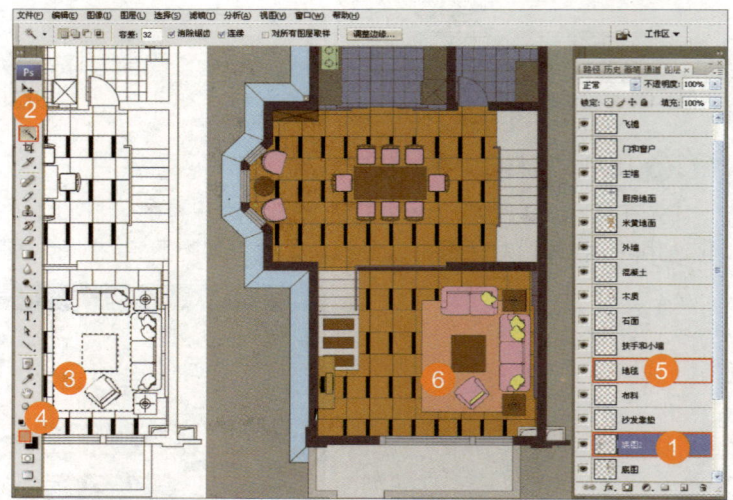

附图1-15　编辑彩色平面图

提示
1. 其他图层的编辑方法大同小异，读者可以尝试一下。
2. 使用.EPS文件制作彩色平面图可以方便相应选区的选择，从而提高工作效率。

　　以上详细讲解了如何在AutoCAD中打印本机大像素图片文件，读者在掌握方法的同时需要理解，打印大像素图像在室内设计中的运用方法。这里给大家介绍了常用的两种方式，一种是为了观察设计方案将CAD文件转化成图片格式的方法，另一种是运用打印的EPS文件制作彩色平面图的方法，希望大家掌握。

附录2. 在3ds Max中导入复杂图片物体线框的技巧

本节重点讲解如何在Adobe Photoshop中提取彩色图片物体的复杂路径，然后将得到的路径导出，最后使用导出后的文件结合3ds Max创建真实的三维物体。

步骤1 打开彩色图片

启动Adobe Photoshop软件，执行"文件>打开"命令，打开配套光盘scenes\附录\枫叶.jpg文件，在图层列表中选择背景层，利用魔棒工具选择图片白色区域得到相应选区，然后使用快捷键Ctrl+Shift+I得到枫叶选区，紧接着使用快捷键Ctrl+J复制图层，取名为"枫叶层"，最后将背景层隐藏，如附图2-1所示。

附图2-1　编辑彩色图片

步骤2 提取彩色图片中物体的复杂路径

先在图层列表中选择"枫叶层"，按住Ctrl键同时选择图层缩览图，得到枫叶选区。在选区中单击鼠标右键，在弹出的下拉菜单中选择"建立工作路径"命令，然后在弹出来的对话框中设置相关参数，最后将"枫叶层"隐藏，我们看到创建好的枫叶轮廓线，如附图2-2所示。

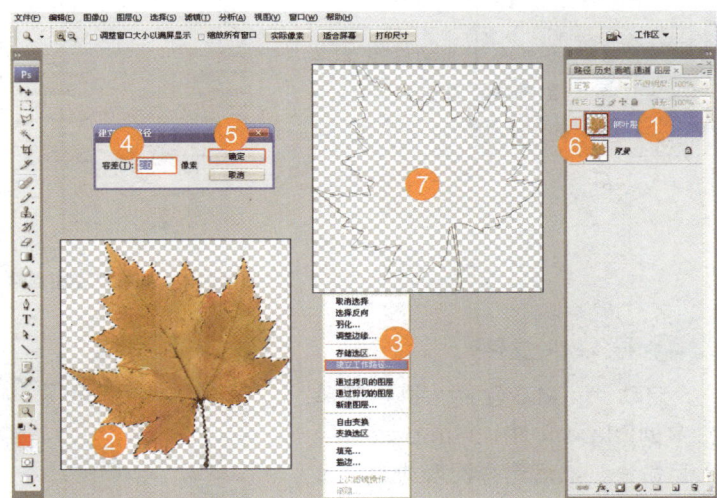

附图2-2　提取图片复杂路径

提示 建立工作路径对话框里的容差值控制路径边缘的选择精度，建立路径时一般设置为2.0像素。

步骤 3 **导出枫叶路径**

执行"文件>导出"命令，选择"路径到Illustrator"命令，最后起名为"枫叶"并保存，如附图2-3所示。

提示 我们的光盘里有金属网.jpg贴图，读者可以运用所学的方法尝试一下。

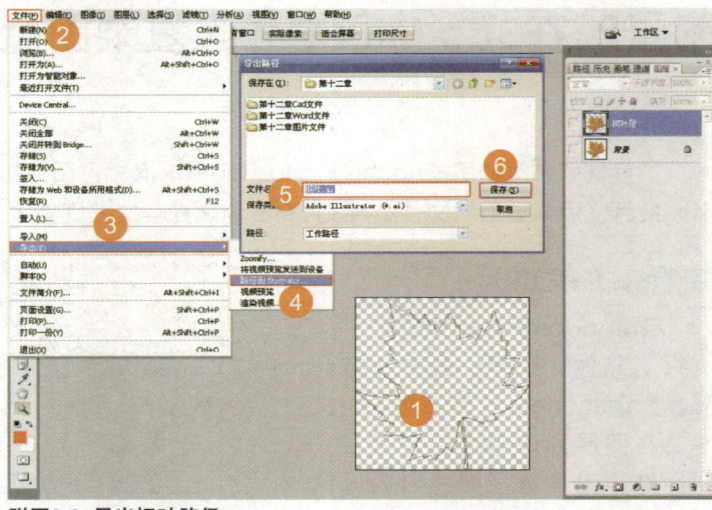

附图2-3 导出枫叶路径

步骤 4 **保存枫叶贴图文件**

先在图层列表中删除背景层，接着在菜单栏中选择"文件>存储为"命令，在弹出的"存储为"对话框中设置保存图片的格式，完成图片存储，如附图2-4所示。

提示 我们一般将复杂的贴图编辑完后存储为.Tga格式，保障贴图文件的准确性。

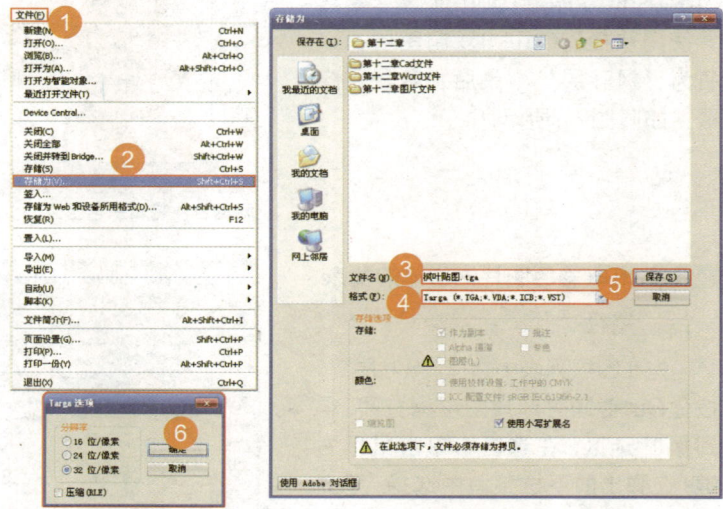

附图2-4 保存枫叶贴图文件

步骤 5 **导入枫叶文件**

启动3ds Max软件，执行菜单栏中的File（文件）>Import（导入）命令，然后选择配套光盘scenes\附录\枫叶.ai文件，最后打开文件，如附图2-5所示，导入的文件，如附图2-6所示。

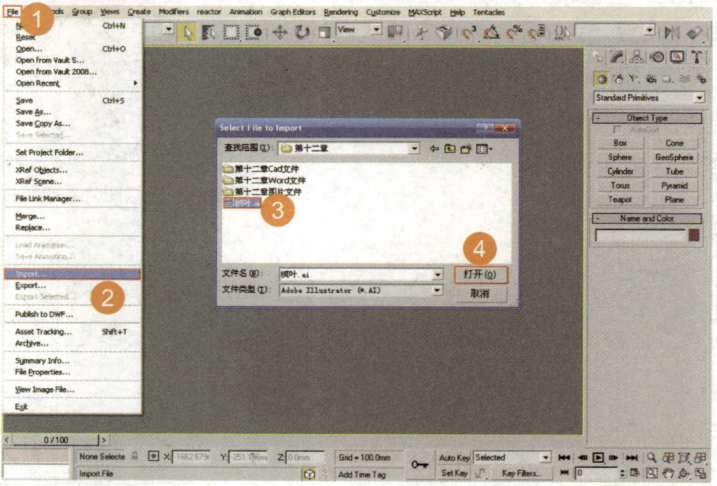

附图2-5 导入枫叶文件

提示　ai文件导入到3ds Max中转化为了Editable Spline（可编辑曲线），可以进一步编辑物体。

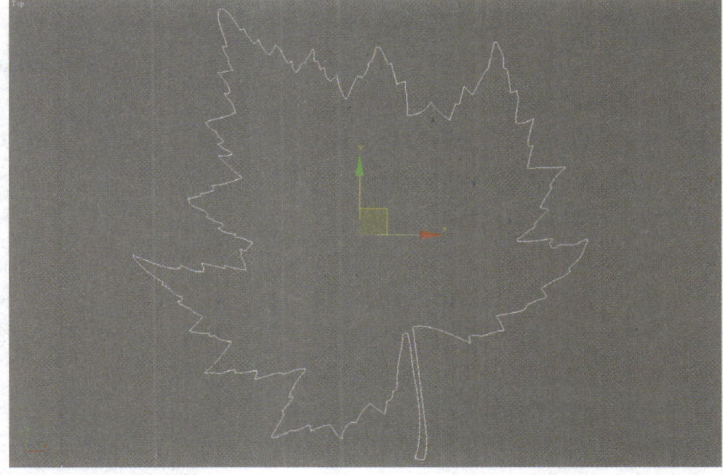

附图2-6　导入的文件

步骤6　编辑导入的枫叶文件1

　　选择枫叶线框，使用快捷键"1"进入线的点层级，接着使用快捷键Ctrl＋A选择物体的全部节点，单击鼠标右键，在弹出的下拉菜单中选择Weld Vertices（焊接节点）命令，焊接物体节点，如附图2-7所示。焊接完成的物体效果如附图2-8所示。

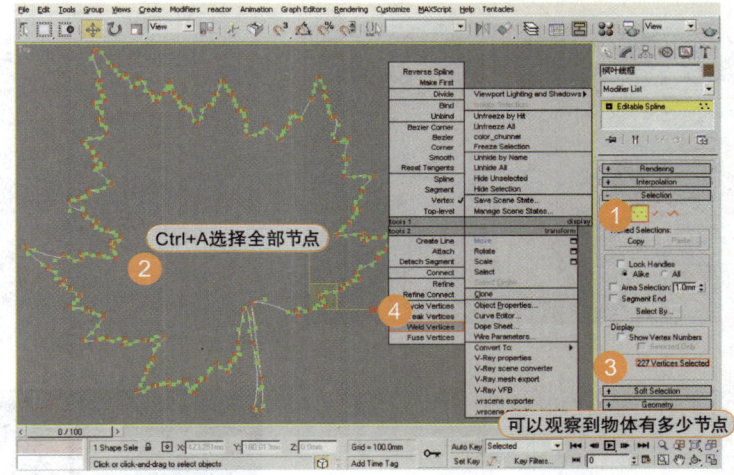

附图2-7　编辑导入的枫叶文件

提示　1. 为了方便以后的编辑，我们最好焊接物体的所有节点以保证是一条封闭的曲线。
2. 通过观察我们发现，物体焊接前的节点是227个，焊接后的节点是188个。

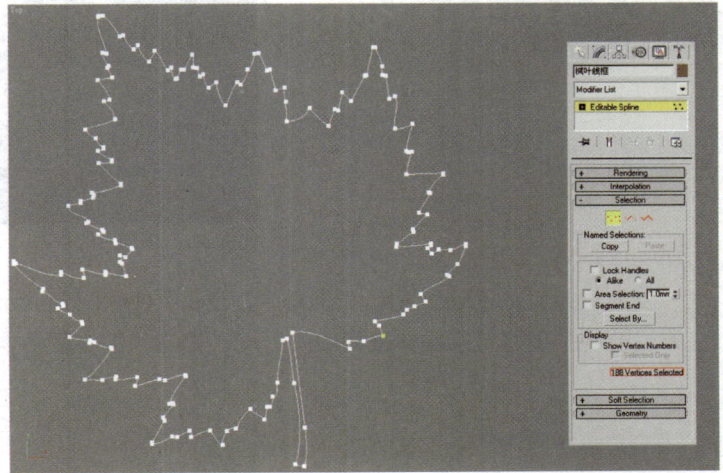

附图2-8　焊接完成的物体

步骤7 编辑导入的枫叶文件2

将视图切换到Top视图，并在
场景中选择刚编辑好的枫叶线框，
进入修改命令面板，点击Modifier
List修改列表旁边的下拉箭头 ，在
弹出的下拉菜单中选择Extrude（拉
伸）命令，然后设置Parameters
（参数）卷展栏中的Amount（数
值）为5mm，如附图2-9所示。挤
压效果如附图2-10所示，最后为编
辑好的物体赋予相应材质，如附图
2-11所示。

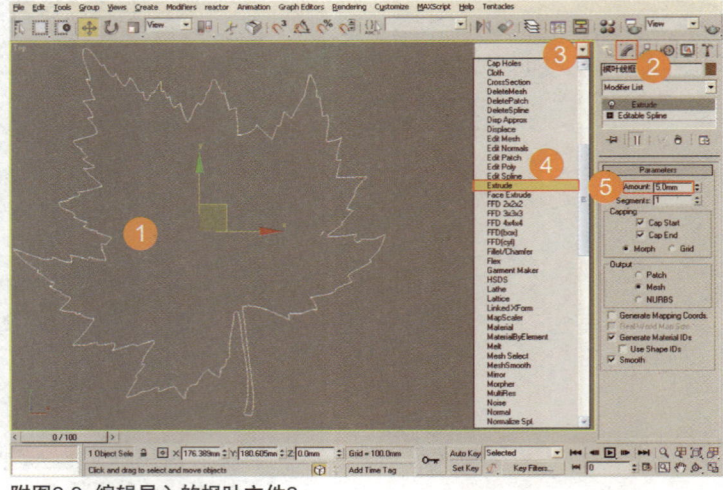

附图2-9 编辑导入的枫叶文件2

附图2-10 挤压效果

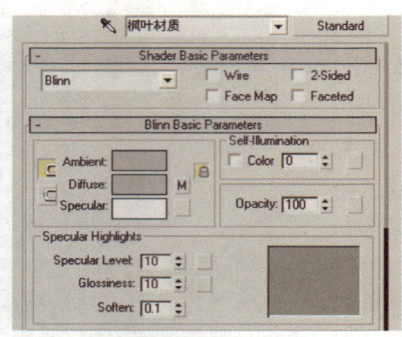

附图2-11 赋予相应材质

步骤8 渲染枫叶物体

先将视图切换到Top视图，
接着使用快捷键Shift+Q，渲染
场景，最后渲染结果如附图2-12
所示。

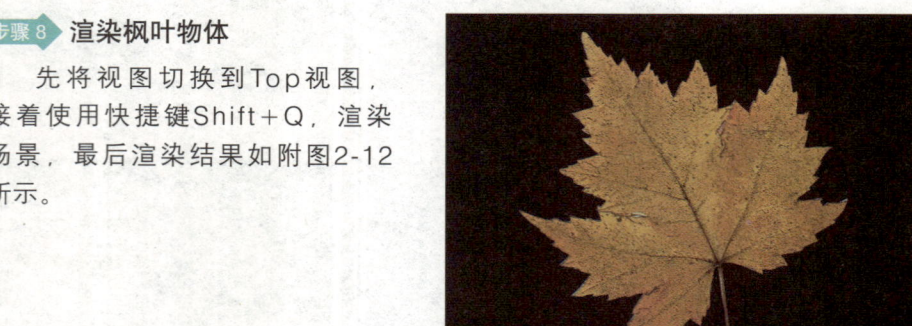

附图2-12 渲染后的物体

以上对如何在Adobe Photoshop中创建ai文件并配合3ds Max建立三维物体进行了详细的讲解，
该方式节约了创建复杂物体截面线的时间，提高了建立复杂物体模型的效率。

附录3. 如何在3ds Max中调整不符合真实尺寸的模型

本节重点讲解Scale（缩放工具）与Rescale world units（重新缩放世界坐标尺寸）的区别，以及在模型室内设计中的具体运用。

步骤 1 **创建场景模型**

启动3ds Max软件，然后在3ds Max场景中创建一个400×400×400毫米的box物体，最后复制一个相同的box物体，如附图3-1所示。

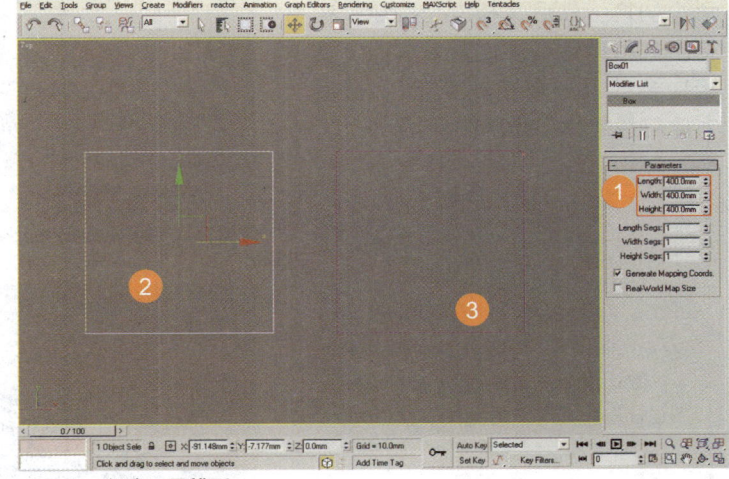

附图3-1 创建场景模型

步骤 2 **缩放box物体**

选择一个box，在工具面板的缩放工具上单击鼠标右键，在弹出来的对话框中设置缩放比例，如附图3-2所示。

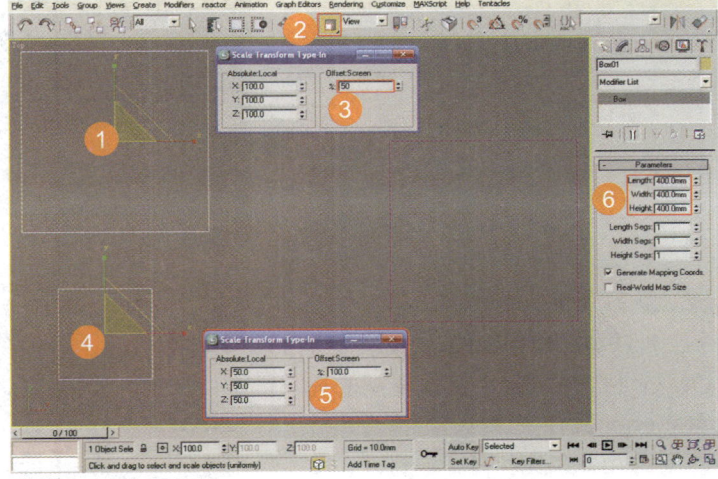

附图3-2 缩放box物体

 提示 我们通过缩放工具将物体形状缩小了一半，但物体真实的尺寸设置并没有变化。

步骤 3 使用Rescale world units缩放box物体

选择未调整的box，单击More按钮，在弹出来的程序列表中选择Rescale world units（重新缩放世界坐标尺寸）命令，单击OK键完成命令切换，然后选择Sets按钮，在弹出来的对话框中设置缩放比例及相应参数，如附图3-3所示，最后对比缩放物体，如附图3-4所示。

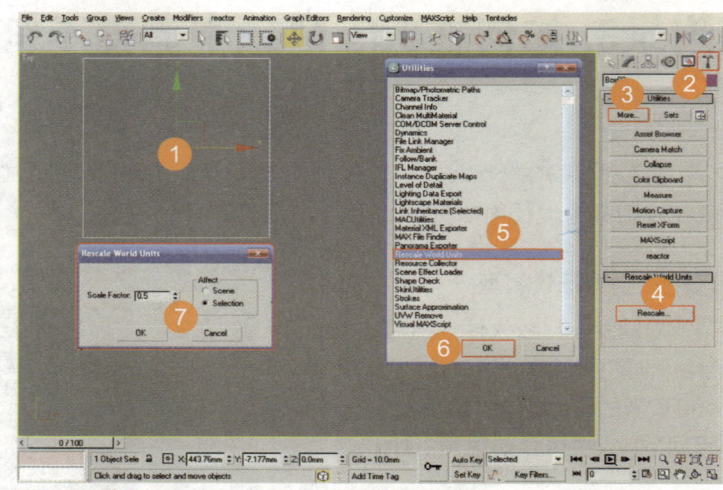

附图3-3 使用Rescale world units缩放物体

提示 在Rescale world units对话框中选择Scene表示缩放整个场景中的所有物体；选择selection表示只缩放被选物体。

提示 使用Rescale world units命令缩放的物体，形体变化的同时尺寸也跟随着变化。

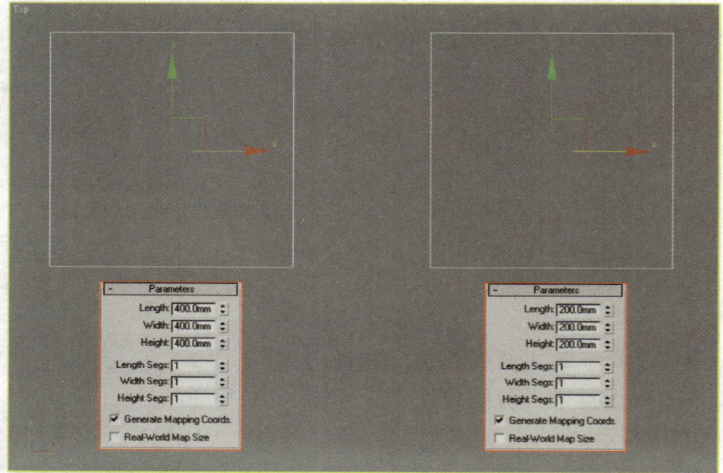

附图3-4 对比缩放物体

步骤 4 打开模型场景

执行菜单栏中的File（文件）> Open（打开）命令，选择配套光盘scenes文件夹\附录\不符合尺寸的模型.max文件，将文件打开，如附图3-5所示。

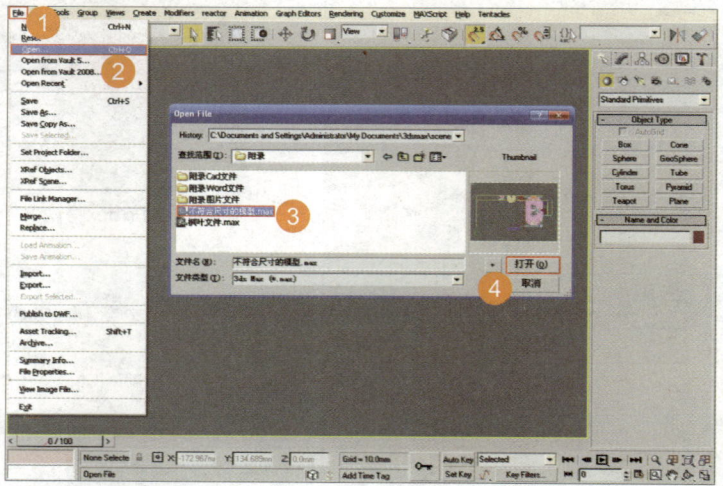

附图3-5 打开模型场景

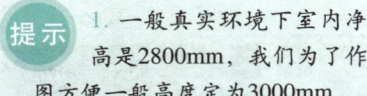
步骤5 测量模型场景

将视图切换到Front视图，打开捕捉工具，在场景中创建一个矩形测量模型场景的高度，我们发现模型的高度是13200mm，如附图3-6所示。

提示
1. 一般真实环境下室内净高是2800mm，我们为了作图方便一般高度定为3000mm。
2. 为了今后渲染模型的效率和空间灯光设置我们在布置灯光和渲染时要检查模型的尺寸。

附图3-6 测量模型场景

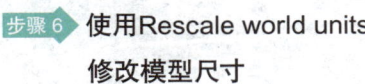
步骤6 使用Rescale world units 修改模型尺寸

将视图切换到Front视图，然后选择Rescale world units按钮，在弹出来的对话框中设置缩放比例及相应参数，如附图3-7所示。

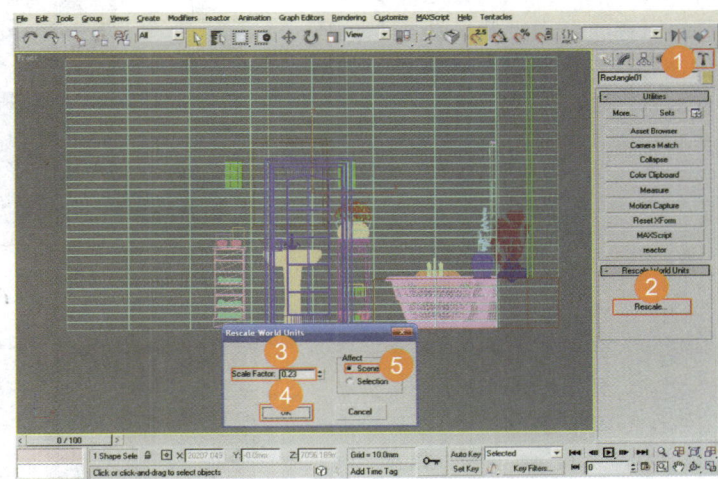
附图3-7 修改模型尺寸

提示
1. 我们设置的比例是0.23，选择缩放整个场景，这里的比例是真实的模型高度除以不符合模型的高度尺寸得到的，也就是3000mm/13200mm=0.227，最后要四舍五入。
2. 缩放比例是四舍五入后的比例，我们的模型高度尺寸接近于真实空间尺寸，如附图3-8所示。
3. 尺寸偏大的模型会增加我们渲染的负担，最后修改完成后把测试用的矩形物体删除。

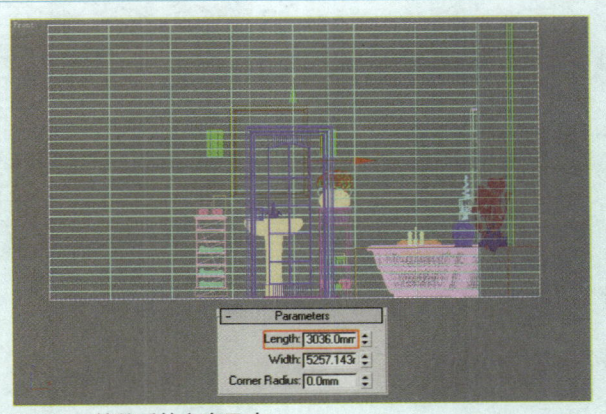
附图3-8 缩放后的高度尺寸

以上对Scale工具与Rescale world units工具进行了详细地讲解，本节讲解的方式节约了模型的渲染时间，保证了空间灯光设置的真实效果，提高了整个模型方案制作的效率。

附录4. 如何保存完成模型的压缩文档和统一3ds Max 模型中的材质路径

本节重点讲解如何保存完成模型的压缩文档和统一3ds Max模型中的材质路径，以及保存压缩文档和统一模型材质路径在室内设计中的具体运用。

步骤 1 保存完成模型的压缩文档

模型完成后需要制作压缩文档，我们执行File（文件）>Archive…（压缩文档）命令，在弹出来的对话框中设置保存路径和模型名称，再单击"保存"按钮，弹出一个Dos保存材质对话框，将模型的压缩文档保存到指定文件夹里，如附图4-1所示。

附图4-1　保存完成模型的压缩文档

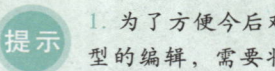

1. 为了方便今后对完成模型的编辑，需要将模型制作成压缩文档。
2. Dos保存材质对话框在保存文档时需要一定时间，保存完成后会自动跳出。
3. 我们的模型文件在另一台电脑中打开时会出现贴图路径不统一的问题，这时选择Continue，如附图4-2所示。

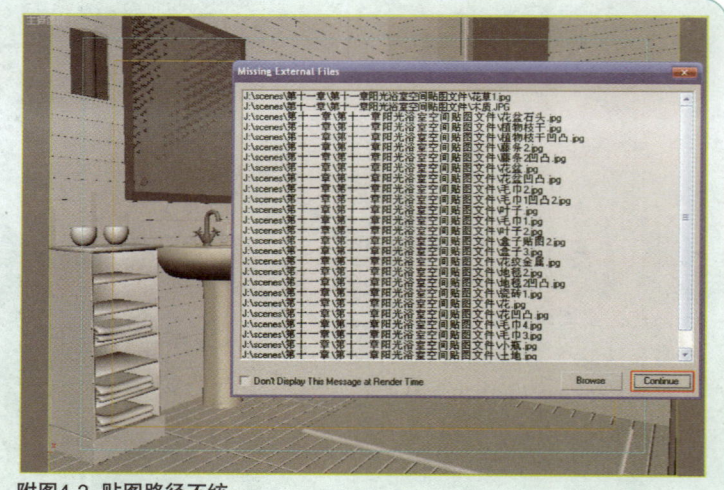

附图4-2　贴图路径不统一

步骤2 **切换位图和光度学灯光路径命令**

使用快捷键Ctrl+A选择全部场景物体，然后单击鼠标右键，在弹出来的下拉菜单中选择Hide Selection命令将选择的物体全部隐藏，接着单击More按键，在弹出来的列表中选择Bitmap/Photometric Paths（位图和光度学灯光路径）命令，单击OK键完成命令的切换，如附图4-3所示。

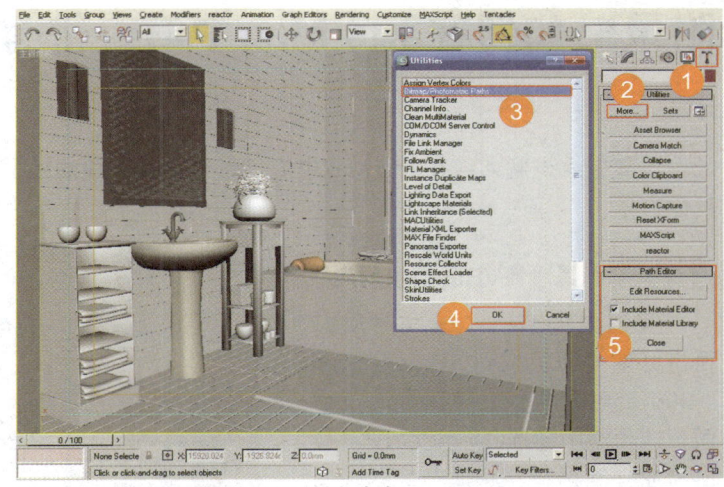

附图4-3 切换位图和光度学灯光路径命令

步骤3 **统一材质路径**

勾选Include Material Editor（包含材质编辑）命令，接着在弹出来的对话框中选择列表里的所有材质，指定正确的材质路径后选择Set Path（拾取路径）命令，最后确认列表中材质的修改路径后，选择Close按钮完成材质路径的统一，如附图4-4所示，材质路径统一完成的模型场景，如附图4-5所示。

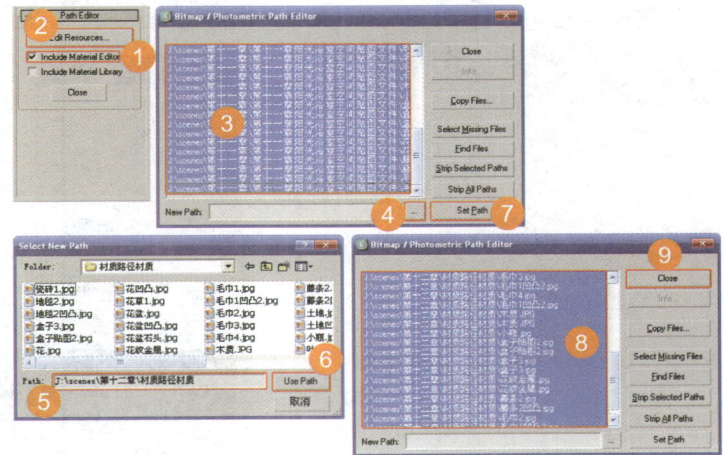

附图4-4 统一材质路径

附图4-5 材质路径统一完成的模型场景

以上对如何压缩文档和统一3ds Max模型中的材质路径进行了详细的讲解，本节所讲述的方式适用于批量修改材质路径，提高了整个模型方案制作的效率，最后要提醒读者，为了方便后续调整，模型调节完成后一定要保存为一个场景的压缩文档。

附录5. 如何在3ds Max中渲染带有物体边线的线框图

本节重点讲解如何在3ds Max中渲染带有物体边线的线框图像，以及线框图像在室内设计中的具体运用。

步骤1 给场景设置VRay替换材质

我们先调节一个辅助材质，再打开渲染面板找到V-Ray Global switches卷展栏，在Materisls（材质）选项组中勾选Override mlt（替换材质）复选框，将调节好的辅助材质拖拽到替换材质通道里，在弹出的对话框中选择Instance（关联）选项，完成VRay替换材质的设置，如附图5-1所示。

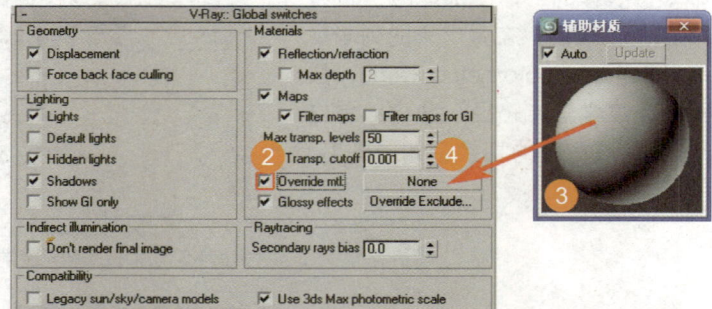

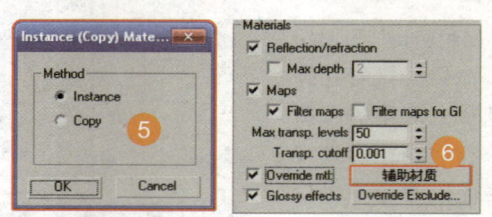

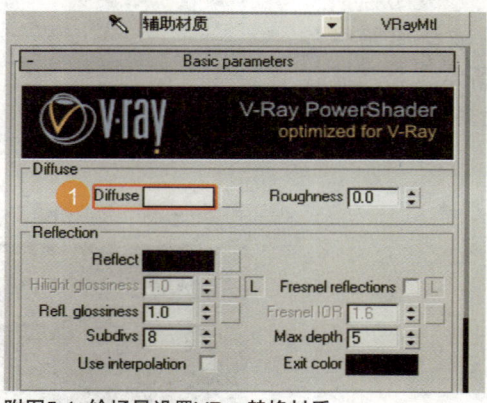

附图5-1 给场景设置VRay替换材质

最后测试替换材质后的场景，如附图5-2所示。

附图5-2 测试替换材质后的场景

步骤 2 **给场景设置线框选项**

使用快捷键"8"，在弹出的 Environment and Effects（环境与特效）对话框中展开Atmosphere（大气）卷展栏，接着添加VRay-Toon（卡通特效）命令，最后设置基本参数，如附图5-3所示。

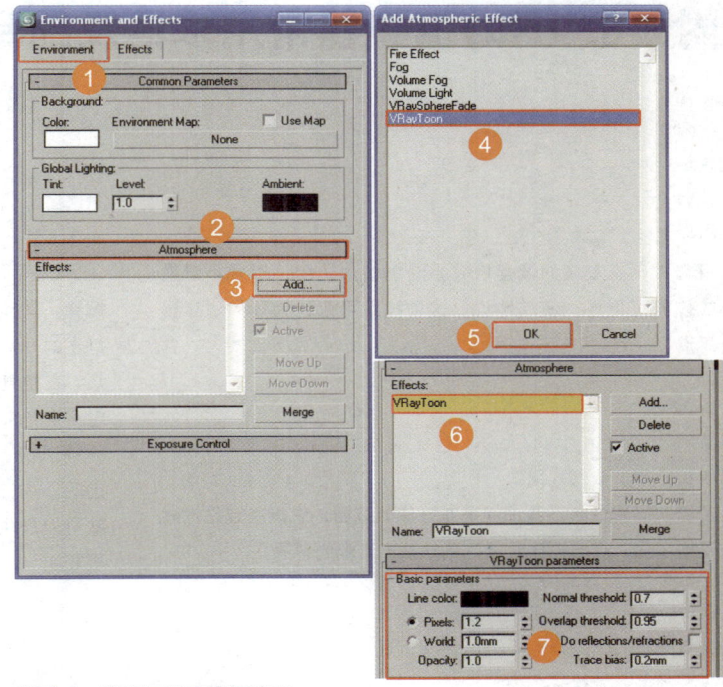

附图5-3 给场景设置线框选项

步骤 3 **渲染调整好的线框场景**

切换为摄像机视图，使用快捷键Shift+Q，对场景进行渲染，最后渲染效果如附图5-4所示。

附图5-4 渲染调整好的线框场景

以上对如何在3ds Max中渲染带有物体边线的线框图像和VRay替换材质的设置进行了详细的讲解，本节所讲述的替换材质方式，可以在渲染初期观察模型是否漏光。如果模型有不足之处，方便读者及时修改且不会影响方案的渲染进程，我们渲染的线框图像可以观察模型内部的物体结构与光线环境是否统一。

附录6. VRay渲染器常用术语及缩写简介

AA
英文全称：Antialiasing
中文名称：抗锯齿
解释：用有灰度的像素值去平滑锯齿形边缘，以减小混叠效应的可见性。简单地说，这项技术可以让物体的边缘更平滑。

DOF
英文全称：Depth of Field
中文名称：景深效果
解释：简单说来，景深就是对好焦的范围。它能决定是把背景模糊化来突出拍摄对象，还是拍出清晰的背景。

DR
英文全称：Distributed Rendering
中文名称：分布式渲染
解释：分布式渲染可以让多台电脑联合起来，同时渲染一张图片或是一段动画。

GI
英文全称：Global Illumination
中文名称：全局照明或全局光
解释：它是一种渲染算法（几乎所有照片级渲染器都包含此种算法），在渲染过程中它不但计算直接光照，同时会计算由直接光照产生的间接光照。简单地说，这种算法模拟了真实世界中光线照亮物体的方式。

HDRI
英文全称：High Dynamic Range Imaging
中文名称：高动态范围图像
解释：简单说，HDRI是一种亮度范围非常广的图像，它比其他格式的图像有着更大亮度的数据贮存，而且它记录亮度的方式与传统的图片不同，不是用非线性的方式将亮度信息压缩到8bit或16bit的颜色空间内，而是用直接对应的方式记录亮度信息，可以说记录了图片环境中的照明信息，因此我们可以使用这种图像来"照亮"场景。有很多HDRI文件是以全景图的形式提供的，我们也可以用它做环境背景来产生反射与折射。这里强调一下HDRI与全景图有本质的区别，全景图指的是包含了360度范围场景的普通图像，可以是JPG格式，BMP格式，TGA格式等等，属于Low-Dynamic Range Radiance Image，它并不带有光照信息。高动态范围图像的文件格式为.hdr。

IES
英文全称：Illuminating Engineering. Society
中文名称：照明工程协会或光域网分布文件标准格式（Web Distribution）
解释：其实大家都见过光域网，只是不知道而已。光域网是灯光的一种物理性质，确定光在空气中发散的方式。不同的灯，在空气中的发散方式是不一样的，比如手电筒，它会发射一束光束，还有一些壁灯、台灯，它们发出的光又是另外一种形状。这种不同形状的光，是由灯自身特性的不同决定的。在三维软件里，如果给灯光指定一个特殊的文件，就可以产生与现实生活相同的发散效果，文件的标准格式是.IES。

IR
英文全称：Irradiance Map
中文名称：发光贴图
解释：它是VRay四种全局照明引擎中的一种。

LC
英文全称：Light Cache
中文名称：灯光缓存
解释：它是VRay四种全局照明引擎中的另一种，且是由Chaos Group（VRay）自主开发的。

MO
英文全称：Motion Blur
中文名称：运动模糊
解释：因物体运动而产生的模糊效果。

QMC
英文全称：Quasi-Monte Carlo
中文名称：准蒙特卡罗采样器
解释：可以说是VR的核心，贯穿于VR的每一种"模糊"评估中——抗锯齿、景深、间接照明、面积灯光、模糊反射/折射、半透明、运动模糊等等。QMC采样一般用于确定获取什么样的样本以及最终哪些样本被光线追踪。

VFB
英文全称：VRay Frame Buffer
中文名称：VRay帧缓冲窗口
解释：VRay自带的帧缓冲窗口，比Max默认的帧缓冲窗口功能更强。

附录7. 材质库浏览

　　我们提供了21类3233张精美材质贴图文件，并将一部分贴图效果展示出来。贴图下方的序号是其在对应文件夹中的名称序号，更多的材质贴图在光盘中的材质库压缩包里。

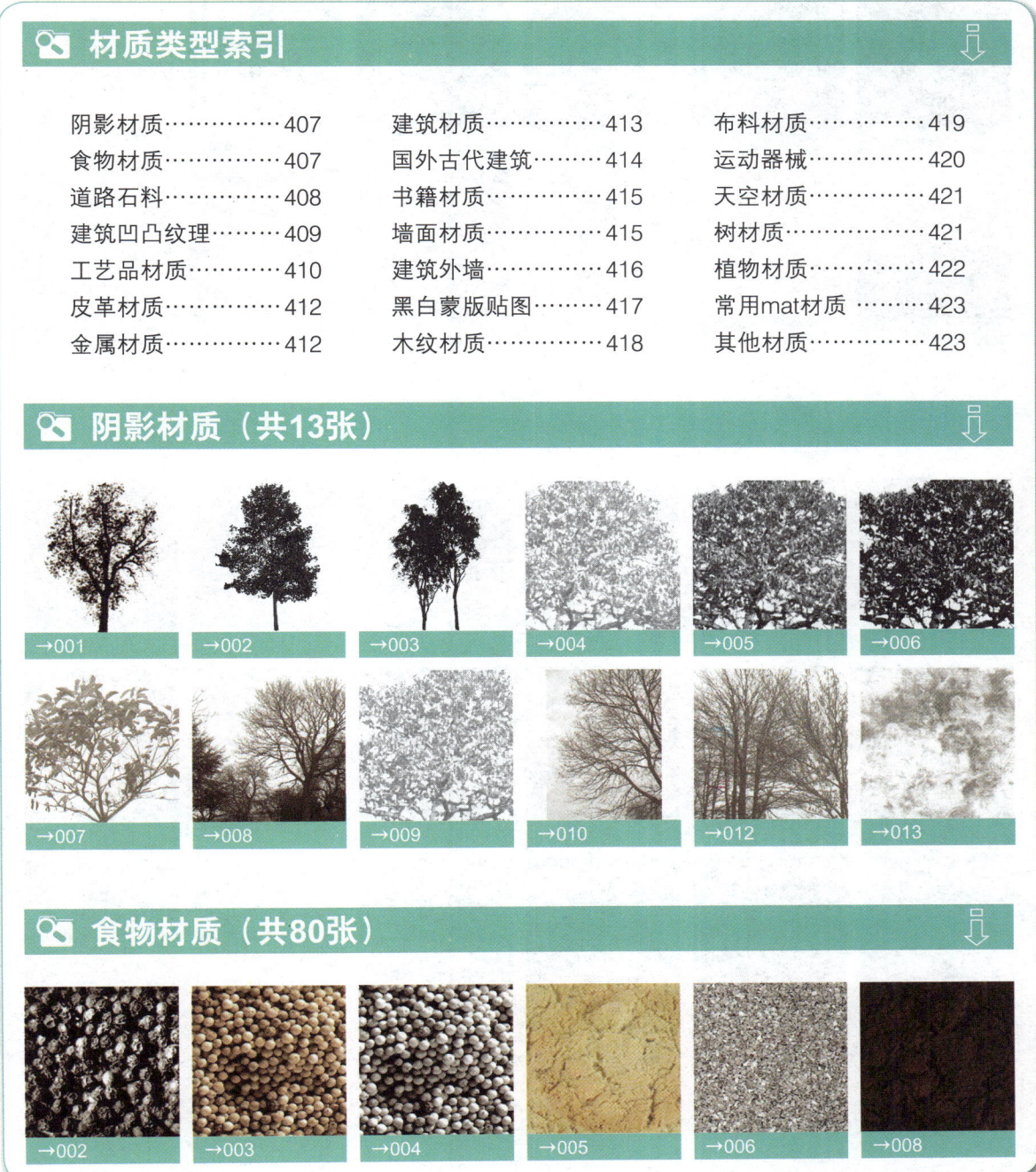

材质类型索引

阴影材质（共13张）

→001　→002　→003　→004　→005　→006

→007　→008　→009　→010　→012　→013

食物材质（共80张）

→002　→003　→004　→005　→006　→008

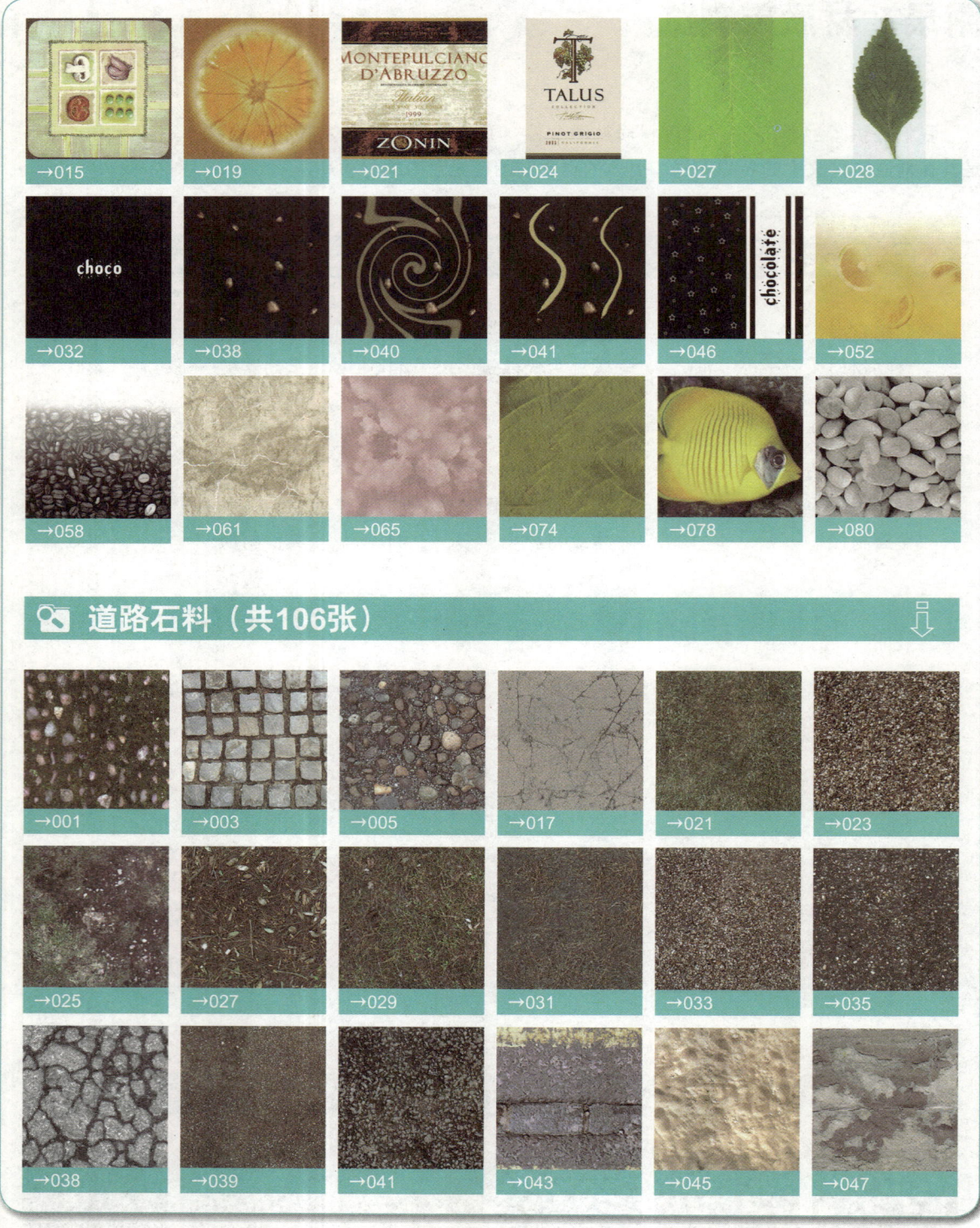

→015 →019 →021 →024 →027 →028

→032 →038 →040 →041 →046 →052

→058 →061 →065 →074 →078 →080

道路石料（共106张）

→001 →003 →005 →017 →021 →023

→025 →027 →029 →031 →033 →035

→038 →039 →041 →043 →045 →047

→049　→051　→053　→055　→059　→061

→065　→067　→069　→071　→073　→075

→079　→077　→081　→099　→101　→105

建筑凹凸纹理（共372张）

→001　→004　→007　→014　→024　→029

→030　→082　→084　→091　→092　→110

→115　→120　→121　→126　→127　→132

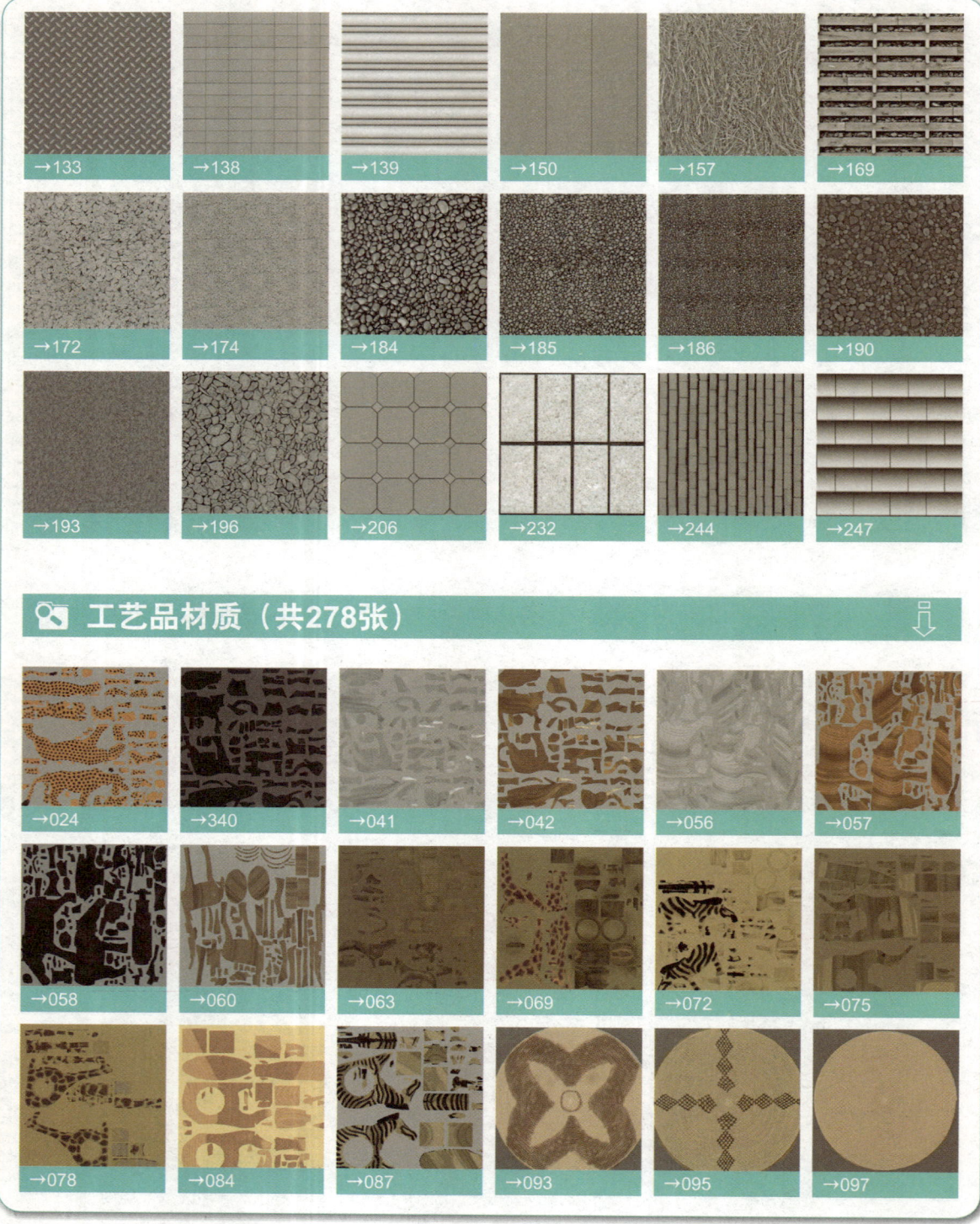

→133 →138 →139 →150 →157 →169

→172 →174 →184 →185 →186 →190

→193 →196 →206 →232 →244 →247

工艺品材质（共278张）

→024 →340 →041 →042 →056 →057

→058 →060 →063 →069 →072 →075

→078 →084 →087 →093 →095 →097

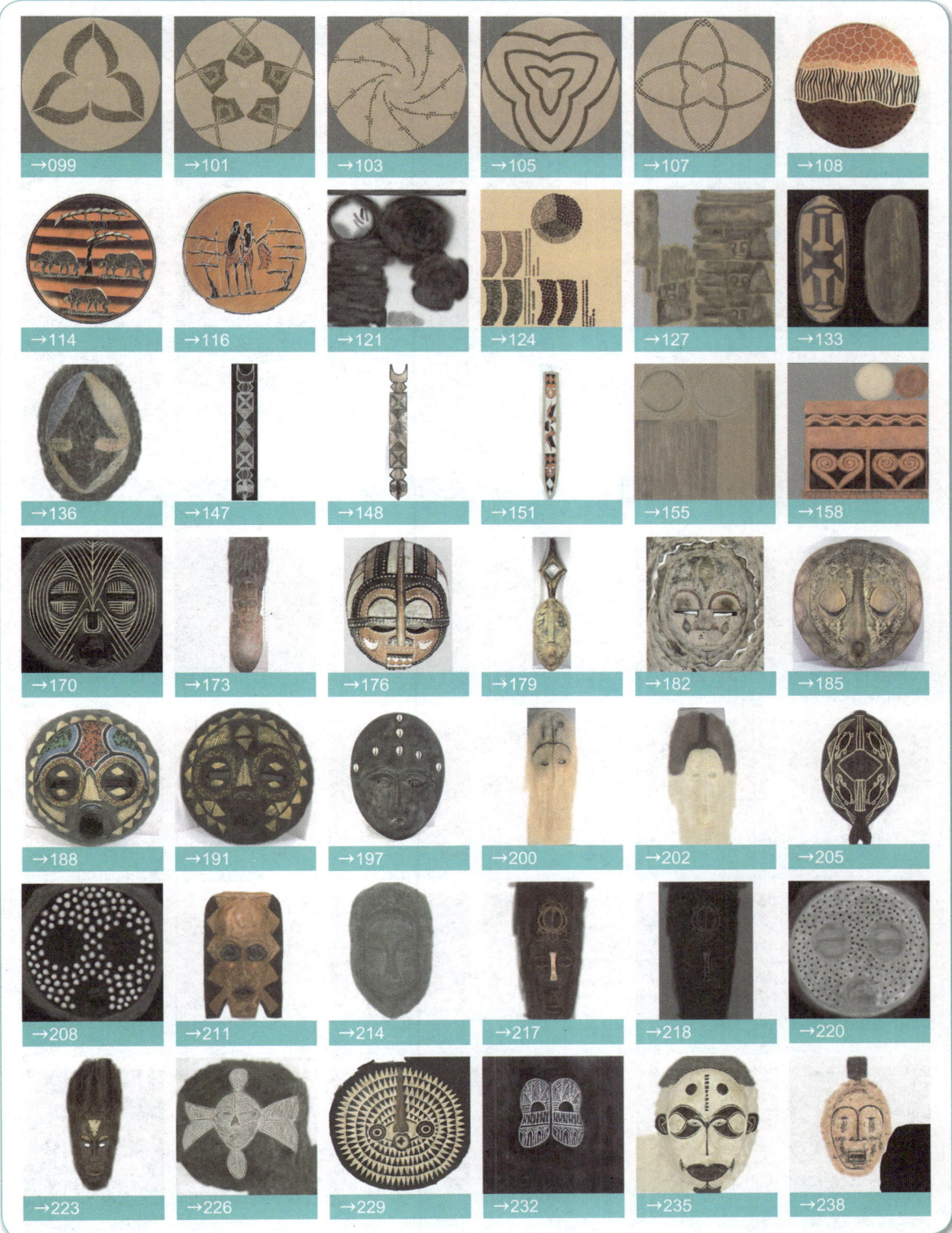

→099 →101 →103 →105 →107 →108
→114 →116 →121 →124 →127 →133
→136 →147 →148 →151 →155 →158
→170 →173 →176 →179 →182 →185
→188 →191 →197 →200 →202 →205
→208 →211 →214 →217 →218 →220
→223 →226 →229 →232 →235 →238

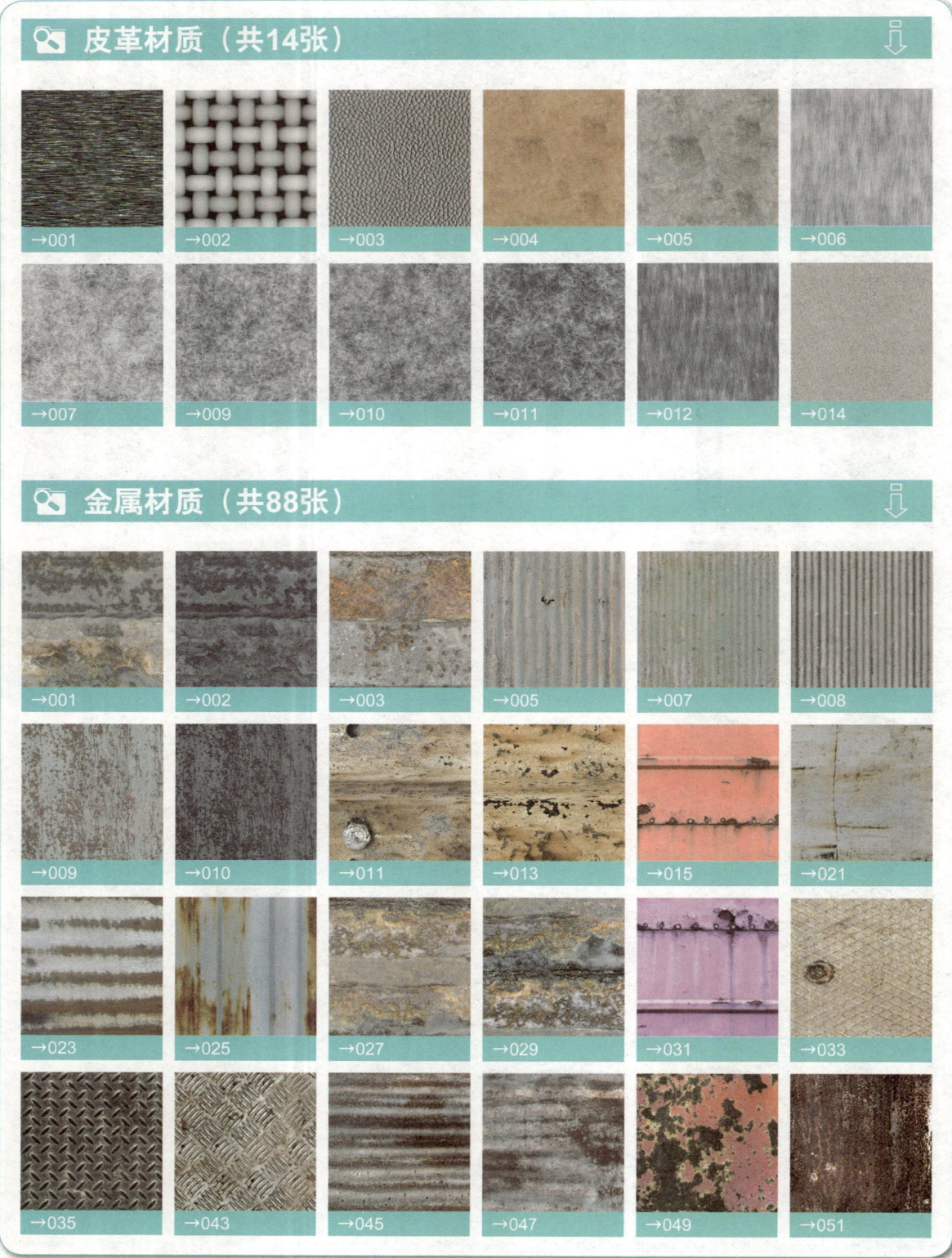

皮革材质（共14张）

→001 →002 →003 →004 →005 →006

→007 →009 →010 →011 →012 →014

金属材质（共88张）

→001 →002 →003 →005 →007 →008

→009 →010 →011 →013 →015 →021

→023 →025 →027 →029 →031 →033

→035 →043 →045 →047 →049 →051

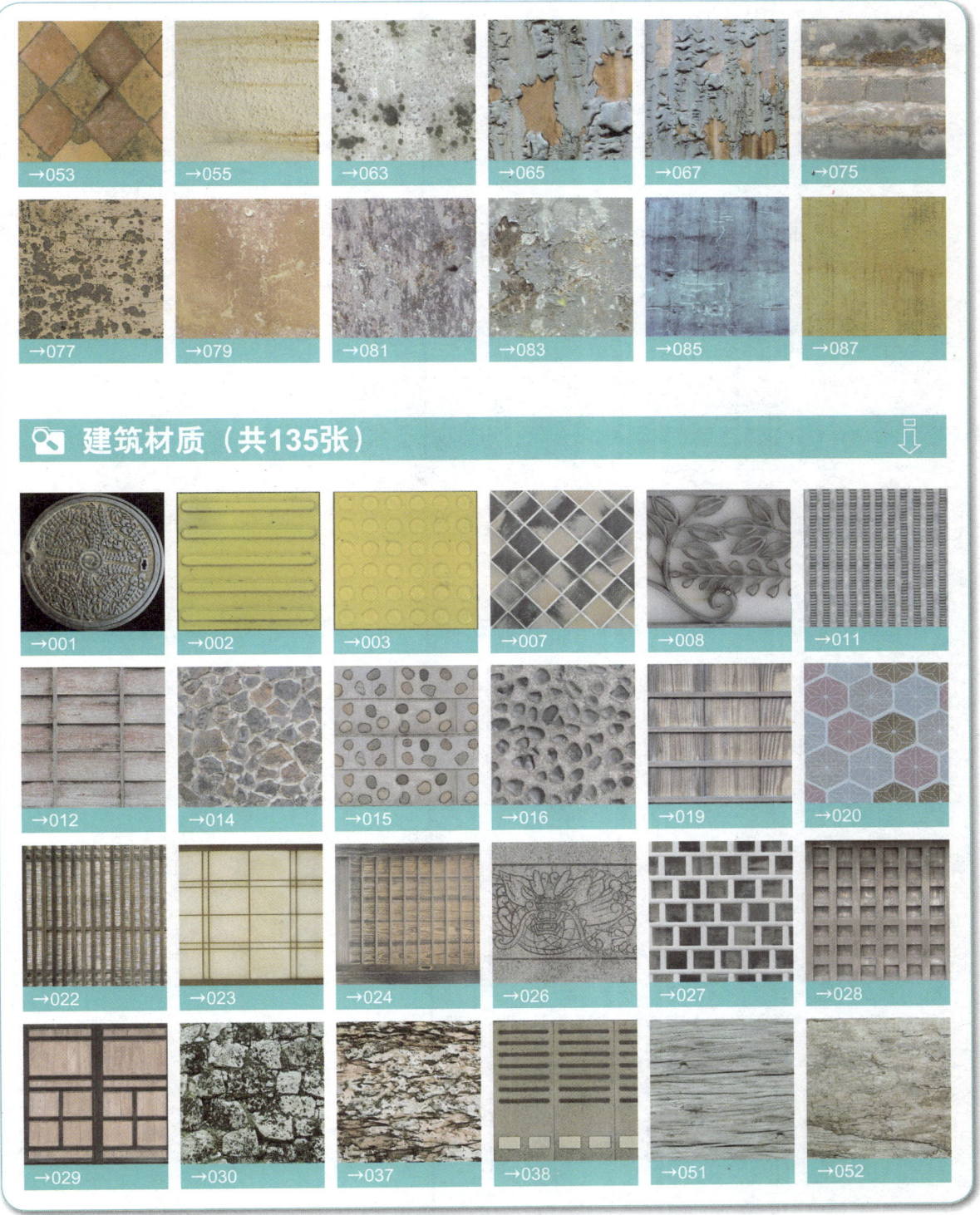

→053 →055 →063 →065 →067 →075

→077 →079 →081 →083 →085 →087

建筑材质（共135张）

→001 →002 →003 →007 →008 →011

→012 →014 →015 →016 →019 →020

→022 →023 →024 →026 →027 →028

→029 →030 →037 →038 →051 →052

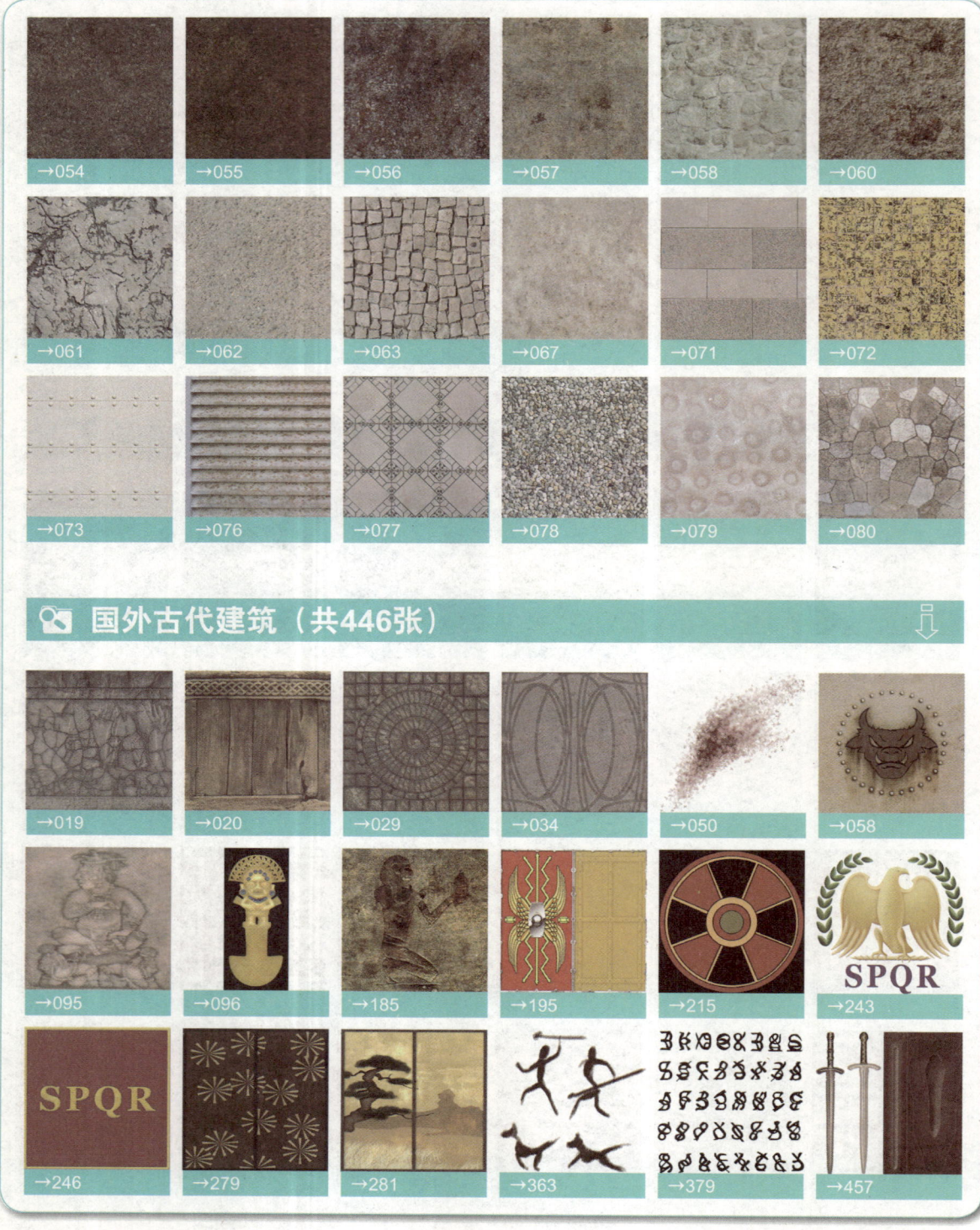

→054　→055　→056　→057　→058　→060

→061　→062　→063　→067　→071　→072

→073　→076　→077　→078　→079　→080

国外古代建筑（共446张）

→019　→020　→029　→034　→050　→058

→095　→096　→185　→195　→215　→243

→246　→279　→281　→363　→379　→457

书籍材质（共29张）

 →001
 →002
 →003
 →004
→008
 →009

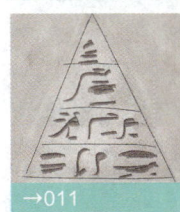 →011
 →014
 →016
→019
→020
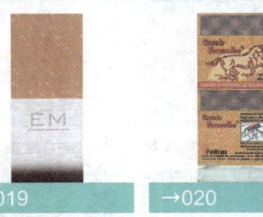 →021

 →022
 →023
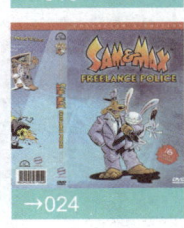 →024
 →025
 →027
 →028

墙面材质（共267张）

→001 →002 →003 →004 →005 →006

→007 →008 →009 →014 →016 →021

→023 →025 →027 →029 →067 →068

建筑外墙（共148张）

→103　→104　→105　→106　→107　→108

→111　→126　→127　→129　→130　→131

→139　→140　→132　→133　→134　→135

→136　→137　→138　→156　→167　→168

→169　→175　→178　→180　→183　→184

黑白蒙版贴图（共216张）

→001　→002　→004　→005　→006　→007

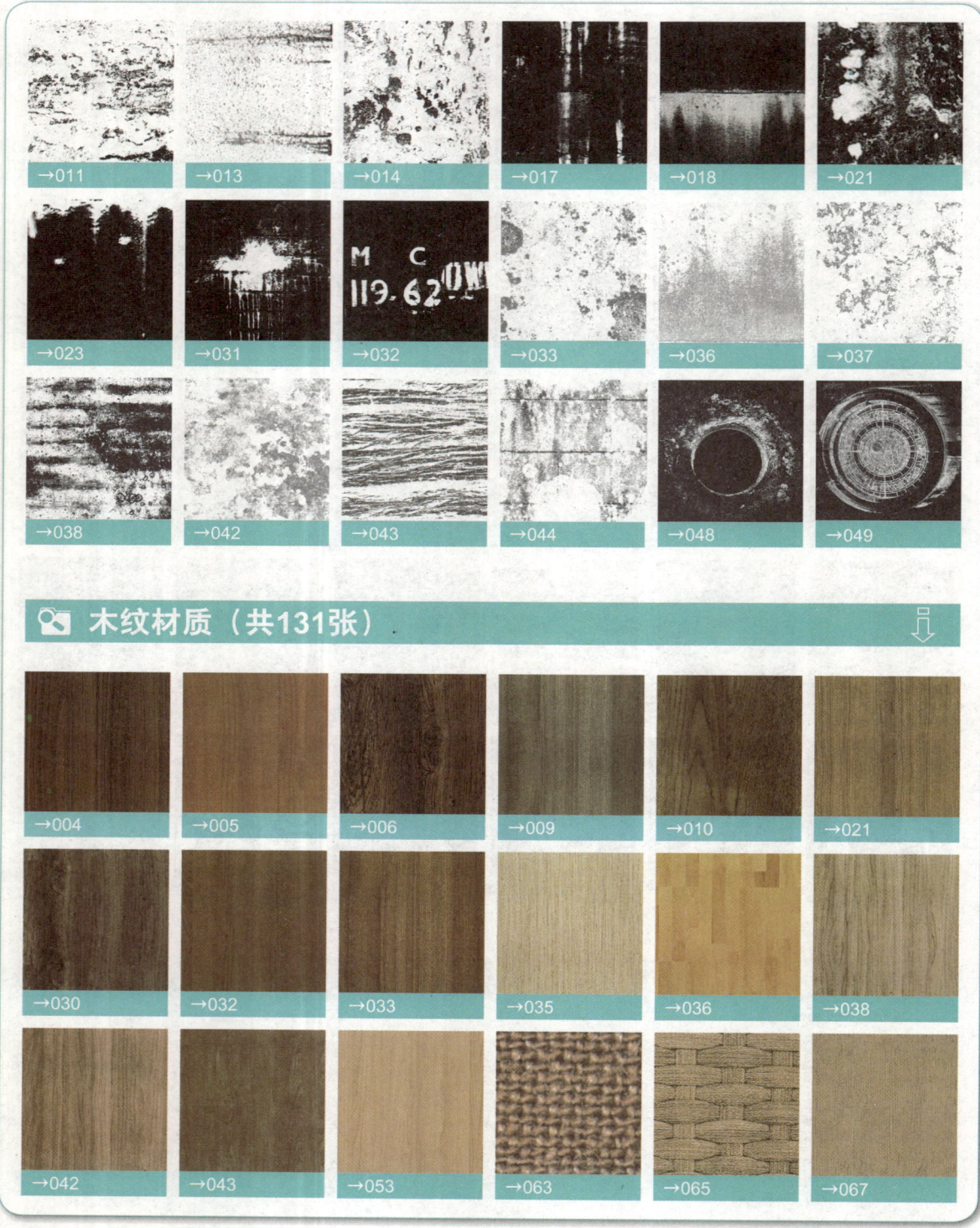

→011　→013　→014　→017　→018　→021

→023　→031　→032　→033　→036　→037

→038　→042　→043　→044　→048　→049

木纹材质（共131张）

→004　→005　→006　→009　→010　→021

→030　→032　→033　→035　→036　→038

→042　→043　→053　→063　→065　→067

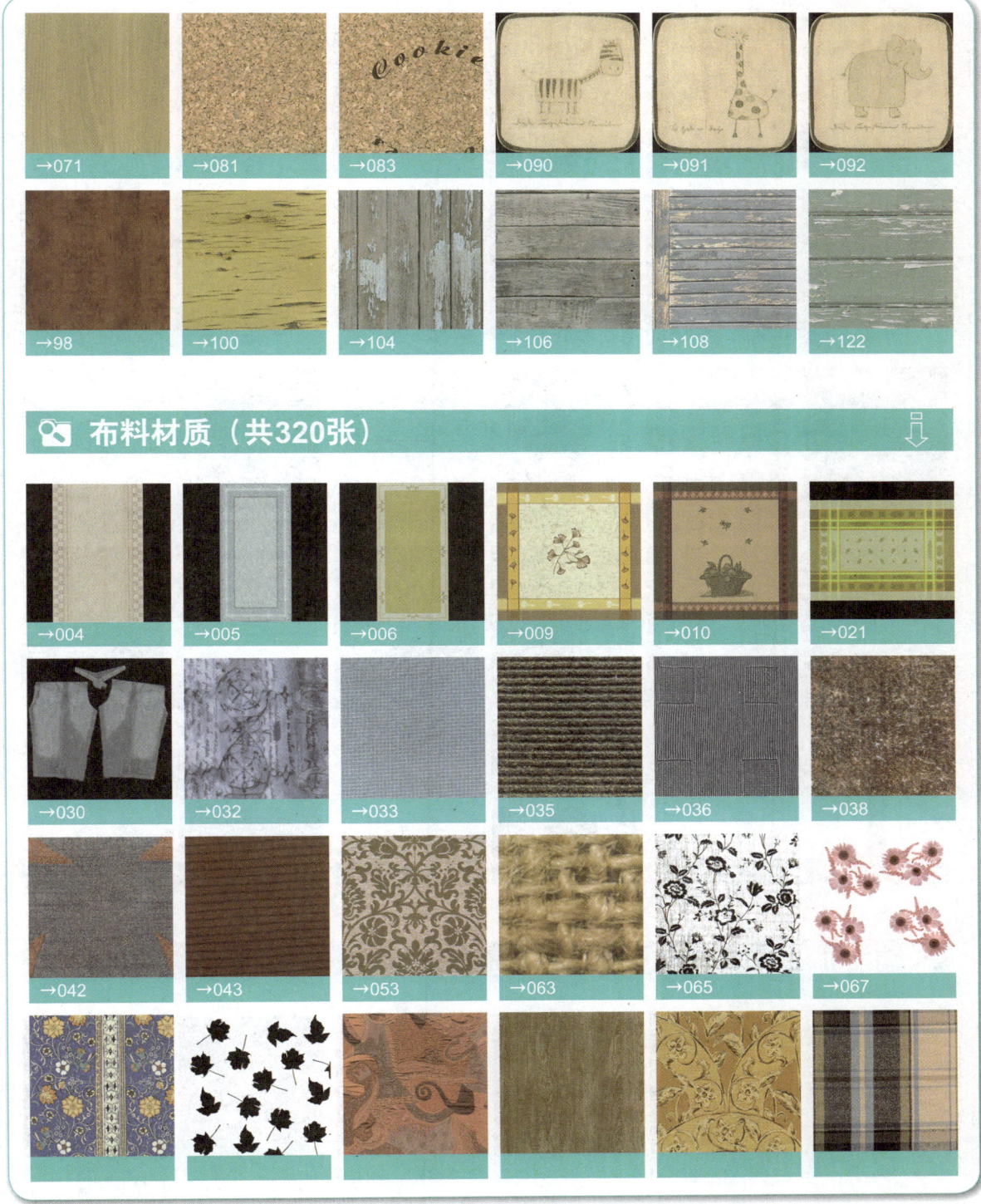

→071　→081　→083　→090　→091　→092

→98　→100　→104　→106　→108　→122

布料材质（共320张）

→004　→005　→006　→009　→010　→021

→030　→032　→033　→035　→036　→038

→042　→043　→053　→063　→065　→067

→011　→013　→014　→017　→018　→021

→023　→031　→032　→033　→036　→037

→038　→042　→043　→044　→048　→049

→042　→043　→053　→063　→065　→067

→042　→043　→053　→063　→065　→067

运动器材（共24张）

→006　→008　→010　→012　→018　→023

📷 天空材质（共46张）

→009　　→016　　→021　　→025　　→028　　→030

→032　　→033　　→034　　→036　　→043　　→046

📷 树材质（共150张）

→023　　→028　　→029　　→033　　→034　　→036

→037　　→047　　→048　　→061　　→062　　→066

→068　　→069　　→078　　→079　　→083　　→089

→092　　→094　　→102　　→107　　→111　　→147

植物材质（共296张）

→017　→020　→032　→033　→038　→048

→052　→054　→061　→066　→069　→076

→080　→085　→092　→104　→105　→122

→133　→134　→138　→163　→166　→169

→176　→181　→184　→188　→199　→201

→212　→215　→218　→235　→241　→293

常用mat材质（共13张）

浴室水材质　食用油材质　磨砂钢化玻璃　绿色塑料材质　金属材质　红色天鹅绒材质

黑色石油材质　黑色金属漆材质　高反射钢化玻璃　钢化玻璃材质　冰材质　白色透明纱帘

其他材质（共60张）

→002　→003　→007　→008　→015　→017

→019　→021　→023　→024　→027　→030

→031　→037　→043　→047　→053　→060

附录8. 光域网浏览

我们提供了50个常用光域网文件供读者选择使用，以下是他们的效果图。图下方的序号对应该效果在光域网文件夹中的文件名称，方便您查阅使用。

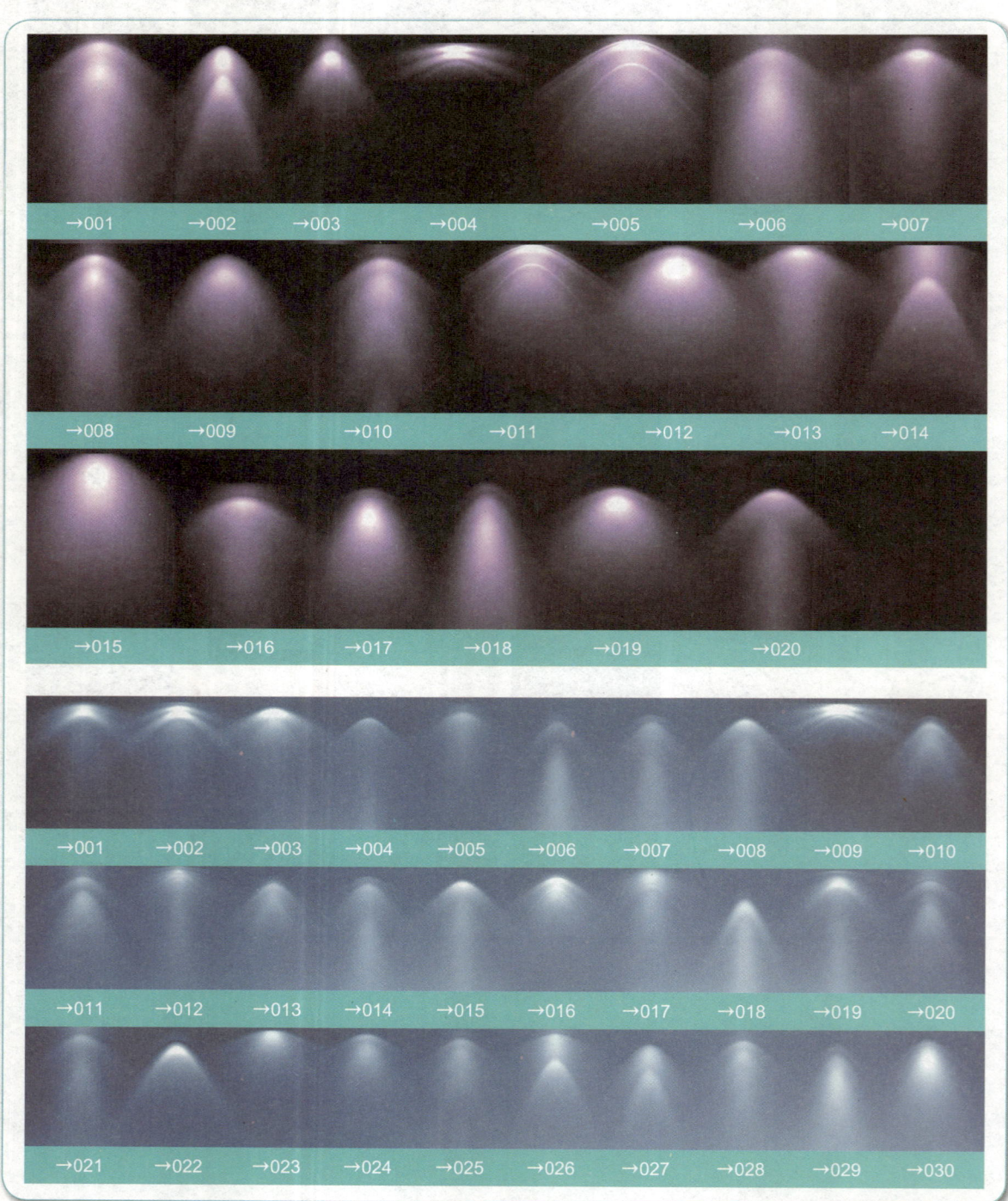